Lösung des Klima-Puzzles

Lösung des Klima-Puzzles
Die überraschende Rolle der Sonne

Javier Vinós

Critical Science Press

Madrid

2024

Bildnachweis für das Titelbild: iStock.com/magann

Der Autor dankt Christian Freuer, Meteorologe aus München, für die Durchsicht der deutschen Fassung.

Veröffentlicht von Critical Science Press
ISBN: 978-84-127783-6-6 (Taschenbuch Ausgabe)

Meinen Geschwistern Lide, Ana und Íñigo, denn es war außerordentlich bereichernd, mit euch aufzuwachsen, und ich bin zutiefst dankbar, dass unsere Beziehung nach so vielen Jahren immer noch so stark und herzlich ist wie damals, als wir Kinder waren.

INHALT

ABBILDUNGSVERZEICHNIS

Puzzle-Teile

Abbildungen

Tabellen

VORWORT

Die andere Seite anhören

Das Römische Recht enthält die Aufforderung audiatur et altera pars. Es hat unverändert Gültigkeit. Die wissenschaftliche Naturforschung folgt in ähnlicher Weise dem Prinzip Skepsis. Skeptiker sind Suchende, die sich nicht mitreißen lassen von der vorherrschenden Meinung. Allzu rasch schlägt diese um in Gläubigkeit, in Leichtgläubigkeit. Wie gegenwärtig mit dem Klimawandel. Wer an die dogmatische Version davon nicht „glaubt", ist „Klimaskeptiker" oder gar „Klimaleugner". Unsinnige Schlagworte, die verborgenes Unwissen ausdrücken. Denn „Klima" ist eine statistische Zusammenfassung des Wetters über längere Zeiträume und keine festgelegte Naturgegebenheit. Man kann und sollte sehr wohl skeptisch sein, ob die gewählten Zeiträume passend sind, oder ob sie so angepasst wurden, dass die erwarteten bzw. erwünschten Trends herauskommen. Ob der Beginn einer Klimastatistik neutral oder günstig gewählt wurde, nimmt das Ergebnis mehr oder minder deutlich vorweg. Medienmeldungen bedienen sich entsprechend, um aktuelles Wettergeschehen als Zeichen verkaufen zu können, „dass der Klimawandel (auch bei uns) angekommen ist!" Geschickt gewählt, lässt sich nahezu jedes Wetter als „extrem" darstellen. Als „extrem austauscharm" zum Beispiel, wenn sich gerade mal wenig ändert. Mit diesem Missbrauch müssen die Meteorologen zurechtkommen, wie auch mit ihrem allzu häufigen Scheitern mittelfristiger Prognosen dazu, wie der nächste Winter/Sommer werden wird. Wir könnten das mit Achselzucken abtun, denn mediale Aufmerksamkeit wird (nur) von krass Übertriebenem erzielt. Ignorieren sollten wir diesen Alarmismus nicht einfach mit dem sicheren Wissen, dass sich das Wetter ändern wird, weil es das immer getan hat. Häufig folgt auf Klagen das Gegenteil, wie zu Beginn des Winters 2023 über den Schneemangel in den Wintersportgebieten der Alpen und der Mittelgebirge, der Liftbetreiber, Hotellerie und Gastronomie in den Ruin treiben wird. Da entließ ein Tief plötzlich Unmassen Schnee „wie vom Himmel erhört". Was gleich wieder als Beweis für die drohende Klimakatastrophe galt, weil sich solch katastrophale Ereignisse häufen werden.

Skepsis ist angebracht, und das nicht nur bei diesem pointierten Beispiel. Sondern aus zwei Hauptgründen. Der erste trifft uns alle über die Kosten, die man uns aufgebürdet, verbunden mit Unsicherheiten in den Lebensverhältnissen, die uns von den „Klimagläubigen" zugemutet werden. So war und ist in Deutschland die Energiekrise keineswegs nur die Folge des Kriegs Russlands gegen die Ukraine, sondern zwangsläufige Konsequenz, dass funktionierende Kraftwerke abgeschaltet wurden, lange bevor entsprechende und zuverlässig arbeitende Systeme Energie aus erneuerbaren Quellen in den nötigen Mengen bereitstellten. Das äußerte sich in extremer Verteuerung der Energie und dann Ende 2023 in einem gewaltigen „Haushaltsloch" der Bundesregierung. Im vom zentralen Fehler ablenkenden Streit zwischen Regierung und Opposition blieb jedoch die Wirkungslosigkeit der seit Jahrzehnten für den Kampf gegen den Klimawandel eingesetzten Milliarden ausgeklammert. So als hätte es dieses Geld nie gegeben. Lediglich die Corona-Krise hatte den anhaltenden Anstieg der Kohlendioxid-Emissionen kurzfristig ein wenig gedämpft. Unangetastet blieben und bleiben zudem, global, wie bei uns in Deutschland, die Hauptverursacher der Veränderungen, die dem Klimawandel zugeschrieben werden. Sie umfassen den zweiten großen Bereich unserer gebotenen Skepsis. In diesem gilt „der Klimawandel" als wohlfeile Erklärung für Umweltveränderungen jeglicher Art. Die wirklichen Ursachen sucht man nicht mehr. Der Klimawandel taugt für alles. Für die echten Verursacher, allen voran für die globalisierte und hochgradig industrialisierte, aber auch extrem subventionierte Agrarwirtschaft, sowie die gleichfalls subventionsbegünstigten Ferntransporte und Importe von Rohstoffen, könnte dank des Klimawandels die Lage nicht besser geworden sein. Er bildet den großen Schutzschirm für die neo-kolonialistische Ausbeutung der so genannten Dritten Welt. Kein Alibi, kein „greenwashing" könnte besser geeignet sein. Das Verursacherprinzip ist außer Kraft gesetzt. Ausgerechnet die „größte Bedrohung der Menschheit" erlaubt das „weiter so", wie sich in den globalen, nationalen und regionalen Entwicklungen zeigt. Schäden, die durch Naturkatastrophen entstehen, haben die Betroffenen selbst und die Gesellschaft zu begleichen, nicht aber die Verursacher.

Seit Jahrzehnten durchzieht das Generalalibi Klimawandel praktisch den gesamten Naturbereich. Ob Artenschwund, Wassermangel, Hochwasser, Dürreschäden, Stürme, ja sogar die Ausbreitung von Seuchen, alles ist Folge davon. Sogar renommierte Forschungsorganisationen stemmen sich nicht gegen die in den öffentlichen Medien von Minderheiten längst institutionalisierte Deutungshoheit. So war in einer dem Spitzenforschungsbereich zugehörigen Zeitschrift vor wenigen Jahren ein Foto des Rheins in Düsseldorf zu sehen. Es stammte vom Hitzesommer 2018 und war mit „Brücke ohne Fluss" tituliert. Bei naiver Betrachtung sah es aus, als ob der Rhein trocken gefallen sei, so raffiniert war das Weitwinkelfoto flach über rissigen Uferschlamm hinweg aufgenommen worden. Doch der geschickt dem Bild entzogene Rhein führte damals, wie in den hydrologischen Aufzeichnungen nachzulesen ist, mit rund 500 Kubikmetern pro Sekunde eine ganz ordentliche Wassermenge. Der Fall ist ein Beispiel von vielen ähnlichen unserer Zeit, in der so sehr gegen „fake news" gewettert wird.

Wie sehr sich das Klima in den historisch gut dokumentierten Jahrhunderten seit der Römerzeit verändert hat, bleibt unberücksichtig in der Diskussion um Ausmaß und Folgen der gegenwärtigen, zweifellos stattfindenden Erwärmung des Klimas. Denn das warme Hochmittelalter und die anderen, davor liegenden Zeiten mit überdurchschnittlich warmem Klima passen ebenso wie die für die Menschen so schlimmen Jahrhunderte der „Kleinen Eiszeit" und der Zeit der Völkerwanderung nicht ins gegenwärtige Konzept. Um unsere Zeit als besonders extrem darstellen zu können, werden die Wetterdaten vom Hohen Peißenberg, einer Bergwetterwarte und eine der ältesten Wetterstationen überhaupt, nicht berücksichtigen. Denn dann müsste sehr warme Periode Ende des 18./Anfang des 19. Jahrhunderts erklärt werden. Damals, im Jahre 1812, hatte es den wärmsten Sommer gegeben, der erst mit dem Rekordsommer 2003 übertroffen wurde. Und lediglich ein einziger Winter, 1830, war in den 90 Jahren von 1780 bis 1870 sehr kalt. Danach aber gab es neun. Den Daten vom Hohenpeißenberg zufolge kommt unsere warme Periode aus einer unterdurchschnittlich kalten des späten 19. Jahrhunderts.

Diese kritischen Vorbemerkungen sollen keineswegs in Frage stellen, dass sich das Klima ändert, speziell auch bei uns hier in Mitteleuropa. Das wäre absurd, denn für Europa und Nordamerika liegen seit Ende des 19. Jahrhunderts so viele und so gut verteilte, kontinuierliche Messwerte von Temperaturen und Niederschlagsmengen vor, dass an der zunehmenden Erwärmung in den letzten rund 150 Jahren nicht zu zweifeln ist. Aber mit so einer Feststellung ist das Problem nicht einmal ansatzweise verdeutlicht. Denn was war davor? Die Entwicklung seit dem späten 19. Jahrhundert ist für eventuelle Gegenmaßnahmen keineswegs ausreichend. Die Daten vom Hohenpeißenberg machen eher den Eindruck längerer Schwankungen. Diese entsprechen den historischen Befunden mit einem Wechsel von Warm- und Kaltzeiten. Gründen hierfür geht dieses Buch nach. Es stimmte mich in doppelter Weise nachdenklich. Erstens aus wissenschaftlicher Sicht: Wie konnte es kommen, dass bei einem so hochgradig komplizierten Phänomen, wie den mittel- und längerfristigen Änderungen des Wetters, so eine dogmatische Übereinstimmung so früh zustande kam? Zweitens aus politischer und sozialer Sicht: Wie viel Einfluss und Eigeninteresse der „Klimagewinnler" steckt dahinter? Mit dem Klimawandel wird immens viel Geld gemacht; viel mehr als konkrete Schutzmaßnahmen vor Hochwässer und Dürre oder vor Hitze in den Städten. Ausgerechnet die sich ereifernde Klimaschutzpartei drängt darauf, dass sie vollends zugebaut werden. Geschont werden soll das hochsubventionierte Land der Agrarindustrie. Ein Staat, der konsequent und für alle nachvollziehbar vorsorgt, ist auf jeden Fall besser dran, auch wenn die Änderungen des Wetters doch nicht so dramatisch ausfallen. Die Vorsorge wirkt langfristig. Ob die Klimavorhersagen Bestand haben, kann hingegen gegenwärtig niemand sagen. Zu unterschiedlich sind die Interessen der so vielfältigen Menschheit. Den Augenblick Dauer verleihen zu wollen, ist nicht erst seit Goethe darüber schrieb, vergebliche Liebesmüh. Was Javier Vinós in diesem Buch darlegt, bedeutet ein ernsthaftes audiatur et altera pars. Seine Kalkulationen passen zu den historisch belegten Entwicklungen. Für diese liefern sie ein plausibles Modell, möglicherweise viel mehr. Etwa im Hinblick auf die Verwendung von Mitteln zur Absicherung der Zukunft. Doch dies zu beurteilen, gehört in fachlich kompetenter Weise diskutiert. Es ist schon zu viel Geld nutzlos ausgegeben worden.

Prof. Dr. Josef H. Reichholf, Ökologe
Technischen Universität München
München, 5. Dezember 2023

VORWORT ZUR ENGLISCHEN AUSGABE

In seinem neuen Buch „Lösung des Klima-Puzzles: Die überraschende Rolle der Sonne" hat Javier Vinós eine meisterhafte Zusammenfassung der Beobachtungsdaten zum Erdklima und der Theorien, die zur Erklärung dieser Fakten vorgeschlagen wurden, vorgelegt. Das Buch ist mit 400 Seiten recht lang, aber allein schon wegen der hervorragenden Abbildungen lohnt sich die Lektüre. Ausführliche Zitate von Originalarbeiten machen das Buch länger, aber die Referenzen sind eine wertvolle Quelle. Ich kenne kein anderes Buch, das so viele detaillierte und interessante Fakten über das Klima auf der Erde präsentiert, jetzt, in der Vergangenheit und was in Zukunft passieren könnte. Es gibt eine gründliche Diskussion der Theorien über unsere gegenwärtige Eiszeit, beginnend mit der jahrhundertealten, bahnbrechenden Arbeit von Milankovich. Es gibt ausführliche Erörterungen der verschiedenen Proxies für vergangene Klimazonen, einschließlich des Radioisotops ^{14}C, das auf einen viel größeren Einfluss der Sonne hindeutet, als das aktuelle Dogma zugeben will. Und es gibt noch viel, viel mehr, alles mit bewundernswerter qualitativer Klarheit dargestellt. Die Betonung liegt weniger auf quantitativen Details, was viele Leser begrüßen werden. Die überzeugendste Botschaft ist, dass die wahnsinnige Fokussierung auf Kohlendioxid (CO_2) als „Steuerknopf" des Erdklimas eine tiefgreifende Täuschung ist. Vinós nennt dies die „Hypothese des verstärkten Treibhauseffekts". Nach jahrzehntelanger Forschung und Dutzenden von Milliarden Dollar, die dafür ausgegeben wurden, ist das quantitative Maß dafür, wie stark sich die Veränderung des CO_2 durch einen verstärkten Treibhauseffekt auf das Klima auswirkt, heute genauso wenig bekannt wie im Jahr 1908, als Svante Arrhenius in seinem Buch „Worlds in the Making" schätzte, dass sich die Erdoberfläche um S = 4 °C erwärmen würde, wenn die atmosphärische CO_2-Konzentration verdoppelt wird. Eine typische Schätzung des heutigen Klimaalarm-Establishments ist fast die gleiche, nämlich 3 °C! *Parturient montes, nascetur ridiculus mus!*[1]

Es ist sehr schwer, eine Klimasensitivität von 3 °C zu verteidigen. Die meisten Schätzungen der direkten, „sofortigen" Auswirkungen einer Verdoppelung der CO_2-Konzentration, also eines Anstiegs um 100 %, implizieren eine Abnahme der Strahlung in den Weltraum um nur etwa 1 %. Aufgrund des Stefan-Boltzman-Gesetzes T^4 für isotherme Schwarzkörperstrahlung, das für die Erde mit ihren Treibhausgasen annähernd gültig bleibt, kann ein Rückgang des Strahlungsflusses um 1 % durch einen Anstieg der absoluten Temperatur T um 0,25 % ausgeglichen werden. Ein ungefährer Wert für T liegt bei etwa 300 K, so dass der rückkopplungsfreie Temperaturanstieg bei einer CO_2-Verdopplung etwa 0,75 K oder S = 0,75 °C betragen sollte. Um eine politisch korrekte Empfindlichkeit, sagen wir S = 3 °C, zu erhalten, müssen positive Rückkopplungen diese Zahl um den Faktor 4 oder 400 % erhöhen. Die meisten natürlichen

---

[1] „Es kreißen die Berge, geboren wird eine lächerliche Maus." Horaz.

xviii

Rückkopplungen sind jedoch negativ, nicht positiv, gemäß dem Prinzip von Le Chatelier.

Das Buch macht deutlich, dass die bescheidenen Temperaturveränderungen, die im letzten Jahrhundert beobachtet wurden, als die CO_2-Konzentration in der Atmosphäre von etwa 280 Teilen pro Million (ppm) im Jahr 1850 auf etwa 430 ppm heute anstieg, mit vielen ähnlichen Temperaturveränderungen vergleichbar sind, die während der Zwischeneiszeit, in der wir heute leben, aufgetreten sind. Keine der früheren Temperaturveränderungen kann durch menschliche CO_2-Emissionen verursacht worden sein. Ein Teil der gegenwärtigen Erwärmung könnte auf den vom Menschen verursachten CO_2-Anstieg zurückzuführen sein, aber ein Großteil davon ist wahrscheinlich auf natürliche Ursachen zurückzuführen.

Es gibt keine glaubwürdigen wissenschaftlichen Belege für die Behauptung, dass die derzeitige Erwärmung eine existenzielle Bedrohung für die Menschheit darstellt oder darstellen wird. Im Gegenteil, mehr CO_2 in der Atmosphäre wird sich wahrscheinlich als großer Vorteil für das Leben auf der Erde erweisen, da zusätzliches CO_2 eine so positive Wirkung auf die Produktivität der Land- und Forstwirtschaft und auf das photosynthetische Leben im Allgemeinen hat.

Wie das Buch deutlich macht, verändert sich das Klima ständig, und zwar oft dramatischer als die bescheidenen Veränderungen, die wir seit dem Jahr 1850 erlebt haben. Was ist die Ursache dieser Veränderungen? Die Beantwortung dieser Frage wurde mindestens 50 Jahre lang durch das politisch auferlegte Dogma zurückgeworfen, dass CO_2 der Dreh- und Angelpunkt des Klimas ist. In einer Art wissenschaftlichem Gresham-Gesetz verdrängt eine entwürdigte, politisch diktierte „verstärkten Treibhauseffekts" konkurrierende Theorien, die auf dem Goldstandard der soliden Beobachtungswissenschaft basieren.[2] Das Buch beschreibt eine plausible Theorie, die die Sonne einbezieht: Die „Winterpförtner-Theorie", und es gibt andere, ebenso plausible Theorien, die ernst genommen werden sollten.

Dieses Buch sollte mutigen politischen Entscheidungsträgern den Rücken stärken, damit sie aufstehen und sich diesem jüngsten „außergewöhnlichen Volkswahn und dem Wahnsinn der Massen" widersetzen - um den Titel von Charles MacKays klassischer und zutreffender Beschreibung des aktuellen „Klimanotstands" zu paraphrasieren.

Prof. Dr. William Happer
Cyrus Fogg Brackett Professor für Physik, emeritiert, an der Princeton University
Ehemaliger Direktor des Office of Science des Energieministeriums

---

[2] Das Greshamsche Gesetz ist ein geldpolitischer Grundsatz, der besagt, dass „schlechtes Geld gutes verdrängt".

ABKÜRZUNGEN

- Einheiten -

Δ: Delta, ein griechischer Buchstabe, der im Zusammenhang mit Einheiten „Veränderung in" bedeutet.

Gt: Gigatonne, eine Milliarde Tonnen.

hPa: Hektopascal, einhundert Pascal. Einheit des Drucks, die dem Millibar entspricht.

km: Kilometer

nm: Nanometer, ein Milliardstel (10^{-9}) eines Meters.

mb: Millibar

ms: Millisekunde, ein Tausendstel einer Sekunde.

µm: Mikrometer, ein Millionstel (10^{-6}) eines Meters.

ppm: Teile pro Million.

PW: Petawatt, eine Quadrillion (10^{15}) Watt.

sq: Quadratisch.

TW: Terawatt, eine Billion (10^{12}) Watt.

- Formeln -

CO_2: Kohlendioxid

- Akronyme -

AD: Anno Domini. Anzahl der Jahre seit dem Beginn der christlichen Ära im gregorianischen Kalender.

AMO: Atlantische Multidekadische Oszillation

AR: Vom IPCC veröffentlichter Bewertungsbericht.

BC: Vor Christus. Bezeichnung für eine Anzahl von Jahren vor dem Beginn der christlichen Ära im gregorianischen Kalender.

HadCRUT: Temperatur der Hadley Climate Research Unit

IPCC: Zwischenstaatlicher Ausschuss für Klimaänderungen (Intergovernmental Panel on Climate Change)

ITCZ: Innertropische Konvergenzzone

KNMI: Koninklijk Nederlands Meteorologisch Instituut (Niederländisches Meteorologisches Institut)

LOD: Länge des Tages.

NASA: Nationale Luft- und Raumfahrtbehörde

NH: Nördliche Hemisphäre

NOAA: Nationale Behörde für Ozeanographie und Atmosphärenforschung

PDO: Pazifische Dekaden-Oszillation

QBO: Quasi-biennale Oszillation

QBOe: Östliche Ausrichtung der quasi-biennale n Oszillation

QBOw: Westliche Ausrichtung der quasi-biennale n Oszillation

SH: Südliche Hemisphäre

SILSO: Sonnenfleckenindex und langfristige Sonnenbeobachtungen

THG: Treibhausgas

UN: Vereinte Nationen

UV: Ultraviolett

KAPITEL 1
EINFÜHRUNG

Eindeutige Wissenschaft

In den letzten Jahrzehnten hat sich weltweit ein unbestreitbares Dogma durchgesetzt, das die Vielfalt des Denkens und der Meinungsäußerung, die in der Vergangenheit die Kultur und den wissenschaftlichen Fortschritt bereichert und genährt hat, in erheblichem Maße in Frage stellt. Dieses Dogma besagt, dass der Mensch mit seinem CO_2 Ausstoß das Leben auf dem Planeten und seine eigene Existenz ernsthaft gefährdet. Kürzlich haben führende medizinische Fachzeitschriften und die Weltgesundheitsorganisation den Klimawandel als *„die größte Bedrohung für die globale Gesundheit im 21. Jahrhundert"* *bezeichnet.*[3] Es ist wirklich erstaunlich, eine solche Charakterisierung zu hören, vor allem nach einer Pandemie, die möglicherweise 18 Millionen Menschen getötet hat.[4]

Das leidenschaftliche Plädoyer von Redakteuren von Gesundheitszeitschriften aus aller Welt für sofortige Maßnahmen zur Eindämmung des Temperaturanstiegs unterstreicht einen entscheidenden Punkt: Der wissenschaftliche Konsens ist unmissverständlich. Der jüngste Bericht des Zwischenstaatlichen Ausschusses für Klimaänderungen (IPCC) stellt mit Nachdruck fest, dass der Mensch für die globale Erwärmung verantwortlich ist. Diese Schlussfolgerung stützt sich auf die Behauptung, dass die beobachtete Erwärmung in erster Linie auf Emissionen aus menschlichen Aktivitäten zurückzuführen ist, wobei die durch Treibhausgase verursachte Erwärmung teilweise durch die Abkühlung durch Aerosole überdeckt wird.[5] Der IPCC kommt zu dem Schluss, dass menschliche Aktivitäten eindeutig die globale Erwärmung verursacht haben. Als Wissenschaftler weiß ich jedoch sehr wohl, dass die Wissenschaft bei schlecht verstandenen und hochkomplexen wissenschaftlichen Themen wie dem Klimawandel selten eindeutig ist.

Vor fast einem Jahrzehnt machte ich mich auf die Suche nach dem vermeintlich schlüssigen Beweis, dass unsere Emissionen die Hauptursache für den beobachteten Klimawandel sind und nicht nur einen Beitrag dazu leisten. Da wir alle aufgefordert werden, Opfer zu bringen, um die Emissionen zu reduzieren, ist es von entscheidender Bedeutung, dass wir über diesen entscheidenden Beweis gut informiert sind. Meine Suche führte jedoch nicht zu einer einfachen und klaren Antwort. Stattdessen stieß ich auf den Begriff des wissenschaftlichen Konsenses und auf Computermodelle. Diese Antwort war für mich unbefriedigend, denn wissenschaftlicher Fortschritt entsteht, wenn man den etab-

---

[3] Atwoli, L., et al., 2021. N. Engl. J. Med. 385 pp.1134-1137.
doi.org/10.1056/NEJMe2113200 **Durch Eingabe der vollständigen Zeichenfolge der digitalen ID in die Adresszeile eines Webbrowsers können die zitierten Artikel aufgerufen werden.**.

[4] Wang, H., et al., 2022. The Lancet, 399 (10334), pp.1513-1536.
doi.org/10.1016/S0140-6736(21)02796-3

[5] IPCC AR6 Climate Change 2023: Synthesis Report, pg.43.
doi.org/10.59327/IPCC/AR6-9789291691647

lierten Konsens in Frage stellt, und nicht, wenn man ihn passiv hinnimmt. Sonst könnten wir weiterhin glauben, dass die Erde das Zentrum unseres Sonnensystems ist. Außerdem ist es allgemein anerkannt, dass die Klimamodelle nicht fehlerfrei sind. Denjenigen, die sich dieser Tatsache nicht bewusst sind, empfehle ich dringend die Lektüre dieses Buches, in dem ich detailliert aufzeige, wie Wissenschaftler selbst diese Fehler eingestehen.

Wir müssen uns darüber im Klaren sein, dass Computermodelle zwar wertvolle Hilfsmittel für die Entwicklung von Ideen und die Erweiterung des Wissens sind, aber keine direkte Verbindung zur physikalischen Realität haben, da sie ein Produkt des menschlichen Geistes sind. Ihre inhärenten Grenzen werden deutlich, wenn wir die Möglichkeit in Betracht ziehen, dass verschiedene Modelle zu widersprüchlichen Ergebnissen führen, ein klarer Beweis dafür, dass sie keine wissenschaftlichen Beweise sind. Es ist höchst unwahrscheinlich, dass die Ergebnisse aktueller Modelle in zwei Jahrzehnten noch gültig sein werden, während die von babylonischen Astronomen vor mehr als zwei Jahrtausenden gesammelten wissenschaftlichen Erkenntnisse noch heute gültig sind.

Meine unermüdliche Suche nach den Ursachen des Klimawandels hat mich neun Jahre gekostet und eine eingehende Prüfung Tausender einschlägiger wissenschaftlicher Arbeiten erfordert. Ich habe die strenge wissenschaftliche Methode mit Integrität auf die in den Artikeln präsentierten Beweise angewandt und die Meinungen der Autoren ignoriert. Bei vielen Gelegenheiten habe ich die Daten aus diesen Artikeln genommen und sie auf verschiedene Weise überarbeitet und analysiert. Das Ergebnis dieser sorgfältigen Arbeit ist das Buch, das Sie jetzt in den Händen halten.

Im Gegensatz zu vielen Büchern, die einfach nur die Wissenschaft hinter dem Klimawandel „erzählen", versucht dieses Buch, die harten Beweise und Daten zu „zeigen", die eine alternative Interpretation dieser Wissenschaft unterstützen. Dieser Ansatz ermöglicht es dem Leser, seine eigenen Schlussfolgerungen auf der Grundlage der vorgelegten Beweise zu ziehen, anstatt sich ausschließlich auf die Sichtweisen anderer zu verlassen. Zugegeben, dieses Buch ist komplexer als andere zu diesem Thema, und ein gewisses Maß an wissenschaftlicher Kompetenz kann das Verständnis des Inhalts zweifellos verbessern. Ich habe jedoch versucht, ein Gleichgewicht zu wahren, indem ich das Material *„so einfach wie möglich, aber nicht einfacher"* gehalten habe.[6] Es stimmt zwar, dass nicht jeder Leser alle Facetten dieses Buches verstehen wird, aber jeder Leser wird zweifellos ein tiefes Verständnis der Klimawissenschaft erlangen. Selbst die bedeutendsten Klimawissenschaftler würden auf den Seiten dieses Buches neue Erkenntnisse entdecken, da sich dieses komplexe Gebiet, in dem niemand ein umfassendes Wissen beanspruchen kann, ständig weiterentwickelt.

Der Klimawandel als wissenschaftliche Frage

Aus wissenschaftlicher Sicht ist der Klimawandel im Wesentlichen eine Energieänderung. Damit sich das globale Klima an der Erdoberfläche ändert, muss sich der Energiegehalt der oberen Schicht des Ozeans, der Oberfläche und der unteren Schicht der Atmosphäre ändern. Die globale Erwärmung hängt

---

[6] Ein Albert Einstein zugeschriebenes Zitat.

insbesondere von einem Anstieg des Energiegehalts in diesem Teil des Planeten ab. Dies schränkt die möglichen Ursachen des Klimawandels ein und erfordert ein gründliches Verständnis des Energiehaushalts des Planeten. Dieses Buch konzentriert sich auf die Energie, weil der Klimawandel untrennbar mit ihr verbunden ist.

Das Hauptaugenmerk der Forschung von Klimawissenschaftlern liegt auf dem vom Menschen verursachten Klimawandel, denn der IPCC wurde 1988 aus *der Sorge heraus* gegründet, *dass bestimmte menschliche Aktivitäten das globale Klima verändern könnten, was eine Bedrohung für heutige und zukünftige Generationen darstellt.*[7] *„Die Rolle des IPCC besteht darin, ... die wissenschaftlichen ... Informationen zu bewerten, die für das Verständnis der wissenschaftlichen Grundlage des Risikos eines vom Menschen verursachten Klimawandels relevant sind.*"[8] Neben der Bewertung dieser Informationen löste die Entscheidung der Vereinten Nationen von 1988, den IPCC zu unterstützen, eine der spektakulärsten Explosionen in der wissenschaftlichen Forschung aus. Seit 1988 ist die Zahl der jährlich veröffentlichten Artikel über den Klimawandel um das 50-fache gestiegen (Abb. 1, schwarze Linie).[9] Es wurde eine neue wissenschaftliche Nische geschaffen, die sich von einer fast bedeutungslosen Nische zu einer Nische mit mehr als 25.000 Wissenschaftlern entwickelt hat, die 0,3 % des gesamten wissenschaftlichen Outputs ausmachen (Abb. 1, gestrichelte graue Linie).[10] Und sie wächst weiter.

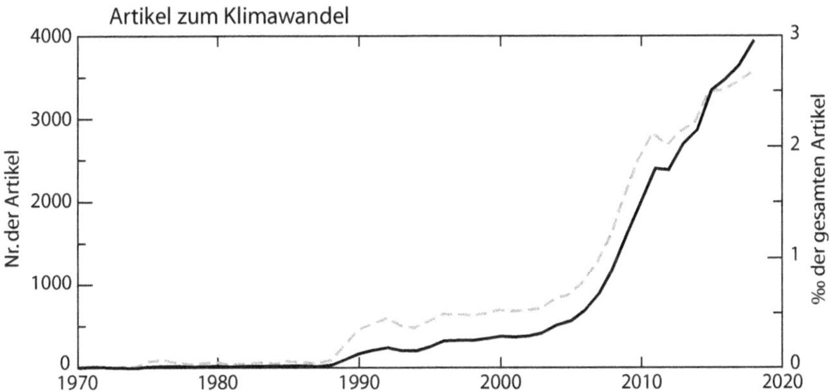

Abbildung 1. Anzahl und Anteil der wissenschaftlichen Artikel über den Klimawandel.

Das Klima war schon immer natürlichen Veränderungen unterworfen, aber trotz gegenteiliger Behauptungen fehlt uns immer noch ein umfassendes Verständnis der genauen Gründe und Mechanismen, die hinter diesen natürlichen Veränderungen stehen. Es gibt verschiedene Hypothesen, aber wir wissen immer noch nicht, warum die Kleine Eiszeit, die kälteste Periode der letzten 10.000 Jahre, zwischen 1300 und 1845 stattfand. Auch die ausgeprägte Erwär-

---

[7] Generalversammlung der Vereinten Nationen, Dreiundvierzigste Tagung, Beilage Nr. 53. 70. Plenarsitzung. 6. Dezember 1988.

[8] IPCC-Grundsätze. www.ipcc.ch/site/assets/uploads/2018/09/ipcc-principles.pdf

[9] Klingelhöfer, D., et al., 2020. Environ. Sci. Eur. 32, pp.1-21. doi.org/10.1186/s12302-020-00419-1

[10] Die Zahl der Wissenschaftler und Forscher weltweit wird auf 8,8 Millionen geschätzt.

mung zu Beginn des 20. Jahrhunderts oder das starke Abschmelzen der Arktis zwischen 1915 und 1930, gefolgt von einer Abkühlung bis in die 1980er Jahre, können wir nicht vollständig erklären. Dies sind wohlbekannte Tatsachen, die sich weiterhin einer angemessenen Erklärung entziehen.

In den letzten neun Jahren habe ich mich eingehend mit dem natürlichen Klimawandel beschäftigt. Dazu habe ich Tausende von wissenschaftlichen Artikeln gelesen und die Beweise aus 800.000 Jahren Klimageschichte genau untersucht, was mich zu einem Experten auf diesem Gebiet gemacht hat.[11] Ich bin zu dem Schluss gekommen, dass uns einige wesentliche Prozesse, die am natürlichen Klimawandel beteiligt sind, noch immer entgehen. Anstatt zu versuchen, die Beweise in vorgefasste Meinungen zu pressen, habe ich mich an die Grundsätze gehalten, die mir als Wissenschaftlerin beigebracht wurden, nämlich zuzulassen, dass sich die Beweise ansammeln und unser Verständnis leiten. Dieser Ansatz bedeutet, dass wir für alle verfügbaren Beweise offen sind und jede mögliche Erklärung in Betracht ziehen, bevor wir eine Hypothese formulieren, die zu allen Beweisen passt. Diese robuste wissenschaftliche Methode hilft uns dabei, nicht in den Bestätigungsfimmel zu verfallen, eine dem menschlichen Geist innewohnende Tendenz. Wie Sherlock Holmes erklärte: *„Es ist ein großer Fehler zu theoretisieren, bevor man alle Beweise hat. Es verzerrt das Urteil."*[12]

Was ich darüber herausgefunden habe, wie sich das Klima auf natürliche Weise verändert, ist nicht das, was ich zu Beginn des Prozesses zu finden glaubte, und es ist das Thema dieses Buches. Wie bereits erwähnt, ist die Energetik des Klimasystems von entscheidender Bedeutung für den Klimawandel. Von den verschiedenen Prozessen, die daran beteiligt sind, wie die Energie durch das Klimasystem fließt, ist einer kaum verstanden und wird im Zusammenhang mit dem Klimawandel fast völlig vernachlässigt. Er wird als meridionaler Transport bezeichnet und beinhaltet den Nettotransport von Wärme vom Äquator zu beiden Polen in Richtung der Meridiane. Es gibt eine Fülle von Hinweisen darauf, dass Veränderungen in diesem entscheidenden Merkmal des Klimas die unerwartete Triebkraft des Klimawandels sind, die wir bisher übersehen haben.

Ein überzeugendes Zeichen dafür, dass die Hypothese, die sich direkt aus den Beweisen ergibt, richtig ist, ist ihre Fähigkeit, den rätselhaften solaren Einfluss auf das Klima zu erklären. Dieser Effekt ist in den paläoklimatischen Aufzeichnungen sichtbar, aber in den modernen instrumentellen Aufzeichnungen auffallend abwesend.

In diesem Buch werden überzeugende Beweise vorgelegt, die die häufig angebotenen, allzu vereinfachten Ansichten über den Klimawandel in Frage stellen. Es stellt eine neue Hypothese vor, die Licht auf eine bisher unerforschte Ursache des Klimawandels wirft: die variable Wärmemenge, die zu den Polen transportiert wird und die von verschiedenen Faktoren beeinflusst wird. Diese Hypothese, die als „Winter Pförtner" bekannt ist, unterstreicht die Bedeutung des Wärmetransports und seiner klimatischen Auswirkungen, insbe-

---

[11] Vinós, J., 2022. Climate of the past, present and future. A scientific debate. 2nd ed. Critical Science Press.

[12] Doyle, A.C., 1887. Eine Studie in Scharlachrot. Teil I, Kapitel 3.

sondere im Winter. Schlüsselfaktoren wie die Sonnenaktivität wirken als Pförtner und regulieren die transportierte Wärmemenge.

Die evidenzbasierte Winterpförtner-Hypothese wird mit der populären modellbasierten Hypothese des verstärkten CO_2-Effekts verglichen, um zu sehen, wie gut beide die bekannten Klimaänderungen der Vergangenheit erklären.

Zweifellos habe ich persönlich den Wunsch, dass diese Hypothese grundsätzlich richtig ist. Als Wissenschaftler ist es jedoch nicht mein vorrangiges Ziel, mir selbst Recht zu geben, sondern die wissenschaftliche Wahrheit über den Klimawandel herauszufinden. Während viele Wissenschaftler glauben, dass Veränderungen im CO_2 der Schlüssel zur Erklärung von Klimaveränderungen sind, finde ich diese Antwort nicht ausreichend belegt. Ich erkenne an, dass andere vielleicht anderer Meinung sind, wie es im wissenschaftlichen Diskurs üblich ist, und ich respektiere unterschiedliche Interpretationen der Beweise. Ich fordere Sie auf, sich mit den in diesem Buch präsentierten Beweisen zu befassen, insbesondere wenn Sie bereit sind, Ihre bestehenden Überzeugungen zu hinterfragen. Zumindest zeigt dieses Buch eine bedeutende Lücke in unserem Verständnis des Klimas auf, eine Lücke, die auch in unseren Klimamodellen fortbesteht. Dies sollte uns dazu veranlassen, die Herausforderungen, die der Klimawandel mit sich bringt, zu hinterfragen und unsere Unsicherheit zu vergrößern.

Warum ich?

Einige haben argumentiert, dass ich nicht über das Fachwissen eines Geowissenschaftlers verfüge, was den wissenschaftlichen Wert meiner Ansichten zu schmälern scheint. Ich glaube jedoch, dass das Gegenteil der Fall ist. Mein Hintergrund als Wissenschaftler, der sich auf Molekularbiologie, Neurowissenschaften und Krebsforschung spezialisiert hat, verschafft mir eine gründliche Ausbildung in der wissenschaftlichen Methode und umfangreiche Erfahrung in der Analyse kritischer Beweise aus wissenschaftlichen Artikeln. Als Nicht-Klimatologe kann ich sehen, was andere Nicht-Spezialisten brauchen, um ein so komplexes Thema zu verstehen. Diese einzigartige Perspektive ermöglicht es mir, die Klimawissenschaft auf eine Weise zu präsentieren, die für ein allgemeines Publikum zugänglich und verständlich ist.

Fachwissen beruht auf dem Wissen, das man besitzt, nicht auf der formalen Ausbildung, die man erhalten hat. In meinem Fall beschäftige ich mich seit neun Jahren mit dem Klima, also doppelt so lange, wie ich für meine Promotion gebraucht habe. Das enorme Wissen, das ich über die vergangenen und gegenwärtigen natürlichen Klimaveränderungen angesammelt habe, ist mein Fachwissen in diesem Bereich.

Was mich jedoch von den Klimawissenschaftlern unterscheidet, wenn ich kritisch über den Klimawandel schreibe, ist, dass ich kein Klimawissenschaftlern bin. Das etablierte Paradigma des emissionsbedingten Klimawandels in Frage zu stellen, kann durch die akademische Ausbildung innerhalb eben dieses Paradigmas behindert werden. Eine spezialisierte akademische Ausbildung kann unsere Fähigkeit einschränken, uns innovative Lösungen für immens komplexe Probleme wie den Klimawandel vorzustellen. Wenn das derzeitige Klimaparadigma fehlerhaft oder unvollständig ist, kann es für diejenigen, die innerhalb dieses Paradigmas ausgebildet wurden, schwierig sein, dies zu erkennen, während das Denken über den Tellerrand hinaus entscheidend wird.

Darüber hinaus birgt der Mut, die orthodoxe Sichtweise in Frage zu stellen, ein erhebliches Karriererisiko, von dem ich völlig frei bin.

In der Geschichte der Wissenschaft wurden bedeutende Beiträge oft von Außenstehenden geleistet. Benjamin Franklin und Michael Faraday waren weitgehend Autodidakten. James Croll, ein Hausmeister eines Colleges, stellte 1864 eine der ersten astronomischen Theorien zur Vergletscherung auf. Milutin Milankovic, ein Ingenieur, stellte 1920 die heute anerkannte Theorie der orbitalen Klimaveränderungen auf. Guy Callendar, ebenfalls Ingenieur, war der erste, der den gemessenen Anstieg des CO_2 mit einer Klimaerwärmung in Verbindung brachte. Weitere Beispiele sind Alfred Wegener, ein Meteorologe und Forschungsreisender, und Albert Einstein, ein Patentprüfer. Diese und viele andere Persönlichkeiten zeigen, wie wertvoll die unterschiedlichen Hintergründe für den Fortschritt der Wissenschaft sind. Die Ablehnung ihrer Beiträge aufgrund mangelnder formaler Qualifikationen hätte den wissenschaftlichen Fortschritt behindert.

Mein vorheriges Buch über das Klima war in erster Linie für Akademiker geschrieben und daher für ein allgemeines Publikum schwer zu lesen. In diesem Buch werden viele Akronyme verwendet und es wird vorausgesetzt, dass die Leser über beträchtliche Vorkenntnisse in Klimaphysik verfügen. Trotz dieser Herausforderungen hat der Erfolg des Buches meine Erwartungen übertroffen. Abbildung 2 zeigt einen Screenshot vom Juli 2023 von ResearchGate, dem größten sozialen Netzwerk für Wissenschaftler und Forscher, und die Seite des Buches weist beeindruckende Statistiken auf. Es hat einen bemerkenswerten Research Interest Score, der unter den ersten 6 % aller Forschungsartikel auf der Plattform und unter den ersten 8 % für Klimatologie rangiert. Es hat sich auch einen Platz unter den ersten 1 % aller im Jahr 2022 veröffentlichten Artikel gesichert.

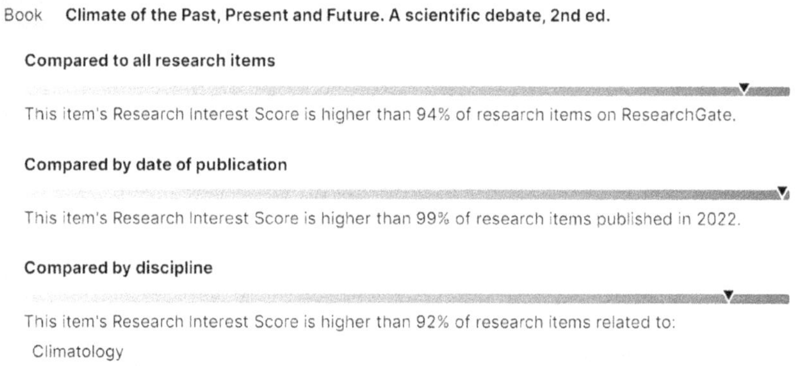

Abbildung 2. Das Forschungsinteresse an meinem früheren Buch auf ResearchGate.

Das große Interesse, das meine bisherigen Arbeiten über den Klimawandel bei meinen Fachkollegen gefunden haben, beweist, dass die Annahme, ich sei nicht qualifiziert, über Klimawissenschaft für ein allgemeines Publikum zu schreiben, unbegründet ist.

Wie man dieses Buch liest

Um die Klimawissenschaft leichter zugänglich zu machen, habe ich dieses Buch in verschiedene Lesestufen unterteilt. Um sich einen schnellen Überblick zu verschaffen, werfen Sie einen Blick auf die 16 Puzzleteile am Ende einiger Kapitel und das fertige Puzzle am Ende. Das sollte Ihnen in nur 10 Minuten einen ersten Eindruck vermitteln. Für die nächste Stufe lesen Sie die Zusammenfassungen der Kapitel. Sie wurden sorgfältig vereinfacht, um die Verständlichkeit zu erhöhen. Sie bilden einen Essay, der in etwas mehr als einer Stunde gelesen werden kann. Um den Haupttext leichter verdaulich zu machen, habe ich ihn in kurze Kapitel unterteilt, von denen sich jedes auf einen wichtigen Punkt konzentriert und in etwa 10 Minuten zu lesen ist. Komplexere oder nebensächliche Themen habe ich in Textkästen untergebracht. Sie können diese gerne überspringen, ohne dass Sie die Hauptpunkte nicht verstehen, auch wenn sie wichtige Beweise enthalten.

Das Buch ist in vier Teile gegliedert, die jeweils vier Abschnitte umfassen. Der erste Teil befasst sich mit Klima und Energie, dem schwierigsten und am wenigsten fesselnden Teil. Obwohl das Verständnis der energetischen Zusammenhänge des Klimasystems für das Verständnis des Klimawandels von entscheidender Bedeutung ist, bin ich mir darüber im Klaren, dass einige Leser dies als entmutigend empfinden könnten. Ich schlage vor, dass diejenigen, die nicht wissenschaftlich veranlagt sind, diesen Teil auslassen und direkt zu Teil II übergehen.

In Abschnitt 1 wird erörtert, wie das Klimasystem seine Energie erhält. Kapitel 2 erklärt die Natur der Sonnenstrahlung und wie sie sich verändert. Kapitel 3 befasst sich mit dem Teil der einfallenden Energie, der vom Planeten durch seine Reflektion, die Albedo, zurückgewiesen wird. Kapitel 4 erklärt, wohin die Sonnenenergie gelangt, sobald sie in das Klimasystem eintritt.

In Abschnitt 2 wird erörtert, wie das Klimasystem die ihm zugeführte Energie loswird, um seine thermische Stabilität zu erhalten. Kapitel 5 erklärt, wie Energie das Klimasystem verlässt. Kapitel 6 befasst sich mit dem Energiehaushalt der Erde, den vertikalen Energieflüssen und dem Bestehen eines Energieungleichgewichts. Kapitel 7 erklärt, wie der Treibhauseffekt funktioniert, während Kapitel 8 die populäre Hypothese des verstärkten CO_2 Effekts zur Erklärung des Klimawandels analysiert.

In Abschnitt 3 wird der meridionale Wärmetransport, der horizontale Wärmetransport vom Äquator zu den Polen, vorgestellt, der für die regionalen Klimata verantwortlich ist, die wir erleben. In Kapitel 9 wird das Temperaturgefälle bei Änderungen des Breitengrads vorgestellt, das die treibende Kraft des polwärts gerichteten Wärmetransports ist. Kapitel 10 erklärt, wie die Wärme durch die Atmosphäre und den Ozean transportiert wird. Kapitel 11 hebt die großen Veränderungen im Transport hervor, die im Laufe der Jahreszeiten auftreten. Kapitel 12 verdeutlicht, dass wir keine Theorie haben, die den Wärmetransport angemessen berücksichtigt.

Abschnitt 4 beschreibt den Wärmetransport durch die verschiedenen Teile des Klimasystems, Kapitel 13 durch die Troposphäre und Kapitel 14 durch die Stratosphäre. Kapitel 15 befasst sich mit den wichtigen Wechselwirkungen zwischen der Troposphäre und der Stratosphäre, die das Wetter vor allem im Winter oft stark beeinflussen. Kapitel 16 befasst sich eingehend mit dem winterlichen Wärmetransport in die Arktis. Kapitel 17 zeigt, dass der Ozean zwar eine große Menge an Wärme transportiert, der größte Teil davon jedoch vom Wind angetrieben wird.

Teil II führt den Leser in den natürlichen Klimawandel ein. Da dieses Thema nur selten diskutiert wird, dürfte dieser Teil für viele Leser eine Entdeckung sein, und der Teil, mit dem die weniger wissenschaftlich Interessierten das Buch beginnen sollten.

In Abschnitt 5 werden die natürlichen Klimaveränderungen erörtert, die wir am stärksten wahrnehmen und die durch natürliche Veränderungen der Meeresoberflächentemperatur verursacht werden. In Kapitel 18 wird das Phänomen El Niño erklärt, während in Kapitel 19 die ozeanischen Schwingungen vorgestellt werden, die für die niederfrequente natürliche Klimavariabilität verantwortlich sind.

In Abschnitt 6 wird eine Reise in die Vergangenheit unternommen, bei der einige Perioden des Klimawandels untersucht werden, die wir nicht vollständig erklären können. Kapitel 20 befasst sich mit Perioden vor Millionen von Jahren, als an den Polen subtropisches Klima herrschte. Kapitel 21 erörtert die umstrittene Beziehung zwischen den Temperaturen in der fernen Vergangenheit und ihren CO_2 Werten. Kapitel 22 befasst sich mit den häufigen abrupten Klimaänderungen, die während des Holozäns alle paar Jahrhunderte auftraten. In Kapitel 23 werden die Beweise dafür analysiert, dass Veränderungen der Sonnenaktivität für einige dieser Veränderungen verantwortlich waren.

Abschnitt 7 befasst sich mit den klimatischen Auswirkungen von Vulkanausbrüchen. Kapitel 24 gibt einen Überblick über die Belege für die Rolle von Vulkanausbrüchen beim Klimawandel. In Kapitel 25 werden die Belege dafür untersucht, dass einige der Klimaauswirkungen von Vulkanausbrüchen auf Veränderungen im Wärmetransport zurückzuführen sind. In Kapitel 26 wird die Möglichkeit untersucht, dass Vulkane in erster Linie für die Kleine Eiszeit verantwortlich waren.

In Abschnitt 8 werden die Grenzen unseres Wissens über die Auswirkungen von Sonnenschwankungen auf das Klima untersucht. In Kapitel 27 werden die Auswirkungen eines großen Sonnenminimums anhand verschiedener paläoklimatischer Indikatoren untersucht. In Kapitel 28 werden die wesentlich milderen bekannten Auswirkungen des Sonnenzyklus erläutert. Kapitel 29 gibt einen Überblick über den Top-Down-Mechanismus, der beschreibt, wie das Sonnensignal in der Stratosphäre auf die Oberfläche übertragen wird. Kapitel 30 überrascht uns mit der weithin ignorierten Wirkung der Sonnenaktivität auf die Planetenrotation.

Teil III erklärt, was wir beim Klimawandel ignorieren, warum wir eine neue Theorie brauchen, und stellt die Winterpförtner-Hypothese vor.

In Abschnitt 9 wird erläutert, dass das Klima, das wir über Jahrzehnte hinweg erleben, das Ergebnis von Klimaregimen ist, die sich nach einer abrupten Klimaverschiebung gebildet haben. Kapitel 31 veranschaulicht, wie sich das Klima 1976 änderte und der jüngste globale Erwärmungstrend einsetzte. Kapitel 32 erklärt, wie Klimaregime und Klimaverschiebungen entdeckt wurden und was sie sind. Kapitel 33 präsentiert Beweise für die übersehene Klimaverschiebung von 1997. Kapitel 34 zeigt, dass die Erwärmung der Arktis nicht auf eine Verstärkung der globalen Erwärmung zurückzuführen ist.

In Abschnitt 10 wird untersucht, warum wir eine neue Theorie brauchen, wenn die meisten Wissenschaftler mit der derzeit gängigen Theorie zufrieden sind. Kapitel 35 stellt die Fähigkeit der CO_2 Hypothese in Frage, andere Klimaveränderungen als die jüngsten zu erklären. Kapitel 36 zeigt, dass es nicht gelungen ist, die interne Variabilität bei niedrigen Frequenzen in unsere Klimatheorie einzubeziehen. Kapitel 37 zeigt, wie die Variabilität des meridionalen Transports als Klimafaktor vernachlässigt wird, obwohl eine große Menge an Beweisen vorliegt. Kapitel 38 zeigt, dass die indirekten Auswirkungen der Sonnenaktivität auf das Klima, für die es zahlreiche Belege gibt, nicht berücksichtigt werden.

In Abschnitt 11 wird die Winterpförtner-Hypothese vorgestellt, die Veränderungen im Wärmetransport in den Mittelpunkt der natürlichen Klimaschwankungen stellt. Kapitel 39 veranschaulicht die Bedeutung des Polarwirbels für die winterliche atmosphärische Zirkulation und den Wärmetransport. In Kapitel 40 wird versucht, die verschiedenen Modulatoren des Wärmetransports und ihre Zusammenhänge zu ermitteln. Kapitel 41 konzentriert sich auf die Sonne als den wichtigsten Modulator des Wärmetransports auf hundertjährigen Zeitskalen.

In Abschnitt 12 werden einige Beweise vorgestellt, die die Winterpförtner-Hypothese stark unterstützen. Kapitel 42 zeigt, wie Beobachtungen einige der vorgeschlagenen Rolle der Sonne beim Klima bestätigen. Kapitel 43 zeigt, dass der von dieser neuen Hypothese vorgeschlagene Mechanismus in der Lage ist, den Energiehaushalt des Planeten zu verändern und einen Klimawandel zu verursachen.

In Teil IV wird untersucht, wie die CO_2-basierte und die auf dem Wärmetransport basierende Hypothese im Vergleich erklären, wie sich das Klima in der Vergangenheit verändert hat, wie es sich jetzt verändert und wie es sich in Zukunft verändern wird.

In Abschnitt 13 werden beide Hypothesen mit dem Klimawandel der Vergangenheit konfrontiert. Kapitel 44 zeigt die Überlegenheit der Winterpförtner-Hypothese bei der Erklärung der rätselhaften Klimaveränderungen in der fernen Vergangenheit. In Kapitel 45 wird die Konfrontation auf das Holozän ausgedehnt, wo sich die neue Hypothese erneut als überlegen erweist, wenn es darum geht, allgemeine Klimatrends und spezifische Ereignisse wie das vor 2.800 Jahren zu erklären. Kapitel 46 zeigt, dass die Hypothese des verstärkten CO_2-Effekts die jüngste 200-jährige Erwärmung und die in den letzten 100 Jahren beobachteten Veränderungen der Erwärmungstrends nicht erklären kann.

In Abschnitt 14 werden bekannte Mechanismen des Klimawandels untersucht, die durch die Hypothese des verstärkten CO_2-Effekts nicht hinreichend erklärt werden können, aber durch die Winterpförtner-Hypothese leicht zu erklären sind. In Kapitel 47 wird eine bekannte fehlende Ursache des Klimawandels erläutert, die in der Lage ist, den Klimaäquator erheblich zu verschieben. Außerdem wird die Schwierigkeit erörtert, die verwirrende Vielfalt der niederfrequenten internen Variabilitätsphänomene richtig zu bewerten und zu berücksichtigen. In Kapitel 48 wird das Versäumnis hervorgehoben, Klimaregime und -verschiebungen, deren Auswirkungen fälschlicherweise dem anthropogenen Einfluss zugeschrieben werden, angemessen zu berücksichtigen.

Abschnitt 15 befasst sich mit den Klimamodellen, die die Hauptgrundlage für die Hypothese des verstärkten CO_2 Effekts bilden. Kapitel 49 gibt einen Überblick über einige ihrer bekannten Probleme und zeigt, dass die Klimamodelle das reale Klima nicht abbilden. Kapitel 50 gibt Beispiele dafür, warum wir als Gesellschaft die Vorhersagen der Klimamodelle besser ignorieren sollten.

Schließlich hat Abschnitt 16 nur ein Kapitel, 51, das zeigt, wie die Hypothesen „Winter Pförtner" und „Verstärkter CO_2-Effekt" zu sehr unterschiedlichen Vorhersagen des Klimas führen, das wir in den nächsten 25 Jahren erwarten können, was die Hoffnung weckt, dass wir in der Lage sein sollten, eine von beiden zu falsifizieren.

Was dieses Buch zu bieten hat

Die Hauptstärke dieses Buches liegt darin, dass es eine Führung durch die erstaunlichen Beweise bietet, die Wissenschaftler zusammengetragen haben, und die die vielen Möglichkeiten aufzeigen, wie sich das Klima aufgrund verschiedener Faktoren verändert, von denen einige immer noch schlecht verstanden werden. Diese Augen öffnende Enthüllung stellt die allzu vereinfachte Vorstellung in Frage, dass das atmosphärische CO_2 der primäre Regulator der Erdtemperatur ist.[13]

Aus diesen Erkenntnissen ergibt sich ein entscheidender Punkt. Veränderungen im polwärts gerichteten Wärmetransport haben einen starken Einfluss auf den globalen Klimawandel, doch wurde dieser Aspekt trotz umfangreicher Beweise übersehen. Die aus diesem Befund abgeleitete Winterpförtner-Hypothese ist zwar relevant, aber ihre letztendliche Richtigkeit ist von untergeordneter Bedeutung. Was zählt, ist die Erkenntnis, dass wir den Klimawandel immer noch nicht gut genug verstehen, um kostspielige Lösungen zu implementieren, die möglicherweise nicht die gewünschten Auswirkungen haben.

Wie auch immer Sie zum Klimawandel stehen, die Lektüre dieses Buches wird zweifellos Ihre Sichtweise ändern. Es enträtselt eine erstaunliche und außerordentlich komplexe Reihe von Prozessen, die über lange Zeiträume stabil erscheinen und sich dann abrupt ändern können. Während zahlreiche Autoren versucht haben, den Klimawandel zu erklären, ist es mein Ziel, ihn zum Leben zu erwecken. Ich hoffe, dass dieses Buch das gleiche Gefühl des Staunens vermitteln kann, das ich bei der Entdeckung der sich ständig verändernden Natur unseres Klimas erlebt habe.

---

[13] Lacis, A.A., et al., 2010. Science, 330 (6002), pp.356-359.
    doi.org/10.1126/science.1190653

TEIL I. KLIMA UND ENERGIE

ABSCHNITT 1. KLIMASYSTEM EINGEHENDE ENERGIE

KAPITEL 2
SOLARENERGIE

Die Sonnenenergie treibt das gesamte Klimasystem an. Die Menge der Sonnenenergie schwankt geringfügig mit dem Sonnenzyklus, aber diese Veränderungen sind im ultravioletten Teil des Spektrums am wichtigsten. Die Unterschiede in der Menge der Sonnenenergie, die die Oberfläche in verschiedenen Breitengraden erreicht, sind aufgrund der jahreszeitlichen Schwankungen für die Vielfalt des Klimas auf der Erde verantwortlich. Diese Veränderungen der Sonnenenergie sind auch für den Beginn und das Ende von Eiszeiten verantwortlich.

Die Sonne treibt das Klima an

Der überwiegende Teil der Energie, die das Klimasystem[14] antreibt und das Leben auf der Erde unterstützt, stammt von der Sonne. Die Menge der einfallenden Sonnenstrahlung ist atemberaubend und wird auf 173.000 TW (Terawatt oder eine Billion Watt) geschätzt. Zum Vergleich: Der geothermische Wärmestrom aus radioaktivem Zerfall und Urwärme wird auf 47 TW geschätzt, die menschliche Wärmeproduktion auf 18 TW und die Gezeitenenergie von Mond und Sonne auf 4 TW. Andere Energiequellen wie Sonnenwind, solare Teilchen, Sternenlicht, Mondlicht, interplanetarer Staub, Meteoriten oder kosmische Strahlung sind im Vergleich dazu unbedeutend. Das bedeutet, dass die Sonneneinstrahlung für mehr als 99,9 % des Energieeintrags in das Klimasystem verantwortlich ist.

Art der Sonneneinstrahlung

Bei einer durchschnittlichen Entfernung von 150 Millionen km von der Sonne empfängt die Erde einen Strahlungsenergiefluss von 1361 W/m^2 (definiert als gesamte solare Bestrahlungsstärke) am Obergrenze der Atmosphäre, der üblicherweise bei 100 km liegt.[15] Fast die Hälfte dieser Energie gelangt in den sichtbaren Bereich (400-700 nm), mehr als 40 % in den Infrarotbereich (über 700 nm) und weniger als 10 % in den ultravioletten Bereich (UV, unter 400 nm; siehe Kasten 1).

Der Sonnenzyklus

Die Sonne ist, wie die meisten Sterne, ein veränderlicher Stern. Ihre Leuchtkraft schwankt entsprechend verschiedener Periodizitäten, von denen die bekannteste ihre 27-tägige Rotationsperiode und eine unregelmäßigere 11-jährige Periode ist. Diese fast dekadische Periodizität wird einfach als Sonnenzyklus bezeichnet (Abb. 3).

Die Ursache für diesen Zyklus ist eine periodische Energieverschiebung zwischen den beiden Magnetfeldern der Sonne, die durch den Sonnendynamo erzeugt wird. Er äußert sich im Auftreten dunkler Flecken auf der Sonnenoberfläche, die seit der Antike bekannt sind und seit der Erfindung des Teleskops

---

[14] Diese Farbe kennzeichnet die erste Verwendung eines Glossarbegriffs.
[15] Nach Angaben der NASA.
earthobservatory.nasa.gov/images/7373/the-top-of-the-atmosphere

hinreichend beschrieben werden. Obwohl Sonnenflecken die Leuchtkraft der Sonne verringern, werden sie von hellen Regionen (Faculae) begleitet, die diesen Verlust mehr als ausgleichen. Je mehr Sonnenflecken, desto mehr Sonnenstrahlung wird produziert.

Glücklicherweise ist die Änderung der gesamten Sonneneinstrahlung während des Sonnenzyklus minimal, nur etwa 1,37 W/m² oder 0,1 %. Dieser Unterschied ist jedoch ungleichmäßig über das Sonnenspektrum verteilt, wobei sich der UV-Anteil am stärksten und der sichtbare und infrarote Anteil nur wenig verändert (Kasten 1).

Die Radioemissionen sind ein weiterer Teil des Sonnenspektrums, der im Laufe des Sonnenzyklus erhebliche Schwankungen aufweist. Tägliche Aufzeichnungen der Sonnenemissionen bei 10,7 cm Wellenlänge (2800 MHz) wurden gemacht, um die Sonnenaktivität der letzten 80 Jahre zu verfolgen. Sie haben den Vorteil, dass sie im Gegensatz zu den Sonnenfleckenzahlen nie gegen Null gehen.

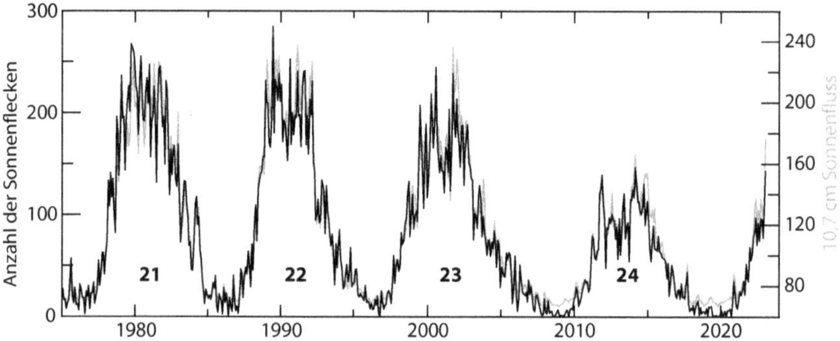

Abbildung 3. Der 11-jährige Sonnenzyklus seit 1975. Die Sonnenaktivität wird anhand der monatlichen Sonnenfleckenzahl (schwarze Kurve, linke Skala) und des monatlichen solaren Flusses bei 10,7 cm Radiofrequenz (graue Kurve, rechte Skala) gemessen.[16] Jeder Sonnenzyklus seit 1750 hat eine Nummer, und wir befinden uns derzeit im Zyklus 25.

Entfernung zur Sonne und ihr Einfluss auf die Bestrahlungsstärke

Die Gesamtsonneneinstrahlung wird für den mittleren Abstand von der Sonne berechnet, aber aufgrund der elliptischen Umlaufbahn der Erde schwankt der Abstand zur Sonne im Laufe des Jahres. Im Perihel (um den 4. Januar) ist die Erde 5 Millionen km näher an der Sonne als im Aphel (um den 4. Juli), was zu einem Unterschied in der Bestrahlungsstärke von 6,9 % führt. Diese jährliche Schwankung ist größer als die Veränderung während des Sonnenzyklus. Die Erde ist in diesem Prozess jedoch nicht passiv und passt die Energie, die sie reflektiert und zwischen den Hemisphären transportiert, an, wodurch dieser große Unterschied teilweise kompensiert wird. Andere Faktoren, wie die ungleiche Verteilung der Kontinente und Ozeane zwischen den Hemisphären, wirken sich ebenfalls darauf aus, wie die Erde auf die Sonneneinstrahlung reagiert. Interessanterweise ist die Erde wärmer, wenn sie weiter von der Sonne entfernt ist, und kühler, wenn sie ihr näher ist (Kap. 5).

---

[16] Daten des Königlichen Observatoriums von Belgien, Brüssel.

Kasten 1. Variabilität des Sonnenstrahlungsspektrums

Obwohl die Gesamtvariabilität der solaren Bestrahlungsstärke während des Sonnenzyklus mit nur 0,1 % minimal ist, verbirgt dieser Durchschnitt wichtige Veränderungen in bestimmten Teilen des Spektrums, die erhebliche klimatische Auswirkungen haben. Der UV-Teil des Spektrums zwischen 200-240 nm, der nicht nur für die Bildung von Ozon, sondern auch für die Existenz der Stratosphäre verantwortlich ist, weist eine Variabilität von 3 % im Sonnenzyklus auf, 30 Mal mehr als die Gesamtvariabilität! Daher sollten die wichtigsten Auswirkungen der solaren Variabilität auf das Klima in der Stratosphäre und nicht an der Oberfläche gesucht werden (Kap. 14).

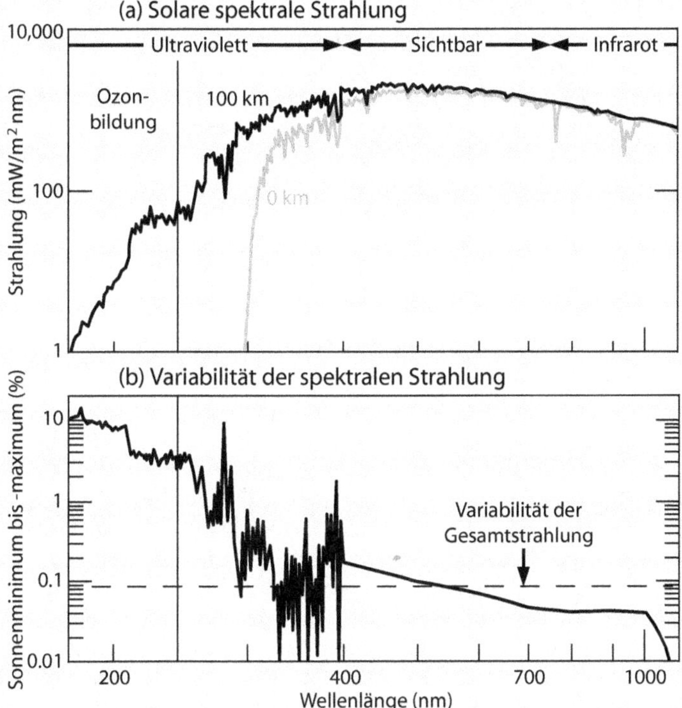

Abbildung B1. Solare Bestrahlungsstärke und ihre Variabilität. (a) Die solare Bestrahlungsstärke ist gegen die Wellenlänge über der Erdatmosphäre (schwarze Kurve) und an der Oberfläche (graue Kurve) für den 200-1.000 nm Teil des Spektrums aufgetragen, der den größten Teil der empfangenen Sonnenenergie enthält. (b) Der Bruchteil der Differenz zwischen dem Maximum und dem Minimum des Sonnenzyklus, wobei die gestrichelte horizontale Linie die gesamte mittlere Variabilität aufgrund des Sonnenzyklus angibt.[17] Man beachte, dass die Schwankungen im UV-Teil des Spektrums größer sind als in anderen Teilen.

---

[17] Abbildung nach Lean, J. & Rind, D., 1998. J. Clim. 11 (12), pp.3069-3094.
www.jstor.org/stable/26244250

Die Wirkung der Jahreszeiten

Die Rotationsachse der Erde ist in einem Winkel geneigt, der über einen Zeitraum von 41.000 Jahren zwischen 24,5° und 22,1° schwankt und als Schiefe bezeichnet wird. Die aktuelle Neigung beträgt 23,44° und wird in den nächsten 12.000 Jahren abnehmen. Die Neigung der Erde hat großen Einfluss darauf, wie sich die Sonneneinstrahlung über das Jahr hinweg auf der Erdoberfläche verteilt, und ihre langsame Veränderung ist eine der Hauptursachen für die Vergletscherung. Über einige Jahrhunderte hinweg kann die Schieflage als nahezu konstant angesehen werden, und die Hauptauswirkung der Achsenkippung besteht darin, dass die Sonne nicht das ganze Jahr über dem Äquator steht. Gegenwärtig ändert die Sonne ihre Position am Himmel relativ zum Äquator (Deklinationswinkel) von 23,44° (nördlich des Äquators) zur Juni-Sonnenwende bis –23,44° (südlich des Äquators) zur Dezember-Sonnenwende. Zu den Tagundnachtgleichen befindet sie sich über dem Äquator (0° Deklination). Die veränderte Verteilung der Sonnenstrahlung, die durch die unterschiedliche Position der Sonne im Verhältnis zur Erdachse verursacht wird, ist für die Jahreszeiten verantwortlich, die ein wesentlicher Bestandteil des Klimas sind. Klimavariablen wie Temperatur, Niederschlag, Windgeschwindigkeit oder Luftfeuchtigkeit weisen einen Jahreszyklus auf, der mit dem Jahreszeitenzyklus gekoppelt ist, selbst am Äquator, wo dieser Effekt weniger ausgeprägt ist. Dies ist ein deutliches Zeichen dafür, dass das Klima hauptsächlich auf die von der Sonne kommende Energie reagiert, eine Tatsache, die seit der Antike bekannt ist.

Ungleichmäßige Verteilung der Sonnenenergie

Die Kugelgestalt der Erde und ihre axiale Neigung bewirken, dass der größte Teil der einfallenden Sonnenenergie auf die tropischen und subtropischen Regionen (zwischen 35 Grad Nord und Süd) fällt. Die kreisförmige Scheibe der von der Sonne eintreffenden Energie mit einem Fluss von 1361 W/m^2 ergibt einen Durchschnitt von 340 W/m^2, der über die gesamte Oberseite der Planetenatmosphäre (einschließlich der Nachtseite) verteilt ist. Dieser Durchschnittswert spiegelt jedoch nicht wider, wie die Energie verteilt ist. Der Jahresdurchschnitt in den Tropen und Subtropen liegt bei 400 W/m^2, während er in den Polarregionen bei 190 W/m^2 liegt. Bei der derzeitigen Betrachtung des Klimawandels wird jede Veränderung dieses durchschnittlichen Strahlungsflusses als der solare Strahlungsantrieb betrachtet, der für die Auswirkungen einer sich verändernden Sonne auf das Klima verantwortlich ist.

Die mittlere jährliche Verteilung der Sonneneinstrahlung sagt wenig aus über die tiefgreifenden Veränderungen beim Eintreffen der Sonnenenergie, die mit den Jahreszeiten auftreten. In der Nähe der Wintersonnenwende erhalten die hohen Breiten monatelang keine Sonneneinstrahlung, während sie in der Nähe der Sommersonnenwende eine konstante Sonneneinstrahlung erhalten. Auch in mittleren Breitengraden sind die jahreszeitlichen Veränderungen sehr ausgeprägt, wenn auch nicht so extrem wie in hohen Breitengraden. In Äquatornähe hingegen ändert sich die Sonneneinstrahlung an der Oberseite der Atmosphäre im Laufe der Jahreszeiten kaum.

Die Berechnung der durchschnittlichen Sonneneinstrahlung über das ganze Jahr und die gesamte Oberfläche des Planeten vereinfacht die Berechnungen erheblich. Sie verschleiert jedoch die tiefgreifenden Auswirkungen der jahreszeitlichen und latitudinalen Einstrahlungsänderungen auf das Klima.

Sonneneinstrahlung und ihr Breitengradient

Die Sonneneinstrahlung, d. h. die Menge an Sonnenenergie, die pro Flächeneinheit auf der Erdoberfläche auftrifft, ist eine entscheidende Determinante der Oberflächentemperatur. Aufgrund der Geometrie der Erde nimmt die Sonneneinstrahlung mit zunehmender geografischer Breite drastisch ab. Im Gegensatz zur solaren Bestrahlungsstärke, die die Sonnenenergie am Obergrenze der Atmosphäre misst, wird die Sonneneinstrahlung durch verschiedene Faktoren wie atmosphärische Bedingungen, Wolkenbedeckung und Reflexionsvermögen der Oberfläche beeinflusst.

Diese Faktoren wirken sich in höheren Breitengraden stärker aus, wo es mehr Wolken, Eis und Schnee gibt und wo die Sonnenenergie einen längeren Weg hat und stärker gestreut wird. Infolgedessen gibt es einen großen Unterschied in der Menge der empfangenen Sonnenenergie zwischen den Tropen und den hohen Breiten, wodurch ein Breitengradient der Sonneneinstrahlung entsteht, der sich vom Äquator bis zu den Polen erstreckt. Dieser Gradient ist die Hauptursache für die Temperaturunterschiede zwischen diesen Regionen.

Der Temperaturgradient wiederum treibt den Wärmetransport an, und eine seiner wichtigsten Formen ist die durch die Verdunstung von Wasser erzeugte latente Wärme, die dann durch Kondensation und Niederschlag an die Oberfläche zurückkehrt. Der Sonneneinstrahlungsgradient, der Temperaturgradient und der Wärmetransport führen zu den verschiedenen Klimazonen der Erde und dem allgemeinen Klimazustand, den zentralen Konzepten, die in diesem Buch untersucht werden.

Zusammengefasst

Die Menge der empfangenen Sonnenenergie schwankt in einem jährlichen und 11-jährigen Zyklus. Die durch den Sonnenzyklus bedingten Veränderungen sind jedoch nur für den ultravioletten Teil des Spektrums von Bedeutung, der in der Stratosphäre absorbiert wird.

KAPITEL 3
ALBEDO

Die Reflexion von 29 % der einfallenden kurzwelligen Sonnenenergie zurück in den Weltraum wird als Albedo bezeichnet. Nahezu 90 % der Albedo ist auf die Atmosphäre zurückzuführen, vor allem auf Wolken. Die Albedo ist in hohen Breitengraden am höchsten und trägt zu deren großem Energiedefizit bei, das durch den Wärmetransport ausgeglichen werden muss. Die Albedo scheint eine sehr begrenzte Eigenschaft des Klimasystems zu sein, die nur eine sehr geringe interannuelle Variabilität und eine überraschende interhemisphärische Symmetrie aufweist. Das Fehlen einer Theorie, die den Wert der Albedo und ihre geringe Variabilität erklärt, und die geringe Fähigkeit der Modelle, sie zu reproduzieren, verdeutlichen unser mangelndes Verständnis einer der grundlegendsten Eigenschaften des Klimas.

Was ist die Albedo?

Wenn Sonnenlicht auf die Erde trifft, wird ein Teil davon absorbiert und ein anderer Teil in den Weltraum zurückgeworfen. Die Albedo ist die relative Menge (das Verhältnis) zwischen reflektiertem und einfallendem Sonnenlicht und wird als dimensionslose Größe zwischen 0 und 1 ausgedrückt. Dieses Konzept ist für das Klima von grundlegender Bedeutung, da es bestimmt, wie viel Energie die Erde absorbiert. Wie wir in Kapitel 2 gesehen haben, empfängt die Erde durchschnittlich 340 W/m^2 von der Sonne, absorbiert 242 W/m^2 (71 %) und reflektiert 99 W/m^2 (29 %). Die Albedo der Erde beträgt 0,29, was bedeutet, dass 29 % des einfallenden Sonnenlichts in den Weltraum zurückgeworfen werden. Die Wissenschaftler wissen nicht, warum die Albedo der Erde diesen Wert hat, aber sie glauben, dass sie sich im Laufe der Jahrtausende nur sehr wenig verändert haben muss, da sonst die Temperatur der Erde stärker beeinflusst worden wäre. Eine Albedo von 0,32 würde beispielsweise zu einer Vergletscherung führen, während eine Albedo von 0,27 die Bedingungen der Kreidezeit mit Palmen an den Polen wiederherstellen würde.[18]

Atmosphärische Albedo

Wolken spielen eine wesentliche Rolle für die Albedo der Erde, denn fast 60 % der Erdoberfläche sind von Wolken bedeckt. Diese Wolken erscheinen von oben weiß, weil sie Licht aller sichtbaren Wellenlängen reflektieren. Die Wolken reflektieren 45 W/m^2, das ist fast die Hälfte der Albedo der Erde (13 % Reflexion, Abb. 4). Es ist jedoch erwähnenswert, dass es verschiedene Arten von Wolken in unterschiedlichen Höhen gibt, und sie absorbieren auch Infrarotstrahlung von oben und unten, was ihre Rolle im Klima noch komplexer macht.

Die Erdatmosphäre besteht aus Gasen und enthält Aerosole, d. h. flüssige und feste Partikel in Schwebe (mit Ausnahme von Wolken und Niederschlägen). Diese Aerosole haben einen starken Einfluss auf die Wolkenbildung, indem sie als Kondensationskerne wirken, ein Phänomen, das als indirekter

---

[18] Ramanathan, V., 2008. iLEAPS, (5), S.18.

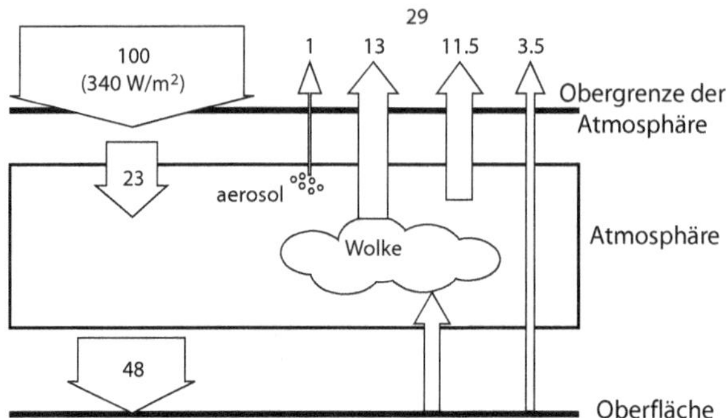

Abbildung 4. Schematische Darstellung der Albedo der Erde. An der Spitze der Erdatmosphäre empfängt der Planet durchschnittlich 340 W/m² Sonnenstrahlung. Von dieser Menge werden 23 % von der Atmosphäre und 48 % von der Oberfläche absorbiert. Die restlichen 29 % werden durch die Albedo in den Weltraum zurück reflektiert. Die Wolken tragen mit 13 % der reflektierten Energie am meisten zur Albedo bei, gefolgt von der atmosphärischen Albedo bei klarem Himmel mit 11,5 %. Interessanterweise schwächt die Atmosphäre die Albedo der Oberfläche ab und reduziert sie auf 3,5 % der empfangenen Kurzwellenstrahlung. Obwohl Aerosole nur wenig zur atmosphärischen Albedo beitragen, können sich Veränderungen in ihrer Konzentration dennoch spürbar auf die Albedo der Erde auswirken

Strahlungsantrieb durch Aerosole bekannt ist. Die indirekte Wirkung von Aerosolen ist jedoch noch nicht ausreichend erforscht und stellt eine wichtige Quelle der Unsicherheit in Klimamodellen dar.

Aerosole können auch Strahlung streuen und absorbieren, und zwar durch direkten Strahlungsantrieb. Streuung tritt auf, wenn elektromagnetische Wellen von ihrem ursprünglichen Weg abgelenkt werden, was direkte Sonnenstrahlung in diffuse Strahlung umwandeln und zur Albedo beitragen kann. Der Beitrag von Aerosolen zur Albedo ist relativ gering und macht nur etwa 1 % der auf diese Weise reflektierten einfallenden Energie aus (Abb. 4). Dennoch ist die Albedo so wichtig, dass selbst ein tropischer Vulkanausbruch eine globale Abkühlung bewirken kann, indem er die Menge der Aerosole in der Stratosphäre erhöht.

Neben Aerosolen kann auch jedes Atom in der Atmosphäre Streuung verursachen. Aus diesem Grund erscheint der Himmel blau, weil die Streuung an Sauerstoff und Stickstoff für den energiereicheren blauen Teil des sichtbaren Spektrums wahrscheinlicher ist. Infolgedessen wird von jedem Teil der Atmosphäre mehr blaues Licht gestreut, wodurch das Phänomen des blauen Himmels entsteht. Diese Streuung trägt auch zur Albedo bei, die mehr als ein Drittel der Albedo ausmacht (Abb. 4).

Oberflächenalbedo

Alle Oberflächen haben eine gewisse Albedo, das heißt, sie reflektieren einen Teil des Lichts. Ozeane und Vegetation haben eine geringe Albedo, während Wüsten und Schnee oder Eis eine hohe Albedo haben. Die Oberflächenalbedo trägt jedoch nur wenig zur globalen mittleren planetarischen Albedo bei, da atmosphärische Prozesse den Beitrag der Oberflächenalbedo um einen Faktor von etwa 3 abschwächen. Nur 3,5 % des einfallenden Sonnenlichts wird von der Oberfläche in den Weltraum zurückreflektiert (Abb. 4).

Der rasche Rückgang des arktischen Meereises in den ersten Jahren dieses Jahrhunderts hat Bedenken hinsichtlich einer unkontrollierbaren Eis-Albedo-Rückkopplung geweckt. Der Verlust des Meereises würde die Albedo verringern, und zusätzliche Sonnenenergie würde zu einem weiteren Verlust des Meereises führen. Modelle, die den raschen Verlust reproduzierten, sagten einen Kipppunkt voraus, der bis 2040 zu einer eisfreien Arktis führen würde, was in der Öffentlichkeit Ängste auslöste.[19] Neuere Arbeiten deuten jedoch darauf hin, dass bis zu 60 % des Rückgangs der Meereisausdehnung im September seit 1979 auf Veränderungen der atmosphärischen Zirkulation zurückzuführen sein könnten.[20] Darüber hinaus verringert die anhaltende arktische Sommerbewölkung die Eis-Albedo-Rückkopplung erheblich.[21] Die Erkenntnis, dass die interne Variabilität ein wichtigerer Faktor ist als erwartet, erklärt, warum sich der Rückgang des arktischen Sommermeereises seit 2007 entgegen allen Erwartungen so stark verlangsamt hat.

Albedo-Verteilung

Betrachtet man die Albedo nach Breitengraden, so zeigt sich eine sehr unregelmäßige Verteilung (Abb. 5). Sie ist in hohen Breitengraden am höchsten und in den Tropen am niedrigsten. Die atmosphärische Albedo ist auf der südlichen Hemisphäre bei etwa 60°S und in der Arktis am höchsten, mit einer kleinen Spitze in den Tropen aufgrund der starken Bewölkung. Die Oberflächenalbedo hingegen trägt nur in den Polarregionen aufgrund der Albedo von Eis und Schnee wesentlich bei.

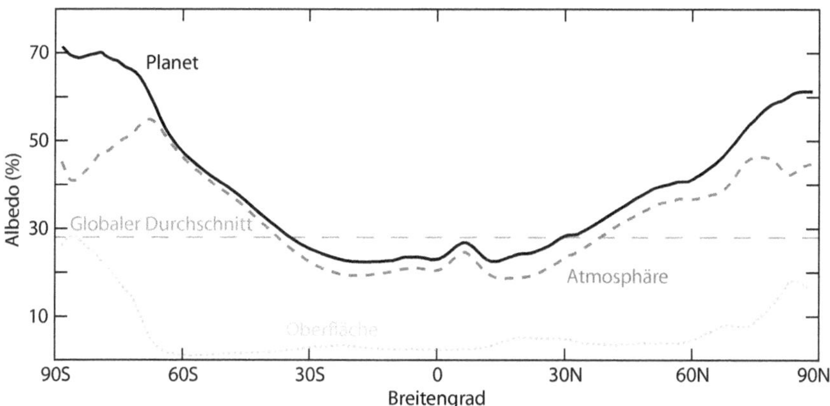

Abbildung 5. Albedo-Verteilung. Verteilung der Albedo in Breitengraden, aufgeteilt in atmosphärische und Oberflächenkomponenten. Beachten Sie den niedrigen Albedo-Wert zwischen 35 ° N-35°S, wo die meiste Sonnenstrahlung die Erde erreicht.[22]

Wie wir in Kapitel 2 gelernt haben, erhalten die Tropen und Subtropen den größten Teil der Sonnenenergie, die den oberen Teil der Atmosphäre erreicht. Wir wissen jetzt jedoch, dass die mittleren und hohen Breiten, die weniger E-

[19] Holland, M.M., et al., 2006. Geophys. Res. Lett. 33 (23). doi.org/10.1029/2006GL028024

[20] Ding, Q., et al., 2017. Nat. Clim. Chang. 7 (4), pp.289-295. doi.org/10.1038/nclimate3241

[21] Sledd, A. & L'Ecuyer, T.S., 2021. Front. Earth Sci. p.1067. doi.org/10.3389/feart.2021.769844

[22] Abbildung nach Donohoe, A. & Battisti, D.S., 2011. J. Clim. 24 (16), pp.4402-4418. doi.org/10.1175/2011JCLI3946.1

nergie erhalten, einen größeren Teil der Sonnenenergie zurück ins All reflektieren. Die Albedo verstärkt die mit dem Breitengrad abnehmende Absorption der Sonnenenergie und erhöht die Notwendigkeit, Wärme von den Tropen zu den Polen zu transportieren. Die Breitenverteilung der planetarischen Albedo ist mit dem Temperaturgefälle zwischen dem Äquator und den Polen und dem gesamten Wärmetransport im Klimasystem verflochten.

Albedo-Variabilität

Die jährlichen Schwankungen der Albedo zeigen ein deutliches halbjährliches Muster mit Spitzenwerten im Mai und Oktober. Dieser Zyklus wird hauptsächlich durch Veränderungen der Sonneneinstrahlung vor der Sonnenwende auf jeder Hemisphäre beeinflusst. Er ist auf die Oberflächenalbedo von schneebedeckten Landflächen und die atmosphärische Albedo aufgrund von Veränderungen der Wolkenbedeckung zurückzuführen. Die Albedo des Planeten steigt und sinkt während dieses halbjährlichen Zyklus um 1 %. Allerdings können Modelle den beobachteten Jahreszyklus der Albedo nicht realistisch wiedergeben.[23]

Wirklich beeindruckend ist die geringe interannuelle Variabilität der globalen Albedo. Die interannuelle Variabilität des reflektierten Flusses beträgt 0,2 W/m^2, was nur 1,4 % des Jahreszyklus dieses Flusses und 0,2 % der gesamten globalen Albedo ausmacht. Diese geringe interannuelle Variabilität wird weitgehend durch die Wolkenvariabilität bestimmt, was darauf hindeutet, dass Wolkenveränderungen die Albedo-Variabilität stark beeinflussen. Allerdings geben die Modelle diese geringe interannuelle Variabilität der Albedo nicht genau wieder.

Da die Albedo ein entscheidender Aspekt des Klimas und der Energiebilanz des Planeten ist (Kap. 6), stellt das Fehlen einer umfassenden Theorie, die ihren konstanten Wert, ihre interhemisphärische Symmetrie (Kasten 2) und die Art und Weise, wie Wolken sie regulieren, erklärt, in Verbindung mit der unzureichenden Darstellung dieser Eigenschaften oder ihres Jahreszyklus in Modellen ein erhebliches Hindernis für unser Verständnis des Klimawandels dar. Albedo und Wärmetransport sind miteinander verknüpft, und die Unfähigkeit der Modelle, die Albedo korrekt wiederzugeben, legt nahe, dass auch der Wärmetransport falsch dargestellt wird (Kap. 10).

Kasten 2. Die innertropische Konvergenzzone und die interhemisphärische Albedo-Symmetrie.

Ein Band aus Wolken und Stürmen umgibt die Erde in der Nähe des Äquators und erzeugt eine kleine Spitze in der Albedo um 6°N (Abb. 5). In dieser Region, der so genannten Innertropischen Konvergenzzone (ITCZ), treffen die warmen, feuchten Passatwinde aus beiden Hemisphären aufeinander und steigen durch Konvektion als Teil des aufsteigenden Zweigs der Hadley-Zirkulation auf. Die ITCZ ist der klimatische Äquator der Erde, und ihre Position verschiebt sich mit den Jahreszeiten, indem sie sich während des Sommers der Nordhalbkugel nach Norden bewegt und während des Sommers der Südhalbkugel in die südliche He-

---

[23] Stephens, G.L., et al., 2015. Rev. Geophys. 53 (1), pp.141-163.
    doi.org/10.1002/2014RG000449

misphäre übergeht. Aus unbekannten Gründen neigen die Modelle jedoch dazu, eine falsche doppelte ITCZ im tropischen Pazifik zu erzeugen.[24]

Die Verteilung der Landoberfläche und der Eisdecke der Erde zwischen den Hemisphären ist sehr asymmetrisch. Während des Sommers der Südhalbkugel ist die Erde näher an der Sonne und erhält 6,9 % mehr Sonnenlicht als während des Sommers der Nordhalbkugel. Trotz dieser Unterschiede reflektieren beide Hemisphären die gleiche Menge an Sonnenlicht innerhalb von ~ 0,2 W/m^2 (0,2 %). Dies wird durch eine Veränderung der Wolkenbedeckung auf der Südhalbkugel erreicht, die die größere Reflexion durch die größeren Landmassen auf der Nordhalbkugel genau ausgleicht. Allerdings gelingt es den Modellen auch nicht, diese interhemisphärische Albedo-Symmetrie zu reproduzieren.

Die interhemisphärische Albedo-Symmetrie trägt dazu bei, die Unterschiede in der Menge der von den beiden Hemisphären absorbierten Sonnenenergie zu verringern. Obwohl die südliche Hemisphäre mehr Energie von der Sonne erhält, ist sie etwa 2 °C kälter als die nördliche Hemisphäre. Mehrere Faktoren tragen dazu bei, dass die Südhalbkugel kälter ist, obwohl sie mehr Energie erhält: hemisphärische Unterschiede in der Land-/Ozeanverteilung, die Kälte der Antarktis, jahreszeitliche Veränderungen der Albedo, interhemisphärische Albedo-Symmetrie und Wärmetransport nach Norden über den Äquator (Abb. 25, Kap. 17). Die Ozeane, insbesondere der Atlantik, dominieren diesen Wärmetransport und transportieren 0,45 PW (Petawatt, eine Billiarde Watt) Wärme nach Norden über den Äquator. In der Zwischenzeit transportiert die Atmosphäre aufgrund der durchschnittlichen Position der ITCZ in der nördlichen Hemisphäre etwa 0,27 PW an Wärme über den Äquator nach Süden. Der Nettowärmetransport in die nördliche Hemisphäre beträgt etwa 0,18 PW, das sind etwa 3 % der 6 PW Energie, die bei 35°N polwärts transportiert werden.[25]

Zusammengefasst

Die Albedo bezieht sich auf die Reflexion von etwa 29 % der Sonnenenergie durch die Erde, hauptsächlich durch Wolken, Eis und Schnee. Die Atmosphäre reflektiert siebenmal so viel Energie wie die Oberfläche. Die Albedo ist in hohen Breitengraden höher, was ihr Energiedefizit vergrößert. Die Albedo ändert sich von Jahr zu Jahr nur sehr wenig (nur 0,2 %), und sie scheint durch Veränderungen der Wolkenbedeckung gesteuert zu werden. Wir verstehen nicht, warum die Albedo ihren spezifischen Wert hat, warum sie sich nur minimal ändert und warum beide Hemisphären der Erde trotz ihrer sehr unterschiedlichen Oberflächeneigenschaften denselben Wert haben.

---

[24] Si, W., et al., 2021. Geophys. Res. Lett. 48 (23), p.e2021GL094779.
  doi.org/10.1029/2021GL094779
[25] Stephens, G.L., et al., 2016. Curr. Clim. Change Rep. 2, pp.135-147.
  doi.org/10.1007/s40641-016-0043-9

KAPITEL 4
SOLARENERGIEVERTEILUNG

Die Hälfte der vom Klimasystem absorbierten Sonnenenergie geht an die Ozeane, ein Drittel an die Atmosphäre und 17 % an die Landoberfläche. Die Stratosphäre erhält 1,2 % der Energie, fast ausschließlich im ultravioletten Bereich des Spektrums.

Energieabsorption durch die Stratosphäre

Die stratosphärische Ozonschicht absorbiert die Sonnenenergie im Spektralbereich von 200-315 nm. Diese Energie hat einen großen Einfluss auf die Temperatur und die Zirkulation in der Stratosphäre. Obwohl dieser Wellenlängenbereich etwas mehr als 1 % der Gesamtenergie ausmacht (Abb. 6), schwankt er dreißig mal stärker mit der Sonnenaktivität als der Bereich >320 nm (Abb. B1, Kap. 2). Dieser Wellenlängenbereich ist für die strahlungsbedingten und dynamischen Veränderungen verantwortlich, die in der Stratosphäre während des Sonnenzyklus stattfinden. Die durchschnittliche UV-Energieabsorption in der Stratosphäre beträgt 3,85 W/m^2,[26] was nicht unbedeutend ist. Sie macht 5 % der von der Atmosphäre absorbierten Sonnenenergie aus. Im Vergleich zur Troposphäre ist die Stratosphäre etwa fünfmal so groß, enthält aber etwa fünfmal weniger Masse. Aufgrund ihrer viel geringeren Dichte ist die Auswirkung der absorbierten Sonnenenergie auf die Temperatur der Stratosphäre sehr groß.

Energieabsorption in der Troposphäre

Die Absorption der kurzwelligen Strahlung in der Atmosphäre wird auf 80 W/m^2 geschätzt, wovon die Troposphäre 76 W/m^2 absorbiert.[27] Der größte Teil dieser Absorption ist auf Wasser zurückzuführen. Aufgrund der erhöhten Albedo verringern Wolken jedoch die atmosphärische Kurzwellenabsorption im Vergleich zu klarem Himmel leicht.

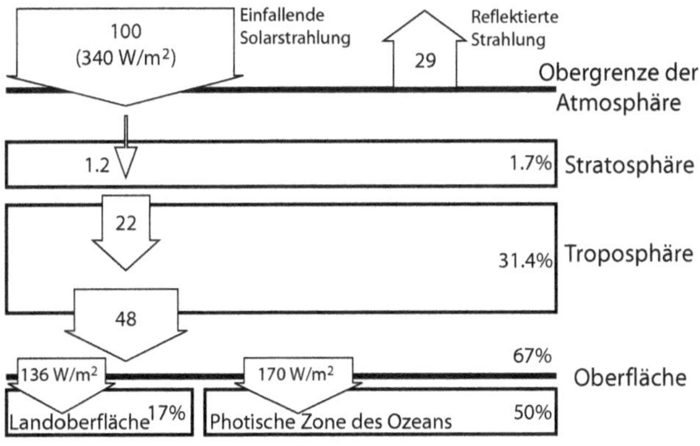

Abbildung 6. Schematische Darstellung der Verteilung der Sonnenenergie im Klimasystem. Der obere Teil der Atmosphäre empfängt eine durchschnittliche Sonneneinstrahlung von 340 W/m^2 und verteilt 29 % als reflektierte Energie, 23 % als von der Atmosphäre absorbierte Energie und

[26] Eddy, J.A., 2003. NASA LWS Sun-Climate Task Group Bericht vom 11.3.2003
[27] Wild, M., et al., 2019. Clim. Dynam. 52, pp.4787-4812.
  doi.org/10.1007/s00382-018-4413-y

48 % als an der Oberfläche abgelagerte Energie. Von der Sonnenenergie, die vom Klimasystem absorbiert wird, werden 50 % vom Ozean, 33 % von der Atmosphäre und 17 % von der Landoberfläche aufgenommen.

Energieabsorption durch die Oberfläche

Die Gesamtoberfläche der Erde beträgt etwa 510 Millionen km^2, wovon die Landoberfläche etwa 149 Millionen km^2 (29 %) ausmacht. Die Landoberfläche hat eine höhere Albedo als der Ozean und reflektiert mehr Sonnenlicht. Infolgedessen beträgt der Fluss der kurzwelligen Sonnenstrahlung, der von der Landoberfläche der Erde absorbiert wird, nur 136 W/m^2, verglichen mit der durchschnittlichen Absorption der Oberfläche von 162 W/m^2.

Andererseits beträgt die Fläche der Weltmeere fast 361 Mio. km^2, was etwa 71 % der Erdoberfläche entspricht. Aufgrund seiner geringeren Albedo empfängt der Ozean einen höheren Fluss an kurzwelliger Strahlung von der Sonne mit 170 W/m^2.

Verteilung von Solarenergie

Die Menge an Sonnenenergie, die von den verschiedenen Teilen des Klimasystems empfangen wird, hat wichtige Auswirkungen auf das Klima des Planeten und den Klimawandel. Die Kryosphäre, die 7,4 % der Erde bedeckt, empfängt aufgrund ihres hohen Reflexionsvermögens (bis zu 80 %) nur sehr wenig Sonnenenergie. Veränderungen in der Menge der Sonnenenergie, die die Kryosphäre in bestimmten Breitengraden empfängt, können jedoch den Klimawandel stark beeinflussen.

Der Ozean absorbiert die Hälfte der Sonnenenergie, die nicht in den Weltraum zurück reflektiert wird (Abb. 6). Diese Energie entspricht 75 % der an der Oberfläche absorbierten Sonnenenergie. Sie gelangt in die photische Zone, die sich im offenen Ozean bis in etwa 200 m Tiefe erstreckt. Die photische Zone ist die wärmste Schicht des Ozeans, und 90 % des Meereslebens lebt dort, unterstützt durch diese Energie.

Etwa ein Drittel der nicht in den Weltraum zurück reflektierten Sonnenenergie wird von der Atmosphäre absorbiert, hauptsächlich in der Troposphäre (31,4 %). Aber auch die Stratosphäre spielt eine Rolle, indem sie UV-Energie absorbiert, die 1,7 % der nicht reflektierten Energie ausmacht. Wie wir in den folgenden Kapiteln sehen werden, hat dies einen großen Einfluss auf die atmosphärische Zirkulation und den Energietransport.

Die Landoberfläche der Erde schließlich empfängt die restlichen 17 % der vom Klimasystem absorbierten Sonnenenergie.

Zusammengefasst

Der größte Teil der Sonnenenergie erreicht den Ozean, wo sie in die Atmosphäre übertragen werden muss. Außerdem erhält die Stratosphäre eine kleine, aber wichtige Menge an Sonnenenergie im ultravioletten Teil des Spektrums.

ABSCHNITT 1 SCHLÜSSELTHEMEN

Das Klimasystem erhält 99,9 % seiner Energie aus der Sonnenstrahlung, die mit einer Schwankungsbreite von nur 0,1 % während des 11-jährigen Sonnenzyklus bemerkenswert konstant ist. Obwohl die UV-Strahlung nur einen kleinen Teil der Gesamtstrahlung ausmacht, haben Veränderungen der UV-Strahlung im Laufe des Sonnenzyklus erhebliche Auswirkungen auf die Stratosphäre. Das regionale und lokale Klima hängt weitgehend von den Unterschieden in der Oberflächeneinstrahlung in verschiedenen Breitengraden und Jahreszeiten ab, während der Gradient der Breiteneinstrahlung eine entscheidende Rolle bei der Gestaltung des globalen Klimas spielt.

Die Erde reflektiert 29 % der Sonnenstrahlung, die sie empfängt, hauptsächlich durch ihre Atmosphäre. Diese Reflexion, die als Albedo bezeichnet wird, ist in hohen Breitengraden am stärksten ausgeprägt und trägt zu deren großem Energiedefizit bei. Modelle können die Albedo, die ein komplexes und unzureichend verstandenes Phänomen ist, nur schlecht wiedergeben. Die Albedo schwankt im Jahresverlauf erheblich, bleibt aber von Jahr zu Jahr bemerkenswert stabil und weist eine unerwartete Symmetrie zwischen den Hemisphären auf.

Die Hälfte der vom Klimasystem absorbierten Sonnenenergie wird von den Ozeanen aufgenommen, ein Drittel von der Atmosphäre und ein Sechstel von der Landoberfläche. Die gesamte Energie muss ihren Weg zurück in die Atmosphäre finden, damit der Planet seine Temperatur halten kann.

ABSCHNITT 2. KLIMASYSTEM
AUSGEHENDE ENERGIE

KAPITEL 5
AUSGEHENDE ENERGIE

Die Temperatur der Erde wird aufrechterhalten, indem die von der Sonne aufgenommene Energie als Wärme im Infrarotbereich des Spektrums in den Weltraum zurückgestrahlt wird. Dieser Prozess wird hauptsächlich von der Atmosphäre getragen, da Treibhausgase (THG) vorhanden sind, die das Entweichen der Infrarotstrahlung erschweren. Die Tropen und Subtropen nehmen mehr Energie auf, als sie abgeben, während in den mittleren und hohen Breiten ein Energiedefizit besteht, das in den hohen Breiten während der kalten Jahreszeit besonders ausgeprägt ist. Der Wärmetransport von Regionen mit Energieüberschuss in Regionen mit Energiedefizit ist ein grundlegendes Merkmal des Klimas. Die Temperatur und die Strahlungsflüsse auf der Erde im Jahresverlauf zeigen jedoch, dass die Vorstellung eines Energiegleichgewichts an der Spitze der Atmosphäre eine zu starke Vereinfachung darstellt.

Wärmestrahlung

Wärmestrahlung ist eine Art von elektromagnetischer Strahlung, die durch die thermische Bewegung von Teilchen in der Materie entsteht. Jede Materie mit einer Temperatur über dem absoluten Nullpunkt sendet Wärmestrahlung aus, die aus einem breiten Spektrum von Frequenzen besteht. Welche Frequenzen dominieren, hängt von der Temperatur des Körpers ab. Da die Sonne zum Beispiel extrem heiß ist, liegt ihre Wärmestrahlung überwiegend im sichtbaren Bereich des Spektrums. Im Gegensatz dazu strahlt die Erde aufgrund ihrer niedrigeren Temperatur hauptsächlich im Infrarotbereich.

Wenn ein Körper, der keine Wärme produziert, eine andere Menge an Wärmestrahlung empfängt als er abgibt, passt er seine Temperatur an, bis er die gleiche Menge abgibt. Mit anderen Worten: Materie neigt von Natur aus dazu, die Energie, die sie empfängt, mit der Energie, die sie abgibt, auszugleichen, indem sie ihre Temperatur ändert. Der entscheidende Faktor bei dieser Temperaturänderung durch Strahlung ist die Differenz zwischen der empfangenen und der abgegebenen Wärmestrahlung, die als Nettofluss bezeichnet wird. Ein Körper, der 1.000 W/m^2 Energie empfängt und 900 W/m^2 abgibt, erwärmt sich genauso schnell wie ein identischer Körper, der 250 W/m^2 empfängt und 150 W/m^2 abgibt, da der Nettostrom in beiden Fällen mit +100 W/m^2 derselbe ist. Wissenschaftler untersuchen diese Eigenschaft der Materie, um zu verstehen, warum sich die Temperatur des Planeten im Laufe der Zeit ändert.

In den letzten 10.000 Jahren ist die durchschnittliche Oberflächentemperatur der Erde relativ stabil geblieben und schwankt nur innerhalb einer Spanne von etwa ±0,7 °C, obwohl es in einigen Regionen größere Veränderungen gab.[28] Dies deutet darauf hin, dass sich die Erde in der Nähe ihrer Gleichgewichtstemperatur befindet, aber es ist wichtig zu wissen, dass sie sich nie wirklich im Gleichgewicht oder im Energiegleichgewicht befindet. Faktoren wie der Abstand und die Ausrichtung der Erde zur Sonne, die atmosphärischen Bedingun-

---

[28] Baggenstos, D., et al., 2019. Proc. Natl. Acad. Sci. U.S.A. 116 (30), pp.14881-14886. doi.org/10.1073/pnas.1905447116

gen, die Kryosphäre und der Wärmetransport ändern sich ständig, so dass die Temperatur der Erde (Kasten 3) und ihre Gleichgewichtstemperatur schwanken. Das ist so, als würde man sagen, dass eine Person, die geht, im Gleichgewicht ist, obwohl sie es in Wirklichkeit nicht ist; stattdessen ermöglicht eine Reihe von teilweise kompensierenden Ungleichgewichten ihr das Gehen.

Aus thermodynamischer Sicht hat die von der Sonne empfangene Energie einen höheren Grad (kürzere Wellenlänge) als die Energie, die die Erde in den Weltraum zurückstrahlt (längere Wellenlänge). Dieser Energieabbau ermöglicht es der Erde, Arbeit zu gewinnen, um ihr Klimasystem zu betreiben und das Leben auf der Erde zu erhalten. Die Entropie des Klimasystems, zu dem auch die Biosphäre gehört, kann abnehmen, wenn die Entropie des Universums zunimmt.

Verteilung der ausgehenden langwelligen Strahlung

Die Erde sendet Infrarotstrahlung in alle Richtungen in den Weltraum aus, und die Menge der ausgestrahlten Strahlung ist proportional zur Temperatur der Erde auf der Kelvinskala. Selbst die Oberfläche der Antarktis, des kältesten Ortes der Erde, sendet eine große Menge an Infrarotstrahlung aus, da sie immer noch viel wärmer ist als der absolute Nullpunkt, der auf der Kelvinskala bei −273,15 °C liegt.

Die Oberflächentemperatur der Erde schwankt mit den Jahreszeiten, wobei jede Hemisphäre im Sommer mehr und im Winter weniger Strahlung abgibt. Mit zunehmender geografischer Breite werden die jahreszeitlichen Schwankungen der Strahlung immer deutlicher. Wie wir in Kapitel 2 gelernt haben, ist der wichtigste Faktor, der die Oberflächentemperatur bestimmt, die Menge der empfangenen Sonneneinstrahlung. Daher strahlen die Regionen, die mehr Energie von der Sonne erhalten, auch mehr Energie in den Weltraum ab.

Die Variabilität der Sonnenenergie, die an der Oberfläche ankommt, ist viel größer als die Variabilität der Wärmeabstrahlung der Oberfläche. Zu jedem beliebigen Zeitpunkt befindet sich die Hälfte des Planeten in Dunkelheit und empfängt keine Energie von der Sonne, während sie fast so viel langwellige Energie wie am Tag abstrahlt. Da die Temperatur des Planeten homogener ist als die Verteilung der Sonnenenergie, erhalten die tropischen Regionen des Planeten mehr Energie als sie ausstrahlen, was zu einem Nettoenergieüberschuss führt, während die mittleren und hohen Breiten im Durchschnitt weniger Energie erhalten als sie ausstrahlen, was zu einem Nettoenergiedefizit führt (Abb. 7a).

Selbst während der langen Polarnacht, wenn die Sonne monatelang nicht scheint und die Temperaturen −50 °C erreichen, sendet der Pol immer noch eine beträchtliche Menge an langwelliger Strahlung in den Weltraum, während er keine empfängt. Daher haben die Polarregionen das größte Nettoenergiedefizit auf unserem Planeten. Da die Erde nur Energie an den Weltraum verliert, kann man sagen, dass die Pole im Winter die größten Energiesenken auf dem Planeten sind, was den Nettoenergiefluss angeht. Gleichzeitig sind die äquatornahen Gebiete (insbesondere die äquatorialen Ozeane) die größte Energiequelle des Planeten (Abb. 7b).

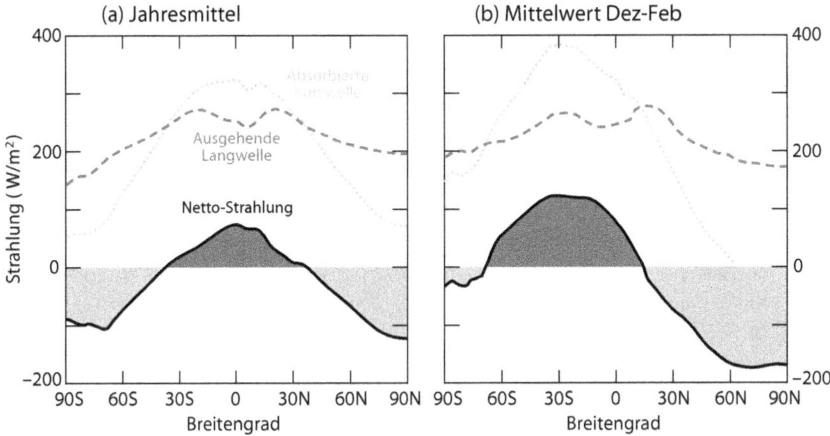

Abbildung 7. Energieverteilung in Breitengraden. Darstellung der jährlichen (a) und Dezember-Februar (b) mittleren absorbierten Sonnenstrahlung (gepunktete hellgraue Linie), der mittleren langwelligen Strahlung (gestrichelte mittelgraue Linie) und ihrer Nettodifferenz (durchgezogene schwarze Linie) um die Breitenkreise.[29] Die dunkelgrauen Bereiche zeigen einen Netto-Energiegewinn an, während die mittelgrauen Bereiche einen Netto-Verlust anzeigen. Aufgrund der kugelförmigen Geometrie der Erde sind die Flächen der Diagramme nicht proportional.

Nach dem Prinzip des thermischen Energiegleichgewichts neigt die Materie dazu, ihre Temperatur auszugleichen, indem sie so viel Energie abgibt, wie sie aufnimmt. Daher sollten sich die Tropen erwärmen, um die gleiche Menge an Energie auszustrahlen, die sie empfangen, während sich die mittleren und hohen Breiten abkühlen sollten, um das gleiche Gleichgewicht zu erreichen. Dieses Gleichgewicht kommt jedoch nicht zustande, weil innerhalb des Klimasystems ständig Wärme transportiert wird, um die Unterschiede in der Sonneneinstrahlung auszugleichen. Der Wärmetransport ist der grundlegendste Aspekt des Klimasystems und ein zentrales Thema dieses Buches, da er die Grundlage der vorgestellten Hypothese bildet. Ohne Wärmetransport, wie auf dem Mond, gäbe es kein Klima.

Kasten 3. Saisonale Veränderungen der Erdtemperatur.

Die Oberflächentemperatur der Erde schwankt im Jahresverlauf stark, mit einer Durchschnittstemperatur von etwa 14,5 °C. Diese Schwankungen sind darauf zurückzuführen, dass der größte Teil der nördlichen Hemisphäre kontinental ist, während der größte Teil der südlichen Hemisphäre ozeanisch ist. Dies führt dazu, dass die nördliche Hemisphäre im Winter kälter und im Sommer wärmer ist. Die Durchschnittstemperatur auf der Erde schwankt im Laufe eines Jahres um 3,8 °C, wobei die Temperaturen zwischen 12,6 °C im Januar und 16,4 °C im Juli liegen (Abb. B3).

---

[29] Daten des NASA-Systems CERES (Clouds and the Earth's Radiant Energy System).

Interessanterweise ist die Erde kurz nach der Juni-Sonnenwende am wärmsten, wenn sie am weitesten von der Sonne entfernt ist, und kurz nach der Dezember-Sonnenwende am kältesten, wenn sie 6,9 % mehr Energie von der Sonne erhält. Während die Menge der ausgehenden langwelligen Strahlung im Allgemeinen der Temperatur folgt, nimmt die Gesamtmenge der vom Planeten abgestrahlten E-nergie (einschließlich der von der Albedo reflektierten Kurzwellen) zu, wenn die Erde kühler ist, und ab, wenn sie wärmer ist. Das bedeutet, dass der Planet während des Winters der Nordhalbkugel, wenn die Erde der Sonne am nächsten ist und die meiste Energie empfängt, eigentlich am kältesten ist, aber die größte E-nergiemenge abstrahlt.

Diese Beobachtung ist überraschend, weil sie der Vorstellung widerspricht, dass ein Planet eine Gleichgewichtstemperatur erreicht, indem er seine ein- und ausgehenden Strahlungsflüsse ausgleicht. Wenn der Planet ein positives Strahlungsgleichgewicht hat (wie durch die weißen Balken in Abb. B3b angezeigt), sollte er sich erwärmen, und wenn er ein negatives Strahlungsgleichgewicht hat (wie durch die grauen Balken in Abb. B3b angezeigt), sollte er sich abkühlen. Dies ist jedoch nicht zu beobachten. Stattdessen kühlt sich die Erde ab, wenn das Strahlungsgleichgewicht von negativ zu positiv wechselt und umgekehrt. Obwohl die Erde nur geringe interannuelle Temperaturschwankungen aufweist, verstehen wir die Mechanismen, die ihre thermische Homöostase regulieren, nicht vollständig.

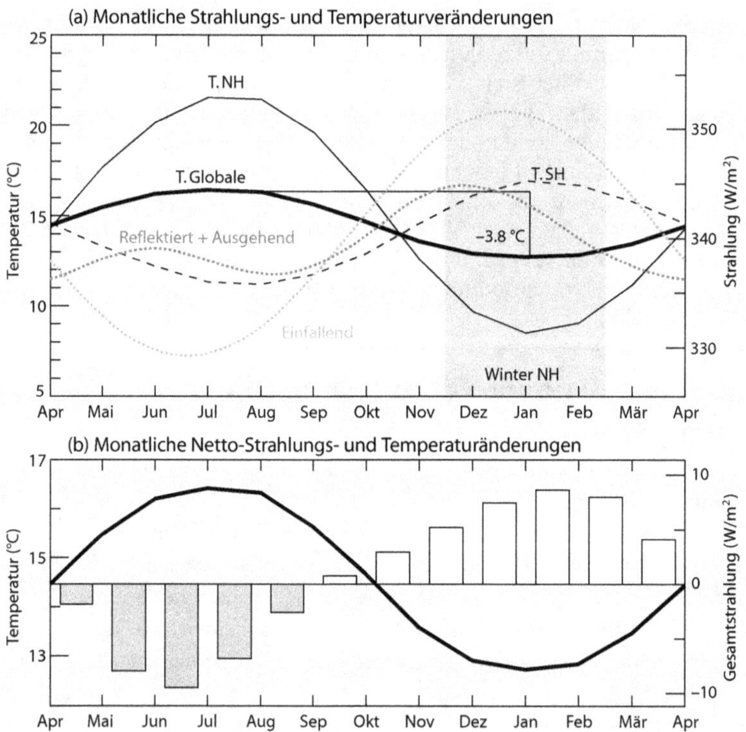

Abbildung B3. Jährliche Schwankungen von Temperatur und Strahlung. (a) Die globale mittlere Oberflächentemperatur des Planeten (dicke Linie) schwankt im Laufe des Jahres um 3,8 °C, hauptsächlich aufgrund der Temperaturschwankungen auf der Nordhalbkugel (NH T., dünne Linie), die um 12 °C variieren. Obwohl der Planet Anfang Januar, wenn er sich im Perihel befindet, 6,9 % mehr Sonneneinstrahlung erhält (gestrichelte hellgraue Linie), ist er im Januar kühler. Bei der Abkühlung jeder Hemisphäre erfährt der Planet zwei Spitzen des Energieverlusts (reflektierte kurzwellige Strahlung plus ausgehende langwellige Strahlung, gestrichelte mittelgraue Linie), wobei der höchste Wert während der Abkühlung der Nordhalbkugel auftritt. Zwischen November und Januar strahlt der Planet mehr Energie ab als zu jeder anderen Zeit. Die Temperatur der südlichen Hemisphäre (SH T.), dargestellt durch die gestrichelte schwarze Linie, unterliegt geringeren jahreszeitlichen Schwankungen als die der nördlichen Hemisphäre. Der graue Bereich in der Grafik entspricht dem Winter auf der Nordhalbkugel.[30] (b) Globale monatliche Durchschnittstemperatur (Linie) im Vergleich zur monatlichen mittleren Netto-Strahlungsveränderung an der Oberseite der Atmosphäre (Balken).

Wie Energie das Klimasystem verlässt

Eine grundlegende thermodynamische Erklärung für das Klimasystem der Erde ist, dass Energie in das System hauptsächlich an der Oberfläche, in der unteren Atmosphäre und in den oberen Ozeanschichten eintritt und das System durch den oberen Teil der Atmosphäre in einer höheren geographischen Breite verlässt, als sie eingetreten ist. Während sich die Energie durch das System bewegt, entsteht Arbeit, die sich in Form des atmosphärischen Wetters und des Wasserkreislaufs bemerkbar macht. Da die Zeit, die die Energie benötigt, um das Klimasystem zu verlassen, variiert, kommt es zu einer Akkumulation von Energie innerhalb des Systems, insbesondere im Ozean (Kap. 6).

Die Energie muss durch die Atmosphäre transportiert werden, um dem Planeten als Infrarotstrahlung zu entkommen. Das liegt daran, dass die Erdatmosphäre aufgrund von Treibhausgasen (THG) für Infrarotstrahlung sehr undurchlässig ist. Treibhausgase sind gasförmige Moleküle, die Energie im infraroten Teil des elektromagnetischen Spektrums absorbieren. Wasserdampf und Kohlendioxid sind die am häufigsten vorkommenden Treibhausgase in der Erdatmosphäre, und zusammen absorbieren sie den größten Teil der Infrarotfrequenzen, die die Erdoberfläche aufgrund ihrer Temperatur ausstrahlen sollte. Ein atmosphärisches Fenster im infraroten Frequenzbereich von 8,5-13,5 μm lässt jedoch etwa 17 % der von der Erdoberfläche ausgesandten langwelligen Strahlung durch.

Die Treibhausgasmoleküle fangen den Rest der Energie in der Atmosphäre ab. Moleküle in der unteren Troposphäre absorbieren Infrarotstrahlung und geben diese Energie eher durch Zusammenstöße mit Stickstoff- oder Sauerstoffmolekülen weiter, als dass sie sie als Strahlung abgeben. Dies führt lokal zu einer gleichmäßigeren Temperatur, und die Treibhausgase heizen die untere Troposphäre auf. Mit zunehmender Höhe nimmt die Dichte rasch ab, und in der oberen Troposphäre und Stratosphäre geben die Treibhausgasmoleküle die aufgenommene Energie eher ab als dass sie sie weitergeben. Dies führt zu einem Anstieg der ausgehenden Strahlung. Wenn das THG-Molekül schließlich zusammenstößt, ist es kühler als die anderen Moleküle und nimmt Energie auf,

---

[30] Daten aus Jones, P.D., et al., 1999. Rev. Geophys. 37 (2), pp.173-199. doi.org/10.1029/1999RG900002 und aus Carlson, B., et al., 2019. Geophys. Res. Lett. 46 (17-18), pp.10679-10686. doi.org/10.1029/2019GL083736

anstatt sie abzugeben. Treibhausgase kühlen die obere Troposphäre und Stratosphäre ab.

Die Infrarotemissionen der Erde können in jeder Höhe entstehen, von der Oberfläche bis zum Obergrenze der Atmosphäre. Es ist jedoch hilfreich, die mittlere Emissionshöhe zu betrachten, die auch als effektive Emissionshöhe bezeichnet wird. Diese imaginäre Höhe hat einen Wert von etwa 6 km und spiegelt die Undurchsichtigkeit der Atmosphäre für Infrarotemissionen wider. Ihr Wert hängt vom Treibhausgasgehalt der Atmosphäre und ihrem vertikalen Temperaturprofil (atmosphärische Temperaturgradient) ab, denn die Temperatur eines Moleküls bestimmt seine Fähigkeit, Strahlung abzugeben. Die Temperatur in der effektiven Emissionshöhe ist die durchschnittliche Temperatur der Erde vom Weltraum aus gesehen. Die vom Weltraum aus gemessene Emissionstemperatur der Erde beträgt 250 K (–23 °C) und ist damit etwas niedriger als die 255 K, die nach der Theorie für einen Schwarzen Körper berechnet wurden.

Es ist wichtig zu verstehen, wie sich das Vorhandensein von Treibhausgasen in der Atmosphäre auf die Höhe und Temperatur der ausgehenden langwelligen Strahlung auswirkt, da dies die Grundlage für den in Kapitel 7 erörterten Treibhauseffekt ist.

Zusammengefasst

Die Hauptursache für den Klimawandel dürften Veränderungen in der Menge der von der Erde abgestrahlten Wärmeenergie sein, da Sonnenenergie und Albedo relativ konstant bleiben. Die Atmosphäre spielt bei diesem Prozess eine wichtige Rolle, da sie aufgrund ihrer Undurchsichtigkeit für Infrarotstrahlung den größten Teil der von der Oberfläche aufgenommenen Energie zurückgibt. In mittleren und hohen Breitengraden, insbesondere im Winter, geht mehr Energie ins Weltall verloren, als von der Sonne aufgenommen wird. Dadurch entsteht ein erhebliches Energiedefizit, das ausgeglichen werden muss. Die Erde erfährt von Monat zu Monat größere Temperaturschwankungen als in zehn Jahren. So wie ein Mensch beim Gehen nie im Gleichgewicht ist, ist auch die Erde nie im Strahlungsgleichgewicht.

KAPITEL 6
DAS ENERGIEBUDGET

Damit ein Planet eine konstante Temperatur hat, muss ein Gleichgewicht zwischen der Energie, die von der Sonne kommt, und der Energie, die den Planeten verlässt, herrschen. Dies wird als Strahlungsbilanz bezeichnet. Die Temperatur der Erde ändert sich jedoch jeden Monat, und die ausgehende Energie ist nie genau gleich der eingehenden Energie. Daher ist die Energiebilanz nur ein theoretisches Konzept, das die Berechnung des Energiebudgets der Erde vereinfacht. Sie ermöglicht es uns, die Energie innerhalb des Klimasystems zu verfolgen, was für das Verständnis des Klimawandels unerlässlich ist. Die Erwärmung der Ozeane, der Atmosphäre und der Erdoberfläche deutet auf ein Energieungleichgewicht an der Obergrenze der Atmosphäre hin. Jüngste Forschungsergebnisse deuten darauf hin, dass dieses Ungleichgewicht möglicherweise abnimmt, was wichtige Auswirkungen auf unser Verständnis des Klimawandels haben würde.

Das Strahlungsgleichgewicht der Erde

Die Materie strebt von Natur aus nach einem thermischen Gleichgewicht, indem sie ihre Temperatur anpasst, so dass sich heiße Dinge abkühlen und kalte Dinge erwärmen, bis sie die Temperatur ihrer Umgebung erreichen. Das gleiche Prinzip gilt für einen Planeten wie die Erde, die fast ihre gesamte Energie in Form von elektromagnetischer Strahlung von ihrem Stern erhält. Der Planet passt seine Temperatur auf natürliche Weise an, um sicherzustellen, dass die von ihm abgestrahlte Energie der Energie entspricht, die er empfängt, was als Energiebilanz bezeichnet wird. Dieses Konzept basiert auf einem theoretischen Gleichgewicht des Energieflusses, der von der Sonne kommt und die Erde über die Atmosphäre verlässt. Nach Ansicht der Klimaforscher wird jeder physikalische Prozess, der dieses Gleichgewicht der Ströme verändert und ein Ungleichgewicht verursacht, als Strahlungsantrieb oder klimatischer Antrieb bezeichnet.

Die Betrachtung der Energie des Klimasystems auf diese Weise vereinfacht das Problem, zumal die von der Sonne kommende Energiemenge im Jahresdurchschnitt nahezu konstant ist (sie schwankt nur um 0,1 % mit dem Sonnenzyklus; Kap. 2). Wenn sich die Erde erwärmen soll, muss die Energiemenge, die den Planeten verlässt (die gesamte ausgehende Strahlung), abnehmen, und wenn sie sich abkühlen soll, muss die Energiemenge, die den Planeten verlässt, zunehmen. Jede Veränderung muss auf eine Veränderung eines oder mehrerer Strahlungsfaktoren zurückzuführen sein. Sobald ein neues Gleichgewicht erreicht ist, wird die Oberfläche des Planeten eine andere Temperatur aufweisen.

Die gesamte ausgehende Strahlung hat zwei Komponenten: die reflektierte kurzwellige Strahlung, auch Albedo genannt, und die ausgehende langwellige Strahlung. Die Änderungen der Albedo von Jahr zu Jahr sind minimal (Kap. 3), was darauf hindeutet, dass eine Verringerung der ausgehenden langwelligen Strahlung die ursprüngliche Ursache der Erwärmung ist, wie es die Theorie des Treibhauseffekts vorschlägt (Kap. 7). Diese Theorie besagt, dass der Klimawandel auf Veränderungen der Energiemenge zurückzuführen ist, die von der

Oberfläche zum oberen Teil der Atmosphäre gelangt. In diesem Fall erwärmt sich der Planet, weil weniger Energie als ausgehende langwellige Strahlung den oberen Teil der Atmosphäre erreicht.

Nach diesem weithin akzeptierten Paradigma sind Klimaveränderungen auf Schwankungen in der Menge der strahlungsaktiven Gase und Aerosolpartikel in der Atmosphäre zurückzuführen. Diese vereinfachte Sichtweise der Klimakomplexität lässt jedoch außer Acht, dass das Klimasystem nicht so einfach ist. Die Betrachtung von Jahresdurchschnittswerten allein verdeckt die Tatsache, dass die Temperatur des Planeten im Laufe eines Jahres um 3,8 °C stark schwankt (Kasten 3; Kap. 5). Außerdem ist die Erde wärmer, wenn sie im Aphel weniger Energie von der Sonne erhält, und kälter, wenn sie im Perihel mehr Energie von der Sonne erhält, was bedeutet, dass das vermeintliche Gleichgewicht nicht existiert und nie existiert hat. Darüber hinaus bewirken Veränderungen der Albedo und der ausgehenden langwelligen Strahlung im Jahresverlauf, dass die Erde mehr Energie zurückgibt, wenn sie kälter ist, und weniger, wenn sie wärmer ist (Abb. B3; Kap. 5).

Wir müssen noch viel darüber lernen, wie es der Erde gelingt, trotz erheblicher Schwankungen von Monat zu Monat eine so konstante Temperatur über die Jahre hinweg aufrechtzuerhalten. Außerdem verstehen wir nicht ganz, wie die Erde die interhemisphärische Albedo-Symmetrie aufrechterhält, obwohl die Hemisphären so asymmetrisch sind und die Schneeeis-Albedo auf der Nordhalbkugel in den letzten Jahrzehnten erheblich abgenommen hat. Dennoch muss die Grundlage des Strahlungsmodells korrekt sein. Unsere Messungen der Oberflächen-, Atmosphären- und Ozeantemperaturen deuten darauf hin, dass das Klimasystem die Energie, die es enthält, erhöht, was bedeutet, dass die Energiemenge, die der Planet an der Spitze der Atmosphäre abgibt, abnehmen müsste. Dies ist jedoch nicht der Fall. Die ausgehende langwellige Strahlung hat in den letzten 40 Jahren sogar zugenommen,[31] was darauf hindeutet, dass die Erwärmung des Planeten auf eine Zunahme der absorbierten kurzwelligen Strahlung zurückzuführen ist, die wahrscheinlich durch eine geringe Abnahme der Albedo verursacht wurde. Dieses Ergebnis entspricht nicht dem, was die Treibhaustheorie für einen Anstieg der Treibhausgase vorhersagt.

Das Energiebudget

Das Energiebudget der Erde bezieht sich auf die Energieflüsse in das und aus dem Klimasystem des Planeten. Es wird versucht, die vertikalen Energieflüsse zu berücksichtigen, die noch nicht mit ausreichender Genauigkeit bekannt sind, so dass verschiedene Autoren unterschiedliche Schätzungen abgeben. Unser Verständnis des Energiebudgets der Erde basiert weitgehend auf Satellitenbeobachtungen des reflektierten Sonnenlichts und der von der Atmosphäre und der Oberfläche abgestrahlten thermischen Infrarotenergie.

Um das Energiebudget der Erde zu berechnen, gehen wir von der Menge an Sonnenenergie aus, die die Erde in einer durchschnittlichen Entfernung von der Sonne (eine Astronomische Einheit) erreicht und gleichmäßig über die gesamte Oberfläche des Planeten verteilt ist. Dieser eingehende kurzwellige Energiefluss hat einen Wert von 340 W/m^2 und stellt die Energiemenge dar, die die

---

[31] Dewitte, S. & Clerbaux, N., 2018. Remote Sens. 10 (10), p.1539.
  doi.org/10.3390/rs10101539

Erde zurückgeben muss, um im Strahlungsgleichgewicht zu sein. Diese eintreffende Energie wird in mehrere Komponenten aufgeteilt, wie die von der Albedo reflektierte kurzwellige Strahlung (98 W/m^2, 29 %), die von der Atmosphäre absorbierte Energie (80 W/m^2, 23 %) und die von der Oberfläche absorbierte Energie (162 W/m^2, 48 %; Abb. 8). Diese Werte sind berechnet, nicht gemessen, und können von einer Studie zur anderen variieren. Für unsere Zwecke stützen wir uns auf die von der NASA angegebenen Werte.[32]

Die gesamte Sonnenenergie, die auf die Oberfläche trifft (48 %), muss zurückgeworfen werden, um das Gleichgewicht zu erreichen. Die direkte Strahlung von der Oberfläche in den Weltraum durch das atmosphärische Fenster (12 %) macht nur einen kleinen Teil der gesamten von der Oberfläche ausgehenden Wärmestrahlung aus. Die Wärmestrahlung wird zwischen der Oberfläche und der Atmosphäre ausgetauscht, aber der Nettofluss bestimmt die Temperaturänderung. Da die Atmosphäre für Infrarotstrahlung sehr undurchlässig ist, wird der größte Teil der Strahlung an die Oberfläche zurückgeworfen. Da die Oberfläche jedoch im Allgemeinen wärmer ist als die Atmosphäre, transportiert der Nettostrom der Wärmestrahlung 5 % der Sonnenenergie von der Oberfläche in die Atmosphäre. Dennoch muss die Oberfläche die Energie, die sie von der Sonne erhält, zurückgeben und wird hauptsächlich durch Verdunstung (86 W/m^2, 25 %) und durch Erwärmung der Luft, die dann aufsteigt (Konvektion, 18 W/m^2, 5 %), gekühlt.

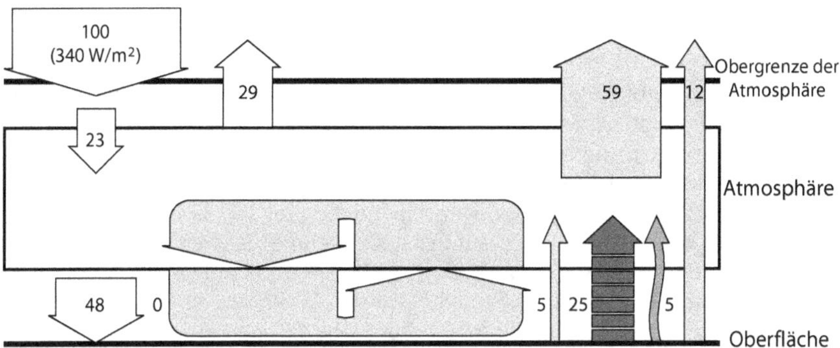

Abbildung 8. Schematische Darstellung des Energiebudgets der Erde. Die Erde erhält eine durchschnittliche Sonneneinstrahlung von 340 W/m^2 an der Oberseite der Atmosphäre. Die kurzwelligen Ströme sind weiß dargestellt, die langwelligen Nettoströme hellgrau, die Konvektion mittelgrau und die Verdunstung dunkelgrau. Obwohl es einen großen Austausch von Infrarotstrahlung zwischen der Oberfläche und der Atmosphäre gibt, ist der Nettotransfer nach oben relativ gering. Der wichtigste Mechanismus, durch den die Oberfläche die Atmosphäre erwärmt, ist die Verdunstung (latente Wärme).

Das Energiebudget der Erde zeigt, dass die Sonne für die Erwärmung der Oberfläche verantwortlich ist, wobei die Hälfte dieser Energie zur Erwärmung der Atmosphäre durch Verdunstung verwendet wird, wodurch der Wasserkreislauf angetrieben wird. Ein Viertel der Energie erreicht den Weltraum durch direkte Strahlung, und das restliche Viertel wird zur Erwärmung der Atmosphäre durch Konvektion und Wärmestrahlung verwendet (Abb. 8).

---

[32] earthobservatory.nasa.gov/features/EnergyBalance

Es ist klar, dass die Oberfläche Nettowärme an die Atmosphäre abgibt, was den atmosphärischen Temperaturgradienten bestimmt - die Abnahme der Temperatur mit der Höhe in der Troposphäre. Die Atmosphäre überträgt jedoch keine Nettowärme an die Oberfläche. Im nächsten Kapitel werden wir untersuchen, wie die Atmosphäre die Wärmeströme verändern kann, was zu einer Erwärmung der Oberfläche führen kann.

Im Falle des Ozeans ist dies sogar noch deutlicher. Die Meeresoberfläche ist in der Regel wärmer als die Atmosphäre, so dass sie durch Konduktion und Konvektion (fühlbare Wärme) 16 W/m^2 Wärme an die Atmosphäre verliert. Darüber hinaus ist der Ozean die größte Verdunstungsquelle auf dem Planeten und verliert 100 W/m^2 an latenter Wärme, während der Netto-Langwellenverlust 53 W/m^2 beträgt.[33] Somit gibt der Ozean fast die gesamte Energie, die er von der Sonne erhält, an die Atmosphäre ab, um das Gleichgewicht aufrechtzuerhalten. Es gibt keinen Nettowärmefluss von der Atmosphäre zum Ozean, und die Atmosphäre hat keinen Nettoerwärmungseffekt auf den Ozean. Einfach ausgedrückt: Die Sonne erwärmt den Ozean und der Ozean erwärmt die Atmosphäre.

Um das Budget zu schließen, muss die Atmosphäre die Energie, die sie von der Sonne, der Landoberfläche und der Meeresoberfläche erhalten hat, an den Weltraum abgeben. Die aus der Verdunstung gewonnene latente Energie wird durch Kondensation freigesetzt, wenn sich Wolken und Niederschlag bilden und die Atmosphäre erwärmen. Wie wir im vorigen Kapitel gesehen haben, weist die untere Troposphäre eine höhere Dichte auf. Daher ist es wahrscheinlicher, dass Moleküle, die Strahlung absorbieren, diese Energie durch Kollisionen auf andere Moleküle, vor allem Stickstoff und Sauerstoff, übertragen, als sie als Strahlung abzugeben. Dies führt dazu, dass benachbarte Moleküle unabhängig von ihren Infrarotabsorptionseigenschaften eine ähnliche Temperatur haben. Luftdichte und Temperatur nehmen in der Troposphäre mit der Höhe ab. Bei niedrigen Luftdichten ist es wahrscheinlicher, dass Treibhausgasmoleküle Strahlung abgeben, bevor sie zusammenstoßen, und es ist weniger wahrscheinlich, dass ihre Strahlung von anderen Treibhausgasmolekülen absorbiert wird. Daher beginnt die langwellige Strahlung in den Weltraum zu entweichen, und eine Zunahme der THG-Moleküle in dieser Höhe führt zu einer Abkühlung, da die ausgehende Strahlung zunimmt. In hohen Atmosphärenschichten geben die Moleküle so viel Energie ab, wie sie von unten bekommen können. Daher wird die gesamte Energie, die die Erde von der Sonne erhält, in den Weltraum zurückgestrahlt, es sei denn, die Erde ändert ihre Temperatur, wodurch ein Ungleichgewicht entsteht.

Das energetische Ungleichgewicht der Erde

Wenn im Jahresdurchschnitt ein Ungleichgewicht zwischen den ein- und ausgehenden Strahlungsflüssen an der Obergrenze der Atmosphäre besteht, entsteht auf der Erde ein Energieungleichgewicht. Viele Wissenschaftler betrachten dieses Ungleichgewicht als den wichtigsten Indikator für den Klimawandel, da ein Überschuss an Energie, der nicht zurückgegeben wird, zu einer Erwärmung führen muss, wobei ein größeres Ungleichgewicht zu einer stärke-

---

[33] Schmitt, R.W., 2018. Oceanography, 31 (2), pp.32-40.
doi.org/10.5670/oceanog.2018.225

ren Erwärmung führt. Umgekehrt muss die Erde mehr Energie abgeben als sie aufnimmt, damit sie sich abkühlt.

Das Energieungleichgewicht der Erde wird auf 0,75 W/m^2 geschätzt, und der größte Teil der durch dieses Ungleichgewicht erzeugten zusätzlichen Wärme, etwa 93 %, landet im Ozean. Etwa 3 % der überschüssigen Wärme wird zum Schmelzen von Eis verwendet, während weitere 4 % zum Anstieg der Landtemperaturen und zum Auftauen des Permafrosts beitragen. Nur ein Bruchteil dieser überschüssigen Wärme, weniger als 1 %, verbleibt in der Atmosphäre.[34] Das Problem ist jedoch, dass dieses geschätzte Ungleichgewicht ein winziges Residuum zweier großer Energieströme ist, das zu klein ist, um es genau zu messen, und nur etwa 0,15 % ausmacht. Außerdem ist die Unsicherheit bei der Messung der Energieströme an der Obergrenze der Atmosphäre viel größer als das Ungleichgewicht selbst.[35] Nichtsdestotrotz haben die Veränderungen im Wärmeinhalt der Ozeane ein geschätztes Energieungleichgewicht von etwa 0,6 W/m^2 ermöglicht.

Satellitenmessungen zwischen 2000 und 2018 zeigen einen leichten Rückgang der reflektierten Energie und einen leichten Anstieg der ausgehenden langwelligen Strahlung. Diese beiden Messungen sollten sich zwar nicht auf das Energiegleichgewicht auswirken, wenn sie zusammenfallen, aber der Anstieg der ausgehenden langwelligen Strahlung ist größer als der Rückgang der kurzwelligen Reflexion. Infolgedessen scheint es einen offensichtlichen Abwärtstrend im Energiegleichgewicht zu geben.[36] Dies bedeutet, dass sich die Erde im Laufe der Zeit langsamer erwärmen sollte, was durch eine Verringerung der Anstiegsrate des Wärmeinhalts der Ozeane unterstützt wird. Diese Möglichkeit eines langsameren Erwärmungstrends stellt eine große Herausforderung für unser Verständnis des Klimawandels dar, und wir werden sie in künftigen Kapiteln untersuchen.

Zusammengefasst

Wir wissen, dass sich die Erde erwärmt, was auf ein Energieungleichgewicht an der Obergrenze der Atmosphäre hindeutet. Wenn die Albedo konstant bleibt, kann sich die Erde nur erwärmen, indem sie ihre Wärmestrahlung verringert, was auf eine Zunahme der Treibhausgase als wahrscheinliche Ursache hindeutet. Beobachtungen zeigen jedoch, dass das Energieungleichgewicht hauptsächlich auf eine Zunahme der absorbierten Kurzwellenenergie zurückzuführen ist, was auf eine Abnahme der Albedo als wahrscheinliche Ursache hindeutet. Im 21. Jahrhundert scheint das Energieungleichgewicht abzunehmen, was darauf hindeutet, dass sich die Erde möglicherweise langsamer erwärmt.

---

[34] Trenberth, K.E. & Cheng, L., 2022. Environ. Res: Climate, 1 (1), p.013001.
  doi.org/10.1088/2752-5295/ac6f74
[35] Loeb, N.G., et al., 2018. J. Clim. 31 (2), pp.895-918.
  doi.org/10.1175/JCLI-D-17-0208.1
[36] Dewitte, S., et al. (2019). Remote Sens. 11 (6), S.663. doi.org/10.3390/rs11060663

KAPITEL 7
DER TREIBHAUSEFFEKT

Der Treibhauseffekt erwärmt die Erde durch die Kombination von Treibhausgasen und dem Temperaturgradient in der Troposphäre. Wasserdampf ist das wichtigste Treibhausgas, aber seine Konzentration hängt von der Temperatur ab. Kohlendioxid ist ein gut gemischtes Spurengas, das wesentlich zum Treibhauseffekt beiträgt. Dieser Effekt ist auf die erhöhte Lichtundurchlässigkeit der Atmosphäre für Infrarotstrahlung zurückzuführen, die bewirkt, dass die Strahlung in den Weltraum aus größeren Höhen kommt. Die Troposphäre kühlt mit der Höhe ab, und kalte Moleküle strahlen weniger ab. Der Treibhauseffekt erhöht die Höhe der Emissionen und verringert sie. Infolgedessen müssen sich die Oberfläche und die untere Troposphäre erwärmen, bis die abgestrahlte Energie der von der Sonne empfangenen Energie entspricht. Aufgrund des unterschiedlichen Wasserdampfgehalts ist der Treibhauseffekt jedoch nicht überall auf der Erde gleich stark, so dass er im Winter über den Polen viel schwächer ist als über den Tropen.

Treibhausgase

Die Temperatur der Erde wird durch das Gleichgewicht zwischen der Energie, die sie von der Sonne erhält, und der Energie, die sie als Infrarotstrahlung in den Weltraum zurückstrahlt, geregelt. Ein kleiner Teil (etwa 1 %) der Erdatmosphäre besteht jedoch aus Gasmolekülen, die Infrarotstrahlung absorbieren, weil sie zwei verschiedene Atome oder mehr als zwei Atome haben. Dadurch wird die Atmosphäre für Infrarotstrahlung ziemlich undurchlässig, wodurch sie sich erwärmt, da mehr Energie von diesen Gasen absorbiert und durch Zusammenstöße mit anderen Molekülen weitergegeben wird. Diese Gase werden als Treibhausgase (THG) bezeichnet und sind für den Treibhauseffekt verantwortlich.

Das wichtigste Treibhausgas ist Wasserdampf. Seine atmosphärische Konzentration schwankt stark (Kasten 4), liegt aber im Durchschnitt bei etwa 1 %. Wasserdampf kommt mehr als zehnmal häufiger vor als alle anderen Treibhausgase zusammen und ist für etwa 75 % des Treibhauseffekts der Erde verantwortlich, wenn man den Effekt der Wolken mit einbezieht.[37] Wasserdampf ist in der unteren Troposphäre am stärksten vertreten und nimmt mit der Höhe rasch ab. In der Stratosphäre ist er sogar 1.000-mal weniger vorhanden (Abb. 9, gepunktete hellgraue Linie). Die Abnahme der Wasserdampfmenge und der atmosphärischen Dichte mit der Höhe führt zu einer positiven Temperaturgradient (mit der Höhe abnehmende Temperatur) in der Troposphäre (Abb. 9, dicke schwarze Linie). Es gibt zwei weitere Besonderheiten des Wasserdampfs. Erstens ist sein Vorkommen temperaturabhängig. Zweitens hat er die Eigenschaft, zwischen den Phasen fest, flüssig und gasförmig zu wechseln, was eine Menge Energie erfordert oder freisetzt, ohne dass sich seine Temperatur ändert.

---

[37] Schmidt, G.A., et al., 2010. J. Geophys. Res. Atmos. 115 (D20). doi.org/10.1029/2010JD014287

Diese Energie, die so genannte latente Wärme, ist einer der wichtigsten Wärmetransportmechanismen im Klimasystem.

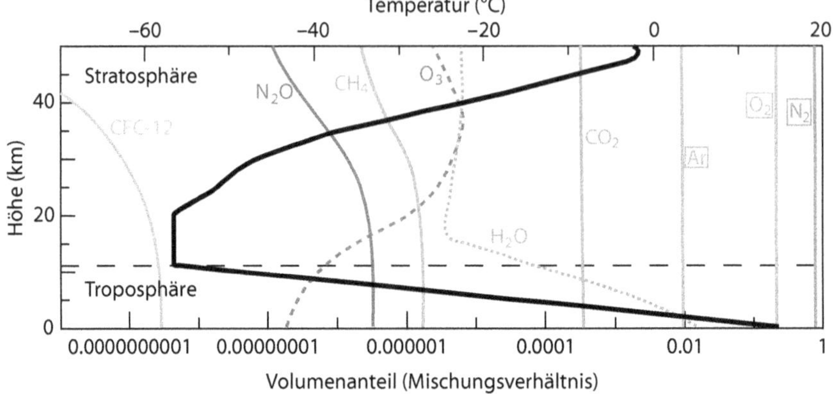

Abbildung 9. Atmosphärische Temperatur- und Gasprofile. Die dicke Linie (obere Skala) zeigt das vertikale Profil der atmosphärischen Temperatur, während die dünnen Linien (untere Skala) das vertikale Profil und die Häufigkeit der atmosphärischen Gase darstellen. Die Kästchensymbole stehen für Gase mit unbedeutender Infrarotabsorption. Die gepunktete Linie steht für Wasserdampf und die gestrichelte Linie für Ozon. Beide Gase haben sehr variable vertikale Profile, die stark zum Temperaturprofil beitragen.

Kohlendioxid (CO_2) ist ein Spurengas, das nur etwa 0,04 % der Atmosphäre ausmacht. Es ist in der unteren und mittleren Atmosphäre gut vermischt und ist das zweitwichtigste Treibhausgas. CO_2 ist für etwa 19 % des Treibhauseffekts der Erde verantwortlich.

Ozon (O_3) ist das drittwichtigste Treibhausgas, und sein Vorkommen variiert ebenfalls stark mit der Höhe (Abb. 9). Tatsächlich ist es in der Stratosphäre (der Ozonschicht) 100-mal häufiger als in der Troposphäre vorhanden. Obwohl es nur sechs Teile pro Million ausmacht, ist es für 4 % des Treibhauseffekts verantwortlich. Neben seiner Rolle als Treibhausgas spielt Ozon auch eine entscheidende Rolle bei der Absorption von UV-Strahlung. Es ist verantwortlich für die negative Temperaturgradient in der Stratosphäre und die Existenz der Stratosphäre selbst.

Tabelle 1. Die wichtigsten Treibhausgase.[38]

Bezeichnung des Gases	Formel	Abundanz (%)	Zuordnung zum Treibhauseffekt
Wasserdampf (einschl. Wolken)	H_2O	0–3%	75%
Kohlendioxid	CO_2	0.04%	19%
Ozon	O_3	0.00006%	4%
Distickstoffoxid	N_2O	0.00005%	1%
Methan	CH_4	0.0002%	1%

[38] Ebd.

Die übrigen Treibhausgase, die in Abbildung 9 und Tabelle 1 dargestellt sind, sind Distickstoffoxid (N_2O), Methan (CH_4) und Fluorchlorkohlenwasserstoffe (FCKW), eine Gruppe von Gasen, die vom Menschen erzeugt werden. Zusammen machen sie nur einen kleinen Teil des Treibhauseffekts aus.

Wie der Treibhauseffekt funktioniert

Der Treibhauseffekt wird manchmal als „Einfangen" von Wärme missverstanden. Es stimmt zwar, dass das Vorhandensein von Treibhausgasen zu mehr Energie im Klimasystem führt, aber diese zusätzliche Energie wird hauptsächlich in den Ozeanen gespeichert. Außerdem gibt der Planet die gesamte Energie, die er von der Sonne erhält, nach den notwendigen Anpassungen wieder ab.

Treibhausgase erhöhen die Undurchsichtigkeit der Atmosphäre für Infrarotstrahlung. Sie absorbieren thermische Emissionen von der Oberfläche und bewirken eine Erwärmung der unteren Troposphäre. Sie bewirken jedoch eine Abkühlung in der oberen Troposphäre, indem sie die Wärmeabstrahlung in den Weltraum erhöhen. Durch ihr Vorhandensein wird die von der Oberfläche ausgehende Infrarotstrahlung (die auf dem Mond auftritt) in die Atmosphäre verlagert. Wir können die theoretische effektive Emissionshöhe (Z_e in Abb. 10) als die durchschnittliche Höhe bestimmen, in der die Wärmestrahlung der Erde emittiert wird. Die Temperatur, bei der die Erde Strahlung abgibt, ist die mittlere Temperatur der Atmosphäre in dieser Höhe. Diese Temperatur, die für eine Schwarzkörpererde mit 255 K berechnet wurde, beträgt vom Weltraum aus gemessen 250 K (–23 °C).[39] Dies entspricht einer Emissionshöhe von etwa 6 km.

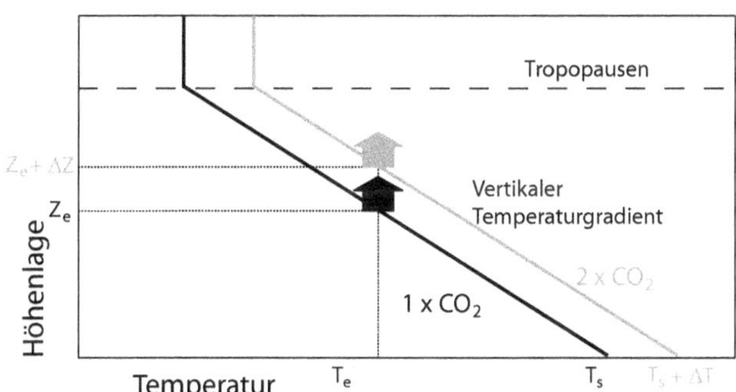

Abbildung 10. Schematische Darstellung des Treibhauseffekts. Die Änderung des Emissionsniveaus (Z_e) aufgrund einer Verdoppelung von CO_2 (graue Farbe) ist mit einem Anstieg der Oberflächentemperatur (T_s) verbunden, wobei eine feste atmosphärische Temperaturgradient angenommen wird. Die effektive Emissionstemperatur (T_e) und die ausgehenden langwelligen Emissionen bleiben unverändert.[40]

Damit der Treibhauseffekt zu einer Erwärmung führt, muss die Temperaturgradient positiv sein, d. h. die Temperatur nimmt mit der Höhe ab. Treibhaus-

---

[39] Peyrou-Lauga, R., 2017. 47th Int. Conf. Environ. Syst. ICES-2017-142
    hdl.handle.net/2346/72957
[40] Held, I.M. & Soden, B.J., 2000. Annu. Rev. Energy Environ. 25 (1), pp.441-475.
    doi.org/10.1146/annurev.energy.25.1.441

gase bewirken, dass der Planet aus größeren Höhen emittiert, wodurch die Atmosphäre undurchlässiger für Infrarotstrahlung wird, was zur Folge hat, dass diese Höhe aufgrund des vertikalen Temperaturgradienten kühler ist. Die Erde muss jedoch nach wie vor die gesamte Energie, die sie von der Sonne erhält, zurückgeben, aber die kühleren Moleküle geben weniger Energie ab. Dadurch erwärmt sich die Oberfläche und die untere Troposphäre, bis die neue Emissionshöhe die Temperatur erreicht, die für die Rückgabe der gesamten Energie erforderlich ist; an diesem Punkt hört die Erwärmung des Planeten auf. Wenn die Erwärmung durch Treibhausgase verursacht wird, sollte die ausgehende Infrarotstrahlung mit der Erwärmung der Oberfläche abnehmen. Dies ist jedoch nicht zu beobachten. Wie in Kapitel 6 über das Energieungleichgewicht erörtert, wird eine Zunahme der ausgehenden Infrarotstrahlung beobachtet, die eine Abkühlung bewirken sollte, die durch eine größere Zunahme der absorbierten Sonnenstrahlung ausgeglichen wird, die die Ursache für die beobachtete Erwärmung ist.

Der Treibhauseffekt erwärmt den Planeten, wenn eine Zunahme der Treibhausgase in der Atmosphäre zu einer Erhöhung der Emissionshöhe führt. Da die Emissionstemperatur konstant bleiben muss, muss die Temperatur von der Oberfläche bis zur neuen Emissionshöhe ansteigen, wenn auch nur um einen kleinen Betrag. Beispielsweise führt eine Verdoppelung der CO_2 Konzentration zu einer Zunahme der Emissionshöhe um 150 Meter. Bei einer standardmäßigen feuchten atmosphärische Temperaturgradient von –6,5 °C pro km ist die neue Emissionshöhe 1 °C kühler als sie sein sollte. Bleibt die atmosphärische Temperaturgradient konstant, muss die Oberflächentemperatur um 1 °C steigen, um die erforderliche Emissionstemperatur in der neuen Höhe zu erreichen.[41]

Kasten 4. Unterschiede beim Treibhauseffekt in Abhängigkeit vom Breitengrad.

Wasserdampf ist das wichtigste Treibhausgas, aber seine Verteilung in der Erdatmosphäre ist sehr ungleichmäßig. Entscheidend für den Treibhauseffekt ist die Wasserdampfmenge pro Kilogramm Luft (spezifische Luftfeuchtigkeit), nicht die Luftfeuchtigkeit im Verhältnis zur Sättigung bei einer bestimmten Temperatur (relative Luftfeuchtigkeit). So fühlt sich beispielsweise die Luft über Wüsten sehr trocken an, weil sie warm ist, aber viel mehr Wasserdampf enthält als die Luft über der Antarktis.

Die trockenste Atmosphäre der Erde herrscht im Winter in den Polarregionen (Abb. B4). Es wurden spezifische Luftfeuchtigkeiten von bis zu 0,1 g/kg gemessen, die einige Kilometer über der Oberfläche auf das Tausendfache sinken. Da 75 % des Treibhauseffekts auf Wasserdampf und Wolken zurückzuführen sind und die Wolken im polaren Winter ebenfalls stark reduziert sind, ist der Treibhauseffekt über den hohen Breiten im Winter um ein Vielfaches schwächer als über den Tropen. Der große Unterschied in der Intensität des Treibhauseffekts zwischen den Polargebieten im Winter und den Tropen ist ein entscheidender Punkt für die in diesem Buch untersuchte Hypothese des Klimawandels.

---

[41] Ebd.

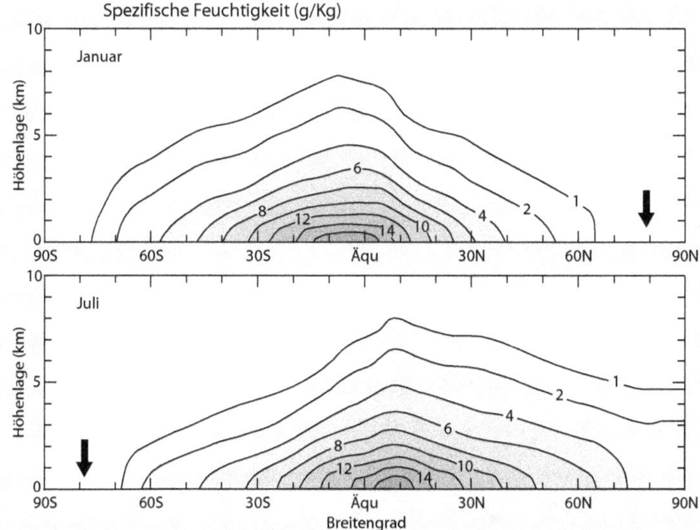

Abbildung B4. Profile der spezifischen Luftfeuchtigkeit in Abhängigkeit von Breitengrad und Höhe. Oben im Januar und unten im Juli.[42] Die schwarzen Pfeile weisen auf die trockensten Gebiete der Erde hin, die sich im Winter typischerweise in hohen Breitengraden befinden, wo der Treibhauseffekt am schwächsten ist.

Zusammengefasst

Der Treibhauseffekt entsteht durch die erhöhte Lichtundurchlässigkeit der Atmosphäre für Infrarotstrahlung, wenn Treibhausgase vorhanden sind. Wasserdampf und Wolken sind die Hauptfaktoren für den Treibhauseffekt, und da sie in der polaren Atmosphäre im Winter kaum vorhanden sind, ist der Treibhauseffekt in diesen Regionen zu dieser Jahreszeit stark reduziert.

---

[42] Abbildung nach Randall, D. A., 2015. An introduction to the global circulation of the atmosphere. Princeton Univ. Press.

KAPITEL 8
DIE HYPOTHESE DES VERSTÄRKTEN CO_2 EFFEKTS

Die „Hypothese des verstärkten CO_2-Effekts" baut auf dem Treibhauseffekt auf, indem sie vorschlägt, dass die jüngste globale Erwärmung in erster Linie auf Rückkopplungsmechanismen zurückzuführen ist, die die direkte Erwärmungswirkung von CO_2 verstärken. Diese Rückkopplungen können nicht direkt gemessen werden, sondern werden anhand von Computermodellen geschätzt. Die Erwärmung, die bei einer Verdoppelung der CO_2-Werte eintreten würde, ist als Klimasensitivität bekannt, die derzeit auf 3 °C geschätzt wird, jedoch mit großer Unsicherheit behaftet ist. Trotz des Mangels an wissenschaftlichen Beweisen wird die Hypothese des verstärkten CO_2 Effekts von Klimaforschern weitgehend unterstützt und gilt als Konsenshypothese. Die Befürworter dieser Hypothese argumentieren, dass der natürliche Klimawandel vernachlässigbar ist.

Die Hypothese des verstärkten CO_2 Effekts

Wie wir im vorigen Kapitel gelernt haben, ist Wasserdampf das wichtigste Treibhausgas in der Atmosphäre. Er hat jedoch eine interessante Eigenschaft, die ihn von anderen Treibhausgasen unterscheidet: Sein Vorhandensein und seine Wirkung sind temperaturabhängig. Wenn die Temperatur deutlich sinkt, kondensiert der Wasserdampf aus der Atmosphäre, so dass die Temperaturveränderungen weniger stark von den Veränderungen des Wasserdampfs abhängen.

Svante Arrhenius schlug im 19. Jahrhundert vor, dass ein Anstieg des atmosphärischen CO_2 eine beträchtliche globale Erwärmung bewirken könnte, indem er die Wirkung einer temperaturbedingten Veränderung des Wasserdampfs rekrutiert. Im Jahr 1939 verteidigte Guy Callendar diese Hypothese und schlug vor, dass die zu Beginn des 20. Jahrhunderts verzeichnete Erwärmung auf einen Anstieg des atmosphärischen CO_2 Gehalts zurückzuführen sei. Obwohl ein Großteil der Erwärmung zu Beginn des 20. Jahrhunderts offenbar natürlich war, hat sich die Arrhenius-Hypothese bei der Erklärung der Erwärmung Ende des 20. Jahrhunderts als erfolgreich erwiesen, da sie besser zu den Beobachtungen passt als andere Hypothesen.

Es ist wichtig zu beachten, dass sich die Hypothese des verstärkten CO_2 Effekts von der Theorie des Treibhauseffekts unterscheidet. Letztere besagt, dass ein Anstieg der Treibhausgase unweigerlich zu einer gewissen Erwärmung führt. Zum Beispiel sollte eine Verdoppelung der CO_2 Menge in der Atmosphäre einen Temperaturanstieg von etwa 1 °C verursachen. Die Hypothese des verstärkten CO_2 Effekts besagt, dass fast die gesamte beobachtete Erwärmung zwischen 1951 und heute auf den erheblichen Anstieg der atmosphärischen CO_2 Werte zurückzuführen ist, der durch menschliche Aktivitäten verursacht wurde.[43] Die beobachtete Erwärmung ist jedoch um ein Vielfaches größer, als die Theorie des Treibhauseffekts allein auf der Grundlage des Anstiegs der CO_2 Konzentrationen vorhersagen würde. Die Hypothese des verstärkten CO_2 Ef-

---

[43] IPCC, 2014: Climate Change 2014: Synthesis Report. p.5 & fig. SPM.3.

fekts besagt daher, dass Rückkopplungsmechanismen die direkte Erwärmungswirkung von CO_2 verstärken.

Was sind diese Rückkopplungsmechanismen?

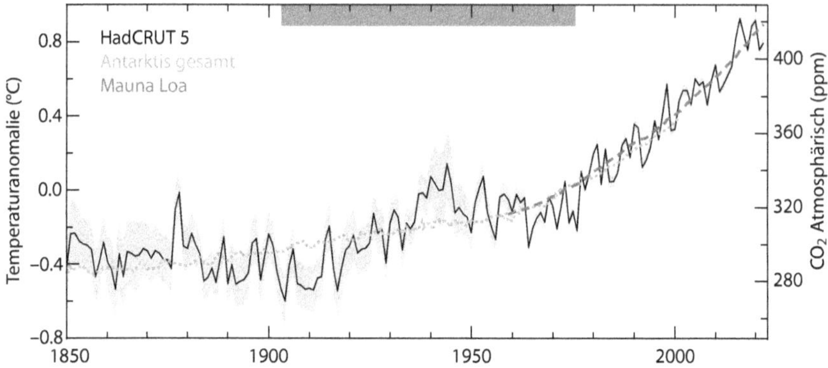

Abbildung 11. CO_2 und Temperaturanstieg zwischen 1850 und 2022. Die Temperaturanomalie bezieht sich auf die Basislinie 1961-90 aus dem HadCRUT 5-Datensatz (schwarze durchgehende Kurve mit grauer Unsicherheit). 1850-2001 atmosphärisches CO_2 Proxy aus einem zusammengesetzten antarktischen Eiskern (gepunktete hellgraue Linie).[44] 1959-2022 atmosphärischer CO_2 Datensatz vom Mauna Loa (gestrichelte rote Linie). Die Korrelation zwischen Temperatur und CO_2 ist im Allgemeinen gut, aber im Zeitraum 1905-1975 schwächer, was durch den dunkelgrauen Balken angezeigt wird.

Große Unsicherheit zwischen Hypothese und Realität

Wenn wir die CO_2-Menge in der Atmosphäre verdoppeln und einen Temperaturanstieg von 1 °C erwarten, sollte alles im Klimasystem konstant bleiben, auch die atmosphärische Temperaturgradient. Wir wissen jedoch, dass dies nicht der Fall sein kann, weil jede Veränderung im Klimasystem eine Reaktion auslöst. Ein Temperaturanstieg führt zum Beispiel zu mehr Wasserverdunstung, wodurch sich die Wasserdampfmenge in der Atmosphäre erhöht. Wasserdampf ist ebenfalls ein Treibhausgas, und seine Zunahme beeinflusst die Wolkenbildung, den Niederschlag und die Albedo. Eine Veränderung des Treibhauseffekts führt zu zahlreichen Veränderungen im gesamten Klimasystem, und wir wissen nicht, in welchem Umfang und auf welche Weise diese Veränderungen eintreten werden. Folglich besteht eine erhebliche Unsicherheit über das Ausmaß der Erwärmung, die sich aus einer Zunahme des Treibhauseffekts ergeben könnte. Diese Ungewissheit spiegelt sich in einer großen Bandbreite von Vorhersagen aus verschiedenen Studien wider.

Wenn sich der Treibhauseffekt verändert, führt dies zu einer vorübergehenden Änderung des Strahlungsflusses an der Oberseite der Atmosphäre. Wissenschaftler nennen dies einen Klima-„trieb". Jede Reaktion des Klimasystems auf diesen Antrieb, die weitere Änderungen des Strahlungsflusses am Obergrenze der Atmosphäre bewirkt, wird als „Rückkopplung" bezeichnet. Rückkopplung bedeutet, dass der Output des Systems auf seinen Input zurückwirkt und den Output weiter verändert. Wenn die Rückkopplung eine weitere Veränderung in

---

[44] Bereiter, B., et al., 2015. Geophys. Res. Lett. 42 (2), pp.542-549.
doi.org/10.1002/2014GL061957

dieselbe Richtung wie der Antrieb bewirkt, handelt es sich um eine positive Rückkopplung. Verursacht sie dagegen eine Veränderung in die entgegengesetzte Richtung, handelt es sich um eine negative Rückkopplung. In einem stabilen System wie dem Klima muss die negative Rückkopplung überwiegen, da eine positive Rückkopplung instabile Zustände verursachen kann, die zu Runaway-Effekten führen.

Klima-Rückkopplungen aufgrund des CO_2 Anstiegs

Klima-Rückkopplungen sind nicht messbar, da sie per Definition aus der Beeinflussung einer Variable durch eine andere resultieren. Eine Änderung des Nettoflusses an der Oberseite der Atmosphäre (ein Antrieb), die durch eine Änderung des Treibhauseffekts verursacht wird, liegt bereits im Unsicherheitsbereich unserer Messungen der ein- und ausgehenden Ströme (Kap. 6). Es ist unmöglich, die Rückkopplung von dem durch den Antrieb erzeugten Signal zu unterscheiden, so dass Rückkopplungen nicht beobachtet werden können. Stattdessen können sie nur probabilistisch abgeleitet oder mit Modellen geschätzt werden. Diese modellbasierte Schätzung führt zu großer Unsicherheit, manchmal sogar über ihr positives oder negatives Vorzeichen.

Zwei negative Rückkopplungen sind die Planck-Rückkopplung, die besagt, dass ein wärmerer Körper mehr Strahlung abgibt, und die Temperaturgradient-Rückkopplung, die besagt, dass sich die Atmosphäre stärker erwärmt als die Oberfläche, was die Temperaturgradient senkt und die Oberflächenerwärmung verringert.

Die Rückkopplung der Wolken ist dagegen ungewiss. Eine Zunahme der Wolken kann zwar die Lichtundurchlässigkeit der Atmosphäre für Infrarotstrahlung erhöhen, aber auch die Reflexion der Sonnenstrahlung (Albedo) steigern. Man geht davon aus, dass der Gesamteffekt positiv ist, aber es bestehen erhebliche Unsicherheiten.

Zu den positiven Rückkopplungen gehört die Wasserdampf-Rückkopplung, bei der die Erwärmung den Feuchtigkeitsgehalt der Atmosphäre erhöht, was zu einer starken Verstärkung des Treibhauseffekts führt. Trotz ihrer Bedeutung haben Wasserdampfmessungen jedoch nicht bestätigt, dass sie sich wie eine positive Rückkopplung verhält.[45] Eine weitere positive Rückkopplung ist die Eis-Albedo-Rückkopplung, die eine Schleife erzeugt, in der schmelzendes Eis eine zusätzliche Oberflächenerwärmung verursacht, die wiederum mehr Eis zum Schmelzen bringt. Es wird angenommen, dass diese Rückkopplung für die arktische Verstärkung wichtig ist, aber ihre Gesamtbedeutung ist relativ gering, da 90 % der globalen Albedo in der Atmosphäre stattfindet (Kap. 3).

Klimasensitivität

Der geschätzte Einfluss von Rückkopplungen auf der Grundlage von Modellen liegt bei +1,5-2 W/m^2, aber die Unsicherheit um diesen Wert ist größer als gewöhnlich angenommen wird. Es ist möglich, dass uns einige Rückkopplungen unbekannt sind oder dass ihre geschätzten Werte ungenau sind. Wenn diese Schätzung korrekt ist, würde dies darauf hindeuten, dass der größte Teil der Erwärmung, die durch Veränderungen des Treibhauseffekts verursacht

---

[45] Paltridge, G., et al., 2009. Theor. Appl. Climatol. 98, pp.351-359.
   doi.org/10.1007/s00704-009-0117-x

wird, auf Rückkopplungen zurückzuführen ist, die nicht direkt gemessen werden können.

Mit dem Konzept der Klimasensitivität wird versucht zu quantifizieren, wie viel Erwärmung eine Verdopplung des atmosphärischen CO_2 bewirken würde, aber die Antwort ist nicht einfach und hängt von der betrachteten Zeitskala ab. Insbesondere verwenden wir den Begriff der vorübergehenden Klimareaktion, um die Erwärmung zu beschreiben, die in den 20 Jahren nach einer sofortigen Verdopplung des CO_2 auftritt. Die Gleichgewichts-Klimasensitivität hingegen beschreibt die Erwärmung, die eintritt, nachdem der Ozean Zeit hatte, sich anzupassen und das Klimasystem einen neuen Gleichgewichtszustand erreicht hat, was Jahrhunderte dauern kann.

Eine der frühesten Schätzungen der Klimasensitivität stammt aus dem Charney-Bericht, der 1979 für die Nationale Akademie der Wissenschaften der USA erstellt wurde. Der Bericht schätzte einen Wert von 1,5-4,5 °C/Verdoppelung.[46] In jüngerer Zeit wurde im 6. Sachstandsbericht des Zwischenstaatlicher Ausschuss für Klimaänderungen (IPCC) eine Schätzung von 2,5-4 °C/Verdoppelung abgegeben.[47] Obwohl sich beide Berichte auf eine beste Schätzung von 3 °C einigen, ist es wichtig festzustellen, dass es nach 45 Jahren kaum Fortschritte bei der Beantwortung der Frage gegeben hat, wie viel Erwärmung eine Verdoppelung des CO_2 verursachen sollte.

Obwohl wir nach 45 Jahren Forschung immer noch nicht wissen, wie viel Erwärmung eine Verdoppelung des CO_2 verursachen sollte, werden uns oft konkrete Schätzungen vorgelegt, wie viel Erwärmung unsere Treibhausgasemissionen verursachen werden und wie stark wir sie reduzieren müssen, um bestimmte politisch festgelegte Grenzen einzuhalten. Ursprünglich wurde dieser Grenzwert auf +2,0 °C festgesetzt und bis 2018 auf +1,5 °C gesenkt, womit die Erwärmung von leicht unsicher auf gefährlich umschlagen würde.[48] Es ist wichtig, die erhebliche Unsicherheit bei der Schätzung der durch Treibhausgase verursachten Erwärmung anzuerkennen und diese Tatsache nicht vor der Öffentlichkeit zu verbergen.

Eine Klimasensitivität von 3 °C bedeutet, dass zwei Drittel der Erwärmung auf schlecht verstandene Rückkopplungen zurückzuführen sind, während nur ein Drittel direkt durch den Treibhauseffekt von CO_2 verursacht wird. Dieser Sensitivitätswert scheint jedoch zu hoch zu sein, wenn wir in den Klimastudien die vorindustrielle Ära um 1750 betrachten, als der CO_2 Gehalt nur 277 ppm betrug (Abb. 12). Obwohl dies eine relativ kalte Periode war, gibt es keinen Hinweis darauf, dass es viel kälter war als 1850 (Abb. 11), da die Gletscher in beiden Perioden weltweit ähnlich groß waren.[49] Den Temperaturaufzeichnungen zufolge war es in den 1850er Jahren um ein Grad kühler als in den 2010er Jahren. Es ist schwierig, die Behauptung zu akzeptieren, dass die Temperatur vor 270 Jahren fast zwei Grad niedriger war als heute, wie es für eine Empfindlichkeit von 3 °C erforderlich wäre.

---

[46] Charney, J.G., et al., 1979. Nat. Acad. Sci. pp.2030-2050.

[47] Forster, P., et al., 2021. Climate Change 2021: The Physical Science Basis. Cambridge Univ. Press, pp. 923–1054.

[48] Masson-Delmotte, V., et al., 2018. Global Warming of 1.5°C. Cambridge Univ. Press, pp. 3-24.

[49] Oerlemans, J., 2005. Science, 308 (5722), pp. 675-677.
doi.org/10.1126/science.1107046

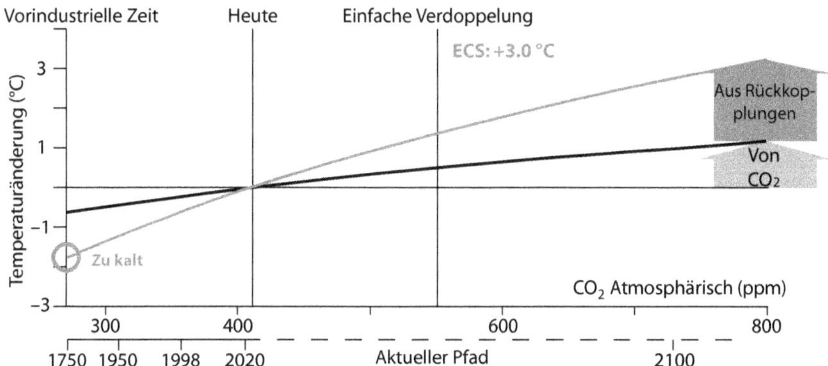

Abbildung 12. Die Auswirkungen einer Empfindlichkeit von 3 °C auf die Temperaturen. Beziehung zwischen atmosphärischem CO$_2$ und Temperaturanomalie, unter der Annahme einer Gleichgewichts-Klimasensitivität (ECS) von 3 °C pro Verdoppelung des CO$_2$. Die schwarze Kurve stellt den direkten Erwärmungseffekt von CO$_2$ dar, während die graue Kurve den gesamten Erwärmungseffekt einschließlich Rückkopplungen zeigt. Die untere Skala zeigt den historischen Anstieg von CO$_2$, wobei die derzeitige Anstiegsrate auf das Jahr 2100 extrapoliert wird. Die Rückwärtsextrapolation dieser Klimasensitivität projiziert eine zu kalte Temperatur für das Jahr 1750, als der CO$_2$-Wert 277 ppm betrug (grauer Kreis).

Der Konsens

Die Hypothese, dass der verstärkte CO$_2$-Effekt die Hauptursache für die jüngste globale Erwärmung ist, hat sich weitgehend durchgesetzt, obwohl sie sich hauptsächlich auf Klimamodelle und nicht gemessene Rückkopplungen stützt. Klimamodelle sind jedoch Abstraktionen und keine wissenschaftlichen Beweise. Überraschenderweise wird diese Hypothese, die nicht durch wissenschaftliche Beweise gestützt wird, als Konsens über den Klimawandel bezeichnet. Sie wird oft von einer Zahl begleitet, die den hohen Prozentsatz der Wissenschaftler angibt, die sie akzeptieren - eine übliche Marketingtaktik. Wissenschaftlicher Fortschritt erfordert die Konfrontation mit konkurrierenden Hypothesen, aber keine andere Hypothese hat unter den Klimawissenschaftlern genügend Akzeptanz gefunden, um den Konsens in Frage zu stellen. Allerdings wissen wir immer noch nicht genug darüber, wie sich das Klima verändert, um jede andere Möglichkeit auszuschließen.

Meiner Meinung nach gibt es drei Hauptgründe, warum die Hypothese des verstärkten CO$_2$ Effekts unter Klimawissenschaftlern weithin akzeptiert wird. Erstens gibt es eine vernünftige Übereinstimmung zwischen dem jüngsten CO$_2$ Anstieg und dem Temperaturanstieg (Abb. 11). Wissenschaftler neigen dazu, einfachere Erklärungen zu bevorzugen (Occams Rasiermesser), und der Treibhauseffekt ist eine gut etablierte Theorie, die den erhöhten CO$_2$ als eine der Ursachen der Erwärmung identifiziert. Zweitens spricht die in Eisbohrkernen festgestellte sehr gute Korrelation zwischen den CO$_2$-Werten und den Temperaturen während des Pleistozäns für einen engen Zusammenhang. Schließlich bietet die Hypothese des verstärkten CO$_2$-Effekts eine plausible Erklärung für die notwendigen Veränderungen der Energieflüsse am Obergrenze der Atmosphäre, um das Klima zu verändern. Jede Hypothese, die diese Erklärung nicht liefert, wird wahrscheinlich nicht in Betracht gezogen werden.

Kasten 5. Das Fehlen eines natürlichen Klimawandels

Die modellgestützte Hypothese eines verstärkten CO_2 Effekts hat mehrere Probleme, die selten öffentlich diskutiert werden. Eines dieser Probleme ist, dass sie den natürlichen Klimawandel nicht berücksichtigt. Diese Hypothese stützt sich auf eine hohe Empfindlichkeit gegenüber Aerosolen, um die Mitte des 20. Jahrhunderts beobachtete Abkühlung zu erklären, die durch eine höhere Empfindlichkeit gegenüber CO_2 ausgeglichen wird, um die im späten 20. Jahrhundert beobachtete Erwärmung zu erklären. Folglich sind diese beiden Faktoren für fast die gesamte beobachtete Klimaänderung seit 1750 verantwortlich. Die Berechnungen des Strahlungsantriebs von damals bis heute negieren weitgehend die Rolle von Veränderungen der Sonnenaktivität und von Vulkanausbrüchen für den eingetretenen Klimawandel (Abb. B5).

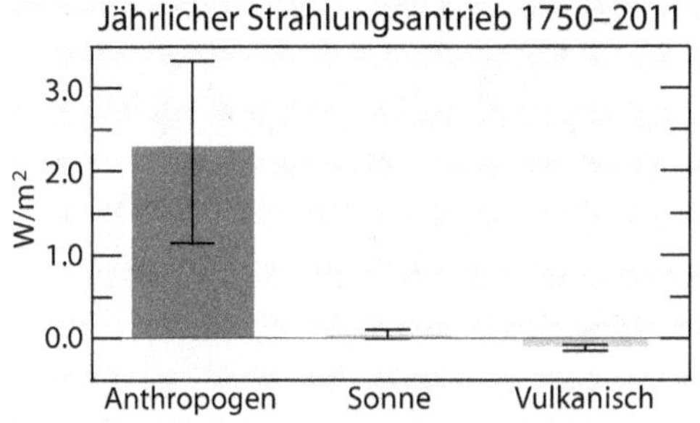

Abbildung B5. Die Konsenshypothese lässt dem natürlichen Klimawandel keine Rolle. Veränderung des globalen mittleren jährlichen Strahlungsantriebs von 1750 bis 2011 durch menschliche Aktivitäten, Veränderungen der Gesamtsonneneinstrahlung und vulkanische Emissionen.[50]

Obwohl viele Klimawissenschaftler einen dominanten Beitrag des anthropogenen CO_2 Anstiegs zum jüngsten Klimawandel anerkennen, erkennen sie auch die Bedeutung des natürlichen Klimawandels der letzten 270 Jahre an. Die derzeitige Formulierung und Modellierung der Hypothese des verstärkten CO_2 Effekts erklärt jedoch nicht in angemessener Weise die Kälteperiode des 14 -18. Jahrhunderts, die die letzte große Klimaveränderung des Planeten darstellt, und die Anfang des 20. Jahrhunderts beobachtete Erwärmung. Dies wirft Fragen über die Fähigkeit der Hypothese auf, den natürlichen Klimawandel neben dem anthropogenen Klimawandel zu erklären.

Zusammengefasst

Die Hypothese des verstärkten CO_2 Effekts stützt sich nicht nur auf den direkten Erwärmungseffekt des erhöhten CO_2. Sie stützt sich hauptsächlich auf den sekundären Erwärmungseffekt, der durch Rückkopplungsreaktionen auf die direkte Erwärmung durch CO_2 verursacht wird. Diese sekundäre Erwärmung ist nicht ausschließlich auf CO_2 zurückzuführen und sollte als Reaktion auf jede Erwärmungsquelle auftreten. Leider können die Beobachtungen diese Hypothese nicht bestätigen, da die gemessene Erwärmung ihre Ursache nicht erkennen lässt. Die Hypothese wird durch Computermodelle gestützt, die keine wissenschaftlichen Beweise sind, und sie erklärt die jüngsten Klimaveränderungen gut, macht aber die Klimaveränderungen in den letzten Jahrhunderten bis 1950 unerklärlich.

---

[50] Abbildung nach Wuebbles, D.J., et al., 2017 Climate Science Special Report: Fourth National Climate Assessment, Vol I p.14. doi.org/10.7930/J0J964J6

ABSCHNITT 2 SCHLÜSSELTHEMEN

Damit der Planet seine Temperatur aufrechterhalten kann, muss die gesamte Energie, die er von der Sonne erhält, als Infrarotstrahlung in den Weltraum zurückgestrahlt werden. Die Sonne erwärmt die Oberfläche, und diese Energie wird hauptsächlich durch Verdunstung und Konvektion an die Atmosphäre abgegeben. Die Treibhausgase bewirken jedoch, dass die Emissionen in den Weltraum in größeren Höhen entstehen. Da die Temperatur in der Troposphäre mit der Höhe abnimmt und die Emissionstemperatur konstant bleiben muss, um die Energie auszugleichen, muss die Oberfläche wärmer werden. Wasserdampf und Wolken tragen mit 75 % am meisten zum Treibhauseffekt bei, während CO_2 für 19 % verantwortlich ist. Im Winter ist der Treibhauseffekt in den Polarregionen, wo es kaum Wasserdampf und Wolken gibt, viel schwächer.

Die „Hypothese des verstärkten CO_2-Effekts" besagt, dass Rückkopplungsmechanismen, die die Erwärmung durch den Anstieg des atmosphärischen CO_2-Spiegels verstärken, die Hauptursache der jüngsten globalen Erwärmung sind. Diese Rückkopplungen, die nicht direkt gemessen werden können, reagieren auf die anfängliche Erwärmung, indem sie deren Auswirkungen verstärken. Beobachtungen können diese Hypothese nicht bestätigen, da sie keinen Hinweis auf die Ursache der Erwärmung geben. Trotz des Mangels an eindeutigen Beweisen und der Nichtberücksichtigung der natürlichen Klimaschwankungen wird diese Hypothese von Computermodellen gestützt und von den Wissenschaftlern weitgehend akzeptiert.

Die Erwärmung der Erdoberfläche deutet auf ein Energieungleichgewicht an der Spitze der Atmosphäre hin. Im 21. Jahrhundert scheint sich dieses Energieungleichgewicht zu verringern, was darauf hindeutet, dass sich die Erde jetzt langsamer erwärmt.

Abschnitt 3. Klimasystem Energietransport

KAPITEL 9
WAS WIR „KLIMA" NENNEN, IST DER TRANSPORT VON WÄRME

Der Unterschied in der Absorption der Sonnenstrahlung zwischen dem Äquator und den Polen führt zu einem Temperaturgefälle in der Breite. Dieses Gefälle bestimmt den klimatischen Zustand und die Durchschnittstemperatur des Planeten und hat sich im Laufe der Zeit erheblich verändert. Derzeit befindet sich die Erde in einem „Eishaus"-Zustand. Der Breitengradient bewirkt einen polwärts gerichteten (meridionalen) Wärmetransport, durch den es in hohen Breiten wärmer ist, als es die Sonneneinstrahlung vermuten ließe. Der meridionale Transport führt zu einer Umverteilung von Wärme, Feuchtigkeit, Wolken und Impuls in Richtung der Pole. Wetter und Klima sind im Wesentlichen das Ergebnis von Schwankungen im meridionalen Transport.

Der Temperatur-Breitengradient

In den beiden vorangegangenen Abschnitten haben wir darüber gesprochen, wie sich Energie vertikal zwischen dem oberen Teil der Atmosphäre und der Oberfläche bewegt. Aber Energie bewegt sich im Klimasystem auch horizontal, hauptsächlich als Wärmetransport. Diesem Prozess wird von den Klimaforschern nicht so viel Aufmerksamkeit geschenkt und er wird im Allgemeinen als weniger wichtig angesehen, was sich auch in den meisten Lehrbüchern für Klimatologie widerspiegelt. Der Wärmetransport ist jedoch von entscheidender Bedeutung für das Verständnis des Klimas, und er ist das zentrale Thema dieses Buches. Das Klima ist im Wesentlichen eine Manifestation des Wärmetransports. Variationen im Wärmetransport können der Schlüssel zum Verständnis des Klimawandels sein.

In Kapitel 2 wurde erläutert, dass die Tropen mehr kurzwellige Strahlung absorbieren als die Pole. Dadurch entsteht ein Temperaturgefälle vom Äquator zu den Polen, das als Temperatur-Breitengradient bezeichnet wird. Dieser Gradient resultiert hauptsächlich aus dem Breitengradienten der Sonneneinstrahlung, wobei die Sonneneinstrahlung die wichtigste Determinante der Oberflächentemperatur ist.

Der Temperaturgradient in Breitenrichtung wird jedoch auch von klimatischen Faktoren beeinflusst. Er ist zum Südpol hin steiler, weil der Antarktische Zirkumpolarstrom und der Südliche Annularmode die Antarktis isolieren. Diese Meeresströmungen und Winde umkreisen die Antarktis und machen sie viel kälter, indem sie die Wärme aus wärmeren Gebieten zurückhalten. Die Neigung des Gradienten ist also nicht der einzige Faktor, der die transportierte Wärmemenge beeinflusst.

Der Temperatur- Breitengradient ist der wichtigste Faktor bei der Definition des Erdklimas (Abb. 13). Durch die Analyse geologischer, paläontologischer und isotopischer Klimaproxydaten können wir den sich verändernden Temperaturgradienten in den letzten 540 Millionen Jahren abschätzen.[51] Dieser Gra-

---

[51] Scotese, C.R., et al., 2021. Earth-Sci. Rev. 215, p.103503.
  doi.org/10.1016/j.earscirev.2021.103503

dient liefert eine Schätzung der Durchschnittstemperatur des Planeten und ermöglicht es uns, seine klimatische Entwicklung zu rekonstruieren.

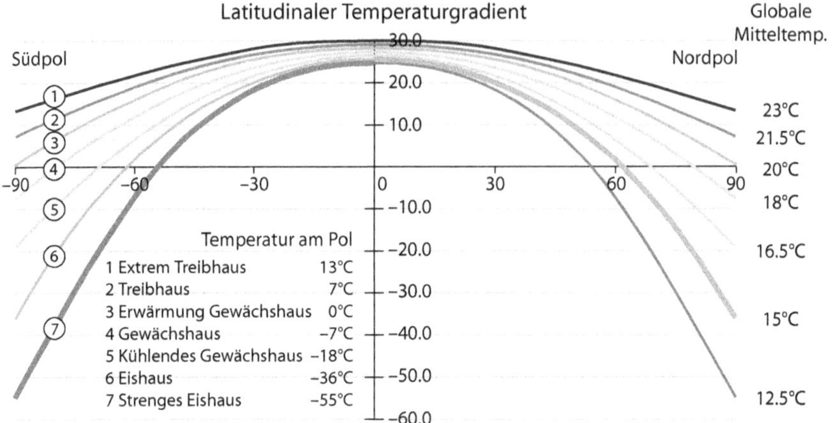

Abbildung 13. Der Temperatur- Breiten gradient. Die Kurven von Breitengrad zu Breitengrad in Abhängigkeit von der Temperatur (°C) stellen die klimatischen Bedingungen vom extremen Treibhaus bis zum strengen Eishaus und die abgeleitete globale Mitteltemperatur dar.[52] Das gegenwärtige Klima wird durch Kurve 7 für die südliche Hemisphäre und Kurve 6 für die nördliche Hemisphäre beschrieben (dicke Kurven).

Das derzeitige Klima der Erde im 21. Jahrhundert wird als Eishausklima eingestuft, das zu den kältesten 10 % des Klimas der letzten 540 Millionen Jahre gehört. Infolgedessen ist der Temperaturgradient in Breitenrichtung sehr steil und treibt eine große Wärmemenge polwärts.

Wärmetransport entlang des Gradienten

Der Temperatur-Breiten gradient führt zu einer Anhäufung potenzieller Energie in der Atmosphäre, die diese instabil macht und zu einem polwärts gerichteten Wärmefluss führt. Dieser Prozess wird als meridionaler Transport bezeichnet, da er hauptsächlich in der Richtung der Meridiane stattfindet. Auch die Ozeane tragen zum meridionalen Wärmetransport bei, angetrieben durch unterschiedliche Wärmezufuhr und atmosphärische Winde.

Durch den Wärmetransport wird der Temperaturkontrast zwischen den Polen und dem Äquator verringert, wodurch die durch das Temperaturgefälle in der Breite erzeugte potenzielle Energie freigesetzt wird.

Die tropische Region zwischen 30° nördlicher und 30° südlicher Breite bedeckt die Hälfte der Erdoberfläche, erhält aber etwa 2/3 der einfallenden absorbierten Strahlung, was etwa 80 PW (Petawatt, eine Billiarde Watt) entspricht. Im Gegensatz dazu empfängt die andere Hälfte der Erdoberfläche, die polwärts auf 30° Breite liegt, etwa 40 PW. Der gesamte Wärmeeintrag beträgt also etwa 120 PW. Die tropische Region strahlt etwa 69 PW ab, und etwa 11 PW werden in die außertropischen Regionen transportiert. Trotz der kühleren Temperatur der Antarktis werden nur etwa 5 PW in die südliche außertropische Region transportiert, während etwa 6 PW in die nördliche außertropische

---

[52] Abbildung nach Scotese, C.R., 2016. PALEOMAP Projekt, www.researchgate.net/publication/275277369

Region transportiert werden. Wie bereits erwähnt, transportieren die atmosphärische Zirkulation und die Meeresströmungen Wärme und spielen auch eine entscheidende Rolle bei der Regulierung der transportierten Wärmemenge.

Der meridionale Wärmetransport ist dafür verantwortlich, dass die Pole wärmer sind als sie sein sollten, und der verringerte Wärmetransport auf der Südhalbkugel trägt dazu bei, dass es dort im Durchschnitt etwa 2 °C kälter ist als auf der Nordhalbkugel. Ohne diesen Wärmetransport wären die Pole im Durchschnitt 100 °C kälter als der Äquator, statt der derzeitigen Differenz von 40 °C.[53] Der Wärmetransport macht auch die Winterbedingungen in hohen Breiten erträglicher, insbesondere in der Nähe der großen Ozeanbecken, wo der größte Teil des Transports stattfindet. Ein kleiner Nettotransport von etwa 0,2 PW über den Äquator zur nördlichen Hemisphäre (Kasten 2, Kap. 3) trägt ebenfalls zur ungleichen Wärmeverteilung zwischen den Hemisphären bei.

Das Klima ist eine Erscheinungsform des meridionalen Transports.

Wie das alte Sprichwort sagt: *„Klima ist das, was wir erwarten, Wetter ist das, was wir bekommen"*, ist Klima definiert als der Durchschnitt meteorologischer Variablen über einen Zeitraum, der lang genug ist, um ihre Variabilität zu bestimmen. Die meteorologischen Variablen, die wir als Wetter oder Klima bezeichnen, hängen hauptsächlich von der Sonneneinstrahlung und dem meridionalen Transport von Wärme und Feuchtigkeit ab.

Wärme wird auf drei Arten transportiert: fühlbare, potenzielle und latente Wärme. Die fühlbare Wärme ist die in Molekülen gespeicherte Wärmeenergie und kann mit einem Thermometer gemessen werden. Sie kann durch Strahlung oder durch Zusammenstöße zwischen Molekülen übertragen werden. Wenn sich heiße Wüstenluft über einen kühleren Ort bewegt, erwärmt sie diesen durch sensible Wärmeübertragung. Potentielle Wärme ist die Wärme, die als potentielle Energie in den Molekülen gespeichert ist. Wenn ein Luftpaket aufsteigt, kühlt es sich ab und dehnt sich aus, wobei es eine andere Temperatur, aber die gleiche potenzielle Temperatur hat. Wenn es sich an einen anderen Ort bewegt und absteigt, zieht es sich zusammen und erwärmt sich, wodurch potenzielle Wärme von einem Ort zum anderen transportiert wird. Latente Wärme ist die Energie, die benötigt wird, um die schwachen Bindungen zwischen den flüssigen Wassermolekülen beim Verdampfen aufzubrechen. Diese Energie kann erst dann mit einem Thermometer gemessen werden, wenn die Wasserdampfmoleküle kondensieren, wobei sie diese Bindungen erneut eingehen und die Energie dort freisetzen, wo sie kondensieren.

Neben der Wärme ist der meridionale Transport auch für den Transport von Wasser, Aerosolen, Chemikalien, Wolken und Drehimpulsen verantwortlich.

Die Temperaturgradient führt zu einer instabilen Troposphäre, da die von der Oberfläche erwärmte Luft durch Konvektion aufsteigt. Feuchte Luft steigt aufgrund ihrer geringeren Dichte leichter auf als trockene Luft. Der Temperatur-Breitengradient verstärkt diese Prozesse am Äquator stärker als an den Polen, wodurch ein Gradient der potenziellen Energie entsteht. Dieses Potentialgefälle trägt zur Neigung der Tropopause bei, die am Äquator in einer größeren

---

[53] Lindzen, R.S., 1994. Annu. Rev. Fluid Mech. 26 (1), pp.353-378.
doi.org/10.1146/annurev.fl.26.010194.002033

Höhe von 17 km und an den Polen in nur 9 km Höhe liegt. Die Rotation des Planeten in Verbindung mit diesem Potentialgefälle erzeugt Turbulenzen in der Atmosphäre und treibt den meridionalen Wärmetransport an.

Die Variablen, aus denen sich Wetter und Klima zusammensetzen, einschließlich Druck, Wind, Wolken, Temperatur und Niederschlag, werden durch den Transport von fühlbarer, potentieller und latenter Wärme beeinflusst. Die Verteilung der Sonnenenergie an der Oberfläche, die durch die Sonneneinstrahlung bestimmt wird, ist der Hintergrund, vor dem diese Prozesse ablaufen. Daher sind Veränderungen im meridionalen Wärmetransport weitgehend für die meisten meteorologischen Veränderungen verantwortlich. Es stellt sich die Frage, ob sie auch beim globalen Klimawandel eine Rolle spielen.

Kasten 6. Der meridionale Impulstransport

Der Drehimpuls ist eine Eigenschaft, die bei jedem rotierenden Objekt erhalten bleibt und eine Funktion der Rotationsträgheit und der Rotationsgeschwindigkeit um seine Achse ist. Wenn z. B. ein Schlittschuhläufer seine Arme während der Drehung näher an den Körper heranführt, verringert er seine Rotationsträgheit, indem er einen Teil seiner Masse näher an die Achse heranbringt, und erhöht die Rotationsgeschwindigkeit, um den Drehimpuls aufrechtzuerhalten. Der Transport von Wärme und Feuchtigkeit vom Äquator und den Tropen zu den mittleren und hohen Breiten ist mit dem Transport von Drehimpulsen zwischen der festen Erde und der Atmosphäre gekoppelt. In niedrigen Breiten strömen die Oberflächenwinde in östlicher Richtung (Ost-West) entgegen der Erdrotation. Dadurch gewinnt die Atmosphäre durch die Reibung mit der festen Erde an Schwung, wodurch sich ihre Rotationsgeschwindigkeit verringert. In den mittleren Breiten sind die Oberflächenwinde westlich, und die Atmosphäre verliert an Schwung gegenüber der festen Erde, was ihre Rotationsgeschwindigkeit erhöht. Folglich ist ein atmosphärischer Drehimpulsfluss in Richtung des Pols notwendig, um den Impuls zu erhalten und die Rotationsgeschwindigkeit der Erde beizubehalten.

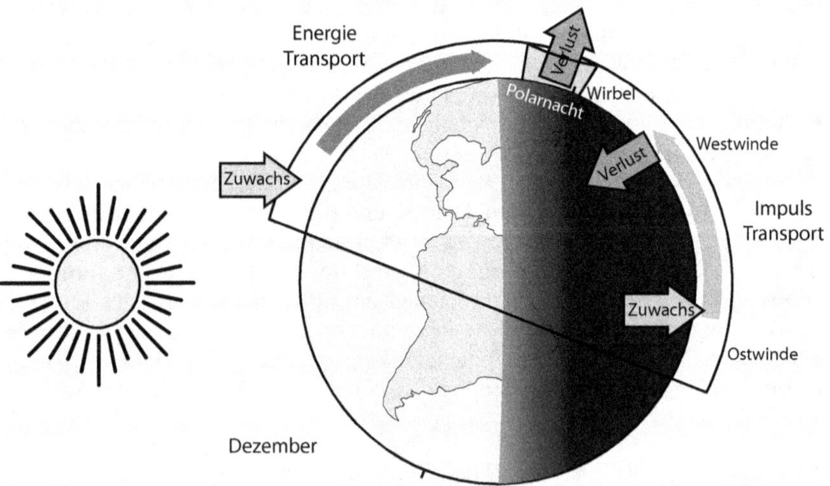

Abbildung B6. Meridionaler Transport. Energie (links) und Drehimpuls (rechts) werden aufgrund des Temperaturgradienten in Breitenrichtung und der Rotation des Planeten transportiert.[54]

Um den Impuls aufrechtzuerhalten, müssen alle Änderungen des atmosphärischen Drehimpulses durch entsprechende Änderungen der Rotationsrate der festen Erde ausgeglichen werden. Die jahreszeitlichen Schwankungen der zonalen Windzirkulation sind der Hauptfaktor, der zu Veränderungen des atmosphärischen Drehimpulses führt. Diese Zirkulation ist im Winter am stärksten, wenn ein größeres Temperaturgefälle in den Breitengraden dazu führt, dass mehr Drehimpuls in der Atmosphäre vorhanden ist. Infolgedessen dreht sich die Erde im Januar und Juli etwas schneller und im April und Oktober, wenn die zonale Zirkulation am schwächsten ist, langsamer. Diese Änderungen der Erdrotationsgeschwindigkeit sind winzig und führen zu messbaren Veränderungen der Tageslänge im Mikrosekundenbereich.

Zusammengefasst

Neben der Sonneneinstrahlung spielt der polwärts gerichtete (meridionale) Transport von Wärme und Feuchtigkeit eine entscheidende Rolle bei der Bestimmung des Klimas. Dieser Transport ist hauptsächlich auf Temperaturunterschiede zwischen dem Äquator und dem Pol sowie auf atmosphärische und ozeanische Zirkulationen zurückzuführen. Der meridionale Transport transportiert nicht nur Wärme und Feuchtigkeit, sondern auch Drehimpuls, der die Rotationsgeschwindigkeit der Erde beeinflusst.

---

[54] Abbildung nach Marshall, J. & Plumb, R.A., 2008. Atmosphere, Ocean and Climate Dynamics: An Introductory Text. Academic Press.

KAPITEL 10
WIE WÄRME TRANSPORTIERT WIRD

Der Wärmetransport ist von entscheidender Bedeutung für die Umverteilung von Energie auf dem Planeten. Trotz seiner Bedeutung ist er aufgrund der Schwierigkeiten bei der genauen Messung und unzureichender theoretischer Modelle nach wie vor schlecht verstanden. Die Atmosphäre ist die Haupttriebkraft des Wärmetransports, und ihre Bedeutung nimmt mit dem Breitengrad zu. Der ozeanische Transport trägt zu etwa einem Drittel des gesamten Wärmetransports bei, seine Bedeutung nimmt jedoch mit zunehmendem Breitengrad ab. In den westlichen Grenzströmungen geben die Ozeane einen Großteil ihrer Wärme an die Atmosphäre ab, die dann durch Stürme in mittleren Breiten polwärts transportiert wird.

Atmosphärischer versus ozeanischer Wärmetransport

Das Vorhandensein von zwei flüssigen Massen, dem Ozean und der Atmosphäre, auf der festen Oberfläche der Erde verändert die Energetik des Planeten, indem es einen dynamischen Aspekt in seine Strahlungseigenschaften einbringt. Diese Flüssigkeiten spielen eine wesentliche Rolle für den Energietransport im Klimasystem. Wärme wird vor allem aus den tropischen Regionen, in denen ein Energieüberschuss besteht, in die mittleren Breiten und die Polarregionen transportiert, wo ein Energiedefizit besteht. Dieser Wärmetransport durch den Ozean und die Atmosphäre mäßigt das Klima und erzeugt alle atmosphärischen Phänomene, die wir als Wetter kennen.

Die direkte Messung des Wärmetransports ist aufgrund unzureichender Daten über die Temperatur und Dynamik der Atmosphäre und der Ozeane schwierig. Stattdessen wird der Gesamtwärmetransport aus der Differenz zwischen den Flüssen der absorbierten kurzwelligen Strahlung und der emittierten langwelligen Strahlung an der Oberseite der Atmosphäre berechnet. Der ozeanische Wärmetransport wird in der Regel aus dem Netto-Wärmefluss an der Meeresoberfläche berechnet, und der atmosphärische Wärmetransport ergibt sich durch Subtraktion des ozeanischen Transports vom Gesamtwert. Bei diesem Ansatz wird jedoch davon ausgegangen, dass die Veränderung der ozeanischen Wärmespeicherung vernachlässigbar ist, was möglicherweise nicht zutrifft, und er ist für die Untersuchung der Beziehung zwischen atmosphärischem und ozeanischem Transport ungeeignet, da sie nicht unabhängig voneinander ermittelt werden.

Der Ozean hat eine viel größere Wärmekapazität als die Atmosphäre und enthält etwa 96 % der Energie im Klimasystem. Im Gegensatz dazu enthalten das Land, die Atmosphäre und die Kryosphäre nur 2 %, 1 % bzw. 1 %.[55] Trotz des großen Unterschieds im Energiegehalt transportiert die Atmosphäre den größten Teil der Energie im Klimasystem. In der nördlichen Hemisphäre ist der Ozean für etwa 30 % des Energietransports verantwortlich, in der südlichen Hemisphäre dagegen nur für 18 %, so dass die Atmosphäre für 75 % des globa-

[55] Cuesta-Valero, F.J., et al., 2016. Geophys. Res. Lett. 43 (10), pp.5326-5335.
doi.org/10.1002/2016GL068496

len Wärmetransports verantwortlich ist. Wasserdampf ist der Schlüssel zum Verständnis, wie die Atmosphäre trotz ihrer geringeren Wärmekapazität so viel Wärme transportieren kann. Denn Wasserdampf ist 100-mal effizienter beim Transport von Wärme als trockene Luft. Durch den latenten Wärmetransport verdoppelt die Atmosphäre effektiv ihre Wärmetransportkapazität.

Die Breitenverteilung des Wärmetransports ist stark asymmetrisch. In niedrigen Breiten ist der ozeanische Transport wichtiger, während in hohen Breiten der atmosphärische Transport dominiert (Abb. 14).

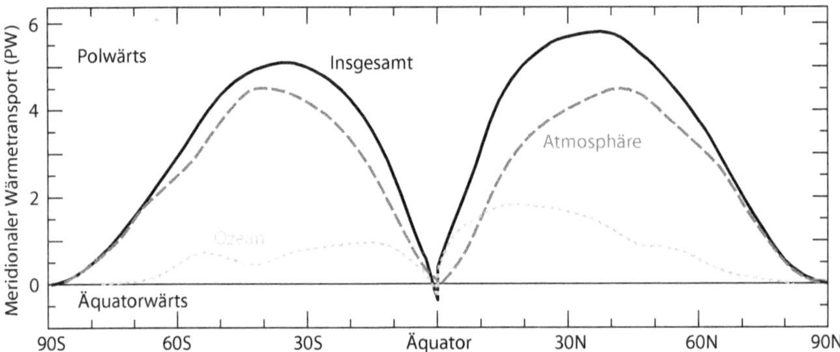

Abbildung 14. Zerlegung des meridionalen Transports. Positive Werte stehen für den polwärts gerichteten Transport in Petawatt, und der äquatorwärts gerichtete Transport wird durch negative Werte dargestellt. Der Gesamttransport ist als schwarze durchgezogene Linie dargestellt, der atmosphärische Transport als mittelgraue gestrichelte Linie und der ozeanische Transport als hellgraue gepunktete Linie.[56] Die Geometrie der Erde und der minimale äquatoriale Transport beeinflussen die Form der Kurve.

Einige Abbildungen in diesem Buch, die den meridionalen Transport aufschlüsseln, einschließlich Abbildung 14, definieren den polwärts gerichteten Transport als positiv und den äquatorwärts gerichteten Transport als negativ. Dies geschieht, indem eine künstliche Nulllinie am Äquator gesetzt wird, anstatt die übliche Definition des Nordtransports als positiv und des Südtransports als negativ zu verwenden. Diese Darstellung dient lediglich der Veranschaulichung und ermöglicht es, die wichtigen hemisphärischen Unterschiede im Transport besser zu visualisieren.

Bestimmt der Temperaturunterschied zwischen den Breitengraden den Wärmetransport, oder bestimmt der Wärmetransport den Temperaturunterschied? Die Antwort scheint beides zu sein, aber wir können nicht genau bestimmen, wie stark sich beide gegenseitig beeinflussen. Klimamodelle sind bei der Darstellung des meridionalen Wärmetransports unzuverlässig, da die Ergebnisse zwischen den Modellen um bis zu 20 % abweichen können. Darüber hinaus bleibt der meridionale Transport in jedem Modell nahezu konstant, obwohl sich die Ozeanzirkulation, die interannuelle Variabilität und die paläoklimatischen Bedingungen ändern.[57] In Anbetracht des großen Unterschieds im

---

[56] Abbildung nach Yang, H., et al., 2015. Clim. Dynam. 44, pp.2751-2768.
    doi.org/10.1007/s00382-014-2380-5

[57] Donohoe, A., et al., 2020. J. Clim. 33 (10), pp.4141-4165.
    doi.org/10.1175/JCLI-D-19-0797.1

latitudinalen Temperaturgradienten zwischen dem letzten glazialen Maximum und der Gegenwart müssen wir zu dem Schluss kommen, dass die derzeitigen Modelle den meridionalen Wärmetransport nicht angemessen wiedergeben.

Atmosphärischer Transport

In diesem Abschnitt werden wir uns nur auf den atmosphärischen Wärmetransport in der Troposphäre konzentrieren, da der stratosphärische Transport, auch wenn er in Bezug auf die Energie gering ist, aus anderen Gründen wichtig ist, die wir in Kapitel 14 erörtern werden. Die Atmosphäre wirkt als Wärmekraftmaschine, ein thermodynamisches Konzept, das sich auf ein System bezieht, das in der Lage ist, thermische Energie in kinetische Energie umzuwandeln. Sie tut dies, indem sie Wärme von einer heißen Quelle (der Oberfläche) zu einer kalten Senke (der oberen Troposphäre) überträgt. Dabei nutzt die Atmosphäre die Energie als Arbeit, um Wasser umzuverteilen und Luft zu bewegen, während sie die Wärme transportiert. Es ist erwähnenswert, dass etwa ein Drittel des atmosphärischen Energiebudgets für den Wasserkreislauf verwendet wird.[58]

Am Wärmetransport in der Troposphäre sind zwei Prozesse beteiligt: die mittlere meridionale Zirkulation und turbulente Strömungsprozesse, die als Wirbel bekannt sind. In den Extratropen wird die meiste Wärme durch nicht stationäre Wirbel transportiert, d. h. durch Stürme, die große Mengen an Wärme, Feuchtigkeit und Schwung mit sich führen (Kasten 6, Kap. 9). Diese Stürme entstehen hauptsächlich über Ozeanbecken und folgen einer Bahn, die sie näher an die Pole bringt. Die vorübergehenden Wirbel der nördlichen Hemisphäre sind in zonal begrenzten Sturmbahnen organisiert, die aufgrund der von den Kontinenten geschaffenen zonalen Asymmetrien existieren. An den östlichen Hängen der Gebirgsketten des Himalaya und der Rocky Mountains entstehen aufgrund orografischer Störungen der atmosphärischen Strömung stationäre Wirbel. Diese stationären Wirbel sind entscheidend für die Entstehung und Verstärkung von Stürmen und bestimmen, wo sie enden.[59] Stationäre Wirbel sind für den Klimawandel von Bedeutung, da sie wesentlich zum Unterschied im atmosphärischen Wärmetransport zwischen Sommer und Winter beitragen. Im Winter, wenn der Transport in Richtung des dunklen Pols stark verstärkt ist, erhöhen diese stationären Wirbel die transportierte Wärmemenge erheblich.[60] Abbildung 15 zeigt den nordwärts gerichteten Wärmefluss durch die Wirbel während des Winters der Nordhalbkugel und folgt dabei den Bahnen der Stürme, die die wichtigsten arktischen Einfallstore definieren.

---

[58] Laliberté, F., et al., 2015. Science, 347 (6221), pp.540-543.
  doi.org/10.1126/science.12571
[59] Kaspi, Y. & Schneider, T., 2013. J. Atmos. Sci. 70 (8), pp.2596-2613.
  doi.org/10.1175/JAS-D-12-082.1
[60] Peixoto, J.P. & Oort, A.H., 1992. Physics of climate. New York: American Institute of Physics. pp.330-336.

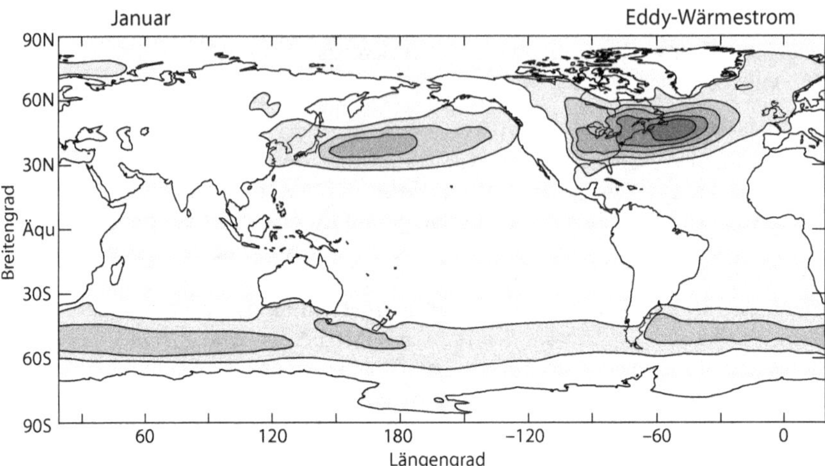

Abbildung 15. Wirbel-getriebener Wärmestrom nach Norden im Januar. Jede Kontur ist 5 °C m/s. Die Schattierung in der südlichen Hemisphäre zeigt eine südliche Strömung an.[61] Windgeschwindigkeitsmaxima (dunklere Schattierung) führen zu starken Stürmen in den mittleren Breiten.

Leon Barry und seine Kollegen erklären: *„Der atmosphärische Wärmetransport auf der Erde vom Äquator zu den Polen wird größtenteils von den Stürmen der mittleren Breiten durchgeführt. Es gibt jedoch keine zufriedenstellende Theorie, die dieses grundlegende Merkmal des Erdklimas beschreibt".*[62] Der Wärmetransport ist von grundlegender Bedeutung, wird aber nur unzureichend verstanden.

Ozeanischer Transport

Im Gegensatz zur Atmosphäre wird der Ozean nicht als Wärmemaschine betrachtet, da er über seine Oberfläche Wärme gewinnt und verliert, so dass Wärmequelle und -senke nicht wie in der Atmosphäre getrennt sind. Stattdessen wird der Ozean durch externe mechanische Energie aus Winddruck und Gezeiten angetrieben, die allerdings 1.000 Mal geringer ist als der Wärmestrom.[63] Der Winddruck (die Kraft pro Flächeneinheit, die der Wind auf den Ozean ausübt) steuert direkt die Massenströme in den oberen paar hundert Metern des Ozeans. Die Auftriebsbedingungen an der Oberfläche spielen sowohl in Modellen als auch in der Realität eine wichtige Rolle für den Wärme- und Salztransport, da die Flüssigkeit dicht genug werden muss, um zu sinken, aber diese Bedingungen sind nicht der eigentliche Antrieb der Zirkulation.[64]

In Kapitel 4 haben wir gelernt, dass 75 % der Sonnenenergie, die an der Oberfläche absorbiert wird, in den Ozean gelangt. In niedrigen Breitengraden übersteigt die vom Ozean absorbierte Sonnenstrahlung den Wärmefluss vom Ozean in die Atmosphäre, was zu einem Wärmeüberschuss führt, der polwärts

---

[61] Abbildung nach Hartmann, D.L., 2016. Global physical climatology. 2nd ed. Elsevier.

[62] Barry, L., et al., 2002. Nature, 415 (6873), pp.774-777. doi.org/10.1038/415774a

[63] Huang, R.X., 2004. Ocean, energy flows in. Encycl. Energy, 4, pp.497-509.

[64] Wunsch, C., 2002. Science, 298 (5596), S.1179-1181.
doi.org/10.1126/science.1079329

transportiert und in höheren Breitengraden freigesetzt wird. Der Ozean fungiert im Wesentlichen als Wärmespeicher und -umverteilungssystem. Der meridionale Wärmetransport durch den Ozean kann in zwei Hauptkomponenten unterteilt werden: die meridionale Umwälzzirkulation und die mit den Meereswirbeln verbundene Strömung. In der wissenschaftlichen Literatur wird die Möglichkeit einer Verlangsamung der atlantischen meridionalen Umwälzzirkulation aufgrund des jüngsten Klimawandels diskutiert, die den Wärmetransport verringern könnte. Die Beweise sprechen jedoch dafür, dass die natürliche Variabilität die atlantische meridionale Umwälzzirkulation im letzten Jahrhundert dominiert hat.[65]

Unser Verständnis der energetischen Aspekte der Ozeanzirkulation ist unvollständig und unausgewogen, und viele grundlegende Fragen bleiben unbeantwortet. Angesichts dessen ist es schwierig zu glauben, dass Modelle den ozeanischen Wärmetransport genau wiedergeben können.

Wärmestrom Ozean-Atmosphäre

In Kapitel 6 haben wir die Energiebilanz der Meeresoberfläche untersucht. Der Ozean empfängt 170 W/m^2 von der Sonne und gibt 16 W/m^2 fühlbare Wärme, 53 W/m^2 langwellige Strahlungsenergie und 100 W/m^2 latente Wärme an die Atmosphäre ab.[66] Betrachtet man nur die latenten und fühlbaren Wärmeströme, nicht aber die Strahlungsströme, so ist es nicht überraschend, dass die Atmosphäre nur im Sommer in hohen Breiten Wärme an den Ozean abgibt (Abb. 16) und nirgendwo im Jahresmittel. Die Rolle des Ozeans besteht darin, die Atmosphäre mit der empfangenen Sonnenenergie zu erwärmen und so dem System thermische Trägheit zu verleihen.

Der wichtigste Beitrag zum Wärmefluss zwischen Ozean und Atmosphäre kommt von den windgetriebenen Wirbeln, insbesondere von den warmen Gewässern ihrer westlichen Randkomponenten im Winter der nördlichen Hemisphäre: dem Golfstrom, dem Kuroshiostrom und dem nördlichen Nordatlantik (Abb. 16). Während der Wintersaison, wenn der Wärmetransport am intensivsten ist, wird der größte Teil der vom Ozean in den Tropen gewonnenen Wärme an die Atmosphäre zwischen 25° und 50° geographischer Breite abgegeben, um schließlich polwärts transportiert zu werden. Vergleicht man die Abbildungen 15 und 16, so lässt sich nachvollziehen, woher die Wärme für die Wirbelströmung kommt.

Die zwischenjährlichen Veränderungen des latenten Wärmeflusses zwischen 1981 und 2005 wurden analysiert, und die Ergebnisse zeigen einen signifikanten Anstieg von 10 W/m^2 während dieses Zeitraums.[67] Dieser Wert ist zehnmal höher als der von den Klimamodellen ermittelte Wert, was einmal mehr darauf hinweist, dass der meridionale Transport in den Modellen nicht angemessen dargestellt wird.

---

[65] Latif, M., et al., 2022. Nat. Clim. Change, 12 (5), pp.455-460. doi.org/10.1038/s41558-022-01342-4
[66] Schmitt, R.W., 2018. Oceanography, 31 (2), pp.32-40. doi.org/10.5670/oceanog.2018.225
[67] Yu, L. & Weller, R.A., 2007. B. Am. Meteorol. Soc. 88 (4), pp.527-540. Quelle für Abbildung 16. doi.org/10.1175/BAMS-88-4-527

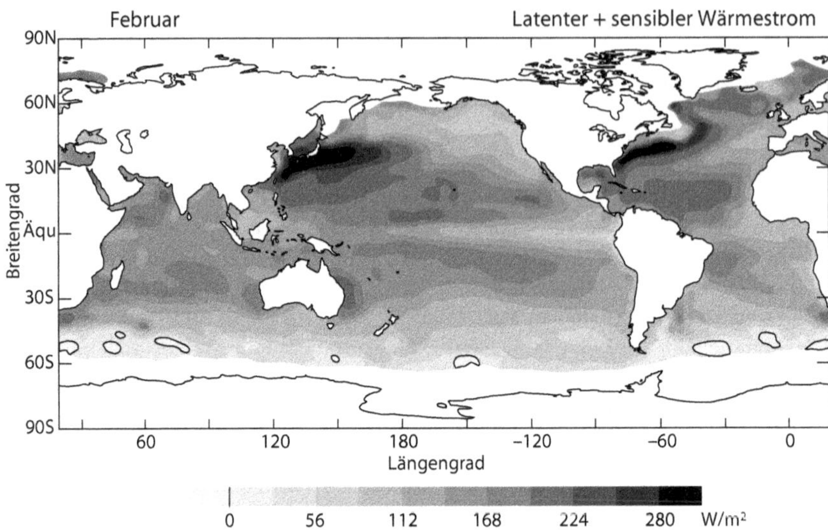

Abbildung 16. Wärmefluss Ozean-Atmosphäre für den Monat Februar. Dargestellt ist die mittlere Summe der latenten und fühlbaren Wärmeströme im eisfreien Ozean von 1981 bis 2005. Der Fluss ist nur in kleinen Gebieten des Südlichen Ozeans abwärts gerichtet (negativ).

Zusammengefasst

Der polwärts gerichtete Wärmetransport ist ein entscheidender Faktor für das Klima, aber wir wissen immer noch nicht viel über ihn. Etwa ein Drittel der auf der Erde transportierten Wärme wird durch die Ozeane transportiert, wobei ihre Bedeutung zu den Polen hin abnimmt. Ein großer Teil dieser Wärme wird durch westliche Grenzströmungen in mittleren Breiten in die Atmosphäre transportiert. Die verbleibenden zwei Drittel der Wärme werden von der Atmosphäre transportiert, wobei ihre Bedeutung in Richtung der Pole zunimmt. Stürme in den mittleren Breiten spielen eine entscheidende Rolle beim Wärmetransport zu den Polen. Die Klimamodelle stellen den polwärts gerichteten Wärmetransport jedoch noch nicht einheitlich dar.

KAPITEL 11
DIE WÄRMETRANSPORT-WIPPE

In hohen Breitengraden schwankt die Menge der einfallenden kurzwelligen Sonnenstrahlung im Jahresverlauf viel stärker als die Menge der ausgehenden langwelligen Strahlung, was zu großen jahreszeitlichen Unterschieden im regionalen Nettostrahlungsfluss führt. Infolgedessen gibt es in diesen Regionen sehr kalte Winter, und in dieser Jahreszeit muss mehr Wärme in diese Regionen transportiert werden. Diese saisonale Schwankung des Transports ist auf der Nordhalbkugel besonders ausgeprägt, wo der Wärmetransport im Sommer sehr gering und im Winter sehr hoch ist. Die Arktis hat einen anderen Wärmebudget als die Antarktis, so dass sie im Winter die größte Wärmesenke für den Weltraum darstellt. Dieser Wärmeverlust wird jedoch durch die Bildung von Polarwirbeln begrenzt, Wänden aus starken Winden, die die Polarregionen umgeben und den Wärmetransport einschränken. Während der kalten Jahreszeit werden diese Wirbel durch atmosphärische Wellen gestaucht.

Saisonale Unterschiede im Verkehr

In Kapitel 5 (Abb. 7) haben wir den durchschnittlichen langwelligen Strahlungsfluss untersucht, der das ganze Jahr über von der gesamten Oberfläche des Planeten ausgeht. Im Gegensatz dazu ist die absorbierte kurzwellige Strahlung während der kalten Jahreszeit in hohen Breitengraden sehr gering und fällt in der winterlichen Polarnacht oberhalb von 75° auf Null. Diese Periode der permanenten Dunkelheit kann je nach Ort Monate dauern. Infolgedessen gelten die Polarregionen im Winter als die größte Wärmesenke der Erde, in der die aus niedrigeren Breiten empfangene Energie durch Strahlungskühlung effizient in den Weltraum verloren geht.

Die jahreszeitlich bedingten Veränderungen der Sonneneinstrahlung haben einen erheblichen Einfluss auf die Oberflächentemperaturen. Da das Nettostrahlungsdefizit mit dem Breitengrad zunimmt, werden die Temperaturen kälter. Dieser Effekt ist im Winter am stärksten ausgeprägt, wenn der Temperaturunterschied zwischen den Tropen und den Polen am größten ist. Abbildung 17a zeigt das Strahlungsdefizit an der Oberseite der Atmosphäre in beiden Hemisphären in jedem Winter. Es ist erwähnenswert, dass sich die klimatologischen Jahreszeiten von den astronomischen Jahreszeiten unterscheiden, da sie drei volle Monate umfassen.

In den entsprechenden Wintern ist das Energiedefizit über dem Nordpol (-170 W/m^2) größer als über dem Südpol (-110 W/m^2), weil der Nordpol viel wärmer ist und daher mehr Wärmestrahlung nach außen abgibt. Diese Tatsache macht die Arktis im Winter zur größten Wärmesenke des Planeten, eine wichtige klimatische Asymmetrie, die oft übersehen wird.

Die jahreszeitlichen Schwankungen der Strahlung und der Temperatur haben einen starken Einfluss auf den Wärmetransport, der im Laufe des Jahres stark variiert. Die über einen großen Teil des Planeten gesammelte Sonnenenergie muss in Richtung des Winterpols und nicht in Richtung des Sommerpols transportiert werden. Das bedeutet, dass das Band aus Wolken und Stürmen, das den aufsteigenden Zweig der Hadley-Zirkulation, die so genannte innertropische Konvergenzzone (Kasten 2), markiert, der jahreszeitlichen Bewegung der Sonne in Richtung der Sommerhalbkugel folgt. Die Lage dieses klimatischen Äquators halbiert die atmosphärische Zirkulation und den polwärts gerichteten Wärmetransport. Da der meiste ozeanische Transport durch Wind angetrieben ist, bestimmt die Verschiebung dieser Konvergenzzone weitgehend das Ausmaß des globalen polwärts gerichteten Transports. Die axiale Neigung und die Präzession des Planeten bestimmen hauptsächlich die mittlere Breitenlage dieses Nullpunkts des meridionalen Wärmetransports.[68]

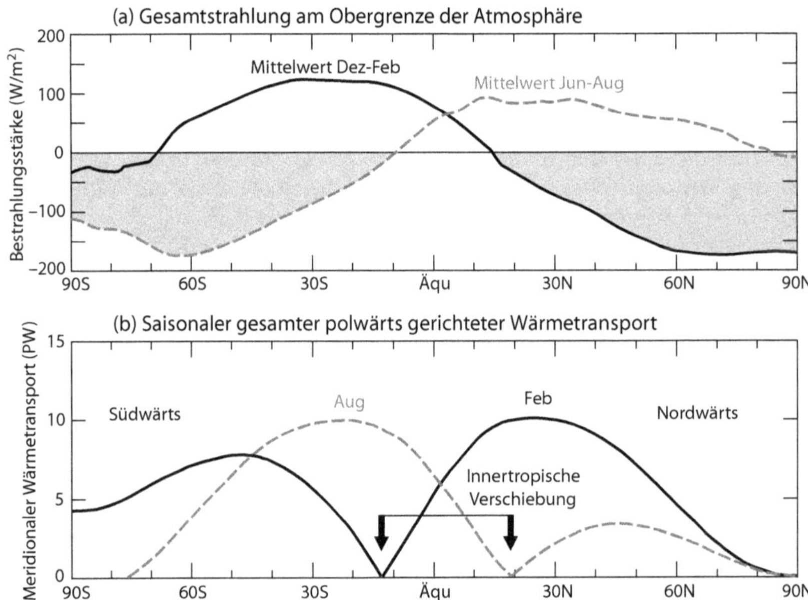

Abbildung 17. Jahreszeitlicher Energie- und Transportbedarf. (a) Unterschiede in der Nettostrahlung über der Atmosphäre zwischen Winter der Nordhalbkugel (schwarze Linie) und Winter der Südhalbkugel (gestrichelte graue Linie).[69] Graue Flächen zeigen Energiedefizite an. (b) Meridionaler Wärmetransport von Februar (schwarze Linie) und August (gestrichelte graue Linie) zum entsprechenden Pol in Petawatt. Die Pfeile zeigen die innertropische Konvergenzzone, in der sich der Transport zwischen den Hemisphären aufteilt, und ihre jahreszeitliche Lageveränderung an.

Wie im vorangegangenen Kapitel erörtert, ist die genaue Messung des Ausmaßes des Wärmetransports eine Herausforderung, und die Annahme, dass Veränderungen in der Wärmespeicherung vernachlässigbar sind, ist im Jahresdurchschnitt zweifelhaft und im Jahresverlauf ungültig. Die Atmosphäre hat nur eine geringe Kapazität, Wärme zu speichern, und die Veränderungen der Nettostrahlung der Erde im Jahresverlauf zeigen, dass viel Energie zu bestimmten Zeiten in den Ozean ein- und zu anderen Zeiten wieder austreten muss (Abb. B3b, Kap. 5). Obwohl Modelle die Wissenslücke beim Wärmetransport nicht schließen können, besteht ein Ansatz zur Abschätzung saisonaler Veränderungen darin, anzu-

---

[68] Liu, Y., et al., 2015. Nat. Commun. 6 (1), p.10018. doi.org/10.1038/ncomms10018
[69] Abbildung nach Randall, D. A., 2015. An introduction to the global circulation of the atmosphere. Princeton Univ. Press.

nehmen, dass die variable Wärmespeicherung des Ozeans nahe Null liegt, wenn die Ozeantemperaturen ihr Maximum oder Minimum gegen Ende August und Februar erreichen.[70] Abbildung 17b zeigt, dass der saisonale Wärmetransport stark asymmetrisch ist, wie es die Strahlungs- und Temperatursymmetrien erfordern. Der maximale saisonale Transport von 10 PW (Petawatt) ist fast doppelt so hoch wie der maximale jährliche Mitteltransport, wobei der Hauptunterschied zwischen den Hemisphären in der Größe des jeweiligen Sommertransports besteht. Dieser Unterschied lässt sich durch die wesentlich wärmeren hohen nördlichen Breiten im Sommer erklären (Kasten 3). Die nördliche Hemisphäre weist eine stärkere Oszillation der jahreszeitlichen Temperatur und des Transports auf, die im Sommer geringer und im Winter größer ist, da der mittlere jährliche hemisphärische Wärmetransport auf der nördlichen Hemisphäre etwas größer ist, wie im vorherigen Kapitel gezeigt wurde (Abb. 14).

Das Wärmebudget der Polarregionen

Das Wärmebudget der Polarregionen ist für uns von besonderem Interesse, da sie im Hinblick auf den Treibhauseffekt sehr spezielle Orte sind (Kasten 4, Kap. 7). Die im saisonalen hemisphärischen Wärmetransport beobachteten Asymmetrien spiegeln zum Teil die Energetik der Regionen auf 70-90° Breite wider. Während des arktischen Sommers ist das Nettostrahlungsdefizit sehr gering (Abb. 17a und die dunkelgrauen Pfeile in Abb. 18). Der größte Teil der über das 70°-Breitenband transportierten Wärme (F_{WALL}, Fluss über die 70°-Wand) wird als Abwärtsfluss am Boden der Atmosphäre (F_{BA}) zur Oberfläche zurückgeführt und als fühlbare Wärme im Ozean (S_O) oder als latente Wärme aus schmelzendem Eis und Schnee (S_{LHI}) gespeichert.[71] Die antarktische Region verhält sich während des Sommers der Südhalbkugel ganz anders. Aufgrund der klimatischen Isolation der Antarktis erreicht weniger Energie die Südpolregion (Kap. 9). Die Hälfte dieser Wärme geht aufgrund eines größeren Nettodefizits an der Oberseite der Atmosphäre verloren, und die andere Hälfte geht hauptsächlich in das Schmelzen von Eis und Schnee, da der Ozean aufgrund des großen antarktischen Kontinents nur sehr wenig erhält.

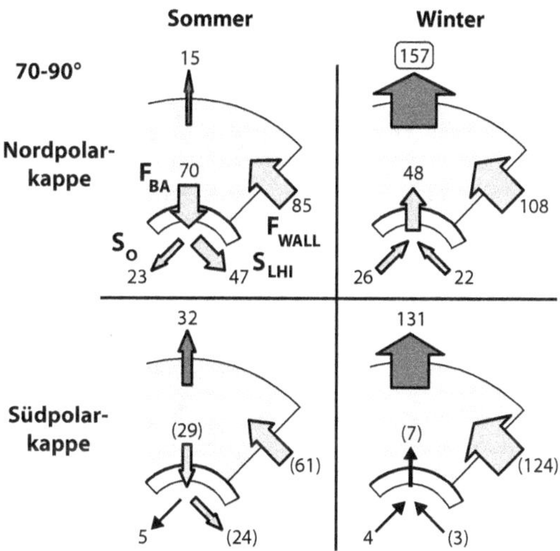

Abbildung 18. Beobachtete polarer Wärmebudget im Sommer und Winter. Werte in W/m². Die Zahlen in Klammern sind indirekte Schätzungen. Siehe Abkürzungen im Haupttext.

[70] Stephens, G.L. & L'Ecuyer, T., 2015. Atmos. Res. 166, pp.195-203. Quelle für Abbildung 17b. doi.org/10.1016/j.atmosres.2015.06.024

[71] Peixoto, J.P. & Oort, A.H., 1992. Physics of climate. New York: American Institute of Physics. pp.353-364.

Während des Winters der Nordhalbkugel erhält die Arktis aufgrund verstärkter atmosphärischer Wirbelbildung 20 % mehr Wärme aus niedrigeren Breitengraden (Kap. 10). Darüber hinaus gibt die Oberfläche 70 % der gespeicherten Wärme durch die Abkühlung der Ozeane und die durch gefrierendes Wasser freigesetzte latente Wärme zurück. Die Wärme aus der arktischen Winteratmosphäre geht durch Strahlungskühlung in den Weltraum verloren, wodurch das größte Energiedefizit der Erde entsteht. Auf der anderen Seite erhält die antarktische Region mehr Wärmetransport aus niedrigeren Breiten, wenn auch nicht so viel, wie es angesichts der niedrigeren Temperatur sein sollte. Der Beitrag der Oberfläche des großen, ständig gefrorenen Kontinents ist jedoch geringer.

Mehrere Merkmale der Arktis machen sie zu einer Region von besonderem Interesse für den Klimawandel. Diese sind die folgenden:

* Die Arktis weist das größte Netto-Strahlungsdefizit aller Regionen der Erde auf.
* Der Unterschied zwischen Sommer- und Winterbedingungen ist in der Arktis größer als in jeder anderen Region der Erde.
* Die Arktis ist die Region auf der Erde, die am empfindlichsten auf den Klimawandel reagiert.
* Der Polarwirbel, der die Arktis umgibt, ist schwächer und weniger stabil als der Wirbel in der Antarktis (Kasten 7).

Aufgrund dieser und anderer Faktoren, die später erörtert werden, konzentrieren wir uns beim Wärmetransport in erster Linie auf den meridionalen Wärmetransport in die Arktis während des Winters und auf die Veränderungen dieses Transports.

Kasten 7. Der Polarwirbel

Zirkumpolare Wirbel sind großräumige West-Ost-Windströmungen, die um die Pole kreisen. Die schnellen Winde in Polnähe erzeugen den Wirbel, der im Herbst entsteht und in der Stratosphäre bis zum Frühjahr anhält. Der größere Wirbel in der Troposphäre ist das ganze Jahr über vorhanden, schwächt sich aber vom Frühjahr bis zum Herbst erheblich ab. Die dicke Linie in Abbildung B7 gibt den Breitengrad an, bei dem der Westwind sein Maximum auf der Hemisphäre erreicht und die Grenze des Polarwirbels bildet. Im Falle des Troposphärenwirbels werden die schnellen Westwinde, die seine Grenze bilden, als Jetstream bezeichnet. In der Stratosphäre handelt es sich um den Polarnacht Strahlstrom.

Mit Einsetzen des Herbstes nimmt die Sonneneinstrahlung in den hohen Breiten rasch ab. Diese Abkühlung der Atmosphäre führt zur Bildung eines Tiefdruckgebiets über dem Pol, das von starken Winden umgeben ist. Diese Winde behindern den Wärmetransport in das sehr kalte Innere des Wirbels, verstärken ihn und erhöhen die Windgeschwindigkeit. Ein starker Wirbel wirkt wie ein Schutzschild gegen kalte Luftmassen in seinem Inneren, und er begrenzt auch die Wärmemenge, die aus seinem Inneren durch Strahlungskühlung verloren geht, da sehr kalte Luft und Oberflächen weniger Energie abstrahlen.

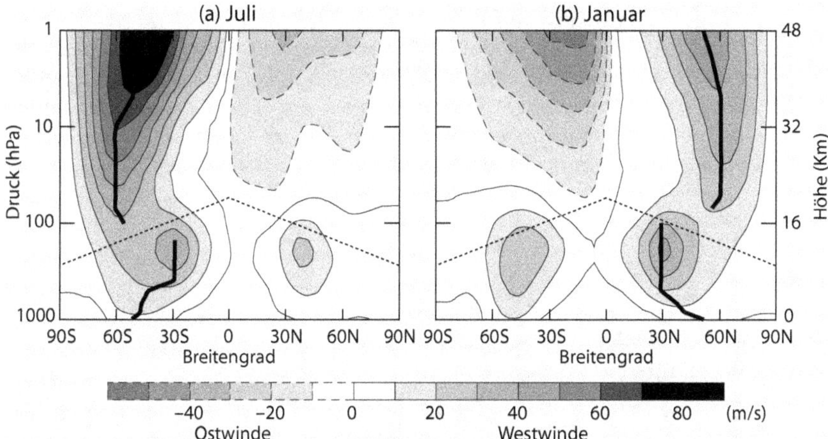

Abbildung B7. Mittlere zonale Windgeschwindigkeit im Juli und Januar. Die östlichen Winde (von Osten nach Westen) sind mit gestrichelte Linien und negativer Geschwindigkeit dargestellt, die in Richtung der Diagrammebene wehen. Westwinde werden mit durchgezogene Linien und positive Geschwindigkeit dargestellt, die von der Ebene des Diagramms weg wehen. Eine dicke Linie verbindet die Punkte mit der höchsten Westwindgeschwindigkeit auf jedem Druckniveau und zeigt die Grenze des Polarwirbels an. In der Troposphäre ist dies der Jetstream. Die gepunktete Linie stellt die Tropopause dar, die die Troposphäre von der Stratosphäre trennt.[72]

Der Polarwirbel kann durch eine Art von atmosphärischen Wellen geschwächt werden, die als Rossby-Wellen bekannt sind und den Meereswellen in der Atmosphäre ähneln. Diese Wellen können große Entfernungen schnell und ohne Luftbewegung zurücklegen und dem Wirbel Energie und Schwung verleihen, wodurch er verlangsamt und geschwächt wird. Die Winde in der oberen Troposphäre wirken wie eine Barriere, die kleinere Wellen ablenkt und es nur größeren planetarischen Wellen erlaubt, die Stratosphäre zu erreichen. Jede Abschwächung oder Unterbrechung des Wirbels wird nach unten übertragen, was zu einer Störung der normalen Winterwetterlage führen kann. Eine hohe Wellenaktivität macht den troposphärischen Wirbel langsamer und mäandernder und kann, wenn sie stark genug ist, eine Winterblockade verursachen, was zu extremen Wetterereignissen führen kann, die tagelang andauern können. Die Stärke und Häufigkeit der Kältewellen während eines Winters auf der Nordhalbkugel wird durch die große Energiemenge bestimmt, die die Wellen gegen den Wirbel abgeben. Im Gegensatz dazu ist der Wirbel auf der Südhalbkugel stärker und die Wellenaktivität schwächer, was zu einem stabileren Wirbel führt.

Zusammengefasst

Die atmosphärische Zirkulation und der polwärts gerichtete Wärmetransport sind auf der Winterhalbkugel viel stärker, was zu einer halbjährlichen Schwankung ihrer Größenordnung zwischen den Hemisphären führt. Auf der

---

[72] Abbildung nach Waugh, D.W., et al., 2017. Bull. Am. Meteorol. Soc. 98 (1), pp.37-44. doi.org/10.1175/BAMS-D-15-00212.1

Nordhalbkugel schwanken die jahreszeitlichen Temperaturen und der Wärme-transport stärker, wobei die Arktis im Winter die größte Wärmesenke des Pla-neten darstellt. Allerdings schränkt der Polarwirbel den Wärmetransport in die Polarregionen während dieser Jahreszeit stark ein. Der Nordpolarwirbel ist schwächer und variabler, da er ständig von atmosphärischen Wellen beein-flusst wird, die von kontinentalen orografischen Reliefs ausgehen.

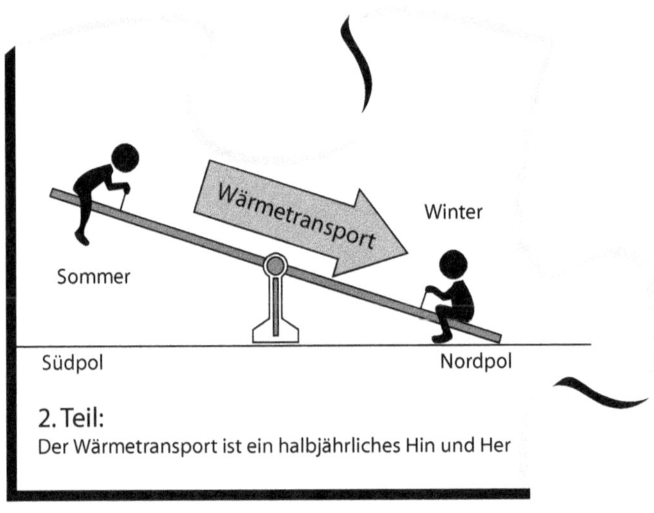

KAPITEL 12
WÄRMETRANSPORT UND KLIMAWANDEL

Der meridionale Transport spielt eine entscheidende Rolle bei der Entstehung der vielen Klimazonen der Erde, aber Veränderungen im Wärmetransport werden normalerweise nicht als Ursache für den Klimawandel angesehen. Das liegt daran, dass die Summe des horizontalen Transports im globalen Durchschnitt gleich Null ist, da Wärme von einem Ort abgezogen (negativ) und einem anderen zugeführt (positiv) wird. Allerdings verstehen wir den Wärmetransport nicht gut, so dass es keine allgemeine Theorie gibt, die ihn erklären könnte. Es wurde vorgeschlagen, dass sich das Ausmaß des Transports an den Temperaturunterschied zwischen dem Äquator und dem Pol durch maximale Entropieproduktion anpasst, eine passive Rolle, die seine Vernachlässigung rechtfertigen würde. Den Modellen zufolge sollten Änderungen in der ozeanischen oder atmosphärischen Komponente des meridionalen Transports durch entgegengesetzte Änderungen der gleichen Größenordnung in der anderen Komponente ausgeglichen werden. Unser Verständnis der Rolle des meridionalen Transports im Klimawandel lässt viel zu wünschen übrig.

Warum Veränderungen im Wärmetransport nicht als Ursache für den jüngsten Klimawandel angesehen werden

Die Energetik des Klimasystems, die wir in den Kapiteln 2-11 besprochen haben, mag ein trockenes Thema sein, aber seine Bedeutung kann nicht hoch genug eingeschätzt werden. Ich hoffe, dass es viele Leser nicht abgeschreckt hat. Wir müssen uns daran erinnern, dass Materie ohne Energie träge ist. Alles, was im Klima geschieht, wird durch Energie ermöglicht. Beim Klimawandel geht es also im Wesentlichen um Energieveränderungen.

Wir müssen den Weg der Energie durch das Klimasystem verfolgen, um das Klima und seine Veränderungen zu verstehen. In den vorangegangenen zehn Kapiteln dieses Buches haben wir die vier Hauptschritte dieses Prozesses besprochen. Dazu gehören das Eintreffen der Energie von der Sonne, die Reflexion der Energie durch die Albedo, die Absorption und der Transport der Energie innerhalb des Klimasystems und ihr Austritt als Strahlung am oberen Ende der Atmosphäre. Von diesen vier Schritten sind die ersten beiden und der letzte wichtig für den Klimawandel (als Antrieb oder Rückkopplung), während der dritte als solcher nicht betrachtet wird.

Es ist hinlänglich bekannt, dass Schwankungen in der Art und Weise, wie Energie in das Klimasystem gelangt, zu Klimaveränderungen geführt haben. Die Milankovitch-Orbital-Theorie ist das beste Beispiel dafür und erklärt den Glazialzyklus. In den 1920er Jahren stellte der serbische Ingenieur und Mathematiker Milutin Milanković die Hypothese auf, dass Veränderungen in der Erdumlaufbahn, die im Laufe der Jahrtausende zu Veränderungen in der Neigung, dem Taumeln und dem Abstand der Erde zur Sonne führten, die jahreszeitliche und latitudinale Verteilung der Sonneneinstrahlung veränderten. Dies wiederum führte dazu, dass sich das Klima der Erde zwischen Eiszeiten und Zwischeneiszeiten veränderte. Die Hypothese wurde 1976 bestätigt, als anhand der Analyse von Tiefseebohrkernen nachgewiesen wurde, dass die wichtigsten

Klimaschwankungen der Erde in den letzten einer halben Million Jahren den Frequenzen der Milankovitch-Umlaufbahn folgten.[73]

In Bezug auf die Energierückstrahlung ist die Albedo einer der wichtigsten Rückkopplungsfaktoren im Klimasystem. Es wird geschätzt, dass eine Verringerung der Albedo um 1 % (von 0,29 auf 0,28) die gleiche Strahlungswirkung hätte wie ein Anstieg des CO_2 um 100 % ($\approx$ 3,4 W/m^2). Wir sind jedoch nicht in der Lage, die Veränderungen der Albedo mit ausreichender Genauigkeit zu bestimmen, um ihre Rolle im jüngsten Klimawandel zu beurteilen. Modelle deuten darauf hin, dass ein Großteil der CO_2-induzierten Erwärmung auf Veränderungen der Wolken zurückzuführen ist, die zu einer erhöhten Absorption kurzwelliger Strahlung durch das Klimasystem führen.[74] Eine umstrittene Hypothese besagt, dass variable kosmische Strahlung eine wichtige Rolle bei der Wolkenbildung und den Veränderungen der Albedo spielt.[75]

Was den Energieausstoß als Ursache des Klimawandels betrifft, so ist die führende Theorie des Klimawandels in den letzten 50 Jahren die Auswirkung von Veränderungen in der ausgehenden langwelligen Strahlung aufgrund von Veränderungen in den Treibhausgasen, basierend auf dem Treibhauseffekt. Die Hypothese des verstärkten CO_2-Effekts besagt, dass der jüngste Klimawandel in erster Linie auf Rückkopplungen zurückzuführen ist, die auf die anfängliche Erwärmung durch Veränderungen des CO_2-Effekts einwirken.

Der meridionale Wärmetransport wird als klimatischer Energieprozess oft übersehen, so dass er in den meisten Lehrbüchern der allgemeinen Klimatologie nicht oder nur kurz erwähnt wird. Während er als eine wichtige Ursache für den Klimawandel in der Vergangenheit angesehen wird, wird er im Allgemeinen nicht als Ursache für den aktuellen Klimawandel betrachtet. Dennoch werden mögliche Veränderungen des meridionalen Wärmetransports häufig genutzt, um die Gesellschaft vor einem fiktiven Abschalten der atlantischen meridionalen Umwälzzirkulation und des Golfstroms zu warnen, was katastrophale klimatische Folgen für Europa haben könnte.[76] Interessanterweise wird angenommen, dass die abruptesten und größten Klimaveränderungen der letzten Glazialzeit, die so genannten Dansgaard-Oeschger-Ereignisse, auf Veränderungen des ozeanischen Wärmetransports zurückzuführen sind, die die Akkumulation und plötzliche Freisetzung großer Wärmemengen unter dem Meereis verursachten.[77]

Der Wärmetransport wird im Allgemeinen nicht als Ursache für die jüngsten Klimaänderungen angesehen, da sich der Energiegehalt des Klimasystems nur durch Änderungen der Strahlungsflüsse an der Oberseite der Atmosphäre ändern kann. Es ist bekannt, dass die anderen drei Stufen des Energiepfades, die eintreffende kurzwellige Strahlung, die reflektierte kurzwellige Strahlung und

---

[73] Hays, J.D., et al., 1976. Science, 194 (4270), pp.1121-1132.
doi.org/10.1126/science.194.4270.1121

[74] Donohoe, A., et al., 2014. Proc. Nat. Acad. Sci. 111 (47), pp.16700-16705.
doi.org/10.1073/pnas.1412190111

[75] Svensmark, H., 1998. Phys. Rev. Lett. 81 (22), 5027.
doi.org/10.1103/PhysRevLett.81.5027

[76] Alley, R.B., 2007. Annu. Rev. Earth Planet. Sci., 35, pp.241-272.
doi.org/10.1146/annurev.earth.35.081006.131524

[77] Dokken, T.M., et al., 2013. Paleoceanography, 28 (3), pp.491-502.
doi.org/10.1002/palo.20042

die ausgehende langwellige Strahlung, diese Veränderungen bewirken können. Der Wärmetransport kann sich zwar regional auf das Klima auswirken, aber wenn an einem Ort Wärme durch den Transport verloren geht, gewinnt ein anderer Ort sie, und die Gesamtenergiemenge bleibt unverändert. Dies wird oft so ausgedrückt, dass das Integral (die Summe) des gesamten horizontalen Wärmetransports gleich Null ist. Die horizontale Komponente des Energietransports verschwindet im globalen Durchschnitt, ein weiteres Beispiel dafür, dass ein Durchschnitt die zugrunde liegende Komplexität verschleiert.

Gibt es eine gültige Theorie für den Wärmetransport?

Derzeit gibt es keine angemessenen Theorien, um den beobachteten Wert des Wärmetransports zu erklären oder zu erklären, wie er sich ändern könnte, abgesehen von den Veränderungen der Temperaturdifferenz zwischen den Tropen und den Polen. Der Transport wird im Allgemeinen als ein komplexer passiver Prozess betrachtet, der von der planetarischen Temperaturdifferenz und den sich ändernden Wärmestrombedingungen angetrieben wird.

Eine Hypothese, die stark unterstützt wird, besagt, dass sich der Wärmetransport an der Maximierung der Entropie orientiert. Die Entropie misst die Nichtverfügbarkeit der Energie eines Systems zur Verrichtung von Arbeit und drückt die Irreversibilität eines Prozesses aufgrund der Streuung von Materie oder Energie aus. Das Mischen von Sahne mit Kaffee erhöht die Entropie aufgrund der irreversiblen Vermischung von Materie und Temperatur. In ähnlicher Weise führt die Arbeit, die die Atmosphäre beim Transport von Wärme verrichtet, zu mehreren irreversiblen Prozessen, die die Entropie erhöhen, wobei die Höhe der Entropie von der Temperaturdifferenz abhängt.

In dem Maße, wie der Wärmetransport die Temperaturdifferenz verringert, beeinflusst er seinen eigenen Wirkungsgrad. Wenn der Wärmetransport einen Wirkungsgrad erreicht, der die Temperaturdifferenz ausreichend verringert, beginnt er, weniger Entropie zu produzieren. Die Hypothese der maximalen Entropieproduktion beim Wärmetransport ist in Abbildung 19 dargestellt.[78]

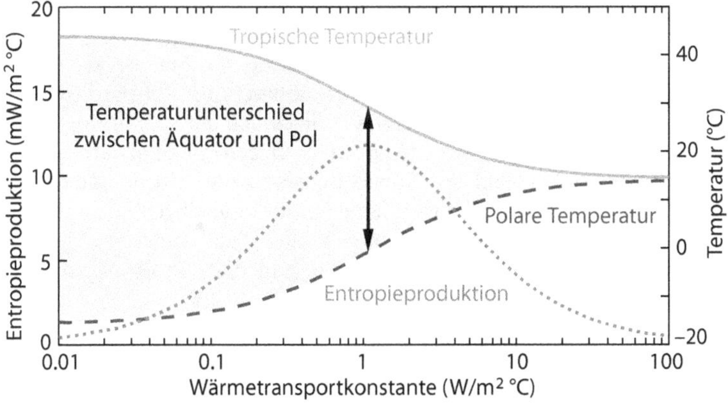

Abbildung 19. Hypothese der maximalen Entropieproduktion beim Wärmetransport. Die graue Fläche stellt den Temperaturunterschied zwischen den Tropen (durchgezogene Lini-

---

[78] Kleidon, A., & Lorenz, R., 2005. Non-equilibrium Thermodynamics and the Production of Entropy pp.1–20. Springer. Quelle für Abbildung 19.

e) und den Polen (gestrichelte Linie) dar. Die Entropieproduktion (gepunktete Linie) ist minimal, wenn kein Energietransport stattfindet (linke Seite der Abszisse) oder wenn der Transport so effizient ist, dass es keinen Temperaturunterschied gibt (rechte Seite der Abszisse), und maximal an einem Zwischenpunkt. Dieser Punkt bestimmt die Temperaturdifferenz (Pfeil) und das Ausmaß des Wärmetransports.

Modelle unterstützen die Hypothese der maximalen Entropieproduktion beim Wärmetransport. Allerdings bilden diese Modelle den Wärmetransport nicht angemessen ab, wie in Kapitel 10 erläutert. Daher ist es zweifelhaft, dass die Modellunterstützung darauf hindeutet, dass der Wärmetransport in der realen Welt durch maximale Entropieproduktion bestimmt wird. Die Anpassung des Wärmetransports an die maximale Entropieproduktion erfordert eine große Anzahl von möglichen Ergebnissen oder Freiheitsgraden. Es scheint jedoch, dass der meridionale Transport durch mehrere Faktoren moduliert wird, die in den Computermodellen nicht genau dargestellt werden. Diese Modulation reduziert die Freiheitsgrade erheblich, was die Hypothese unwahrscheinlich macht, selbst wenn die Entropie zur Bestimmung des Wärmetransports beiträgt.

In diesem Buch werden wir die Faktoren untersuchen, die den Wärmetransport regulieren und wie sie die Gültigkeit der Hypothese der maximalen Entropieproduktion beeinflussen können.

Der jüngste Klimawandel wurde nicht auf Veränderungen des Wärmetransports zurückgeführt, aber Veränderungen des ozeanischen Wärmetransports wurden zur Erklärung einiger Paläoklimata herangezogen. Die Herausforderung besteht darin, Paläoklimate mit warmen Polen zu erklären, die einen größeren Wärmetransport erfordern (siehe Kapitel 20). Ihre Erklärung stößt jedoch auf ein Problem im Rahmen des derzeitigen Paradigmas der Klimatheorie, wonach der Temperaturunterschied das Ausmaß des Wärmetransports bestimmt. Je mehr Wärme transportiert werden muss, um eine niedrige Temperaturdifferenz zu erreichen, desto kleiner wird die Temperaturdifferenz, die diesen Transport antreibt, was dazu führt, dass weniger Wärme transportiert wird, nicht mehr. Daher sind die bekannten Paläoklimate der warmen Pole mit Klimamodellen bekanntermaßen schwer zu reproduzieren.

Der meridionale Transport verlagert die Wärme und hinterlässt eine Spur in der Strahlung, die am Obergrenze der Atmosphäre emittiert wird und zu ihrer Berechnung herangezogen wird. Nehmen wir jedoch an, wir führen eine Änderung in einer Komponente (Atmosphäre oder Ozean) des polwärts gerichteten Wärmetransports ein, wobei die Sonne konstant, die Albedo gleich und der Temperaturunterschied zwischen Äquator und Pol gleich bleibt. In diesem Fall müsste die Änderung durch eine entgegengesetzte Änderung der anderen Komponente kompensiert werden, da der Gesamttransport theoretisch derselbe sein müsste.

Das bedeutet, dass Veränderungen der Nettostrahlungswärme aufgrund von solaren, orbitalen oder kompositorischen Veränderungen in der Erdatmosphäre zu unterschiedlichen Klimata mit unterschiedlichem polwärts gerichteten Wärmetransport führen können. Eine Änderung einer Komponente des polwärts gerichteten Wärmetransports sollte jedoch theoretisch nicht zu einem globalen Klimawandel führen, wenn es keine externen Antriebsfaktoren gibt.

Eine Modellstudie über die letzten 22.000 Jahre, vom letzten glazialen Maximum bis zur Gegenwart, ergab, dass trotz großer Veränderungen des Erdklimas der gesamte meridionale Wärmetransport stabil blieb, was schwer zu akzeptieren ist.[79] Die akzeptierte Klimatheorie erklärt die jüngsten Klimaveränderungen, während sie die vergangenen Klimaveränderungen unerklärlich macht.

Das Dilemma des Wärmetransports: nur eine Rückkopplung oder auch ein Antrieb?

Nach der Sonneneinstrahlung ist der meridionale Transport wohl der wichtigste Faktor bei der Bestimmung des Klimas, das wir überall auf der Welt erleben. Jede Veränderung des Wärmetransports kann erhebliche Auswirkungen auf lokale und globale Windmuster, Bewölkung, Temperatur, Niederschlag und die Häufigkeit extremer Wetterereignisse haben.

Änderungen des meridionalen Transports werden in der anerkannten Klimatheorie nicht als direkte Ursache des Klimawandels angesehen, obwohl sie ein entscheidender Faktor für das Klima sind, das wir erleben. Der meridionale Transport mag sich in den letzten 300 Jahren zusammen mit der Temperatur verändert haben, aber seine Veränderungen werden im gegenwärtigen Paradigma der Klimatheorie nicht als treibende Kraft eingestuft. Stattdessen werden alle Auswirkungen als Teil der Rückkopplungsmechanismen betrachtet, die als Reaktion auf eine erhöhte CO_2-induzierte Erwärmung ins Spiel kommen.

Es wurde ein unrealistisches Experiment mit einem Modell durchgeführt, bei dem die Menge des ozeanischen Wärmetransports verdoppelt wurde. Dies führte zu einer Erwärmung des Klimas aufgrund eines verstärkten Wasserdampf-Treibhauseffekts und einer geringeren Bewölkung.[80] Obwohl die anerkannte Klimahypothese den Veränderungen des meridionalen Transports keine Rolle als Ursache des Klimawandels zuweist, ist es möglich, dass er den Treibhauseffekt und die Albedo verändern kann.

Kasten 8. Die Bjerknes Kompensation

In den 1960er Jahren stellte Jacob Bjerknes die Hypothese auf, dass der gesamte Wärmetransport durch das Klimasystem konstant bleiben würde, wenn die Wärmeströme am Obergrenze der Atmosphäre und die Wärmespeicherung in den Ozeanen relativ stabil blieben. Diese Hypothese beruht auf der Erkenntnis, dass die Gesamtenergie des Klimasystems unverändert bleibt, wenn sich die Ströme am Obergrenze der Atmosphäre nicht ändern. Sofern nicht ein Teil der Energie im Ozean gespeichert wird (die Atmosphäre speichert sehr wenig Wärme), bleibt auch die Menge, die transportiert werden muss, konstant. Unter diesen Bedingungen sollte jede signifikante Änderung im ozeanischen und atmosphärischen Wärmetransport gleich groß und entgegengesetzt sein. Diese einfache Hypothese ist als Bjerknes-Kompensation bekannt.

Um die Hypothese zu beweisen, muss man jedoch in der Lage sein, den ozeanischen und atmosphärischen Wärmetransport unabhängig voneinander zu berechnen, was mit Beobachtungsdaten derzeit nicht möglich ist. Obwohl die Bjerknes-Kompensation seit 60 Jahren nicht mehr durch Beobachtungen gestützt

---

[79] Yang, H., et al., 2015. Sci. Rep. 5 (1), S.16661. doi.org/10.1038/srep16661
[80] Herweijer, C., et al, 2005. Tellus A: Dyn. Meteorol. Oceanogr. 57 (4), pp.662-675. doi.org/10.3402/tellusa.v57i4.14708

wird, wurde sie in Modellen ausgiebig untersucht, wobei sie von Modell zu Modell stark variiert.

Eine Überprüfung der Bjerknes-Kompensation in 15 Modellen des Coupled Model Intercomparison Project 5 ergab, dass sie in allen Modellen vorhanden ist.[81] Allerdings sagen die Modelle nicht, wie der Mechanismus funktioniert, und die Autoren haben keine andere Wahl, als zu sagen, dass *„der physikalische Mechanismus, der der mit der Bjerknes-Kompensation verbundenen multidekadischen Variabilität zugrunde liegt, unklar bleibt"*.

Meiner Meinung nach sind die Modelle so konzipiert, dass sie einer bestimmten Regel folgen: Sie sollen den Transport proportional zu den Änderungen der Strahlungsflüsse über der Atmosphäre und den Änderungen der Ozeanspeicherung halten, wobei alle verfügbaren Mittel eingesetzt werden. Die Modelle müssen also Änderungen des ozeanischen und atmosphärischen Transports ausgleichen, um den gewünschten Gesamttransport zu erhalten. Es gibt jedoch einen wesentlichen Einwand gegen diesen Ansatz. Ein Großteil des ozeanischen Transports ist windgetrieben und sollte sich in dieselbe Richtung wie der atmosphärische Transport bewegen. Die Modelle zeigen jedoch, dass der nicht windgetriebene Teil, im Wesentlichen die meridionale Umwälzzirkulation, den erhöhten Transport aus der Atmosphäre und die windgetriebene Zirkulation kompensiert. Dies erfordert massive Veränderungen in der von den Modellen simulierten Umwälzzirkulation. Dies wirft eine kritische Frage auf: Wie kann der Ozean mehr Wärme an die Atmosphäre abgeben, so dass der atmosphärische Transport zunehmen kann, wenn der ozeanische Transport aus den Tropen abnimmt?

Zusammengefasst

Der polwärts gerichtete Wärmetransport wird trotz seiner Bedeutung und des Fehlens einer allgemein anerkannten Theorie des Wärmetransports häufig als Ursache für die jüngsten Klimaänderungen übersehen. Dies liegt daran, dass der Wärmetransport innerhalb des Klimasystems dessen Gesamtenergie nicht verändert. Außerdem gehen die Klimamodelle davon aus, dass sich die Veränderungen im atmosphärischen und ozeanischen Wärmetransport gegenseitig ausgleichen, aber diese Annahme ist empirisch nicht belegt. Änderungen des polwärts gerichteten Wärmetransports können jedoch zum Klimawandel beitragen, wenn sie die Strahlungsbilanz an der Oberseite der Atmosphäre beeinflussen, indem sie die Albedo und die ausgehende Wärmestrahlung verändern. Dies ist wahrscheinlich, wenn sich das Ausmaß des Wärmetransports ändert.

---

[81] Outten, S., et al., 2018. J. Clim. 31 (21), pp.8745-8760.
   doi.org/10.1175/JCLI-D-18-0058.1

ABSCHNITT 3 SCHLÜSSELTHEMEN

Die unterschiedliche Sonneneinstrahlung zwischen dem Äquator und den Polen führt zu einem Temperaturgefälle in den Breitengraden. Dieses Gefälle bestimmt den klimatischen Zustand des Planeten, der sich derzeit in einem „Eishaus"-Zustand befindet. Es führt auch zu einem Transport von Wärme, Feuchtigkeit, Wolken und Drehimpuls vom Äquator zu den Polen entlang der Meridiane, dem sogenannten meridionalen Transport.

Der meridionale Wärmetransport ist für die Energieumverteilung von entscheidender Bedeutung, aber es fehlt eine angemessene Theorie, er ist nach wie vor schlecht verstanden und wird von Modellen nur unzureichend wiedergegeben. Er wird in erster Linie von der Atmosphäre angetrieben, während der ozeanische Transport etwa ein Drittel des gesamten Wärmetransports ausmacht. Der Ozean gibt den größten Teil der transportierten Wärme über die westlichen Grenzströmungen in den mittleren Breiten an die Atmosphäre ab. Stürme in den mittleren Breiten spielen eine entscheidende Rolle beim Wärmetransport in Richtung der Pole.

Die starken jahreszeitlichen Schwankungen in den hohen Breiten führen zu einer starken jahreszeitlichen Oszillation des Transports und der atmosphärischen Zirkulation, insbesondere in der nördlichen Hemisphäre. Das Wärmebudget der Arktis macht sie im Winter zur größten Wärmesenke in Richtung Weltraum. Der Polarwirbel schränkt den Wärmeverlust zu dieser Zeit stark ein, wird aber durch die Wirkung der atmosphärischen Wellen geschwächt.

Der meridionale Wärmetransport wird als Ursache des Klimawandels ignoriert, weil er den Energiegehalt des Klimasystems nicht verändert. Klimamodelle gehen ohne Beweise davon aus, dass sich Veränderungen im atmosphärischen und ozeanischen Wärmetransport gegenseitig ausgleichen. Veränderungen im polwärts gerichteten Wärmetransport können jedoch zum Klimawandel beitragen, wenn sie die Strahlungsbilanz am Obergrenze der Atmosphäre beeinflussen. Dies ist wahrscheinlich, wenn sich das Ausmaß des Wärmetransports ändert.

ABSCHNITT 4. WÄRMETRANSPORT DURCH DIE ATMOSPHÄRE UND DEN OZEAN

KAPITEL 13
TROPOSPHÄRISCHER TRANSPORT

Der größte Teil der Wärme in der Atmosphäre, die sich in Richtung der Pole bewegt, findet in der Troposphäre statt, hauptsächlich über den Ozeanbecken. Die Hadley-Zirkulation ist im Wesentlichen ein Phänomen der kalten Jahreszeit, das hauptsächlich Wärme nach oben transportiert, um als Abstrahlung freigesetzt zu werden. Sie transportiert zwar etwas fühlbare Wärme in Richtung der Pole, doch wird ihre Wirksamkeit durch den Transport latenter Wärme in Richtung Äquator stark reduziert. Dadurch verlagert sich die Hauptverantwortung für den polwärts gerichteten Wärmetransport in den Tropen auf den Ozean. Außerhalb der Tropen sind atmosphärische Wirbel wie Stürme und Hurrikane der wichtigste Mechanismus für den Wärmetransport in der Troposphäre. Sie transportieren beträchtliche Mengen an latenter und fühlbarer Wärme aus den Ozeanen. Die Windgeschwindigkeit spielt beim Wärmetransport eine entscheidende Rolle, nicht nur, weil sie den Umfang des Transports bestimmt, sondern auch, weil sie bei der Bestimmung der Verdunstungsmenge wichtiger ist als die Temperatur. Die globalen Veränderungen der Windgeschwindigkeit im Laufe der Zeit sind nicht gut verstanden.

Troposphärische meridionale Zirkulation

In Kapitel 10 haben wir den atmosphärischen Transport und die Aufteilung des Wärmetransports zwischen der Atmosphäre und dem Ozean besprochen. Wir haben gesehen, dass etwa 2/3 des gesamten meridionalen Wärmetransports von der Atmosphäre getragen wird, hauptsächlich durch Wirbel, die aus atmosphärischen Turbulenzen resultieren. Abbildung 15 (Kap. 10) zeigt den Wirbelwärmestrom auf seinem Höhepunkt während des Winters der Nordhalbkugel. Die Troposphäre macht 85 % der atmosphärischen Masse aus und ist für über 90 % des atmosphärischen Wärmetransports verantwortlich. Die Stratosphäre hingegen ist recht trocken und transportiert daher nur sehr wenig latente Wärme. Da Troposphäre und Stratosphäre unterschiedliche Umgebungen sind, werden wir uns in diesem Kapitel auf spezifische Aspekte des meridionalen Wärmetransports in der Troposphäre konzentrieren.

Die troposphärische Zirkulation wird üblicherweise in zwei Teile unterteilt: die zonale Windzirkulation, die sich parallel zu den Breitengraden der Erde bewegt, und die meridionale Windzirkulation, die sich parallel zu den Längengraden der Erde bewegt. Die zonale Zirkulation besteht aus östlichen und westlichen Winden, während die meridionale Zirkulation aus nördlichen und südlichen Winden besteht. Die Stärke der troposphärischen Zirkulation schwankt im Laufe des Jahres und wird in der kalten Jahreszeit stärker, wenn mehr Wärme zu den Polen transportiert werden muss. Umgekehrt wird sie in der warmen Jahreszeit schwächer. Die zonalen und meridionalen Zirkulationen sind jedoch regional antikorreliert, da eine Zunahme der Winddominanz aus einer Richtung auf Kosten anderer Richtungen gehen muss.

Die meridionale Struktur der mittleren troposphärischen Zirkulation wird gewöhnlich durch drei Umwälzzellen beschrieben (Abb. 20). Die Hadley- und die Polarzelle werden thermisch angetrieben, indem die Luft in einer wärmeren

Zone aufsteigt und in einer kälteren Zone abfällt. Es handelt sich um relativ starke Zirkulationen, die vorherrschende Winde wie die Passatwinde erzeugen. Die Ferrel-Zelle hingegen wird mechanisch angetrieben, indem Luft in einer kälteren Zone aufsteigt und in einer wärmeren Zone abfällt. Infolgedessen ist sie viel schwächer und die von ihr erzeugten Winde sind variabler.

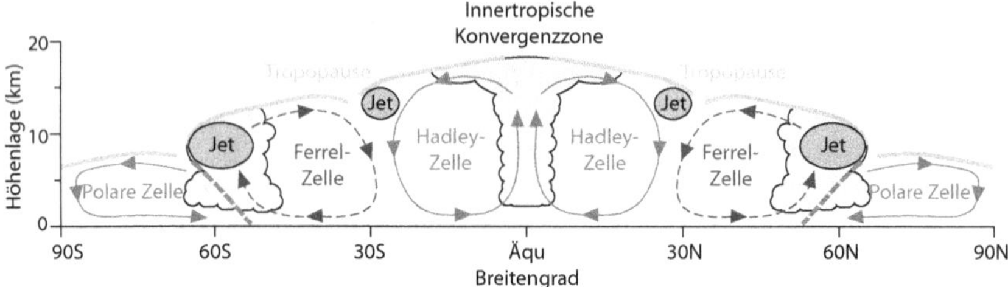

Abbildung 20. Schematische Darstellung der mittleren meridionalen Zirkulation der Troposphäre in der Nähe einer Tagundnachtgleiche.

Diese symmetrische Beschreibung der troposphärischen Zirkulation in Bezug auf den Äquator gilt jedoch nur für die Monate in der Nähe der Tagundnachtgleiche. Für den Rest des Jahres gibt es eine starke Hadley-Zelle auf der Winterhalbkugel, wobei die Luft auf der Sommerhalbkugel aufsteigt und auf der Winterhalbkugel abfällt. Die Hadley-Zelle der Sommerhalbkugel ist auf der Südhalbkugel sehr schwach und auf der Nordhalbkugel nicht wahrnehmbar. Infolgedessen steigt die Hadley-Zelle auf der Nordhalbkugel während des Winters der Nordhalbkugel (Dezember-Februar) im Durchschnitt bei 12°S auf und sinkt bei 31°N ab. Im Gegensatz dazu ist während des Sommers der Nordhalbkugel (Juni-August) keine Hadley-Zelle auf der Nordhalbkugel zu erkennen.

Änderungen der Lufttemperatur wirken sich auf die Luftfeuchtigkeit aus, so dass sich dort, wo die Luft aufsteigt, Wolken bilden und dort, wo die Luft fällt, keine Wolken entstehen. Verfolgen wir die Reise eines Luftpakets in der Hadley-Zelle, um sein Verhalten zu verstehen. Während sich das Paket auf dem aufsteigenden Ast nach oben bewegt, kühlt es sich ab und verliert an Feuchtigkeit. Sobald die Luft die obere Troposphäre erreicht hat, verliert sie durch thermische Emission Energie, während sie sich durch den oberen Zweig polwärts bewegt. Dies geschieht, weil die Infrarottrübung in höheren Lagen der Troposphäre viel geringer ist. Dieser Prozess, der als ausgehende langwellige Strahlung bekannt ist, ist der Hauptgrund für den Energieverlust in den Tropen. Sie erzeugt einen polwärts gerichteten horizontalen Temperaturgradienten in der oberen Troposphäre, der dazu führt, dass sich Oberflächen mit gleichem Druck neigen, in Richtung Äquator ansteigen und in Richtung höherer Breitengrade absinken. In Verbindung mit dem Coriolis-Effekt der Erdrotation führt dies zu einem Westwind (von West nach Ost), der mit zunehmender Höhe an Geschwindigkeit gewinnt.[82] In Breitengraden, in denen das Temperaturgefälle stärker ist, nämlich zwischen 30° und 60°, entwickeln sich in der oberen Troposphäre zwei starke Westwinde, die als subtropischer Jet und Jetstream bekannt sind. Allerdings werden die Geschwindigkeit und Richtung dieser Winde stark von atmosphärischen Wellen beeinflusst, wie in Kasten 7 (Kap. 11) erläutert.

---

[82] Dieser Effekt wird als thermische Windbilanz bezeichnet.

Ein Luftpaket aus der Hadley-Zelle bewegt sich wahrscheinlich entlang des subtropischen Jets ostwärts, bis es, sobald es ausreichend abgekühlt ist, im absteigenden Ast zu sinken beginnt. Während dieses Prozesses verliert das Luftpaket seinen Feuchtigkeitsgehalt und erwärmt sich adiabatisch (ohne Wärmeaufnahme) durch Kompression. Dies ist derselbe Prozess, der einen Fahrradreifen erwärmt, wenn wir ihn aufpumpen. Während die Luft absteigt und sich erwärmt, verringert sie ihre relative Feuchtigkeit und verdrängt die Wolken. Diese sehr trockene und warme Luft, die auf dem 30. Breitengrad absteigt, ist für die Entstehung eines Wüstengürtels auf der Erde auf diesem Breitengrad in beiden Hemisphären verantwortlich. Das Luftpaket schließt sich schließlich dem unteren Zweig der Hadley-Zelle an und bewegt sich mit den Passatwinden in Richtung Äquator. Da es sich hauptsächlich über den Ozeanbecken bewegt, nimmt es durch Verdunstung viel Feuchtigkeit auf und transportiert eine beträchtliche Menge an latenter Wärme in Richtung Äquator.

Die Hadley-Zelle wird zu einem ineffizienten meridionalen Wärmetransportmotor, indem sie trockene statische Wärme (potenzielle Wärme + fühlbare Wärme) polwärts und latente Wärme äquatorwärts transportiert. Ihre Nettotransportkapazität beträgt nur etwa 10 % ihres potenziellen Energietransports.[83] Die Hauptwirkung der Hadley-Zelle besteht darin, Energie nach oben zu transportieren, so dass sie als Wärmeenergie aus der oberen Troposphäre abgestrahlt werden kann.

Zersetzung des atmosphärischen Transports

Abbildung 21 zeigt die Aufteilung des atmosphärischen Wärmetransports in zwei Komponenten: die im Wasserdampf aufgrund seiner Zustandsänderungen gespeicherte Energie, bekannt als latente Wärme, und die innere Energie der Luftmoleküle aufgrund ihrer Temperatur und der potenziellen Energie aufgrund ihrer Position im Gravitationsfeld, bekannt als trockene statische Wärme. Diese Trennung bietet wertvolle Einblicke in das Klima des Planeten.

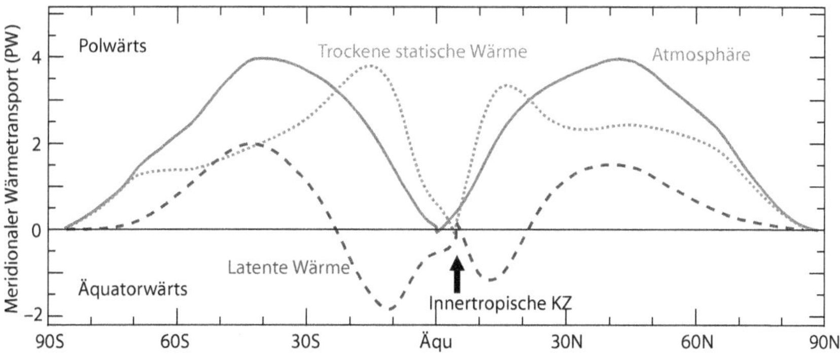

Abbildung 21: Zerlegung des meridionalen atmosphärischen Wärmetransports. Der Gesamttransport (durchgezogene Kurve) wird in den trockenen statischen Wärmetransport (gepunktete Kurve) und den latenten Wärmetransport (gestrichelte Kurve) zerlegt. Die polwärts gerichtete Richtung wird für den Gesamttransport vom Äquator und für

---

[83] Hartmann, D.L., 2016. Global physical climatology. 2nd ed. Elsevier. p.175.

die zerlegten Transporte von der innertropischen Konvergenzzone aus betrachtet, wo ihr Wert am kleinsten ist.[84]

Wenn man den atmosphärischen Transport in trockenen statischen Wärmetransport und latenten Wärmetransport zerlegt, sieht man, dass die Hadley-Zelle der Südhemisphäre viel stärker ist als ihr nördliches Gegenstück, obwohl der Nettowärmetransport in Richtung der Pole ähnlich ist. Dieser Unterschied ist wahrscheinlich auf die nördliche mittlere Position der innertropischen Konvergenzzone zurückzuführen, die den atmosphärischen Transport aufspaltet. Wir können auch beobachten, dass die gegensätzliche Natur der beiden Wärmetransportkomponenten den polwärts gerichteten Wärmetransport durch die Atmosphäre in den 20°S-N Tropen, wo der solare Energieeintrag am größten ist, stark reduziert. Diese inhärente Begrenzung der Hadley-Zirkulation auf jedem Planeten mit Ozeanen bedeutet, dass der Ozean den größten Teil der polwärts gerichteten Wärme in den Tropen transportieren muss. Die Folgen sind weitreichend, und das gesamte Phänomen der El Niño-Südlichen Oszillation ist eine Reaktion auf die Notwendigkeit, die Wärme bei geringer Effizienz der tropischen Atmosphäre polwärts zu transportieren. Wenn sich zu viel Wärme im äquatorialen Untergrund des Pazifischen Ozeans ansammelt, wird dies zum besten Prädiktor für El Niño, auf den wir in Kapitel 18 näher eingehen werden.[85]

Der latente Wärmetransport ist in der nördlichen Hemisphäre aufgrund der kleineren Meeresoberfläche geringer. Dies wird jedoch durch einen größeren fühlbaren Wärmetransport durch atmosphärische Wirbelstürme und Hurrikane ausgeglichen, die für den Wärmetransport in Richtung der Pole entscheidend sind. Diese Wirbelstürme entziehen dem Ozean große Mengen an latenter und fühlbarer Wärme, insbesondere entlang der westlichen Grenzströme (Abb. 16, Kap. 10), und transportieren diese Wärme in Richtung der Pole und des Ostens. Tatsächlich können diese Wirbelstürme die Arktis in der nördlichen Hemisphäre erreichen und sind eine Hauptursache für die Erwärmung der Arktis im Winter.

Kasten 9. Verdunstung und Windgeschwindigkeit

Da der latente Wärmetransport für die Verteilung der Wärme auf dem Planeten so wichtig ist, wollen wir uns ansehen, wie die Atmosphäre diese Wärme durch Verdunstung erhält. Bei der Hypothese des verstärkten CO_2 Effekts der globalen Erwärmung liegt das Hauptaugenmerk auf den Auswirkungen der Temperatur auf die Verdunstung, aber das ist nur ein Teil der Geschichte. Die Clausius-Clapeyron-Beziehung gibt die Temperaturabhängigkeit des Wasserdampfdrucks beim Übergang zwischen zwei Phasen an. Sie besagt, dass das Wasserhaltevermögen der Atmosphäre bei jeder Erhöhung um 1 °C um etwa 7 % zunimmt, was auf der Mikroskala von Bedeutung ist. Auf der Makroskala ist die Verdunstung jedoch schnell gesättigt, und es stellt sich heraus, dass die Verdunstung stärker von der

---

[84] Abbildung nach Yang, H., et al., 2015. Clim. Dynam. 44, pp.2751-2768.
doi.org/10.1007/s00382-014-2380-5

[85] Izumo, T., et al., 2019. Clim. Dyn. 52, pp.2923-2942.
doi.org/10.1007/s00382-018-4313-1

relativen Luftfeuchtigkeit und noch stärker von der Windgeschwindigkeit abhängt, die ungesättigte Luft näher an die Oberfläche bringt. Jeder, der Wäsche zum Trocknen im Wind aufhängt, weiß das. Trotz seiner Bedeutung für die Hypothese haben Beobachtungen nicht bestätigt, dass sich Wasserdampf wie eine starke positive Rückkopplung verhält. Die Windgeschwindigkeit spielt beim Wärmetransport eine doppelte Rolle: als Lieferant von mechanischer Energie, die Wärme bewegt, und als Hauptursache für die Verdunstung.

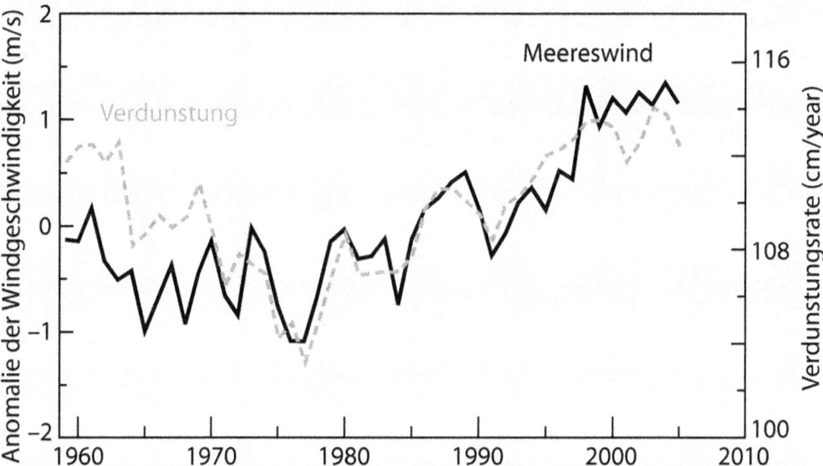

Abbildung B9. Verdunstung und Windgeschwindigkeit. Zeitreihen der mittleren jährlichen Windgeschwindigkeitsanomalie (durchgezogene schwarze Kurve) und der mittleren Verdunstungsrate über eisfreien Ozeanen.

Die Korrelation zwischen der Verdunstung, der Hauptquelle der latenten Wärme, und der Windgeschwindigkeit über den Ozeanen steht im Einklang mit der wichtigen Rolle des Windes bei der Verdunstung.[86] Abbildung B9 zeigt eine Zunahme der Windgeschwindigkeit über den Ozeanen und der Verdunstung, die aus mehreren Gründen auffällig ist. Erstens deutet dies darauf hin, dass sich das Ausmaß oder die Aufteilung der Komponenten des Wärmetransports mit der Zeit ändert. Zweitens kam es nach 1976 zu einer Verschiebung der Windgeschwindigkeit und der Verdunstung. Drittens sind die Trends bei der Windgeschwindigkeit und der Verdunstung über Land entgegengesetzt zu denen über dem Ozean.[87] Es überrascht nicht, dass die Modelle die beobachteten Trends und Veränderungen bei Windgeschwindigkeit und Verdunstung nicht erklären oder gar reproduzieren können, geschweige denn, dass sie Aufschluss über deren Auswirkungen auf den meridionalen Wärmetransport geben.

---

[86] Yu, L., 2007. J. Clim. 20 (21), pp.5376-5390. Quelle für Abbildung B9.
   doi.org/10.1175/2007JCLI1714.1
[87] Zeng, Z., et al., 2019. Nat. Clim. Change, 9 (12), pp.979-985.
   doi.org/10.1038/s41558-019-0622-6

Zusammengefasst

Der größte Teil des polwärts gerichteten Wärmetransports erfolgt durch den troposphärischen Transport über die Ozeanbecken. Die Hadley-Zirkulation ist jedoch für den polwärts gerichteten Wärmetransport weniger wirksam, da sie eine erhebliche Menge latenter Wärme äquatorwärts transportiert. In der nördlichen Hemisphäre ist der Wärmetransport durch Stürme und Hurrikane von entscheidender Bedeutung, da die Ozeane aufgrund ihrer geringeren Größe weniger latente Wärme transportieren. Die Windgeschwindigkeit spielt beim Wärmetransport eine doppelte Rolle: Sie liefert die mechanische Energie für den Wärmetransport und ist eine wichtige Ursache für die Verdunstung. Obwohl die Windgeschwindigkeit im Ozean und die Verdunstung miteinander korreliert sind, können Klimamodelle die beobachteten multidekadischen Trends bei der Windgeschwindigkeit nicht erklären.

KAPITEL 14
STRATOSPHÄRISCHER TRANSPORT

Die Stratosphäre ist einer der am wenigsten verstandenen Teile des Klimasystems. Luft aus der Troposphäre steigt in den Tropen in die Stratosphäre auf, wo sie abkühlt und trocknet. In der unteren Stratosphäre strömt sie zu beiden Polen, aber in der oberen Stratosphäre strömt sie vom Sommerpol zum Winterpol. Dort führen die Anwesenheit des Polarwirbels und die starke Abkühlung durch Strahlung bei fehlender Sonneneinstrahlung zu Temperaturen von -80 °C.

Atmosphärische Wellen von planetarischem Ausmaß haben ihren Ursprung in der Troposphäre, meist bei 30-60°N. Sie bewegen sich vertikal, wenn sich die Stratosphärenwinde nach Osten bewegen, und sorgen für Energie und Schwung in der Stratosphäre. Sie verursachen einen Luftwiderstand, der den meridionalen Transport von Wärme, Luft und Bestandteilen antreibt, der als Brewer-Dobson-Zirkulation bekannt ist.

Starke Winde umgeben die Erde oberhalb des Äquators. Sie bilden sich in der mittleren Stratosphäre und sinken langsam in Richtung Tropopause ab. Etwa zwei Jahre später bildet sich über dem vorherigen Windgürtel ein neuer Windgürtel, der in die entgegengesetzte Richtung bläst, eine so genannte quasi-biennale Oszillation. Obwohl es sich um ein tropisches Phänomen handelt, beeinflusst diese quasi-biennale Oszillation den Polarwirbel, die stratosphärische Zirkulation und das Wetter in der Troposphäre. Die östliche Phase der Oszillation verstärkt die Wirkung der atmosphärischen Wellen auf den Polarwirbel, wodurch dieser geschwächt wird und kalte Winter in Nordeuropa und dem Osten der Vereinigten Staaten verursacht werden.

Die Stratosphäre

Die Stratosphäre ist ein eigentümlicher Ort, der die Atmosphärenforscher in der Vergangenheit überrascht hat und noch immer schlecht verstanden wird. Ihre Bedeutung für die Wettervorhersage ist ein wichtiges Thema, und ihre Modellierung ist unzureichend. Die Stratosphäre existiert aufgrund von Ozon, das durch die UV-Strahlung der Sonne aus Sauerstoff gebildet wird. Kein anderer bekannter Planet hat eine Stratosphäre, weil es in seiner Atmosphäre keinen freien Sauerstoff gibt.

Ozon absorbiert die Sonnenenergie im UV- und Infrarotbereich des Spektrums und erwärmt die Stratosphäre von oben, im Gegensatz zur Troposphäre, die von unten erwärmt wird. Infolgedessen hat die Stratosphäre eine negative Temperaturgradient, und die Temperatur nimmt mit der Höhe zu. Dadurch ist die Stratosphäre stabil geschichtet, ähnlich wie der Ozean. Kältere Luft in der unteren Stratosphäre steigt nicht auf, und wärmere Luft in der oberen Stratosphäre sinkt nicht ab. Aufgrund der negativen Temperaturgradient ist der vertikale Transport in der Stratosphäre sehr ineffizient, und es dauert Monate, bis ein Luftpaket ein paar Kilometer aufsteigt. Die Tropopause markiert die Grenze, an der die Temperaturgradient Null wird.

Die Luft gelangt über die tropische Tropopause in die Stratosphäre, wo sie von einer außertropischen Pumpe angesaugt wird, die für den meridionalen

Transport in der Stratosphäre verantwortlich ist (siehe unten). Die Luft verlässt die Stratosphäre an der außertropischen Tropopause durch Absinken. Wenn die Luft durch die tropische Tropopause aufsteigt, dehnt sie sich aus und kühlt sich ab, da der Druck sinkt. Dies macht die tropische Tropopause zum kältesten Teil der Tropopause (Abb. 22). Im Rest der Tropopause sinkt wärmere Luft in die Troposphäre ab. Die tropische Tropopause mit dem kältesten Punkt hat zwei wichtige Auswirkungen. Erstens bewirkt sie einen polwärts gerichteten Transport in der unteren Stratosphäre gegen den Temperaturgradienten, bis die mittleren Breiten erreicht sind. Zweitens kühlt sie die aufsteigende Luft bis zur Gefriertrocknung ab, so dass der meiste Wasserdampf als Eis ausfällt und extrem trockene Luft in die Stratosphäre gelangt.

Ein Großteil des Wasserdampfs in der Stratosphäre stammt aus der Oxidation von Methan in der oberen Stratosphäre, und die Wasserdampfmenge in der Stratosphäre nimmt mit der Höhe zu (Kap. 7, Abb. 9). Die Wissenschaftler verstehen die Veränderungen in der Wasserdampfmenge in der Stratosphäre und ihre Auswirkungen auf die Geschwindigkeit der globalen Erwärmung nicht genau. Der Wasserdampf in der Stratosphäre stieg von 1980 bis 2000 an und nahm von 2000 bis 2022 ab, als der Hunga-Tonga-Ausbruch den Wasserdampfgehalt in der Stratosphäre abrupt ansteigen ließ (Kap. 24). Klimamodelle simulieren die Temperaturentwicklung in der unteren Stratosphäre nur unzureichend und geben die Temperaturen und Wasserdampfveränderungen in der tropischen Tropopause nicht konsistent wieder.[88]

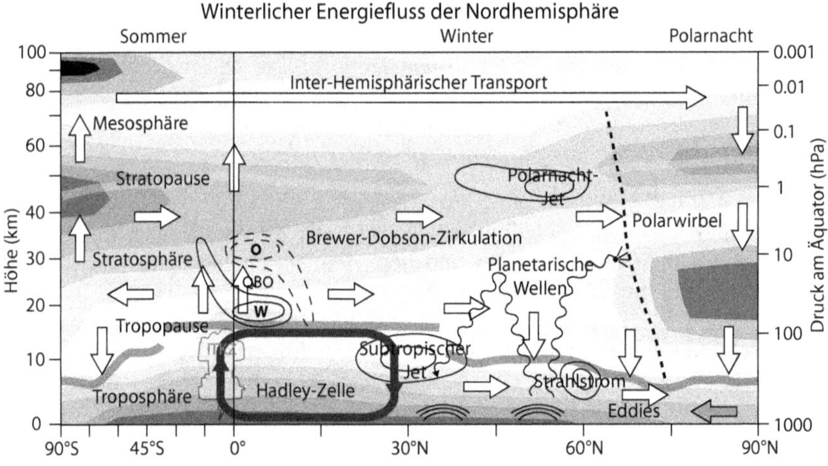

Abbildung 22. Die atmosphärische Zirkulation um die Sonnenwende im Dezember. Die Temperatur ist in 10 °C-Schritten farbkodiert, mit einer logarithmischen vertikalen Skala und einer komprimierten Breitengradskala für die südliche Hemisphäre. Die quasi-biennale Oszillation (QBO) ist mit ihren östlichen und westlichen Komponenten in Äquatornähe dargestellt. Die innertropische Konvergenzzone (ITCZ) ist als hohe, stürmische

[88] Solomon, S. et al., 2010. Science, 327 (5970), S.1219-1223.
    doi.org/10.1126/science.1182488

Wolke dargestellt. Weiße Pfeile zeigen den Wärmetransport durch die atmosphärische Zirkulation an.[89]

Die meridionale atmosphärische Zirkulation hat mit zunehmender Höhe eine andere Struktur. Die Luft steigt von der Troposphäre in die untere Stratosphäre auf und bewegt sich in einer zweizelligen Struktur in Richtung beider Pole. In mittleren und hohen Breiten kommt es zu einem Absinken. In der oberen Stratosphäre folgt die Zirkulation einem einzelligen Muster und bewegt sich von den Tropen zum Winterpol. Höher in der Mesosphäre fließt die Luft vom Sommerpol zum Winterpol.

Normalerweise sollte sich Luft, die am Sommerpol aufsteigt, abkühlen, aber in der Stratosphäre ist sie der UV-Absorption durch Ozon ausgesetzt, wodurch sie sich stark erwärmt. Umgekehrt sollte sich Luft, die am Winterpol in den Polarwirbel sinkt, erwärmen, aber in der mittleren Stratosphäre führt die starke Abkühlung durch Strahlung zu Temperaturen von bis zu −80 °C, da die Sonneneinstrahlung fehlt.

Horizontal ist die Stratosphäre in drei Zonen unterteilt: eine tropische Zone mit aufsteigender Luft, eine Zone in mittleren Breiten, in der sich atmosphärische Wellen brechen, die so genannte Brandungszone, und der Polarwirbel.

Kasten 10. Atmosphärische Wellen

Die Atmosphäre weist eine Vielzahl von Wellenbewegungen mit unterschiedlichen räumlichen und zeitlichen Skalen auf. Diese Wellen können in viel kürzerer Zeit als die Luft große Mengen an Energie und Schwung an weit entfernte Orte transportieren. Ein Beispiel im Meer wäre ein Tsunami, der in nur wenigen Stunden eine große Energiemenge über den Ozean transportieren kann. Atmosphärische Wellen in der Stratosphäre sind für den meridionalen Transport, die Brewer-Dobson-Zirkulation, die quasi-biennale Oszillation, den Ozontransport, die A-symmetrie der Polarwirbel, die polaren Temperaturen und die plötzliche Erwärmung der Stratosphäre verantwortlich.

Wellen werden durch das Zusammenwirken einer Kraft und eines Rückstellmechanismus erzeugt, und je nach diesen und ihrer Größenordnung (Wellenlänge) werden sie in verschiedene Typen eingeteilt. Der Typ, der uns für den stratosphärischen Wärmetransport und die in diesem Buch vorgestellte neue Hypothese des Klimawandels interessiert, ist eine Rossby-Welle, die als planetarische Welle bezeichnet wird.

Die potenzielle Temperatur ist die Temperatur, die die Luft hätte, wenn sie an die Oberfläche gebracht würde, d. h. wenn Änderungen aufgrund vertikaler Bewegung nicht berücksichtigt werden. In Richtung der Pole besteht ein negativer horizontaler Gradient in der potenziellen Temperatur und ein positiver Gradient im Spin der Luftmassen (Wirbelstärke) aufgrund der Zunahme des Coriolis-Effekts mit der Entfernung vom Äquator. Diese beiden Eigenschaften zusammen bilden die potenzielle Wirbelstärke, die eine konservierte Eigenschaft ist. Rossby-Wellen haben den Breitengradienten der potenziellen Wirbelstärke als Rückstell-

---

[89] Abbildung nach Vinós, J., 2022. Climate of the past, present and future. A scientific debate. 2nd ed. Critical Science Press.

mechanismus. Wenn also Luftmassen gezwungen sind, sich zu bewegen, zwingt ihr Bedürfnis, die potenzielle Wirbelstärke zu erhalten, sie dazu, ihre Wirbelstärke zu ändern und in eine Wellenbewegung einzutreten.

Wichtig ist, dass großräumige orografische Merkmale, große Wirbel und Land-Ozean-Kontraste in der nördlichen Hemisphäre im Bereich von 30° bis 60°N wellenförmige Rossby-Wellenmuster auf der ganzen Erde erzeugen. Im Gegensatz dazu führt der Mangel an ausgeprägter Orographie auf der Südhalbkugel zu einer eher zonalen Strömung mit weniger Rossby-Wellen.

Planetarische Wellen sind eine Art Rossby-Wellen mit sehr großer Wellenlänge, die sich vertikal bis in die Stratosphäre und höher ausbreiten können, wenn sie groß genug sind. Diese Wellen können sich nur bei mäßigen bis schwachen zonalen Westwinden, die typischerweise im Winter auftreten, nach oben ausbreiten. Östliche oder starke Westwinde unterdrücken ihre Ausbreitung. Die Wellenzahl einer planetarischen Welle gibt die Anzahl der Wellenlängen an, die bei einem bestimmten Breitengrad in einen vollständigen Kreis um den Globus passen. Zum Beispiel hat eine planetarische Welle der Wellenzahl 2 bei 60°N zwei Wellenberge und zwei Wellentäler über 360 Grad, mit einer Wellenlänge von 10.000 km. Nur planetarische Wellen der Wellenzahlen 1 und 2 können die Stratosphäre erreichen.

Sobald die planetarischen Wellen die Stratosphäre erreichen, geben sie ihren östlichen Impuls an die westliche zonale Strömung ab und verlangsamen diese. Diese Abschwächung der stratosphärischen zonalen Strömung schwächt den Polarnacht Strahlstrom, der den stratosphärischen Polarwirbel umgibt, und treibt die meridionale Strömung an, die Wärme und Ozon polwärts in den Wirbel transportiert. Neben dem Wärmetransport in der Stratosphäre spielen die planetarischen Wellen auch eine wichtige Rolle dabei, die Arktis wärmer als die Antarktis zu halten und die Bildung eines Ozonlochs in der nördlichen Hemisphäre zu verhindern.

Ein stärkerer Wellenfluss in der nördlichen Hemisphäre führt zu einer stärkeren Brewer-Dobson-Zirkulation, die den Polarwirbel schwächt und zu wärmeren polaren Temperaturen führt. Darüber hinaus wird durch die stärkere Zirkulation mehr Ozon in die untere polare Stratosphäre im Norden transportiert, was dort zu höheren Ozonwerten führt. Die hemisphärische Asymmetrie der Wellenaktivität hat tiefgreifende Auswirkungen auf das Klima und die Ozonverteilung.

Die Brewer-Dobson-Zirculation

Die Brewer-Dobson-Zirkulation ist ein meridionales Zirkulationsmuster, das eine Schlüsselrolle beim Transport von Masse und Wärme in der Stratosphäre vom Äquator zu jedem Pol spielt. Dieses Zirkulationsmuster besteht im Jahresmittel aus zwei Zellen, doch während der Sonnenwenden ist der größte Teil der Zirkulation in der mittleren und oberen Stratosphäre auf den Winterpol gerichtet, wie in den Abbildungen 22 und 23 dargestellt.

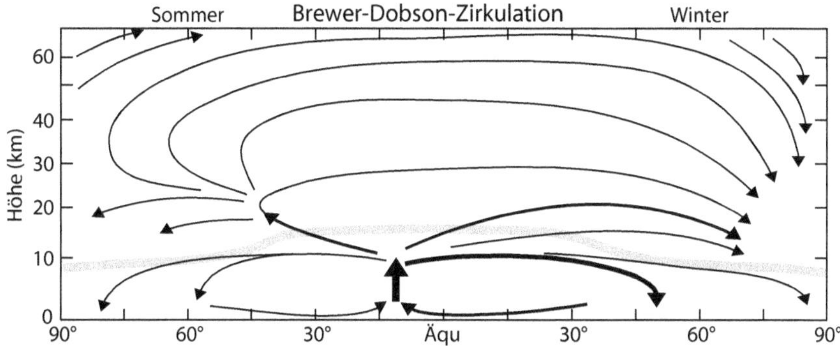

Abbildung 23. Die Brewer-Dobson-Zirkulation. Dies ist die meridionale atmosphärische Zirkulation, die in der Stratosphäre oberhalb der Tropopause stattfindet (dicke graue Linie). Der größte Teil der Zirkulation findet in Richtung des Winterpols statt.

Atmosphärische Wellen im Planetenmaßstab treiben die Brewer-Dobson-Zirkulation an. Diese Wellen erzeugen einen nach Westen gerichteten Luftwiderstand, indem sie die nach Osten gerichtete Windströmung verringern, was zu einer polwärts gerichteten Pumpwirkung führt, um den Drehimpuls zu erhalten.[90] Mit anderen Worten: Jede Welle wirkt wie die Bewegung eines Ruders, das ein Boot antreibt. Da die Wellenaktivität in der nördlichen Hemisphäre stärker ist, ist auch die Stratosphärenzirkulation in dieser Hemisphäre im Durchschnitt stärker (Kasten 10). Die Brewer-Dobson-Zirkulation transportiert nicht nur Wärme zum Winterpol, sondern ist auch für den Austausch von Stratosphärenluft mit der Troposphäre sowie für den Transport und die Verteilung von Bestandteilen wie Ozon, Wasserdampf und anthropogenen Halogenen verantwortlich.

Modelle sagen voraus, dass sich die Brewer-Dobson-Zirkulation als Folge der globalen Erwärmung verstärken wird. Eine wärmere Troposphäre führt zu einer ansteigenden Tropopause und einem Wellenbruch in größeren Höhen, was den Luftwiderstand erhöht. Die Beobachtungen stützen diese Vorhersage jedoch nicht. Bis etwa 1995 gab es keine statistisch signifikante Verstärkung der unteren Stratosphärenzirkulation. Seit 1995 hat sie sich dann auf der Nordhalbkugel verstärkt, was mit einer starken Abkühlung der tropischen Tropopause einherging.[91] Das 2018 durchgeführte Coupled Model Intercomparison Project 6, das Diagnoseinstrumente für die Brewer-Dobson-Zirkulation umfasst, bestätigt die Unstimmigkeit zwischen Beobachtungen und Modellen in der mittleren und oberen Stratosphäre.[92] Diese Inkonsistenz ist ein Beispiel für eine Vorhersage der Hypothese des verstärkten CO_2 Effekts, die sich nicht bestätigt.

---

[90] Butchart, N., 2014. Rev. Geophys. 52 (2), pp.157-184. Auch die Quelle für Abbildung 23. doi.org/10.1002/2013RG000448

[91] Young, P.J., et al., 2012. J. Clim. 25 (5), pp.1759-1772. doi.org/10.1175/2011JCLI4048.1

[92] Abalos, M., et al., 2021. Atmospheric Chem. Phys. 21 (17), pp.13571-13591. doi.org/10.5194/acp-21-13571-2021

Die quasi-biennale Oszillation

Eine weitere Überraschung war in den 1950er Jahren die Entdeckung der quasi-biennale Oszillation der starken zonalen Winde, die die Erde in der tropischen Stratosphäre umgeben. Diese Winde zeigen einen Zyklus von abwechselnd östlicher und westlicher Ausrichtung mit einer durchschnittlichen Dauer von 28 Monaten. Die Winde haben ihren Ursprung in der mittleren Stratosphäre und bewegen sich mit einer Geschwindigkeit von etwa 1 km pro Monat nach unten, bis sie sich in der tropischen Tropopause auflösen (Abb. 22). Etwa zwei Jahre, nachdem sich ein Windregime gebildet hat und abzusteigen beginnt, entwickelt sich darüber ein entgegengesetztes Windregime.

Die quasi-biennale Oszillation ist ein tropisches Phänomen, das sich auf die globale Stratosphäre auswirkt und durch atmosphärische Wellen der tropischen Konvektion angetrieben wird. Sie beeinflusst Winde, Temperatur, außertropische Wellen, meridionale Windzirkulation, den Transport chemischer Bestandteile und die Ozonverteilung. Während östlicher Phasen schwächt sich der Jetstream ab, was zu kalten Wintern in Nordeuropa und im Osten der Vereinigten Staaten führt. Auch El Niño-Winter fallen in der Regel mit der östlichen Phase zusammen. Westliche Phasen hingegen verstärken den Jetstream und führen zu milden und feuchten Wintern in Nordeuropa und im Osten der USA. Die Oszillation beeinflusst auch die Häufigkeit der Hurrikane im Atlantik. Trotz ihrer zahlreichen Auswirkungen ist ihr Einfluss auf das Wetter in der Troposphäre noch nicht vollständig geklärt.

Die quasi-biennale Oszillation moduliert den Polarwirbel der nördlichen Hemisphäre (Kap. 11, Kasten 7), bei dem es sich um eine anhaltende, großräumige Tiefdruckzone in der mittleren Troposphäre bis zur Stratosphäre im Winter handelt. Wenn der Polarwirbel stark ist, enthält er eine große Menge sehr kalter, dichter arktischer Luft; wenn er schwach und ungeordnet ist, erlaubt er kalten arktischen Luftmassen, nach Süden zu drängen, was zu großen Temperaturabfällen über einem Großteil der nördlichen Hemisphäre führt. Diese Modulation des Polarwirbels ist als Holton-Tan-Effekt bekannt und ist einer der rätselhaftesten Aspekte der quasi-biennale Oszillation.

Kasten 11. Der Holton-Tan-Effekt

Eine weitere unerwartete Entdeckung im Jahr 1980 war die Synchronisation der äquatorialen quasi-biennale Oszillation mit der Stärke des nördlichen stratosphärischen Winterpolarwirbels. Während der östlichen Phase der Oszillation schwächen sich die Polarnacht Strahlstrom um den Polarwirbel ab, was zu deutlich höheren Temperaturen der arktischen Eiskappe und höheren geopotentiellen Höhen in der polaren Stratosphäre führt als in der westlichen Phase. Holtan und Tan schlugen vor, dass dieser Effekt auf eine 10°-Breitenverschiebung der Grenzfläche, die die westlichen und östlichen zonalen Winde während der östlichen Phase der Oszillation trennt, in Richtung der Winterhalbkugel zurückzuführen ist. Diese Verschiebung verengt den Ausbreitungskanal der planetarischen Wellen und lenkt ihren Fluss in Richtung Winterpol um, da diese Wellen nur durch den Westwind laufen können. Im Wesentlichen ist die Stärke des Polarwirbels während der östlichen Phase schwächer und während der westlichen Phase der Oszillation stärker.

Ende der 1990er Jahre entdeckten Forscher, dass die quasi-biennale Oszillation in den Extratropen der unteren Stratosphäre der Winterhalbkugel eine meridionale Zirkulation hervorruft, die durch den Widerstand planetarer Wellen ähnlich der Brewer-Dobson-Zirkulation angetrieben wird. In der östlichen Phase der Oszillation schafft das Eindringen östlicher Winde aus den Tropen eine Barriere für die planetarischen Wellen, so dass sie stärker auf den Polarwirbel treffen. Die Modulation der Ausbreitung planetarer Wellen durch die quasi-biennale Oszillation und die Auswirkung der oszillationsbedingten außertropischen Zirkulation auf die Wellenkonvergenz sind zwei sich ergänzende Mechanismen, die die tropisch-polare Kopplung erklären, die während der östlichen Phase der Oszillation zu einem geschwächten Wirbel im Winter auf der Nordhalbkugel führt.[93]

Die Wissenschaftler sind sich dieses Phänomens seit über 40 Jahren bewusst, aber diese langfristige Beziehung ist komplex. Während sich die Klimamodelle in ihrer Darstellung der quasi-biennale Oszillation langsam verbessert haben, zeigt das jüngste Coupled Model Intercomparison Project 6, dass die Modelle den Holton-Tan-Effekt immer noch unterschätzen und jedes Modell die Beziehung zwischen der Oszillation und dem Polarwirbel anders darstellt.[94] In den nächsten Kapiteln werden wir untersuchen, warum die Unfähigkeit der Klimamodelle, die dynamischen Eigenschaften der Winterstratosphäre genau zu reproduzieren, ihre Fähigkeit beeinträchtigt, das Klimarätsel zu lösen oder die vergangenen Klimazonen der Erde zu rekonstruieren.

Zusammengefasst

Der größte Teil der in der Stratosphäre transportierten Wärme fließt in Richtung des Winterpols. Ermöglicht wird dieser Transport durch ein Zirkulationssystem, das durch den Impuls der atmosphärischen Wellen angetrieben wird, die als Pumpe wirken. Die äquatorialen Winde in der Stratosphäre ändern etwa alle zwei Jahre ihre Richtung, wodurch ein anderes Zirkulationssystem entsteht, das die Troposphäre erheblich beeinflusst. Während der östlichen Phase dieser Oszillation wird die Aktivität der atmosphärischen Wellen auf den Polarwirbel gelenkt, wodurch dieser geschwächt wird. Dieser Effekt ist in der nördlichen Hemisphäre stärker ausgeprägt, wo die Wellenaktivität im Allgemeinen größer ist. Infolgedessen wird der nördliche Polarwirbel geschwächt und die Arktis erfährt im Winter wärmere Temperaturen. Eine wärmere Arktis bedeutet, dass mehr Wärme durch Strahlungskühlung verloren geht.

---

[93] Ruzmaikin, A., et al., 2005. J. Geophys. Res. Atmos. 110, D11111.
doi.org/10.1029/2004JD005382
[94] Elsbury, D., et al., 2021. Geophys. Res. Lett. 48 (24), p.e2021GL094083.
doi.org/10.1029/2021GL094083

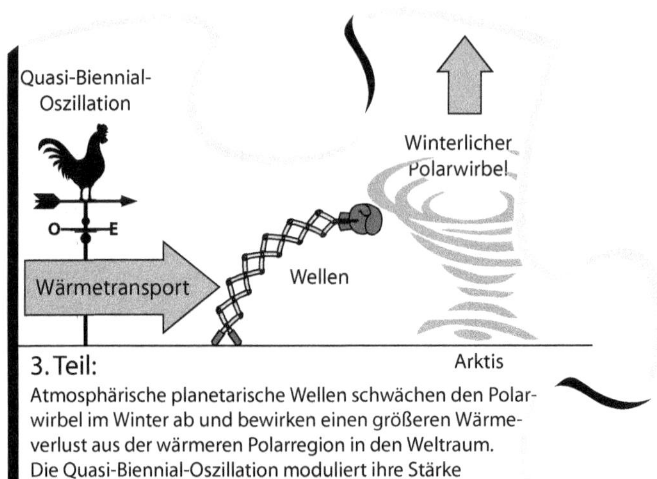

3. Teil:

Atmosphärische planetarische Wellen schwächen den Polarwirbel im Winter ab und bewirken einen größeren Wärmeverlust aus der wärmeren Polarregion in den Weltraum. Die Quasi-Biennial-Oszillation moduliert ihre Stärke

KAPITEL 15
WECHSELWIRKUNGEN ZWISCHEN STRATOSPHÄRE UND TROPOSPHÄRE

Im Jahr 1999 machten Forscher die überraschende Entdeckung, dass sich Anomalien in der Stratosphäre bis zur Erdoberfläche ausbreiten können. Diese Entdeckung markierte den Beginn von Studien über das, was heute als Kopplung zwischen Stratosphäre und Troposphäre bekannt ist. Diese Studien haben gezeigt, dass Veränderungen in der Stratosphäre die Position der troposphärischen Jets und die Zugbahnen von Stürmen erheblich beeinflussen, was sich wiederum stark auf den Druck auf dem Meeresspiegel und das Wetter an der Oberfläche während der kalten Jahreszeit auswirkt. Diese Auswirkungen werden durch Veränderungen der ringförmigen Modi, den Hauptmustern der Klimavariabilität in der Troposphäre der mittleren und hohen Breiten, erzielt. Trotz all dieser Forschungsarbeiten konnten die in den ringförmigen Moden beobachteten multidekadischen Trends noch immer nicht angemessen erklärt werden. Interessanterweise reagiert die Stratosphäre-Troposphäre-Kopplung nicht nur auf niederfrequente Klimaschwankungen, sondern auch auf den Sonnenzyklus. In den letzten zwei Jahrzehnten haben die Forscher große Fortschritte gemacht, um zu verstehen, wie die Stratosphäre auf Veränderungen der Sonnenaktivität reagiert und wie sich diese Reaktionen auf die Erdoberfläche übertragen können.

Stratosphäre-Troposphäre-Kopplung

Als die modellgestützte Hypothese des verstärkten CO_2-Effekts in den 1960er Jahren entwickelt wurde, und auch noch mehrere Jahrzehnte danach, wurde nicht einmal in Betracht gezogen, dass Veränderungen in der Stratosphäre das Klima an der Erdoberfläche erheblich beeinflussen könnten. Im Jahr 1998 definierten Wissenschaftler jedoch die Arktische Oszillation (auch bekannt als Nördlicher Annularmodus, Kasten 12) als ein kreisförmiges Muster von Druckanomalien des Meeresspiegels, das um den Nordpol zentriert ist. Sie entdeckten auch, dass die Arktische Oszillation stark mit der Stratosphäre verbunden ist und dass sich Anomalien, die in der Stratosphäre entstehen, bis zur Oberfläche ausbreiten können. Dies war ein überraschender Befund, da frühere Forschungen keine signifikante Reaktion in der unteren Troposphäre auf Veränderungen in der Stratosphäre gezeigt hatten.[95]

In den zwei Jahrzehnten seit dieser Entdeckung haben Forscher herausgefunden, dass sich Veränderungen in der Stratosphäre auf die Arktische Oszillation auswirken und Verschiebungen der atlantischen und pazifischen Jets und Sturmbahnen sowie Veränderungen des Meeresspiegeldrucks verursachen. Diese Auswirkungen in der unteren Troposphäre bleiben hinter den Veränderungen in der Stratosphäre zurück, was auf eine Ausbreitung nach unten hindeutet. Daher ist das Verständnis des Stratosphärenwetters für die Vorhersage des mittelfristigen und saisonalen Oberflächenwetters von entscheidender Be-

---

[95] Baldwin, M.P. & Dunkerton, T.J., 1999. J. Geophys. Res. Atmos. 104 (D24), pp.30937-30946. doi.org/10.1029/1999JD900445

deutung geworden. Es gibt Hinweise darauf, dass die Lage der winterlichen troposphärischen Jetstreams, der Sturmzüge und der Druckzentren in der nördlichen Hemisphäre von der stratosphärischen Jetgeschwindigkeit abhängt, die wiederum von den Ausbreitungseigenschaften der Stratosphäre auf planetarische Wellen bestimmt wird.[96]

Die meisten Studien über die Kopplung von Stratosphäre und Troposphäre konzentrieren sich auf kurzfristige Veränderungen, aber eine interessantere Frage im Zusammenhang mit dem Klimawandel ist, ob diese Kopplung auf längerfristige natürliche oder anthropogene Schwankungen reagiert. Jüngste Modellstudien deuten darauf hin, dass sie auf multidekadische Schwankungen der Ozeane reagiert.[97] Der beste Beweis dafür sind jedoch die beobachteten multidekadischen Veränderungen der Arktischen Oszillation (Kasten 12).

Im Laufe der Zeit hat die nördliche Hemisphäre mehrere kohärente winterliche multidekadische Klimatrends in der Stratosphäre, Troposphäre, dem Ozean und der Kryosphäre erlebt. Diese Trends werden im Allgemeinen auf den anthropogenen Klimawandel zurückgeführt, da wenig Interesse daran besteht, die Hypothese des verstärkten CO_2 Effekts zu widerlegen, wie es die wissenschaftliche Methode erfordern würde.[98] Es wurde jedoch eine alternative Erklärung vorgeschlagen, nach der eine gekoppelte niederfrequente Stratosphäre/Troposphäre/Ozean-Oszillation für die beobachteten Trends verantwortlich ist.[99] Bei dieser Oszillation löst ein positiver Nördlicher Annularmodus und die damit verbundene Abkühlung der Stratosphäre eine verzögerte thermohaline Verstärkung der atlantischen Umwälzzirkulation und der außertropischen atlantischen Wirbel aus, wodurch der polwärts gerichtete ozeanische Wärmetransport zunimmt, was zum Schmelzen des arktischen Meereises, zur Verstärkung der arktischen Erwärmung und zur großräumigen Erwärmung des Atlantiks führt, was wiederum den wellenbedingten negativen Nördlichen Annularmodus und die Erwärmung der Stratosphäre auslöst und die Phase der Oszillation umkehrt.

Diese Interpretation der niederfrequenten oszillatorischen Veränderungen in der Stratosphären-Troposphären-Kopplung steht im Einklang mit der in diesem Buch vorgestellten und von mir bereits veröffentlichten Haupthypothese.[100]

Kasten 12. Nordatlantische Oszillation oder Nördlicher Annularmodus?

Um die dynamische Komplexität der Atmosphäre zu vereinfachen, haben Wissenschaftler wiederkehrende Muster der Variabilität im Laufe der Zeit ermittelt. Annulare Modi sind die wichtigsten Muster der Klimavariabilität in den mittleren

---

[96] Kidston, J., et al., 2015. Nature Geosci. 8 (6), pp.433-440.
doi.org/10.1038/NGEO2424

[97] Elsbury, D., et al., 2019. J. Clim. 32 (14), pp.4193-4213.
doi.org/10.1175/JCLI-D-18-0422.1

[98] Popper, K.R., 1962. Conjectures and Refutations. The growth of scientific knowledge. Basic Books, New York.

[99] Omrani, N.E., et al., 2022. NPJ Clim. Atmos. Sci. 5 (1), S.59.
doi.org/10.1038/s41612-022-00275-1

[100] Vinós, J., 2022. Climate of the past, present and future. A scientific debate. 2nd ed. Critical Science Press.

und hohen Breiten der nördlichen und südlichen Hemisphäre. Sie beziehen sich auf die Nord-Süd-Verschiebung eines Gürtels starker Westwinde, der für 20-30 % der hemisphärischen Varianz der Druck- und Windfelder verantwortlich ist. Diese Modi spielen eine entscheidende Rolle beim meridionalen Wärmetransport und regulieren den Austausch atmosphärischer Masse zwischen den Polarregionen und den mittleren Breiten. Veränderungen in den ringförmigen Moden haben erhebliche Auswirkungen auf das Klima, insbesondere während der Wintersaison auf der Nordhalbkugel und der Frühlingssaison auf der Südhalbkugel, wenn sie mit der ringförmigen Variabilität der Stratosphäre gekoppelt sind.

Der Südliche Annularmodus ist seit 1999 als Annularmodus anerkannt, weil seine drei Wirkungszentren - ein polares und zwei periphere - wie eine Wippe zwischen dem Pol und den mittleren Breiten wirken. In der nördlichen Hemisphäre wurde der Nördliche Annularmodus erstmals in den 1920er Jahren als Nordatlantische Oszillation zwischen Druckzentren über Island und den Azoren beschrieben. Im Jahr 1998 wurde sie auf die Arktis und das Druckzentrum über dem Nordpol ausgedehnt und erhielt den Namen Arktische Oszillation. Es ist jedoch umstritten, ob die Nordatlantische Oszillation oder der Nördliche Annularmodus das Muster der Druckschwankungen besser beschreibt. Das Problem besteht darin, dass die atlantischen und pazifischen Zentren über mehrere Jahrzehnte hinweg nicht über die notwendige Koordination verfügten, auch wenn sie diese in den folgenden oder vorangegangenen Jahrzehnten zeigten (Abb. B12). So entsprach das Druckmuster ab den frühen 1970er Jahren für einen Zeitraum von etwa 25 Jahren am ehesten der Definition der Nordatlantischen Oszillation, während es im vorangegangenen und folgenden Vierteljahrhundert ein nördliches Annularmuster aufwies.

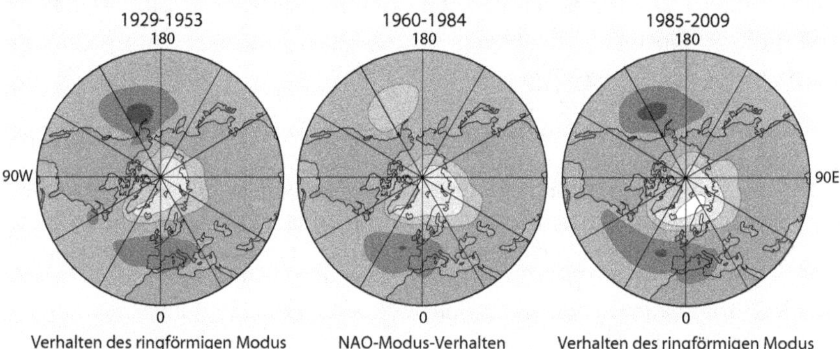

Abbildung B12. Winterliche Anomalien des mittleren Meeresspiegeldrucks für drei 25-Jahres-Zeiträume. Die mittleren Jahre sind über den Karten angegeben. Die Graustufen ist 1,5 hPa (positiv in dunkelgrau). NAO: Nordatlantische Oszillation.[101]

Während mehrdekadischer Perioden, in denen der Polarwirbel stärker als im Durchschnitt ist, zeigen die arktischen, atlantischen und pazifischen Sektoren ein echtes Verhalten im Nördlichen Annularmodus. Dieser ist durch eine Pendelbe-

---

[101] Abbildung nach Shi, N. & Nakamura, H., 2014. Tellus A: 66 (1), p.22660. doi.org/10.3402/tellusa.v66.22660

wegung zwischen dem Aleuten- und dem Islandtief gekennzeichnet, die den Wärme- und Feuchtigkeitstransport in die Arktis einschränkt. Andererseits wird die Situation in mehrdekadischen Perioden, in denen der Polarwirbel schwächer ist als im Durchschnitt, besser durch die Nordatlantische Oszillation beschrieben. Dies liegt an der schwachen interannualen Variabilität des Aleuten-Tiefs und dem weniger eingeschränkten arktischen Transport. Trotz der Belege für diese Erkenntnisse haben die meisten Wissenschaftler, die versuchen, den jüngsten Trend als Reaktion auf eine verstärkte anthropogene Beeinflussung zu erklären, die sich verändernde Natur des Nördlichen Annularmodus/Nordatlantische Oszillation noch nicht erkannt.

Einige Wissenschaftler erkennen jedoch an, dass das Klima beständigen Mustern unterworfen ist, die als Klimaregime bekannt sind und sich durch Klimaverschiebungen von einem zum anderen verändern. Diese Sichtweise, die in Teil III, Abschnitt 9 weiter erörtert wird, stimmt besser mit den verfügbaren Beweisen überein. Sie ist jedoch nicht mit der Hypothese des verstärkten CO_2 Effekts vereinbar.

Der Sonnenzyklus und die dynamische Kopplung zwischen Stratosphäre und Troposphäre

Über 150 Jahre lang basierten die Versuche, den Sonnenzyklus mit Wetter- und Klimaveränderungen in Verbindung zu bringen, meist auf Beobachtungen an der Oberfläche oder in der Troposphäre. Doch erst 1987 entdeckte Karin Labitzke eine Beziehung zwischen dem Sonnenzyklus, den Temperaturen am Nordpol und der Phase der quasi-biennale Oszillation in der Stratosphäre. Diese Erkenntnis wird in Kapitel 29 (Kasten 23) näher erläutert. Seit 1987 haben Fortschritte in vier Bereichen den Beweis für einen solaren Einfluss auf die Atmosphäre erbracht:[102]

* Nicht nur in der Stratosphäre, sondern auch bei den Temperaturen in der unteren Troposphäre, an der Oberfläche und in den oberen Ozeanen lassen sich starke statistische Zusammenhänge in den Daten feststellen.
* Auf der Grundlage eines Modells für den chemischen Strahlungstransport wurde ein Mechanismus für das solare Ozon entwickelt, der Veränderungen in der planetarischen Wellenaktivität erklären könnte. Dies zeigte, dass die einfachen Vorstellungen von der Energiebilanz des solaren Antriebs, wie sie der IPCC vertritt, irreführend sein können.
* Modellsimulationen haben ein globales Sonnensignal im Jahresmittel in der oberen Stratosphäre reproduziert, das gut mit den Beobachtungen übereinstimmt, aber sie sind nicht in der Lage, saisonale Muster und die beobachtete Reaktion in der unteren Stratosphäre angemessen zu simulieren. Bessere Ergebnisse werden mit Reanalyseprodukten erzielt.
* Beim Verständnis des dynamischen Prozesses, der für die Verstärkung des Sonneneffekts verantwortlich ist, wurden erhebliche Fortschritte erzielt. Stratosphärische Zirkulationsanomalien, die mit dem Sonnenzyklus zusammenhängen, bewegen sich während der Wintersaison polwärts und

---

[102] Baldwin, M.P. & Dunkerton, T.J., 2005. J. Atmos. Sol. Terr. Phys. 67(1-2), pp.71-82. doi.org/10.1016/j.jastp.2004.07.018

abwärts, verbunden mit Anomalien im durch Wellen induzierten Impulstransport.

Der Sonnenzyklus beeinflusst nicht nur die Stratosphäre, sondern auch die Oberfläche durch die Kopplung von Stratosphäre und Troposphäre. Dieses Phänomen wird durch die Reaktion des Ozons auf Veränderungen der UV-Strahlung vermittelt. Um den Einfluss der Sonne auf das Klima vollständig zu verstehen, ist es entscheidend, den meridionalen Wärmetransport und den planetarischen Wellenfluss in der Winterstratosphäre der nördlichen Hemisphäre zu kennen.

Zusammengefasst

Jüngste Studien haben gezeigt, dass die Stratosphäre eine wichtige Rolle bei der Bestimmung der Oberflächentemperaturen und Druckmuster in mittleren und hohen Breiten im Winter spielt und die Lage der troposphärischen Jets und Sturmzüge beeinflusst. Die Variabilität der Stratosphäre und die Stärke des Polarwirbels stehen im Zusammenhang mit den Annularmoden, einem ringförmigen Westwindmuster und den Nord-Süd-Druckunterschieden um die Pole, die den polwärts gerichteten Wärmetransport und den Massenaustausch regulieren. Diese Modi zeigen jedoch multidekadische Trends, die von den Modellen nicht vollständig erfasst werden können. Im Winter treten in der arktischen Stratosphäre dynamische Veränderungen auf, die trotz fehlender Sonneneinstrahlung stark vom Sonnenzyklus beeinflusst werden. Dies deutet darauf hin, dass der solare Einfluss auf das Klima über Veränderungen der atmosphärischen Zirkulation wirken muss.

KAPITEL 16
WINTERTRANSPORT IN DIE ARKTIS

Die atmosphärische Zirkulation und der Wärmetransport sind auf der Nordhalbkugel während der kalten Jahreszeit intensiver, obwohl die Arktis wärmer ist als die Antarktis. Dieses Phänomen ist auf die höhere atmosphärische Wellenaktivität zurückzuführen, die sich aus den geografischen Unterschieden ergibt. Die Wellenaktivität erhöht den stratosphärischen Transport und schwächt den nördlichen Polarwirbel. Der Wintertransport hat mehrere Folgen, unter anderem dreht sich die Erde im Winter schneller und die Rotationsperiode ist leicht verkürzt. Außerdem wird der Nordpolarwirbel schwächer und variabler, und der winterliche Wärmetransport wird von mehreren Faktoren wie der quasi-biennale Oszillation, der El Niño-Südlichen Oszillation und dem Sonnenzyklus beeinflusst, da sie sich auf die Stärke des Wirbels auswirken. In der Regel sind einige wenige Extremereignisse pro Saison für den größten Teil der im Winter in die Arktis transportierten Wärme verantwortlich, und die Häufigkeit solcher Ereignisse hängt von der durch die Wellenaktivität verursachten Blockierung der Zirkulation ab. Während der Beitrag der Stratosphäre zum Wärmetransport die meiste Zeit des Jahres gering ist, trägt sie im Winter 20 % der in die Arktis transportierten Wärme bei und ist damit die größte Wärmesenke des Planeten, da die Wärme das Klimasystem in Form von Wärmestrahlung verlässt.

Jahreszeitlicher Wärmetransport

In den vorangegangenen Kapiteln wurde dargelegt, dass die herkömmliche Sichtweise des globalen Klimas als Durchschnitt der jährlichen Strahlungsbilanz über die gesamte obere Atmosphäre, wobei der Wärmetransport nur auf Veränderungen dieser Bilanz reagiert, eine grobe Vereinfachung darstellt. Diese Sichtweise verbirgt erhebliche interhemisphärische Asymmetrien und saisonale Veränderungen. Von den vier Elementen der Klimaenergetik - Energiezufuhr von der Sonne, Absorption durch das Klimasystem, Transport innerhalb des Systems und Rückkehr in den Weltraum - ist der Transport auf einer saisonalen Zeitskala am variabelsten. Die Klimatologen, die an den IPCC-Bewertungsberichten mitgewirkt haben, halten ihn jedoch nicht für eine treibende Kraft des jüngsten Klimawandels. Im Gegensatz dazu wird in diesem Buch argumentiert, dass erzwungene Veränderungen des Wärmetransports eine bedeutende - und vielleicht die wichtigste - Ursache des Klimawandels sind. Wenn dies der Fall ist, dann muss der Beitrag der anthropogenen Veränderungen bei den Treibhausgasen zum jüngsten Klimawandel geringer sein, als allgemein angenommen wird.

Auf der Winterhalbkugel sind die atmosphärische Zirkulation und der Wärmetransport stärker, und überraschenderweise gelangt trotz des Temperaturunterschieds mehr Wärme in die Arktis als in die Antarktis (Abb. 18, Kap. 11). Der jüngste Klimawandel war in den mittleren und hohen Breiten der nördlichen Hemisphäre, wo das Klima am stärksten schwankt, am intensivsten. Die Hypothese des verstärkten CO_2 Effekts führt dies auf den größeren Anteil der Landfläche und die arktische Verstärkung zurück (die Antarktis weist keine polare Verstärkung auf). Veränderungen im Wärmetransport könnten jedoch eine ebenso stichhaltige Erklärung sein, da sie in den mittleren und hohen Breiten der nördlichen Hemisphäre während des Winters, wenn der Transport am stärksten und variabelsten ist, am deutlichsten spürbar sein sollten.

Um die Analyse des Klimawandels in diesem Buch zu vereinfachen, werden wir uns fast ausschließlich auf den Wärmetransport während der kalten Jahreszeit auf der Nordhalbkugel konzentrieren, wobei davon ausgegangen wird, dass die Veränderungen des Wärmetransports während anderer Jahreszeiten und auf der Südhalbkugel ähnliche Tendenzen aufweisen sollten, wenn auch in geringerem Umfang.

Wir haben untersucht, warum der Wärmetransport auf der Nordhalbkugel im Winter so stark zunimmt und warum die Arktis die größte Wärmesenke des Planeten im Weltraum ist. Die Geografie der nördlichen Hemisphäre spielt dabei eine wichtige Rolle: Die großen Kontinente und Gebirgszüge führen zu einer höheren Aktivität der atmosphärischen Wellenflüsse, einem variableren Nördlichen Annularmodus und einem schwächeren und variableren arktischen Polarwirbel. Außerdem ist der Atlantische Ozean über die breite Framstraße mit der Arktis verbunden, wodurch wärmeres Wasser in die Arktis gelangen kann, was den Wärmetransport weiter erhöht.

Jahreszeitliche Veränderungen der Erdrotation

Die jahreszeitlichen Veränderungen des Wärmetransports werden durch große Schwankungen in der atmosphärischen Zirkulation bestimmt, da die Atmosphäre das wichtigste Mittel für den Wärmetransport ist. Die Atmosphäre ist auch für den polwärts gerichteten Drehimpulstransport verantwortlich (Kasten 6, Kap. 9). Diese jahreszeitlichen Veränderungen der atmosphärischen Zirkulation beeinflussen den Austausch von Drehimpulsen zwischen der Atmosphäre und der festen Erde, was zu Veränderungen der Erdrotationsrate führt. Wissenschaftler messen diese Veränderungen in der Erdrotation als kleine Unterschiede in der Tageslänge, definiert als die Differenz zwischen der gemessenen Dauer einer Umdrehung und 86.400 internationalen Standardsekunden. Seit 1962 werden Atomuhren mit einer Genauigkeit im Mikrosekundenbereich verwendet, um diese Veränderungen zu messen.

Der Austausch von Drehimpulsen zwischen der Atmosphäre und der festen Erde ist eng mit Veränderungen der atmosphärischen Zirkulation verbunden und führt zu einer halbjährlichen Schwankung der Tageslänge. Von November bis Januar beschleunigt sich die Erde um etwa 0,2 ms/Tag (was zu 0,2 ms kürzeren Tagen führt). Im April verlangsamt sich die Erde um einen ähnlichen Betrag, bevor sie sich im Juli um etwa 1 ms/Tag schneller dreht als im Durchschnitt. Auf diese Beschleunigung folgt dann eine Verlangsamung, die die Erde im November wieder auf ihre ursprüngliche Geschwindigkeit zurückbringt. Die halbjährliche Komponente hat eine durchschnittliche Amplitude von etwa 0,35 ms, aber die Erde dreht sich während des Winters der Nordhalbkugel langsamer als während des Winters der Südhalbkugel (Abb. 24).

Die ungleiche Landverteilung zwischen den Hemisphären und die kälteren Wintertemperaturen auf der Nordhalbkugel (Kap. 5, Abb. B3a) führen zu einer jährlichen Schwankung, die sich zur halbjährlichen Oszillation hinzugesellt, was zu einem höheren Drehimpuls in der Atmosphäre während des Winters der Nordhalbkugel führt. Wichtig ist, dass der winterliche Wärmetransport zu einer schnelleren Erdrotation und etwas kürzeren Tagen führt. In künftigen Kapiteln werden wir uns mit Veränderungen der Tageslänge als Indikator für den winterlichen Wärmetransport befassen, insbesondere mit der halbjährlichen Komponente des Winters der Nordhalbkugel, da dies mit unserem Schwerpunkt auf Veränderungen des Transports während dieser Jahreszeit übereinstimmt.

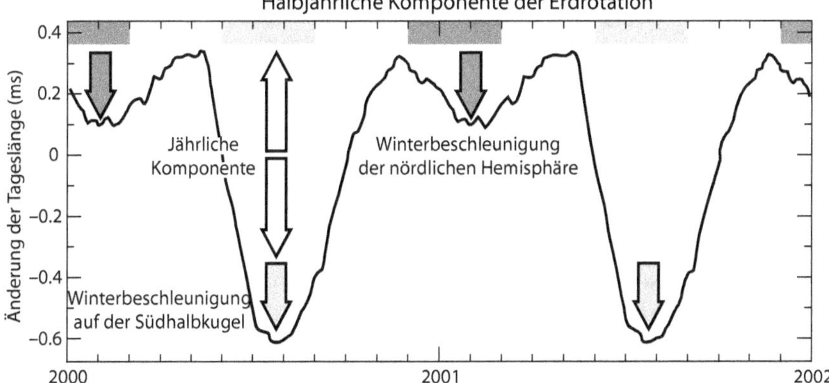

Abbildung 24 Saisonale Veränderungen der Erdrotation. Die halbjährliche (jahreszeitliche) Komponente der Erdrotationsrate wird als Veränderung der Tageslänge in Millisekunden gemessen. In Mittelgrau ist der Winter der Nordhalbkugel und in Hellgrau der Winter der Südhalbkugel dargestellt.[103]

Der Nordpolarwirbel und die Wellenaktivität

Einer der Gründe, warum der winterliche Wärmetransport in die Arktis trotz des geringeren Temperaturgradienten größer ist als in die Antarktis, ist, dass der nördliche Polarwirbel schwächer ist als der südliche Polarwirbel. Die Polarregion ist von starken Westwinden umgeben, die den Wirbel bilden und als Barriere für den meridionalen Wärmetransport wirken (Abb. 59, Kap. 39) . Infolge des Wirbels ist die Temperatur im Inneren der Polarregion niedriger als sie es ohne den Wirbel oder bei schwächeren Westwinden wäre. Die Stärke der Westwinde, die den Wirbel bilden, hängt von der Intensität des planetarischen Wellenflusses ab, der östliche Impulse in der Stratosphäre speichert. Die durch die Wellen verursachte Wirbelabschwächung breitet sich bis in die untere Stratosphäre aus.

Der Wellenfluss, der sich aus den Temperaturunterschieden zwischen Land und Ozean und großen Gebirgskomplexen ergibt, ist auf der Nordhalbkugel viel größer. Daher ist der nördliche Polarwirbel viel schwächer, was zu einer höheren Wahrscheinlichkeit plötzlicher stratosphärischer Erwärmungen führt. Bei diesen Ereignissen dreht der Wind auf östliche Richtungen und der Wirbel bricht auf. Infolgedessen wird die Luft nach unten gedrückt, und die Temperatur in der polaren Stratosphäre kann innerhalb weniger Tage um 40 °C ansteigen.

Diese Ereignisse führen zu einer negativen Phase der Nordatlantischen Oszillation in der Troposphäre, was zu veränderten Zugbahnen von Stürmen und niedrigeren Temperaturen in Nordeurasien und im Osten der Vereinigten Staaten führt. In Grönland hingegen herrschen wärmere Temperaturen.[104] Diese

[103] Gipson, J., 2016. IVS 2016 General Meeting Proceedings: New Horizons with VGOS. p.336.

[104] Baldwin, M.P., et al., 2021. Rev. Geophys. 59 (1), p.e2020RG000708. doi.org/10.1029/2020RG000708

Phänomene treten in der nördlichen Hemisphäre jeden zweiten Winter auf, in der südlichen Hemisphäre jedoch nur einmal alle 20 Jahre.

Der Nordpolarwirbel ist schwächer und variabler als der Südpolarwirbel. Die Stärke des Polarwirbels ist ein entscheidender Faktor bei der Bestimmung der Wärmemenge, die in die Arktis transportiert wird, und mehrere Faktoren, wie die quasi-biennale Oszillation, die El Niño-Südliche Oszillation und der Sonnenzyklus, beeinflussen seine Variabilität. Daher können diese Faktoren die im Winter in die Arktis transportierte Wärmemenge beeinflussen.

Darüber hinaus ist der größte Teil des Arktischen Ozeans im Winter mit Meereis bedeckt, das ein hervorragender Wärmeisolator ist. Wenn das Eis nur 1 Meter dick ist, reduziert es den Wärmefluss vom Ozean in die Atmosphäre um den Faktor 10. Im Winter gelangen Wärme und Feuchtigkeit hauptsächlich über die Atmosphäre in die Arktis, wobei der Ozean eine untergeordnete Rolle spielt.

Kasten 13. Atmosphärische Blockierung und extreme Intrusionsereignisse in der Arktis

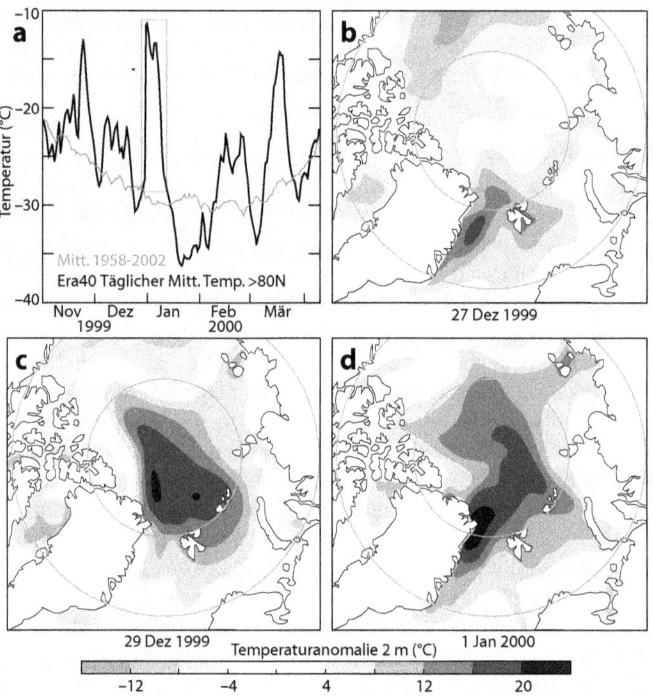

Abbildung B13. Intensives Eindringen feuchter, warmer Luft in die Arktis im Winter. a) Tägliche Durchschnittstemperatur nördlich von 80°N für November 1999 bis März 2000 (schwarze Linie) aus der ERA40-Reanalyse und dem Durchschnitt von 1958-2002 (grau gepunktete Linie). Ein blaues Rechteck markiert das Ereignis. b-d) Anomalie der arktischen Oberflächentemperatur zu verschiedenen Zeiten während des Intrusionsereignisses.[105]

---

[105] Abbildung nach Woods, C. und Caballero, R., 2016. J. Clim. 29 (12), pp.4473-4485. doi.org/10.1175/JCLI-D-15-0773.1 Daten vom Dänischen Meteorologischen Institut.

Im Winter sind einige wenige Extremereignisse pro Saison in Verbindung mit einzelnen Wettersystemen für einen Großteil des Wärme- und Feuchtigkeitstransports in die Arktis verantwortlich. Studien haben gezeigt, dass der Wärme- und Feuchtigkeitstransport eng mit der großräumigen atmosphärischen Blockierung zusammenhängt, die die Wirbelstürme polwärts umlenkt.[106] Blockierung tritt auf, wenn die Kapazität des Jetstreams für den Wellenaktivitätsfluss (ein Maß für die Mäanderbildung) überschritten wird und die Zirkulation zum Stillstand kommt.

Im Winter ist die Blockierung über dem Atlantik stark negativ mit der Nordatlantischen Oszillation korreliert. Wenn eines dieser extremen Intrusionsereignisse auftritt, kann es große Auswirkungen auf die arktischen Temperaturen haben. Abbildung B13 zeigt die Auswirkungen eines solchen Ereignisses auf die arktischen Temperaturen.

Es gibt drei Hauptpfade für den Wärme- und Feuchtigkeitstransport in die Arktis: den Nordatlantik (300-60°E), den Nordpazifik (150-230°E) und den sibirischen (60-130°E). Im Winter sind die Pfade über beide Ozeanbecken für den meridionalen Wärmetransport wichtiger, wobei der nordatlantische Pfad der wichtigste ist. Diese arktisgebundenen Transportwege entstehen, weil sich östlich der beiden Becken großräumige Blockierungsbedingungen entwickeln, die die Wirbelstürme der mittleren Breiten polwärts umlenken.

Arktischer Winter-Energiebudget und die größte Wärmesenke

Der erste Teil des Buches befasst sich mit Klima und Energie und untersucht, wie sich Wärme im Klimasystem bewegt. Eine der wichtigsten Erkenntnisse ist, dass die Arktis im Winter ein einzigartiger Teil des Klimasystems ist. Wegen ihrer Trockenheit und geringen Bewölkung ist der Treibhauseffekt viel schwächer als in den Tropen und mittleren Breiten (Abb. B4, Kap. 7). Außerdem ist die Nettostrahlungsbilanz an der Oberseite der Atmosphäre während des arktischen Winters die niedrigste auf der Erde (Abb. 18, Kap. 11). Infolgedessen ist die Arktis die größte Wärmesenke der Erde.

Die Geografie des Planeten führt zu einer stärkeren Wellenaktivität während des Winters auf der Nordhalbkugel, wodurch mehr Wärme aus der Stratosphäre in die Arktis transportiert wird, und zu einem schwächeren Nordpolarwirbel, wodurch mehr Wärme durch die Troposphäre in die Arktis transportiert werden kann. Darüber hinaus transportiert der Atlantische Ozean effizient Wärme in die Arktis. All diese Faktoren tragen dazu bei, dass es in der Arktis wärmer ist, als es sonst der Fall wäre, was zu einem größeren Energieverlust des Planeten im Winter durch die ausgehende Wärmestrahlung führt.

Die Menge an Wärme, die im Winter aus der Arktis verloren geht, ist nicht konstant. Sie variiert aufgrund von Faktoren, die die zonale atmosphärische Zirkulation, die Ausbreitung planetarischer Wellen und die Stärke des Polarwirbels beeinflussen. Zu diesen Faktoren gehören die quasi-biennale Oszillation, die El Niño-Südliche Oszillation und die Sonnenaktivität. In jüngster Zeit wurde der Beitrag des stratosphärischen Wärmetransports zum gesamten Wärmetransport in dieser Region anhand von Reanalysen untersucht. Dieses For-

---

106 Papritz, L. & Dunn-Sigouin, E., 2020. Geophys. Res. Lett. 47 (17), p.e2020GL089769. doi.org/10.1029/2020GL089769

schungsinstrument kombiniert Modelle mit einer enormen Menge an Daten zu vielen meteorologischen Variablen aus verschiedenen Quellen.[107]

Die Ergebnisse dieser Studie sind relevant für unser Argument, dass Veränderungen in der Wärmemenge, die im Winter in die Arktis transportiert wird, den globalen Klimawandel verursachen. Die Studie bestätigt, dass der atmosphärische Wärmetransport der dominierende Faktor bei der Erwärmung der Arktis ist, wie zuvor dargestellt (Abb. 14, Kap. 10), während der ozeanische Wärmetransport relativ gering ist. Obwohl der stratosphärische Wärmetransport aufgrund der geringen Masse und der Trockenheit der Stratosphäre nur einen kleinen Teil des gesamten atmosphärischen Wärmetransports ausmacht, ist er im Winter für 20 % des polwärts gerichteten Wärmetransports bei 70°N verantwortlich, während es im Sommer nur 7 % sind. Wichtig ist, dass fast die gesamte Wärme in Form von langwelliger Strahlung aus der oberen Atmosphäre verloren geht, da es nur einen geringen Austausch von fühlbarer und latenter Energie zwischen der Stratosphäre und der Troposphäre gibt. Dies unterstreicht den außergewöhnlichen Charakter der Arktis im Winter und die Bedeutung der arktischen Stratosphäre für das Verständnis des Klimawandels.

Zusammengefasst

Während des Winters in der nördlichen Hemisphäre nimmt die Aktivität der atmosphärischen Wellen zu, wodurch der Polarwirbel geschwächt wird und in der Stratosphäre ein größerer Wärmetransport in die Arktis stattfindet. Dies kann auch zu Blockademustern im Jetstream führen, die Stürme in Richtung Arktis umlenken. Wenn die atmosphärische Zirkulation aktiver wird, nimmt der Transport von Drehimpulsen zu, wodurch die Erdrotation beschleunigt und die Tageslänge leicht verkürzt wird. Im Winter trägt die Stratosphäre 20 % der in die Arktis transportierten Wärme bei, was die Region erwärmt und zu einem größeren Energieverlust durch Strahlungskühlung führt.

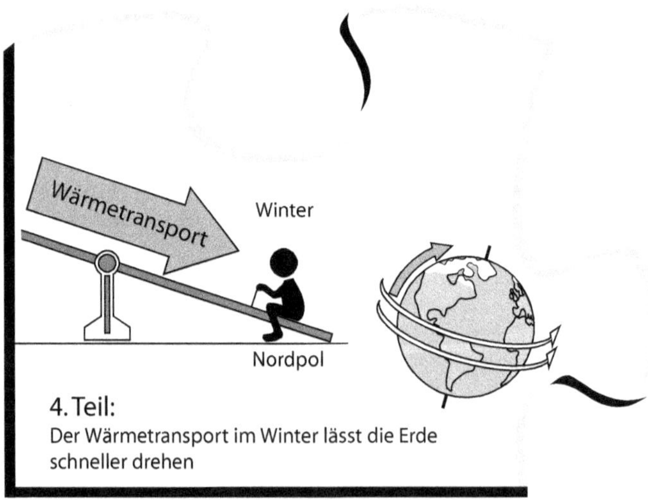

---

[107] Cardinale, C.J., et al., 2021. J. Clim. 34 (11), pp.4261-4278.
doi.org/10.1175/JCLI-D-20-0722.1

KAPITEL 17
DER WÄRMETRANSPORT IM OZEAN IST WEITGEHEND WINDGETRIEBEN

Der Ozean ist die Hauptquelle für den polwärts gerichteten Wärmetransport in den Tropen, wobei der tropische Pazifik aufgrund seiner Größe der dominierende Akteur ist. Er exportiert Wärme in den Atlantik und den Indischen Ozean, die als einzige Wärme über den Äquator transportieren. Der Austausch zwischen den Becken ist jedoch relativ gering, was darauf hindeutet, dass die globalen Meeresströme beim Wärmetransport eine untergeordnete Rolle spielen. Der Atlantik ist einzigartig, da er aufgrund seiner meridionalen Umwälzzirkulation, auf die etwa 60 % der im Nordatlantik transportierten Wärme entfallen, einen ausschließlich nach Norden gerichteten Nettowärmetransport aufweist. Der ozeanische Wärmetransport aus dem Nordatlantik in die nordischen Meere und die Arktis hat zwischen 1998 und 2002, während einer Periode der arktischen und globalen Klimaverschiebung, erheblich zugenommen.

Der größte Teil der vom globalen Ozean transportierten Wärme wird durch Wasser mit einer Temperatur von über 10 °C transportiert, das sich zwischen 40°N und 40°S in einer Tiefe von weniger als 500 m befindet. Dieser Transport ist in erster Linie auf die windgetriebene Zirkulation zurückzuführen. Selbst die atlantische meridionale Umwälzzirkulation ist ebenso windabhängig wie die Bildung von Tiefenwasser in den hohen Breiten.

Die Analyse des kritischen Wärmebudgets der oberen Tropenschicht hat eine bemerkenswerte 11-jährige Variabilität in Verbindung mit dem Sonnenzyklus ergeben, die zehnmal größer ist als die Veränderungen der Sonneneinstrahlung. Darüber hinaus zeigen Modellstudien der atlantischen meridionalen Zirkulation, dass der solare Antrieb ihre wichtigste natürliche Determinante ist. Diese Studien unterstreichen die entscheidende Rolle der Sonne bei der Beeinflussung des Wärmetransports im Ozean durch Veränderungen der atmosphärischen Zirkulation.

Wärmetransport im Ozean

Der Ozean spielt eine entscheidende Rolle im Klimasystem der Erde. Er sorgt für thermische Stabilität und speichert einen großen Teil der Energie des Systems. Mit einer Gesamtmasse, die 265 Mal so groß ist wie die der Atmosphäre, und einer Wärmekapazität, die 1.000 Mal größer ist, speichert der Ozean 96 % der Energie im Klimasystem und empfängt 75 % der Energie, die von der Sonne auf die Oberfläche des Planeten trifft. Diese wesentliche Eigenschaft des Ozeans hat die Existenz von komplexem Leben ermöglicht. Da sich die Erde jedoch derzeit in einer Eiszeit befindet, die vor 34 Millionen Jahren begann (die späte känozoische Eiszeitalter), hat der Ozean einen kalten Zustand mit einer Durchschnittstemperatur von etwa 4 °C erreicht, und nur die obere gemischte Schicht ist aufgrund der Sonnenerwärmung und windbedingter Turbulenzen wesentlich wärmer. Die Oberflächentemperatur des offenen Ozeans ist auf 30 °C begrenzt, da oberhalb von 27 °C eine tiefe Konvektion auftritt, welche die Verdunstung erhöht und Wolken bildet, die die Oberfläche wirksam abkühlen. Obwohl die oberen 2,5 m des Ozeans so viel Wärme enthalten wie die gesamte Atmosphäre, besteht seine Hauptfunktion beim Klimawandel darin, Wärme aufzunehmen, wenn sich der Planet erwärmt, und sie abzugeben, wenn er sich abkühlt, und so für thermische Trägheit zu sorgen.

Der Ozean trägt etwa 25 % zum globalen polwärts gerichteten Wärmetransport bei (Kap. 10). In den Tropen ist der Ozean der wichtigste Wärmetransporteur. Noch größer ist sein Beitrag auf der Nordhalbkugel, wo er etwa 30 % des Wärmetransports ausmacht. Der Atlantische Ozean weist jedoch ein einzigartiges Wärmetransportmuster auf. Der Südatlantik weist einen Nettowärmetransport in Richtung Äquator auf (Abb. 25).

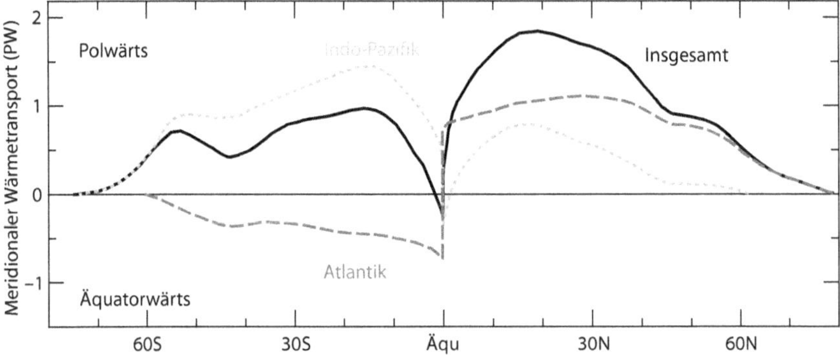

Abbildung 25. Wärmetransport im Ozean. Mittlerer meridionaler ozeanischer Wärmetransport (in Petawatt) für den globalen Ozean (durchgehend schwarz), den Atlantik (gestrichelt mittelgrau) und den Indopazifik (gepunktet hellgrau).[108]

Der größte Teil der Ozeanwärme wird durch Wasser mit einer Temperatur von über 10 °C transportiert, hauptsächlich in dem Ozeanband zwischen 40°S und 40°N und oberhalb einer Tiefe von 500 m. Dies ist der Hauptgrund, warum der meridionale Wärmetransport in diesen Breitengraden wichtiger ist, wo die Hadley-Zelle nicht sehr effektiv ist, um die Wärme polwärts zu transportieren (Kap. 13).

Der globale ozeanische Wärmetransport wird durch den Wärmeexport aus dem tropischen Pazifik dominiert, der die größte tropische Oberfläche hat und die meiste Sonnenenergie erhält. Auffallend ist jedoch, wie sehr der tropische Pazifik den Wärmeexport in andere Ozeane dominiert: Er exportiert viermal mehr Wärme als in den Atlantik und die Arktis importiert wird. Der Atlantik und der Indische Ozean transportieren Wärme nach Norden bzw. Süden über den Äquator, aber der Pazifik liefert diese Wärme durch die Drake-Passage und den indonesischen Durchfluss. Zwar findet ein gewisser Austausch zwischen den Becken statt, doch ist dieser relativ gering, was darauf hindeutet, dass die globalen Meeresströme eine geringe Rolle im Wärmebudget der Erde spielen.[109]

---

[108] Yang, H., et al., 2015. Clim. Dyn. 44, pp.2751-2768.
   doi.org/10.1007/s00382-014-2380-5
[109] Forget, G. & Ferreira, D., 2019. Nat. Geosci. 12 (5), pp.351-354.
   doi.org/10.1038/s41561-019-0333-7

Polwärts gerichteter Wärmetransport in die Arktis

Im Atlantischen Ozean findet aufgrund der atlantischen meridionalen Umwälzzirkulation ein Wärmetransport nach Norden in beiden Hemisphären und über den Äquator statt. Diese Zirkulation ist Teil der thermohalinen Zirkulation, bei der wärmeres, leichteres Wasser in den oberen Schichten des Atlantiks nach Norden und kühleres, dichteres Wasser in der Tiefe nach Süden strömt. Obwohl die beiden Zweige mechanisch angetrieben werden, sind sie durch die Umwandlung von warmen in kalte Wassermassen in hohen Breiten miteinander verbunden (Kap. 10).

Die Einzigartigkeit des atlantischen Wärmetransports wird in Abbildung 25 hervorgehoben und hängt mit der Asymmetrie des latitudinalen Temperaturgradienten zwischen den beiden Hemisphären zusammen. Jedes Jahr erhält die südliche Hemisphäre mehr Sonnenenergie als die nördliche Hemisphäre. Dies ist auf die derzeitige axiale Präzession der Erde zurückzuführen, die bewirkt, dass die südliche Hemisphäre der Sonne zugewandt ist, wenn die Erde näher an ihr ist. Die Albedo korrigiert diesen Unterschied aufgrund der interhemisphärischen Symmetrie nicht (Kasten 2, Kap. 3). Obwohl die südliche Hemisphäre jährlich mehr Sonnenenergie erhält, ist sie etwa 2 °C kühler als die nördliche Hemisphäre, und die Erde weist einen steileren Temperaturgradienten zur kälteren Antarktis als zur wärmeren Arktis auf (Kap. 9, Abb. 13). Die Transporttheorie besagt, dass mehr Wärme in Richtung des kälteren Pols fließen sollte, da Temperaturunterschiede den Transport antreiben. Der Atlantik transportiert jedoch mehr Wärme von der südlichen zur nördlichen Hemisphäre, was darauf hindeutet, dass der Energietransport nicht allein durch die Entropieproduktion bestimmt wird. Vielmehr wird er stark von geografischen und klimatischen Faktoren beeinflusst und könnte somit ein Antriebsmechanismus für den Klimawandel sein.

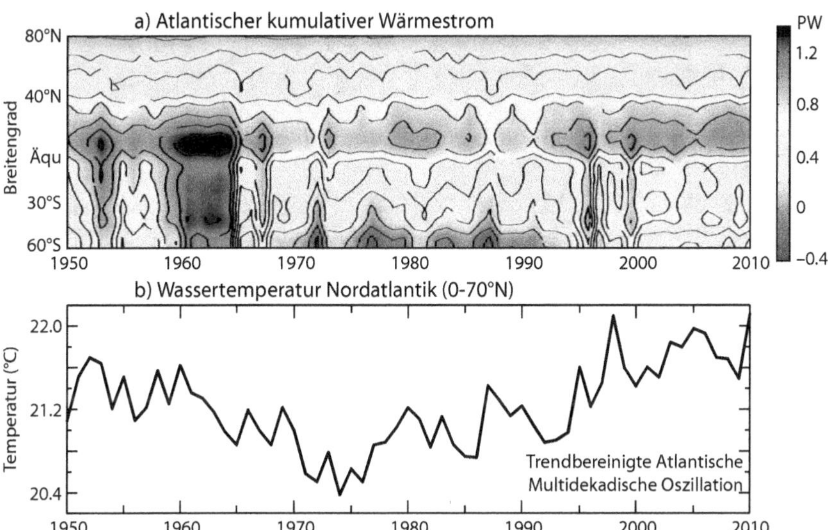

Abbildung 26. Atlantischer Wärmetransport und Meeresoberflächentemperatur im Nordatlantik. a) Integrierter meridionaler Wärmetransport im Atlantik über die Zeit in

Petawatt aus der Reanalyse. b) Aufzeichnung der Meeresoberflächentemperatur im Nordatlantik für denselben Zeitraum.[110]

Die außergewöhnliche Art des Wärmetransports im Atlantik hat wichtige Auswirkungen auf das Klima in den umliegenden Regionen des Nordatlantiks, der Arktis und das globale Klima. Die Meeresoberflächentemperatur im Nordatlantik weist eine multidekadische Oszillation auf, die mit der globalen Temperatur korreliert (Kap. 19).[111] Die Analyse des atlantischen Wärmeflusses im Laufe der Zeit zeigt eine klare Beziehung zwischen dem ozeanischen Wärmetransport und den Meeresoberflächentemperaturen im Nordatlantik (Abb. 26). Dies stützt die Annahme, dass die Oszillation der Meeresoberflächentemperatur des Nordatlantiks das Ergebnis von Veränderungen im meridionalen Wärmetransport ist. Überraschenderweise werden Ozeanschwankungen trotz dieser Beweise nur selten unter dem Aspekt des Wärmetransports betrachtet.

Der Transport von atlantischem Wasser in die Arktis erfolgt durch die nordischen Meere, und die Menge und die Temperatur des transportierten Wassers beeinflussen das Klima Nordeuropas und der Arktis stark. Die Umwandlung von warmen in kalte Wassermassen, die für die atlantische meridionale Umwälzzirkulation erforderlich ist, findet in den Nordmeeren und im Arktischen Ozean statt. Obwohl der ozeanische Wärmetransport nur einen kleinen Teil des arktischen Wärmebudgets ausmacht (Kap. 11 & 16), kann seine Analyse sehr aufschlussreich sein. Eine kürzlich durchgeführte Studie über den ozeanischen Wärmetransport in den Nordischen Meeren und im Arktischen Ozean ergab einen plötzlichen Anstieg des Transports. Vom Durchschnitt der Jahre 1993-98 bis zum Durchschnitt der Jahre 2002-2016 stieg der ozeanische Wärmetransport in dieser wichtigen Klimaregion, dem „Vorreiter" für den Klimawandel, zwischen 1998 und 2002 um 25 Terawatt (9 %) an (Abb. 27).[112]

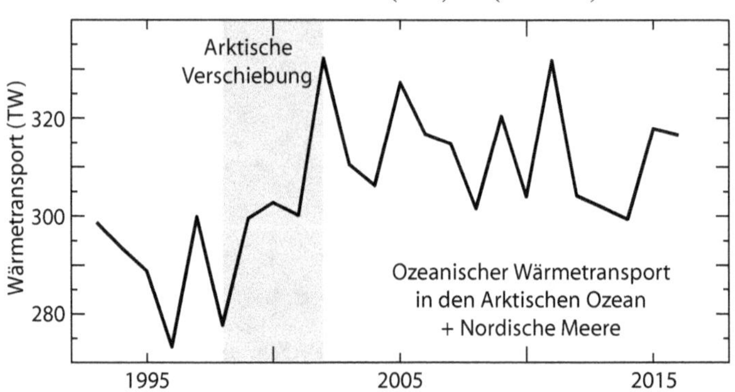

Abbildung 27. Die Arktische Verschiebung im Ozeantransport. Der ozeanische Wärmetransport in die Arktis und die nordischen Meere im Zeitraum 1993-2017 zeigt eine abrupte Veränderung während der Arktischen Verschiebung.

---

[110] Obere Grafik aus Macdonald, A.M. & Baringer, M.O., 2013. Internat. Geophys. Vol. 103, pp. 759-785. doi.org/10.1016/B978-0-12-391851-2.00029-5. Untere Grafik, NOAA-Daten.

[111] Chylek, P., et al., 2014. Geophys. Res. Lett. 41 (5), pp.1689-1697. doi.org/10.1002/2014GL059274

[112] Tsubouchi, T., et al., 2021. Nat. Clim. Change, 11 (1), pp.21-26. doi.org/10.1038/s41558-020-00941-3 Quelle der Daten für Abb. 27.

Ich bezeichne den Zeitraum des raschen Klimawandels in der Arktis, der mit der Veränderung des ozeanischen Transports zusammenfiel, als Arktische Verschiebung. Wie wir sehen werden, nahm der atmosphärische Wärmetransport in die Arktis während der Arktischen Verschiebung ebenfalls zu, ohne dass es zu dem von den Modellen vorhergesagten Kompensation zwischen atmosphärischem und ozeanischem Wärmetransport kam (Kasten 8, Kap. 12). Dies beschleunigte den Klimawandel in der Arktis und zeigt deutlich, wie Veränderungen im Transport zu tiefgreifenden Klimaveränderungen führen, die fälschlicherweise dem anthropogenen Antrieb zugeschrieben werden. Die Arktisverschiebung war nur einer der auffälligsten Teile der bedeutendsten globalen Klimaverschiebung der letzten 40 Jahre. Dieses Thema wird in Kapitel 33 ausführlich behandelt.

Vom Wind getriebene und thermohaline Zirkulationen

Die Ozeanzirkulation kann in zwei Arten unterteilt werden: eine schnelle Zirkulation, die durch Windstress angetrieben wird und in Ozeanwirbeln organisiert ist, und eine langsamere Zirkulation, die mit Änderungen der Wasserdichte aufgrund von Änderungen der Temperatur und des Salzgehalts zusammenhängt (thermohaline Zirkulation). Diese beiden Arten der Zirkulation sind nicht unabhängig voneinander, da der Wind auch die thermohaline Zirkulation beeinflusst. Der Begriff thermohaline Zirkulation, der sich auf die Massen-, Wärme- und Salzzirkulation bezieht, kann irreführend sein, da Wärme- und Salzzirkulation unterschiedlich sind.[113] Im Atlantik tragen windgetriebene und thermohaline Zirkulationen zum polwärts gerichteten Transport bei, während in anderen Ozeanen durch Wind angetriebene Wirbel den größten Teil der Wärme transportieren.

Trotz seiner Bedeutung für das Verständnis des Klimasystems ist unser Wissen über die vertikale Struktur des ozeanischen Wärmetransports gering. Diese Frage ist von grundlegender Bedeutung für die Debatte darüber, ob der ozeanische Wärmetransport durch abyssale Durchmischung, Tiefenwasserbildung in hohen Breiten oder Winde gesteuert wird. Diese Debatte hat zu ungerechtfertigten Befürchtungen geführt, dass die atlantische Umwälzzirkulation gestört werden könnte, was zu einer erheblichen Abkühlung in Europa führen würde. Frühere Untersuchungen der vertikalen Struktur des ozeanischen Wärmetransports unter Berücksichtigung des Temperaturunterschieds an der Ozean-Atmosphären-Grenze haben gezeigt, dass wir diesen entscheidenden Prozess falsch verstehen.[114] Solche Analysen zeigen, dass die Oberflächenzirkulation, die sehr empfindlich auf Windstress reagiert, den gesamten ozeanischen Wärmetransport dominiert, während die Vermischung in der Tiefe praktisch keine Auswirkungen hat. Die Bildung von Tiefenwasser in den hohen Breiten trägt zu 60 % zum Wärmetransport im Nordatlantik bei, aber auch der meridionale Zirkulationstransport ist proportional zur Windbelastung und reagiert ebenso empfindlich auf Winde wie auf die Konvektion in den hohen Breiten.

---

[113] Wunsch, C., 2002. Science, 298 (5596), S.1179-1181.
doi.org/10.1126/science.1079329
[114] Boccaletti, G., et al., 2005. Geophys. Res. Lett. 32 (10) L10603.
doi.org/10.1029/2005GL022474 Ferrari, R. & Ferreira, D., 2011. Ocean Model. 38 (3-4), pp.171-186. doi.org/10.1016/j.ocemod.2011.02.013

Die Ergebnisse dieser Studien stellen das gängige Verständnis des Wärmetransports im Ozean in Frage, wie es in Büchern dargestellt und durch bunte Banddiagramme veranschaulicht wird. Es ist klar, dass der Wind eine entscheidende Rolle beim Wärmetransport im Ozean spielt und dass die von den Ozeanen transportierte Wärmemenge linear proportional zum Ausmaß der Windbelastung ist. Diese Erkenntnisse führen zu drei kontroversen und weitreichenden Schlussfolgerungen über den Klimawandel:

- Die atmosphärische Zirkulation ist in erster Linie für den Wärmetransport auf globaler Ebene verantwortlich, entweder direkt oder durch ihren Einfluss auf den ozeanischen Transport.
- Atmosphärische und ozeanische Wärmetransportänderungen können sich nicht gegenseitig aufheben. Da sie grundsätzlich durch den Wind miteinander verbunden sind, muss jede Änderung des einen mit einer Änderung des anderen in der gleichen Richtung einhergehen. Folglich sind Änderungen der polwärts transportierten Wärmemenge nicht nur möglich, sondern unvermeidlich.
- Die Variabilität des globalen Wärmetransports muss auf dekadischen Zeitskalen stattfinden, die für die Variabilität der Atmosphäre und des oberen Ozeans typisch sind, und nicht auf hundertjährigen oder längeren Zeitskalen, die für die tiefe meridionale Umwälzung charakteristisch sind.

Kasten 14. Reaktion des ozeanischen Wärmetransports auf solare Variabilität

Der Wärmetransport im Ozean findet hauptsächlich in flachen tropischen Gewässern statt, so dass das Wärmebudget der oberen Schicht für den globalen Ozeantransport entscheidend ist. Studien zur Variabilität der Temperatur und des Drucks an der Meeresoberfläche haben typische Frequenzen der quasi-biennalen und der El Niño-Südlichen Oszillation sowie eine 11-Jahres-Frequenz ermittelt. Obwohl diese 11-Jahres-Schwankungen mit dem Sonnenzyklus synchron sind, lässt sich ihr Ausmaß nicht durch einen direkten Strahlungsantrieb durch die Sonne an der Oberfläche erklären.[115] Im globalen tropischen Ozean schwankt die Temperatur in der oberen Schicht um $\pm 0,1$ °C in der Phase des Sonnenzyklus, was eine Änderung von $\pm 0,9$ W/m^2 erfordert, während die Änderung des Strahlungsantriebs an der Oberfläche durch den Sonnenzyklus eine Größenordnung zu klein ist, nämlich $\pm 0,1$ W/m^2. Daher muss die Variabilität trotz der Synchronisation mit der Sonne auf Mechanismen zwischen Ozean und Atmosphäre zurückzuführen sein.

Die Auswirkungen von El Niño auf den Wärmetransport im Ozean sind durch die Erwärmung der oberen Schicht des globalen tropischen Ozeans gekennzeichnet, die dann die darüber liegende Atmosphäre erwärmt. Im Gegensatz dazu führt die Variabilität im Zusammenhang mit dem Sonnenzyklus zu einer Erwärmung der globalen tropischen Atmosphäre, die dann den darunter liegenden Ozean erwärmt. Dieser Prozess wird in erster Linie durch eine Verringerung des sensib-

[115] White, W.B., et al., 2003. J. Geophys. Res. Oceans, 108 (C8) 3248.
doi.org/10.1029/2002JC001396

len und latenten Nettowärmeflusses vom Ozean in die Atmosphäre erreicht, da die Zunahme der Sonneneinstrahlung im Ozean nicht ausreicht. Es gibt Hinweise darauf, dass die Wirkung des Sonnenzyklus auf den Ozean indirekt ist und über die Atmosphäre erfolgt. Behauptungen, dass die Sonne nicht für den Klimawandel verantwortlich sein kann, weil die Schwankungen der Gesamtsonneneinstrahlung so gering sind, ignorieren die zahlreichen Belege dafür, dass Sonnenschwankungen indirekt wirken, indem sie die atmosphärische Zirkulation beeinflussen.

Die Modelle stimmen darin überein, dass die Sonnenvariabilität einen erheblichen Einfluss auf den Wärmetransport im Ozean hat. Das vollständig gekoppelte atmosphärisch-ozeanische allgemeine Zirkulationsmodell des Hadley Centre des britischen Met Office zeigt, dass der solare Antrieb der wichtigste natürliche Faktor ist, der die multidekadische Reaktion der atlantischen meridionalen Zirkulation bestimmt.[116] Der solare Antrieb steht im Zusammenhang mit lang anhaltenden Anomalien in der atmosphärischen Zirkulation über dem Nordatlantik, die durch Veränderungen in der Stratosphäre aufgrund der schwächeren Sonneneinstrahlung im späten 19. und frühen 20. Jahrhundert verursacht werden. Das Modell erfasst die atmosphärische Reaktion auf die solare Variabilität nicht vollständig, aber es zeigt bemerkenswerte Veränderungen in der Lage der innertropischen Konvergenzzone, der Niederschläge im Amazonasgebiet und der Temperaturen in Europa.

Zusammengefasst

Der Ozean spielt eine entscheidende Rolle beim Wärmetransport in die Pole aus den Tropen. Die windgetriebene Zirkulation in den Ozeanwirbeln ist für den größten Teil des Wärmetransports verantwortlich, und ein globaler Förderer leistet einen begrenzten Beitrag. Der Atlantische Ozean bildet jedoch eine Ausnahme und weist einen Nettowärmetransport nach Norden mit einem relevanten transäquatorialen Transport auf, der hauptsächlich auf die atlantische meridionale Umwälzzirkulation zurückzuführen ist, die sowohl auf Windstress als auch auf die Tiefenwasserbildung in hohen Breiten empfindlich reagiert.

Die Atmosphäre ist direkt durch ihre Zirkulation und indirekt durch die Auswirkungen des Winddrucks auf den ozeanischen Transport in erster Linie für den größten Teil des polwärts gerichteten Wärmetransports verantwortlich. Die multidekadische Oszillation der Meeresoberflächentemperatur im Nordatlantik ist das Ergebnis von Veränderungen im polwärts gerichteten Wärmetransport. Darüber hinaus weist die obere Schicht des tropischen Ozeans Temperaturschwankungen auf, die mit dem Sonnenzyklus übereinstimmen und durch Veränderungen in der atmosphärischen Zirkulation verursacht werden, die den Wärmefluss vom Ozean in die Atmosphäre beeinflussen.

---

[116] Menary, M.B. & Scaife, A.A., 2014. Clim. Dyn. 42, pp.1347-1362.
doi.org/10.1007/s00382-013-2028-x

ABSCHNITT 4 SCHLÜSSELTHEMEN

Die Troposphäre transportiert den größten Teil der Wärme polwärts über die Ozeanbecken. Die Hadley-Zelle ist unwirksam, da sie die latente Wärme in Richtung Äquator transportiert. Stürme und Wirbelstürme sind der wichtigste Mechanismus für den Wärmetransport außerhalb der Tropen. Die Windgeschwindigkeit ist entscheidend, da sie mechanische Energie liefert und die Verdunstungsrate beeinflusst. Die Klimamodelle können nicht erklären, warum die Windgeschwindigkeit multidekadische Trends aufweist.

Der polwärts gerichtete Wärmetransport durch die Stratosphäre wird durch die Stärke des Polarwirbels reguliert und durch den Impuls der atmosphärischen Wellen angetrieben, die wie eine Pumpe wirken. Die äquatorialen Winde in der Stratosphäre ändern etwa alle zwei Jahre ihre Richtung, wodurch ein anderes Zirkulationsregime entsteht, das sich auf die Stratosphäre und Troposphäre auswirkt. Die östliche Phase dieser quasi-biennale Oszillation bewirkt, dass atmosphärische Wellen den Polarwirbel schwächen. Infolgedessen ist die Arktis wärmer und es geht mehr Wärme durch Strahlungskälte verloren.

Anomalien in der Stratosphäre breiten sich bis zur Erdoberfläche aus und wirken sich auf die Temperatur- und Druckmuster der Winteroberfläche, die Lage der troposphärischen Jets und die Zugbahnen von Stürmen aus. Die Auswirkungen werden durch den Polarwirbel auf die ringförmigen Modi übertragen, ein polares Windmuster, das den Wärmetransport reguliert. Diese Modi zeigen multidekadische Trends, die sich mit Modellen nicht erklären lassen. Der Sonnenzyklus hat einen starken Einfluss auf die dynamischen Veränderungen in der Stratosphäre, die hinter diesen Effekten stehen.

Die winterliche atmosphärische Zirkulation und der Wärmetransport sind in der nördlichen Hemisphäre aufgrund der erhöhten atmosphärischen Wellenaktivität intensiver, was zu einem schwächeren Wirbel führt. Außerdem entstehen dadurch Blockademuster im Jetstream, die Stürme in Richtung Arktis umleiten. Die verstärkte atmosphärische Winterzirkulation bewirkt, dass sich die Erde schneller dreht.

Der Ozean transportiert den größten Teil der Wärme innerhalb der Tropen, hauptsächlich durch die windgetriebene Zirkulation in den Ozeanwirbeln, mit einem gewissen Beitrag des globalen Förderers. Der Atlantische Ozean bildet jedoch eine Ausnahme mit einem Nettowärmetransport nach Norden, der hauptsächlich auf die atlantische meridionale Umwälzzirkulation zurückzuführen ist. Veränderungen im polwärts gerichteten Wärmetransport verursachen die multidekadischen Schwankungen der Meeresoberflächentemperatur im Nordatlantik. Darüber hinaus erfährt der obere tropische Ozean Temperaturschwankungen, die mit dem Sonnenzyklus synchronisiert sind, aufgrund von Veränderungen der atmosphärischen Zirkulation, die den Wärmefluss zwischen Ozean und Atmosphäre beeinflussen.

TEIL II. NATÜRLICHER KLIMAWANDEL

ABSCHNITT 5. DER OZEAN

KAPITEL 18
EL NIÑO

Die El Niño-Südliche Oszillation ist ein Phänomen der Wechselwirkung zwischen Ozean und Atmosphäre im Pazifischen Ozean, das das Klima weltweit beeinflusst. Während El Niño wird dem Untergrund des äquatorialen Ozeans eine große Wärmemenge entzogen und durch den Ozean und die Atmosphäre polwärts transportiert, was letztlich zu einer Erwärmung der Oberfläche, aber auch zu einer Verringerung der Energie im Klimasystem aufgrund der erhöhten Wärmestrahlung nach außen führt. Es gibt jedoch keine einheitliche Theorie über das Wesen und die Ursachen von El Niño. Darüber hinaus sind die langfristigen Veränderungen der El Niño-Häufigkeit nicht vollständig geklärt. Während der fünf Jahrtausende währenden Warmzeit, die als holozänes Klimaoptimum bekannt ist, herrschten La-Niña-Bedingungen vor und El Niño-Ereignisse waren selten. Der Zusammenhang zwischen El Niño und der Sonnenaktivität ist nach wie vor umstritten, aber es gibt Anhaltspunkte, die ihn belegen. Eine umfassendere Betrachtung der El Niño-Südlichen Oszillation als ein Phänomen mit drei Phasen könnte zu einem besseren Verständnis ihrer Interpretation und ihrer Verbindung zur Sonnenaktivität führen.

El Niño-Südliche Oszillation

Die Erdrotation bewirkt, dass die Winde, die durch den unteren Zweig der Hadley-Zirkulation in Richtung Äquator wehen, nach Westen drehen, wenn sie in der Nähe des Äquators aufeinandertreffen und von beiden Hemisphären stammen. Diese Winde werden als Passatwinde bezeichnet und wehen auf der Nordhalbkugel aus nordöstlicher Richtung, während sie auf der Südhalbkugel aus südöstlicher Richtung kommen. Sie bewirken, dass die warmen äquatorialen Gewässer auf die westliche Seite des Beckens gedrückt werden. Im riesigen Pazifischen Ozean erzeugen die Passatwinde die größte Masse an warmem Wasser auf dem Planeten, den so genannten Indo-pazifischer Warmwasserkörper. Die Ansammlung von warmem Wasser im westlichen Pazifik führt dazu, dass die Luft aufsteigt, was zu einem Druckabfall und einer Rückwärtszirkulation führt, bei der die Luft in den östlichen Pazifik absinkt und dort den Oberflächendruck erhöht. Diese äquatoriale Windzirkulation im Pazifik wird als Walker-Zirkulation bezeichnet.

Eine der Auswirkungen dieser intensiven Zirkulation ist der starke Auftrieb von nährstoffreichem, kaltem Wasser vor den Küsten Perus und Ecuadors, was die Fischbestände ansteigen lässt. In manchen Jahren schwächen sich die Passatwinde jedoch ab und der Druckunterschied zwischen den beiden Seiten des Pazifiks nimmt ab. Ohne diese Unterstützung drückt das warme Wasser nach Osten, wodurch der Auftrieb des kalten Wassers und die Fischpopulationen zurückgehen. Die peruanischen Fischer nannten diese Situation El Niño (der kleine Junge), weil sie oft um Weihnachten herum auftrat. In anderen Jahren ist das Gegenteil der Fall: Die Passatwinde werden stärker und der Druckunterschied zwischen den beiden Seiten des Pazifiks nimmt zu. Dadurch wird warmes Wasser weiter nach Westen gedrängt, was zu verstärktem Auftrieb führt und die Gewässer des östlichen Äquatorialpazifiks abkühlt. Diese Situation wird als La Niña bezeichnet. Die dritte Situation sind die neutralen Jahre, in denen keine der beiden Situationen eintritt.

Die Südliche Oszillation wird über den Luftdruck definiert, da sie mit den Anomalien der Monsunregenfälle zusammenhängt. Sie misst den Druckunterschied zwischen Indonesien und dem östlichen Pazifik. In den 1960er Jahren erkannten die Wissenschaftler jedoch, dass die Südliche Oszillation nur der atmosphärische Aspekt des ozeanischen El Niño-Phänomens ist.

Die El Niño-Südliche Oszillation ist eine starke interannuelle Variabilität im globalen Klimasystem. Der warme El Niño, die kalte La Niña und die neutralen Bedingungen, die sich während dieses Phänomens abwechseln, wirken sich auf das globale Klima, die marinen und terrestrischen Ökosysteme, die Fischerei und die menschlichen Aktivitäten aus. Es gibt zwei Arten von El Niño-Ereignissen, die sich nach dem Ort ihrer maximalen Anomalien der Meeresoberflächentemperatur richten: den ostpazifischen Typ und den zentralpazifischen Typ. La-Niña-Ereignisse hingegen weisen keine räumliche Variabilität auf. Außerdem ist die Verteilung von El Niño- und La-Niña-Ereignissen unregelmäßig und kann über Jahrzehnte hinweg mehr oder weniger häufig auftreten, ein Aspekt, der noch nicht geklärt ist.

Die Natur von El Niño ist nach wie vor umstritten, wobei es mehrere konkurrierende Ansichten über den zugrunde liegenden Prozess gibt. Einige sehen ihn als instabilen, sich selbst erhaltenden Oszillationsmodus, während andere ihn als stabilen Modus betrachten, der durch stochastische Einflüsse ausgelöst wird. Einige meinen auch, dass es sich um eine Reihe unabhängiger, aber gekoppelter Ereignisse handeln könnte.

El Niño und polwärts gerichteter Transport

Um das El Niño-Phänomen zu verstehen, muss seine Rolle beim polwärts gerichteten Wärmetransport berücksichtigt werden. Die wichtigste klimatische Auswirkung von El Niño ist der Entzug einer enormen Wärmemenge aus dem Untergrund des äquatorialen Pazifiks. Der Ozean transportiert diese Wärme dann und gibt sie als fühlbare und latente Wärme an die Atmosphäre ab. Dieser Prozess reduziert die einfallende kurzwellige Strahlung in der Region, indem die Bewölkung zunimmt. Die Atmosphäre transportiert dann die Wärme aus den Tropen heraus und entzieht dem Planeten einen Teil davon, indem sie die abgehende langwellige Strahlung erhöht. Das Ergebnis ist, dass die äquatoriale Region des Klimasystems, einschließlich der oberen 500 m des Ozeans, weniger Wärme enthält als zuvor, während der Rest mehr Wärme enthält. Obwohl El Niño die Oberfläche erwärmt, verringert er die Energie im Klimasystem, weil ein Teil der Wärme durch die erhöhte Wärmestrahlung verloren geht. Daher muss El Niño als ein kühlendes Ereignis im Klimasystem verstanden werden, obwohl er die gegenteilige Wirkung auf die Oberflächentemperatur hat. Die Interpretation des El Niño-Systems als Wärmepumpe, die an den globalen polwärts gerichteten Wärmetransport gekoppelt ist, wird nicht allgemein akzeptiert, ist aber die naheliegende Schlussfolgerung aus der Analyse seiner Wärmequellen und -senken.[117] Die Thermodynamik sollte das Leitprinzip bei der Klimaanalyse sein.

---

[117] Sun, D.Z., 2000. J. Clim. 13 (20), pp.3533-3550.
  doi.org/10.1175/1520-0442(2000)013<3533:THSASO>2.0.CO;2

Die Neuinterpretation von El Niño in Bezug auf den polwärts gerichteten Wärmetransport wirft ein neues Licht auf viele offene Fragen zu diesem Phänomen. El Niño ist an den Winter der Nordhalbkugel gebunden, weil der Wärmetransport eine winterliche Wippe ist und die winterliche atmosphärische Zirkulation auf der Nordhalbkugel aufgrund kleinerer Ozeanbecken, höherer atmosphärischer Wellenaktivität und größerem Wärmetransport zur Arktis als zur Antarktis stärker ist (Kap. 11). El Niño-Ereignisse sind zeitlich und räumlich variabler als La-Niña-Ereignisse, weil sie auf Wärmetransportbedingungen reagieren, die ebenfalls zeitlich und räumlich variabel sind. Das liegt daran, dass es viele Wege gibt, Wärme zu transportieren, aber nur einen Weg, sie nicht zu transportieren.

Es besteht eine umstrittene Verbindung zwischen El Niño und der Nordatlantischen Oszillation (Kasten 12, Kap. 15), die oft als Telekonnektion bezeichnet wird und an der Stratosphäre und Troposphäre beteiligt sind.[118] Das Ergebnis ist ein schwächerer Polarwirbel und kältere Winter über Nordamerika und Nordeuropa in Niño-Wintern. Anstelle einer komplexen variablen Telekonnektion, die sich einer Interpretation entzieht, handelt es sich jedoch um die Reaktion des komplexen globalen meridionalen Transportsystems auf die durch das Niño-Ereignis aus dem äquatorialen Pazifik in die Atmosphäre injizierte Wärme. Je nach Ort und Menge der Wärme wirkt sie sich auf die verschiedenen Komponenten des Transportsystems (stratosphärische Brewer-Dobson-Zirkulation, Nordatlantik-Oszillation, Polarwirbel) unterschiedlich aus.

Kasten 15. El Niño während des Holozäns

Die Interpretation von El Niño in Bezug auf den polwärts gerichteten Wärmetransport hilft zu erklären, warum seine Häufigkeit während des Holozäns so stark variiert hat. Aus der thermodynamischen Überlegung, dass El Niño-Ereignisse Abkühlungsereignisse im Klimasystem darstellen, folgt, dass die Häufigkeit von El Niño-Ereignissen in Zeiten globaler Abkühlung zunehmen und in Zeiten der Erwärmung abnehmen sollte, wenn Änderungen der ozeanischen Wärmespeicherung an der Temperaturänderung beteiligt sind.

Die Analyse von Sedimenten aus einem Andensee hat es uns ermöglicht, die Häufigkeit starker El Niño-Ereignisse während des Holozäns zu rekonstruieren (Abb. B15).[119] Diese Rekonstruktion stützt unsere Interpretation. Während der frühen holozänen Erwärmung und des größten Teils des warmen holozänen Klimaoptimums waren starke Niño-Ereignisse sehr selten. Vor etwa 7.000 Jahren wurden El Niño-Ereignisse jedoch häufiger, als sich der Planet abkühlte und in die Neoglazialzeit eintrat, die durch das Wachstum von Gletschern in weiten Teilen der Welt gekennzeichnet war. Vor etwa 1 200 Jahren, als sich der Planet auf die mittelalterliche Warmzeit hin erwärmte, kam es zu einem deutlichen Rückgang der El Niño-Ereignisse. Umgekehrt kam es vor etwa 800 Jahren, als sich der Pla-

---

[118] Domeisen, D.I., et al., 2019. Rev. Geophys. 57 (1), pp.5-47.
doi.org/10.1029/2018RG000596
[119] Moy, C.M., et al., 2002. Nature, 420 (6912), S.162-165.
doi.org/10.1038/nature01194

net in Richtung Kleine Eiszeit abzukühlen begann, zu einer deutlichen Zunahme starker El Niño-Ereignisse.

Heute erwärmt sich der Planet, und die Häufigkeit von El Niño-Ereignissen nimmt stark ab. Im Vergleich zum späten Holozän ist die Häufigkeit von El Niño jetzt sehr gering, wobei ein starker El Niño etwa alle 20 Jahre auftritt.

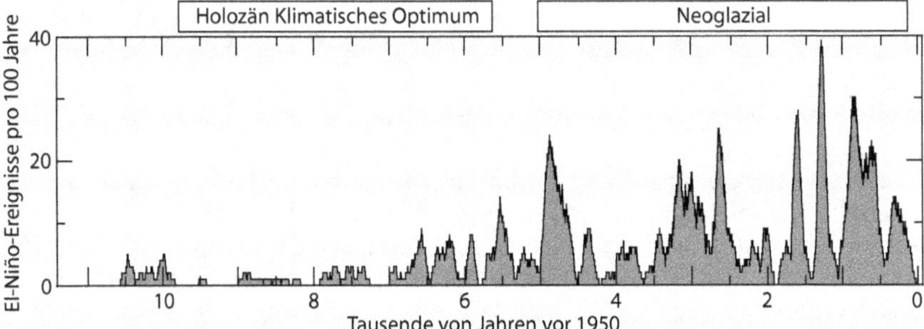

Abbildung B15. Aktivität der El Niño-Südlichen Oszillation während des Holozäns. Die El Niño-Aktivität (Anzahl der Ereignisse pro Jahrhundert) zeigt eine bimodale Verteilung, mit geringer Aktivität während des holozänen Klimaoptimums und hoher Aktivität während des Neoglazials.

Die Reaktion von El Niño auf die Sonnenaktivität

Wir haben bereits die Korrelation zwischen der Temperatur in der oberen Schicht des tropischen Ozeans und dem Sonnenzyklus erörtert (Kasten 14, Kap. 17). Diese Korrelation sollte sich auf El Niño auswirken, und mehrere Studien haben einen Zusammenhang zwischen dem Sonnenzyklus und El Niño festgestellt.[120] Überraschenderweise übersehen die meisten El Niño-Experten diesen Zusammenhang, und selbst in umfassenden Abhandlungen über die El Niño-Südliche Oszillation wird er nicht erwähnt.[121]

Um die Beziehung zwischen El Niño und dem Sonnenzyklus aufzuzeigen, wurde eine statistische Zusammenstellungstechnik, die so genannte überlagerte Epochenanalyse, verwendet, um eine Korrelation zwischen den beiden Reihen aufzuzeigen. Die Daten zur Sonnenaktivität (Sonnenflecken) und zu El Niño (Ozeanischer Niño-Index, Anomalie der Oberflächentemperatur) wurden auf der Grundlage von Bruchteilen des entsprechenden Sonnenzyklus in 22 Bins unterteilt. Diese Methode erleichtert den Vergleich von Daten aus derselben Phase des Sonnenzyklus, auch wenn die Zyklen unterschiedlich lang sind. Der Mittelwert und die Standardabweichung (nur für den Niño-Index) von sechs Sonnenzyklen sind in Abbildung 28 dargestellt.

[120] Siehe Kap. 10, Abschn. 10.4 in Vinós, J., 2022. Climate of the past, present and future. A scientific debate. 2nd ed. Critical Science Press.

[121] Timmermann, A., et al. (2018). Nature, 559 (7715), S.535-545. doi.org/10.1038/s41586-018-0252-6

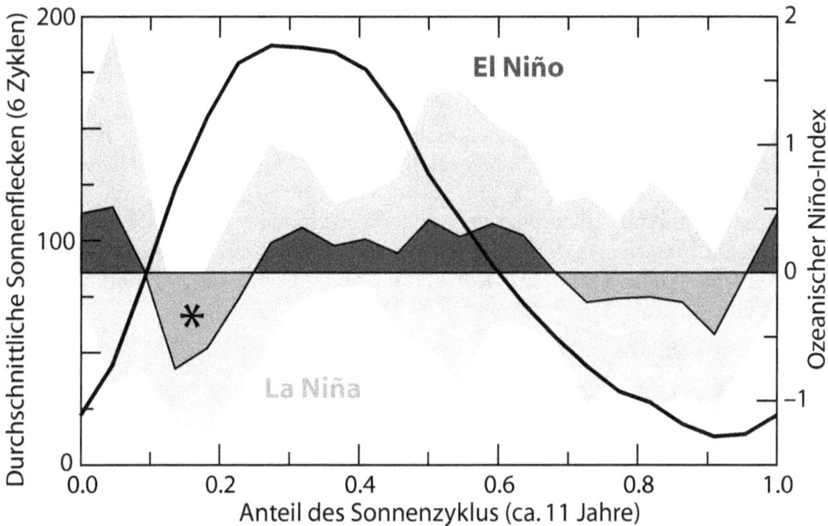

Abbildung 28. Epochenanalyse der Beziehung zwischen Sonnenzyklus und El Niño. Geglättete monatliche mittlere Sonnenfleckenzahl (dicke schwarze Kurve, linke Skala) für 1950-2018. Durchschnittlicher Ozeanischer Niño-Index für denselben Zeitraum (graue Flächen, positive dunkel und mittelgrau negative Werte, rechte Skala) und Standardabweichung (hellgraue Flächen).[122] Relative Zeitskala, ausgedrückt in Bruchteilen von vollen Sonnenzyklen unterschiedlicher Länge. Das Sternchen kennzeichnet den Zeitraum, für den eine Monte-Carlo-Analyse durchgeführt wurde.

Bei dieser Analyse der Daten wurde deutlich, dass positive Niño-Werte am häufigsten vom Sonnenmaximum bis zu dem Zeitpunkt auftreten, an dem die Sonnenaktivität unter den Durchschnitt gefallen ist, und negative Werte von diesem Zeitpunkt bis zum Sonnenminimum, wenn auch mit einer Verzögerung. Die größten Anomalien treten jedoch für El Niño um die Zeit des Sonnenminimums und für La Niña danach auf, wenn die Sonnenaktivität zunimmt.

Um die statistische Signifikanz der Ergebnisse zu bewerten, habe ich eine Monte-Carlo-Analyse für den in Abbildung 28 mit einem Sternchen gekennzeichneten 12-Monats-Zeitraum durchgeführt. Der Mittelwert des ozeanischen Niño-Index beträgt -0,649, was auf La-Niña-Bedingungen hinweist (d. h. eine negative Temperaturanomalie unter -0,5 °C im äquatorialen Pazifik). Ich habe 100.000 Gruppen von sechs 12-Monats-Zeiträumen aus der Niño-Index-Datenbank nach dem Zufallsprinzip extrahiert und gemittelt, und in nur 0,7 % von ihnen habe ich einen Wert von -0,649 oder weniger erhalten. Daher ist der in Abbildung 28 mit einem Sternchen markierte La-Niña-Fall mit einer Wahrscheinlichkeit von 99,3 % kein Zufall und bestätigt die Beziehung zwischen Sonnenzyklus und El Niño.

El Niño wird oft als eine Oszillation zwischen zwei gegensätzlichen Zuständen betrachtet, aber diese grobe Vereinfachung ignoriert den neutralen Zustand, der zwischen den beiden Zuständen liegt. Dieser neutrale Zustand ist ebenso wichtig, denn die El Niño-Südliche Oszillation funktioniert wie eine Wärmepumpe, die mit dem polwärts gerichteten Wärmetransport verbunden ist, mit

---

[122] Daten von WDC-SILSO, dem Königlichen Observatorium von Belgien und NOAA.

drei Schlüsselpositionen: niedrig, normal und hoch. Durch die Analyse ihrer relativen Häufigkeit gewinnen wir wertvolle Erkenntnisse. Interessanterweise stellt sich heraus, dass das Gegenteil von La Niña in Bezug auf die Häufigkeit nicht El Niño ist, sondern Neutral. Während El Niño-Ereignisse in der Regel alle 2-3 Jahre auftreten (mit einer Spanne von 1-4 Jahren), ist die Häufigkeit von La-Niña-Ereignissen und neutralen Jahren variabler und reicht von 0-4 über einen Zeitraum von 5 Jahren. Insbesondere die Häufigkeit von El Niño-Ereignissen (in Abb. 29a nicht dargestellt) weist keine signifikante Korrelation mit der Häufigkeit von La-Niña- oder neutralen Jahren auf, während die beiden letztgenannten eine klare Anti-Korrelation aufweisen, wie in Abbildung 29a dargestellt.

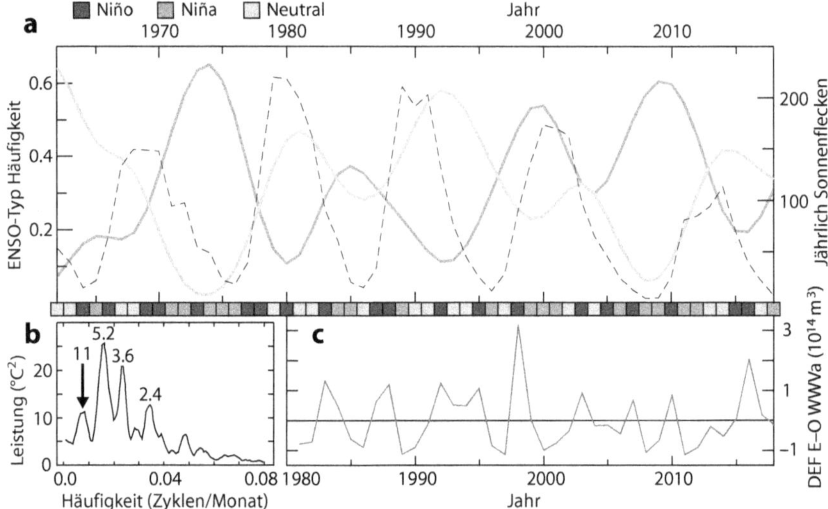

Abbildung 29. Modi der El Niño-Südlichen Oszillation und Sonnenaktivität. a) Häufigkeit von Niña-Jahren (dicke mittelgraue Linie) und neutralen Jahren (dicke hellgraue Linie) sowie der Sonnenzyklus (jährliche Sonnenflecken, dünne gestrichelte Linie). b) Leistungsspektrum der Zeitreihe der Anomalie der Meeresoberflächentemperatur in der Niño-3.4-Region für 1900-2008.[123] Ein Pfeil markiert die Häufigkeit des 11-jährigen Sonnenzyklus. c) Differenz der Warmwasser-Volumenanomalie (WWVa) über der 20 °C-Isotherme (Mittelwert Dezember-Februar) zwischen dem östlichen und westlichen äquatorialen Pazifik.[124]

Abbildung 29a zeigt ein gleitendes 5-Jahres-Mittel (Gauß-gefiltert) der Häufigkeit von Niña-Jahren (mittelgraue) und neutralen Jahren (hellgraue) zwischen 1962 und 2018. Wie zu erkennen ist, besteht über den gesamten Zeitraum eine gute Anti-Korrelation. Die kleinen Kästchen stellen den Modalwert für jedes Jahr dar, der dem offiziellen Januarzustand entspricht.[125] Niña-Jahre

[123] Deser, C., et al., 2010. Ann. Rev. Mar. Sci. 2, pp.115-143.
doi.org/10.1146/annurev-marine-120408-151453 Niño 3.4 Region ist 5N-5S, 120-170W.
[124] Daten vom TAO-Projektbüro der NOAA/PMEL
[125] Domeisen, D.I., et al., 2019. Rev. Geophys. 57 (1), pp.5-47.
doi.org/10.1029/2018RG000596

treten tendenziell häufiger auf, wenn die Sonnenaktivität gering ist, in der Regel mit einer Verzögerung, während neutrale Jahre den gegenteiligen Trend aufweisen. Abbildung 29b zeigt, dass dieses Häufigkeitsmuster bei einer Analyse des gesamten 20. Jahrhunderts als 11-Jahres-Spitze erscheint.

Diese Analyse zeigt nicht die Häufigkeit der Niño-Jahre, da sie keinem offensichtlichen Muster folgen. El Niño-Ereignisse sind in den 1970er und 1980er Jahren regelmäßiger und häufiger als in den 1990er und 2000er Jahren. Der wichtigste Prädiktor für ein El Niño-Ereignis ist die Anhäufung von warmem Wasser im östlichen Pazifik, was darauf hindeutet, dass sie eher auf die Erfordernisse des Wärmetransports als auf die von der Atmosphäre übertragenen Sonnensignale reagieren. Abbildung 29c zeigt den Unterschied in der Warmwasseranomalie zwischen dem östlichen und dem westlichen äquatorialen Pazifik (trendbereinigte Daten), wodurch El Niño-Ereignisse eindeutig identifiziert werden können.

Zusammengefasst

Die hier vorgestellten Ergebnisse weisen auf ein verbreitetes Missverständnis des El Niño-Phänomens hin. El Niño ist ein Wärmepumpensystem, das dem äquatorialen Pazifik Wärme entzieht. Es durchläuft Zyklen mit geringer Aktivität (La-Niña-Jahre) und normaler Aktivität (neutrale Jahre) als Reaktion auf den Zustand des meridionalen Wärmetransports, der von verschiedenen Faktoren wie der Sonnenaktivität beeinflusst wird. Wenn sich zu viel warmes Wasser ansammelt oder der Planet abkühlt, läuft die Pumpe auf Hochtouren, was zu El Niño-Jahren führt. Perioden mit geringer El Niño-Aktivität können jedoch über lange Zeiträume von Jahrzehnten bis Jahrtausenden andauern, da El Niño nur dann auftritt, wenn ein hoher Bedarf an Wärmetransport besteht. Während einer El Niño-Episode kann die überschüssige Wärme in der Atmosphäre eine Reihe von meteorologischen Auswirkungen haben, da das Wetter im Wesentlichen eine Manifestation des Wärmetransports ist.

KAPITEL 19
OZEAN-OSZILLATIONEN

Nach dem Ersten Bewertungsbericht des IPCC entdeckten Wissenschaftler multidekadische Ozeanschwankungen, die unser unvollständiges Verständnis des Klimas offenlegten. Obwohl ihre Ursache noch unbekannt ist, bieten diese Oszillationen eine alternative Erklärung für den Wechsel von der globalen Abkühlung zur Erwärmung im Jahr 1975, der durch die Hypothese des verstärkten CO_2 Effekts durch eine Verschiebung von einem vorherrschenden Aerosol-Kühlungsantrieb zu einem vorherrschenden CO_2 Erwärmungsantrieb erklärt wurde.

Multidekadische Ozeanschwankungen sind das Ergebnis von Veränderungen im Ausmaß und in der geografischen Verteilung des polwärts gerichteten Wärmetransports, die sich in begleitenden Veränderungen der Windgeschwindigkeitsanomalien niederschlagen. Die Pazifische Dekaden-Oszillation ist mit der Variabilität der El Niño-Südlichen Oszillation verbunden. Die Periodizität der Atlantischen Multidekadischen Oszillation deutet darauf hin, dass es in den 2030er Jahren kühler sein könnte als in den 2020er Jahren.

Die atlantische multidekadische Oszillation

Mitte der 1980er Jahre entdeckten Wissenschaftler eine multidekadische Oszillation der atlantischen Meeresoberflächentemperatur, die erhebliche Auswirkungen auf die Niederschläge hatte. Erst 1994 stellten sie fest, dass sie auch eine starke globale Auswirkung auf die Temperatur hatte, was unerwartet war, weil es nicht zu der Klimatheorie passte, dass Veränderungen der Treibhausgase den Klimawandel verursachen.[126] Zu diesem Zeitpunkt hatte die Hypothese des verstärkten CO_2-Effekts bereits die Abkühlung von 1945-1975 mit der verstärkten Abkühlung durch industrielle Aerosole und die Erwärmung seit 1975 mit dem erhöhten CO_2 erklärt. Allerdings fallen auch die Phasen der atlantischen multidekadischen Oszillation zusammen, mit einer kühlen Phase von 1945-1975, gefolgt von einer warmen Phase seit 1975, so dass es schwierig ist, dies mit der bestehenden Theorie in Einklang zu bringen.

Erschwerend kommt hinzu, dass die Klimamodelle die beobachteten Oszillationsmodi nicht zeigen und nicht in der Lage sind, das erwartete Verhalten der Oszillation zu projizieren. Während einige Befürworter der Hypothese des verstärkten CO_2-Effekts die Ozeanschwankungen als durch Klimarauschen verursachte Schwankungen betrachten, hindert uns diese Sichtweise daran, ihre Natur und Ursachen zu verstehen.

Die Atlantische Multidekadische Oszillation ist im Wesentlichen ein Index der Meerestemperatur im Nordatlantik (0-70°N), bei dem der langfristige Trend entfernt wurde. Abbildung 30 zeigt, wie diese Oszillation die Meerestemperaturen beeinflusst. Es handelt sich um eine dimensionslose lineare Regression, die zeigt, wie stark sich die globale Meerestemperatur ändern würde, wenn der Index um 1 °C ansteigen würde. Da sich der Index jedoch nur um

---

[126] Schlesinger, M.E. & Ramankutty, N., 1994. Nature, 367 (6465), pp.723-726. doi.org/10.1038/367723a0

etwa ±0,2 °C ändert, betragen die beobachteten Änderungen etwa 1/3 dessen, was die Abbildung zeigt.

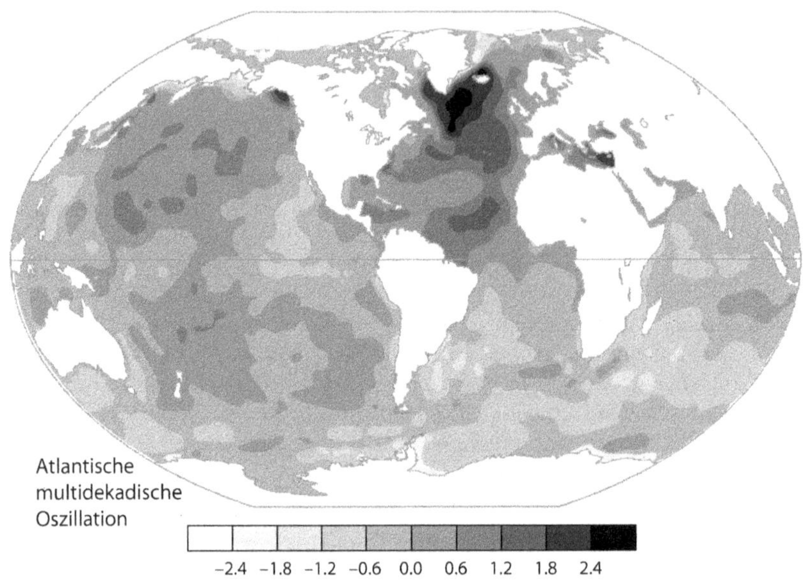

Abbildung 30. Räumliches Muster der Atlantischen Multidekadischen Oszillation. Sie wird aus den Anomalien der Meeresoberflächentemperatur des Nordatlantiks von 1870-2008 nach Abzug der globalen Mittelwertanomalie ermittelt.[127]

Nach der Hypothese des verstärkten CO_2-Effekts sind menschliche Aktivitäten die Hauptursache für den Klimawandel seit 1950, so dass für Ozeanschwingungen nur wenig Raum bleibt, um einen Beitrag zu leisten. Das Argument lautet, dass sich aufgrund des oszillatorischen Charakters der Ozeanschwingungen Änderungen in entgegengesetzte Richtungen gegenseitig aufheben sollten, was langfristig zu einem Netto-Null-Effekt führt. Diese Annahme gilt jedoch nur, wenn die Amplitude der Schwingungen im Laufe der Zeit gleich geblieben ist, was nicht der Fall ist. Ozeanschwingungen sind keine zyklischen, sondern quasi-periodische nicht-stationäre Schwingungen, was bedeutet, dass ihre Periode und ihre Wirkungsamplitude im Laufe der Zeit variieren.

Neuere Erkenntnisse deuten darauf hin, dass die Atlantische Multidekadische Oszillation mindestens fünf Jahrhunderte lang eine geringere Amplitude und eine kürzere Periode hatte, bis etwa 1850, als die moderne globale Erwärmung begann.[128] Das war etwa ein Jahrhundert, bevor unsere Emissionen begannen, sich zu beschleunigen. Einige Wissenschaftler glauben, dass die positive Phase der Atlantischen Multidekadischen Oszillation für bis zu einem Drittel der globalen Erwärmung seit 1975 verantwortlich ist.[129] Sollte dies zutref-

---

[127] Abbildung nach Deser, C., et al., 2010. Ann. Rev. Mar. Sci. 2, pp.115-143. doi.org/10.1146/annurev-marine-120408-151453

[128] Moore, G.W.K., et al., 2017. Sci. Rep. 7 (1), p.40861. doi.org/10.1038/srep40861

[129] Chylek, P., et al., 2014. Geophys. Res. Lett. 41 (5), 1689-1697, doi.org/10.1002/2014GL059274

fen, würde dies die Erklärung in Frage stellen, dass fast der gesamte Klimawandel auf die menschlichen Emissionen von Aerosolen und CO_2 zurückzuführen ist, zumal die Phasen der Oszillation mit der beobachteten Abkühlung vor 1975 und der Erwärmung nach 1975 zusammenfallen.

Die Pazifische Dekaden-Oszillation

1997, nur drei Jahre nach der Entdeckung der Atlantischen Multidekadischen Oszillation, wurde eine weitere Oszillation im Pazifik entdeckt.[130] Diese Oszillation hat eine kürzere Periode von 20-30 Jahren und wird mit koordinierten Veränderungen des Klimas und der Ökologie des Pazifischen Ozeans in Verbindung gebracht, die 1976 und zweimal früher im 20. Jahrhundert auftraten. Sie weist jedoch auch eine längere Periodizität von 50-70 Jahren auf, die der atlantischen multidekadischen Oszillation ähnelt, aber nicht mit ihr zusammenfällt. Die Pazifische Dekaden-Oszillation kann anhand der Meerestemperaturen oder des Meeresspiegeldrucks definiert werden und hat ähnliche Auswirkungen wie die El Niño-Südliche Oszillation, allerdings mit einer viel längeren Periode. Sie wird manchmal auch als langlebige El Niño-Klimavariabilität bezeichnet. Die Phasen der pazifischen Oszillation stehen im Zusammenhang mit den im vorigen Kapitel beschriebenen mehrdekadischen Veränderungen der El Niño-Häufigkeit. Warme Phasen sind durch eine höhere Häufigkeit von El Niño-Ereignissen gekennzeichnet, während das Gegenteil für kalte Phasen gilt.

Die Ursachen der Ozeanschwingungen sind noch immer unbekannt, und ihr Potenzial für die Klimavorhersage bleibt ungewiss. Klimamodelle geben sie nicht genau wieder, und obwohl einige Modelle ähnliche Ozeanschwingungen erzeugen, tun sie dies oft aus unterschiedlichen Gründen.

Ozeanschwingungen und polwärts gerichteter Wärmetransport

Die von der Sonne in den Tropen gelieferte Energie bleibt auf Jahresbasis relativ konstant, was zu der logischen Hypothese führt, dass multidekadische Änderungen der Oberflächenenergie großer Ozeanbeckenregionen auf Änderungen des polwärts gerichteten Wärmetransports zurückzuführen sein müssen. Diese Perspektive wird in der wissenschaftlichen Literatur über multidekadische Schwankungen jedoch nur selten berücksichtigt.

Im vorigen Kapitel haben wir erörtert, wie die El Niño-Südliche Oszillation wie eine Wärmepumpe wirkt, die unterirdische Wärme vom Äquator abzieht und in Richtung der Pole transportiert. Dies führt uns zu der Annahme, dass die pazifische Oszillation mit der Intensität des polwärts gerichteten Transports im Pazifik über multidekadische Zeiträume zusammenhängt. Abbildung 30 zeigt die oszillierende Erwärmung und Abkühlung im Nordatlantik, aber auch eine koordinierte Erwärmung und Abkühlung in den anderen Ozeanen außerhalb der Äquatorialzone, was darauf hindeutet, dass globale Schwankungen im polwärts gerichteten Wärmetransport ebenfalls eine Rolle bei dieser Oszillation spielen.

Eine weitere Unterstützung für den Gedanken, dass multidekadische Oszillationen mit dem polwärts gerichteten Wärmetransport zusammenhängen, ergibt sich aus dem Vergleich der atlantischen Oszillation mit ozeanischen Windanomalien (Abb. 31b). Da der Wind sowohl direkt als auch über die windge-

---

[130] Mantua, N.J., et al., 1997. Bull. Am. Meteorol. Soc. 78 (6), pp.1069-1080. doi.org/10.1175/1520-0477(1997)078<1069:APICOW>2.0.CO;2 Minobe, S., 1997. Geophys. Res. Lett. 24 (6), pp.683-686. doi.org/10.1029/97GL00504

triebene Ozeanzirkulation der primäre Wärmetransporteur auf dem Planeten ist, stützt die Korrelation zwischen globalen ozeanischen Windänderungen und Änderungen der atlantischen Oszillation das Argument, dass ozeanische Oszillationen ein Transportphänomen darstellen. Die Interpretation von Windveränderungen in Bezug auf den Transport ist jedoch kompliziert, da zonale (Ost-West) Winde den polwärts gerichteten Wärmetransport behindern, während meridionale (Nord-Süd) Winde ihn erleichtern. Es ist unmöglich zu bestimmen, wie sich die beobachteten Windänderungen auf den polwärts gerichteten Wärmetransport auswirken, ohne zu wissen, ob die zonalen oder meridionalen Winde zu- oder abnehmen. Wir werden jedoch in späteren Kapiteln auf dieses Thema zurückkommen.

Abbildung 31 zeigt die Übereinstimmung zwischen den globalen Temperaturschwankungen (Abb. 31a) und der atlantischen Oszillation (Abb. 31b) nach Abzug ihres langfristigen Erwärmungstrends. Dies deutet auf eine alternative natürliche Erklärung für den Abkühlungstrend von 1945-1976 hin, der nach der Hypothese des verstärkten CO_2-Effekts auf industrielle Aerosole und in Klimamodellen auf einen Vulkanausbruch von 1963 zurückgeführt wurde.

Die pazifische Oszillation ist zwar nicht synchron mit der atlantischen Oszillation, spielt aber ebenfalls eine Rolle bei dieser Korrespondenz. Anhand ihres kumulativen Wertes lässt sich feststellen, wann sich das Vorzeichen ihres vorherrschenden Zustands ändert (Abb. 31c), was im Vorgriff auf den Wechsel des Vorzeichens der Oszillation geschieht. Die Analyse der Höchst- und Tiefstwerte der drei Diagramme zeigt ein „W"-Muster im 20. Jahrhundert. Dieses Muster zeigt Minima in den 1920er und 1970er Jahren und Maxima um 1900, in den 1940er Jahren und um 2000. Die Bedeutung dieser Veränderungen wird in Abschnitt 9 erörtert.

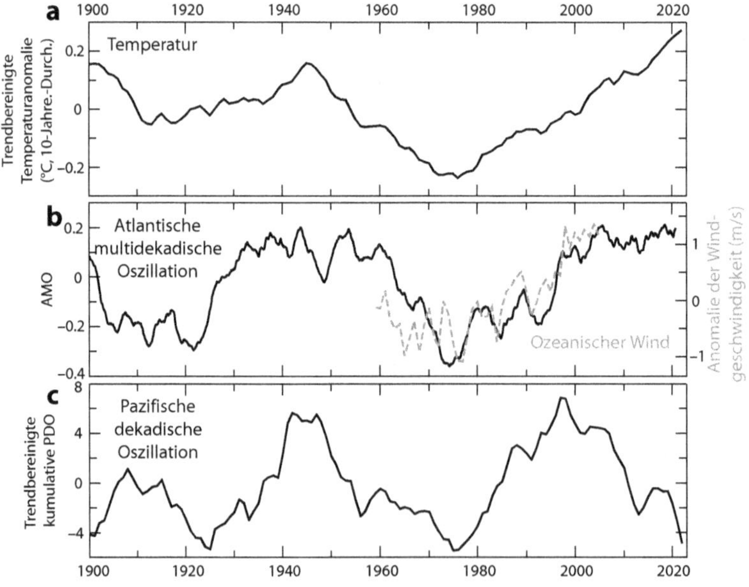

Abbildung 31. Multidekadische Klimavariabilität. a) 10-Jahres-Durchschnitt der abgeleiteten jährlichen globalen mittleren Oberflächentemperaturanomalie. b) Die schwarze Linie ist der 4,5-Jahres-Durchschnitt des Index der Atlantischen Multidekadischen Os-

zillation, und die gestrichelte graue Linie ist die globale Ozeanwindgeschwindigkeitsanomalie. c) Abgeleiteter jährlicher mittlerer kumulativer Index der Pazifischen Dekaden-Oszillation.[131]

Kasten 16. Die Hypothese der Stadionwelle

Die in Abbildung 31 beobachtete Übereinstimmung zwischen den atlantischen und pazifischen Oszillationen deutet darauf hin, dass sie in irgendeiner Weise miteinander verbunden sind. Der meridionale Wärmetransport ist ein globales Phänomen, das durch eine hohe geografische Variabilität gekennzeichnet ist. In der nördlichen Hemisphäre findet er hauptsächlich über zwei Routen statt: das atlantische und das pazifische Becken, mit einer weniger bedeutenden Route über den eurasischen Kontinent (Kasten 13, Kap. 16). Die Verteilung des polwärts gerichteten Wärmetransports auf diese Routen scheint im Laufe der Zeit zu variieren. Die Schwankungen in der Position von El Niño zwischen dem zentralen und dem östlichen Pazifik sind ein Beispiel für die Längsschwankungen im meridionalen Wärmetransport im Laufe der Zeit.

Wir haben die drei wichtigsten Oszillationen besprochen: die El Niño-Südliche Oszillation und die multidekadischen Oszillationen im Pazifik und Atlantik. Es wurden jedoch auch andere langfristige atmosphärische und ozeanische Oszillationen beschrieben. Ich habe vorgeschlagen, dass sie alle Ausdruck einer Oszillation der Verteilung und des Ausmaßes des globalen polwärts gerichteten Wärmetransports sind.[132] Aber die Idee, dass sie alle Teil eines zugrundeliegenden Signals sind, das durch das Klimasystem übertragen wird, wurde bereits 2012 als die Stadionwelle-Hypothese vorgestellt.[133] Diese Hypothese besagt, dass sich ein mehrdekadisches hemisphärisches Klimasignal durch das Klimasystem ausbreitet und eine Abfolge von mehrjährigen verzögerten atmosphärischen und ozeanischen Telekonnektionen erzeugt, die zu den beobachteten Klimaschwankungen führen. Abbildung B16 zeigt das Verhalten von sieben Oszillationen, die in Indizes umgewandelt wurden, und verdeutlicht deren Koordination.

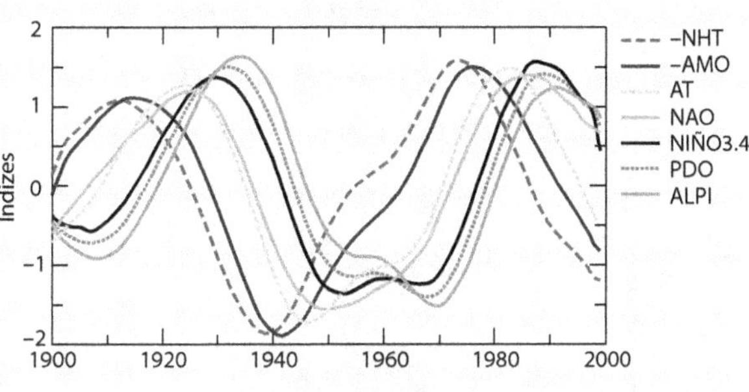

Abbildung B16. Die Hypothese der Stadionwelle. Normalisiertes Verhalten eines Netzwerks von sieben Indizes: Temperatur der nördlichen Hemisphäre (NHT, invertiert), Atlantischen Multidekadische Oszillation (AMO, invertiert), Anomalie des atmosphärischen Massen-

---

[131] Abbildung 31 Daten: a) von Met Office. b) von NOAA und Yu, L., 2007. J. Clim. 20 (21), pp.5376-5390. doi.org/10.1175/2007JCLI1714.1 c) von der NOAA (ERSST).

[132] Vinós, J., 2022. Climate of the past, present and future. A scientific debate. 2nd ed. Critical Science Press.

[133] Wyatt, M.G., et al., 2012. Clim. Dyn. 38, pp.929-949. doi.org/10.1007/s00382-011-1071-8 Quelle für Abbildung B16.

transfers (AT), Nordatlantische Oszillation (NAO), El Niño-Südliche Oszillation (NIÑO3.4), Pazifische Dekaden-Oszillation (PDO) und Aleuten-Tiefdruckindex (ALPI).

Die Stadionwelle-Hypothese ist insofern bemerkenswert, als sie als erste vorschlägt, dass multidekadische Oszillationen ein global koordiniertes Phänomen sind, ein Konzept, das sich noch nicht allgemein durchgesetzt hat. Sie impliziert die Existenz eines unbekannten globalen Klimaphänomens, das im Hintergrund abläuft, unabhängig von Veränderungen der Treibhausgase. Es gibt Hinweise darauf, dass die Ursache in der Variabilität des meridionalen Wärmetransports liegt. Das mangelnde Interesse an dieser Hypothese kann auf die Tatsache zurückgeführt werden, dass die Klimagemeinschaft im Allgemeinen nicht nach alternativen Erklärungen für Beobachtungen sucht, die bereits auf die Zunahme von Aerosolen und CO_2 zurückgeführt wurden.

Die kommende Veränderung der atlantischen Oszillation.

Angesichts der weit verbreiteten Besorgnis über das künftige Klima lohnt es sich, darüber zu diskutieren, wie es mit der atlantischen Oszillation weitergehen könnte, die einen wichtigen Einfluss auf die globalen Temperaturen hat. Ozeanische Oszillationen sind jedoch nicht stationär, so dass die nächste Phase der Oszillation mit großer Unsicherheit behaftet ist. Wenn der Zeitraum der letzten Oszillation beibehalten wird, dürfte die atlantische multidekadische Oszillation um 2025 ± 1 Jahr abzunehmen beginnen. Infolgedessen könnten die Meerestemperaturen über dem Nordatlantik im Laufe von 1 bis 2 Jahrzehnten um etwa 0,4 °C sinken, wobei die Auswirkungen auf die globale mittlere Temperatur geringer wären. Es ist möglich, dass eine globale Abkühlung von 0,1-0,3 °C eintritt. Wenn diese Projektion zutrifft, könnte es in den 2030er Jahren etwas kühler sein als in den 2020er Jahren.

Zusammengefasst

Multidekadische Ozean-Atmosphären-Oszillationen zeigen, dass die interne Klimavariabilität im Wesentlichen aus der Variabilität des Ausmaßes und der geografischen Verteilung des polwärts gerichteten Wärmetransports besteht.

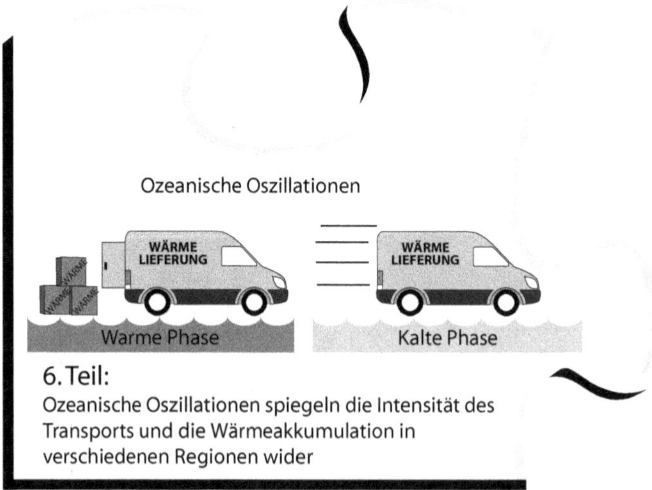

Die El Niño-Südliche Oszillation ist eine Wechselwirkung zwischen Ozean und Atmosphäre, die als Wärmepumpensystem im äquatorialen Pazifik wirkt. Während El Niño wird dem Ozean Wärme entzogen und polwärts transportiert, was zu einer Erwärmung der Oberfläche führt, aber auch zu Energieverlusten für das Klimasystem aufgrund erhöhter Wärmestrahlung nach außen. Die Häufigkeit von La Niña und neutralen Bedingungen hängt stark mit dem Sonnenzyklus zusammen. Kurzfristig reagiert El Niño auf die äquatoriale Warmwasseransammlung, langfristig auf den langfristigen Temperaturtrend des Planeten.

Multidekadische Ozeanschwankungen sind eine neue Entdeckung, die unser unvollständiges Verständnis des Klimas verdeutlicht. Ihre Ursache ist unbekannt, aber sie beeinflussen die globalen Temperaturtrends stark. Sie sind das Ergebnis von Veränderungen im Ausmaß und in der geografischen Verteilung des polwärts gerichteten Wärmetransports, der sich in Veränderungen der Windgeschwindigkeit niederschlägt. Die Pazifische Dekaden-Oszillation ist mit der Variabilität der El Niño-Südlichen Oszillation verbunden.

Abschnitt 6. Natürlicher Klimawandel in der Vergangenheit

KAPITEL 20
DAS PROBLEM EINES GLEICHMÄßIGEN KLIMAS

Der Planet befindet sich derzeit in einer Eiszeit, und Wissenschaftler haben Klimamodelle und -theorien entwickelt, um das aktuelle Klima zu erklären. Zu bestimmten Zeiten in der Vergangenheit war der Planet jedoch extrem warm und feucht, mit Palmen und Krokodilen sogar in den Polarregionen. Diese Art von Klima, die sich durch geringe Temperaturschwankungen über den Globus und die Jahreszeiten hinweg auszeichnet, wird als gleichmäßiges Klima bezeichnet. Es bleibt ein Rätsel, wie ein gleichmäßiges Klima möglich war, da das geringe Temperaturgefälle zwischen dem Äquator und den Polen es unmöglich machte, die Wärme zu transportieren, die notwendig war, um die Pole warm zu halten. Die Antwort liegt nicht einfach in hohen CO_2-Werten, sondern in grundlegenden Veränderungen der atmosphärischen Wärmespeicherung und des Wärmetransports. Die Erkenntnis, dass die Polarregionen als kühlende Strahler fungieren, ist der Schlüssel zur Lösung des gleichmäßigen Klimaparadoxons. Interessanterweise kühlt sich der Planet umso stärker ab, je mehr Wärme in die Polarregionen transportiert wird. In den letzten 50 Millionen Jahren hat eine Reihe tektonischer Veränderungen einen warmen, Wärme speichernden Planeten in einen kalten, Wärme abstrahlenden Planeten verwandelt.

Eishaus- und Treibhausklimata

Im Laufe der Erdgeschichte hat sich das Klima ständig verändert. Obwohl sich dieses Buch in erster Linie mit dem modernen Klimawandel befasst, ist es notwendig, vergangene Klimaveränderungen zu untersuchen, um zu verstehen, warum und wie sie auftreten. In diesem sechsten Abschnitt des Buches werden kurz bestimmte Klimata und Veränderungen in der Vergangenheit erörtert, wobei sich dieses Kapitel auf die ferne Vergangenheit konzentriert.

Es mag überraschen, aber wir leben in einer Eiszeit - einer der kältesten der letzten 500 Millionen Jahre. Eiszeiten sind definiert als Perioden mit ausgedehnten Eisschichten über kontinentalen Gebieten, und wir haben derzeit nicht nur eine, sondern zwei: eine über Grönland und eine über der Antarktis. Unser Klima kann also zweimal als Eiszeit bezeichnet werden. Obwohl unsere Spezies ursprünglich aus den Tropen stammt, haben wir uns an diese Realität angepasst, und Veränderungen bringen immer neue Herausforderungen mit sich.

Das globale Klima unseres Planeten befindet sich derzeit in einer Eishausperiode, die durch eine durchschnittliche Temperatur von etwa 14,5 °C gekennzeichnet ist. Während des größten Teils der letzten 500 Millionen Jahre herrschte auf der Erde jedoch ein Gewächshausklima mit Durchschnittstemperaturen von 17-21 °C. Am anderen Ende der Skala gab es Perioden, in denen der Planet in einem Treibhausklima mit Durchschnittstemperaturen von 22-26 °C lebte. Während dieser Perioden waren die Pole völlig eisfrei und wiesen durchschnittliche Jahrestemperaturen bis zu 14 °C auf. Im Gegensatz dazu waren die Temperaturen in den Tropen während des Treibhausklimas ähnlich wie heute, da das Klima sehr feucht wurde und die Temperaturen aufgrund der reichlichen Niederschläge nicht viel über 30 °C stiegen. Wir wissen, dass Säugetiere Feuchtkugeltemperaturen über 35 °C nicht überleben können, woraus wir schließen können, dass die Temperaturen im Treibhausklima diese Schwelle nicht erreichten.

Das Klima der wärmsten Perioden der Welt wird als gleichmäßig definiert, was bedeutet, dass die Temperaturen rund um den Globus oder zwischen den Jahreszeiten nicht wesentlich schwankten. In Abbildung B17 sehen wir drei verschiedene Perioden mit gleichmäßigem Klima, dargestellt durch vertikale graue Streifen: die frühe Trias (vor 252-238 Millionen Jahren), die späte Kreidezeit (vor 95-80 Millionen Jahren) und das frühe Eozän (vor 60-50 Millionen Jahren).

Kasten 17. Die Temperatur der Erde in der tiefen Vergangenheit

Unser Wissen über die Temperaturen auf unserem Planeten in der Vergangenheit ist begrenzt, aber es gibt mehrere Anhaltspunkte dafür, dass sich Warm- und Kaltzeiten etwa alle 75 Millionen Jahre abgewechselt haben. Diese Beweise stammen aus der Untersuchung von Gesteinen (Geologie), Fossilien (Paläontologie) und Isotopen (physikalische Chemie). Drei Kaltzeiten während des Phanerozoikums haben zu Eiszeiten geführt, darunter die gegenwärtige (spätes Känozoikum) und die Karoo-Eiszeit, die vor 300 Millionen Jahren stattfand.

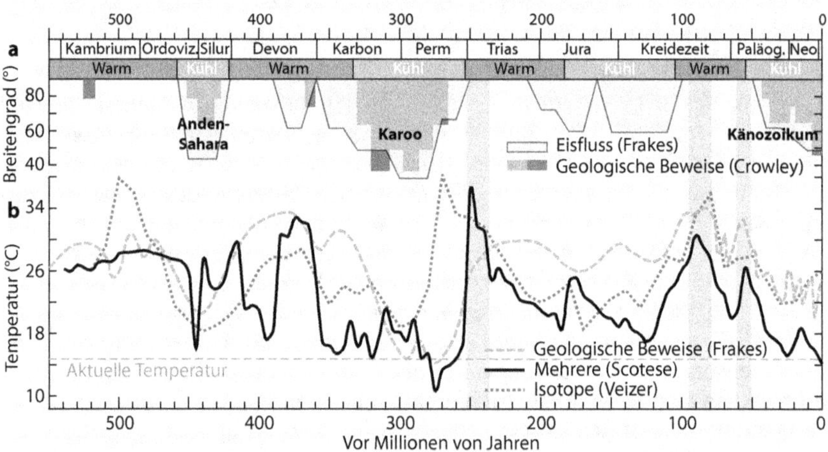

Abbildung B17. Temperaturen im Äon des Phanerozoikums. a) Beweise für Eisflöße und Eisschilde, die von den Polen aus in niedrigere Breitengrade vordrangen, helfen bei der Definition von vier kühlen Perioden, einschließlich dreier Eiszeiten. b) Mehrere Temperaturrekonstruktionen stimmen allgemein überein, dass sich warme und kalte Perioden abwechseln. Die gestrichelte graue Linie entspricht der heutigen Temperatur, und die vertikalen grauen Streifen markieren Perioden mit gleichmäßigem Klima.[134]

[134] Daten für die Abbildung aus Crowley, T.J. & Burke, K. 1998. Tectonic boundary conditions for climate reconstructions. Oxford University Press. Frakes, L.A. & Francis, J.E., 1988. Nature, 333 (6173), pp.547-549. doi.org/10.1038/333547a0 Frakes, L.A. et al. 1992. Climate modes of the Phanerozoic. Cambridge University Press. Scotese, C.R. 2018. Phanerozoic Temperatures. Smithsonian Workshop. Veizer, J., et al. 2000. Nature, 408 (6813), pp.698-701. doi.org/10.1038/35047044

Es ist schwierig, die Gründe für die Temperaturschwankungen auf der Erde in der fernen Vergangenheit zu verstehen, und es wurden mehrere Hypothesen vorgeschlagen, um sie zu erklären. Diese Hypothesen lassen sich in zwei Gruppen einteilen, je nachdem, ob sie die Ursache auf externe oder interne Faktoren zurückführen. Eine Theorie der ersten Kategorie geht davon aus, dass die Umlaufbahn der Sonne um das galaktische Zentrum dazu führt, dass die Erde unterschiedliche Dichtebereiche durchläuft, die sich auf die kosmische Strahlung auswirken und zu Klimaveränderungen führen.[135] Eine andere populäre Theorie, die in die zweite Kategorie fällt, besagt, dass Schwankungen des CO_2-Gehalts in der Vergangenheit in erster Linie für Temperaturveränderungen verantwortlich waren.[136] Inzwischen hat auch die Vorstellung, dass tektonische Bewegungen und die Konfiguration der Kontinente eine wichtige Rolle bei der Gestaltung des Klimas in der Vergangenheit gespielt haben, viel Beachtung gefunden.[137] Der in diesem Buch vorgestellte Prozess des Klimawandels unterstreicht die Bedeutung der kontinentalen Konfiguration der Erde bei der Bestimmung des Klimas durch ihren Einfluss auf den Wärmetransport zu den Polen über Millionen von Jahren.

Das Paradoxon des gleichmäßigen Klimas im frühen Eozän

Das frühe Eozän, das vor 56 bis 47,8 Millionen Jahren, ist die jüngste und am besten untersuchte Periode mit gleichmäßigen Klima. In dieser Zeit erstreckten sich die Wälder bis nach Ellesmere Island in Kanada auf 80°N. In der Arktis lebten Palmen und Krokodile, und die Antarktis war mit Wäldern bedeckt. Jüngste Funde, darunter das erste antarktische Froschfossil, weisen darauf hin, dass selbst der kälteste Monat auf der antarktischen Halbinsel damals eine Durchschnittstemperatur von über 3 °C hatte (Abb. 32).[138] Die Flora und Fauna in diesen Regionen war speziell an die Polarnacht angepasst, die mehrere Monate dauerte und in der die Temperaturen über dem Gefrierpunkt lagen.

Die gleichmäßigen Klimas der Vergangenheit stellen eine konzeptionelle Herausforderung für unser Verständnis des Klimas dar, die als *Paradoxon des niedrigen Gradienten* bekannt ist. Wie in den vorangegangenen Kapiteln erläutert, treibt der Temperaturunterschied zwischen dem Äquator und den Polen den polwärts gerichteten Wärmetransport an und hält die Pole wärmer als sie es sonst wären. Im frühen Eozän waren die Pole jedoch etwa 50 °C wärmer als heute (14 °C in der Arktis gegenüber −35 °C heute). In den Tropen hingegen gab es kaum Temperaturveränderungen, die Temperaturspanne lag bei 30-35 °C. Der Theorie zufolge hätte der Wärmetransport in diesem Zeitraum stark reduziert werden müssen. Wie konnten also die Pole bei stark reduziertem Wärmetransport viel wärmer sein?

[135] Shaviv, N.J. & Veizer, J., 2003. GSA today, 13 (7), pp.4-10.
doi.org/10.1130/1052-5173(2003)013<0004:CDOPC>2.0.CO;2
[136] Royer, D.L., et al., 2004. GSA today, 14 (3), S.4-10.
doi.org/10.1130/1052-5173(2004)014<4:CAAPDO>2.0.CO;2
[137] Eyles, N., 2008. Palaeogeogr. Palaeoclimatol. Palaeoecol. 258 (1-2), pp.89-129.
doi.org/10.1016/j.palaeo.2007.09.021
[138] Mörs, T., et al., 2020. Sci. Rep. 10 (1), S.5051. doi.org/10.1038/s41598-020-61973-5

Abbildung 32. Das frühe Eozän in der Antarktis. Rekonstruktion eines Tümpels aus dem Eozän in einem Wald auf der antarktischen Halbinsel, mit fossilem Frosch.[139]

Klimamodelle wurden entwickelt, um die heutigen Bedingungen zu simulieren, und sie schneiden in der Regel schlecht ab, wenn sie auf ganz andere Klimazonen angewandt werden, wie z. B. die des frühen Eozäns oder des letzten glazialen Maximums. Dies deutet darauf hin, dass unser Verständnis des Klimas möglicherweise nicht so vollständig ist, wie wir glauben. Die Klimamodelle konnten das frühe Eozän nicht reproduzieren, was die Forscher zu der Schlussfolgerung veranlasst, dass einige wichtige Klimaprozesse entweder fehlen oder nicht richtig dargestellt werden. Es wurden Versuche unternommen, die Modelle an das frühe Eozän anzupassen, aber selbst wenn dies gelingt, können wir nicht sicher sein, dass die resultierenden Simulationen die tatsächlichen Klimaprozesse widerspiegeln.[140]

Es gibt zwei Hindernisse für die Vorstellung, dass hohe CO_2 Werte für das ausgeglichene Klima des frühen Eozäns verantwortlich waren. Erstens hätten hohe CO_2-Gehalte die Temperaturen weltweit und nicht nur in den hohen Breitengraden ansteigen lassen müssen. Zweitens gibt es Hinweise darauf, dass die CO_2-Gehalte im frühen Eozän moderat waren, im Bereich von 450-600 ppm, und nicht annähernd ausreichen, um das warme Klima dieser Zeit zu erklären.[141]

Um das Klimaparadoxon zu lösen, müssen offenbar Unterschiede in der Art des Wärmetransports von den Tropen zu den Polen oder in der Fähigkeit der Atmosphäre, Wärme zu absorbieren, oder beides in Betracht gezogen werden. Für die Transporthypothesen sind jedoch andere Mechanismen erforderlich, die theoretische Probleme aufwerfen und für deren Durchführbarkeit keine Beweise vorliegen. Strahlungshypothesen, die auf Veränderungen in den Wolken beruhen, sind dagegen vielversprechender, da sie speziell auf hohe Breitengrade

---

[139] Credit: Pollyanna von Knorring, Simon Pierre Barrette, José Grau und Mats Wedin (CC BY-SA 3.0).
[140] Valdes, P. J., 2000. Warm Climates in Earth History. Cambridge University Press, pp.3-20. doi.org/10.1017/CBO9780511564512
[141] Steinthorsdottir, M., et al., 2019. Geology, 47 (10), pp.914-918. doi.org/10.1130/G46274.1

abzielen und keine signifikanten Veränderungen im Wärmetransport erfordern.[142]

Eine neue Lösung für das gleichmäßige Klimaparadoxon

Das gleichmäßigen Klimaparadoxon war ein Wendepunkt in meinem Verständnis des Klimawandels. Ein Paradoxon entsteht oft aus falschen Annahmen über die Grenzen der physikalischen Welt. Sobald wir diese Annahmen aufgeben, können wir den Widerspruch auflösen. In diesem Fall rührt das Paradoxon von der Annahme her, dass die Pole einen Wärmetransport benötigen, um warm zu sein, obwohl das Gegenteil der Fall ist. Je weniger Wärme zu den Polen transportiert wird, desto wärmer werden der Planet und die Pole. Umgekehrt gilt: Je mehr Wärme transportiert wird, desto kälter werden der Planet und die Pole. Das liegt daran, dass die Pole im Winter hocheffiziente Kühlkörper sind, ähnlich wie der Kühler eines Automotors. Die Wärme muss durch eine Flüssigkeit vom Motor zum Kühler transportiert werden, und je mehr Wärme transportiert wird, desto kälter bleibt der Motor. Die Menge der im Winter an den Polen abgestrahlten Wärme bestimmt also die Temperatur des Planeten.

Im frühen Eozän waren die Pole warm, weil der gesamte Planet warm war. Wenn der Winter an die Pole kam, verursachte die Abstrahlung von der Oberfläche eine thermische Inversion, die die feuchte Luft in Bodennähe auf ihren Taupunkt abkühlte. Die Feuchtigkeit aus dem warmen Ozean und der feuchten Oberfläche verdunstete in der Luft, wodurch der Taupunkt der stabilen Schicht angehoben und die Bildung von Strahlungsnebel beschleunigt wurde. Ein permanenter dichter Nebel und eine dichte Wolkenschicht aus warmer, feuchter Luft aus niedrigeren Breiten hielten die Polarregionen im Winter warm und schränkten die Strahlungskühlung an der Oberseite der Wolkenschicht stark ein. Die polare Atmosphäre wurde für Infrarotstrahlung sehr undurchlässig, und der Treibhauseffekt wurde aufgrund des größeren Beitrags von Wasserdampf und des Wolkeneffekts stärker. Erst mit der Ankunft der Sonne im Frühjahr löste sich der Nebel auf. Die warme polare Atmosphäre verhinderte die Bildung eines starken troposphärischen Polarwirbels, wodurch der Wärmetransport trotz seiner geringeren Intensität effizienter wurde.

Dieses Paradigma mit geringem Transport/Warmzeit und hohem Transport/Kühlzeit hat eine große Erklärungskraft und löst viele seit langem bestehende Fragen zum Klimawandel.

Die Entstehung einer Eiszeit

Wir können nun den Übergang des Planeten vom gleichmäßigen Klima des frühen Eozäns zur Vergletscherung im Quartär (Pleistozän) mit Veränderungen im meridionalen Wärmetransport erklären. Wir müssen uns nicht mehr auf zufällige CO_2 Veränderungen oder galaktische Ereignisse verlassen, um eine Erklärung zu finden. Im frühen Eozän gab es nur sehr wenig meridionalen Transport in die Arktis, und der globale zonale Transport dominierte aufgrund der offenen Zirkulation durch die Panamapassage, die indonesische Durchfluss und das Tethysmeer. Dadurch blieb der Planet warm und beide Pole erwärmten sich. Eine Reihe tektonischer Veränderungen (Abb. 33) veränderte jedoch den

---

[142] Abbot, D.S. & Tziperman, E., 2008. Q. J. R. Meteorol. Soc. 134 (630), pp.165-185. doi.org/10.1002/qj.211

polwärts gerichteten Wärmetransport durch die Atmosphäre über die Ozeanbecken vollständig:[143]

1. Das Arktische Tor begann sich vor etwa 55 Millionen Jahren zu öffnen und leitete eine globale Abkühlung ein, da mehr Wärme in die Arktis transportiert wurde.[144]

2. Das Tasmanische Tor öffnete sich vor 36 bis 30 Millionen Jahren, wodurch die teilweise Isolierung der Antarktis begann und sie gefror.

3. Die Drake-Passage öffnete sich vor 30 bis 20 Millionen Jahren und komplettierte die Isolierung der Antarktis. Das war schlecht für die Antarktis, aber gut für den Planeten, weil weniger Wärme dorthin geleitet wurde. Der Planet erwärmte sich, bis er das Klimaoptimum des mittleren Miozäns erreichte.

4. Vor etwa 15 Millionen Jahren erreichte der Himalaya seine heutige Höhe, was den polwärts gerichteten Wärmetransport durch gestörte Wirbelströmungen und verstärkte planetarische Wellenflüsse begünstigte. Die Abkühlung setzte wieder ein.

5. Der indonesische Durchfluss ist immer noch offen, aber seit etwa 11 Millionen Jahren gibt es größere Einschränkungen, die die meridionale Zirkulation begünstigen .

6. Die Beringstraße öffnete sich vor etwa 5,3 Millionen Jahren und bot ein weiteres Tor zur Arktis.

7. Die Panamapforte schloss sich vor etwa 3 Millionen Jahren und beseitigte damit die letzte offene tropische Zonendurchfahrt zwischen den Becken.

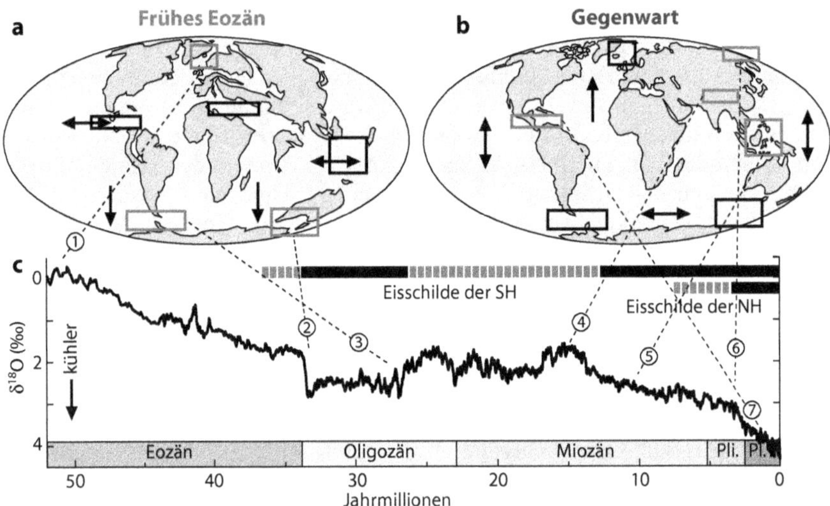

Abbildung 33. Der meridionale Transport ist die wichtigste Determinante der Klimaentwicklung. a) & b) Frühe eozäne und moderne Zirkulationen. Horizontale Pfeile zeigen die zonale Zirkulation an, vertikale Pfeile die meridionale Zirkulation. Kästchen zeigen Gebirgszüge und ozeanische Tore an, die den Wärmetransport beeinflussen,

[143] Lyle, M., et al., 2008. Rev. Geophys. 46, RG2002, doi.org/10.1029/2005RG000190
[144] Vahlenkamp, M., et al., 2018. Earth Planet. Sci. Lett. 498, pp.185-195. http://doi.org/10.1016/j.epsl.2018.06.031

wobei die grauen Kästchen die nummerisch erwähnten darstellen (siehe Haupttext). c) Globale benthische δ^{18} O-Daten als Proxy für Temperatur und Kontinentaleis. Die durchgezogenen Balken oben repräsentieren ein Eisvolumen von mehr als 50 % des heutigen Volumens, die gestrichelten Balken ≤50 %.[145]

Die Zirkulation des Planeten verlagerte sich von einer vorwiegend zonalen zu einer vorwiegend meridionalen, was zu einer der kältesten Vergletscherungen der letzten 540 Millionen Jahre führte. Die Wärme aus den Tropen wird nun an den Polen abgeführt, was bedeutet, dass die nächste Vereisung in einigen tausend Jahren aufgrund der derzeitigen tektonischen Gegebenheiten unvermeidlich ist, unabhängig vom CO_2 Niveau.

Zusammengefasst

Die späte Kreidezeit und das frühe Eozän waren durch ein warmes, gleichmäßiges Klima mit minimalem polwärts gerichteten Wärmetransport aufgrund eines geringen Temperaturgradienten zwischen dem Äquator und den Polen gekennzeichnet. Während der monatelangen Polarnacht hielt die polare Atmosphäre die Wärme aufgrund eines starken, vom Wasserdampf abhängigen Treibhauseffekts zurück. Dies führte zu tiefer Bewölkung und Nebel, während der Rest des warmen Planeten ausreichend Wärme lieferte. Seit dem frühen Eozän haben jedoch mehrere Veränderungen in der Geografie des Planeten dazu geführt, dass im Winter mehr Wärme in die Arktis geleitet wird. Zu diesen Veränderungen gehören die Öffnung der Arktischen Pforte, die Schließung der Panamapforte und das Ansteigen des Himalaya-Gebirges. Infolgedessen hat der Planet mehr Wärme verloren, was zu einer fortschreitenden Abkühlung geführt hat. Unabhängig von den CO_2-Werten wird die derzeitige tektonische Lage des Planeten das Auftreten der nächsten Vergletscherung bestimmen, die in ein paar tausend Jahren unvermeidlich ist.

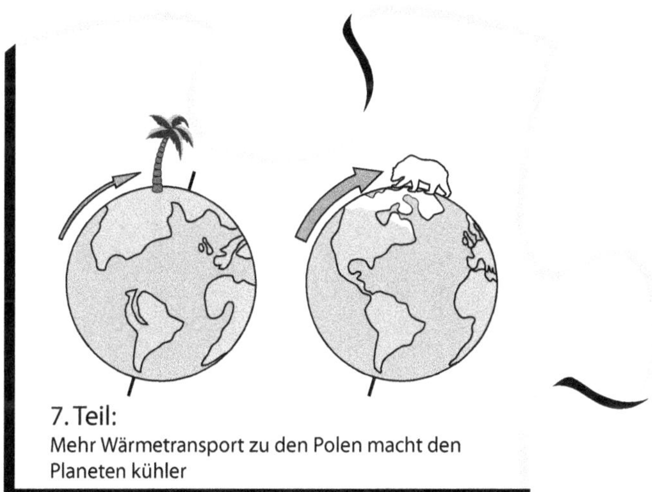

[145] Zachos, J., et al., 2001. Science, 292 (5517), pp.686-693.
       doi.org/10.1126/science.1059412

Kapitel 21
Frühere Klimaänderungen und CO_2 Pegel

Es wird oft behauptet, dass CO_2 die Haupttriebkraft für das Klima des Planeten ist. Diese Behauptung lässt sich jedoch nur schwer anhand der Klimaveränderungen in der Vergangenheit belegen. Der Grund dafür ist, dass die uns zur Verfügung stehenden Daten aus der Vergangenheit begrenzt und unsicher sind, so dass es schwierig ist, die CO_2 Werte genau zu bestimmen. Wir haben nur für die letzten 800.000 Jahre zuverlässige CO_2 Aufzeichnungen aus Eisbohrkernen. Obwohl es im Allgemeinen eine starke Korrelation zwischen den CO_2-Werten und der Temperatur während des Pleistozäns gibt, gibt es auch Diskrepanzen. Während einiger Zwischeneiszeiten sanken die Temperaturen über Tausende von Jahren stark ab, während die CO_2-Werte hoch blieben, was unter den heutigen Klimabedingungen als unmöglich gilt. Darüber hinaus hat sich in den letzten zwei Jahrhunderten eine zunehmende Diskrepanz zwischen dem Anstieg der CO_2-Werte und dem Ausbleiben der Erwärmung in der Antarktis, wo die längsten pleistozänen Aufzeichnungen existieren, herausgestellt. Diese Diskrepanz deutet darauf hin, dass frühere Korrelationen zwischen CO_2 und Temperatur möglicherweise nicht auf CO_2-Änderungen zurückzuführen sind, die zu Temperaturänderungen führen. Eine alternative, evidenzbasierte Erklärung für den Glazialzyklus basiert auf Veränderungen des sommerlichen polwärts gerichteten Wärme- und Feuchtigkeitstransports, der durch Veränderungen der Achsenneigung der Erde angetrieben wird.

Während des gesamten Holozäns gab es einen starken Kontrast zwischen den Veränderungen der CO_2-Werte und den Temperaturveränderungen. Damit ist klar, dass CO_2 nicht die Hauptursache für den Klimawandel in den letzten 10.000 Jahren war. Daraus ergibt sich die Möglichkeit, dass das derzeitige Szenario steigender CO_2-Werte, das zu einer globalen Erwärmung führt, eine Anomalie ist. Es könnte aber auch darauf hindeuten, dass wir nicht alle Faktoren, die zu der beobachteten Erwärmung beitragen, vollständig verstehen.

Das Fehlen von Beweisen im Äon des Phanerozoikums

Der Gedanke, dass das atmosphärische CO_2 der Hauptfaktor ist, der die Temperatur der Erde steuert, wurde vorgeschlagen und weithin akzeptiert.[146] Wenn diese Hypothese wahr ist, würden wir erwarten, dass die Beweise aus der Vergangenheit sie unterstützen oder ihr zumindest nicht widersprechen. Im vorangegangenen Kapitel (Kasten 17) haben wir die Belege für die Temperaturen in der Vergangenheit während der letzten 540 Millionen Jahre (dem Phanerozoikum) untersucht. Wir fanden ein allgemeines Muster von abwechselnden Warm- und Kaltzeiten mit drei großen Vergletscherungen. Die globalen Temperaturen lagen wahrscheinlich zwischen 32 °C und 9 °C. Einige vermuten, dass die Temperaturen während des frühen Phanerozoikums sogar noch höher gewesen sein könnten, doch sind solch hohe Temperaturen biologisch nicht plausibel. In einer sehr

---

[146] Lacis, A.A., et al., 2010. Science, 330 (6002), pp.356-359.
    doi.org/10.1126/science.1190653

feuchten Umgebung hätten diese Temperaturen das tierische Leben auf dem Land durch Überhitzung dezimiert. Wir machen uns bereits Sorgen darüber, dass Korallen auf einem Planeten mit einer Temperatur von etwa 14,5 °C eine mäßige Erwärmung überleben, wie hätten sie also auf einem Planeten mit Temperaturen von weit über 32 °C überleben können? Auf jeden Fall werden die Temperaturen der Vergangenheit durch die aus biogeografischen und geologischen Daten rekonstruierten Temperatur-Breitengradient eingegrenzt.

Die Bestimmung der CO_2 Werte in der fernen Vergangenheit ist eine große Herausforderung. Es gibt nur wenige Anhaltspunkte in Böden, Fossilien, Isotopen und organischen Überresten, die uns helfen, die Zusammensetzung der Atmosphäre in der Vergangenheit zu verstehen. Seit den 1980er Jahren stützen sich die Wissenschaftler auf geochemische Modelle des Kohlenstoffkreislaufs, um die CO_2 Konzentrationen der Vergangenheit zu schätzen. Das Problem mit diesen Modellen ist jedoch, dass wir nicht sicher sein können, dass sie alle wichtigen Prozesse, die die CO_2 Konzentrationen in der Vergangenheit bestimmt haben, richtig bewerten. In einem 159-seitigen Bericht, der 2001 veröffentlicht wurde, kamen die Forscher zu dem Schluss, dass diese Modelle unzureichend sind und dass es *„beträchtliche Unterschiede ... zwischen allen Modellen und den geologischen Klimabeweisen gibt, die auf wechselnde Klimagradienten während des Phanerozoikums hinweisen“.*[147] Selbst in ihren neuesten Versionen weichen die beiden wichtigsten Modelle immer noch erheblich voneinander ab, was die geschätzten CO_2 Werte während der letzten 350 Millionen Jahre angeht.

Betrachtet man die Beweise für den CO_2-Gehalt während des gesamten Phanerozoikums, so trifft das Zitat von Mark Twain über die Wissenschaft zu: *„Die Wissenschaft hat etwas Faszinierendes an sich. Aus einer so geringen Investition in Fakten kann man eine so große Menge an Vermutungen gewinnen.“*[148] In einer kürzlich durchgeführten Studie wurden die CO_2-Werte anhand von Proxies für die letzten 430 Millionen Jahre analysiert, und für 77 % dieses Zeitraums gab es im Durchschnitt nur einen Datensatz pro Million Jahre. Für fast die Hälfte der 430 Millionen Jahre gab es überhaupt keine Aufzeichnungen.[149] Dies bedeutet, dass wir nur sehr wenige Informationen über die CO_2 Werte in der fernen Vergangenheit haben.

Erschwerend kommt hinzu, dass nur 3 % der 430 Millionen Jahre 42 % der Daten enthalten. Man sollte meinen, dass wir ein besseres Verständnis der CO_2 Werte während dieser Epochen haben, aber das haben wir nicht. Zum Beispiel gab es im Zeitraum vor 220-201 Millionen Jahren durchschnittlich 15 Aufzeichnungen pro Million Jahre, aber die mittleren CO_2 Werte reichten von 600 bis 3.700 ppm, und die Schätzungen von niedrig bis hoch reichten von 300 bis 7.000 ppm. Die Autoren der Studie versuchten, dieses Durcheinander auszugleichen, aber es ist immer noch unmöglich, mit einem gewissen Grad an Sicherheit zu wissen, wie hoch die atmosphärischen CO_2 Werte in der fernen Vergangenheit waren.

---

[147] Boucot, A.J. & Gray, J., 2001. Earth Sci. Rev. 56 (1-4), pp.1-159.
doi.org/10.1016/S0012-8252(01)00066-6
[148] Mark Twain, 1883. Das Leben auf dem Mississippi.
[149] Foster, G.L., et al., 2017. Nat. Commun. 8 (1), p.14845.
doi.org/10.1038/ncomms14845

Erstaunlicherweise behauptete einer der Autoren dieser Studie auf der Grundlage derart unzureichender Daten, dass CO_2 die Hauptursache für das Klima im Phanerozoikum war.[150] Wenn die Klimawissenschaftler dies akzeptieren, dann wahrscheinlich deshalb, weil es in das aktuelle Klimaparadigma passt. Wir sollten jedoch bedenken, dass die unhinterfragte Akzeptanz schlecht belegter wissenschaftlicher Postulate eine der Hauptquellen für wissenschaftliche Fehler ist.

Was die Schätzung der CO_2-Werte im Phanerozoikum betrifft, so können wir über die Modell- oder Proxydaten höchstens sagen, dass sie die primäre Rolle von CO_2 bei der Klimabestimmung weder unterstützen noch widerlegen. Das liegt daran, dass die verfügbaren Daten zu spärlich und unsicher sind, und die Modelle stimmen nicht einmal überein. Es ist daher nicht gerechtfertigt, auf der Grundlage der verfügbaren Daten endgültige Aussagen zu treffen.

Kasten 18. Die känozoische Meinungsverschiedenheit

Die CO_2 Proxy-Daten aus dem Phanerozoikum weisen erhebliche Qualitätsprobleme auf, eine Tatsache, die bei der Untersuchung des Zusammenhangs zwischen dem Klimawandel in der Vergangenheit und der Variabilität von CO_2 nicht offen zugegeben wird. Je mehr wir uns jedoch der Gegenwart nähern, desto besser wird die Datenqualität. Insbesondere unser Verständnis der CO_2 Veränderungen während des Känozoikums, auch bekannt als das Zeitalter der Säugetiere, ist zuverlässiger.

Die letzten 50 Millionen Jahre des Känozoikums sind wegen des bemerkenswerten Übergangs vom Treibhausklima des frühen Eozäns zum strengen Eiszeitklima des Pleistozäns von besonderer Bedeutung. Während dieses Zeitraums kam es zu einem allmählichen und manchmal abrupten Rückgang der globalen Temperaturen, der von einem entsprechenden Rückgang der CO_2-Gehalte begleitet wurde. Infolgedessen liegen sowohl die globale Temperatur als auch der CO_2-Gehalt heute weit unter ihren phanerozoischen Durchschnittswerten.

Der beobachtete „gleichzeitige" Rückgang von CO_2 und Temperatur wird oft als Beweis dafür gedeutet, dass der Rückgang der CO_2-Werte zu einem Rückgang der Temperatur geführt hat, was die Hypothese stützt, dass CO_2 die Hauptursache des Klimawandels ist. Eine sorgfältige Prüfung der Beweise ergibt jedoch ein anderes Bild. Das Problem liegt in der entscheidenden Unstimmigkeit innerhalb der Daten über den Zeitpunkt des Rückgangs von Temperatur und CO_2 während der letzten 50 Millionen Jahre, ein Punkt, der selten anerkannt wird.

Abbildung B18 zeigt känozoische Temperatur- und CO_2-Daten aus einer aktuellen Veröffentlichung.[151] In Abbildung B18a basiert die Temperaturrekonstruktion der Autoren (dargestellt durch die dicke schwarze Linie) auf Sauerstoffisotopenschwankungen in benthischen Tiefseeforaminiferen und stimmt gut mit anderen klimabezogenen Belegen überein. Die Grafik veranschaulicht einen Abkühlungstrend vom Klimaoptimum des frühen Eozäns bis zum Übergang vom E-

---

[150] Royer, D.L., et al., 2004. GSA heute, 14 (3), S.4-10.
  doi.org/10.1130/1052-5173(2004)014<4:CAAPDO>2.0.CO;2
[151] Westerhold, T., et al., 2020. Science, 369 (6509), S.1383-1387.
  doi.org/10.1126/science.aba6853

ozän zum Oligozän, der die Vereisung der Antarktis markierte und zu einer plötzlichen globalen Abkühlung führte. Darauf folgte eine lange Wärmeperiode vom
mittleren Oligozän bis zum Klimaoptimum im mittleren Miozän, die durch
Schwankungen in der Größe des antarktischen Eisschildes gekennzeichnet war.
Auf diese Warmzeit folgte eine weitere Abkühlungsperiode, die bis zum Pleistozän andauerte und während der Grönland stark vergletschert war. Dies trug
dazu bei, die kalten Bedingungen zu schaffen, die bis heute andauern.

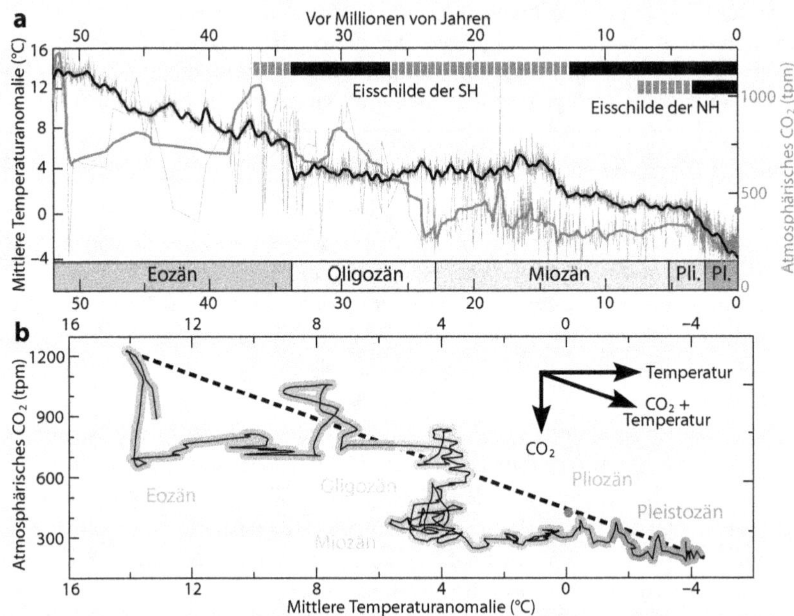

Abbildung B18. Beziehung zwischen Temperatur und CO_2 während der letzten 52 Millionen
Jahre. a) Rekonstruktionen der Temperatur (schwarze Linie) und des CO_2 (graue Linie), wobei
die dicken Linien geglättete Daten zeigen. Schwarze Balken zeigen Zeiträume an, in denen die
Eisschilde der nördlichen oder südlichen Hemisphäre mehr als 50 % ihrer heutigen Ausdehnung hatten, und gestrichelte graue Balken zeigen weniger als 50 % Ausdehnung an. Der graue
Punkt markiert das aktuelle CO_2 Niveau. b) Streudiagramm der dicken Linien in a) mit den
angegebenen Epochen. Synchrone Veränderungen von CO_2 und Temperatur sollten einem
diagonalen Pfad folgen. Der graue Punkt markiert den aktuellen CO_2 Pegel und die Temperatur.

Abbildung B18a zeigt auch die Rekonstruktion der Autoren der CO_2 Werte
(dicke graue Linie), die auf Daten aus verschiedenen Studien mit unterschiedlichen Proxies basiert. Diese Rekonstruktion zeigt, dass der Temperaturrückgang
nicht durchgängig mit dem Rückgang der CO_2-Werte einherging. Überraschenderweise fand der größte Teil des CO_2-Rückgangs während des Oligozäns statt.

Am deutlichsten wird diese Diskrepanz in Abbildung B18b, die der Abbildung
2D des wissenschaftlichen Artikels entspricht. Dieses Streudiagramm zeigt die Beziehung zwischen Temperatur und CO_2 Änderungen. Gemäß der Hypothese, dass
sich CO_2 und Temperatur synchron bewegen sollten, müssten sie sich entlang einer
diagonalen Linie in der Grafik ausrichten. Dieses diagonale Muster tritt jedoch erst
seit der Mitte des Pliozäns auf. Während des restlichen Zeitraums ändert sich ent-

weder die Temperatur (was zu einer horizontalen Verschiebung führt) oder CO_2 (was zu einer vertikalen Verschiebung führt). Die Grafik zeigt eine schwache Korrelation zwischen diesen beiden Variablen. Sie zeigt auch, dass die CO_2-Änderungen den Temperaturänderungen um mehrere zehn Millionen Jahre vorausgehen, während keine der bestehenden Hypothesen eine so lange Verzögerung erklären kann.

Es ist zwar anzumerken, dass die CO_2 Proxydaten unter Qualitätsproblemen leiden und künftige Rekonstruktionen Änderungen mit sich bringen können, doch die vorhandenen Daten vermitteln ein klares Bild. Sie zeigen, dass die CO_2-Werte am Ende des Oligozäns und am Ende des Pliozäns, das 20 Millionen Jahre später stattfand, nicht signifikant unterschiedlich waren. Diese Beobachtung gilt trotz der starken Abkühlung, die zwischen diesen beiden Zeiträumen stattfand.

Die aktuelle Situation wird in der Abbildung durch einen grauen Punkt dargestellt, der mit der diagonalen Linie auf dem Streudiagramm übereinstimmt. Dies zeigt, dass die derzeitigen Temperatur- und CO_2 Werte dem entsprechen, was wir aus känozoischer Sicht erwarten würden. Es ist merkwürdig, dass die Autoren der Studie behaupten, dass *„wenn die CO_2-Emissionen bis zum Jahr 2100 ungebremst weitergehen, das Klimasystem der Erde abrupt vom Eishaus- in den Gewächshaus- oder sogar Treibhaus-Klimazustand übergehen wird"*. Ihre eigenen Beweise stützen eine solche Behauptung nicht.

Die vorherrschende Meinung, die von den meisten Wissenschaftlern und dem IPCC unterstützt wird, ist, dass der Rückgang des CO2-Gehalts während des Känozoikums die Hauptursache für die Abkühlung war, die zur Eiszeit führte. Diese Annahme unterstützt auch die Hypothese des verstärkten CO2-Effekts. Es ist jedoch wichtig zu erkennen, dass die verfügbaren Daten diese weithin akzeptierte Ansicht nicht stützen.

Konkordanz zwischen CO_2 und Temperatur im Pleistozän

Wir haben nur zuverlässige CO_2 Aufzeichnungen aus antarktischen Eisbohrkernen für die letzten 800.000 Jahre. Diese Aufzeichnungen zeigen eine konsistente Korrelation zwischen Temperatur und CO_2 Änderungen (Abb. 34a). Während einige argumentieren, dass die Verzögerung zwischen Temperatur und CO_2 am Ende der Kaltzeiten signifikant ist, sind die Unterschiede zu gering und variabel, um endgültige Schlussfolgerungen zu ziehen. Die Ursache der Eiszeiten ist seit ihrer Entdeckung in den 1830er Jahren umstritten, wobei einige die Ursache auf externe Faktoren wie Orbital-Theorien und andere auf interne Faktoren wie den Treibhauseffekt zurückführen. 1976 setzte sich die erste Gruppe durch, als man entdeckte, dass die Vereisungen den Orbitalfrequenzen folgen.

Da der Austausch von CO_2 zwischen dem Ozean und der Atmosphäre von der Ozeantemperatur beeinflusst wird, führt jede Änderung der Ozeantemperatur zu einer entsprechenden Änderung der CO_2 Werte. Änderungen des CO_2 Gehalts wirken sich wiederum über den Treibhauseffekt auf die Temperatur aus. Es ist jedoch wichtig zu wissen, dass die Verringerung der Eisbedeckung an den Glazialen Enden auch zu verstärkter vulkanischer Aktivität führt, da sich die Kruste an den Gewichtsverlust anpasst. Dieser Prozess könnte bis zur Hälfte des beobachteten CO_2 Anstiegs beitragen.[152] Folglich ist die Beziehung

---

[152] Huybers, P. & Langmuir, C., 2009. Earth Planet. Sci. Lett. 286 (3-4), pp.479-491. doi.org/10.1016/j.epsl.2009.07.014

zwischen CO_2 und Temperatur in beide Richtungen zu sehen, und die Korrelation zwischen den CO_2 und den Temperaturaufzeichnungen während des Pleistozäns ist kein ausreichender Beweis, um die Hypothese des verstärkten CO_2 Effekts zu unterstützen oder zu widerlegen.

Die Aufzeichnungen zeigen jedoch auch, dass vor 120.000 Jahren, am Ende der letzten Zwischeneiszeit, die Temperatur innerhalb von 8.000 Jahren um 4 °C sank, während die CO_2 Werte erhöht blieben (Abb. 34a Pfeil; siehe Abb. 56, Kap. 35, für eine genauere Betrachtung). Dies unterstützt die Vorstellung, dass die Temperatur während des Glazialzyklus eher von der Erdumlaufbahn als von CO_2 gesteuert wird. Zumindest zeigt es, dass die Temperaturen trotz erhöhter CO_2 Werte über Jahrtausende hinweg erheblich sinken können. Dies ist eine wichtige Überlegung für die Zukunft.

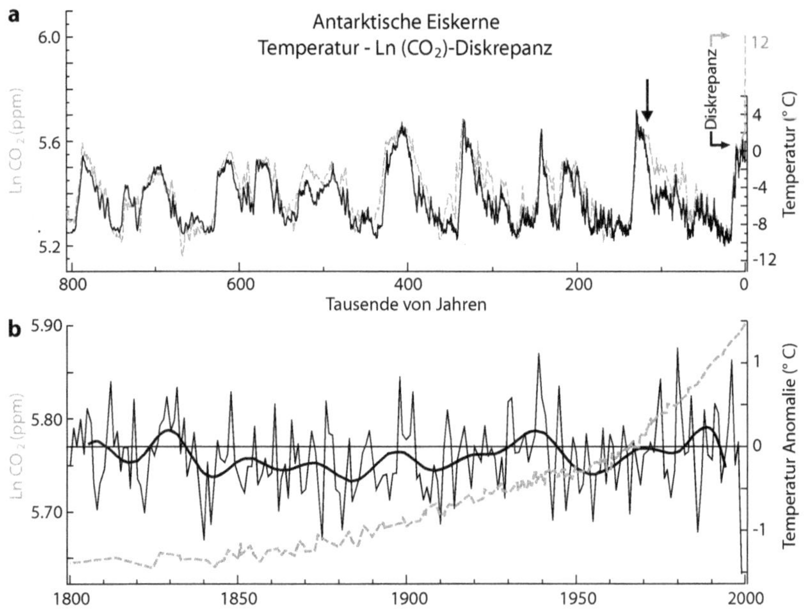

Abbildung 34. Temperatur-CO_2 Diskrepanz in der Antarktis. a) Temperatur (schwarze Kurve) und natürlicher Logarithmus von CO_2 (gestrichelte graue Kurve) für die letzten 800.000 Jahre aus antarktischen Eisbohrkernen, aktualisiert mit atmosphärischen CO_2 Daten nach 2001. Der vertikale Pfeil zeigt auf die Diskrepanz vor 123,5-115 Tausend Jahren und die horizontalen Pfeile auf die aktuelle Diskrepanz. b) Wie in (a) für Daten aus dem 19. und 20. Jahrhundert. Es wird keine Temperaturänderung als Reaktion auf den massiven Anstieg des CO_2 beobachtet.[153]

Die Hypothese des verstärkten CO_2 Effekts steht in der Antarktis vor einer großen Herausforderung. Nach der pleistozänen CO_2-Temperatur-Beziehung (Abb. 34a) müssten die derzeitigen CO_2-Werte den antarktischen Temperaturen

---

[153] Daten aus Jouzel, J., et al., 2007. Science, 317 (5839), pp.793-796. doi.org/10.1126/science.1141038 Bereiter, B., et al., 2015. Geophys. Res. Lett. 42 (2), pp.542-549. doi.org/10.1002/2014GL061957 NOAA annual mean CO_2 data. Schneider, D.P., et al., 2006. Geophys. Res. Lett. 33 (16), L16707. doi.org/10.1029/2006GL027057

entsprechen, die 12 °C höher sind als sie sind. Wie Abbildung 34b jedoch zeigt, hat sich die Antarktis in den letzten 200 Jahren trotz steigender CO_2-Werte nicht erwärmt. Diese Diskrepanz stellt ein ernstes Problem für die Hypothese dar. Zwar wurden Erklärungen für diese Anomalie vorgeschlagen, doch bleibt die Tatsache bestehen, dass die CO_2-Temperatur-Beziehung, wenn sie heute nicht mehr gilt, nicht zur Verteidigung vergangener Kausalität oder zur Vorhersage künftiger Klimaergebnisse herangezogen werden kann. Daher können Behauptungen, dass unser Klima wie im Miozän werden könnte, als die CO_2-Werte das letzte Mal so hoch waren, nicht bestätigt werden.

Kasten 19. Gefälle und Transport in einer glazialen Welt

Die Neigung der Planetenachse (die so genannte Schiefe) schwankt geringfügig zwischen 22,1° und 24,3° in einem Zyklus von etwa 40.000 Jahren. Diese Veränderung hat einen großen Einfluss auf die Menge der Sonneneinstrahlung, die in hohen Breitengraden im Laufe des Jahres und der Jahreszeiten empfangen wird, während sie in niedrigen Breitengraden nur geringe Auswirkungen hat. Diese Veränderungen der Sonneneinstrahlung führen zu einer Veränderung der Energiemenge, die jedem Breitengrad über Tausende von Jahren zugeführt wird, was erhebliche Auswirkungen auf das Klima hat. Wenn die Schiefe des Planeten alle 40, 80 oder 120.000 Jahre größer als 23° wird, besteht die Möglichkeit, von der typischen Eiszeit in eine Zwischeneiszeit überzugehen, was nicht möglich ist, wenn die Schiefe weniger als 23° beträgt. In Zeiten hoher Schieflage sind die Sommer in hohen Breiten wärmer und das Eis schmilzt schneller. Allerdings nimmt der Unterschied in der Sonneneinstrahlung aufgrund von Änderungen der Schiefe mit der geografischen Breite rasch ab, und der größte Teil des Planeten ist davon nur minimal betroffen. Daher glauben viele Klimaforscher, dass Veränderungen in der Achsenverschiebung (Präzession) für die Entstehung einer Zwischeneiszeit wichtiger sind, obwohl es Beweise gibt, dass die Schiefe der Erde der Hauptfaktor ist.[154]

Obwohl die Schiefe nur geringe Auswirkungen auf die Sonneneinstrahlung in den Tropen und mittleren Breiten hat, wirkt sie sich überraschenderweise erheblich auf viele paläoklimatische Aufzeichnungen aus den Tropen und Subtropen aus. Die Wanderung der innertropischen Konvergenzzone, des Klimaäquators der Erde (Kasten 2, Kap. 3), wird ebenfalls stark und unerwartet von der Schiefe beeinflusst.[155] Darüber hinaus zeigt die Analyse der Feuchtigkeitsquelle in den grönländischen und antarktischen Eisschilden während der Eiszeiten, dass die Schiefe eine starke Auswirkung in Verbindung mit Veränderungen des Temperaturgradienten in der Breite hat.[156]

Dieser unerwartete Nachweis zeigt, dass die Schiefe einen überraschenden Einfluss auf die atmosphärische Zirkulation, den Wasserkreislauf und den Feuch-

---

[154] Tzedakis, P.C., et al, 2017. Nature, 542 (7642), pp.427-432.
  doi.org/10.1038/nature21364
[155] Liu, Y., et al., 2015. Nat. Commun. 6 (1), p.10018. doi.org/10.1038/ncomms10018
[156] Masson-Delmotte, V., et al., 2005. Science, 309 (5731), pp.118-121.
  doi.org/10.1126/science.1108575

tigkeitstransport hat. Diese Beobachtung lässt sich durch zwei entscheidende Themen dieses Buches erklären: die Kontrolle des Temperaturgradienten in der Breite und der daraus resultierende polwärts gerichtete Transport von Wärme und Feuchtigkeit. Die durch die Schiefe verursachten Veränderungen des tropischen Klimas sind auf die dadurch verursachten Veränderungen des sommerlichen Sonneneinstrahlungsgradienten zurückzuführen.[157] Mit dieser Erklärung wird eines der wichtigsten Rätsel der Eiszeiten. Da die Jahreszeiten zwischen den Hemisphären vertauscht sind, haben die Veränderungen der sommerlichen Sonneneinstrahlung an den beiden Polen entgegengesetzte Vorzeichen (Abb. B19a). Dennoch sind Vergletscherungen und Zwischenvereisungen symmetrische Phänomene, bei denen der gesamte Planet vergletschert oder entgletschert wird. Die Höhe der jahreszeitlichen Sonneneinstrahlung auf einem bestimmten Breitengrad hängt in erster Linie von der Präzession ab. Der Sommerpol ist jedoch der Sonne zugewandt, und die Menge der Sonneneinstrahlung in hohen Breiten während des Sommers variiert erheblich mit der Schiefe. Wenn die Schiefe hoch ist, ist der sommerliche Sonneneinstrahlungsgradient flach, wenn er niedrig ist, ist er steil (Abb. B19b). Änderungen des sommerlichen Sonneneinstrahlungsgradienten folgen in beiden Hemisphären fast genau den Änderungen der Schiefe, und es sind die Sommerbedingungen, die für den Beginn und das Ende der Vergletscherung entscheidend sind.

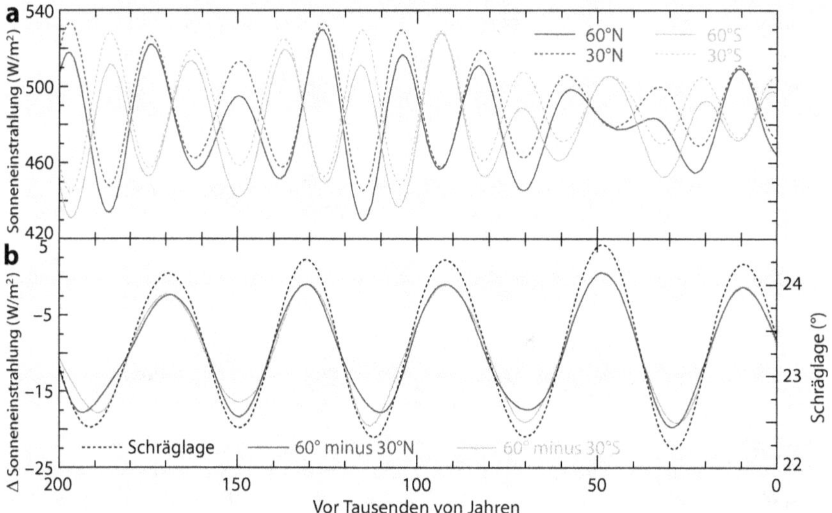

Abbildung B19. Veränderungen des Gradienten der sommerlichen Breiteneinstrahlung in Abhängigkeit von der Schiefe. a) Die mittlere sommerliche Einstrahlung hängt hauptsächlich von der Präzession ab. Juli-Sonneneinstrahlung in der nördlichen (dunkelgrau) und südlichen (hellgrau) Hemisphäre bei 60° (durchgezogene Kurven) und 30° (gepunktete Kurven). b) Der Gradient der Sommer-Sonneneinstrahlung, dargestellt als Differenz der

---

[157] Bosmans, J.H.C., et al., 2015. Clim. Past, 11 (10), pp.1335-1346.
   doi.org/10.5194/cp-11-1335-2015

Sonneneinstrahlung zwischen 60° und 30°, hängt von der Schiefe ab (schwarze gepunktete Kurve).[158]

Eine hohe Schiefe führt zu einem flacheren Gradienten der sommerlichen Sonneneinstrahlung, was die Energieerhaltung auf dem Planeten begünstigt. Im Gegensatz dazu bewirkt eine geringe Schiefe, dass der Gradient steiler wird, wie die negativeren Werte in Abbildung B19b zeigen. Ein steilerer Gradient führt dazu, dass mehr Energie und Feuchtigkeit in Richtung der Pole fließt, was zu einer Abkühlung des Planeten, Eiswachstum und schließlich zum Übergang von Zwischeneiszeiten zu Eiszeiten führt. Wie im vorigen Kapitel erläutert, führt ein stärkerer polwärts gerichteter Wärmetransport zu einer Abkühlung des Planeten.

Die Beweise sprechen dafür, dass der Glazial-Zwischeneis-Zyklus auf Veränderungen des sommerlichen Sonneneinstrahlungsgradienten in den Breitengraden zurückzuführen ist, die wiederum zu Verschiebungen des Temperaturgradienten führen. Diese Verschiebungen wiederum bewirken Veränderungen im polwärts gerichteten Wärme- und Feuchtigkeitstransport, der für die Bildung und das Abschmelzen von Eisschilden notwendig ist. Diese Interpretation des Glazialzyklus unterstreicht die Bedeutung des sommerlichen Wärme- und Feuchtigkeitstransports von den Tropen zu den Polen, ein Faktor, der durch die Schiefe beeinflusst wird. Nach dieser Hypothese spielen die Tropen, die über eine große Wärme- und Feuchtigkeitskapazität verfügen, eine Hauptrolle beim Wachstum und Zerfall von Eisschilden, die durch Veränderungen der Schiefe gesteuert werden. Andere Faktoren, einschließlich CO_2, spielen eine untergeordnete Rolle. Somit sind Änderungen im polwärts gerichteten Wärme- und Feuchtigkeitstransport als Reaktion auf Änderungen der Temperaturgradienten aufgrund von Orbitalvariationen starke Kandidaten für die letztendliche Ursache des Eiszeit-Zyklen.

Das holozäne Temperatur-CO_2-Rätsel

Die pleistozänen Temperatur- und CO_2 Aufzeichnungen stimmen recht gut überein, aber im Holozän sind sie völlig uneinheitlich. Dies hat unter Klimaforschern zu vielen Debatten über verschiedene Rekonstruktionen der holozänen Temperatur geführt. Biologische und glaziologische Beweise zeigen große Temperaturänderungen in den letzten 10.000 Jahren, während die CO_2 Änderungen relativ gering waren und in die entgegengesetzte Richtung gingen.

Abbildung 35a zeigt eine bekannte Rekonstruktion der holozänen Temperatur aus 73 Proxies.[159] Im Gegensatz zur veröffentlichten Version habe ich die ursprüngliche Datierung der Proxies nicht verändert, und sie werden als Anomalie zu ihrem Mittelwert vor der Mittelung ausgedrückt. Die Rekonstruktion wird als Z-Score ausgedrückt - der Abstand der Daten vom Mittelwert in Standardabweichungen - was dazu beiträgt, unsichere Temperaturzuordnungen zu vermeiden. Die hier vorgestellte Rekonstruktion endet 1920, da die Zahl der Proxies danach begrenzt ist. Diese Rekonstruktion stimmt mit einer unabhän-

---

[158] Daten aus Laskar, J., et al., 2004. Astron. Astrophys. 428 (1), pp.261-285.
  doi.org/10.1051/0004-6361:20041335
[159] Marcott, S.A., et al., 2013. Science, 339 (6124), pp.1198-1201.
  doi.org/10.1126/science.1228026

gig gewonnenen Aufzeichnung der Gletschervorstöße über Jahrhunderte hinweg überein,[160] die darauf hinweist, dass das Holozän in eine Warmzeit von etwa fünf Jahrtausenden (bekannt als Holozänes Klimaoptimum), gefolgt von einer Abkühlungsperiode von etwa fünf Jahrtausenden (bekannt als Neoglazial), unterteilt war. Dieses Gesamtmuster wird durch mehrere bekannte Abkühlungsepisoden unterbrochen, die in beiden Aufzeichnungen deutliche Spuren hinterlassen haben, wie die präboreale Oszillation, die 8,2- und 5,2-Tausendjähriges Ereignisse und die Kleine Eiszeit. Die enge Übereinstimmung zwischen den beiden unabhängigen globalen Aufzeichnungen gibt uns die Gewissheit, dass die allgemeinen Merkmale der holozänen Temperaturentwicklung in der Rekonstruktion wiedergegeben sind.

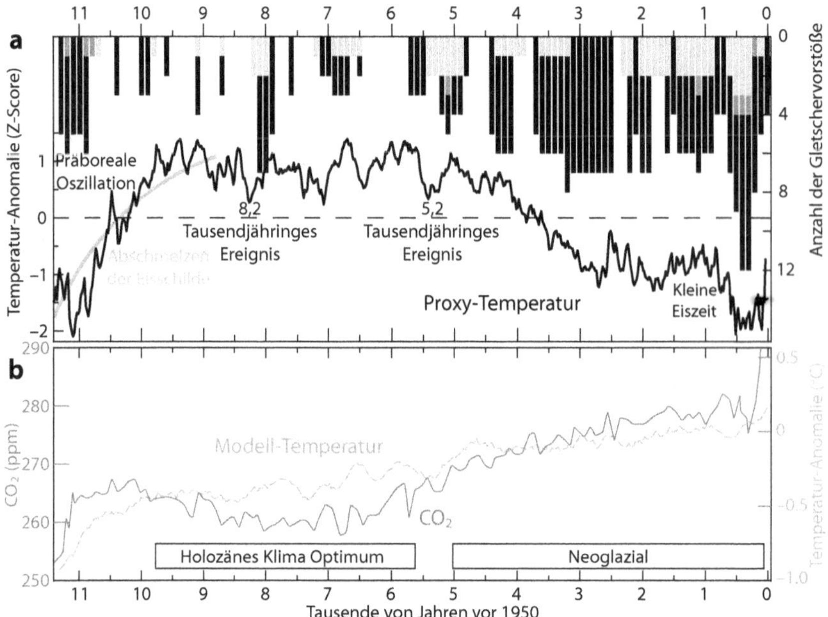

Abbildung 35. Holozäne Temperatur- und CO_2 Entwicklung. a) Oben invertierter, globaler Gletschervorstoß in 17 Gebieten der nördlichen Hemisphäre (schwarze Balken), der südlichen Hemisphäre (hellgraue Balken) und der niedrigen Breiten (mittelgraue Balken) für jedes Jahrhundert des Holozäns. Die Rekonstruktion der globalen Temperatur im Holozän aus 73 Proxies, ausgedrückt als Z-Score oder Abstand vom Mittelwert in Einheiten der Standardabweichung, ist unten dargestellt. b) CO_2 Werte (mittelgraue Kurve), gemessen in einem antarktischen Eiskern, und die globale Temperatur, simuliert aus einem Ensemble von drei Modellen (gestrichelte hellgraue Kurve).

Während des größten Teils des Holozäns lagen die CO_2 Werte typischerweise zwischen 260 und 280 ppm. Interessanterweise nahmen sie während des holozänen Klimaoptimums ab, stiegen aber während der Neogletscherung an, was das Gegenteil von dem wäre, was man erwarten würde, wenn CO_2 die

---

[160] Solomina, O.N., et al., 2015. Quat. Sci. Rev. 111, pp.9-34.
doi.org/10.1016/j.quascirev.2014.11.018

treibende Kraft hinter den Temperaturänderungen wäre.[161] Diese Diskrepanz zwischen den CO_2-Werten und der Temperatur ist als *„Holozän-Temperaturrätsel"* bekannt, da viele Klimamodelle so empfindlich auf CO_2-Änderungen reagieren, dass sie einen Erwärmungstrend während des Holozäns reproduzieren, der durch die Beweise widerlegt wird.[162]

Zusammengefasst

Die Beweise aus der Vergangenheit stützen nicht die Behauptung, dass Veränderungen des CO_2 die Hauptursache für den Klimawandel sind. Obwohl eine Korrelation zu erwarten ist und keine Kausalität beweisen würde, ist eine solche Korrelation außerhalb des Pleistozäns aufgrund von Problemen mit der Datenqualität schwer zu finden. Innerhalb des Pleistozäns ist eine Korrelation während der ausgeprägten Veränderungen im Glazialzyklus vorhanden, aber die zunehmende Disparität in der Antarktis in den letzten zwei Jahrhunderten lässt Zweifel an ihrer Interpretation aufkommen. Die vorliegenden Belege deuten darauf hin, dass der Glazialzyklus stattdessen durch Veränderungen der Achsenneigung der Erde angetrieben wird, die wiederum Veränderungen in der Menge an Wärme und Feuchtigkeit bewirken, die während des Sommers polwärts transportiert wird. In den letzten 10.000 Jahren haben sich CO_2 und die Temperatur in entgegengesetzte Richtungen entwickelt. Die Situation seit 1975, in der der CO_2-Anstieg die Hauptursache für die globale Erwärmung sein könnte, wäre die Ausnahme, nicht die Regel.

---

[161] Monnin, E., et al., 2004. Earth Planet. Sci. Lett. 224 (1-2), pp.45-54. doi.org/10.1016/j.epsl.2004.05.007
[162] Liu, Z., et al. (2014). PNAS, 111 (34), pp.E3501-E3505. doi.org/10.1073/pnas.1407229111

KAPITEL 22
ABRUPTE KLIMAEREIGNISSE IM HOLOZÄN

Das Klima des Holozäns war äußerst instabil. Wissenschaftler haben fast zwei Dutzend abrupte Klimaereignisse identifiziert, die mit einer Rate von zwei pro Jahrtausend auftreten, indem sie Klimaproxydaten analysierten. Dies ist eine Herausforderung, da die Veränderungen der CO_2 Werte während des Holozäns bis vor kurzem minimal waren, so dass die Ursache für die meisten dieser Ereignisse ein Rätsel bleibt. Einige Experten vermuten, dass Veränderungen der Sonnen- oder Vulkanaktivität sie ausgelöst haben könnten. Die bestehenden Klimamodelle und der IPCC halten diese natürlichen Faktoren jedoch für zu schwach, um die abrupten Ereignisse zu erklären.

Vier der wichtigsten abrupten klimatischen Ereignisse des Holozäns traten mit einer unregelmäßigen Quasi-Periodizität von 2.500 Jahren auf. Diese Ereignisse markierten die Grenzen verschiedener paläoökologischer Perioden. Die während dieser vier Ereignisse beobachteten klimatischen Veränderungen deuten darauf hin, dass es zu einer Verschiebung der atmosphärischen Zirkulation kam, die die nördliche Hemisphäre intensiver beeinflusste. Dies führte zu einer Kontraktion der Tropen und einer Ausdehnung der Polarregionen, wodurch sich der Temperaturgradient zwischen dem Äquator und den Polen erhöhte. Die daraus resultierende Umstrukturierung der Atmosphäre führte dazu, dass mehr Wärme in Richtung der Pole floss, was zu einer Abkühlung des Planeten und zu Veränderungen der Niederschlagsmuster führte.

Das instabile Klima des Holozäns

Im vorigen Kapitel haben wir gelernt, dass der CO_2-Gehalt während des größten Teils des Holozäns, das sich über mehr als 10.000 Jahre erstreckte, in einem engen Bereich von 20 ppm schwankte. Im Vergleich zu heute, wo der Wert in nur acht Jahren um 20 ppm ansteigen kann, hätte diese winzige Veränderung keine nennenswerten Auswirkungen auf das Klima haben können. Die im letzten Jahrhundert gesammelten Daten zeigen jedoch, dass sich das Klima im gleichen Zeitraum erheblich verändert hat.

Anfang des 20. Jahrhunderts hatten Forscher ein allgemeines Muster des holozänen Klimawandels identifiziert, das durch drei verschiedene Phasen gekennzeichnet war: eine Erwärmungsphase, eine Warmzeit (bekannt als holozänes Klimaoptimum) und eine Abkühlungsphase (bekannt als Neoglazial). Später unterteilten skandinavische Forscher das Holozän in fünf Phasen, die auf paläoökologischen Untersuchungen der durch Temperatur- und Niederschlagsverschiebungen bedingten Vegetationsveränderungen beruhten. Zu diesen Perioden gehört die präboreale Erwärmungsphase, die kürzer war als die folgenden vier Perioden: Boreal, Atlantik, Sub-Boreal und Sub-Atlantik, die jeweils etwa 2.500 Jahre dauerten (Abb. 36). Vor allem die Veränderungen zwischen diesen Perioden waren relativ abrupt, wie der in Kapitel 45 beschriebene Übergang vom Subboreal zum Subatlantik vor etwa 2 800 Jahren zeigt.

Für das Klima des Holozäns definieren wir eine Änderung der Klimaparameter als abrupt, wenn sie viel schneller als der langfristige Trend eintritt, aber dennoch mehrere Jahrzehnte oder sogar einige Jahrhunderte dauert. Nach dieser Definition ist der aktuelle Klimawandel, der in den letzten zwei Jahrhunderten stattgefunden hat, als abrupt zu bezeichnen.

Abrupte Klimaereignisse des Holozäns wurden anhand einer Vielzahl von Proxies an verschiedenen Orten der Welt identifiziert, z. B. anhand der Eisbergaktivität im Nordatlantik, des in den Eisbohrkernen Grönlands eingeschlossenen Methans, der Niederschlagsaufzeichnungen aus dem Nahen Osten und der Veränderungen des asiatischen Monsuns. Mit dem Fortschreiten der Forschung hat sich die Zahl der festgestellten Ereignisse erhöht, und jüngsten Schätzungen zufolge haben mindestens 23 abrupte Klimaereignisse stattgefunden, also etwa zwei pro Jahrtausend.[163] Das Klima des Holozäns war durchweg instabil, wobei der aktuelle Klimaabbruch der letzte in einer langen Reihe von Schwankungen ist.

Das Problem ist, dass wir nicht in der Lage sind, die Ursache für fast alle abrupten Klimaereignisse des Holozäns bis auf eine Ausnahme zu bestimmen. Nachdem wir CO_2 als signifikanten Faktor ausgeschlossen haben, bleibt uns nur eine einzige glaubwürdige Hypothese zur Erklärung eines einzigen Ereignisses. Der plötzliche Austritt einer riesigen Menge eisigen Schmelzwassers aus einem riesigen Gletscherseesystem in Nordamerika in den Nordatlantik vor 8.300 Jahren soll zu einem der bedeutendsten abrupten Ereignisse des Holozäns beigetragen haben, dem so genannten 8,2-Tausendjähringes-Ereignis.

Unter den Wissenschaftlern besteht kein Konsens über die Ursache der zahlreichen abrupten Klimaereignisse während des Holozäns, und Klimamodelle waren bei der Erklärung dieser Ereignisse nicht hilfreich, da sie sie nicht nachbilden können. Einige Paläoklimatologen argumentieren, dass sie durch regelmäßige Schwankungen der Sonnenaktivität und sporadische Veränderungen der vulkanischen Aktivität verursacht wurden, aber die Modelle schreiben diesen natürlichen Einflüssen nur eine geringe Wirkung zu.

Quasi-periodische abrupte Abkühlungsereignisse

Um die Komplexität des holozänen Klimawandels zu vereinfachen, wollen wir uns auf vier bekannte und untersuchte Ereignisse konzentrieren, die laut Proxies wichtige klimatische Auswirkungen hatten. Bei diesen Ereignissen handelt es sich um die boreale Oszillation (vor 10.300 Jahren), das 5,2-Tausendjähringes-Ereignis (vor 5.200 Jahren), das 2,8-Tausendjähringes-Ereignis und die kleine Eiszeit (1300-1845 n. Chr.). Sie sind durch paläoökologische Perioden getrennt, die in Pollenstudien Mitte des 20. Jahrhunderts identifiziert wurden, wie in Abbildung 36 dargestellt. Drei dieser Ereignisse liegen 2.500 ± 300 Jahre auseinander, das vierte doppelt so lange, so dass ein Quasi-Zyklus mit einem fehlenden Takt entsteht. Dieser Quasi-Zyklus kann mit anderen identifizierbaren abrupten Ereignissen bis vor 20.500 Jahren, während des letzten glazialen Maximums, verlängert werden, ohne dass ein weiterer Takt fehlt.

Viele Klimaforscher betrachten das Klima als langfristiges Wetter, ein chaotisches, intern erzeugtes Phänomen, das sich ändert, wenn sich die Bedingungen, die den Energiefluss an der Spitze der Atmosphäre beeinflussen, ändern. Sie lehnen die Möglichkeit ab, dass das Klima zyklisch sein kann und auf kürzeren Skalen als den Milankovitch-Orbitalzyklen, die Zehntausende von Jahren dauern, von außen bestimmt wird. Ihr Standpunkt ist verständlich, wenn man

---

[163] Vinós, J., 2022. Climate of the past, present and future. A scientific debate. 2nd ed. p.61. Critical Science Press.

bedenkt, dass es in der Vergangenheit nicht gelungen ist, Klimaänderungen mit Veränderungen der Sonne oder des Mondes in Verbindung zu bringen. Die Beweise sind auch deshalb weniger überzeugend, weil die Veränderungen der Sonne und des Klimas nicht streng zyklisch, sondern quasi-periodisch sind. So schwankt die Länge des 11-jährigen Sonnenzyklus zwischen 9 und 14 Jahren, und seine Amplitude kann stark variieren. Trotz dieser Unregelmäßigkeit ist der Sonnenzyklus gut etabliert, da er sich in den letzten 200 Jahren viele Male wiederholt hat. Aber ein unregelmäßiger Zyklus, der 2.500 Jahre dauert und manchmal nicht nachweisbar ist, ist schwieriger zu akzeptieren, selbst wenn sich die Sonne so verhält. Infolgedessen bleiben Klimaforscher skeptisch gegenüber Beweisen, die den Klimawandel mit quasi-zyklischen Schwankungen externer Faktoren wie der Sonnenaktivität in Verbindung bringen.

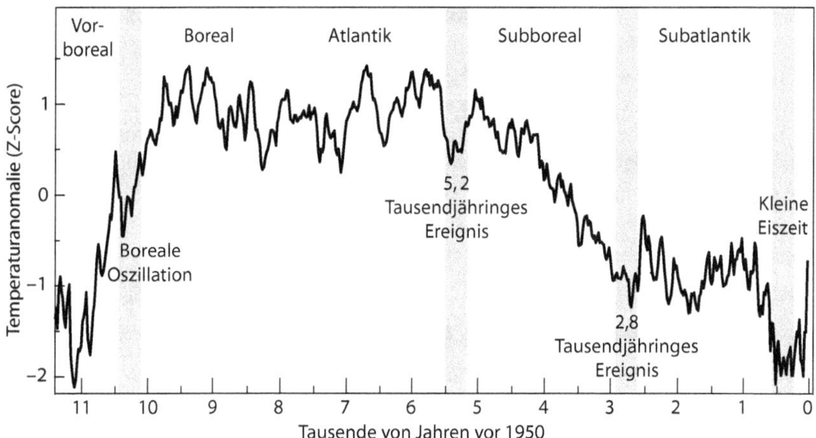

Abbildung 36. Vier große abrupte Klimaereignisse. Sie sind durch vertikale Balken in einer holozänen Temperaturrekonstruktion dargestellt (Kap. 21). Sie trennen einige zuvor anerkannte paläoökologische Perioden, die durch ihre Namen am oberen Rand gekennzeichnet sind.

Die vier in Abbildung 36 dargestellten abrupten Ereignisse hatten unterschiedliche Auswirkungen auf das sich entwickelnde Klima des Holozäns, da der Klimahintergrund während jedes Ereignisses anders war. Es gibt jedoch einige Veränderungen, die alle vier Ereignisse gemeinsam hatten und die durch verschiedene wissenschaftliche Studien belegt sind.[164] Zu diesen Veränderungen gehören:

- Eine spezifische Zunahme der Niederschläge in mittleren und hohen Breitengraden
- Abnehmende Niederschläge in tropischen und subtropischen Regionen
- Schwächere tropische Monsune
- Erhöhte Windstärke in mittleren und hohen Breitengraden
- Verstärkte polare atmosphärische Zirkulation
- Kühlung im Winter
- Abkühlung der Meeresoberfläche
- Zunahme des Temperaturunterschieds zwischen dem Äquator und den Polen
- Gletschervorstöße

---

[164] Vinós, op. cit., S. 106, und Verweise in Kapitel 6.

- Verstärkte Eisbergaktivität

All diese Faktoren deuten auf einen atmosphärischen Effekt hin, der mit einer Ausdehnung der polaren Zellen einhergeht, die zu einer südwärts gerichteten Verschiebung des Jetstreams, einer äquatorwärts gerichteten Verschiebung der Ferrel-Zelle und des subtropischen Jets sowie einer ähnlichen Verschiebung der absteigenden Teile der sich zusammenziehenden Hadley-Zellen führt. Diese Veränderungen in den Windmustern könnten für die Veränderungen bei den Niederschlägen und Temperaturen verantwortlich sein.

Wir können daraus schließen, dass diese vier Ereignisse eine erhebliche Veränderung der atmosphärischen Zirkulation auf dem Planeten bewirkten, die zu einer stärkeren Winterzirkulation führte, die durch einen zunehmend steilen Temperaturgradienten mehr Wärme in Richtung der Pole trieb. Wie bereits erörtert (Kap. 11-16), waren die Auswirkungen in der nördlichen Hemisphäre aufgrund der stärkeren und variableren Winterzirkulation in Richtung Arktis am ausgeprägtesten. Diese Ereignisse dauerten so lange und hatten so tief greifende Auswirkungen, dass sich das Klima des Planeten zu dem Zeitpunkt, als sie endeten und die atmosphärische Zirkulation sich wieder normalisierte, bereits in einen anderen Zustand verwandelt hatte. Im nächsten Kapitel werden wir die Beweise untersuchen, die die Hypothese stützen, dass Veränderungen der Sonnenaktivität diese Ereignisse verursacht haben.

Kasten 20. Sind die heutigen Temperaturen höher als in den vergangenen 125.000 Jahren?

Die derzeitige globale Erwärmung ist eine Abkehr von der allgemeinen Abkühlungstendenz der Neoglazialzeit. Zweifellos trägt die massive Menge an CO_2, die durch menschliche Aktivitäten in die Atmosphäre gelangt, zu dieser Erwärmung bei. Die meisten Wissenschaftler sind sich einig, dass dies die Hauptursache für die Erwärmung ist. Die moderne globale Erwärmung begann jedoch vor 180 Jahren, lange vor der Beschleunigung der Emissionen seit 1960. Außerdem zeigt der Temperaturanstieg nicht die erwartete Beschleunigung für den exponentiellen Anstieg des atmosphärischen CO_2, der derzeit zu beobachten ist.

Viele Menschen sind durch den ständigen Strom alarmierender Nachrichten über die Klimawissenschaft beunruhigt, und eine Schlüsselfrage ist, wie ungewöhnlich das derzeitige abrupte Klimaereignis ist. Wir haben atmosphärische CO_2 Werte erreicht, die in den letzten 3 Millionen Jahren seit der Warmzeit des mittleren Pliozäns auf der Erde nicht mehr beobachtet wurden und die um 60 % höher sind als während des klimatischen Optimums des Holozäns. Wenn CO_2 tatsächlich die primäre Triebkraft des Klimas ist, wie viele glauben, dann sollte die derzeitige Temperatur nach so viel Erwärmung irgendwo zwischen diesen beiden Warmzeiten liegen. Einige Temperaturrekonstruktionen aus dem Holozän unterstützen dies, und im IPCC-Bewertungsbericht 6. heißt es: *„Die Temperaturen des letzten Jahrzehnts waren wahrscheinlich höher als zu Beginn des langen Abkühlungstrends vor etwa 6500 Jahren.“*[165]

---

[165] Gulev, S.K., et al., 2021. Climate change 2021: The physical science basis. 6th AR IPCC. p.378. doi.org/10.1017/9781009157896.004

Die Behauptung, dass die derzeitigen Oberflächentemperaturen höher sind als während des holozänen Klimaoptimums, ist unzuverlässig. Diese Schlussfolgerung stützt sich auf einen Vergleich einer stellvertretenden Rekonstruktion der holozänen Temperatur mit instrumentellen Datensätzen. Ein solcher Vergleich verdient mehrere wichtige Kritikpunkte. Proxies zeichnen nicht direkt Temperaturänderungen auf, sondern sind das Ergebnis biologischer oder geologischer Prozesse, die auf Temperaturänderungen reagieren. Die Umrechnung von Proxydaten in Temperaturänderungen ist mit vielen Unsicherheiten und unbewiesenen Annahmen verbunden. Die Kombination von marinen und terrestrischen Proxies zum Vergleich von Temperaturänderungen ist ebenfalls problematisch, da sie sich nicht auf die gleiche Weise verändern. Proxy- und Instrumentaltemperaturen unterscheiden sich grundlegend und sollten nicht quantitativ verglichen werden. Außerdem ist die Erstellung einer Proxy-Sammlung oder eines Temperaturdatensatzes mit vielen menschlichen Entscheidungen verbunden, die anfällig für unbeabsichtigte kognitive Verzerrungen sind. Gibt es noch andere Hinweise darauf, ob das holozäne Klimaoptimum wärmer oder kälter war als heute? Ja, wir haben zwei: Gletscher und Bäume.

Das holozäne Klimaoptimum war der Zeitraum der letzten 100.000 Jahre, in dem die Gletscher am kleinsten waren, während die kleine Eiszeit der Zeitraum der letzten 7.000 Jahre war, in dem die Gletscher am größten waren. Zwischen 8.000 und 4.000 Jahren vor heute waren die Gletscher in den meisten Regionen der mittleren und hohen Breiten der nördlichen Hemisphäre im Allgemeinen kleiner als heute. Der 6. IPCC-Bewertungsbericht räumt ein, dass die meisten Gletscher in der nördlichen Hemisphäre heute größer sind als früher, weist aber darauf hin, dass sie relativ viel Zeit haben, sich anzupassen. Allerdings sind 80 % der weltweiten Gletscher sehr klein, mit einer Fläche von 1 km^2 oder weniger, und die Gletscher werden eher von der durchschnittlichen Jahrestemperatur und den Niederschlägen an ihrer Oberfläche als von der globalen Erwärmung beeinflusst.

Die tropischen Gletscher sind seit 1980 am stärksten geschrumpft, obwohl die Erwärmung in diesen Gebieten weniger intensiv war. Die Gletscher in den mittleren und hohen Breiten, wo die Erwärmung intensiver war, haben sich nicht so stark zurückgezogen.[166] Es ist wichtig zu wissen, dass der Gletscherschwund nicht nur auf den Temperaturanstieg zurückzuführen ist; auch die anthropogene Anhäufung von schwarzem Kohlenstoff (Ruß) und Schutt trägt dazu bei. Diese nicht klimabedingten Faktoren werden den derzeitigen Schwund wahrscheinlich noch verstärken. Die außertropische nördliche Hemisphäre hat die stärkste Erwärmung durch die moderne globale Erwärmung erfahren. Das Vorhandensein mehrerer Gletscher und kleiner permanenter Eisflächen dort, die während des holozänen Klimaoptimums nicht existierten, ist ein starker Beweis dafür, dass es in der Vergangenheit wärmer war als heute.

Eine weitere Möglichkeit, um festzustellen, ob das Klimaoptimum im Holozän wärmer war als heute, ist ein Blick auf die Biologie. Bäume wachsen nicht oberhalb einer bestimmten Höhe über dem Meeresspiegel, der so genannten Baum-

---

[166] Li, Y.J., et al., 2019. Adv. Clim. Change Res. 10 (4), pp.203-213.
    doi.org/10.1016/j.accre.2020.03.003

grenze. Die Temperatur ist der Hauptfaktor, der bestimmt, wo die Baumgrenze liegt. Infolgedessen hat sich die Baumgrenze im letzten Jahrhundert vielerorts nach oben verschoben, insbesondere in der außertropischen nördlichen Hemisphäre, wo die Wintererwärmung besonders intensiv war.

Zahlreiche Studien haben gezeigt, dass während des holozänen Klimaoptimums die Baumgrenze in den italienischen Alpen, den Schweizer Zentralalpen (Abb. B20), den Pyrenäen, Schwedisch-Skandinavien und Britisch-Kolumbien viel höher lag als heute.

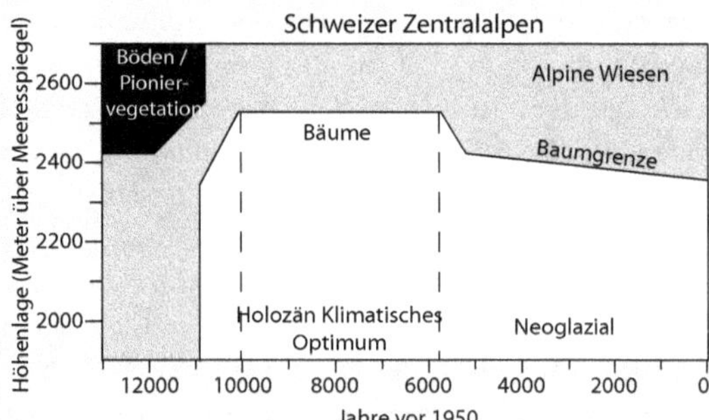

Abbildung B20. Schwankungen der Baumgrenze in den Schweizer Zentralalpen während des Holozäns. Höhe in Metern über dem Meeresspiegel. Die heutige Baumgrenze in den Schweizer Zentralalpen liegt 150-200 m unter der Baumgrenze des holozänen Klimaoptimums.[167]

Die nördliche Hemisphäre hat in den letzten Jahrzehnten die stärkste Klimaerwärmung erfahren. Studien haben gezeigt, dass viele Laubbaumarten in dieser Hemisphäre das thermische Gleichgewicht erreicht haben, was bedeutet, dass sie in höheren Lagen nicht mehr wachsen können, weil es dort zu kalt ist.[168] Während des holozänen Klimaoptimums konnten dieselben Baumarten jedoch weit über ihre heutigen Grenzen hinaus wachsen. Dies macht deutlich, dass der Planet heute nicht wärmer sein kann als damals, unabhängig von Proxy-Rekonstruktionen oder der Homogenisierung von Temperaturdaten. Wäre der Planet heute wärmer, wären die Baumarten entweder aus dem thermischen Gleichgewicht geraten oder ihre Gleichgewichtshöhe wäre höher als während des holozänen Klimaoptimums.

Zusammengefasst

Während des Holozäns war das Klima instabil, und es gab zahlreiche abrupte Klimaereignisse, etwa zwei pro Jahrtausend, die nicht durch Veränderungen der CO_2-Gehalte verursacht worden sein können. Einige dieser Ereignisse traten in fast regelmäßigen Abständen auf und waren mit einer erheblichen Umstrukturierung der Atmosphäre verbunden, die zu einem steileren Temperaturgradienten, einer Verringerung der tropischen Zonen und einer Ausdehnung der Polargebiete führte. Dies wiederum verstärkte den polwärts gerichteten Wärmetransport, was zu einer globalen Abkühlung und erheblichen Veränderungen der Niederschlagsmuster führte. Das aktuelle abrupte Klimaereignis ist nur das letzte in einer langen Kette. Trotz der eingetretenen Erwärmung geht aus den glaziologischen und biologischen Daten eindeutig hervor, dass das Klimaoptimum des Holozäns wärmer war als das der Gegenwart. Diese Beweise sind zuverlässiger als unsichere Rekonstruktionen.

---

[167] Tinner, W. & Theurillat, J.P., 2003. Arct. Antarct. Alp. Res. 35 (2), pp.158-169.
doi.org/10.1657/1523-0430(2003)035[0158:ULEAFO]2.0.CO;2
[168] Randin, C.F., et al., 2013. Glob. Ecol. Biogeogr. 22 (8), pp.913-923.
doi.org/10.1111/geb.12040

KAPITEL 23
FRÜHERE SONNENAKTIVITÄT UND KLIMA

Wissenschaftler haben Radiokohlenstoffdatierungen verwendet, um die Sonnenaktivität der Vergangenheit zu rekonstruieren, und haben Beweise dafür gefunden, dass einige der wichtigsten abrupten Klimaereignisse in der Geschichte während langer und tiefer Sonnenminima, insbesondere des Spörer-Typs, stattfanden. Diese Sonnenminima sind Teil einer 2.500-jährigen solarklimatischen Periodizität, die als Bray-Zyklus bekannt ist, dem wichtigsten Klimazyklus mit einer Frequenz von weniger als 10.000 Jahren. Die Bedeutung dieses Sonnenzyklus für den Klimawandel wird auch dadurch untermauert, dass der stärkste Rückgang der menschlichen Bevölkerung in Zeiten lang anhaltender geringer Sonnenaktivität auftrat.

Es ist wichtig, darauf hinzuweisen, dass die Sonnenaktivität, wenn sie in der Vergangenheit einen solchen Einfluss auf das Klima hatte, wahrscheinlich auch heute noch einen spürbaren Einfluss auf das Klima hat. Allerdings berücksichtigen die Klimamodelle derzeit keine signifikanten Auswirkungen der Sonnenaktivität auf das Klima, und viele Wissenschaftler lehnen diese Möglichkeit ab.

Radiokarbondatierung und vergangene Sonnenaktivität

Die Radiokohlenstoffdatierung war ein wissenschaftlicher Durchbruch. Sie ermöglicht nicht nur archäologische Datierungen, sondern auch die Bestimmung der vergangenen Sonnenaktivität. Die Methode beruht auf dem Eintreffen hochenergetischer kosmischer Strahlen, die in der Atmosphäre ein radioaktives Isotop namens ^{14}C erzeugen. Dieses ^{14}C verbindet sich mit Sauerstoff, um eine kleine Menge an radioaktivem $^{14}CO_2$ in der Atmosphäre zu erzeugen, während der größte Teil des CO_2 nicht-radioaktives $^{12}CO_2$ ist. Pflanzen nutzen beide Arten von CO_2, und die Kohlenstoffatome dieser Moleküle gelangen in die Körper aller lebenden Organismen. Im Laufe der Zeit zerfällt ^{14}C mit einer konstanten Rate radioaktiv zu ^{12}C. Je älter also eine organische Probe ist, desto weniger ^{14}C enthält sie. Die Radiokohlenstoffdatierung basiert auf der Bestimmung des Verhältnisses $^{14}C/^{12}C$ von alten organischen Überresten.

Die Radiokohlenstoffdatierung ist keine perfekte Methode zur Zeitmessung, da das Verhältnis $^{14}C/^{12}C$ in der Atmosphäre nicht konstant ist. Dieses Verhältnis wird durch Änderungen der CO_2 Menge in der Atmosphäre beeinflusst, was sich auf die Menge von ^{12}C auswirkt. Während der letzten 11.000 Jahre bis 1850 waren die Änderungen von CO_2 jedoch minimal (Kap. 21), so dass der große ^{12}C-Term während des Holozäns nur sehr wenig schwankt, so dass er leicht anzupassen ist.

Andererseits wird die Produktion von ^{14}C durch Veränderungen im Sonnen- und Erdmagnetfeld beeinflusst, die sich auf die Anzahl der kosmischen Strahlen auswirken, die die Erde erreichen. Das Magnetfeld der Erde verändert sich langsam über Tausende von Jahren, während das Magnetfeld der Sonne ständig in Bewegung ist. Wenn die Sonne weniger aktiv ist, schwächt sich ihr Magnetfeld ab, so dass mehr kosmische Strahlung die Erde erreicht und mehr ^{14}C erzeugt. Dies wiederum erhöht das Verhältnis $^{14}C/^{12}C$, so dass ältere Proben jünger erscheinen, weil sie mehr ^{14}C enthalten.

Umgekehrt läuft die Radiokohlenstoffuhr langsamer, wenn die Sonnenaktivität hoch ist, weil das Verhältnis $^{14}C/^{12}C$ abnimmt. Da die Radiokohlenstoffuhr unregelmäßig läuft, entsprechen die Radiokohlenstoffdaten nicht linear den Kalenderdaten.

Radiokohlenstoff-Wissenschaftler verwenden eine Kalibrierungskurve, um Radiokohlenstoffdaten in kalibrierte Daten oder Kalenderdaten umzuwandeln, wenn sie alte Daten bestimmen. Dieser Prozess begann in den 1950er Jahren, und das Ausgangsjahr für den kalibrierten Kalender ist 1950. Daher beziehen sich viele Diagramme auf die Zeit vor 1950, die in den meisten Paläo-Datierungsstudien als Gegenwart betrachtet wird. Die Kalibrierungskurve ist ein zuverlässiges wissenschaftliches Ergebnis, das in Abbildung 37a dargestellt ist und unabhängig von Klimastudien ist.

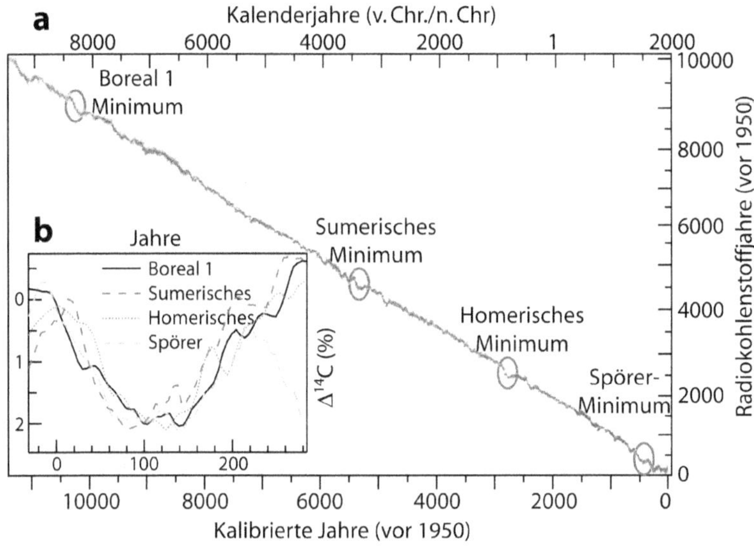

Abbildung 37. Radiokohlenstoffdatierung und vergangene Sonnenaktivität. a) Radiokohlenstoff-Kalibrierungskurve, die die Umrechnung von Radiokohlenstoffdaten in kalibrierte oder Kalenderdaten ermöglicht.[169] Vier der größten Abweichungen von der Linearität sind durch Ovale mit dem Namen des entsprechenden großen Sonnenminimums gekennzeichnet. b) Überlagerung der vier Minima vom Spörer-Typ zum Vergleich ihrer Dauer und Wirkung auf die ^{14}C-Werte.

Die Kurve in Abbildung 37a zeigt lange Perioden geringer Sonnenaktivität, so genannte solare große Minima, die als Dellen erscheinen. Unter diesen gibt es eine besondere Art von großes Sonnenminimum, den Spörer-Typ, der 200 Jahre dauert und die geringste Sonnenaktivität aufweist, die einen Anstieg von 2 % bei ^{14}C verursacht. Es gibt nur vier Minima vom Spörer-Typ im Holozän, die in Abbildung 37a mit Ovalen markiert und in Abbildung 37b dargestellt sind. Diese Zeiträume sind genau datiert und entsprechen den vier Zwei-Jahrhundert-Perioden mit der geringsten Sonnenaktivität während des Holozäns. Welche klimatischen Bedingungen herrschten während dieser Zeiträume?

---

[169] Reimer, P.J., et al., 2013. Radiocarbon, 55 (4), pp.1869-1887.
    doi.org/10.2458/azu_js_rc.55.16947

Ein 2.500-jähriger Sonnen- und Klimazyklus

Um die Beziehung zwischen Sonnenaktivität und Klima zu untersuchen, können wir die Abbildungen 36 (Kap. 22) und 37a zu Abbildung 38 kombinieren. Das Ergebnis ist recht aufschlussreich. Die vier Perioden mit der geringsten Sonnenaktivität während des Holozäns fallen mit vier der größten und bekanntesten abrupten Klimaereignisse des Holozäns zusammen. Dieser Beweis ist unbestreitbar, und die Richtung der Kausalität kann nicht angezweifelt werden, da die Ereignisse auf der Erde die Sonnenaktivität nicht beeinflussen. Es überrascht nicht, dass viele Paläoklimatologen davon überzeugt sind, dass die Sonnenaktivität trotz ihrer geringen Energieänderungen einen wichtigen Einfluss auf das Klima hat, da die Beweise dafür eindeutig sind. Tatsächlich haben die Autoren einer Studie über den Klimawandel im Holozän eine eingehende, multidisziplinäre Bewertung des Potenzials der solaren Modulation des Klimas auf Hundertjahresskalen gefordert.[170] Die meisten Klimawissenschaftler leugnen jedoch diese eindeutigen paläoklimatischen Beweise. Eine kürzlich durchgeführte Modellierungsstudie über die möglichen Auswirkungen eines großen Sonnenminimums im 21. Jahrhundert kam zu dem Schluss, dass es zu einem Temperaturunterschied von nur 0,3 °C kommen würde und sich die globale Erwärmung somit fortsetzen würde, wenn auch langsamer.[171] Dies steht in krassem Gegensatz zu den paläoklimatischen Erkenntnissen.

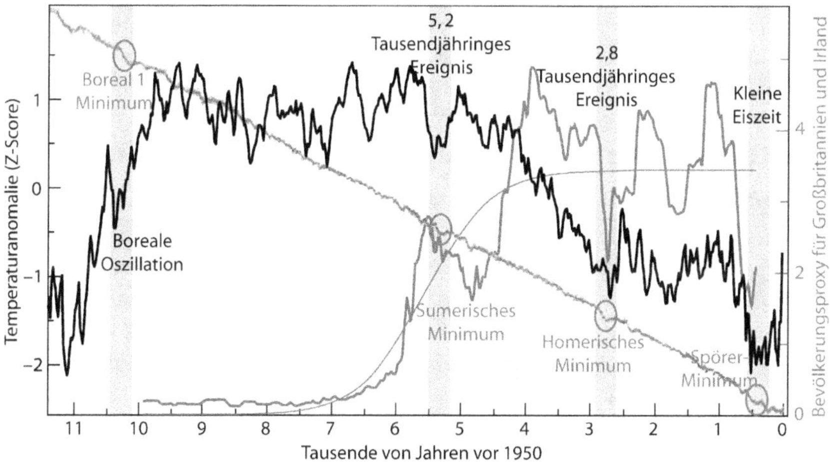

Abbildung 38. Korrespondenz zwischen Sonne und Klima. Vier große abrupte Klimaereignisse (graue Balken), die durch eine holozäne Temperaturrekonstruktion (schwarze Kurve, Kap. 21) angezeigt werden, fallen mit den vier solaren Tiefstständen vom Spörer-Typ (graue Ovale) zusammen. Ein Stellvertreter für die menschliche Bevölkerung auf den Britischen Inseln (graue Kurve) zeigt einen Bevölkerungsrückgang während dieser und anderer Abkühlungsperioden.[172]

---

[170] Rohling, E.J., et al., 2002. Clim. Dyn. 18 (7), pp.587-593.
doi.org/10.1007/s00382-001-0194-8

[171] Arsenovic, P., et al., 2018. Atmospheric Chem. Phys. 18 (5), pp.3469-3483.
doi.org/10.5194/acp-18-3469-2018

[172] Bevan, A., et al. (2017). PNAS, 114 (49), pp.E10524-E10531.
doi.org/10.1073/pnas.1709190114

Im vorangegangenen Kapitel haben wir die vier großen abrupten Klimaereignisse erörtert, die gemäß einer möglichen unregelmäßigen Periodizität von 2.500 Jahren aufgetreten sein könnten. Diese Beobachtung wurde erstmals 1968 von Roger Bray gemacht, der einen 2.500-jährigen Zyklus der Sonnenaktivität mit dem Klima in Verbindung brachte.[173] Infolgedessen wurde dieser Zyklus kürzlich als Bray-Zyklus bezeichnet.[174]

Die meisten Klimatologen bestreiten, dass die Sonnenaktivität einen wesentlichen Einfluss auf das Klima hat. Sie argumentieren, dass der 11-jährige Sonnenzyklus nur eine geringe Auswirkung auf das Klima hat und dass es keinen anerkannten Mechanismus für einen stärkeren Sonneneffekt gibt. Außerdem ist die Existenz längerer Sonnenzyklen problematisch. Es wurde ein Sonnenmodell entwickelt, um den bekannten 11-jährigen Zyklus zu erklären, aber für längere Zyklen ist keine Ursache bekannt. Es wurden einige Hypothesen zur Erklärung längerer Zyklen vorgeschlagen, die darauf hindeuten, dass die Umlaufbahnen der Planeten die Sonnenaktivität durch verschiedene Mechanismen beeinflussen, aber es gibt keine Beweise für diese Hypothesen.

Die Beweise deuten darauf hin, dass die längeren Sonnenminima vom Spörer-Typ einen größeren Einfluss auf das Klima haben als die kürzeren Minima vom Maunder-Typ, die etwa 70 Jahre dauern. Dies bedeutet, dass sich die Auswirkungen der geringen Sonnenaktivität auf das Klima im Laufe der Zeit akkumulieren und umso stärker werden, je länger das Minimum andauert. Dies könnte erklären, warum der 11-jährige Sonnenzyklus eine relativ geringe Wirkung hat, da die Sonnenaktivität nur etwa fünf Jahre lang unter dem Durchschnitt liegt.

Kasten 21. Der tausendjährige Sonnenzyklus in den letzten 2.000 Jahren

Die Analyse der Sonnenaktivität in der Vergangenheit zeigt eine eindeutige tausendjährige Häufigkeit, die in erster Linie auf dem häufigsten Auftreten des Maunder-Minimums beruht. Das Maunder-Minimum, das mit neu erfundenen Teleskopen identifiziert wurde, trat zwischen 1645 und 1715 auf und war das letzte große Sonnenminimum. Es fiel mit der Kleinen Eiszeit zusammen, die durch niedrigere Temperaturen und die größten Gletschervorstöße des Holozäns gekennzeichnet war. Trotz einiger warmer Sommer in Europa, China und Nordamerika gab es in dieser Zeit auch einige der kältesten Winter seit Beginn der Aufzeichnungen.

Der 1.000-jährige Sonnenzyklus ist nach John Eddy benannt, dem Astronomen, der in den 1970er Jahren das Interesse am Maunder-Minimum wiederbelebte. Dieser Zyklus ist sehr unregelmäßig und tritt in den Aufzeichnungen von ^{14}C während des frühen Holozäns und der letzten 2000 Jahre deutlich hervor, dazwischen jedoch weniger deutlich. Der Bray-Zyklus und der Eddy-Zyklus sind nahezu phasengleich, d. h. ihre Minima treten alle 5.000 Jahre zeitlich nahe beieinander auf. Das letzte Mal war dies während der Kleinen Eiszeit der Fall, die zu einer Serie von drei großen Sonnenminima in weniger als 500 Jahren führte und mit der

---

[173] Bray, J.R., 1968. Nature, 220, pp.672-674. doi.org/10.1038/220672a0
[174] Vinós, J., 2022. Climate of the past, present and future. A scientific debate. Critical Science Press.

kältesten Periode des Holozäns zusammenfiel. Dieses Zusammentreffen wird sich erst in 4.500 Jahren wieder ereignen, und wenn es soweit ist, besteht eine gute Chance, dass es die nächste Eiszeit auslöst, wenn sie nicht schon begonnen hat.

Die Beweise, die die Sonnenaktivität mit bedeutenden klimatischen Veränderungen in Verbindung bringen, legen nahe, dass der Eddy-Zyklus in den letzten 2000 Jahren eine wichtige Rolle gespielt hat. Abbildung B21 veranschaulicht dies, indem sie den [14]C Datensatz als Stellvertreter für die Sonnenaktivität zeigt, mit einer 1.000-jährigen sinusförmigen Frequenz, die durch Bandpassfilterung aus den Daten gewonnen wurde. Die Abbildung zeigt auch einen Stellvertreter für das Klima, nämlich die Menge der Eisberge im Nordatlantik, die anhand des Gehalts an petrologischen Tracern in benthischen Bohrkernen gemessen wird.[175] Diese Spurenstoffe werden von Eisbergen transportiert und beim Schmelzen freigesetzt. In kalten Perioden mit höherem Schneefall im Winter schieben sich die Küstengletscher weiter vor und setzen mehr Eisberge frei, wodurch sich die Menge an Spurenstoffen erhöht. Auch wenn die beiden Kurven nicht immer perfekt übereinstimmen, ist die Korrelation insgesamt zu stark, um sie als Zufall abzutun. Jede Zunahme der Eisbergaktivität, die auf kältere Temperaturen hinweist, entspricht einer Abnahme der Sonnenaktivität. Die beobachtete Beziehung impliziert daher, dass die Sonnenaktivität in den letzten 2000 Jahren auf einer hundertjährigen Zeitskala die Haupttriebkraft des Klimas war.

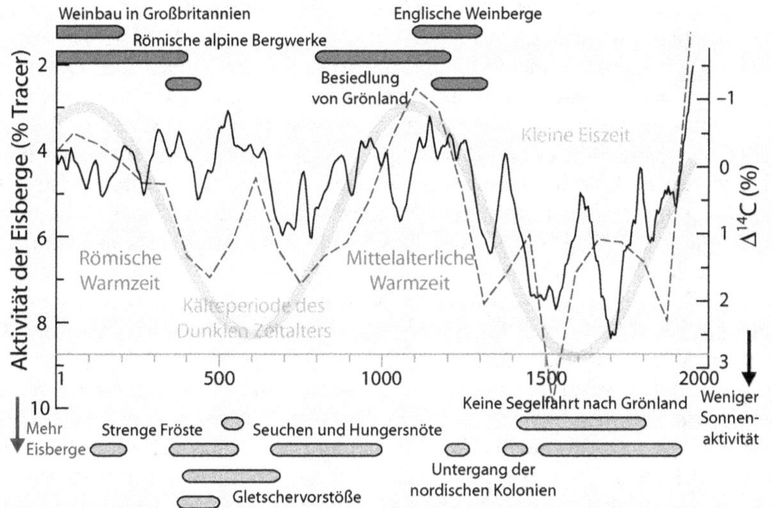

Abbildung B21. Der tausendjährige Sonnen-Klima-Zyklus der letzten 2000 Jahre. Die Schwankungen von [14]C (schwarze Kurve), ein Indikator für die Sonnenaktivität, werden mit der Eisbergaktivität im Nordatlantik (gestrichelte graue Kurve), einem Indikator für das Klima, verglichen. Die hellgraue Sinuskurve zeigt die tausendjährige Häufigkeit der ^{14}C-Variabilität, die durch Bandfilterung der Daten ermittelt wurde. Sie definiert zwei warme und zwei kalte Perioden, die durch eine große Anzahl von Belegen gestützt werden, von denen einige durch dunkel- und mittelgraue Balken dargestellt sind (siehe Haupttext).

---

[175] Bond, G., et al., 2001. Science, 294 (5549), pp.2130-2136.
doi.org/10.1126/science.1065680

Das Klima der letzten zwei Jahrtausende ist durch vier Phasen gekennzeichnet: die römische Warmzeit (die um 400 endete), die Dunkelzeitalter Kaltzeit (zweiteilig, mit einer frühen Phase um 500 und einer späten Phase um 700), die mittelalterliche Warmzeit (mit dem Zentrum um 1100) und die kleine Eiszeit (die um 1300 begann). Dieses Schema mit seiner tausendjährigen Quasi-Periodizität wird durch eine Fülle historischer, biologischer, geologischer und klimatischer Belege gut gestützt. In einer kürzlich erschienenen Veröffentlichung werden einige dieser Belege in Form der farbigen Balken in Abbildung B21 dargestellt, wobei Dunkelgrau für warm und Hellgrau für kalt steht.[176]

Dieses Schema stellt jedoch für einige Klimawissenschaftler ein Problem dar, da die gegenwärtige Phase aufgrund der erhöhten Sonnenaktivität seit dem Ende der kleinen Eiszeit unabhängig von den Emissionen warm sein soll. Dies widerspricht den Klimamodellen und entschärft den Klimanotstand, auch wenn die steigenden CO_2 Werte zur beobachteten Erwärmung beitragen.

Auswirkungen des Sonnenklimas auf die menschliche Gesellschaft

Archäologen verwenden die Radiokohlenstoffdatierung, um das Alter von Holz und organischen Überresten zu bestimmen, die an archäologischen Stätten gefunden wurden. Da die Zahl der von den Forschern gesammelten Radiokarbondaten im Laufe der Zeit erheblich zugenommen hat, haben sie diese Informationen zur Schätzung alter Bevölkerungen verwendet. Die Theorie besagt, dass größere und reichhaltigere Stätten mit mehr organischen Überresten auf eine größere Bevölkerung hindeuten, die wiederum Material für mehr Radiokarbondaten liefert. In einer kürzlich durchgeführten Studie wurde dieser Ansatz verwendet, um die Bevölkerungsentwicklung auf den Britischen Inseln während des Holozäns zu bewerten, und es wurde ein erheblicher Bevölkerungsrückgang in Zeiten geringer Sonnenaktivität und abrupter Klimawandel festgestellt (Abb. 38, graue Kurve). Das Ergebnis bestätigt, dass es sich hierbei um ein reales Phänomen handelt und dass die geringere Sonnenaktivität und der darauf folgende Klimawandel zu Nahrungsmittelknappheit und damit zu Leid und Elend führten. Die Autoren stellen fest, *dass es während des Holozäns mehrfach zu einem Rückgang der menschlichen Bevölkerung kam, der mit periodischen Episoden geringerer Sonnenaktivität und einer Klimaveränderung zusammenfiel.*[177]

Abbildung 38 zeigt eine klare Beziehung zwischen Bevölkerungs- und Temperaturkurven, was die Genauigkeit dieser holozänen Temperaturrekonstruktion bestätigt, die auch durch glaziologische Belege gestützt wird (Kap. 21).

Die Studie über die menschliche Bevölkerung zeigt auch einen tausendjährigen Bevölkerungszyklus mit Spitzenwerten alle tausend Jahre in den letzten vier Jahrtausenden, was eine klimatische Quasi-Periodizität in Phase mit dem

---

[176] Moffa-Sánchez, P. & Hall, I.R., 2017. Nat. Commun. 8 (1), S.1726.
doi.org/10.1038/s41467-017-01884-8

[177] Bevan, A., et al. (2017). PNAS, 114 (49), pp.E10524-E10531.
doi.org/10.1073/pnas.1709190114

tausendjährigen Zyklus der Sonnenaktivität unterstützt. Die meisten Klimaforscher lehnen jedoch die Idee eines tausendjährigen Klimazyklus ab, da historische Ereignisse wie die römische und mittelalterliche Warmzeit, die Dunkelzeitalter Kaltzeit und die kleine Eiszeit nicht angemessen durch die Klimahypothese des verstärkten CO_2 Effekts erklärt werden können. Einige Wissenschaftler betrachten diese Ereignisse als regionale Anomalien mit geringen globalen Auswirkungen. Die Annahme der tausendjährigen Periodizität würde bedeuten, dass eine Erwärmung auch ohne menschliche Emissionen eintreten müsste, was den Klimamodellen widerspricht. Diese Klimaperiodizität zu akzeptieren hieße zuzugeben, dass die Modelle grundlegend falsch sind. Dies wird wahrscheinlich nicht zugegeben werden, egal wie viele Beweise es für einen tausendjährigen Klimazyklus gibt, sei es durch die Sonne oder anderweitig.

Zusammengefasst

Die Variabilität von Sonnenaktivität und Klima ist enorm. Die Betrachtung des längsten Sonnenminimums zeigt, dass es während des Holozäns viermal auftrat und mit vier der wichtigsten abrupten Klimaereignisse zusammenfiel. Diese Ereignisse folgen einem unregelmäßigen Bray-Zyklus von etwa 2.500 Jahren. Darüber hinaus folgt der Eddy-Zyklus, der bei weniger starken Sonnenminima auftritt, einer tausendjährigen Frequenz. Zusammen sind diese Zyklen für einen Großteil der Klimaschwankungen im Holozän verantwortlich. Die durch diese Sonnenzyklen verursachte Periodizität hat sich in Zeiten lang anhaltender geringer Sonnenaktivität erheblich auf die menschliche Bevölkerung ausgewirkt, wie die archäologischen und historischen Aufzeichnungen belegen. Die Beweise deuten darauf hin, dass die Sonnenaktivität, wenn sie das Klima in der Vergangenheit beeinflusst hat, dies auch jetzt tun muss, auch wenn wir nicht ganz verstehen, wie. Diese Beweise stehen im Widerspruch zu unseren Klimamodellen und lassen Zweifel an der Existenz einer Klimakrise aufkommen.

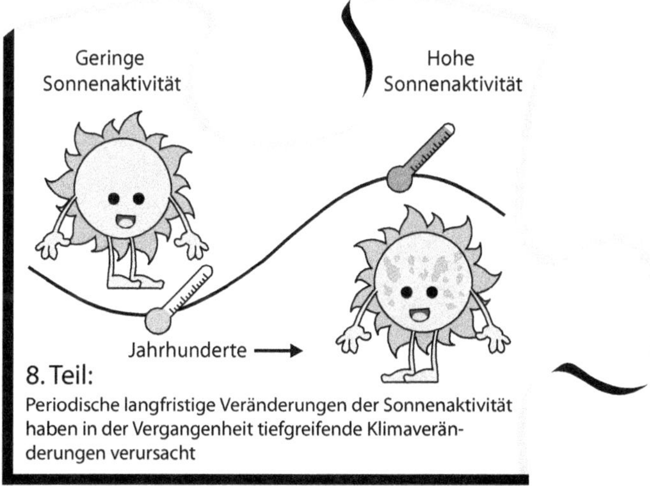

8. Teil:
Periodische langfristige Veränderungen der Sonnenaktivität haben in der Vergangenheit tiefgreifende Klimaveränderungen verursacht

ABSCHNITT 6 SCHLÜSSELTHEMEN

Zu bestimmten Zeiten war es auf der Erde extrem warm und feucht, und an den Polen gab es Palmen und Krokodile. Wir können nicht erklären, wie dies möglich war, da der CO_2-Gehalt dies nicht verursacht haben kann und der geringe Temperaturunterschied zwischen den Polen und dem Äquator zu einem geringen Wärmetransport geführt haben muss. Der Schlüssel zur Lösung dieses Rätsels liegt in der Erkenntnis, dass die Pole als Kühlkörper wirken und der Planet umso kälter wird, je mehr Wärme zu ihnen transportiert wird. Die späte känozoische (aktuelle) Eiszeitalter ist das Ergebnis tektonischer Veränderungen, nicht von CO_2 Veränderungen, und die letzten 50 Millionen Jahre zeigen kaum eine Korrelation zwischen CO_2 und Temperaturänderungen.

Die Übereinstimmung der Aufzeichnungen in der Antarktis zwischen CO_2 und Temperatur während des Pleistozäns überzeugte die meisten Wissenschaftler jedoch von einer engen Beziehung. Diese Beziehung ist in der Gegenwart nicht mehr gegeben, da die CO_2-Werte enorm ansteigen, während sich die Antarktis nicht erwärmt. Auch für die letzten 11.000 Jahre fehlt dieser Zusammenhang, da sich beide in entgegengesetzte Richtungen entwickeln. Steigende CO_2-Werte und eine gleichzeitige Erwärmung seit 1975 dürften eher die Ausnahme als die Regel sein. Glaziologische und biologische Beweise bestätigen, dass das Klimaoptimum im Holozän trotz gegenteiliger Behauptungen wärmer war als heute.

Darüber hinaus gab es im Holozän viele abrupte Klimaereignisse, die nicht mit CO_2 zusammenhängen. Vier der wichtigsten Ereignisse mit einer Quasi-Periodizität von 2.500 Jahren waren mit einer starken Umstrukturierung der Atmosphäre verbunden, die zu einem steileren Temperaturgradienten, einer Verringerung der tropischen Zonen und einer Ausdehnung der Polargebiete führte. Dies wiederum verstärkte den polwärts gerichteten Wärmetransport, was zu einer globalen Abkühlung und erheblichen Veränderungen der Niederschlagsmuster führte. Überraschenderweise fallen diese vier Ereignisse mit den einzigen vier großen Sonnenminima zusammen, die 200 Jahre lang andauerten. Ihre klimatischen Auswirkungen gingen mit starken Auswirkungen auf die damalige menschliche Bevölkerung einher. Wenn die Sonnenaktivität in der Vergangenheit eine so starke klimatische Wirkung hatte, können wir ihren Beitrag zum gegenwärtigen Klimawandel nicht ausschließen.

ABSCHNITT 7. VULKANE

KAPITEL 24
VULKANE UND KLIMAWANDEL

Im Jahr 1815 explodierte der Berg Tambora beim größten Vulkanausbruch seit tausend Jahren. Dies führte im folgenden Jahr zu einer großen Wetterstörung auf der Nordhalbkugel. Instrumentelle Messungen und Klimaexperimente haben jedoch gezeigt, dass die Auswirkungen großer Eruptionen auf die Temperatur relativ gering und von kurzer Dauer sind. Im Durchschnitt sinken die Temperaturen nur um 0,2-0,3 °C für 3-4 Jahre. Klimamodelle überschätzen häufig die Auswirkungen von Vulkanausbrüchen und berücksichtigen nicht die schnelle Erholung, die in den Jahren nach einem Ausbruch beobachtet wird. Ausgehend von den verfügbaren Daten scheint die vulkanische Aktivität auf hundertjährigen und längeren Zeitskalen keine wesentliche Rolle als Klimatreiber zu spielen.

Das Jahr ohne Sommer

Der größte Vulkanausbruch, der jemals in der Geschichte der Menschheit verzeichnet wurde, ereignete sich im April 1815 auf der indonesischen Insel Sumbawa. Der Ausbruch des Berges Tambora kostete 10.000 Menschen das Leben, vernichtete die Vegetation der Insel und kostete mindestens 50.000 weitere Menschen das Leben durch Krankheiten und Hunger. Die Vulkanfahne reichte 43 Kilometer in die Stratosphäre.

In der nördlichen Hemisphäre war das Wetter im Jahr des Vulkanausbruchs nicht ungewöhnlich, abgesehen von einigen atemberaubenden Sonnenuntergängen. Im folgenden Jahr jedoch nahmen die Dinge eine dramatische Wendung. Anfang Juni 1816, mehr als ein Jahr nach dem Ausbruch, begannen Berichte über seltsame Wettermuster aufzutauchen. Der späte Frühling war in verschiedenen Teilen der nördlichen Hemisphäre entweder extrem trocken oder extrem nass, und die Temperaturen sanken aufgrund eisiger Winde aus dem Norden stark ab. In jedem Sommermonat kam es an Orten, an denen es noch nie Frost gegeben hatte, zu starken Frösten, und in anderen Gebieten schien der Himmel ständig bedeckt zu sein. Diese Kombination von extremen Bedingungen führte in vielen Ländern zu Ernteausfällen, die in Irland, Frankreich, England, China und den Vereinigten Staaten zu Nahrungsmittelknappheit und Unterernährung führten. Das Jahr ohne Sommer löste auch Typhusepidemien in Teilen Europas und Cholera in Indien aus, während der Monsunregen verspätet und in Strömen eintraf und im chinesischen Jangtse-Tal verheerende Überschwemmungen verursachte.

Die Menschen konnten die seltsamen Wettermuster nicht mit dem Vulkanausbruch ein Jahr zuvor in Verbindung bringen, zumal die meisten noch nie davon gehört hatten. Erst im 20. Jahrhundert stellten Wissenschaftler die Verbindung zwischen Vulkanausbrüchen und dem Wetter in der Hemisphäre her. Der Ausbruch des Tambora war ein gewaltiges Ereignis - noch größer als der Ausbruch des Samalas im Jahr 1257. Seit mehr als tausend Jahren hatte es nichts Vergleichbares gegeben.

Die Auswirkungen des Ausbruchs des Tambora auf das Wetter waren beträchtlich, aber nur von kurzer Dauer. Aufzeichnungen aus den Logbüchern der Englischen Ostindien-Kompanie und Klimadaten zeigen, dass die Temperaturen in der nördlichen Hemisphäre im Jahr 1816 um 0,5 °C sanken, sich dann aber innerhalb von nur sechs Jahren auf das vorherige Niveau erholten. Einige Klimamodelle simulieren jedoch eine viel stärkere und länger anhaltende Reaktion des Klimas auf den Ausbruch, was darauf hindeutet, dass sie die tatsächlichen klimatischen Auswirkungen von Vulkanausbrüchen nicht genau wiedergeben.[178]

Auswirkungen von Vulkanausbrüchen auf das Klima

Verschiedene Vulkanausbrüche setzen unterschiedliche Mengen an Gasen frei. Während Wasserdampf 50-90 % der freigesetzten Gase ausmacht, variieren die übrigen Gase von Vulkan zu Vulkan. Kohlendioxid (CO_2) kann 1-40 %, Schwefeldioxid (SO_2) 1-25 %, Schwefelwasserstoff (H_2S) 1-10 %, Salzsäure (HCl) 1-10 % und verschiedene andere kleinere Gase ausmachen. H_2S oxidiert schnell zu SO_2, das in der Troposphäre zu Sulfat wird und zu Aerosolen verklumpt. Diese Aerosole beeinflussen die Wolkenbildung und werden relativ schnell als saurer Regen abgeführt. Bei explosiven Eruptionen, die etwa alle zwei Jahre stattfinden, wird SO_2 auch in die Stratosphäre transportiert, wo es größtenteils vulkanischen Ursprungs ist. Über mehrere Wochen bis Monate wird SO_2 in der Stratosphäre in Sulfat umgewandelt, was zu einer Austrocknung der Stratosphäre und einem Anstieg der stratosphärischen Aerosole führt, der etwa drei Monate nach dem Ausbruch seinen Höhepunkt erreicht und etwa vier Jahre lang anhält.

Die Zunahme der Sulfataerosole in der Stratosphäre hat drei wichtige klimatische Auswirkungen. Die erste und bekannteste ist, dass sie die einfallende Sonnenstrahlung streuen, was zu einer Abkühlung der Oberfläche führt. Die zweite Wirkung besteht darin, dass sie einfallende Nahinfrarot- und ausgehende langwellige Infrarotstrahlung absorbieren, was zu einer Erwärmung der Stratosphäre führt. Diese Erwärmung wirkt sich auf die atmosphärische Zirkulation aus und führt zu warmen Wintern in der nördlichen Hemisphäre für 1-2 Jahre nach einem Stratosphärenausbruch. Die dritte Auswirkung ist die sehr wirksame Zerstörung des Ozons, die durch die veränderte Chemie und die gestörten Erwärmungsraten verursacht wird. Der Ozonabbau wirkt sich auf die Stratosphäre aus und verursacht weitreichende atmosphärische Veränderungen und eine erhöhte UV-Strahlung, die die Oberfläche erreicht.

Die klimatischen Auswirkungen von Vulkanen sind kompliziert, da sie von der Menge an SO_2 abhängen, die sie in die Stratosphäre einbringen, sowie von ihrem Breitengrad und der Jahreszeit, in der sie auftreten. Diese Faktoren wirken sich auf die Ausbreitung der Stratosphärenwolke aus, die wiederum eine globale oder hemisphärische Wirkung haben kann oder gar keine. Der Ausbruch des Mt. St. Helens im Jahr 1980 war beispielsweise ein starker Vulkanausbruch ohne nennenswerte klimatische Auswirkungen.

Derzeit machen die vulkanischen CO_2 Emissionen nur etwa 1 % der anthropogenen Emissionen aus. In der fernen Vergangenheit könnte jedoch ein höheres Maß an vulkanischer Aktivität, insbesondere in großen Eruptivprovinzen, große Mengen an CO_2 erzeugt haben. Es gibt eine anhaltende Debatte darüber, ob die Massenaussterben, die manchmal während dieser Zeiten auftraten, durch SO_2 und Abkühlung oder durch CO_2 und Erwärmung verursacht wurden, wobei die letztere Hypothese heute die beliebteste ist.

---

[178] Brohan, P., et al., 2012. Clim. Past, 8 (5), pp.1551-1563.
　　doi.org/10.5194/cp-8-1551-2012

Die Erkenntnisse aus den jüngsten Vulkanausbrüchen deuten darauf hin, dass ihre Auswirkungen auf die Temperatur in der Regel nur von kurzer Dauer sind und höchstens ein paar Jahre andauern. Temperaturaufzeichnungen von Eruptionen im 19. und 20. Jahrhundert zeigen einen Temperaturrückgang von 0,2-0,3 °C über 3-4 Jahre. Dies wird auch durch Proxies aus der nördlichen Hemisphäre und Europa bestätigt. Abbildung 39 zeigt die Temperaturveränderung in der nördlichen Hemisphäre für acht (Balken) und 34 (Linien) große Eruptionen in den letzten Jahrhunderten.

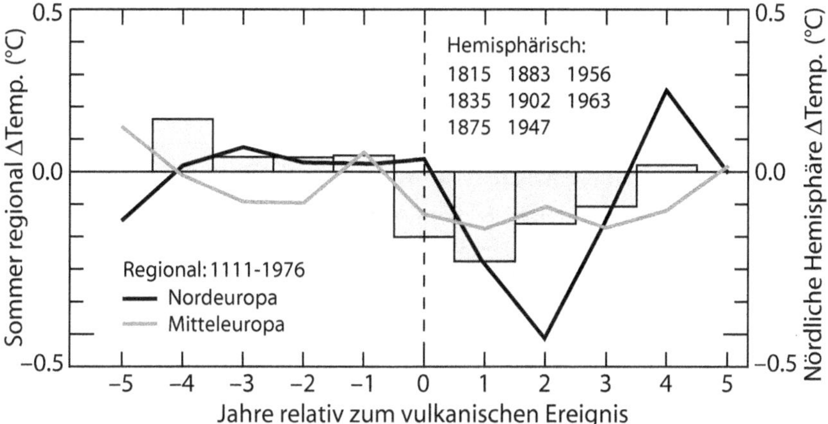

Abbildung 39. Regionale und hemisphärische Temperatureffekte von Vulkanausbrüchen. Graue Balken, rechte Skala, Temperaturveränderung der nördlichen Hemisphäre in den Jahren um acht große Eruptionen. Schwarze und graue Kurven, linke Skala, Schätzung der Temperaturveränderungen in Nordeuropa (schwarze Kurve) und Mitteleuropa (graue Kurve) in den Sommern um 34 größere Vulkanausbrüche von 1111-1976 anhand von Baumringaufzeichnungen.[179]

Die vorliegenden Erkenntnisse deuten darauf hin, dass selbst die größten Vulkanausbrüche eine relativ bescheidene und vorübergehende negative Wirkung auf die Temperatur haben. Nach etwa fünf Jahren verschwinden die Sulfataerosole aus der Stratosphäre, und die radiativen und chemischen Auswirkungen des Ausbruchs enden. Zu diesem Zeitpunkt sind nur noch verzögerte dynamische Effekte möglich. Es ist schwer zu erklären, warum die Erholung nach solchen Ereignissen so schnell erfolgt. Sulfataerosole verursachen ein erhebliches Energiedefizit an der Oberfläche, was zu einem Temperaturabfall führt. Gleichzeitig strahlt die wärmere Stratosphäre mehr Energie in den Weltraum ab. Am Ende bleibt auf dem Planeten ein Energiedefizit zurück, das aus diesen Effekten resultiert. Es ist unklar, woher die Energie für die anschließende schnelle Erwärmung kommt. Die Klimamodelle können dieses Phänomen nur schwer erklären, wahrscheinlich weil es den Wissenschaftlern unbekannt bleibt. Diese Ungewissheit könnte erklären, warum die Temperaturerholung in Modellen, in denen sie durch den Ozean vermittelt wird, langsamer verläuft.

---

[179] Daten aus: Self, S., et al., 1981. J. Volcanol. Geotherm. Res. 11 (1), pp.41-60, doi.org/10.1016/0377-0273(81)90074-3 und Esper, J., et al., 2013. Bull Volcanol. 75, pp.1-14. doi.org/10.1007/s00445-013-0736-z

Kasten 22. Vulkanische Aktivität und der Glazialzyklus

In den 1970er Jahren spekulierten Wissenschaftler, dass Vulkanausbrüche aufgrund ihrer kühlenden Wirkung eine Ursache für die Vergletscherung sein könnten. In den 1990er Jahren wurde jedoch deutlich, dass der Zusammenhang das Gegenteil von dem war, was man erwartet hatte. Tatsächlich bestand eine eindeutige Anti-Korrelation zwischen Vulkanismus und Vereisung. Das bedeutet, dass es während des Übergangs von kalten Eiszeiten zu warmen Zwischeneiszeiten Impulse mit hoher vulkanischer Aktivität gab.[180]

Im Jahr 2013 wurde eine Studie über die Häufigkeit vulkanischer Aktivitäten im Pazifischen Feuerring durchgeführt, dem Ort vieler der größten Vulkanausbrüche der Geschichte. Für die Studie wurde ein umfangreicher Datensatz vulkanischer Schichtdaten von mehreren Entnahmestellen in vulkanischen Zonen entlang des Feuerrings verwendet, der eine Million Jahre umfasst. Die Ergebnisse der Frequenzanalyse zeigten eine statistisch signifikante Spitze der vulkanischen Eruptionsaktivität nur bei der 41.000-jährigen Periodizität, die mit dem Neigungszyklus der Erde verbunden ist, einer der Milankovitch-Frequenzen (Abb. B22).[181] Diese Häufigkeit vulkanischer Aktivität stützt die Hypothese, dass Änderungen der Achsenneigung (Schiefe) und nicht die Achsenverschiebung (Präzession) die Hauptursache für den Glazialzyklus sind (Kasten 19, Kap. 21), da Änderungen der vulkanischen Aktivität mit einer erhöhten Krustenbewegung aufgrund des schnellen Abschmelzens der Eisschilde am Ende einer Eiszeit und dem Beginn einer Zwischeneiszeit einhergehen.

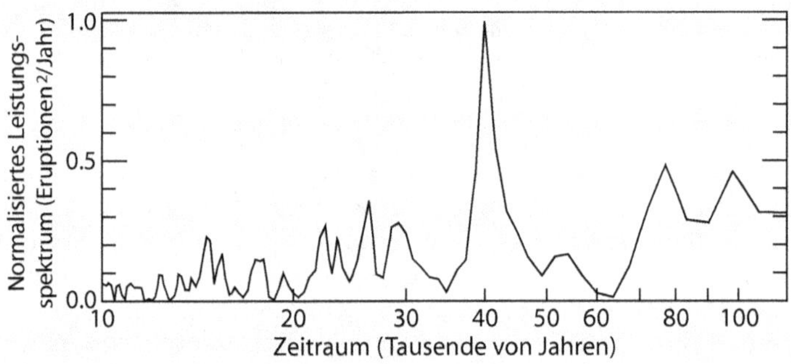

Abbildung B22. Vulkanische Aktivität und der Glazialzyklus. Veränderungen in der Häufigkeit von Vulkanausbrüchen korrelieren mit periodischen Veränderungen in der Neigung der Erdachse. Ein Leistungsspektrum zeigt den Anteil eines Signals, der bei jeder Frequenz gefunden wird.

Eiskern- und Vulkandaten bestätigen, dass die intensivste vulkanische Aktivität in den letzten 100.000 Jahren zwischen 13.000 und 7.000 Jahren stattfand (Abb. 42, Kap. 26). Während dieser Zeit war die vulkanische Aktivität zwischen 2 und 6 Mal höher als die Hintergrundaktivität. Allerdings fiel dieser Zeitraum auch mit

---

[180] Glazner, A.F., et al., 1999. Geophys. Res. Lett. 26 (12), pp.1759-1762. doi.org/10.1029/1999GL900333

[181] Kutterolf, S., et al., 2013. Geology, 41 (2), pp.227-230. doi.org/10.1130/G33419.1

der stärksten Erwärmung der letzten 100.000 Jahre zusammen. Daher widerlegen diese Belege die Vorstellung, dass hohe vulkanische Aktivität zu einer langfristigen Abkühlung führt, die über die wenigen Jahre des Temperaturrückgangs nach jedem größeren Ausbruch hinausgeht.

Einige Studien deuten auch darauf hin, dass bis zu 40 ppm, d.h. etwa die Hälfte des CO_2 Anstiegs während der Eiszeit, auf verstärkte vulkanische Aktivität zurückzuführen sein könnte.[182] Dies bedeutet, dass die vulkanische Aktivität über die kurzfristige Abkühlung hinaus eine gewisse Erwärmung verursacht haben muss.

In Kapitel 26 werden wir die Hypothese untersuchen, dass die Kleine Eiszeit auf eine ungewöhnliche Abkühlung zurückzuführen ist, die durch starke Vulkanausbrüche verursacht wurde. Die Tatsache, dass Vulkanausbrüche nur einen geringen, kurzfristigen Einfluss auf die Temperatur haben und eher eine Folge als eine Ursache des Klimawandels sind, macht es überraschend, dass diese Theorie so weit verbreitet ist. Die einzige plausible Erklärung ist, dass wir nur wenige natürliche Ursachen für den Klimawandel haben und das eindeutige, evidenzbasierte Argument, dass die Kleine Eiszeit durch lange Perioden geringer Sonnenaktivität verursacht wurde, schnell abtun.

Der Vulkanausbruch von Hunga Tonga im Jahr 2022

Der Ausbruch des Unterwasservulkans Hunga Tonga am 15. Januar 2022 war ein außergewöhnlich seltenes Ereignis. Unterseeische Eruptionen erzeugen nur selten Rauchfahnen, die die Stratosphäre erreichen, aber die gewaltige Explosion - die stärkste seit drei Jahrzehnten - ereignete sich in flachem Wasser und injizierte schwindelerregende 146 Millionen Tonnen verdampftes Meerwasser in die Stratosphäre. Angesichts der Trockenheit der Stratosphäre (Abb. 9, Kap. 7) führte dieses Ereignis zu einem plötzlichen Anstieg des Wasserdampfs in der Stratosphäre um 13 %. Dieser Anstieg konzentrierte sich vor allem auf die südliche Hemisphäre in Höhen zwischen 26 und 34 km. Dieser zusätzliche Wasserdampf umkreiste schnell den Globus, während er durch die Brewer-Dobson-Zirkulation langsam polwärts und abwärts transportiert wurde. Der größte Teil dieses Wassers wird wahrscheinlich auf der Südhalbkugel verbleiben und in den nächsten Jahren allmählich aus der Stratosphäre austreten.

Das atmosphärische Strahlungsbudget reagiert besonders empfindlich auf Veränderungen der Treibhausgase in der oberen Troposphäre und Stratosphäre. Selbst kleine Veränderungen des Ozon- oder Wassergehalts in der Stratosphäre können zu einem erheblichen Strahlungsantrieb führen. Dies liegt daran, dass die meiste ausgehende langwellige Strahlung in dieser Höhe aufgrund des sehr geringen Wasserdampfgehalts wahrscheinlich nicht aufgefangen wird. Daher haben kleine Änderungen der Treibhausgase hier eine größere Wirkung als in der feuchten unteren Troposphäre, die für Infrarotstrahlung sehr undurchlässig ist. Die Zunahme des Wasserdampfs in der Stratosphäre dürfte sich erwärmend auf die globale durchschnittliche Oberflächentemperatur auswirken.[183]

---

[182] Huybers, P. & Langmuir, C., 2009. Earth Planet. Sci. Lett. 286 (3-4), pp.479-491. doi.org/10.1016/j.epsl.2009.07.014

[183] Jenkins, S., et al., 2023. Nat. Clim. Change, 13 (2), pp.127-129. doi.org/10.1038/s41558-022-01568-2

Ähnlich wie beim Ausbruch des Tambora im Jahr 1815, bei dem einige wichtige klimatische Auswirkungen 14 Monate später auftraten, wurden im Sommer 2023, 17 Monate nach dem Ausbruch der Hunga Tonga, einige ungewöhnliche Veränderungen festgestellt. Insbesondere war das antarktische Meereis aufgrund starker Nordwinde, die das Eis in Richtung Küste trieben, sehr niedrig. Auch das antarktische Ozonloch begann sich deutlich früher im Jahr zu bilden. In der nördlichen Hemisphäre war die nordatlantische Oszillation (Druckunterschied zwischen dem Islandtief und dem Azorenhoch) ungewöhnlich negativ (geringer Druckunterschied), und die Oberflächentemperatur des Nordatlantiks war ungewöhnlich hoch. Global gesehen war der Juli der wärmste jemals aufgezeichnete Monat und der September wies die größte Temperaturanomalie auf.

Ob diese Veränderungen in erster Linie auf den Vulkanausbruch des Hunga Tonga zurückzuführen sind, muss noch ermittelt werden. Sie stimmen jedoch mit den Erwartungen überein, insbesondere mit dem Effekt der globalen Erwärmung und des Ozonlochs, da stratosphärischer Wasserdampf am Ozonabbau beteiligt ist. Die Auswirkungen des Vulkanausbruchs dürften jedoch nur vorübergehend sein und verschwinden, wenn der eingeleitete Wasserdampf in den nächsten Jahren die Stratosphäre verlässt.

Zusammengefasst

Vulkanausbrüche können zwar das Wetter erheblich beeinflussen, doch gibt es kaum Beweise dafür, dass sie wesentliche Klimaänderungen verursachen. Tatsächlich deuten die Beweise auf das Gegenteil hin. Die Häufigkeit von Vulkanausbrüchen wird stark durch die Klimaveränderungen am Ende der Eiszeiten beeinflusst. Obwohl einige Modelle die Auswirkungen von Vulkanausbrüchen überschätzen, kann nicht behauptet werden, dass sie eine Hauptursache für Klimaänderungen auf Zeitskalen von hundert Jahren und länger sind..

KAPITEL 25
VULKANE UND MERIDIONALER WÄRMETRANSPORT

Der Ausbruch eines großen tropischen Vulkans hat Auswirkungen auf das gekoppelte System aus Atmosphäre und Ozean. Ein Effekt ist, dass er eine El Niño-ähnliche Reaktion im äquatorialen Pazifik hervorrufen kann. Eine andere Auswirkung ist, dass er zu einem wärmeren Winter in Nordeuropa und Nordamerika führen kann, was kontraintuitiv erscheinen mag. Der Grund dafür ist, dass die Eruption den Polarwirbel stärkt, was die Ankunft kalter Luftmassen von den Polen verringert. Außerdem schwächt die Eruption die stratosphärische Zirkulation in Richtung der Pole, indem sie die ungünstigen Winde verstärkt.

All diese dynamischen Effekte führen zu einer Verringerung der zu den Polen transportierten Wärmemenge, was den kühlenden Auswirkungen des Vulkans entgegenwirkt und zu einer schnelleren Erholung führt. Zwei bis drei Jahrzehnte nach dem Ausbruch ist jedoch eine gewisse Abkühlung in der nördlichen Hemisphäre zu beobachten, die ein geheimnisvolles Echo der Vulkanexplosion darstellt.

Die dynamischen Auswirkungen von Vulkanausbrüchen

Wenn ein Vulkan ausbricht, kann überschüssiges Sulfat einige Jahre lang in der Stratosphäre bleiben. Dieses Sulfat hat Strahlungs- und chemische Wirkungen, die Veränderungen in der Stratosphäre und an der Erdoberfläche verursachen und eine komplexe Reaktion zwischen der Atmosphäre und dem Ozean auslösen. Diese Reaktion kann länger andauern als die Anwesenheit von Sulfat in der Stratosphäre. Die dynamischen Auswirkungen eines Vulkanausbruchs werden durch Veränderungen der Temperaturmuster und -gradienten an der Oberfläche und in der unteren Stratosphäre verursacht, die den Wärmetransport in Richtung der Pole beeinflussen. In dieser Diskussion werden wir uns nur auf starke tropische Eruptionen konzentrieren, da die Auswirkungen außertropischer Eruptionen im Allgemeinen geringer und anders sind.

Wenn ein Vulkan ausbricht, führt dies zu einer stärkeren Abkühlung in niedrigeren Breitengraden, wodurch sich der Temperaturgradient an der Oberfläche vom Äquator zu den Polen verringert. In der Stratosphäre hingegen tritt das Gegenteil ein: Die Erwärmung ist in niedrigeren Breitengraden stärker, wodurch das Temperaturgefälle zunimmt. Dies führt dazu, dass die zonalen Winde (Ost- oder Westwinde) stärker werden und der polwärts gerichtete Wärmetransport durch die Brewer-Dobson-Zirkulation abnimmt.

Diese dynamischen Auswirkungen von Vulkanen werden durch den meridionalen Transport vermittelt und haben zwei Hauptfolgen. Erstens löst ein Vulkanausbruch eine ähnliche Reaktion wie El Niño im Pazifik aus. Zweitens stärkt er den Polarwirbel auf den Nordhalbkugel, was zu einer positiven Phase der Nordatlantischen Oszillation führt.

Wenn der stratosphärische Transport reduziert wird, muss ein Teil des polwärts gerichteten Wärmetransports umgelenkt werden. Die Brewer-Dobson-Zirkulation bewegt Wärme vom Äquator zum Winterpol (Abb. 23, Kap. 14).

Wenn diese Zirkulation jedoch verringert wird, kann dies Auswirkungen darauf haben, wie sich die Wärme im äquatorialen Ozean ansammelt und verteilt. Dies wiederum erhöht die Wahrscheinlichkeit eines El Niño-Ereignisses nach einem Vulkanausbruch, da El Niño ein wirksames Mittel ist, um dem äquatorialen Pazifik Wärme zu entziehen (Kap. 18).

Wenn sich die zonale Windzirkulation in der Stratosphäre verstärkt, können die atmosphärischen Wellen die Stratosphäre nicht mehr erreichen. Dies führt zu einem stärkeren Polarwirbel (Kasten 7, Kap. 11; Kasten 12, Kap. 15). Im Winter hält ein geschlossener und starker Jetstream die sehr kalte arktische Luft zurück. Dies führt zu warmem Winterwetter in Nordeuropa und Nordamerika. Infolgedessen kommt es in der Regel erst nach dem Winter zu einer starken Abkühlung, wie es nach dem Ausbruch des Tambora der Fall war (Kap. 24).

Vulkanausbrüche haben dynamische Auswirkungen auf das Klimasystem, die mit Veränderungen im Wärmetransport zu den Polen zusammenhängen. Diese Effekte erklären, warum sich der Planet innerhalb weniger Jahre von einer starken Eruption erholen kann. Wie wir im vorigen Kapitel gesehen haben, verursachen die Strahlungseffekte einer Eruption einen erheblichen Energieverlust im Klimasystem. Würde dieser Verlust nicht kompensiert, würde jede Eruption den Planeten weiter abkühlen. Wir wissen jedoch, dass dies nicht der Fall ist, so dass die dynamischen Effekte den Energieverlust ausgleichen müssen.

Eine der Möglichkeiten, wie der Planet nach einem Vulkanausbruch Energie spart, besteht darin, den Wärmetransport zu den Polen zu verringern. Dies geschieht durch Verlangsamung der Stratosphärenzirkulation und Verstärkung des Polarwirbels. Im Winter wirken die Polarregionen als kühlende Strahler, so dass eine geringere Wärmezufuhr ein wirksames Mittel ist, um den durch den Ausbruch verursachten Energieverlust auszugleichen.

Es ist erwähnenswert, dass nach dem Ausbruch des Pinatubo 1991 die langwellige Strahlung aus der Arktis fünf Jahre lang um etwa 2 W/m^2 abnahm (Abb. 72, Kap. 43), was darauf hindeutet, dass dieser Mechanismus tatsächlich wirksam ist. Allerdings berücksichtigen die Klimamodelle diese Transporteffekte derzeit nicht, so dass sie dazu neigen, die abkühlende Wirkung von Vulkanausbrüchen zu überschätzen und auf den Ozean als Quelle der ausgleichenden Energie zu verweisen.

Die verzögerten Auswirkungen von Vulkanausbrüchen

Zwei bis drei Jahrzehnte nach einem Vulkanausbruch tritt ein rätselhaftes Klima-Echo auf. Zur Veranschaulichung dieses Phänomens können wir eine 1500-jährige Proxy-Temperaturrekonstruktion der nördlichen Hemisphäre heranziehen, die jährlich aufgelöst und kalibriert ist, um einen Verlust der niederfrequenten Varianz zu vermeiden.[184] Die vier stärksten Vulkanausbrüche in diesem Zeitraum, auf die in den nächsten 60 Jahren kein weiterer sehr starker Vulkanausbruch folgte, ereigneten sich 682, 1258, 1458 und 1815 n. Chr.. Abbildung 40 zeigt die rekonstruierte Temperatur von -10 bis +60 Jahren für jede Eruption nach Trendbereinigung und ausgedrückt als Anomalien vom trendbereinigten Mittelwert. Man beachte, dass der Effekt der Eruption reduziert ist

---

[184] Hegerl, G.C., et al., 2007. J. Clim. 20 (4), pp.650-666. doi.org/10.1175/JCLI4011.1

und einige Jahre vor dem Ereignis beginnt, was auf die dekadische Glättung zurückzuführen ist, die von den Autoren der Studie angewandt wurde und die notwendig war, um die niederfrequente Varianz zu erhalten.

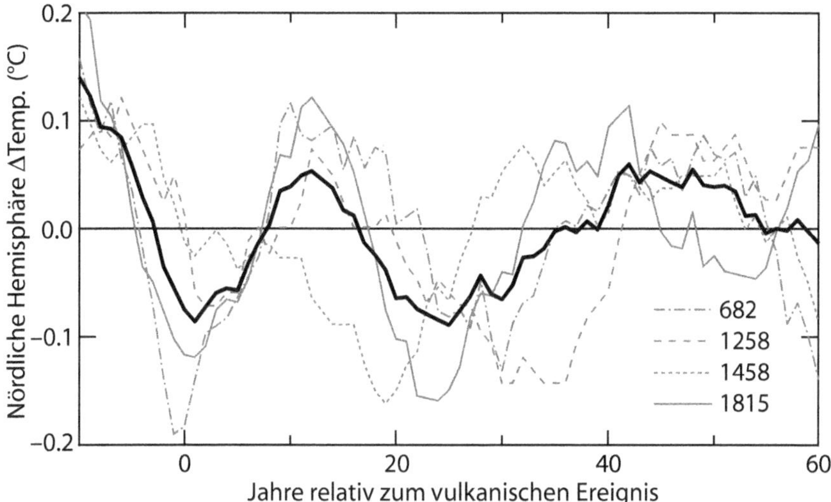

Abbildung 40. Verspätete Reaktion auf Vulkanausbrüche. Proxy-Rekonstruktion der mittleren Jahrestemperatur von 30-90°N, geglättet über ein Jahrzehnt, von 10 Jahren vor bis 60 Jahre nach den angegebenen Vulkanausbrüchen (graue Kurven). Die dicke schwarze Kurve ist der Mittelwert der vier grauen Kurven.

Die verzögerte Reaktion auf Vulkanausbrüche ist ein interessantes Phänomen, das beobachtet wurde. Eine zweite Abkühlungsphase tritt mit einer Verzögerung von etwa 20 Jahren (bei den Ausbrüchen von 1458 und 1815) bis 30 Jahren (bei den Ausbrüchen von 682 und 1258) ein. Es gibt verschiedene Theorien zu diesem verzögerten Effekt. Einige Wissenschaftler glauben, dass er auf eine ozeanische Erinnerung an den Ausbruch zurückzuführen ist, während andere meinen, dass eine bidekadische Oszillation in der atlantischen meridionalen Zirkulation die Ursache sein könnte.[185]

Die Idee, dass die bidekadische Oszillation dafür verantwortlich ist, ist jedoch wahrscheinlich falsch, da die Verringerung der Brewer-Dobson-Zirkulation und die Verstärkung des Polarwirbels durch die Eruption eine Verringerung des Wärmetransports implizieren. Dies würde zu einer gewissen Erwärmung führen, die die verstärkte Abkühlung durch die Strahlungseffekte des Ausbruchs nur teilweise ausgleicht. Die Abkühlung nach 20-30 Jahren deutet auf eine gegenteilige Auswirkung auf den Transport hin, was durch die dynamischen Auswirkungen der Eruption erklärt werden könnte, die die in Kapitel 19 erörterten multidekadischen ozeanischen Oszillationen von 50-70 Jahren zurücksetzen. Somit könnten wir uns 20-30 Jahre später in der entgegengesetzten Phase (verstärkter Transport und Abkühlung) der ozeanischen Oszillationen befinden, und der festgestellte Effekt ist genau das, was wir von diesen Oszilla-

---

[185] Swingedouw, D., et al., 2015. Nat. Commun. 6 (1), p.6545.
doi.org/10.1038/ncomms7545

tionen erwarten würden. Diese Erklärung erfordert keinen besonderen Mechanismus oder ein ozeanisches Gedächtnis.

Zusammengefasst

Die dynamischen Auswirkungen eines starken tropischen Vulkanausbruchs, wie ein El Niño-Ereignis, ein Rückgang des stratosphärischen Transports und eine Verstärkung des Polarwirbels, wurden beobachtet. Diese Effekte lassen sich durch eine Verringerung des polwärts gerichteten Wärmetransports erklären, der durch veränderte Muster des Temperaturgradienten infolge der Strahlungseffekte stratosphärischer Aerosole verursacht wird. Die Veränderungen des Transports können erklären, warum die durch eine Eruption verursachte Abkühlung geringer ist als erwartet und warum die Erholung schneller als erwartet erfolgt. Die beobachtete Abkühlung des Echos, die 2-3 Jahrzehnte später auftritt, kann auf die Auswirkungen des Ausbruchs auf den Transport durch multidekadische Ozeanschwankungen zurückgeführt werden.

KAPITEL 26
VULKANISCHER BEITRAG ZUR KLEINEN EISZEIT

Die Kleine Eiszeit dauerte 550 Jahre, vom 14. bis zum 18. Jahrhundert. Während dieser Zeit wuchsen die Gletscher weltweit und erreichten ihre größte Ausdehnung seit 7000 Jahren. Die Abkühlung war in der nordatlantischen Region am stärksten ausgeprägt und verlief nicht kontinuierlich, sondern es gab gelegentlich jahrzehntelange Erwärmungsphasen. Die Kleine Eiszeit war auch von einigen der schlimmsten Hungersnöte und Pandemien der Geschichte geprägt. Die Wissenschaftler diskutieren immer noch über die Ursache, da Treibhausgase ausgeschlossen wurden. Paläoklimatische Beweise deuten darauf hin, dass die Sonne die Hauptursache war, während viele Wissenschaftler glauben, dass Vulkane die Hauptverantwortung trugen. Beide Faktoren haben wahrscheinlich zur Kleinen Eiszeit beigetragen, aber es gab Zeiträume von mehreren Jahrhunderten, in denen die vulkanische Aktivität minimal war.

Die kleine Eiszeit

Die Kleine Eiszeit war die kälteste Periode des Holozäns. Zahlreiche biologische und historische Aufzeichnungen sowie Klimaproben dokumentieren diese globale Abkühlung, obwohl sie auf der Nordhalbkugel, insbesondere in der atlantischen Region, am stärksten ausgeprägt war. Trotz ihrer regionalen Ausprägung erlebten die Gletscher in den meisten Gebieten der Welt zwischen dem 14. und dem 18. Jahrhundert (Abb. 35a, Kap. 21) einen starken Anstieg und erreichten ihre größte Ausdehnung seit 7.000 Jahren. Die Kleine Eiszeit war nicht durchgehend kalt; es gab Perioden von mehreren Jahrzehnten, in denen es zu einer Erwärmung und einem Gletscherschwund kam, gefolgt von einer Rückkehr zu kälteren Zeiten.

Die Definition der Kleinen Eiszeit ist uneinheitlich, was zu einiger Verwirrung führt. Die Wissenschaftler sind sich nicht einig, wann sie begann, was dazu führt, dass verschiedene Zeiträume unter demselben Namen untersucht werden. Klima-Proxys zeigen in der Regel eine Temperaturspitze während der mittelalterlichen Warmzeit zwischen 1100 und 1150, gefolgt von einem Rückgang. Im 13. Jahrhundert ereigneten sich innerhalb von 56 Jahren drei große Vulkanausbrüche: 1230, 1257 (der große Ausbruch des Berges Samalas) und 1286. Um 1300 wuchsen die Gletscher in den Alpen rapide an, und dies ist das früheste Datum, das von Wissenschaftlern als Beginn der Kleinen Eiszeit angesehen wird.[186]

Die größte jemals in Europa verzeichnete Hungersnot war die Große Hungersnot, die zwischen 1315 und 1317 stattfand. Sie wurde durch schlechtes Wetter verursacht, das in zwei aufeinanderfolgenden Jahren zu katastrophalen Ernteausfällen führte. Dreißig Jahre später folgte der Schwarze Tod. Auf eine Wetterverschlechterung folgt oft eine Hungersnot, die das Immunsystem der Bevölkerung schwächen und zu Pandemien beitragen kann. Nahrungsmittel-

---

[186] Matthews, J.A. & Briffa, K.R., 2005. Geogr. Ann. A, 87 (1), pp.17-36. doi.org/10.1111/j.0435-3676.2005.00242.x

knappheit kann manchmal zu Völkerwanderungen und Kriegen führen, was zu einem Szenario führt, das als die vier Reiter bekannt ist. Der Wandteppich der Apokalypse von Angers, Frankreich, der ab 1377 über mehrere Jahre hinweg gewebt wurde, zeigt, wie die Menschen die Folgen der kleinen Eiszeit empfanden.

Ein unerklärlicher, abrupter und tiefgreifender Klimawandel

Die Kleine Eiszeit ist die tiefgreifendste Klimaveränderung seit Tausenden von Jahren, und sie ist sehr jung, doch ihre Ursachen sind nach wie vor kaum bekannt. Die Tatsache, dass sich die Wissenschaftler über die Ursachen nicht einig sind, ist ein großes Problem, zumal wir so tun, als würden wir die Ursachen des derzeitigen Klimawandels verstehen. Wenn wir die Kleine Eiszeit nicht verstehen, können wir auch die Natur des Klimawandels nicht vollständig verstehen.

Die Kleine Eiszeit war das Ergebnis einer Abkühlungsperiode zwischen 1100 und 1500, in der die Temperaturen der nördlichen Hemisphäre um 0,8 °C gesunken sein könnten (Abb. 41). Interessanterweise zeigt der Law-Dome-Eiskern aus der Antarktis, dass der CO_2-Gehalt in der Atmosphäre zwischen 1100 und 1500 gleich hoch war (282 ppm) und sich zwischen diesen beiden Zeitpunkten nicht um mehr als 3 ppm verändert hat. Dies deutet darauf hin, dass der Beitrag des CO_2-Gehalts zur Kleinen Eiszeit ausgeschlossen werden kann. Tatsächlich widerspricht dieser Nachweis dem angenommenen Zusammenhang zwischen CO_2 und Temperatur, da er zeigt, dass es 400 Jahre lang eine starke Abkühlung gab, ohne dass dies Auswirkungen auf die CO_2 Werte hatte. In ähnlicher Weise sanken die Temperaturen während der letzten Zwischeneiszeit 8.000 Jahre lang, ohne dass der CO_2-Gehalt abnahm (Abb. 56, Kap. 35). Das bedeutet, dass sich die Temperaturen über Hunderte oder sogar Tausende von Jahren ändern können, ohne dass sich der CO_2-Gehalt entsprechend verändert. Es ist also nicht offensichtlich, dass eine Temperaturänderung auf eine Änderung des CO_2 zurückgeführt werden kann, wenn sich beide gleichzeitig ändern, was Zweifel an der Rolle von CO_2 als Haupttreiber des Klimawandels aufkommen lässt.

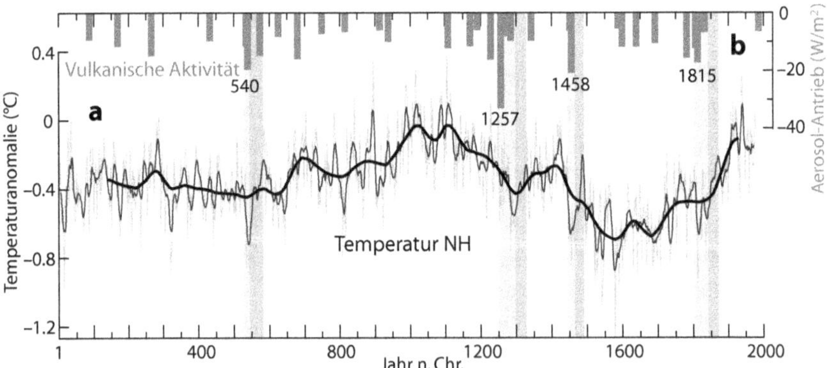

Abbildung 41. Die Auswirkung vulkanischer Einflüsse auf die Temperatur während der letzten 2000 Jahre. a) Rekonstruktion der Proxy-Temperatur AD 1-1979 (hellgraue Linie) mit einem gleitenden 10-Jahres-Durchschnitt und einer langsamen Komponente (dicke schwarze Linie). Hellgraue Balken zeigen Temperaturabfälle nach den vier gro-

ßen Vulkanausbrüchen an. Mittelgraue Balken zeigen die anschließende Temperaturerholung an. b) Aerosolantrieb der großen Vulkanausbrüche anhand der Sulfatkonzentrationen in grönländischen und antarktischen Eisbohrkernen.[187]

Von 1200 bis 1850 nahm die vulkanische Aktivität im Vergleich zu den vorangegangenen tausend Jahren zu, was einige Wissenschaftler zu der Annahme veranlasste, dass die Kleine Eiszeit auf diese erhöhte Aktivität zurückzuführen war.[188] Es gibt jedoch keine Hinweise auf eine signifikante langfristige Abkühlung nach den jüngsten Vulkanausbrüchen (Kap. 24 und 25). Abbildung 41 zeigt, dass auf die größten Eruptionen eine kurzfristige Abkühlung folgte (Hellgraue Balken), auf die jedoch unmittelbar eine Erwärmung folgte (Mittelgraue Balken), wie im vorigen Kapitel erläutert. In allen Fällen setzte sich der vorherige hundertjährige Temperaturtrend, ob positiv oder negativ, nach den vulkanischen Auswirkungen von einigen Jahren oder Jahrzehnten unverändert fort. So folgte beispielsweise auf die abkühlende Wirkung der Eruptionen von 1809, 1815 (Mt. Tambora), 1822, 1835 und 1843, einer der größten Gruppen starker Eruptionen in den letzten 2000 Jahren, eine Erwärmung ab den späten 1840er Jahren, nur wenige Jahre später (Abb. 79, Kap. 46). Es ist schwer vorstellbar, dass einige wenige Eruptionen von geringerer Intensität zwischen 1460 und 1780 für die kalten Bedingungen während 300 der 550 Jahre der Kleinen Eiszeit verantwortlich waren.

Einige Wissenschaftler glauben, dass die geringste Sonnenaktivität seit Tausenden von Jahren die Kleine Eiszeit verursacht hat. Diese Hypothese wird durch paläoklimatische Belege gestützt, die eine tiefgreifende Abkühlung und Klimaveränderung während jedes 200-jährigen großen Sonnenminimums vom Spörer-Typ im Holozän zeigen (Kap. 23). Eine Abkühlung ist auch bei vielen anderen Gelegenheiten eingetreten, wenn es ein 70-jähriges großes Sonnenminimum vom Maunder-Typ gab. Die Kleine Eiszeit fiel mit einem Sonnenminimum vom Typ Spörer und zwei Sonnenminima vom Typ Maunder zusammen. Warum glauben die Wissenschaftler angesichts dieser Beweise nicht, dass die geringe Sonnenaktivität die Hauptursache für die Kleine Eiszeit war?

Das Hauptproblem bei den Auswirkungen der Sonnenaktivität auf die Kleine Eiszeit besteht darin, dass unklar ist, wie genau sie das Klima beeinflusst, da die Veränderung der gesamten Sonneneinstrahlung zu gering ist, um eine signifikante Wirkung zu haben. Studien, in denen Klimamodelle verwendet wurden, um den solaren Antrieb während der Kleinen Eiszeit und seinen Beitrag zu einem von Proxys abgeleiteten Klimasignal zu untersuchen, kommen zu dem Schluss, dass die Reaktion des Klimas auf den solaren Antrieb schwach ist.[189] Wenn jedoch der abgeleitete Antrieb nicht korrekt ist, weil die Sonne durch indirekte Mechanismen auf das Klima einwirkt, könnten die Schlussfolgerungen dieser Studien ungenau sein. Diese Möglichkeit wird durch paläoklimatische Beweise gestützt, die zeigen, dass Sonnenminima vom Spörer-Typ einen

---

[187] Daten für die Abbildung aus Moberg, A., et al., 2005. Nature, 433 (7026), pp.613-617. doi.org/10.1038/nature03265 und Sigl, M., et al., 2015. Nature, 523 (7562), pp.543-549. doi.org/10.1038/nature14565

[188] Crowley, T.J., et al., 2008. PAGES news, 16 (2), pp.22-23. doi.org/10.22498/pages.16.2.22

[189] Hegerl, G.C., et al., 2003. Geophys. Res. Lett. 30 (5), 1242. doi.org/10.1029/2002GL016635

starken Einfluss auf das Klima haben. Daher sollten wir mit der Schlussfolgerung, dass die Sonnenaktivität nicht die Hauptursache für die Kleine Eiszeit war, vorsichtig sein.

Die Ursache der Kleinen Eiszeit ist immer noch ungewiss und bleibt ein ungelöstes Problem, das die Klimawissenschaft in Verlegenheit bringt. Für CO_2 gibt es weder Beweise noch Theorien, für Vulkanausbrüche gibt es schwache Beweise und Theorien, und für die geringe Sonnenaktivität gibt es zwar Beweise, aber keine Theorien. Es ist beunruhigend, dass wir behaupten, das Klima künftiger Jahrhunderte vorhersagen zu können, während wir das Klima von vor 300 Jahren nicht genau erklären können.

In der Kleinen Eiszeit war die vulkanische Aktivität sehr gering

Ein Vergleich des Ausmaßes der vulkanischen Aktivität während der Kleinen Eiszeit mit dem des restlichen Holozäns fehlt auffällig in allen Klimastudien, die vulkanische Aktivität als Ursache für die Kleine Eiszeit angeben. Diese Studien wären wahrscheinlich nicht überzeugend, wenn ein solcher Vergleich angestellt würde.

Die Analyse eines grönländischen Eiskerns ermöglichte die Quantifizierung der Sulfatablagerungen aus vergangenen vulkanischen Aktivitäten.[190] Die höchste Konzentration größerer vulkanischer Signale in den letzten 110.000 Jahren wurde zwischen 13.000 und 7.000 Jahren festgestellt, was mit den Belegen dafür übereinstimmt, dass Perioden der Krustenanpassung während der Übergänge von Glazialen zu Interglazialen (gekennzeichnet durch intensive Erwärmung) typischerweise die vulkanisch aktivsten sind (Kasten 22, Kap. 24).

Abbildung 42 zeigt die in dieser Studie gesammelten vulkanischen Daten, wobei die Daten über 100-Jahres-Zeiträume summiert wurden (der letzte Punkt entspricht 1851-1950). Die Analyse zeigt, dass das Niveau der vulkanischen Aktivität während des warmen holozänen Klimaoptimums 2-4 mal höher war als während des kühleren Neoglazials. Überraschenderweise ist die langfristige Korrelation zwischen vulkanischer Aktivität und Temperatur während des Holozäns positiv und nicht wie allgemein angenommen negativ. Dies ist nur möglich, wenn die langfristigen klimatischen Auswirkungen von Vulkanausbrüchen vernachlässigbar sind und sich die Temperaturen innerhalb weniger Jahre nach dem Ausbruch wieder erholen, was durch die Belege in Kapitel 24 bestätigt wird. Die gezeigten Daten deuten darauf hin, dass Vulkanausbrüche keine jahrhundertelange Abkühlung zur Folge haben. Es gibt auch keine Anzeichen für einen Erwärmungseffekt, wie in Abbildung 41 dargestellt. Daraus lässt sich schließen, dass vulkanische Aktivität wahrscheinlich keinen signifikanten hundertjährigen Klimaeffekt hat.

---

[190] Zielinski, G.A., et al., 1996. Quat. Res. 45 (2), pp.109-118.
     doi.org/10.1006/qres.1996.0013

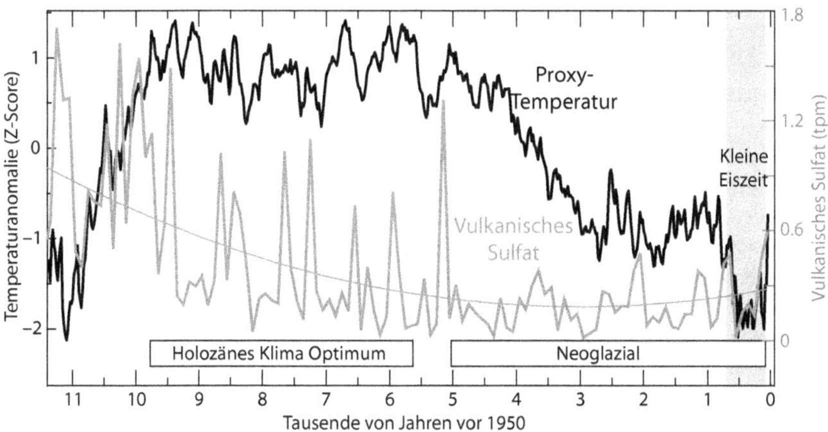

Abbildung 42. Vulkanische Aktivität im Holozän. Eine globale Temperaturrekonstruktion (schwarze Linie, siehe Kap. 21, Abb. 35) wird mit der hundertjährigen Aufzeichnung vulkanischer Sulfate aus einem grönländischen Eiskern (graue Linie) verglichen. Der graue Balken markiert die Kleine Eiszeit.

Was die Hypothese vom Vulkanismus in der Kleinen Eiszeit noch weiter in Frage stellt, ist die Tatsache, dass die vulkanische Aktivität während des größten Teils dieses Zeitraums extrem niedrig war. Tatsächlich war das Aktivitätsniveau sogar noch niedriger als die bereits geringe durchschnittliche vulkanische Aktivität während der Neoglazialzeit.

Die vulkanische Aktivität war in zwei Perioden überdurchschnittlich hoch: vor der Kleinen Eiszeit (1165-1345) und nach 1765. Es erscheint unplausibel, die anhaltende Kälte der Kleinen Eiszeit während der 420 Jahre zwischen diesen Zeiträumen auf einen doppelten starken Ausbruch in den Jahren 1452 und 1458 zurückzuführen. Wenn das der Fall wäre, warum gab es dann nicht auch im restlichen Holozän extreme Kälte, wo doch die vulkanische Aktivität viel höher war?

Der Mangel an Beweisen für einen Zusammenhang zwischen vulkanischer Aktivität und langfristigen Klimaauswirkungen hat einige Wissenschaftler nicht davon abgehalten, sie als Ursache für die Kleine Eiszeit zu verteidigen. Einige vermuten, dass Vulkanausbrüche eine starke hundertjährige Rückkopplung mit dem Meereis auslösen und bedeutende Veränderungen in der atlantischen meridionalen Umwälzzirkulation bewirken können - auch wenn die Modelle in der Frage, ob diese zunehmen oder abnehmen würde, auseinandergehen -, allerdings nur, wenn die Sonnenaktivität gering ist.[191]

Es ist klar, dass die Kleine Eiszeit eine Folge der geringen Sonnenaktivität war, auch wenn der genaue Mechanismus unbekannt bleibt. In diesem Buch wird eine Hypothese vorgestellt, die die durch die Sonne verursachte Abkühlung auf Veränderungen im polwärts gerichteten Wärmetransport zurückführt. Die verstärkte vulkanische Aktivität zwischen 1165-1345 und 1765-1845 hilft zu erklären, warum die Abkühlung um 1200 begann, als die Sonnenaktivität

---

[191] Slawinska, J. & Robock, A., 2018. J. Clim. 31 (6), pp.2145-2167.
doi.org/10.1175/JCLI-D-16-0498.1

noch hoch war, und warum die Kleine Eiszeit nach dem Ende des Maunder-Minimums noch mehrere Jahrzehnte andauerte.

Zusammengefasst

Die Kleine Eiszeit, die von 1300 bis 1845 andauerte, war von globalem Ausmaß, aber mit bemerkenswerten regionalen Unterschieden. Die Wissenschaftler sind sich jedoch nicht einig über ihr globales Ausmaß, ihre Dauer und die ihr zugrunde liegenden Ursachen. Dieser Mangel an Einigkeit ist peinlich, wenn man bedenkt, dass es sich um die jüngste Periode großer Klimaveränderungen handelt. Die CO_2-Werte blieben nach 1100 fast 500 Jahre lang unverändert, so dass sie nicht dazu beigetragen haben können. Außerdem gehörten die vier Jahrhunderte zwischen 1350 und 1750 zu den Jahrhunderten mit der geringsten vulkanischen Aktivität im Holozän, was bedeutet, dass nur die anfängliche Abkühlung und die letzten 80 Jahre der Kleinen Eiszeit mit vulkanischer Aktivität in Verbindung gebracht werden können. Die meiste Zeit zwischen 1270 und 1720 war die Sonnenaktivität jedoch sehr gering, und paläoklimatische Belege sprechen dafür, dass längere Perioden minimaler Sonnenaktivität mit Zeiten starker Abkühlung zusammenfallen. Dies ist jedoch problematisch, da die meisten Wissenschaftler nicht glauben, dass die Sonnenaktivität das Klima in einem solchen Ausmaß beeinflussen könnte. Darüber hinaus wurde die Möglichkeit, dass die Sonnenaktivität zur gegenwärtigen Erwärmung beiträgt, ohne ein gründliches Verständnis des Themas abgetan.

ABSCHNITT 7 SCHLÜSSELTHEMEN

Die Temperatureffekte großer Eruptionen sind relativ bescheiden und kurzlebig. Klimamodelle überschätzen häufig ihre Auswirkungen und geben die beobachtete schnelle Erholung nicht wieder. Nach den vorliegenden Erkenntnissen scheint die vulkanische Aktivität auf hundertjährigen und längeren Zeitskalen keine wesentliche Rolle als Klimatreiber zu spielen.

Starke tropische Vulkanausbrüche zeigen dynamische Auswirkungen wie ein El Niño-Ereignis, eine Abnahme des stratosphärischen Transports und eine Verstärkung des Polarwirbels. Sie stellen wahrscheinlich eine Verringerung des polwärts gerichteten Wärmetransports infolge eines veränderten Temperaturgradienten aufgrund stratosphärischer Aerosole dar. Dies könnte erklären, warum die Abkühlung geringer ausfällt und die Erholung schneller erfolgt als erwartet. Eine mysteriöse Echoabkühlung, die 2-3 Jahrzehnte später beobachtet wurde, kann auf die Auswirkungen der Eruption auf den Transport durch multidekadische Ozeanschwankungen zurückgeführt werden.

Versuche, die Kleine Eiszeit mit vulkanischer Aktivität zu erklären, ignorieren, dass die vier Jahrhunderte zwischen 1350 und 1750 zu den Jahrhunderten mit der geringsten vulkanischen Aktivität im Holozän gehörten.

ABSCHNITT 8. DIE SONNE

KAPITEL 27
DIE AUSWIRKUNGEN EINES GROßEN SONNENMINIMUMS

In den letzten 6.000 Jahren haben sich die größten abrupten Klimaverände-rungen in drei verschiedenen Perioden ereignet. Interessanterweise fallen diese Perioden mit den einzigen drei 200-jährigen großen Sonnenminima zusammen, die in dieser Zeit aufgetreten sind. Dies deutet darauf hin, dass die Sonne die Hauptursache für den Klimawandel im Holozän ist, gleich nach den langsamen Veränderungen, die sich aus den Schwankungen der Erdumlaufbahn über Tausende von Jahren ergeben.

Klimaproxys liefern wertvolle Einblicke in die bedeutenden Veränderungen der atmosphärischen Zirkulation, des ozeanischen Transports, der Nieder-schläge und der Temperatur, die während zweier Jahrhunderte geringer Son-nenaktivität auftreten. Die beobachteten Veränderungen deuten auf eine Zu-nahme des Temperaturgefälles zwischen dem Äquator und den Polen hin, was zu einem verstärkten polwärts gerichteten Wärmetransport führt. Dies wieder-um führt dazu, dass sich die Polarregionen ausdehnen und die Tropen schrumpfen. Leider ignorieren die meisten Klimatologen diese Beweise für einen tiefgreifenden Klimawandel, der durch die geringere Sonnenaktivität verursacht wird. Dies liegt daran, dass sie die Sonnenvariabilität fälschlicher-weise für einen schwachen Klimaantrieb halten, der auf einer fehlerhaften Ar-gumentation beruht, und daran, dass der Einfluss des 11-jährigen Sonnenzy-klus relativ gering ist.

Eine kleine Änderung der Bestrahlungsstärke

Viele Wissenschaftler lehnen die Vorstellung ab, dass die Sonnenaktivität einen wesentlichen Beitrag zur globalen Erwärmung leistet, und stützen sich dabei auf zwei Hauptargumente. Das erste ist, dass die Veränderungen in der Sonneneinstrahlung zu gering sind, um eine wesentliche Veränderung des E-nergieflusses zu bewirken, die notwendig ist, um einen Klimawandel zu verur-sachen. Das zweite Argument ist, dass die Trends der Temperatur und der Son-nenaktivität in den letzten Jahrzehnten nicht übereinstimmten.

Die Argumentation, mit der der relevante Beitrag der Sonnenaktivität zur globalen Erwärmung abgetan wird, ist jedoch aufgrund zweier impliziter An-nahmen fehlerhaft, die sich nicht bewahrheitet haben. Die erste Annahme ist, dass Veränderungen der Gesamtsonneneinstrahlung die einzige Möglichkeit sind, wie die Sonnenaktivität das Klima beeinflusst. Die zweite Annahme ist, dass die Auswirkungen der Sonnenaktivität auf das Klima zu einer direkten linearen Veränderung der Oberflächentemperaturen führen müssen.

Die erste Annahme ist wahrscheinlich falsch. Studien haben gezeigt, dass Ver-änderungen im UV-Teil des Sonnenspektrums die Auswirkungen der Sonnenak-tivität auf das Klima vermitteln.[192] Obwohl die UV-Energie nur einen kleinen Teil der von der Sonne gelieferten Gesamtenergie ausmacht, schwankt sie drei-

---

[192] Gray, L.J., et al., 2010. Rev. Geophys. 48 (4), RG4001.
doi.org/10.1029/2009RG000282

ßigmal stärker mit dem Sonnenzyklus als der Rest des Sonnenspektrums. Darüber hinaus wird der größte Teil dieser Energie an die stratosphärische Ozonschicht abgegeben, wo sie enorme Auswirkungen hat (Kasten 1, Kap. 2).

Auch die zweite Annahme dürfte falsch sein. Die Auswirkung der Sonnenaktivität auf das Klima wirkt sich auf nichtlineare Weise auf die atmosphärische Zirkulation aus (wie unten erläutert). Daher ist jede Auswirkung auf die Temperatur sekundär und wird durch verschiedene Faktoren kompliziert, die die Temperatur beeinflussen.

Es ist verfrüht und ungerechtfertigt, die Sonnenaktivität als wichtigen Klimabestimmungsfaktor aufgrund fehlerhafter Argumentation abzutun. Wir haben Beweise dafür, dass die Sonnenaktivität nach den langsam wirkenden orbitalen Veränderungen die zweitwichtigste Klimadeterminante während des Holozäns ist. Diese Beweise belegen, dass die drei großen Sonnenminima vom Spörer-Typ in den letzten 5500 Jahren die Ursache für die drei großen abrupten Klimaereignisse in diesem Zeitraum waren. Sie liefern auch eine Fülle von Informationen darüber, wie die Sonnenaktivität das Klima beeinflusst. Diese Informationen wurden jedoch bis vor kurzem ignoriert, als zum ersten Mal die Beweise dafür, was mit dem globalen Klima während mehrerer großer Sonnenminima vom Spörer-Typ geschah, in einer einzigen Veröffentlichung zusammengeführt wurden.[193] Diese Ereignisse treten einmal alle 2.500 Jahre auf, wenn die Sonne in eine sehr ungewöhnliche 200-jährige Periode mit sehr geringer Sonnenaktivität eintritt (Abb. 37b, Kap. 23).

Abbildung 43a zeigt eine Rekonstruktion der Sonnenaktivität, wobei die drei abrupten Klimaereignisse durch hellgraue Balken hervorgehoben sind, die alle mit großen Sonnenminima vom Typ Spörer zusammenfallen.[194] Zwar gab es in den letzten 6.000 Jahren weitere große Sonnenminima, aber keines davon zeigte die gleichen ^{14}C-Veränderungen wie die in Abbildung 37b (Kap. 23) gezeigten. In Abständen von 5.000 Jahren fallen die Tiefpunkte des 2.500-jährigen Bray-Sonnenzyklus und des 1.000-jährigen Eddy-Sonnenzyklus zusammen (Kasten 21, Kap. 23), was zu einer Häufung von mehreren großen Sonnenminima führt, die einen großen Klimaeffekt auslösen. Ein solches Ereignis ereignete sich vor 5.500 Jahren und erneut vor 500 Jahren.

In diesem Kapitel wird nur ein kleiner Teil der Beweise für die klimatischen Auswirkungen eines großen Sonnenminimums vom Spörer-Typ grafisch dargestellt. Es gibt eine Fülle von Beweisen, die von Wissenschaftlern gesammelt wurden und von denen einige diskutiert werden. Obwohl diese Beweise vorhanden sind, haben viele Wissenschaftler beschlossen, sie zu ignorieren. Der Grund dafür ist, dass der detaillierte Mechanismus, wie sich das Klima während einer geringen Sonnenaktivität verändert, unbekannt ist und daher nicht in Klimamodelle einprogrammiert werden kann. Es ist beunruhigend, dass die Beweise, die die Modelle nicht widerspiegeln, ignoriert werden.

Informationen aus atmosphärischen Proxies

Im vorangegangenen Kapitel wurde untersucht, wie die Sulfatablagerung in Eisbohrkernen Aufschluss über vulkanische Aktivitäten gibt. Andere Ionen in

---

[193] Vinós, J., 2022. Climate of the past, present and future. A scientific debate. Critical Science Press. pp.67-88

[194] Wu, C.J., et al., 2018. Astron. Astrophys. 615, p.A93. doi.org/10.1051/0004-6361/201731892

Eisbohrkernen geben Aufschluss über andere klimatische Aspekte. Zum Beispiel wird eine Zunahme der Ablagerung von Salzen wie Kalium derzeit mit winterlichen atmosphärischen Bedingungen in Verbindung gebracht. Dies geschieht, wenn sich der Nordpolarwirbel ausdehnt und die meridionale Zirkulation zunimmt, was zu kälteren und windigeren Bedingungen führt. Das sibirische Hochdrucksystem verstärkt sich ebenfalls und bringt eisige Bedingungen in weite Teile der nördlichen Hemisphäre.[195] Während der drei großen, durch die Sonneneinstrahlung bedingten Klimaereignisse der letzten 6000 Jahre stiegen die Werte dieser Salze sprunghaft an (Abb. 43d), was auf eine erhebliche Verstärkung der polaren atmosphärischen Zirkulation hindeutet und zu extrem kalten und windigen Winterbedingungen auf der Nordhalbkugel führte.

Andere Proxies, die die Windstärke in hohen Breiten widerspiegeln, wie z. B. die in Island gewonnenen Daten, bestätigen, dass sich die Polarfront in dieser Zeit nach Süden verschoben hat, was auf eine Ausdehnung der arktischen Region hinweist.[196] Die Nordatlantische Oszillation ist ein Maß für den Druckunterschied zwischen dem Azorenhoch und dem Islandtief. Wenn die Differenz gering ist, befindet sich die Oszillation in der negativen Phase, was zu einem wellenförmigeren Jetstream, häufigeren und längeren atmosphärischen Blockierungen und mehr arktischer Kaltluft führt, die über die mittleren Breiten strömt. Rekonstruktionen der Nordatlantischen Oszillation während des Holozäns zeigen, dass sie während der Kleinen Eiszeit und den beiden anderen untersuchten abrupten Klimaereignissen sehr negative Werte aufwies.

Während des großen Sonnenminimums bleibt die nordatlantische Oszillation oft den ganzen Winter über in einer negativen Phase, was die winterlichen Klimaauswirkungen in der Region verstärken kann. Dadurch reagiert die Region besonders empfindlich auf die Auswirkungen der geringen Sonnenaktivität.

Informationen aus ozeanischen Proxies

In Kapitel 17 wurde die Bedeutung der atlantischen meridionalen Umwälzzirkulation für den Wärmetransport in die Arktis erörtert. Mehrere Studien deuten darauf hin, dass die Tiefenwasserbildung im Nordatlantik während der drei untersuchten abrupten Klimaereignisse erheblich reduziert wurde. Es ist jedoch umstritten, ob die Umwälzzirkulation infolgedessen erheblich reduziert wurde. Es gibt Hinweise darauf, dass der Salzgehalt (Abb. 43c) und die Wassertemperatur unterhalb der Thermokline - der Übergangsschicht zwischen wärmerem Wasser oberhalb und kühlerem Wasser unterhalb - während dieser Ereignisse südlich von Island angestiegen sind.[197] Dies deutet darauf hin, dass die atlantische meridionale Umwälzzirkulation durch einen Ausgleichsmechanismus angetrieben wurde, der einen erhöhten Beitrag von warmem, salzigem Wasser aus dem subtropischen Wirbel auf Kosten von kühlerem, frischerem Wasser aus dem subpolaren Wirbel beinhaltet. Die Zirkulation transportierte also weiterhin warmes Wasser in Richtung Arktis und hörte nicht auf.

---

[195] Mayewski, P.A., et al., 2004. Quat. Res. 62 (3), pp.243-255.
doi.org/10.1016/j.yqres.2004.07.001
[196] Jackson, M.G., et al., 2005. Geology, 33 (6), pp.509-512. doi.org/10.1130/G21489.1
[197] Thornalley, D.J., et al., 2009. Nature, 457 (7230), pp.711-714.
doi.org/10.1038/nature07717

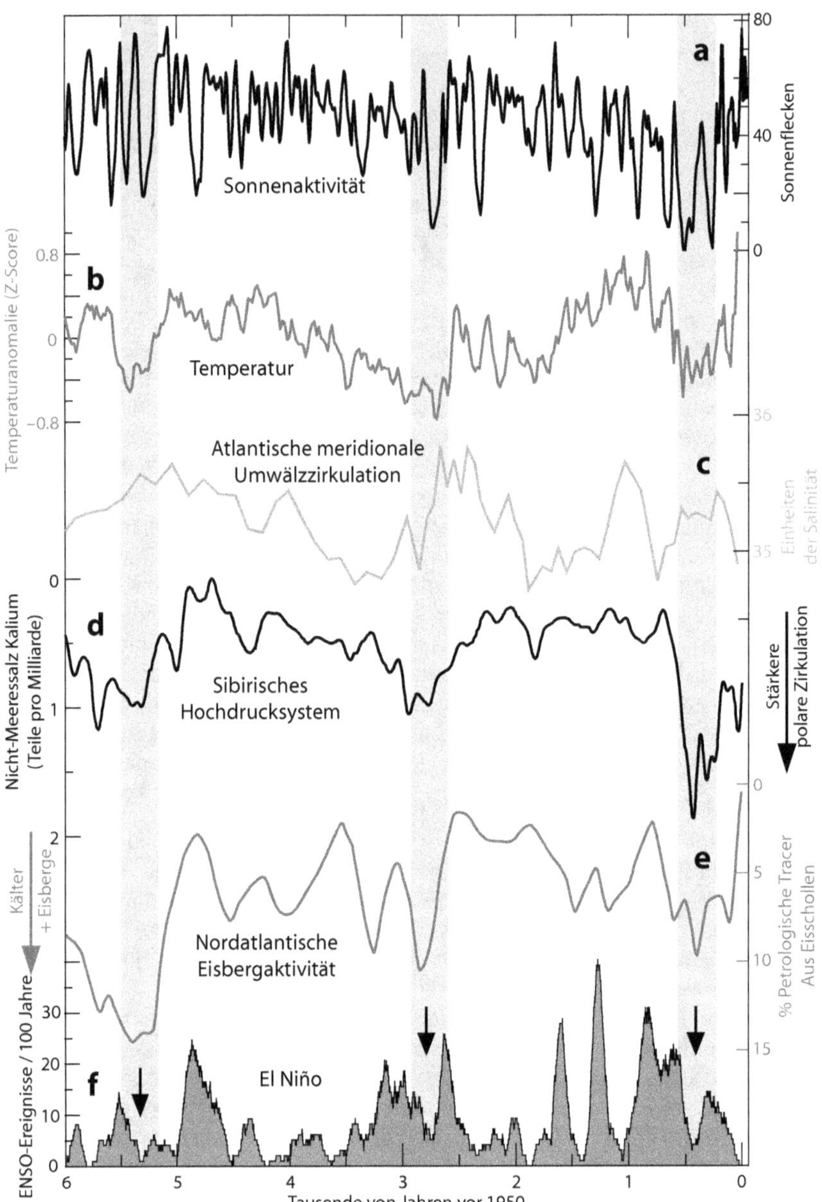

Abbildung 43. Klimatische Auswirkungen eines langen Sonnenminimums. a) Rekonstruktion der Sonnenaktivität. b) Abgeleitete Rekonstruktion der globalen Proxy-Temperatur. c) Änderungen des Salzgehalts als Indikator für die Stärke der atlantischen meridionalen Umwälzzirkulation. d) Kaliumgehalt (invertiert) in einem grönländischen Eiskern als Proxy für die polare atmosphärische Zirkulation und die Stärke des sibirischen Hochdrucksystems. e) Petrologische Tracer (invertiert) als Proxy für die Eisbergaktivität im Nordatlantik. f) Häufigkeit starker El Niño-Ereignisse. Die Pfeile zeigen die Unterdrückung von El Niño in Zeiten sehr geringer Sonnenaktivität an.

Während der in diesem Kapitel behandelten Perioden geringer Sonnenaktivität kam es zu einem außergewöhnlichen Wachstum der norwegischen Küstengletscher, was eine Zunahme der Winterniederschläge erforderte. Diese Zunahme der Niederschläge wurde durch den Zustrom von mehr warmem Wasser während der sehr kalten Winterbedingungen ermöglicht. Der Zufluss von Atlantikwasser in die nordischen Meere wurde in Kapitel 17 (Abb. 27) im Zusammenhang mit dem ozeanischen Wärmetransport erörtert. Der Warmwasserzufluss wurde über das Holozän rekonstruiert und zeigt eine starke 2.500-jährige Periodizität, mit einem signifikanten Anstieg während Perioden mit lang anhaltender geringer Sonnenaktivität, einschließlich der drei in diesem Kapitel betrachteten Perioden.[198]

In Kapitel 18 haben wir erörtert, wie die El Niño-Südliche Oszillation zum polwärts gerichteten Wärmetransport beiträgt, und ihre Variabilität während des Holozäns aufgezeigt (Abb. B15, Kap. 18). Jetzt werden wir uns auf die Häufigkeit starker Niño-Ereignisse in den letzten 6000 Jahren konzentrieren (Abb. 43f).[199] Als sich der Planet während der Neogletscherung abkühlte, nahm auch die Häufigkeit von Niño-Ereignissen zu und trug damit zur Abkühlung bei. In Übereinstimmung mit dieser Interpretation hat die Häufigkeit der Niño-Ereignisse während der Abkühlung zugenommen, was zu den drei von uns betrachteten Ereignissen führte. Als jedoch das großes Sonnenminimum vom Spörer-Typ sehr niedrige Werte der Sonnenaktivität erreichte, wurde die El Niño-Aktivität unterdrückt (Abb. 43f, Pfeile), und der äquatoriale Pazifik ging in einen überwiegend Niña-Zustand über. Diese Art von semipermanentem La-Niña-Zustand wurde sowohl während warmer Perioden, wie dem holozänen Klimaoptimum, als auch während kalter Perioden, wie dem mittleren Teil der Kleinen Eiszeit, beobachtet. Dies könnte darauf hindeuten, dass die Intensität des polwärts gerichteten Wärmetransports nicht angepasst werden muss, da sich die Temperatur des Planeten nicht ändert.

Informationen aus hydrologischen Proxies

Niederschlagsproxies liefern Informationen, die auf bestimmte Regionen beschränkt sind, da die Niederschläge von Ort zu Ort stark variieren können. Selbst nahe gelegene Orte können entgegengesetzte Veränderungen erfahren, wie nach dem Ausbruch des Tambora zu sehen war, als einige Teile Europas sehr nass wurden, während andere sehr trocken wurden (Kap. 24). Wie bereits erwähnt, deuten die Beweise jedoch darauf hin, dass die Winterniederschläge in Norwegen in allen drei betrachteten Zeiträumen zunahmen, was zu einem Gletscherwachstum führte.[200] Niederschlagsspitzen im Jahrtausendmaßstab wurden zu diesen Zeiten auch in mittleren Breitengraden wie Irland und Kalifornien verzeichnet.

Wissenschaftler haben durch die Analyse eines Höhlenstalagmiten aus China eine hochauflösende Aufzeichnung der Stärke des asiatischen Monsuns

---

[198] Giraudeau, J., et al., 2010. Quat. Sci. Rev. 29 (9-10), pp.1276-1287. doi.org/10.1016/j.quascirev.2010.02.014

[199] Moy, C.M., et al., 2002. Nature, 420 (6912), pp.162-165. doi.org/10.1038/nature01194

[200] Matthews, J.A., et al., 2005. Quat. Sci. Rev. 24 (1-2), pp.67-90. doi.org/10.1016/j.quascirev.2004.07.003

erhalten.[201] Dieser Datensatz zeigt Episoden von Monsunschwäche oder Dürre während der drei untersuchten großen Sonnenminima. Viele Wissenschaftler haben traditionell den größten Teil der hundert- und tausendjährigen Schwankungen des asiatischen und indischen Monsuns mit der Sonnenvariabilität in Verbindung gebracht.

Informationen über Temperaturänderungen

In früheren Kapiteln (Kap. 21-23 & 26) haben wir eine holozäne Temperaturrekonstruktion auf der Grundlage von 73 globalen Proxies verwendet. Nachdem wir die Rekonstruktion für die letzten 6000 Jahre um den allgemeinen Abkühlungstrend der Neogletscherung bereinigt haben, stellen wir fest, dass die drei von uns untersuchten Perioden die stärkste Abkühlung über Tausende von Jahren aufweisen (Abb. 43b). Dieser Befund widerspricht der landläufigen Meinung, dass solare Schwankungen nur einen geringen Einfluss auf die Temperatur haben. Tatsächlich deuten die paläoklimatischen Belege darauf hin, dass die Sonnenaktivität und nicht das CO_2 die primäre Determinante des Klimas auf hundert- und tausendjährigen Zeitskalen ist.

Der Indo-pazifischer Warmwasserkörper ist der größte Warmwasserkörper der Welt und liegt im tropischen Indischen und Pazifischen Ozean. Er ist ein hervorragender Ort, um die Temperatur des Planeten im Laufe der Zeit zu messen. Durch die Analyse einer unterirdischen Ozeantemperatur in dieser Region konnten die Forscher eine Rekonstruktion der Temperatur des tropischen Ozeans während des Holozäns erstellen, die der in diesem Buch verwendeten globalen Rekonstruktion ähnelt.[202] Diese Analyse zeigt auch, dass die drei hier betrachteten Perioden im tropischen Ozean auf einer Jahrtausendskala deutlich kälter waren. Eine weitere Studie, die sich auf die Oberflächentemperaturen der Ozeane in derselben Region konzentrierte, ergab eine eindeutige 2.500-jährige Periodizität der Temperatur während des Holozäns. Es wurde festgestellt, dass diese Periodizität mit der Sonnenaktivität zusammenhängt.[203]

Durch die Analyse von benthischen Bohrkernen aus dem Nordatlantik konnten die Forscher eine Aufzeichnung der Eisbergaktivität erstellen, die eine bemerkenswerte Übereinstimmung mit der Aufzeichnung der Sonnenaktivität zeigte (Kasten 21, Kap. 23).[204] Dieser Proxy-Datensatz hat sich als sehr nützlich erwiesen, um jede hundertjährige Kälteperiode im Nordatlantik mit Abkühlung und abrupten Klimaveränderungen außerhalb der Region in Verbindung zu bringen. Dieser Datensatz stimmt auch mit den anderen von uns vorgestellten Beweisen überein. Die drei Perioden abrupter Klimaveränderungen, die mit den drei Sonnenminima vom Spörer-Typ zusammenfallen, weisen die größte tausendjährige Eisbergaktivität im Nordatlantik auf (Abb. 43e).

---

[201] Wang, Y., et al., 2005. Science, 308 (5723), pp.854-857.
doi.org/10.1126/science.1106296

[202] Rosenthal, Y., et al., 2013. Science, 342 (6158), pp.617-621.
doi.org/10.1126/science.1240837

[203] Khider, D., et al. (2014). Paleoceanography, 29 (3), pp.143-159.
doi.org/10.1002/2013PA002534

[204] Bond, G., et al., 2001. Science, 294 (5549), pp.2130-2136.
doi.org/10.1126/science.1065680

Eine langfristige atmosphärische Neuordnung

Dank zahlreicher Klima-Proxys können wir die klimatischen Veränderungen rekonstruieren, die auftreten, wenn die Sonnenaktivität über viele Jahrzehnte hinweg sehr niedrig ist. Auch wenn wir noch immer nicht vollständig verstehen, wie dies geschieht, so wissen wir doch, was passiert. Überraschenderweise stehen die aus den Proxies abgeleiteten Veränderungen nicht im Einklang mit den globalen Auswirkungen, die ein Rückgang der Sonnenenergie an der Oberfläche haben sollte. Stattdessen deuten sie auf eine tiefgreifende Umstrukturierung der atmosphärischen Zirkulation hin, die hauptsächlich die nördliche Hemisphäre betrifft. Diese Umstrukturierung ist ein langsamer Prozess, der umso tiefgreifender ist, je länger die Sonnenaktivität niedrig bleibt. Er beginnt sich jedoch umzukehren, sobald die Sonnenaktivität wieder normal wird.

Wenn die Nordatlantische Oszillation dauerhaft negativ wird, deutet dies auf einen geschwächten arktischen Polarwirbel hin. Dies führt zu einem verstärkten Austausch von Luftmassen zwischen der Arktis und den mittleren Breiten, was zu sehr kalten Wintern in den mittleren Breiten der nördlichen Hemisphäre führt.

Darüber hinaus nimmt der polwärts gerichtete Transport von Wärme, Feuchtigkeit und Salzen erheblich zu. Dies wiederum führt zu einer viel intensiveren polaren atmosphärischen Zirkulation. Auch die Polarfront verlagert sich nach Süden, wodurch sich die Arktis ausdehnt.

Der Temperatur-Breitengradient, die wichtigste klimatische Determinante, wird stärker ausgeprägt. Die Verlagerung des Jetstreams und des Subtropenjets nach Süden bewirkt eine Kontraktion der Hadley-Zellen. Infolge dieser Kontraktion verlagert sich auch die Trockenheit, die durch den abwärts gerichteten Ast der Hadley-Zellen erzeugt wird, nach Süden. Dies führt zu vermehrten Niederschlägen in den mittleren Breiten und zu einer Abschwächung des Monsuns.

Da aufgrund des steileren Temperaturgefälles mehr Wärme aus den Ozeanen und der Atmosphäre in die Arktis geleitet wird, kühlt sich der Planet ab, da er Energie verliert. Aber die Abkühlung ist ungleichmäßig. Die südliche Hemisphäre kühlt weniger stark ab, der Wärmeinhalt der tropischen Ozeane nimmt ab, und die hohen Breiten der nördlichen Hemisphäre kühlen stärker ab. Die nordatlantische Region, der Hauptweg für den Wärmetransport zu den Polen, erfährt die stärkste Abkühlung und zeigt eine starke Zunahme der Eisbergaktivität. Das Energiedefizit in der nördlichen Hemisphäre bewirkt, dass mehr Wärme von der südlichen Hemisphäre über den Äquator transportiert wird. Dies wird dadurch erreicht, dass die innertropische Konvergenzzone um einige Breitengrade nach Süden verschoben wird, so dass die Atmosphäre Wärme von der südlichen Hemisphäre zur nördlichen Hemisphäre transportiert (Abb. 82, Kap. 47), also das Gegenteil der derzeitigen Situation.[205]

Die durch Sonneneinstrahlung verursachte Umgestaltung der Atmosphäre ist ein allmählicher Prozess, der sich im Laufe der Zeit akkumuliert. Je länger er andauert, desto tiefgreifender sind die Veränderungen und ihre Auswirkungen. Wenn sich die Sonnenaktivität wieder normalisiert, dauert es ähnlich lange, um die Veränderungen rückgängig zu machen, was erklärt, warum Mitte des 19. Jahrhunderts, als die Sonnenaktivität ähnlich hoch war wie im 20. Jahrhundert,

---

[205] Sachs, J.P., et al., 2009. Nat. Geosci. 2 (7), pp.519-525. doi.org/10.1038/NGEO554

ein anderes Klima herrschte (Abb. 79, Kap. 46). Man kann davon ausgehen, dass eine höhere als die normale Sonnenaktivität den gegenteiligen Effekt haben sollte, nämlich eine Erwärmung durch eine Umstrukturierung der Atmosphäre. Zwischen 1935 und 2005 gab es die längste Periode überdurchschnittlicher Sonnenaktivität seit mindestens 600 Jahren, die mit der höchsten Erwärmung seit mindestens 600 Jahren zusammenfiel.

Studien zeigen, dass sich die Hadley-Zirkulation seit mindestens 1979 mit einer Rate von 0,5° Breitengrad/Dekade polwärts ausgedehnt hat, was weitgehend auf natürliche Ursachen zurückzuführen ist.[206] Es scheint möglich, dass der Klimawandel, der zwischen 1850 und dem Beginn unserer massiven Emissionen um 1950 stattfand, auf die langsame Erholung von der solar bedingten Kleinen Eiszeit zurückzuführen ist.

Die vorliegenden Erkenntnisse zeigen, dass die Auswirkungen von Veränderungen der Sonnenaktivität auf das Klima weder in der Klimatheorie angemessen berücksichtigt noch in den Klimamodellen richtig wiedergegeben werden. Daher ist unser Verständnis des Klimas unzureichend, um wesentliche gesellschaftliche Veränderungen als Reaktion auf die beobachteten Klimaveränderungen zu rechtfertigen, da deren Ursache ungewiss ist.

Zusammengefasst

Hinweise aus Klima-Proxys zeigen, dass längere Perioden mit sehr geringer Sonnenaktivität eine allmähliche Umstrukturierung der Atmosphäre bewirken können. Diese Umstrukturierung führt zu einer Kontraktion der Tropen und einer Ausdehnung der Polarregionen. Infolgedessen wird der Temperaturunterschied zwischen dem Äquator und den Polen ausgeprägter, wodurch mehr Wärme in Richtung der Pole transportiert wird. Dieser erhöhte Wärmeverlust in den Polarregionen, insbesondere in der Arktis, führt zu einer globalen Abkühlung, die in den nördlichen mittleren Breiten stärker ausgeprägt ist. Klimamodelle können diesen Effekt jedoch nicht reproduzieren, da sein Mechanismus unbekannt ist und die instrumentellen Belege für den viel geringeren Effekt des 11-jährigen Sonnenzyklus nicht überzeugend sind. Infolgedessen ignorieren die meisten Wissenschaftler die Beweise für die Sonnenaktivität als Hauptursache für den Klimawandel im Holozän. Dies macht unser Verständnis des Klimas unzureichend und unzuverlässig.

---

[206] Staten, P.W., et al., 2018. Nat. Clim. Change, 8 (9), pp.768-775. doi.org/10.1038/s41558-018-0246-2

KAPITEL 28
BEKANNTE AUSWIRKUNGEN DES SOLARZYKLUS

Obwohl die durch den Sonnenzyklus verursachte Änderung der Sonnenenergie zu gering ist, um einen Klimaeffekt oberhalb des Rauschens zu erkennen, haben wir durchweg eine Temperaturänderung der globalen Oberflächentemperatur und des Wärmebudgets der tropischen Ozeane beobachtet, die viermal größer ist als erwartet. Das Muster der Temperaturveränderungen ist sehr unregelmäßig, mit einer stärkeren Erwärmung in den mittleren bis hohen Breiten der nördlichen Hemisphäre. Interessanterweise ähnelt dieses Temperaturmuster des Sonnenzyklus dem Temperaturmuster, das in den letzten Jahrzehnten als Folge der globalen Erwärmung beobachtet wurde.

Die durch die erhöhte Sonnenaktivität verursachte Erwärmung führt zu Veränderungen im polwärts gerichteten Wärmetransport durch die troposphärische und stratosphärische Zirkulation. Mit zunehmender Sonnenaktivität nimmt der polwärts gerichtete Wärmetransport ab, was zu einem Wärmestau in mittleren bis hohen Breiten, einer Abkühlung der Arktis und einem erhöhten Wärmeinhalt der tropischen Ozeane führt. Die beobachteten Veränderungen des Temperatu-Breitengradient unterstützen diese Interpretation.

Der Sonnenzyklus sollte keine erkennbaren Auswirkungen auf das Klima haben

Die Sonne liefert 99,9 % der Energie für das Klimasystem, und diese Energie - bekannt als die gesamte solare Bestrahlungsstärke - ändert sich innerhalb eines 11-jährigen Sonnenzyklus nur um 0,1 % (Kap. 2). Diese Änderung ist so gering, dass ihre Auswirkungen im Rauschen der Klimavariablen nicht zu erkennen sein dürften. Die vorhergesagte Erwärmung der Erdoberfläche bei einem Anstieg um 1,1 W/m^2 beträgt nur 0,025 °C und liegt damit unter der Nachweisgrenze von 0,1 °C.[207]

Die Temperaturdaten zeigen jedoch durchgängig, dass das Sonnensignal bei der globalen Temperatur 0,1 °C beträgt, was viermal größer ist, als wir allein aufgrund der Energieänderung erwarten würden. Diese Beobachtung liefert den ersten Hinweis darauf, dass die Wirkung der Sonne auf das Klima nicht auf oberflächliche Veränderungen der gesamten Sonneneinstrahlung zurückzuführen ist.

Der Einfluss des Sonnenzyklus auf die Oberflächentemperatur

Bei einem geringen Anstieg der Sonnenenergie würde man normalerweise eine kleine, gleichmäßig verteilte Änderung der Oberflächentemperatur auf der Grundlage der Sonneneinstrahlung erwarten. Dies ist jedoch in der Realität nicht der Fall. Stattdessen ist die Veränderung der Oberflächentemperatur sehr ungleichmäßig, wobei sich einige Regionen trotz der Zunahme der Sonnenenergie abkühlen. Diese Unterschiede lassen sich nur durch erhebliche dynamische Veränderungen in der Atmosphäre und den Ozeanen erklären, auch wenn die Sonnenleistung nur um 0,1 % schwankt.

---

[207] Wigley, T.M.L. & Raper, S.C.B., 1990. Geophys. Res. Lett. 17 (12), pp.2169-2172. doi.org/10.1029/GL017i012p02169

Abbildung 44a zeigt eine Karte der Änderungen der Oberflächentemperatur auf einem 5x5°-Gitter, die dem 11-jährigen Sonnenzyklus zwischen dem Sonnenminimum von 1996 und dem Sonnenmaximum von 2002 zugeschrieben werden.[208] Obwohl die globale mittlere Oberflächentemperatur während dieses Zyklus nur um 0,1 °C ansteigt, erhöht sie sich um 0,4 °C (und in bestimmten Gebieten um über 1 °C) auf 60° nördlicher Breite. Das Reaktionsmuster in Abbildung 44a wird mit einer Verzögerung von 1 Monat ermittelt. Dies bedeutet, dass die klimatische Reaktion auf solare Veränderungen sehr schnell erfolgt, und diese kleine Verzögerung ist eher für eine atmosphärische als für eine ozeanische Reaktion wahrscheinlich.

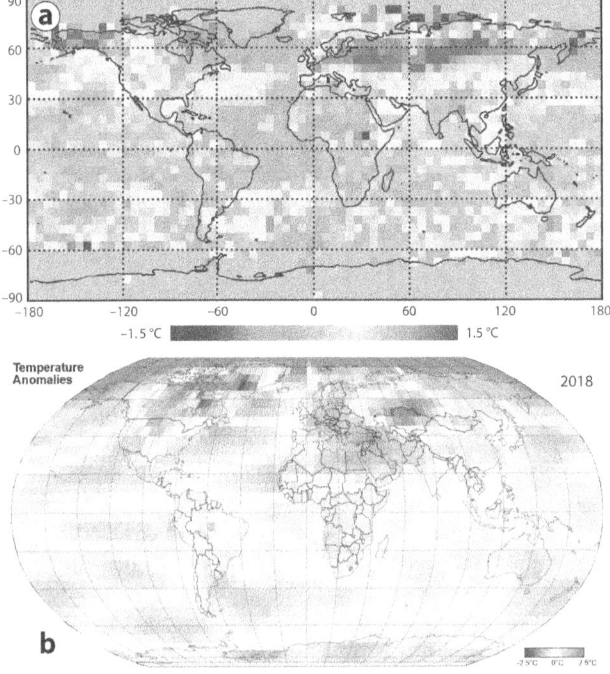

Abbildung 44. Änderungen der Oberflächentemperatur aufgrund des Sonnenzyklus und der globalen Erwärmung. a) Änderungen aufgrund des Sonnenzyklus von 1996 bis 2002. b) Globale Temperaturanomalie für 2018.

Bei hoher Sonnenaktivität ähnelt das Muster der verstärkten Oberflächenerwärmung in den Extratropen der nördlichen Hemisphäre und der geringeren Erwärmung in den Tropen und der südlichen Hemisphäre dem Muster der jüngsten globalen Erwärmung, die in erster Linie auf erhöhte CO_2 Werte zurückzuführen wird. Abbildung 44b zeigt eine Karte der globalen Oberflächentemperaturanomalien für 2018 auf einem 5x5°-Gitter, basierend auf dem Mittelwert von 1991-2020.[209]

Die stärkste Erwärmung fand in den hohen Breiten der nördlichen Hemisphäre statt, wobei die Erwärmung auch in Verbindung mit dem Golfstrom und dem Kuroshio-Strom auftrat. Auf der Südhalbkugel ist im Bereich von 30-60°S ein Muster von vier Zonen mit verstärkter Erwärmung zu beobachten, die im Atlantik, im Indischen Ozean, im Pazifischen Ozean und in der Tasmanischen

---

[208] Lean, J.L., 2017. Sun-climate connections. In: Oxford Research Encyclopedia of Climate Science. doi.org/10.1093/acrefore/9780190228620.013.9
[209] Abbildung 44b aus dem globalen Kartierungstool der NOAA. www.ncei.noaa.gov/access/monitoring/climate-at-a-glance/global/mapping/2018

See etwa 7.000 km voneinander entfernt sind. Es wird angenommen, dass dieses Muster das Ergebnis einer atmosphärischen Welle ist.[210] Obwohl der solar bedingte Klimawandel und die globale Erwärmung diese Merkmale gemeinsam haben, deuten sie nicht auf das Ergebnis der globalen Verteilung eines Strahlungseffekts hin, der durch eine Veränderung der Sonnenaktivität oder des CO_2 hervorgerufen wird. Vielmehr deuten sie auf eine Reaktion auf beide Einflüsse hin, die durch ähnliche dynamische Veränderungen in der Atmosphäre und den Ozeanen vermittelt wird.

Dies dürfte der zweite Hinweis darauf sein, dass die Wirkung der Sonne auf das Klima nicht das Ergebnis von Veränderungen der gesamten Sonneneinstrahlung an der Oberfläche ist. Vielmehr scheint er durch Veränderungen im gekoppelten System Atmosphäre-Ozean vermittelt zu werden. Um den Einfluss der Sonne auf das Klima zu verstehen, sollten wir uns daher eher auf die Atmosphäre als auf die Oberfläche konzentrieren.

Auswirkungen des Sonnenzyklus auf den Temperatur-Breitengradient

Abbildung 45 zeigt die durch den Sonnenzyklus bedingten Temperaturänderungen an der Oberfläche (wie in Abb. 44a) und in der unteren Stratosphäre, berechnet pro Breitenkreis (zonales Mittel). Die eindeutige Beziehung zwischen den beiden Kurven deutet auf einen atmosphärischen Ursprung auch der Oberflächenkurve hin. Die in Abbildung 45 dargestellten Informationen sind für das Verständnis des solaren Einflusses auf das Klima von entscheidender Bedeutung. Bei hoher Sonnenaktivität nimmt die Oberflächenerwärmung mit zunehmender Breite zu und erreicht bei 60°N einen Höchstwert von 0,4 °C. In der Arktis kühlt es sich jedoch ab, wenn die Sonnenaktivität hoch ist. Man beachte die schwarze Kurve in Abbildung 45, die einen scharfen Übergang zwischen starker Erwärmung bei 60°N und Abkühlung bei 75°N zeigt. Zwischen diesen beiden Breitengraden liegt der Polarwirbel, der den Wärmeaustausch stark einschränkt, wenn er stark ist. Mit zunehmender Sonnenaktivität verringert sich der Temperaturgradient zwischen dem Äquator und 60°N, was zu einer Verringerung des polwärts gerichteten Wärmetransports führt.

In der unteren Stratosphäre ist die Situation im Wesentlichen umgekehrt wie an der Oberfläche (Abb. 45, gestrichelte graue Linie). Die tropische Stratosphäre erfährt eine beträchtliche Erwärmung aufgrund der erhöhten Ozon- und UV-Strahlung, die durch die erhöhte Sonnenaktivität verursacht wird. Der größte Teil des Ozons wird jedoch durch die Brewer-Dobson-Zirkulation in die hohen Breiten der nördlichen Hemisphäre transportiert, so dass dies die Region mit der höchsten Ozonkonzentration ist. Dies lässt eine stärkere Erwärmung erwarten, aber die geringere Erwärmung in den hohen Breiten der unteren Stratosphäre der nördlichen Hemisphäre ist rätselhaft. Dieses Phänomen kann nur durch eine Abnahme des meridionalen Transports bei einer Zunahme der Sonnenaktivität erklärt werden. Die Abnahme des stratosphärischen Transports steht im Einklang mit der Zunahme des latitudinalen Temperaturgradienten, der durch die gestrichelte Linie in Abbildung 45 dargestellt ist, was zu einer Erhöhung der Geschwindigkeit der zonalen (Ost-West-) Winde führen würde, die dem meridionalen Transport entgegenwirken.

---

[210] Chiswell, S.M., 2021. Nat. Comm. 12 (1), p.4779.
  doi.org/10.1038/s41467-021-25160-y

Die beiden in Abbildung 45 gezeigten Profile untermauern die Vorstellung, dass eine zunehmende Sonnenaktivität den polwärts gerichteten Transport sowohl in der unteren Stratosphäre als auch in der Troposphäre verringert.

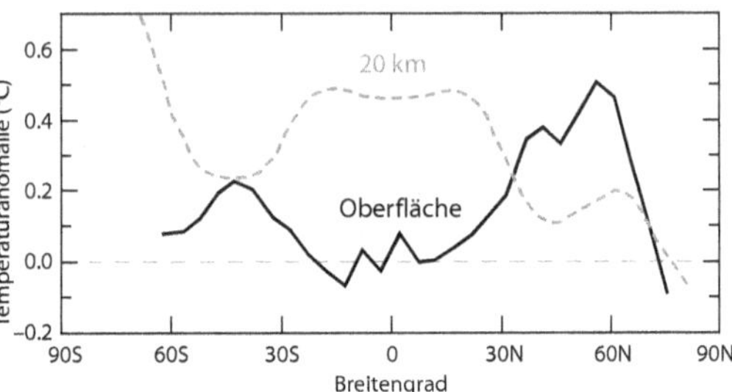

Abbildung 45. Zonal gemittelte Temperaturänderungen aufgrund des Sonnenzyklus. Dargestellt sind Veränderungen an der Oberfläche (schwarze Linie) und in 20 km Höhe (gestrichelte graue Linie).[211]

Das Wärmebudget des tropischen Ozeans

In Kasten 14 (Kap. 17) haben wir den Einfluss des Sonnenzyklus auf den ozeanischen Wärmetransport erörtert. Es lohnt sich, die wichtigsten Ergebnisse wissenschaftlicher Studien zu wiederholen, aus denen hervorgeht, dass Veränderungen im Wärmebudget der tropischen Ozeane in einem Rhythmus von 11 Jahren auftreten, der mit dem Sonnenzyklus synchronisiert ist.[212] Die Herausforderung besteht jedoch darin, dass die Veränderungen der Sonnenenergie um den Faktor fünf bis zehn zu gering sind, um für die beobachteten Temperaturschwankungen verantwortlich zu sein, ebenso wie alle anderen solaren Effekte.

Wenn die Erwärmung der Ozeane nicht durch erhöhte Sonneneinstrahlung verursacht wird, muss sie auf die Erwärmung des darunter liegenden Ozeans durch die tropische Atmosphäre zurückzuführen sein. Die Atmosphäre kann dies nur tun, indem sie die Menge an fühlbarer und latenter Wärme, die von der Meeresoberfläche in die Atmosphäre fließt, verringert. Denn abgesehen von der kurzwelligen Energie der Sonne fließt der Nettoenergiefluss in den Tropen (und im größten Teil des Planeten) vom Ozean in die Atmosphäre. Da die Atmosphäre in erster Linie für den Wärmetransport auf dem Planeten verantwortlich ist, wird der 11-Jahres-Zyklus im Wärmebudget des tropischen Ozeans wahrscheinlich durch einen Rückgang des polwärts gerichteten Wärmetransports verursacht. Bei hoher Sonnenaktivität verbleibt mehr Sonnenwärme im tropischen Ozean, weil die Atmosphäre weniger davon transportiert. Eine Abnahme der Windgeschwindigkeit könnte zu der beobachteten Erwärmung und dem Rückgang des Transports führen und sowohl die fühlbare Wärmeübertragung als auch die Verdunstung (latente Wärmeübertragung) verringern.

Dynamische Auswirkungen des Sonnenzyklus

Es wurde festgestellt, dass dynamische Veränderungen der atmosphärischen Zirkulation im Zusammenhang mit dem Sonnenzyklus auftreten.[213] Als Folge der erhöhten Sonneneinstrahlung verändert sich die troposphärische Zirkulation auf

[211] Abbildungsdaten aus Lean, J.L., 2017. Sun-climate connections. In: Oxford Research Encyclopedia of Climate Science. doi.org/10.1093/acrefore/9780190228620.013.9

[212] White, W.B., et al., 2003. J. Geophys. Res. Oceans, 108 (C8) 3248. doi.org/10.1029/2002JC001396

[213] Lean, J.L., 2017. Sun-climate connections. In: Oxford Research Encyclopedia of Climate Science. doi.org/10.1093/acrefore/9780190228620.013.9

verschiedene Weise. Zu diesen Veränderungen gehören die Ausdehnung der Hadley-Zelle, die polwärts gerichtete Bewegung der subtropischen Jets, die Stabilisierung des Polarwirbels, die geringere Welligkeit des Jetstreams, das Einfangen der Polarluft und die geringere Häufigkeit von Winterblockierungen. Der Druckgradient zwischen dem Islandtief und dem Azorenhoch nimmt ebenfalls zu, was zu einer positiven Phase der Nordatlantischen Oszillation führt. Diese Auswirkungen sind in der wissenschaftlichen Literatur gut dokumentiert. Sie kommen Ihnen vielleicht bekannt vor, denn sie sind das Gegenteil der großräumigeren Effekte, die im vorigen Kapitel anhand verschiedener Klimaproxys in Zeiten stark verringerter Sonnenaktivität aufgrund eines großen Minimums gezeigt wurden.

Die bekannten dynamischen Effekte haben eines gemeinsam: Sie verändern den Wärmetransport zu den Polen. In Zeiten hoher Sonnenaktivität nimmt der meridionale Transport ab, was zu einer Erwärmung in den mittleren Breiten und einer Abkühlung in der Arktis führt. Umgekehrt nimmt der meridionale Transport in Zeiten geringer Sonnenaktivität zu, was zu einer Abkühlung in den mittleren Breiten und einer Erwärmung in der Arktis führt. Der meridionale Transport wird jedoch nicht nur von der Sonnenaktivität beeinflusst. Andere Faktoren wie Vulkanausbrüche (Kap. 25), die quasi-biennale Oszillation (Kap. 14), die ozeanischen multidekadischen Oszillationen (Kap. 19) und die El Niño-Südliche Oszillation (Kap. 18) spielen ebenfalls eine wichtige Rolle. Folglich ist nicht zu erwarten, dass Änderungen des Transports und seiner klimatischen Auswirkungen, einschließlich der Oberflächentemperatur, kurzfristig mit der Sonnenaktivität zusammenfallen, da diese anderen Faktoren sie ebenfalls beeinflussen. Erst auf der Hundertjahresskala, wenn sich alle anderen Faktoren tendenziell ausgleichen, werden Änderungen des Transports in erster Linie von der Sonnenaktivität abhängig, die hundert- und tausendjährige Zyklen aufweist, die die Sonnenaktivität über Jahrzehnte und sogar Jahrhunderte hinweg erheblich verändern, alle anderen Faktoren außer Kraft setzen und eine langfristige Erwärmung oder Abkühlung bewirken.

Reproduktion der Auswirkungen des Sonnenzyklus in Klimamodellen

Bis vor kurzem berücksichtigten die Klimamodelle die Stratosphäre nicht, ließen eine realistische quasi-biennale Oszillation vermissen und konnten die komplexe Reaktion des Ozons auf die Sonneneinstrahlung nicht berücksichtigen. Infolgedessen waren sie nicht in der Lage, die Auswirkungen des Sonnenzyklus zu reproduzieren oder die Auswirkungen eines großen Sonnenminimums zu verstehen. Klimamodelle zeigen in der Regel schwächere und verzögerte Temperaturreaktionen auf Veränderungen der solaren Bestrahlungsstärke. Nicht alle Modelle berücksichtigen die durch die Sonne verursachten Ozonveränderungen, den Polarwirbel und Oberflächenveränderungen. Darüber hinaus zeigen die Modelle oft eine unrealistische Erwärmung der Arktis als Reaktion auf eine erhöhte Sonnenaktivität, im Gegensatz zur beobachteten Abkühlung. Noch beunruhigender ist, dass die dynamische Reaktion der Stratosphäre auf Veränderungen der Sonnenaktivität in den meisten Modellen nicht berücksichtigt wird.[214] Die Haupthypothese des solaren Einflusses auf das Klima, die im

---

[214] Misios, S., et al., 2016. Q. J. R. Meteorol. Soc. 142 (695), pp.928-941.
  doi.org/10.1002/qj.2695

nächsten Kapitel diskutiert wird, beruht auf dieser Reaktion. Auch wenn die Modelle einige solare Auswirkungen auf das Klima qualitativ erfassen, können wir daraus schließen, dass sie höchstwahrscheinlich nicht durch den richtigen Mechanismus reproduziert werden.

Zusammengefasst

Obwohl die damit verbundenen Energieänderungen gering sind, zeigt das Klimasystem ein ausgeprägtes Muster der Oberflächentemperaturänderung als Reaktion auf eine erhöhte Sonnenzyklusaktivität. Dieses Muster erinnert an die in den letzten Jahrzehnten beobachtete Erwärmung. Die Auswirkungen der erhöhten Sonnenaktivität sind in den Tropen minimal und in der südlichen Hemisphäre schwächer als in der nördlichen Hemisphäre. Die beobachteten Temperaturveränderungen stehen im Einklang mit der beobachteten Verstärkung des Polarwirbels, die den polwärts gerichteten Wärmetransport verringern sollte. Diese Temperaturveränderungen dürften auch den Wärmetransport verringern, indem sie den Temperaturgradienten zwischen dem Äquator und 60°N, dem Breitengrad mit maximaler Erwärmung durch den Sonnenzyklus, abschwächen. In der unteren Stratosphäre deuten die beobachteten Veränderungen auf einen Rückgang der polwärts gerichteten Wärmetransportzirkulation hin. Die Veränderungen im Wärmeinhalt des tropischen Ozeans deuten auf einen Rückgang des Wärmeflusses zwischen Ozean und Atmosphäre hin, was mit dem Rückgang des Wärmetransports aufgrund der erhöhten Sonnenaktivität übereinstimmt. Die dynamischen Veränderungen in der atmosphärischen Zirkulation, die sich aus den Veränderungen der Sonnenaktivität ergeben, sind wohl bekannt. Sie sind von der gleichen Art wie die, die während der langen Sonnenminima der Vergangenheit beobachtet wurden, wenn auch in einem anderen Ausmaß. Klimamodelle reproduzieren die beobachteten Effekte als Reaktion auf Veränderungen im Sonnenzyklus nur schwach, mit einer viel größeren Verzögerung, und in der Regel fehlt die entscheidende dynamische Reaktion der Stratosphäre.

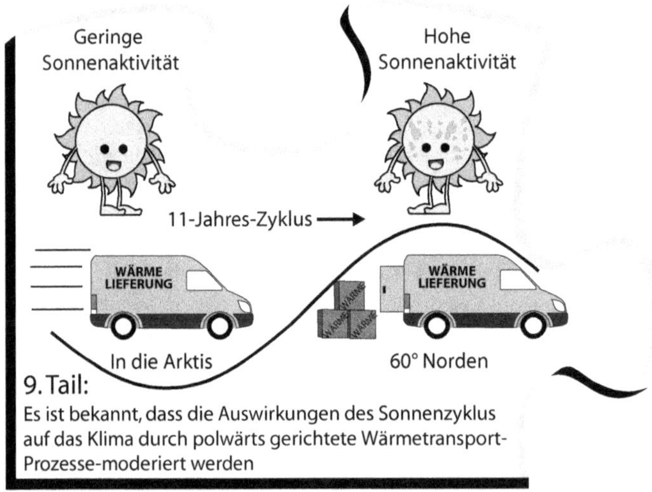

KAPITEL 29
DER STRATOSPHÄRISCHE PFAD

Veränderungen in der tropischen Ozonschicht, die durch Schwankungen der Sonnenaktivität verursacht werden, können erhebliche Auswirkungen auf das Klima an der Erdoberfläche haben. Dies geschieht über einen bekannten Signalweg, der Veränderungen der Windgeschwindigkeit und der atmosphärischen Wellenausbreitung in der Stratosphäre mit sich bringt und letztlich die Stärke des Polarwirbels im Winter beeinflusst. Diese Veränderungen im Polarwirbel wirken sich direkt auf die Druckmuster und die troposphärische Zirkulation aus, die wiederum den polwärts gerichteten Wärmetransport und den Austausch von Luftmassen zwischen der Arktis und den mittleren Breiten regulieren. Infolgedessen wird das Winterwetter auf der Nordhalbkugel weitgehend von diesen Prozessen bestimmt.

Seit 50 Jahren wissen die Wissenschaftler, dass eine bestimmte Art von atmosphärischen Wellen, die so genannten planetarischen Wellen, für die Veränderung des Erdklimas als Reaktion auf die Sonnenaktivität verantwortlich sein könnten. Diese Wellen liefern die Energie, die für Klimaveränderungen als Reaktion auf die Sonnenaktivität benötigt wird. Da planetarische Wellen jedoch von allen Faktoren beeinflusst werden, die sich auf die Bedingungen in der Stratosphäre auswirken, sind die Auswirkungen der Sonnenaktivität auf das Oberflächenklima nicht immer konsistent oder leicht zu erkennen. Trotz dieser Herausforderungen ist der Einfluss der Sonne auf das Klima real, und seine offensichtlichste Wirkung zeigt sich in der Häufigkeit kalter Winter in den mittleren Breiten der nördlichen Hemisphäre.

Ein Sonneneffekt von der Stratosphäre bis zur Erdoberfläche

Wissenschaftler untersuchen seit über zweihundert Jahren, ob und wie sich Sonnenfleckenveränderungen auf das Klima auswirken. Frühe Versuche, dieses Phänomen zu verstehen, wurden jedoch durch einen Mangel an Daten und Wissen über die Atmosphäre behindert. Die Wissenschaftler hatten Mühe, Beweise für den Effekt an der Oberfläche zu finden, da er sekundär, sehr variabel und nichtlinear ist.

Erst 1994 entdeckten Wissenschaftler einen Mechanismus dafür, wie die variable Aktivität der Sonne das Klima beeinflusst. Durch Beobachtung und Modellierung der Veränderungen, die in der Stratosphäre als Reaktion auf den Sonnenzyklus auftreten, konnten sie den Prozess identifizieren.[215] Dieser Top-down-Mechanismus wurde seitdem wiederholt bestätigt und in atmosphärischen Reanalysen, d. h. in Produkten zur Assimilation von Klimadaten, beobachtet.[216] Einige Klimamodelle, die die Stratosphäre und die Ozonchemie genauer abbilden, haben diesen Mechanismus ebenfalls bis zu einem gewissen

[215] Haigh, J.D., 1994. Nature, 370 (6490), S.544-546. doi.org/10.1038/370544a0
[216] Mitchell, D.M., et al., 2015. Q. J. R. Meteorol. Soc. 141 (691), pp.2011-2031. doi.org/10.1002/qj.2492

Grad nachgebildet.[217] Nach drei Jahrzehnten der Forschung wissen wir nun besser, wie die Sonnenaktivität das Klima beeinflusst.

Während des Sonnenzyklus führt ein Anstieg der Sonnenaktivität zu einem größeren relativen Anstieg der UV-Strahlung als der Gesamtstrahlung. Dieser Anstieg der UV-Strahlung wirkt sich stark auf die tropische Ozonschicht aus, erhöht die Ozonproduktion und lässt die Temperaturen aufgrund der verstärkten Absorption der UV-Strahlung um etwa 1,5 °C ansteigen (Abb. 46). Das stratosphärische Ozon spielt bei diesem Prozess eine entscheidende Rolle, da es als Signalempfänger fungiert und die Wirkung verstärkt.

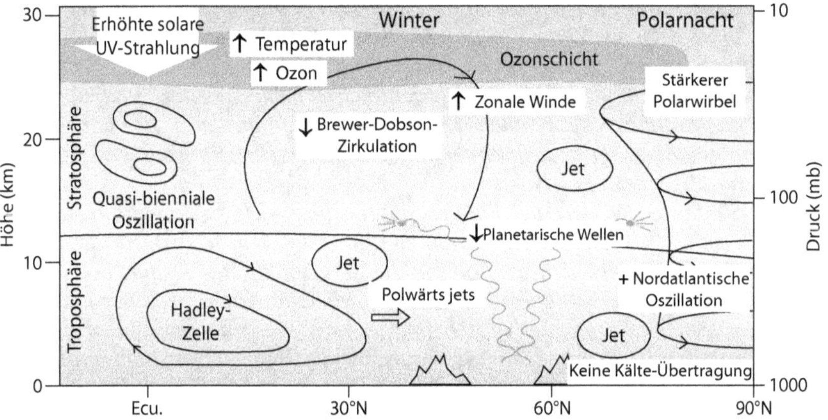

Abbildung 46. Top-down-Mechanismus des solaren Einflusses auf das Klima. Die Auswirkungen einer erhöhten Sonnenaktivität sind in weißen Kästen dargestellt.

Wenn sich die tropische Ozonschicht erwärmt, entsteht ein größeres Temperaturgefälle zwischen der tropischen und der polaren Stratosphäre. Dieses Gefälle wirkt sich direkt auf die Geschwindigkeit der Ost-West-Winde (zonale Winde) aus, die von der Größe des Gefälles abhängt. Je steiler der Gradient, desto schneller die Winde.

Atmosphärische Wellen ähneln den Meereswellen und breiten sich in der Troposphäre aus, wobei sie Energie und Impuls übertragen und das Wetter beeinflussen. Eine ausführlichere Erklärung finden Sie in Kasten 10 (Kap. 14). Eine besondere Art von atmosphärischen Wellen, die so genannten planetarischen Wellen, entstehen durch Temperaturunterschiede zwischen Land und Meer und durch Winde, die über große Gebirgszüge wehen. Planetarische Wellen sind in der nördlichen Hemisphäre häufiger anzutreffen. Diese Wellen können die Stratosphäre erreichen, allerdings nur, wenn die zonalen Winde in der Stratosphäre nicht zu stark sind und aus westlicher Richtung wehen. Andernfalls werden sie in die Troposphäre zurückgeworfen.

Wenn sich planetarische Wellen auflösen, liefern sie Schwung und Energie, die zum polwärts gerichteten Transport von Wärme und Ozon durch die Brewer-Dobson-Zirkulation beitragen. Sie schwächen auch den Polarwirbel, in-

[217] Kodera, K., et al., 2016. Atmospheric Chem. Phys. 16 (20), pp.12925-12944. doi.org/10.5194/acp-16-12925-2016

dem sie die Geschwindigkeit der Winde, die ihn bilden, verringern. Dieser Effekt ist in der nördlichen Hemisphäre besonders ausgeprägt.

Mit zunehmender Sonnenaktivität beschleunigen sich die zonalen Winde in der Stratosphäre, wodurch es für die planetarischen Wellen schwieriger wird, die Stratosphäre zu erreichen. Infolgedessen bleibt der Polarwirbel den ganzen Winter über stark. Obwohl die Zunahme der Sonnenaktivität in Bezug auf die Strahlung relativ gering ist, hat sie tiefgreifende Auswirkungen auf die Stratosphärenzirkulation und den Transport von Wärme und Ozon in Richtung Pol.

Durch die Stratosphären-Troposphären-Kopplung (Kap. 15) wird das Sonnensignal in die Troposphäre übertragen. Die Stärke des Polarwirbels bestimmt den Winterzustand der Nordatlantischen Oszillation, die bei hoher Sonnenaktivität anomal positiv wird. Darüber hinaus wird die Position des Jetstreams von der Stärke des Wirbels beeinflusst und bewegt sich bei hoher Sonnenaktivität polwärts. Diese Bewegung hält kalte arktische Luftmassen in der arktischen Region und führt zu wärmeren Wintern in den mittleren Breiten der nördlichen Hemisphäre.

In den Tropen führen Veränderungen der atmosphärischen Zirkulation, die durch eine polwärts gerichtete Verschiebung des Jetstreams und eine Abnahme des aufwärts gerichteten Zweigs der Brewer-Dobson-Zirkulation verursacht werden, zu einer Ausdehnung der Hadley-Zirkulation und einer ähnlichen Verschiebung des subtropischen Jets. Diese Veränderungen wirken sich auf die Niederschlagsmuster aus und führen zu einer Erwärmung bei 60°N, da durch einen verstärkten Polarwirbel weniger Wärme in die Arktis transportiert werden kann.

Wenn die Sonnenaktivität abnimmt, treten die gegenteiligen Effekte auf. Dieser Mechanismus kann alle mit dem Sonnenzyklus zusammenhängenden Klimaänderungen erklären, die im vorherigen Kapitel besprochen wurden.

Jüngste Studien haben die Rolle des Polarwirbels auf der Nordhalbkugel als Transmissionssystem bestätigt, das als Reaktion auf Veränderungen der Sonnenaktivität Veränderungen in der troposphärischen Zirkulation bewirkt.[218]

Die Rolle der planetarischen Wellen

Es mag heute überraschend erscheinen, aber 1974 war ein Atmosphärenphysiker namens Colin Hines skeptisch, dass die Sonne das Klima der Erde beeinflussen könnte. Er schlug vor, dass die einzige Möglichkeit, wie Sonnenschwankungen das Klima beeinflussen könnten, darin bestünde, die Ausbreitung von Planetenwellen zu verändern.[219] Interessanterweise schlug er vor, dass dieser Mechanismus eher in mittleren und hohen Breitengraden während des Winters zum Tragen käme. Hines war der erste, der vorschlug, wie die Sonne das Klima unseres Planeten beeinflusst.

Seit 50 Jahren wissen die Wissenschaftler, dass die geringen Veränderungen der gesamten Sonneneinstrahlung nicht ausschließen, dass die Sonnenvariabilität das Klima unseres Planeten beeinflusst. Es ist ein Fehler, sich auf Veränderungen der Bestrahlungsstärke als einzigen solaren Einfluss zu konzentrieren. Atmosphärische Wellen spielen eine entscheidende Rolle, indem sie Energie

---

[218] Veretenenko, S., 2022. Atmosphere, 13 (7), S.1132. doi.org/10.3390/atmos13071132
[219] Hines, C.O., 1974. J. Atmos. Sci. 31 (2), pp.589-591.
doi.org/10.1175/1520-0469(1974)031<0589:APMFTP>2.0.CO;2

durch die Atmosphäre transportieren. Die Sonne liefert nicht direkt die Energie, um unser Klima zu verändern, sondern die Veränderung der UV-Strahlung in der Ozonschicht bringt das Gleichgewicht zwischen zwei verschiedenen atmosphärischen Zirkulationszuständen ins Wanken. Planetarische Wellen liefern dann die Energie, um die Zirkulation zu verändern.

Bei hoher Sonnenaktivität erreicht weniger Wellenenergie die Stratosphäre, wodurch der Polarwirbel verstärkt und der Wärmetransport zu den Polen verringert wird, was zu Energieerhaltung und Erwärmung führt. Umgekehrt erreicht bei geringer Sonnenaktivität mehr Wellenenergie die Stratosphäre, wodurch der Polarwirbel geschwächt wird und der Wärmetransport zu den Polen zunimmt, was zu Energieverlust und Abkühlung führt.

Die Untersuchung planetarer Wellen in der Stratosphäre ist eine Herausforderung, und die Forschung zu diesem Thema ist relativ neu. Trotz dieser Einschränkungen haben Forscher in der Stratosphäre von 55-75°N bereits festgestellt, dass die Amplitude planetarer Wellen während Sonnenmaxima abnimmt. Umgekehrt führen Änderungen des meridionalen Temperaturgradienten und der vertikalen Windscherung während des Sonnenminimums zu einer Zunahme der Amplitude der planetarischen Wellen (Abb. 67, Kap. 42).[220] Der Einfluss des Sonnenzyklus auf diese Wellen ist beträchtlich und erklärt etwa 25 % der Variabilität ihrer Amplitude.

Kasten 23. Der erste Beweis für einen solaren Einfluss auf das Klima

Sonnenflecken werden seit der Antike beobachtet, und da die Sonne eine wichtige Rolle für das Klima und die Wettermuster spielt, haben viele Wissenschaftler versucht, einen Zusammenhang zwischen Sonnenflecken und Klima herzustellen. William Herschel, der Entdecker des Uranus und der Infrarotstrahlung, begann 1801 mit wissenschaftlichen Untersuchungen zu diesem Thema.

Trotz der umfangreichen Forschungsarbeiten zu diesem Thema sind die Ergebnisse nicht schlüssig, was zu Kontroversen in diesem Bereich geführt hat. Die meisten der festgestellten Auswirkungen waren entweder vorübergehend, statistisch unbedeutend oder nicht vorhanden, was zu einer negativen Wahrnehmung des Zusammenhangs zwischen Sonne und Klima führte. Diese Wahrnehmung hält bis heute an, und viele Wissenschaftler weigern sich, die Möglichkeit eines Zusammenhangs in Betracht zu ziehen, selbst wenn sie Beweise vorlegen, weil sie kein Vertrauen in das Fachgebiet haben.

Die Suche nach dem ersten konkreten Beweis für einen solaren Einfluss auf das Klima endete 1987, als Karin Labitzke, eine deutsche Forscherin an der Freien Universität Berlin, ihn in der polaren Stratosphäre während der dunklen Wintermonate entdeckte.[221] Dieser Mangel an Sonnenlicht, bei dem der solare Effekt zum ersten Mal entdeckt wurde, ist ein weiterer Beweis dafür, dass Änderungen

---

[220] Powell Jr., A.M. & Jianjun, X., 2011. J. Atmos. Sol. Terr. Phys. 73 (7-8), pp.825-838. doi.org/10.1016/j.jastp.2011.02.001

[221] Labitzke, K., 1987. Geophys. Res. Lett. 14 (5), pp.535-537. doi.org/10.1029/GL014i005p00535

der Gesamtbestrahlungsstärke nicht die Ursache für den solaren Einfluss auf das Klima sind.

1980 entdeckten Forscher den Holton-Tan-Effekt, der zeigte, dass die quasi-biennale Oszillation (ein Muster von Stratosphärenwinden über dem Äquator) die globale Zirkulation in der Stratosphäre beeinflusst. Dies wird in Kasten 11 (Kap. 14) ausführlicher behandelt. Im Winter können die Auswirkungen der quasi-biennale Oszillation den Pol erreichen und die Ausbreitung planetarischer Wellen verändern. Das liegt daran, dass die Winde der Oszillation alle zwei Jahre zwischen östlichen und westlichen Phasen wechseln. Wenn sich die Winde in ihrer östlichen Phase befinden, verändern sie das zonale Zirkulationsmuster, so dass mehr planetarische Wellen den Wirbel erreichen, ihn abschwächen und die Temperatur im Inneren erhöhen. Das Gegenteil geschieht, wenn die Winde in der Westphase sind: Der Wirbel ist stärker und die Temperaturen im Inneren sind kälter.

Karin Labitzke stellte fest, dass der Einfluss der Sonne auf die Stratosphäre von der Phase der quasi-biennale Oszillation abhängt. In Wintern in der westlichen Phase der Oszillation (hellgraue Daten in Abb. B23) entspricht eine hohe Sonnenaktivität höheren Temperaturen in der polaren Stratosphäre, während eine niedrige Sonnenaktivität mit niedrigeren Temperaturen einhergeht. Dabei ist zu bedenken, dass diese Unterschiede auf dynamische Effekte auf den Wirbel in Abwesenheit von Sonnenlicht zurückzuführen sind. In Wintern während der östlichen Phase der Oszillation (dunkelgraue Daten in Abb. B23) entspricht eine hohe Sonnenaktivität jedoch niedrigeren polaren Stratosphärentemperaturen und eine geringe Sonnenaktivität höheren Temperaturen.

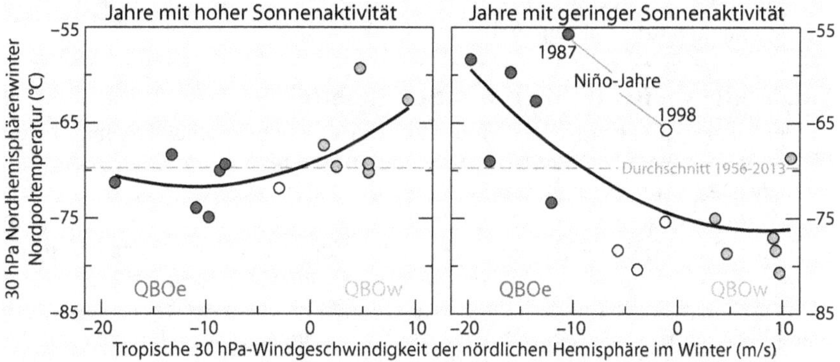

Abbildung B23. Auswirkung der Sonnenaktivität und der quasi-biennale Oszillation auf die Temperatur der polaren Stratosphäre im Winter. Jahre mit hoher Sonnenaktivität sind im linken Feld und Jahre mit geringer Sonnenaktivität im rechten Feld dargestellt. Östliche Jahre der quasi-biennale Oszillation sind in dunkelgrau und westliche Jahre in hellgrau dargestellt. Zwei starke El Niño-Jahre sind gekennzeichnet.

Damals waren viele Wissenschaftler über das Phänomen verwundert, weil der in diesem Kapitel beschriebene Mechanismus noch unbekannt war und erst zehn Jahre später entwickelt werden sollte. Sie waren verwirrt, dass eine Änderung der Richtung des Äquatorialwindes einen Sonneneffekt vollständig umkehren könnte. Infolgedessen ignorierten die meisten Wissenschaftler das Phänomen, und heute wird es nur noch selten in Klimabüchern erwähnt, selbst in solchen, die sich mit der Atmosphäre befassen.

Der Einfluss der Sonne auf das Klima kann umgekehrt werden, da er von den Bedingungen der planetarischen Wellenausbreitung in der Stratosphäre abhängt, die von jedem Faktor beeinflusst werden, der die Temperatur oder die Windgeschwindigkeit dort verändert. Ein solcher Faktor ist die quasi-biennale Oszillation, die die globale Zirkulation in der Stratosphäre durch den Holton-Tan-Effekt moduliert. Wenn sich die Oszillation umkehrt, ändert sich auch der Einfluss der Sonne auf das Klima, da die Ausbreitung planetarer Wellen in der Stratosphäre durch die veränderte Sonnenaktivität nicht mehr begünstigt, sondern behindert wird. Auch El Niño-Ereignisse beeinflussen die Bedingungen für die Ausbreitung planetarer Wellen in der Stratosphäre. Abbildung B23 zeigt die Auswirkung der El Niño-Ereignisse von 1987 und 1998 auf die Wintertemperatur in der polaren Stratosphäre. Dieses zusammengesetzte Verhalten ist jedoch selbst für viele Wissenschaftler zu komplex, so dass es im Allgemeinen ignoriert wird.

Karin Labitzke verbrachte die nächsten 27 Jahre damit, an ihrer Entdeckung zu arbeiten. Sie identifizierte die Veränderungen in der winterlichen troposphärischen Zirkulation, die als Folge des Sonnenzyklus auftreten, und trug wesentlich zum Verständnis des in diesem Kapitel behandelten solaren Signalwegs in der Stratosphäre bei. Ihre Entdeckung markierte das Ende einer 185 Jahre dauernden Suche nach endgültigen Beweisen für einen solaren Einfluss auf das Klima, doch leider starb sie, ohne die verdiente Anerkennung zu erhalten. Ihre außergewöhnliche Entdeckung wurde damals nicht gut aufgenommen, weil die Klimawissenschaftler die Hypothese des verstärkten CO_2-Effekts für den Klimawandel vertraten und jede Sonnenhypothese als unerwünschte Konkurrenz betrachteten.

Die Widersprüchlichkeit des Sonneneffekts

Der solare Effekt auf das Klima ist ein unwahrscheinliches Ergebnis, weil die Veränderungen der Sonneneinstrahlung zu gering sind. Es müssen drei bestimmte Bedingungen erfüllt sein, damit der Effekt nachweisbar ist. Erstens muss es eine Ozonschicht geben, damit das Sonnensignal empfangen werden und dort Temperaturänderungen verursachen kann. Zweitens dürfen sich die Kontinente nicht hauptsächlich in den Tropen befinden, da die Aktivität der planetarischen Wellen außerhalb dieses Bereichs nicht ausreichen würde, um einen beobachtbaren Effekt auf die Wirbel zu erzeugen. Dies ist derzeit auf der südlichen Hemisphäre der Fall. Schließlich muss sich der Planet in einer Eiszeit befinden, da der Polarwirbel sehr niedrige polare Wintertemperaturen benötigt, um eine wirksame Barriere für den Wärmetransport zu bilden. Die Fähigkeit, diese Barriere zu beeinflussen, ist eine entscheidende Komponente des Sonneneffekts.

Die derzeitigen Bedingungen für den Einfluss der Sonne auf das Klima sind komplex. Der Effekt hängt vom Temperaturgradienten in der Stratosphäre, der Geschwindigkeit der zonalen Winde in der Stratosphäre und der Erzeugung planetarischer Wellen in der Troposphäre ab. Verschiedene Faktoren beeinflussen diese Bedingungen, darunter die quasi-biennale Oszillation, die El Niño-Südliche Oszillation und Vulkanausbrüche. Der von der Sonne genutzte Signalweg ist im Grunde genommen nicht einzigartig und wird von anderen Faktoren mitbestimmt. Folglich ist die letztendliche Auswirkung auf den Klimawandel nicht auf das Sonnensignal allein zurückzuführen, sondern ist eine komplexe und variable Kombination von Signalen.

Dies bedeutet, dass die Vorhersage der Auswirkungen der Sonnenaktivität auf das Klima nicht einfach ist, da sie von einer Kombination von Faktoren abhängt. Daher können wir das Winterwetter auf der Nordhalbkugel nicht allein anhand der Sonnenaktivität vorhersagen. Wir müssen auch diese anderen Faktoren in Betracht ziehen. Außerdem werden die Sommer nur minimal von der Sonnenaktivität beeinflusst, was erklärt, warum einige Sommer während der Kleinen Eiszeit trotz geringerer Sonnenaktivität recht warm waren.

Einige sagten voraus, dass die globalen Temperaturen sinken würden, weil die Sonnenzyklen 24 und 25 weniger aktiv sind. Viele andere, darunter auch die NASA, argumentieren jedoch, dass die Sonne wenig Einfluss auf das Klima hat, weil dieser Rückgang nicht eingetreten ist. Doch die Wahrheit ist nicht so einfach. Der Einfluss der Sonne auf das Klima ist real und wichtig, aber kurzfristig höchst unvorhersehbar. Er macht sich erst bemerkbar, wenn die Zahl der kalten Winter in der nördlichen Hemisphäre über dem Hintergrundrauschen aller anderen Faktoren liegt, die die Bedingungen in der Stratosphäre beeinflussen.

Die klimatischen Auswirkungen der geringen Sonnenaktivität wurden bereits beobachtet, da die Häufigkeit sehr kalter Winter in den mittleren Breiten der nördlichen Hemisphäre in den letzten Jahrzehnten zugenommen hat. Dieser Trend hat jedoch viele Wissenschaftler verblüfft, die die Auswirkungen der Sonneneinstrahlung auf das Klima nicht verstehen, zumal Klimamodelle das Gegenteil vorhersagen.[222] Es wird diskutiert, dass dies auf den Verlust des Meereises in der Arktis zurückzuführen sein könnte, aber wir wissen, dass es das Ergebnis einer verminderten Sonnenaktivität ist, denn das ist genau das, was man erwartet und was während der Kleinen Eiszeit passiert ist. In Kapitel 42 wird weiter erörtert, wie die geringe Aktivität der Sonnenzyklen 24 und 25 das Klima beeinflusst.

Bleibt die Sonnenaktivität über einen längeren Zeitraum hinweg niedrig, würde der Prozentsatz der kalten Winter zunehmen, da die Auswirkungen aller anderen Faktoren im Durchschnitt auf Null sinken würden. Das Ergebnis wäre eine tatsächliche globale Abkühlung, und der Energiegehalt des Klimasystems würde abnehmen. Ich rechne jedoch mit einer Zunahme der Sonnenaktivität mit dem Sonnenzyklus 26, so dass man sich keine Sorgen über eine übermäßige globale Abkühlung durch die Sonne machen muss, wenn ich richtig liege.

Ein Wort zu den Ozonwerten

Der Einfluss der Sonne auf das Klima hängt von der Ozonschicht ab. Die menschlichen Emissionen haben jedoch zu einem erheblichen Rückgang des Ozongehalts geführt, da chlor- und bromhaltige Stoffe in der Stratosphäre zunehmen. Dieser Ozonabbau könnte sich möglicherweise auf den solaren Einfluss auf das Klima auswirken. Diese Frage ist noch nicht gründlich untersucht worden, da die meisten Wissenschaftler den Einfluss der Sonne auf das Klima für irrelevant halten. Es ist ein komplexes Thema, zu bestimmen, welche Aus-

---

[222] Cohen, J., et al., 2020. Nat. Clim. Change, 10 (1), pp.20-29.
  doi.org/10.1038/s41558-019-0662-y

wirkungen der Ozonabbau auf das Sonnensignal haben könnte. Ich kann nicht vorhersagen, ob dies zu einer Abnahme oder einer Zunahme der Reaktion des Klimas auf solare Veränderungen führen würde, obwohl ich Ersteres vermute. Letzteres ist jedoch eine beunruhigendere Möglichkeit, da das Klima dadurch empfindlicher auf Veränderungen der Sonnenaktivität reagieren könnte.

Zusammengefasst

Der Einfluss der Sonne auf das Klima ist ein komplexer Prozess. Das Ozon in der Stratosphäre spielt eine entscheidende Rolle bei der Aufnahme und Verstärkung des Sonnensignals, während planetarische Wellen - und nicht Änderungen der Sonneneinstrahlung - die Energie für die Klimaauswirkungen liefern. Das Übertragungssystem ist der Polarwirbel, der die Energie in Veränderungen der winterlichen atmosphärischen Zirkulation umwandelt. Dieser Weg wird auch von anderen Faktoren genutzt, die ebenfalls die Ausbreitung planetarischer Wellen beeinflussen, wie die quasi-biennale Oszillation, El Niño und Vulkanausbrüche. Die Auswirkungen der Sonnenaktivität auf das Klima sind uneinheitlich und aufgrund dieser gemeinsamen Faktoren schwer zu erkennen. Kurzfristig beeinflussen Veränderungen der Sonnenaktivität die Häufigkeit kalter Winter in der nördlichen Hemisphäre. Langfristig können sie den Energiegehalt des Klimasystems verändern und zu tiefgreifenden Klimaveränderungen führen.

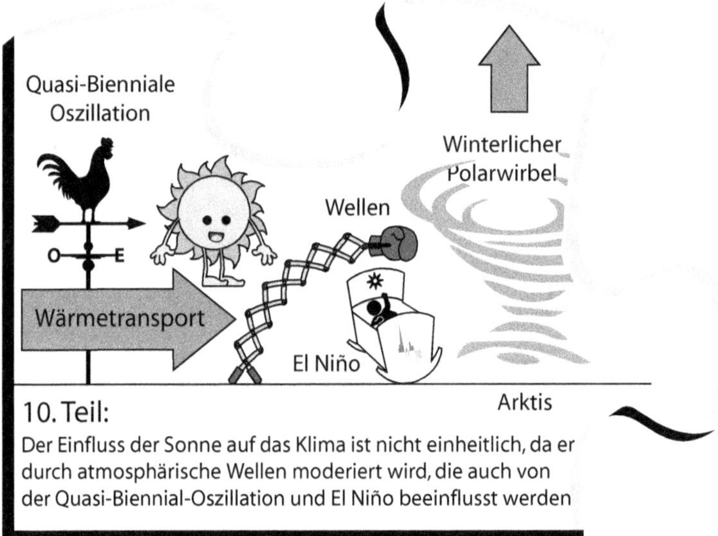

KAPITEL 30
DIE ERDROTATION UND DER SONNENZYKLUS

Zweimal im Jahr wird die globale atmosphärische Zirkulation so umgestellt, dass aufgrund des größeren Temperaturgefälles zwischen dem Äquator und dem Winterpol mehr Wärme in Richtung dieses Pols geleitet wird. Dies führt dazu, dass sich die Erde schneller dreht und die Tage um den Bruchteil einer Millisekunde kürzer werden. Diese Änderung der Rotation hängt von der Sonnenaktivität ab. In Wintern mit geringer Sonnenaktivität nimmt die Rotationsgeschwindigkeit stärker zu als in Wintern mit hoher Sonnenaktivität. Daraus ergibt sich ein 11-Jahres-Zyklus für die Änderung der Erdrotationsgeschwindigkeit im Winter, der auf den Einfluss der Sonne auf die globale atmosphärische Zirkulation zurückzuführen ist. Diese fünf Jahrzehnte alte Erkenntnis und ihre Auswirkungen werden von den Klimaforschern weiterhin ignoriert.

Die halbjährliche Änderung der Erdrotation

Das Klimasystem der Erde wird stark von den Jahreszeiten beeinflusst. Wenn ein Pol nicht mehr der Sonne zugewandt (Sommer), sondern von ihr abgewandt (Winter) ist, nehmen die atmosphärische Zirkulation und der Wärmetransport in Richtung dieses Pols stark zu. Die Rotation des Planeten reagiert auf diese Veränderungen, da die Atmosphäre einen Drehimpuls trägt (Rotationsträgheit) und der Gesamtimpuls erhalten bleiben muss. Infolgedessen ist ein halbjährliches Muster in der Rotationsrate deutlich sichtbar. Wissenschaftler nutzen präzise radioastronomische Berechnungen, um diese Veränderungen zu messen und Veränderungen der Tageslänge im Mikrosekundenbereich festzustellen. Wir haben die jahreszeitlichen Veränderungen der Erdrotation bereits in Kapitel 16 (Abb. 24) behandelt, wo Sie eine ausführlichere Erklärung finden.

Die jahreszeitliche (halbjährliche) Änderung der Erdrotation ist bekanntlich das Ergebnis des Impulsaustauschs zwischen der Atmosphäre und der festen Erde. Die Wissenschaftler wissen seit vielen Jahren, dass die jahreszeitlichen Schwankungen der Tageslänge Veränderungen in der zonalen Zirkulation der Atmosphäre widerspiegeln.[223] Die zwischenjährlichen Schwankungen werden hingegen durch andere atmosphärische Phänomene verursacht. Die zweijährige Komponente der Tageslänge entspricht den Veränderungen der quasi-biennale Oszillation, während die drei- bis vierjährige Komponente dem Signal der El Niño-Südlichen Oszillation entspricht.

Der Einfluss der Sonnenaktivität auf die Erdrotation

Die Rotation der Erde wird durch die Sonnenaktivität beeinflusst. Dieses Phänomen wird seit den 1960er Jahren gemessen und in jedem Jahrzehnt in wissenschaftlichen Veröffentlichungen dokumentiert. Der Effekt ist nie widerlegt worden, wird aber von den meisten Wissenschaftlern immer noch igno-

---

[223] Lambeck, K. & Cazenave, A., 1973. Geophys. J. Int. 32 (1), pp.79-93.
doi.org/10.1111/j.1365-246X.1973.tb06521.x

riert. Neuere Studien, die Daten aus 50 Jahren verwenden, bestätigen diesen Effekt weiterhin.[224]

Abbildung 47a zeigt die Veränderungen der Tageslänge (ΔLOD) in Millisekunden für zwei Jahre: 2014, ein Jahr mit hoher Sonnenaktivität, und 2017, ein Jahr mit geringer Sonnenaktivität. Mit dem Wintereinbruch auf der Nordhalbkugel verstärkt sich die atmosphärische Zirkulation, um mehr Wärme in Richtung Arktis zu transportieren. Infolgedessen dreht sich die Erde schneller und der Tag wird um den Bruchteil einer Millisekunde kürzer (durch graue Pfeile gekennzeichnet). In Jahren mit geringer Sonnenaktivität nimmt die atmosphärische Zirkulation jedoch noch stärker zu, was auf einen stärkeren Wärmetransport in Richtung der Pole hinweist. Kapitel 42 liefert weitere Beweise für diesen Zusammenhang.

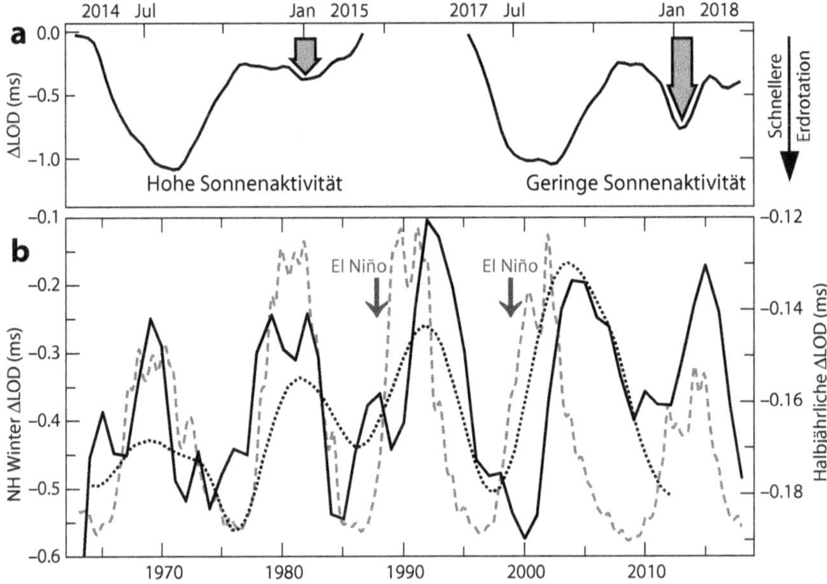

Abbildung 47. Die Sonnenaktivität beeinflusst die Erdrotation. a) Änderungen der Tageslänge in Millisekunden für 2014 und 2017. Dunkelgraue Pfeile zeigen die Beschleunigung der Erdrotation während des Winters auf der Nordhemisphäre an. b) Beschleunigung der Erdrotation auf der Nordhemisphäre im Winter (schwarze Linie, Dreijahresdurchschnitt). Die gestrichelte graue Linie ist der Sonnenzyklus, während die gepunktete Linie (rechte Skala) aus einer von mehreren Studien stammt, die diesen Effekt bestätigen.[225] Graue Pfeile zeigen El Niño-Ereignisse an.

Die schwarze durchgezogene Kurve in Abbildung 47b stellt die Beschleunigung der Erdrotation für die Winter der nördlichen Hemisphäre dar. Über einen Zeitraum von 56 Jahren zeigt diese Kurve einen 11-Jahres-Zyklus der winterlichen atmosphärischen Zirkulationsänderungen, die mit dem Sonnenzyklus

---

[224] Le Mouël, J.L., et al., 2010. Geophys. Res. Lett. 37 (15), L15307. doi.org/10.1029/2010GL043185

[225] Barlyaeva, T., et al., 2014. Ann. Geophys. 32 (7), pp.761-771. doi.org/10.5194/angeo-32-761-2014

synchronisiert sind (Abb. 47b, gestrichelte graue Kurve). Winter mit geringer Sonnenaktivität zeigen eine größere Rotationsbeschleunigung als Winter mit hoher Sonnenaktivität, was zu etwa 0,35 Millisekunden kürzeren Tagen führt.

Es besteht zwar ein eindeutiger Zusammenhang zwischen den Veränderungen der Erdrotation im Winter und der Sonnenaktivität, aber es ist bekannt, dass auch andere atmosphärische Phänomene diese Variable beeinflussen können. Wie in Abbildung 47b zu sehen ist, sind die Auswirkungen der El Niño-Ereignisse von 1987 und 1998 sichtbar (durch graue Pfeile gekennzeichnet). Diese Anomalie ist auch bei den polaren Stratosphärentemperaturen zu erkennen, die in Kapitel 29 (Abb. B23, Kasten 23) besprochen werden, da sie miteinander zusammenhängen. Aufgrund dieser zusätzlichen Faktoren erwarten wir keine perfekte Übereinstimmung zwischen winterlichen Veränderungen der Erdrotation und der Sonnenaktivität.

Die Bedeutung der Beziehung zwischen Sonnenzyklus und Erdrotation

Veränderungen in der zonalen Zirkulation der Erde spiegeln sich in den jahreszeitlichen Schwankungen der Tageslänge wider, da die zonalen Winde für die Übertragung von Drehimpulsen zwischen der Atmosphäre und der festen Erde verantwortlich sind. Im Jahr 1976 wurde in einer Studie ein Zusammenhang zwischen den mehrjährigen Veränderungen der Tageslänge und den Klimaveränderungen festgestellt.[226] Es wurde festgestellt, dass der Trend mehrerer Klimaindizes mit dem Trend der Tageslänge übereinstimmt. Diese Studie sagte sogar den Erwärmungstrend voraus, der unmittelbar danach einsetzte. Die Ergebnisse der Studie wurden in jüngerer Zeit mit aktualisierten Indizes reproduziert.[227]

Der Anstieg der atmosphärischen Zirkulation im Winter wird durch eine Zunahme des Temperaturgradienten zwischen dem Äquator und dem Pol verursacht, wo die geringe Sonneneinstrahlung und die starke Strahlungskühlung die kältesten Temperaturen auf der Hemisphäre verursachen. Diese Gradientenänderung führt zu einem verstärkten Wärmetransport in Richtung des Pols, der bei geringer Sonnenaktivität noch stärker ist, was zu einem stärkeren Anstieg der Erdrotationsgeschwindigkeit führt. Wir können diese Interpretation bestätigen, da hohe Sonnenaktivität mit einer Abkühlung der Arktis einhergeht, während niedrige Sonnenaktivität mit einer Erwärmung der Arktis verbunden ist (Abb. 45, Kap. 28; Abb. B23, Kap. 29). Niedrige Sonnenaktivität erhöht die Häufigkeit kalter Winter, weil warme Luft, die die Arktis erreicht, über die kalte Luft aufsteigt und sie in Richtung der Kontinente der mittleren Breiten drückt. Dieser Austausch bewirkt, dass sich die Temperaturen in der Arktis und auf den Kontinenten der mittleren Breiten im Winter entgegengesetzt entwickeln, wobei sich die eine Region erwärmt und die andere abkühlt.

Die Auswirkungen der Sonnenaktivität auf die Erdrotation werden von den meisten Klimaforschern oft ignoriert oder sind ihnen unbekannt. Es ist jedoch klar, dass Änderungen der Sonnenaktivität die Erdrotation beeinflussen. Wir wissen dies, weil die Sonnenaktivität nicht durch Änderungen der Erdrotation

---

[226] Lambeck, K. & Cazenave, A., 1976. Geophys. J. Int. 46 (3), pp.555-573. doi.org/10.1111/j.1365-246X.1976.tb01248.x
[227] Mazarella, A., 2013. Nat. Sci. 5 (1A), pp.149-155. doi.org/10.4236/ns.2013.51A023

beeinflusst werden kann und die Änderung der gesamten Sonneneinstrahlung zu gering ist, um eine Änderung der Rotation zu verursachen. Daher muss es der Fall sein, dass die Sonnenaktivität die globale atmosphärische Zirkulation in einer Weise beeinflusst, die Änderungen der Rotation verursacht.

Dies hat jedoch einige unbequeme Implikationen. Da sich die Sonnenaktivität auf die Rotationsrate der Erde auswirkt, ist es falsch zu behaupten, dass solare Veränderungen zu gering sind, um das Klima zu beeinflussen, oder dass wir vollständig verstehen, wie die Sonnenaktivität das Klima beeinflusst. Es deutet auch darauf hin, dass den Klimamodellen eine entscheidende Information fehlt, die ihre Zuverlässigkeit beeinträchtigt. Viele Klimawissenschaftler würden diese unbequeme Wahrheit lieber ignorieren, als zuzugeben, dass ihr Fachgebiet möglicherweise auf einem schwachen Fundament aufgebaut ist. Dies zuzugeben hieße, eine tiefe Unkenntnis eines großen gesellschaftlichen Problems einzugestehen, was unwahrscheinlich ist.

Zusammengefasst

Die Sonnenaktivität beeinflusst die Rotationsgeschwindigkeit der Erde, indem sie die Stärke der meridionalen Zirkulation verändert, die für den Wärmetransport zu den Polen verantwortlich ist. In Jahren mit geringer Sonnenaktivität nimmt die atmosphärische Zirkulation stärker zu, wodurch sich die Erde schneller dreht und im Winter mehr Wärme in die Arktis geleitet wird. Infolgedessen erlebt die Arktis einen wärmeren Winter, während es in den mittleren Breiten kälter wird. Mehrere Studien belegen, dass die Sonnenaktivität die atmosphärische Zirkulation und den Wärmetransport auf hemisphärischer Ebene verändert. Diese Schlussfolgerung steht jedoch im Widerspruch zur derzeitigen Darstellung des Erdklimas in Modellen und zu unserem Verständnis des Klimawandels, was darauf hindeutet, dass der solare Effekt nur unzureichend verstanden wird.

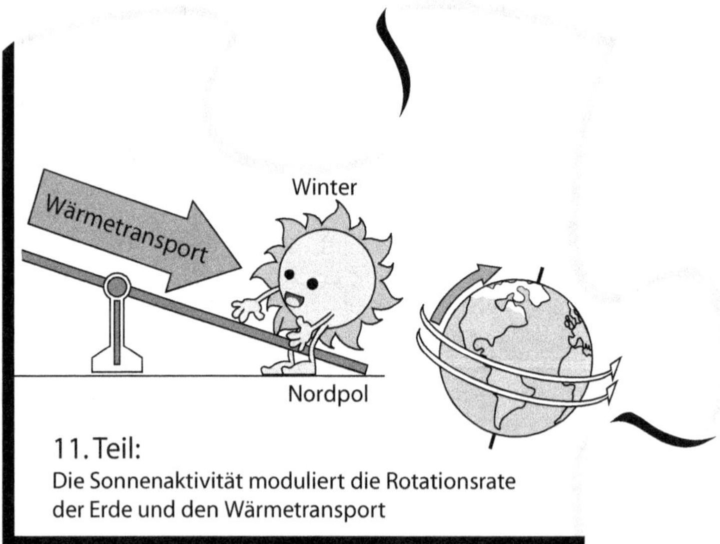

ABSCHNITT 8 SCHLÜSSELTHEMEN

In den letzten 6.000 Jahren fielen drei große abrupte Klimaveränderungen mit drei großen 200-jährigen Sonnenminima zusammen. Klima-Proxys deuten darauf hin, dass längere Perioden geringer Sonnenaktivität zu einer Umstrukturierung der Atmosphäre führen, wodurch die Tropen schrumpfen und die Polarregionen wachsen. Dadurch wird der Temperatur-Breitengradient verstärkt und mehr Wärme in Richtung der Pole geleitet. Der erhöhte Wärmeverlust, insbesondere in der Arktis, führt zu einer ausgeprägten globalen Abkühlung, von der hauptsächlich die nördlichen mittleren Breiten betroffen sind. Trotz dieser Belege können Klimamodelle diesen Effekt nicht reproduzieren, da der Mechanismus unbekannt ist und der 11-jährige Sonnenzyklus einen viel geringeren Einfluss hat.

Die geringe Energieänderung des Sonnenzyklus beeinflusst die Oberflächentemperatur und das Wärmebudget der tropischen Ozeane viermal stärker als erwartet. Mit zunehmender Sonnenaktivität nimmt der polwärts gerichtete Wärmetransport ab, was zu einem Wärmestau in den nördlichen hohen Breiten, einer Abkühlung der Arktis und einem erhöhten Wärmeinhalt in den tropischen Ozeanen führt. Die Veränderungen der atmosphärischen Zirkulationsdynamik während des Sonnenzyklus ähneln denen, die während vergangener solarer Tiefststände beobachtet wurden, wenn auch in geringerem Umfang.

Das Ozon in der Stratosphäre empfängt und verstärkt das Sonnensignal, und die planetarischen Wellen liefern die Energie für die Klimaauswirkungen. Der Polarwirbel wandelt die Wellenenergie in Veränderungen der winterlichen atmosphärischen Zirkulation um, die gemeinsam von der Sonnenaktivität, der quasi-biennale Oszillation, El Niño und Vulkanausbrüchen beeinflusst werden. Die kurzfristige Sonnenaktivität beeinflusst die Häufigkeit kalter Winter in der nördlichen Hemisphäre. Langfristige Veränderungen können den Energiegehalt des Klimasystems verändern und zu tiefgreifenden Klimaveränderungen führen.

Die Sonnenaktivität beeinflusst die Rotationsgeschwindigkeit der Erde durch Veränderungen in der meridionalen Zirkulation, die für den Wärmetransport zu den Polen verantwortlich ist. In Jahren mit geringer Sonnenaktivität verstärkt sich die atmosphärische Zirkulation, wodurch sich die Erde schneller dreht und im Winter mehr Wärme in die Arktis geleitet wird. Infolgedessen erlebt die Arktis wärmere Winter, während die mittleren Breiten kälter werden.

TEIL III. DIE WINTERPFÖRTNER-HYPOTHESE

ABSCHNITT 9. KLIMAREGIME UND VERSCHIEBUNGEN

KAPITEL 31
1976 IST DAS JAHR, IN DEM SICH DAS KLIMA ÄNDERT

Die jüngste Periode der globalen Erwärmung begann 1976, nach einer Abkühlungsphase zwischen 1945 und 1975. Außerdem waren die CO_2-Emissionen vor 1950 nicht groß genug, um einen signifikanten Einfluss auf die Temperatur der Erde zu haben. Im Jahr 1976 kam es im Pazifischen Ozean zu einer plötzlichen Klimaverschiebung, die mit wichtigen Veränderungen in der Erdatmosphäre einherging. Dieses Ereignis führte zu einer verstärkten zonalen Zirkulation, die wahrscheinlich den Wärmetransport durch die Atmosphäre in Richtung der Pole verringerte, was sich auf den globalen Temperaturtrend auswirkte. Dieses Klimaereignis lässt sich an mehreren klimabezogenen Variablen ablesen, aber die Klimamodelle waren nicht in der Lage, es zu reproduzieren. Darüber hinaus liefert der IPCC keine Erklärung für dieses Ereignis oder für die Abkühlungsperiode zwischen 1945 und 1975.

Die Jahrzehnte vor und nach 1976

Vor 1940 stiegen die atmosphärischen CO_2 Werte langsam an, mit einem jährlichen Anstieg von weniger als 0,5 ppm und ohne Beschleunigung. Zwischen 1940 und 1950 blieben die Werte stabil, was damals jedoch noch nicht bekannt war, da systematische Messungen erst 1958 begannen. In den frühen 1960er Jahren wurde deutlich, dass die CO_2-Werte stiegen. Doch trotz des Anstiegs von CO_2 hatte sich die Erdoberfläche seit 1945 abgekühlt. Daher glaubten die Wissenschaftler, dass ein anderer Faktor einen größeren Einfluss auf die Temperatur der Erde hatte. Dennoch waren die meisten Atmosphärenforscher davon überzeugt, dass der Anstieg des CO_2 schließlich zu einer globalen Erwärmung führen würde. Im Jahr 1967 wurde auf der Grundlage dieser Erkenntnisse das erste Klimamodell entwickelt.

Bis 1975 waren die CO_2-Werte in nur 17 Jahren um 15 ppm oder 5 % gestiegen, was auf eine erhebliche Beschleunigung des Anstiegs hinweist. Trotz dieses Anstiegs wurde jedoch keine Erwärmung, sondern nur eine Abkühlung festgestellt.

Der Wendepunkt im Erdklima trat 1976 ein, als die Messungen einen Erwärmungstrend zeigten, der sich in den frühen 1980er Jahren verstärkte. Für die Wissenschaftler kam der Wendepunkt 1985, als Daten aus dem Vostok-Eiskern die bedeutende Rolle von CO_2 im Klima des Pleistozäns bestätigten. Die Übereinstimmung zwischen den Messungen und früheren Daten überzeugte die meisten Wissenschaftler vom so genannten Klimakonsens.

Seit 1976 hat sich die Erdoberfläche ohne nennenswerte Abkühlung erwärmt, während die CO_2 Werte exponentiell angestiegen sind. In den 1970er Jahren stieg der CO_2-Gehalt mit einer Rate von 1 ppm/Jahr, jetzt steigt er mit 2,5 ppm/Jahr, was einem Anstieg von 150 % entspricht. Dieser exponentielle Anstieg der CO_2-Werte hatte jedoch keine signifikanten Auswirkungen auf die Erwärmungsrate, die sich in den letzten 45 Jahren trotz des starken Anstiegs der CO_2-Werte nicht wesentlich verändert hat.

Obwohl das Jahr 1976 in Bezug auf CO_2 nicht besonders auffällig war, markierte es einen Wendepunkt in der Temperaturentwicklung.

Was geschah 1976?

Es dauerte 15 Jahre, bis Wissenschaftler bemerkten, was 1976 mit dem Klima geschah. Im Jahr 1991 wurde eine Studie veröffentlicht, die eine drastische Verschiebung von 40 Umweltvariablen im pazifischen Klima in diesem Jahr zeigte. Zu diesen Variablen gehörten Luft- und Wassertemperaturen, die Südliche Oszillation, Chlorophyll, Gänse, Lachse, Krebse, Gletscher, atmosphärischer Staub, Korallen, Kohlendioxid, Winde, Eisdecke und der Transport durch die Beringstraße. Die Veränderungen deuten darauf hin, dass eines der größten Ökosysteme der Erde gelegentlich abrupte Verschiebungen erfährt.[228]

Die plötzlichen Veränderungen in der winterlichen atmosphärischen Zirkulation der nördlichen Hemisphäre, die 1976 auftraten, ähnelten einem abgeschwächten, quasi dauerhaften El Niño. Das Ereignis von 1976 begann, als sich das Ozean-Atmosphären-System noch nicht vollständig vom El Niño 1976-77 erholt hatte, und die Verschiebung wurde als eine Veränderung des Klimahintergrunds beschrieben.[229]

Nach dieser Entdeckung untersuchten die Wissenschaftler frühere Klima- und Fischereidaten aus dem Nordpazifik genauer. Sie fanden heraus, dass die Verschiebung von 1976 kein isoliertes Ereignis war, sondern Teil einer größeren 50-70-jährigen Klimaschwankung, die sie als Pazifische Dekaden-Oszillation bezeichneten. Diese Oszillation hatte schon früher abrupte Verschiebungen verursacht.[230]

Bei den Ereignissen der Jahre 1976 und 1977 handelte es sich nicht um eine allmähliche Veränderung, wie man sie von einer Oszillation erwartet, sondern um eine plötzliche Verschiebung. Es begann mit dem El Niño von 1976-77, der sich im Index der Pazifischen Dekaden-Oszillation zeigt (Abb. 48a), und wurde von einem Anstieg der globalen Oberflächentemperatur gefolgt (Abb. 48f). Darauf folgte eine Veränderung in der Atmosphäre, die eine spürbare Veränderung des Klimas auf dem Planeten bewirkte.

Das Reibungsdrehmoment ist das Drehmoment, das durch Windreibung auf die Oberfläche ausgeübt wird. Anomalien des Reibungsdrehmoments sind mit Anomalien des Meeresspiegeldrucks in hohen Breitengraden verbunden und tragen zu späteren Anomalien des Gebirgsdrehmoments bei.[231] Das Gebirgsdrehmoment ist das Drehmoment, das durch einen Druckunterschied auf beiden Seiten eines Gebirges ausgeübt wird, und seine Änderungen sind mit Änderungen der zonalen (Ost-West-) Windzirkulation verbunden.

---

[228] Ebbesmeyer, C.C., et al., 1991. Proceedings of the Seventh PACLIM Workshop, April 1990. Interagency Ecological Studies Program Technical Report, 26 pp.115-126. hdl.handle.net/1834/22168

[229] Graham, N.E., 1994. Clim. Dynam. 10, pp.135-162. doi.org/10.1007/BF00210626

[230] Mantua, N.J., et al., 1997. Bull. Am. Meteorol. Soc. 78 (6), pp.1069-1080. doi.org/10.1175/1520-0477(1997)078<1069:APICOW>2.0.CO;2

[231] Weickmann, K., 2003. Mon. Weather Rev. 131 (11), pp.2608-2622. doi.org/10.1175/1520-0493(2003)131<2608:MTGFTA>2.0.CO;2

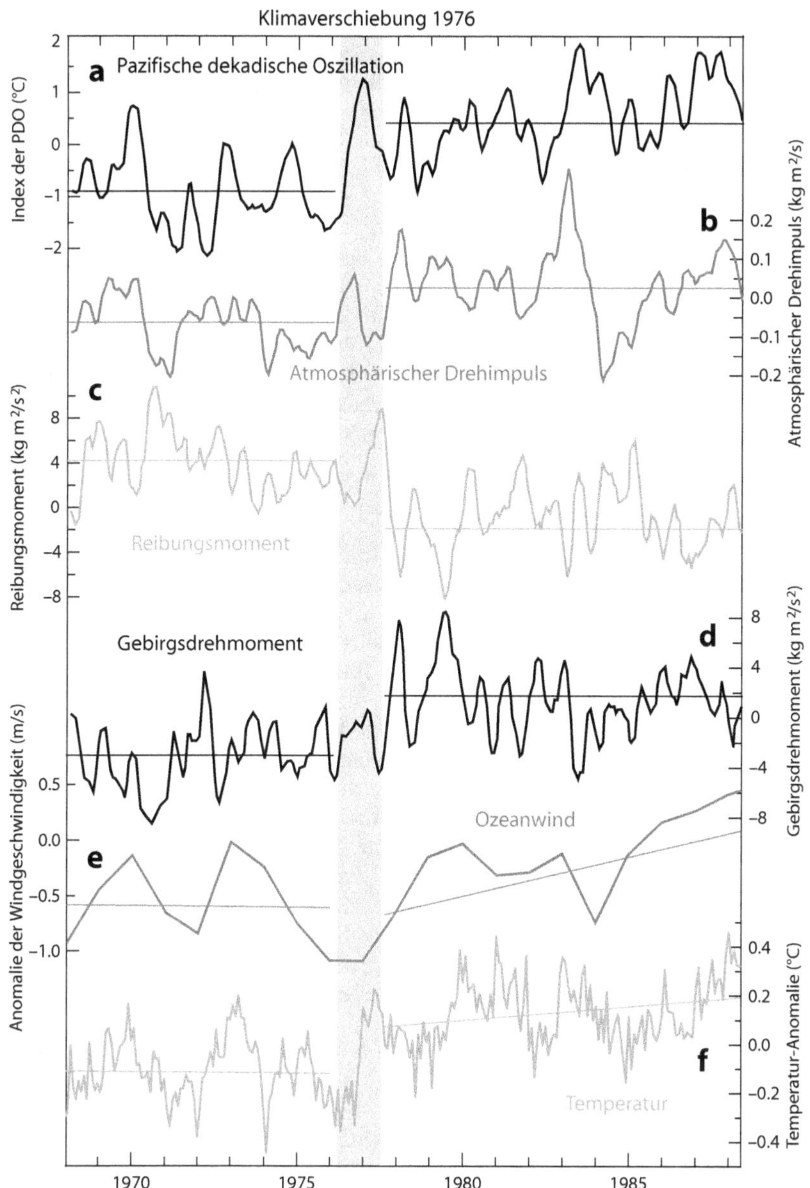

Abbildung 48. Die Klimaverschiebung im Jahr 1976. Die Veränderungen der angegebenen Variablen sind als dicke Linien dargestellt. Die dünnen Linien sind die Mittelwerte auf beiden Seiten der Klimaverschiebung (durch den grauen Balken gekennzeichnet), außer in e) und f), wo die dünnen Linien die jeweiligen langfristigen Trends darstellen.[232]

---

[232] Daten für die Abbildung aus Marcus, S.L., et al., 2011. J. Geophys. Res. 116 D03107. doi.org/10.1029/2010JD015032 Yu, L., 2007. J. Clim. 20 (21), pp.5376-5390. doi.org/10.1175/2007JCLI1714.1 und UK MetOffice HadCRUT5 Temperaturdatensatz.

Nach dem El Niño 1976-77 trat eine Anomalie des Reibungsdrehmoments (Abb. 48c) auf, die durch eine Änderung des Gebirgsdrehmoments mit entgegengesetztem Vorzeichen (Abb. 48d) kompensiert wurde, so dass das Gesamtdrehmoment erhalten blieb. Aufgrund der anhaltenden Veränderungen der Drehmomente kam es jedoch zu einer anhaltenden Zunahme des atmosphärischen Drehimpulses (Abb. 48b). Die Änderung der Windgeschwindigkeitsanomalie, die für die Drehmomentänderungen verantwortlich ist (Abb. 48e), wurde bereits in Kapitel 19 (Abb. 31) im Hinblick auf die Rolle der Ozeanschwingungen beim polwärts gerichteten Wärmetransport diskutiert.

So kam es 1976 zu einer plötzlichen Verschiebung der winterlichen atmosphärischen Zirkulation, die zu einer Verstärkung der zonalen Windzirkulation und einer Abschwächung der meridionalen Windzirkulation führte, die für den Wärmetransport zu den Polen verantwortlich ist. Diese Veränderungen deuten darauf hin, dass der meridionale Wärmetransport zu dieser Zeit abnahm, was mit dem Beginn der globalen Erwärmung zusammenfiel.

Offizielles Schweigen über den Klimaverschiebung, der die globale Erwärmung ausgelöst hat

Als die Verschiebung von 1976 und die Pazifische Dekaden-Oszillation festgestellt wurden, hatte der IPCC bereits seinen ersten Bewertungsbericht veröffentlicht. In diesem Bericht wurde die Auffassung vertreten, dass die Hauptursache für die Erwärmung der Erdoberfläche der anhaltende Anstieg des CO_2 durch menschliche Emissionen sei. Alles, was nicht menschlichen Ursprungs war, wurde als „natürlich" oder „interne Variabilität" bezeichnet und spielte für den langfristigen Temperaturtrend keine Rolle.

Die IPCC-Berichte bieten keine Erklärung für die Abkühlungsperiode von 1945 bis 1975. Einige Wissenschaftler vermuten, dass sie durch den raschen Anstieg der Schwefelemissionen aus der Industrie und der Verbrennung fossiler Brennstoffe verursacht wurde, die eine kühlende Wirkung haben. Diese Emissionen erreichten Anfang der 1970er Jahre ihren Höhepunkt, als mehrere Länder Rechtsvorschriften zur Begrenzung dieser Emissionen einführten. Diese Wissenschaftler glauben, dass bis 1976 die erwärmende Wirkung der steigenden CO_2-Werte die kühlende Wirkung der Schwefelemissionen überstieg. Dies widerspricht jedoch den Klimamodellen und den Berichten des IPCC, denen zufolge der anthropogene Antrieb immer positiv war, was bedeutet, dass die Abkühlung von 1945 bis 1975 keine menschliche Ursache gehabt haben kann.

Die Klimamodelle sind nicht in der Lage, die Erwärmung zu Beginn des 20. Jahrhunderts oder die Abkühlung in der Mitte des 20. Jahrhunderts zu reproduzieren, unabhängig davon, ob alle Antriebsfaktoren oder nur natürliche Antriebsfaktoren verwendet werden. Abbildung 49 (aus Abbildung SPM.1 des 6. Bewertungsberichts) zeigt, dass die Klimamodelle (dunkelgraue Kurve) eine leichte Erwärmung in den späten 1940er und 1950er Jahren simulieren, gefolgt von einer Abkühlung aufgrund des Ausbruchs des Agung im Jahr 1963 und dann einem kontinuierlichen Erwärmungstrend.[233] Der Klimabruch von 1976, der von Dutzenden von Wissenschaftlern eingehend untersucht wurde und zu

---

[233] IPCC, 2021: Zusammenfassung für politische Entscheidungsträger.
  doi.org/10.1017/9781009157896.001

erheblichen Veränderungen des pazifischen Klimas führte, wird jedoch in den IPCC-Berichten oder Klimamodellen nicht berücksichtigt. Klimamodellen zufolge erfolgte der Bruch im Temperaturtrend bei der Eruption 1963, also 13 Jahre vor der Verschiebung 1976.

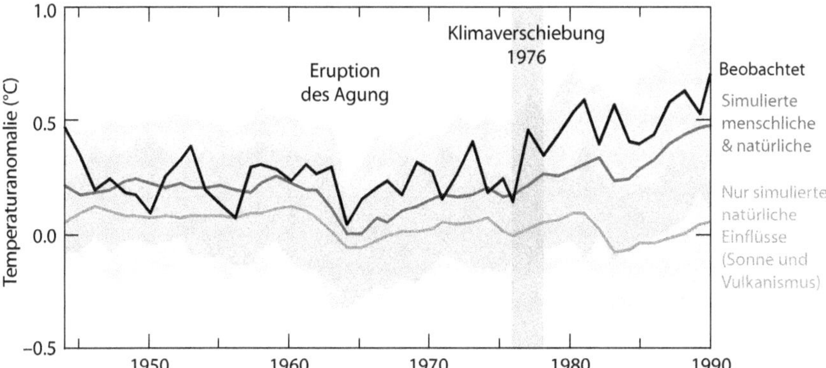

Abbildung 49. Veränderungen der globalen Oberflächentemperatur und ihre vermuteten Ursachen. Diese Abbildung aus dem 6. Sachstandsbericht wurde beschnitten und mit Anmerkungen versehen. Beobachtete Veränderungen sind in Schwarz dargestellt, Klimamodell-Simulationen mit der Reaktion auf menschliche und natürliche Faktoren sind in Dunkelgrau dargestellt, und ausschließlich natürliche Faktoren sind in Mittelgrau dargestellt.

Die Abkühlungsperiode von 1945 bis 1975 ist gut dokumentiert und wurde nicht durch den Ausbruch des Berges Agung im Jahr 1963 verursacht. Viele Menschen erinnern sich noch an die kalten Winter der frühen 1970er Jahre, und diese Abkühlungsperiode endete mit einer abrupten atmosphärischen Klimaverschiebung im Jahr 1976. Die Unfähigkeit der Klimamodelle, diese Abkühlungsperiode oder den Klimaverschiebung von 1976 zu reproduzieren, wirft die Frage auf, ob sie in der Lage sind, das zukünftige Klima genau vorherzusagen.

Zusammengefasst

Im Jahr 1976 hatte eine globale Klimaverschiebung große Auswirkungen auf den Pazifischen Ozean und markierte den Beginn des derzeitigen Erwärmungstrends. Diese Verschiebung wurde eingehend untersucht und ist in vielen klimabezogenen Variablen erkennbar. Die verfügbaren Daten deuten darauf hin, dass die Verschiebung auf Veränderungen in der atmosphärischen Zirkulation zurückzuführen ist, mit einer Zunahme der zonalen Winde und einer Abnahme der meridionalen Winde, was zu einer Erwärmungsphase in den multidekadischen ozeanischen Oszillationen aufgrund eines geringeren polwärts gerichteten Wärmetransports führte. Trotz ihrer gut dokumentierten Natur werden die Abkühlungsperiode von 1945 bis 1975 und die Klimaverschiebung von 1976 von den Klimamodellen oder dem IPCC nicht erklärt, weshalb sie ignoriert werden.

KAPITEL 32

KLIMAREGIME UND VERSCHIEBUNGEN

Periodische abrupte Klimaänderungen treten auf allen Zeitskalen auf. Auf multidekadischen Skalen sind sie durch Klimaverschiebungen gekennzeichnet, die Klimaregime von einigen Jahrzehnten Dauer voneinander trennen. Obwohl es zahlreiche Belege für die Existenz dieser Klimaregime und -verschiebungen gibt, bleiben sie umstritten. Da die Ursache für diese Ereignisse nicht bekannt ist, werden sie als intrinsische niederfrequente Klimavariabilität bezeichnet. Ihr Auftreten ist jedoch mit Veränderungen in der globalen atmosphärischen Zirkulation verbunden. Diese Verschiebungen müssen anhaltende Veränderungen in den Energieflussmodi darstellen, die wahrscheinlich auf unterschiedliche polwärts gerichtete Wärmetransportregime hinweisen.

Abrupter Klimawandel auf verschiedenen Zeitskalen

Das Klima verändert sich ständig, aber manchmal verändert es sich viel schneller als die normale Veränderungsrate. Diese Art des Klimawandels wird als abrupt bezeichnet. Nach diesem Maßstab kann der derzeitige Klimawandel als abrupt eingestuft werden.

Die Erkenntnis, dass sich das Klima so abrupt ändern kann, dass es innerhalb eines Jahrzehnts spürbar wird, ist eine relativ neue Entdeckung. Sie wurde Mitte der 1980er Jahre durch die Untersuchung von Eisbohrkernen aus Grönland gemacht, bei der abrupte Erwärmungsspitzen von tausendjähriger Häufigkeit festgestellt wurden, die während der letzten Eiszeit auftraten. Die für diese Ereignisse berechnete Erwärmungsrate beträgt 1,4 °C/Dekade in Nordeuropa, was zehnmal schneller ist als die heutige Rate.

Auf einer anderen Zeitskala ist der Übergang von einer Eiszeit zu einer Zwischeneiszeit, bekannt als Deglazial, eine relativ schnelle Veränderung auf der Zehntausende von Jahren umfassenden Zeitskala des Glazialzyklus. Während der letzten Deglaziale stieg der Meeresspiegel 8.000 Jahre lang um durchschnittlich 1,2 cm pro Jahr, also viermal schneller als heute.

Als wir in Kapitel 22 die Belege für abrupte Klimaereignisse während des Holozäns untersuchten, bezeichneten wir sie als Perioden von einem oder zwei Jahrhunderten, in denen sich das Klima viel schneller änderte als im Jahrtausendmittel.

Im vorangegangenen Kapitel haben wir festgestellt, dass es Fälle von abrupten Klimaveränderungen oder Klimaverschiebungen gibt, die innerhalb von einem bis wenigen Jahren auftreten, die durch einige Jahrzehnte getrennt sind.

Das Klima kann mit einer fraktalen Struktur verglichen werden, die sich auf allen Zeitskalen ähnlich verhält, mit Perioden schnellen Klimawandels, die sich mit längeren Perioden geringerer Veränderungen abwechseln. Je länger der Zeitrahmen, desto größer sind die Auswirkungen abrupter Veränderungen.

Abrupte Klimaänderungen markieren den Beginn und das Ende bestimmter Perioden, in denen das Klimasystem eine geringere Variabilität seines Energiegehalts und seiner Energieflüsse aufweist. Dies ist bei Eiszeiten und Zwischeneiszeiten zu beobachten, die für einige Zeit stabil bleiben, bevor sie in ihren vorherigen Zustand zurückkehren. Diese Eigenschaft wird als Metastabilität bezeichnet. Interglaziale beispielsweise bleiben im Durchschnitt 14.000 Jahre lang stabil, während die tausendjährigen Ereignisse in Grönland, die so genannten Interstadiale, Jahrhunderte dauern. Abrupte holozäne Ereignisse dauern nur ein oder zwei Jahrhunderte, bevor sie sich wieder umkehren, während Klimaverschiebungen verschiedene Klimaregime trennen, die mehrere Jahrzehnte dauern. Es sollte beachtet werden, dass Klimaverschiebungen auch wieder rückgängig gemacht werden können.

Klimaregime und Verschiebungen

Vor der Entdeckung der Klimaverschiebung von 1976 hatten Ökologen ein theoretisches Konzept entwickelt, um rasche Übergänge zwischen alternativen stabilen Zuständen, vor allem in Weideökosystemen, zu erklären. Diese schnellen Übergänge werden als Regime Shifts bezeichnet. Im Jahr 1989 wurde dieses Konzept in einer Studie verwendet, um die abwechselnden Sardinen- und Sardellenregime zu erklären, die gleichzeitig im Pazifik und in anderen Ozeanen auftreten, möglicherweise als Reaktion auf den Klimawandel.[234] Die Studie hatte bereits Mitte der 1970er Jahre einen Regimewechsel von der Sardelle zur Sardine festgestellt (Abb. 50). Diese Fischereistudien führten schließlich zur Entdeckung der Klimaverschiebung von 1976 und der Pazifischen Dekaden-Oszillation. Weitere Klimaverschiebungen wurden in den Jahren 1925 und 1946 festgestellt, die Zeiträume abgrenzten, in denen die langfristigen Meeresoberflächentemperaturen eine überwiegend wärmere oder kühlere Anomalie aufwiesen. Diese Perioden mit geringerer Variabilität wurden als Klimaregime bezeichnet.

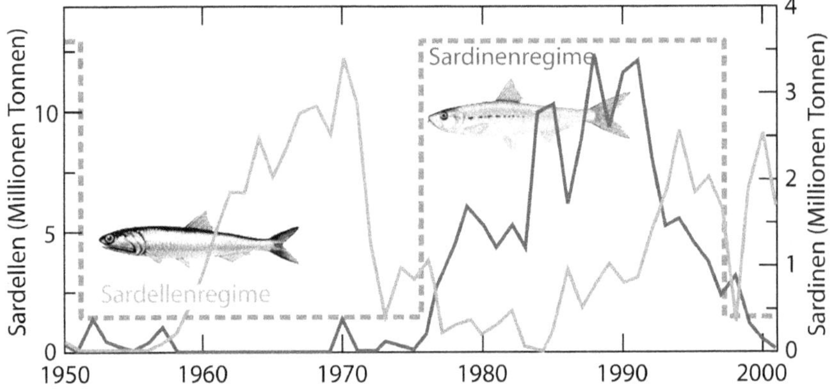

Abbildung 50. Wechsel zwischen einem kalten Sardellenregime und einem warmen Sardinenregime im Pazifischen Ozean. Die Daten geben die jeweiligen in Peru angelandeten Fänge an. Der durch die graue gestrichelte Linie angezeigte Wechsel der Regime fällt mit bekannten klimatischen Verschiebungen zusammen.[235]

Die Existenz von Klimaregimen und -verschiebungen ist unter Wissenschaftlern ein viel diskutiertes Thema. Wetter und Klima sind äußerst variabel,

[234] Lluch-Belda, D., et al., 1989. S. Afr. J. Mar. Sci. 8 (1), pp.195-205.
doi.org/10.2989/02577618909504561
[235] Abbildung nach Chavez, F.P., et al., 2003. Science, 299 (5604), S.217-221.
doi.org/10.1126/science.1075880

und um diese Komplexität zu verstehen und künftige Veränderungen vorherzusagen, suchen Forscher nach großräumigen Mustern und Trends in den Klimadaten im Zeitverlauf. Diese Muster sind als Modi der Klimavariabilität bekannt, und die Wissenschaftler achten besonders auf Telekonnektionen, d. h. nachweisbare Beziehungen zwischen verschiedenen Modi der Variabilität. Ein Beispiel für eine niederfrequente Form der Variabilität ist die pazifische Dekaden-Oszillation, die auf einer interdekadischen Zeitskala stattfindet. Veränderungen, die auf längeren Zeitskalen auftreten, haben tendenziell größere Auswirkungen, da sich die Variabilität auf kleineren Skalen im Laufe der Zeit ausgleicht.

Viele Wissenschaftler glauben, dass Klimaregime und -verschiebungen real sind, weil sie in kurzer Zeit erhebliche Veränderungen bei mehreren Variablen verursachen.[236] Andere Wissenschaftler, die sich nur auf eine Variable konzentrieren, könnten diese Veränderungen jedoch als Hintergrundrauschen betrachten, das im Klimasystem reichlich vorhanden ist. Die Anwendung von Techniken zur Rauschunterdrückung deutet jedoch darauf hin, dass die pazifischen Klimaveränderungen mehr als nur Rauschen sind.[237]

Atmosphärische Modi im Zusammenhang mit dem Wärmetransport

Im vorigen Kapitel haben wir die globalen atmosphärischen Auswirkungen des Klimaverschiebunges von 1976 erörtert. Wir haben uns auch die Korrespondenz zwischen den Änderungen der globalen Temperaturtrends, der Pazifischen Dekaden-Oszillation und der Atlantischen Multidekadischen Oszillation angesehen, die wir in Kapitel 19 besprochen haben (Abb. 31). Aus diesen Informationen können wir schließen, dass wir es mit einer globalen atmosphärischen Veränderung zu tun haben, die sich am stärksten auf die nördliche Hemisphäre auswirkt. Diese Veränderung führt zu einer räumlich-zeitlichen Variabilität, die sich in verschiedenen Modi der niederfrequenten Klimavariabilität und deren Telekonnektionen manifestiert.

Es scheint, dass die Veränderungen durch den Einfluss der Atmosphäre auf den Ozean verursacht werden, wie die Schwankungen des atmosphärischen Drehimpulses und des Meeresspiegeldrucks zeigen. Außerdem treten die Veränderungen innerhalb eines kurzen Zeitraums auf (nur ein einziger Winter), was im Widerspruch zu den langen Verzögerungen steht, die normalerweise bei der Kommunikation zwischen verschiedenen Ozeanbecken auftreten.

Das Klima ist das Ergebnis von Energieflüssen, die auf die Materie des Klimasystems einwirken. Verschiedene Klimaregime erfordern unterschiedliche Energieflüsse. Da diese Regime metastabil sind und sich abwechseln, deutet dies darauf hin, dass es auch metastabile Formen des Energieflusses im Klimasystem gibt. In Kapitel 19 haben wir untersucht, dass die multidekadischen Ozeanschwankungen wahrscheinlich auf Schwankungen in der Intensität des polwärts gerichteten Wärmetransports zurückzuführen sind. Die Existenz

[236] Hare, S.R. & Mantua, N.J., 2000. Prog. Oceanogr. 47 (2-4), pp.103-145.
    doi.org/10.1016/S0079-6611(00)00033-1
[237] Rodionov, S.N., 2006. Geophys. Res. Lett. 33 (12), L12707.
    doi.org/10.1029/2006GL025904

von Klimaregimen und -verschiebungen, die sich über mindestens eine Hemisphäre erstrecken, unterstützt diese Erklärung.

Klimamodelle sollen die Energieflüsse innerhalb des Klimasystems darstellen, aber sie haben Schwierigkeiten, niederfrequente Schwankungen genau darzustellen und verpassen Klimaverschiebungen völlig. Angesichts der Tatsache, dass die Variabilität des polwärts gerichteten Wärmetransports schlecht verstanden ist und es keine gültige Theorie gibt (Kap. 12), könnte dies einer der größten Mängel der Klimamodelle sein.

Kipppunkte

In den letzten Jahren wurde der Möglichkeit von Kipppunkten im Klimasystem viel Aufmerksamkeit geschenkt.[238] Aber erfüllen die abrupten Veränderungen, die für jede Klimazeitskala beschrieben wurden, die Kriterien für Kipppunkte? Die Antwort hängt davon ab, wie wir Kipppunkte definieren. Wenn wir einen Kipppunkt als eine große Veränderung definieren, die aus kleinen anfänglichen Veränderungen resultiert, dann erfüllen alle zu Beginn dieses Kapitels erwähnten abrupten Veränderungen die Kriterien für einen Kipppunkt. Das bedeutet, dass das Klima alle paar Jahrzehnte aus Gründen, die nichts mit dem Anstieg des CO_2 zu tun haben, einen Kipppunkt durchläuft.

Nach der am weitesten akzeptierten Definition sind abrupte Klimaveränderungen keine Kipppunkte, weil sie keine irreversiblen Folgen haben, sobald sie eine Schwelle überschreiten. Vielmehr können sich diese Veränderungen im Laufe der Zeit selbst umkehren und tun dies auch. Einige Wissenschaftler befürchten, dass die vom Menschen verursachten Veränderungen in der Atmosphäre das Klima über eine kritische Schwelle hinaus auf eine andere Bahn bringen könnten, was zu einer stärkeren Erwärmung führen würde, aber solche Befürchtungen beruhen oft auf begrenzten Beweisen.[239] Es ist erwähnenswert, dass es Katastrophismus schon immer gegeben hat, und die Tendenz zur Katastrophisierung ist eine verbreitete kognitive Verzerrung.

Betrachten wir einige mögliche abrupte Klimaveränderungen. Multidekadische Klimaveränderungen treten periodisch und unbemerkt auf. Hundertjährige abrupte Klimaereignisse sind schwerwiegender (Abb. 38, Kap. 23), aber da sie eine abkühlende Wirkung haben, sind wir in unserer derzeitigen Situation nach der jüngsten Erwärmung weniger anfällig dafür. Große abrupte Erwärmungsereignisse traten während der letzten Eiszeit auf, aber sie erfordern besondere Bedingungen, die außerhalb von Eiszeiten nicht gegeben sind.

Das Holozän nähert sich der durchschnittlichen Dauer der Zwischeneiszeiten der letzten 800.000 Jahre. Die Annahme, dass wir die nächste Vereisung aufgrund unserer hohen CO_2 Emissionen vermeiden können, beruht auf unbegründeten Annahmen.[240] Aus den verfügbaren Daten geht eindeutig hervor, dass das primäre Klimarisiko in unserer fernen Zukunft eine Rückkehr zu eiszeitlichen Bedingungen ist. Keine Zwischeneiszeit hat lange gedauert, nach-

---

[238] Lenton, T.M., et al. (2019). Nature, 575 (7784), pp.592-595.
doi.org/10.1038/d41586-019-03595-0
[239] Steffen, W., et al. (2018). PNAS 115 (33), pp.8252-8259.
doi.org/10.1073/pnas.1810141115
[240] Vinós, J., 2022. Climate of the past, present and future. A scientific debate. Critical Science Press. pp. 239-253.

dem die Schiefe (die Neigung der Erdachse) unter 23° gefallen ist, was in 3.400 Jahren der Fall sein wird.

Die Veränderungen im Klimasystem in den letzten 45 Jahren deuten nicht auf eine wesentliche Beschleunigung der beobachteten Erwärmung hin, und sie könnten noch lange anhalten, ohne einen Wendepunkt zu erreichen. Würden uns die Wissenschaftler nicht ständig vor dem Klimawandel warnen, würden wir uns vielleicht nicht so viele Gedanken darüber machen. Außerdem neigt der Klimawandel dazu, sich im Laufe der Zeit umzukehren. Wie wir bereits erörtert haben, kühlte sich das Klima vor 124.000 Jahren für Tausende von Jahren und nach 1100 n. Chr. für Hunderte von Jahren deutlich ab, obwohl sich der CO_2 Gehalt in der Atmosphäre nicht veränderte. Obwohl wir nicht ausschließen sollten, dass sich dies wiederholen könnte, schließen viele Wissenschaftler dies aus und befürchten nur eine weitere Erwärmung, wenn die CO_2 Emissionen nicht reduziert werden.

Zusammengefasst

Das Klimasystem weist auf allen Zeitskalen abrupte Veränderungen auf, die zu unterschiedlichen Klimaregimen führen, die langlebig sind und sich durch Unterschiede im Energiegehalt und in den Flüssen auszeichnen. Auf multidekadischen Skalen werden diese Veränderungen beispielsweise als multidekadische ozeanische Phasen gesehen, die durch klimaverschiebungen getrennt sind. Diese abrupten Veränderungen stehen nicht in signifikantem Zusammenhang mit Veränderungen der atmosphärischen CO_2-Gehalte, sondern scheinen stattdessen mit Veränderungen im Wärmetransport zusammenzuhängen. Klimamodelle können jedoch niederfrequente Oszillationen und Klimaverschiebungen nicht genau wiedergeben. Da abrupte Klimaverschiebungen reversibel sind und ihre klimatische Zeitskala ihre Intensität bestimmt, können sie nicht als Kipppunkte im üblichen Sinne eingestuft werden.

KAPITEL 33
1997, DAS KLIMA HAT SICH ERNEUT GEÄNDERT

Das Jahr 1998 wird oft als Beginn einer umstrittenen „Pause" in der globalen Erwärmung genannt. Was viele Menschen nicht wissen, ist, dass kurz nach 1997 wichtige und abrupte Veränderungen in mehreren Klimavariablen auftraten. Diese Veränderungen machten das Jahr 1997 zum wichtigsten Klimaverschiebungen seit Jahrzehnten, der sich nicht nur auf die globalen Temperaturen, sondern auch auf die Klimamuster des Pazifischen Ozeans und die globale atmosphärische Zirkulation auswirkte. Diese Verschiebung verursachte Veränderungen in der Ausdehnung der Tropen, der Bewölkung, der Windgeschwindigkeit und der Rotationsgeschwindigkeit der Erde. Noch rätselhafter waren die unerklärlichen Veränderungen in der Stratosphäre, einschließlich einer Änderung ihrer Abkühlungstendenz und einer Abnahme des Wasserdampfs, was auf eine Zunahme des polwärts gerichteten Wärmetransports hindeutet. Leider haben die Wissenschaftler diese Veränderungen noch nicht vollständig verstanden, und die Bedeutung der Klimaverschiebung von 1997 bleibt unerkannt.

Die Pause

1997-98 gab es im Pazifischen Ozean ein El Niño-Ereignis. Acht Jahre später berichtete ein Wissenschaftler in einer Zeitung, dass es seit El Niño keine Erwärmung mehr gegeben habe, und stellte in Frage, ob die menschlichen Emissionen allein für den Klimawandel verantwortlich seien.[241] Dies löste eine Kontroverse aus, wobei andere Wissenschaftler argumentierten, dass acht Jahre zu kurz seien, um Schlussfolgerungen zu ziehen. Im Jahr 2012 erkannten jedoch viele Wissenschaftler eine Pause in der globalen Erwärmung an und begannen, deren Ursache zu untersuchen. Im Jahr 2014 veröffentlichten die beiden wissenschaftlichen Fachzeitschriften und gemeinsam eine Sonderausgabe über die Pause, die mehrere Artikel mit unterschiedlichen Erklärungen enthielt. Trotz der vielen vorgeschlagenen Erklärungen gibt es immer noch keinen Konsens über die Ursache der Pause.[242]

Das große El Niño-Ereignis von 2015-16 markierte das Ende der globalen Erwärmungspause, die von 1998-2014 beobachtet wurde. In der Folge wurden an mehreren Temperaturdaten Änderungen vorgenommen, die die Pause in eine Periode anhaltender globaler Erwärmung der Oberflächentemperaturdaten umwandelten. Während einige Wissenschaftler im Jahr 2016 behaupteten, die Pause sei real gewesen, wird sie in Veröffentlichungen nicht mehr erwähnt.[243] Infolgedessen wird das Konzept einer globalen Erwärmungspause in der Mainstream-Klimawissenschaft nicht mehr anerkannt.

Die Pause in der globalen Erwärmung war jedoch nur eine von mehreren Auswirkungen einer großen Klimaverschiebung, die 1997 stattfand. Dennoch

---

[241] Carter, R.M., There IS a problem with global warming... it stopped in 1998. The Telegraph, 09 April 2006.

[242] Springer Nature (2014) Focus: Recent slowdown in global warming. www.nature.com/collections/sthnxgntvp

[243] Fyfe, J.C., et al., 2016. Nat. Clim. Change, 6 (3), pp.224-228. doi.org/10.1038/nclimate2938

haben die Klimawissenschaftler viele dieser anderen Auswirkungen noch nicht
vollständig erklärt oder anerkannt, weil sie nicht ihren Erwartungen entsprechen.

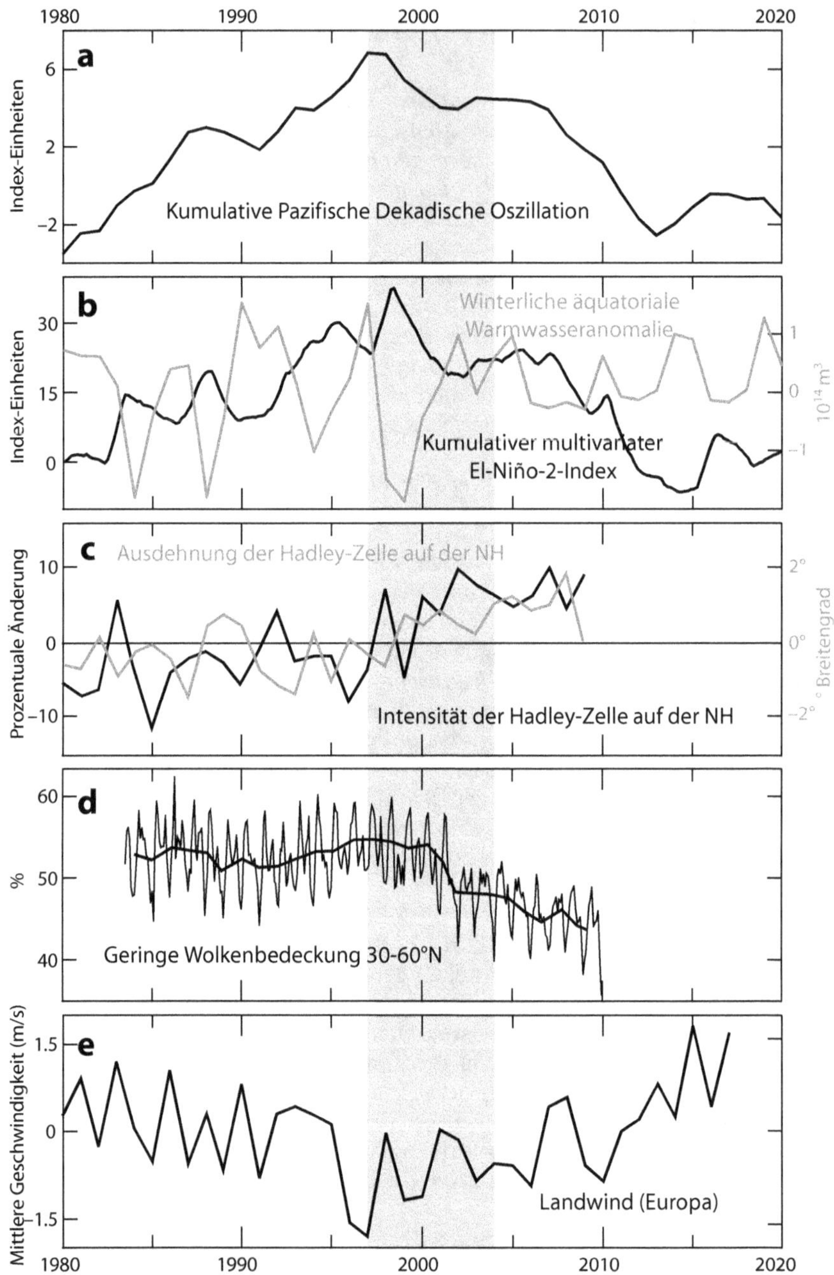

Abbildung 51. Einige Veränderungen zum Zeitpunkt des Klimaverschiebunges 1997.
Der vertikale graue Balken markiert den Zeitraum 1997-2004, in dem die meisten der
beobachteten abrupten Veränderungen auftraten.

Veränderungen überall

Wie die Klimaverschiebung von 1976 verursachte auch die Verschiebung von 1997 einen Phasenwechsel in der Pazifischen Dekaden-Oszillation, allerdings mit einem anderen Vorzeichen. Am deutlichsten wird die Verschiebung im kumulativen Wert ihres Index (Abb. 51a), wo eine Spitze zu beobachten ist, wenn kalte Anomalien der pazifischen Oberflächentemperatur häufiger auftreten als warme Anomalien seit 1997. [244] Die Forscher stellten fest, dass sich die Pazifische Dekaden-Oszillation nach 1997 veränderte, obwohl sie einige Unterschiede zu der Veränderung im Jahr 1976 aufwies und nicht einfach eine Umkehrung war. [245]

Da die Pazifische Dekaden-Oszillation ähnlich wie ein langlebiges El Niño-ähnliches Muster funktioniert, können wir vergleichbare Trends im kumulativen multivariaten El Niño-Index beobachten (Abb. 51b, schwarze Kurve). [246] Der Index zeigt, dass auf den El Niño von 1997-98 eine Zunahme von La-Niña-Ereignissen folgte, ein Trend, der sich bis in die frühen 2020er Jahre fortsetzt.

Auch der Charakter der El Niño-Ereignisse hat sich verändert, wobei die Häufigkeit der zentralpazifischen El Niño-Ereignisse zugenommen und die der ostpazifischen El Niño-Ereignisse abgenommen hat. Diese Veränderungen zeigen sich in den Ozeanregionen des äquatorialen Pazifiks, wo das Wasservolumen oberhalb von 300 m Tiefe mit Temperaturen über 20 °C eine deutliche Veränderung aufwies. Nach 1998 wurden die häufigen negativen Anomalien im Zusammenhang mit El Niño-Ereignissen im östlichen Pazifik, die das Volumen des warmen Wassers erheblich reduzierten, nicht mehr beobachtet (Abb. 51b, graue Kurve). [247] Diese Ergebnisse deuten darauf hin, dass sich nicht nur die Häufigkeit von El Niño-Ereignissen verändert hat, sondern auch ihr Charakter.

Der Klimaverschiebungen von 1997 hatte globale Auswirkungen auf die atmosphärische Zirkulation, die über den Pazifik hinausgingen. Die Hadley-Zellen, die für die Wettermuster in den Tropen verantwortlich sind, verstärkten sich und dehnten sich aus (Abb. 51c). [248] Die Ausdehnung der Hadley-Zellen führte zu einer polwärts gerichteten Verschiebung des Subtropenjets, was Veränderungen der Niederschlagsmuster und der atmosphärischen Zirkulation zur Folge hatte.

Zirkulationsänderungen haben sich auch auf die Bewölkung ausgewirkt. Insbesondere die niedrige Bewölkung in den außertropischen Regionen der nördlichen Hemisphäre nahm nach 2000 deutlich ab (Abb. 51d). [249] Es ist jedoch schwierig, die Auswirkungen dieses Rückgangs auf die Strahlungsflüsse zu bestimmen, da die Trends der Bewölkung je nach Höhe, Hemisphäre und

---

[244] ERSST v5 Pacific Decadal Oscillation Jahresdaten von NOAA, kumulierte Werte wurden detrendiert.

[245] Litzow, M.A., 2006. ICES J. Mar. Sci. 63 (8), pp.1386-1396. doi.org/10.1016/j.icesjms.2006.06.003

[246] Multivariate ENSO Index v2 Daten von NOAA.

[247] Daten vom TAO-Projektbüro der NOAA.

[248] Nguyen, H., et al., 2013. J. Clim. 26 (10), pp.3357-3376. doi.org/10.1175/JCLI-D-12-00224.1

[249] Daten aus dem CM SAF-Datensatz von EUMETSAT. Dübal, H.R. & Vahrenholt, F., 2021. Atmosphere, 12 (10), p.1297. doi.org/10.3390/atmos12101297

Region variieren können und diese Schwankungen die Auswirkungen der Veränderungen aufheben können.

Veränderungen der Windgeschwindigkeit könnten für die beobachteten Veränderungen der Wolkenbedeckung verantwortlich sein. Im späten 20. Jahrhundert sich die Winde über Land seit Jahrzehnten verlangsamt, was zu Bedenken hinsichtlich der künftigen Windenergieerzeugung führte (Abb. 51e). Gleichzeitig nahmen die Meereswinde an Geschwindigkeit zu. Nach der Klimaverschiebung von 1997 kehrten die Land- und Ozeanwinde ihre Trends jedoch um, und die Geschwindigkeit der auflandigen Winde nahm wieder zu, was die Bedenken zerstreute.[250] Dennoch bleiben diese Veränderungen für die Wissenschaftler rätselhaft. Der anfängliche Trend und die anschließende Umkehrung waren überraschend und können nicht einfach als Reaktion auf die erhöhte CO_2 erklärt werden.

Ähnlich wie bei der Klimaverschiebung von 1976 wirkten sich die Veränderungen während der Verschiebung von 1997 auf den atmosphärischen Drehimpuls aus. Nach 1997 kam es zu einer Abnahme des Drehimpulses in ähnlicher Größenordnung wie bei der Zunahme nach 1976. Infolgedessen beschleunigte die Erde ihre Rotation zwischen 1998 und 2004, wodurch sich die Länge des Tages um zwei Millisekunden verkürzte.

Im Gegensatz zum Klimaverschiebung von 1976 war der Verschiebung von 1997 nicht so plötzlich. Sie vollzog sich über einen längeren Zeitraum, wobei sich einige Veränderungen über sieben Jahre zwischen 1997 und 2004 vollzogen, während andere noch länger dauerten. Darüber hinaus waren einige Klimavariablen, die von der Verschiebung 1976 betroffen waren, 1997 nicht betroffen.

Während sich die bisher diskutierten Veränderungen nur schwer mit dem anthropogenen Klimawandel erklären lassen, sind die in der Stratosphäre beobachteten Veränderungen noch schwieriger. Es mag überraschen, dass die Stratosphäre stark auf die Klimaverschiebung von 1997 reagierte, was den globalen Charakter dieser Verschiebungen unterstreicht.

Stratosphärische Veränderungen sind schwer zu erklären

Nach der Klimaverschiebung von 1997 wurde die auffälligste Veränderung in der Stratosphäre beobachtet. Der seit Beginn der Satellitenaufzeichnungen im Jahr 1979 beobachtete Abkühlungstrend schwächte sich erheblich ab und kam in der unteren Stratosphäre sogar ganz zum Stillstand (Abb. 52a & b).[251] Die Abkühlung der Stratosphäre wird dem erhöhten CO_2 und Wasserdampfgehalt zugeschrieben, der durch den verstärkten Treibhauseffekt verursacht wird, und gilt als einer der Fingerabdrücke des vom Menschen verursachten Klimawandels. Einige haben argumentiert, dass diese Abkühlung ein Beweis dafür ist, dass die Erwärmung nicht durch eine erhöhte Sonnenaktivität verursacht wird, da eine solche Aktivität eine wärmende Wirkung auf die Stratosphäre haben sollte. Dieses Argument ignoriert jedoch die dynamischen Veränderungen, die Sonnenaktivität in der Stratosphäre verursachen kann.

Die Klimamodelle waren nicht in der Lage, die beobachteten Veränderungen in der Stratosphäre unter den derzeitigen Bedingungen zu reproduzieren. Diese

---

[250] Zeng, Z., et al., 2019. Nat. Clim. Change, 9 (12), pp.979-985. doi.org/10.1038/s41558-019-0622-6
[251] Seidel, D.J., et al., 2016. J. Geophys. Res. Atmos. 121 (2), pp.664-681. doi.org/10.1002/2015JD024039

Modelle sagten voraus, dass sich der Abkühlungstrend fortsetzen würde, so dass die unerwarteten Veränderungen die Wissenschaftler verblüfft haben und das Phänomen für ein Rätsel halten.[252] Einige Wissenschaftler haben die Vermutung geäußert, dass die Veränderungen auf die Erholung des Ozons zurückzuführen sein könnten, die zu einer Erwärmung der Stratosphäre führt.[253] Dieses Argument erklärt jedoch weder den 1997 beobachteten klaren Bruch im Temperaturtrend noch andere plötzliche Veränderungen, die zu diesem Zeitpunkt und kurz danach in der Stratosphäre beobachtet wurden.

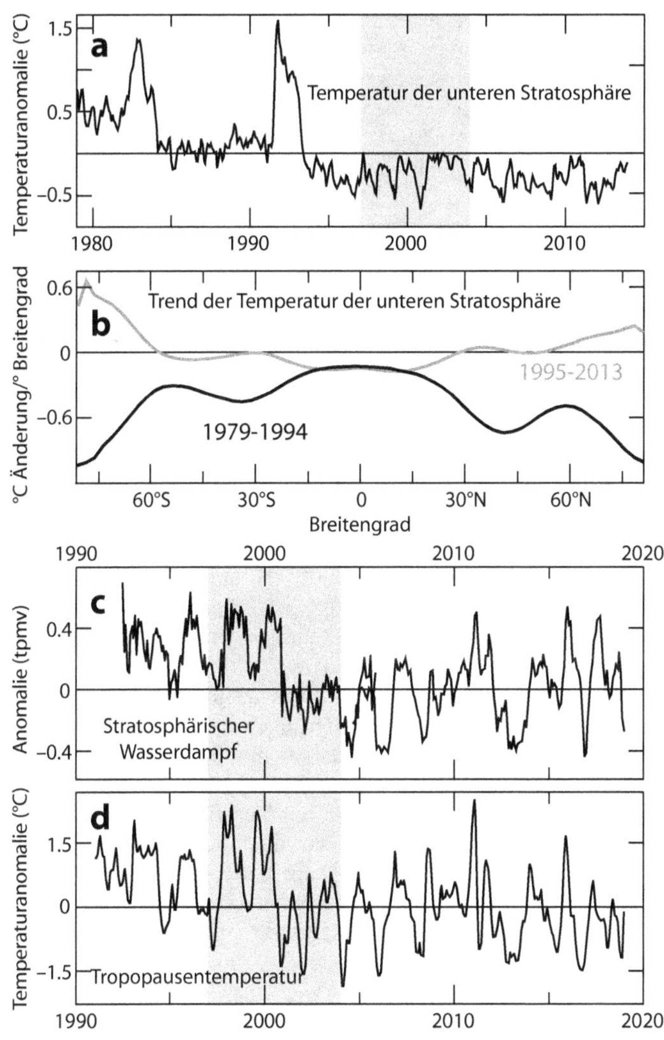

[252] Thompson, D.W., et al., 2012. Nature, 491 (7426), pp.692-697.
doi.org/10.1038/nature11579
[253] Maycock, A.C., et al., 2018. Geophys. Res. Lett. 45 (18), pp.9919-9933.
doi.org/10.1029/2018GL078035

Abbildung 52. Veränderungen in der Stratosphäre nach der Klimaverschiebung von 1997. Die starken Erwärmungsspitzen in der Stratosphäre, die im oberen Feld sichtbar sind, entsprechen den Vulkanausbrüchen.

Die Brewer-Dobson-Zirkulation ist für den langsamen Transport der Stratosphärenluft in Richtung der Pole verantwortlich. Aus diesem Grund kann es mehrere Jahre dauern, bis sich Änderungen der Zirkulation in verschiedenen Regionen der Stratosphäre bemerkbar machen. Im Jahr 2001 wurde eine unerwartete Abnahme des stratosphärischen Wasserdampfgehalts beobachtet, wobei die Werte um 10 % sanken (Abb. 52c).[254] Dies widerspricht der Annahme, dass steigende CO_2-Werte zu einem Anstieg des stratosphärischen Wasserdampfes führen sollten. Obwohl Wasserdampf in der Stratosphäre viel seltener vorkommt als in der Troposphäre, haben seine Strahlungsemissionen einen starken Einfluss auf den Treibhauseffekt, da sie in dieser Höhe nicht maskiert werden. Die Abkühlung der Stratosphäre durch Wasserdampf sollte zu einer Erwärmung der Oberfläche führen, wie in Kapitel 7 erörtert. Der im Jahr 2001 beobachtete Rückgang des Wasserdampfs in der Stratosphäre um 10 % hat den Erwärmungseffekt von CO_2 im folgenden Jahrzehnt schätzungsweise um 25 % verringert.[255] Der Anstieg des stratosphärischen Wasserdampfs um 13 % infolge des Hunga-Tonga-Ausbruchs im Jahr 2022 (Kap. 24) dürfte einen erheblichen Erwärmungseffekt auf die globale Oberflächentemperatur haben, der allerdings innerhalb weniger Jahre wieder verschwinden dürfte.

Was ist die Ursache für den Rückgang des Wasserdampfs? Der meiste Wasserdampf gelangt über die tropische Tropopause in die Stratosphäre, wo die Brewer-Dobson-Zirkulation wie eine Pumpe wirkt und Luft aus der Troposphäre ansaugt. Die Strahlungskühlung und die Ausdehnungskühlung der Luft bewirken eine sehr effektive Gefriertrocknung, wobei der größte Teil des Wassergehalts beim Eintritt in die Stratosphäre entfernt wird. Der Rückgang des Wasserdampfs in der Stratosphäre im Jahr 2001 stand im Einklang mit einer gleichzeitigen abrupten Abkühlung um etwa 1 °C an der Tropopause des tropischen Kältepunkts (Abb. 52d). Diese Ereignisse wurden mit einer plötzlichen Zunahme der Stärke der Brewer-Dobson-Zirkulation erklärt, da dies der Effekt ist, der sich aus einer Zunahme ihrer Pumpwirkung ergeben würde.[256] Diese Erklärung wird durch Belege für Veränderungen der Ozonwerte und der planetarischen Wellenaktivität gestützt, die darauf hindeuten, dass die Brewer-Dobson-Zirkulation zu Beginn des Jahrhunderts eine deutliche Zunahme erfuhr.

Eine interessante Erkenntnis, die für die These dieses Buches von großer Bedeutung ist, besteht darin, dass Veränderungen der Sonnenaktivität den Wasserdampf in der unteren Stratosphäre beeinflussen können.[257] Die einfachste Erklärung für diesen Effekt ist, dass die Sonnenaktivität die Stärke der Brewer-Dobson-Zirkulation reguliert. Diese Regulierung wird durch die in den Kapi-

---

[254] Daten für Abbildung 52c und d, aus Randel, W. & Park, M., 2019. J. Geophys. Res. Atmos. 124 (13), pp.7018-7033. doi.org/10.1029/2019JD030648

[255] Solomon, S. et al., 2010. Science, 327 (5970), S.1219-1223. doi.org/10.1126/science.1182488

[256] Randel, W.J., et al., 2006. J. Geophys. Res. Atmos. 111, D12312. doi.org/10.1029/2005JD006744

[257] Schieferdecker, T., et al., 2015. Atmos. Chem. Phys. 15 (17), pp.9851-9863. doi.org/10.5194/acp-15-9851-2015

teln 28 und 29 vorgestellten Informationen unterstützt, die Beweise für die in Abschnitt 11 erörterte Hypothese liefern. Vergleicht man außerdem den Trend der Stratosphärenuntertemperatur von 1979 bis 1995, der durch eine überdurchschnittliche Sonnenaktivität gekennzeichnet ist (Abbildung 52b, schwarze Linie), mit der Auswirkung eines Sonnenzyklusmaximums auf die Stratosphärenuntertemperatur in 20 km Höhe (Abbildung 45, Kap. 28, graue gestrichelte Linie), so stellt man eine bemerkenswerte Ähnlichkeit fest, insbesondere auf der Nordhalbkugel. Diese Ähnlichkeit könnte darauf hindeuten, dass die Sonnenaktivität eine Rolle bei den wichtigen Trends in der Stratosphärentemperatur spielt.

Alle Veränderungen in der Stratosphäre durch die Verschiebung von 1997 stehen im Einklang mit einer Zunahme des polwärts gerichteten stratosphärischen Wärmetransports durch die meridionale Brewer-Dobson-Zirkulation. Die Veränderungen des Trends der unteren Stratosphärentemperatur nehmen mit dem Breitengrad zu und sind an den Polen am größten (Abb. 52b), was auf einen verstärkten Wärme- und Ozontransport durch einen geschwächten Polarwirbel hindurch schließen lässt. Der Grund für diese Veränderungen und ihr Zeitpunkt sind den Wissenschaftlern jedoch unbekannt. Klimamodelle helfen nicht, den polwärts gerichteten Wärmetransport zu verstehen, und ihre Simulationen können die Wissenschaftler über die Art der Veränderungen verwirren.

Wie ist es möglich, dass dies unbemerkt geblieben ist?

In diesem Kapitel haben wir nur an der Oberfläche der riesigen Menge an Beweisen für eine große Klimaverschiebung im Jahr 1997 gekratzt. Im nächsten Kapitel werden wir die Beweise für Veränderungen in der Arktis nach dieser Verschiebung untersuchen. Verblüffend ist, dass die Wissenschaftler diese große Klimaverschiebung nicht als globales Phänomen anerkennen, das viele Bereiche des Atmosphäre-Ozean-Systems in kurzer Zeit beeinflusst hat. Wenn möglich, führen sie die Veränderungen auf den zunehmenden Einfluss menschlicher Aktivitäten auf das Klima zurück. Oder es wird nach spezifischen Erklärungen für die einzelnen Veränderungen gesucht und nicht nach einer gemeinsamen Erklärung. Das Unvermögen, die Veränderungen miteinander zu verknüpfen, ist besorgniserregend.

Die Tatsache, dass die meisten Klimawissenschaftler eine solch abrupte Veränderung nicht bemerkt haben, ist angesichts der Aufmerksamkeit, die dem Klima gewidmet wird, unglaublich. Es zeigt, dass die wissenschaftliche Methode zusammenbricht, wenn der weit verbreitete Glaube an eine wissenschaftliche Hypothese mit der Entmutigung derjenigen einhergeht, die nach alternativen Erklärungen suchen.

Zusammengefasst

Die Veränderungen, die nach der Klimaverschiebung von 1997 auftraten, waren beträchtlich und von globaler Natur und betrafen sogar die Stratosphäre. Der Pazifische Ozean, der Trend der Oberflächentemperatur und der Temperaturtrend in der unteren Stratosphäre hatten die stärksten Auswirkungen. Betrachtet man all diese abrupten Veränderungen als Teil eines einzigen Phänomens, so scheint es wahrscheinlich, dass es eine Veränderung im globalen Wärmetransportsystem gab, die zu einer abrupten Zunahme des Ausmaßes des polwärts gerichteten Transports führte. Trotz des Ausmaßes dieser Veränderungen können Wissenschaftler und Klimamodelle ihre Ursache jedoch nicht *mit einem Anstieg des atmosphärischen CO_2 erklären. Infolgedessen ist diese Klimaverschiebung unbemerkt geblieben und wird ignoriert.*

KAPITEL 34
ARKTISCHE ERWÄRMUNG IST KEINE VERSTÄRKUNG

Vor hundert Jahren erlebte die Arktis eine Phase starker Erwärmung. Ein ähnliches Phänomen ist seit 1997 zu beobachten, aber diesmal haben die Wissenschaftler eine andere Erklärung. Klimamodelle deuten darauf hin, dass steigende CO_2-Werte den Erwärmungseffekt in der Arktis verstärken. Diese Verstärkung der Arktis wurde jedoch in den zwei Jahrzehnten der globalen Erwärmung von 1976 bis 1997 nicht beobachtet. Stattdessen ist die Erwärmung der Arktis im 21. Jahrhundert hauptsächlich im Winter aufgetreten. Sie ist in erster Linie auf einen verstärkten Wärmetransport in die Region zurückzuführen und nicht auf eine Veränderung der Eis-Albedo-Rückkopplung. Die Erwärmung der Arktis wurde dazu benutzt, die Tatsache zu verschleiern, dass sich der Rest des Planeten langsamer erwärmt als zuvor.

Erwärmung der Arktis, eine Folge der Verschiebung von 1997

In Kapitel 11 haben wir gesehen, dass die atmosphärische Zirkulation und der Wärmetransport zu den Polen in der Winterhalbkugel viel robuster sind. Außerdem schränkt der Polarwirbel den Wärmetransport in die Polarregionen während dieser Jahreszeit ein. In Kapitel 16 haben wir entdeckt, dass die Aktivität der atmosphärischen Wellen im Winter auf der Nordhalbkugel zunimmt. Durch diese Aktivität wird der Polarwirbel geschwächt und es entstehen Blockademuster im Jetstream, die Stürme in Richtung Arktis umleiten. Diese Stürme sind die Hauptwärmequelle für den arktischen Winter.

Das Konzept der „polaren Verstärkung" wurde 1975 von frühen Klimamodellen entwickelt. Er bezieht sich auf den stärkeren Anstieg der Oberflächentemperatur in höheren Breitengraden, der in den Modellen zunächst durch den Rückzug der Schneegrenzen und die geringere thermische Stabilität der Troposphäre verursacht wurde, was die konvektive Erwärmung begrenzte.[258] Im Laufe der Zeit wurde der Begriff in „Arktische Verstärkung" geändert, da klar wurde, dass sich die Antarktis, abgesehen von der kleinen Halbinsel, nicht erwärmte.

Wie in Kapitel 9 (Abb. 13) gezeigt, ist es klar, dass sich die Tropen bei der Erwärmung des Planeten über Millionen von Jahren nur minimal erwärmen. Die Erwärmung nimmt jedoch zu, je näher wir uns den Polen nähern. So herrschten beispielsweise im frühen Eozän, vor 50 Millionen Jahren, in den Polarregionen tropische Bedingungen (Abb. 32, Kap. 20), während es in den Tropen nicht viel wärmer war als heute. Langfristig gesehen sprechen die Beweise für das Konzept der polaren Verstärkung.

Vor etwa einem Jahrhundert erlebte die Arktis eine intensive Erwärmung, die von Wissenschaftlern und Zeitungen der damaligen Zeit gut dokumentiert wurde (Abb. 53 oben). Diese Erwärmung der Arktis zu Beginn des 20. Jahrhunderts ist

---

[258] Manabe, S. & Wetherald, R.T., 1975. J. Atmos. Sci. 32 (1), pp.3-15.
    doi.org/10.1175/1520-0469(1975)032<0003:TEODTC>2.0.CO;2

den modernen Wissenschaftlern bekannt (Abb. 53 unten).[259] Aber sie haben keine klare Erklärung dafür. Zu dieser Zeit waren die menschlichen Emissionen viel geringer und hätten keine so starke Erwärmung verursachen können. Außerdem war die Sonnenaktivität in den 1920er Jahren gering. All dies deutet darauf hin, dass wir nicht genau wissen, warum sich die Arktis erwärmt.

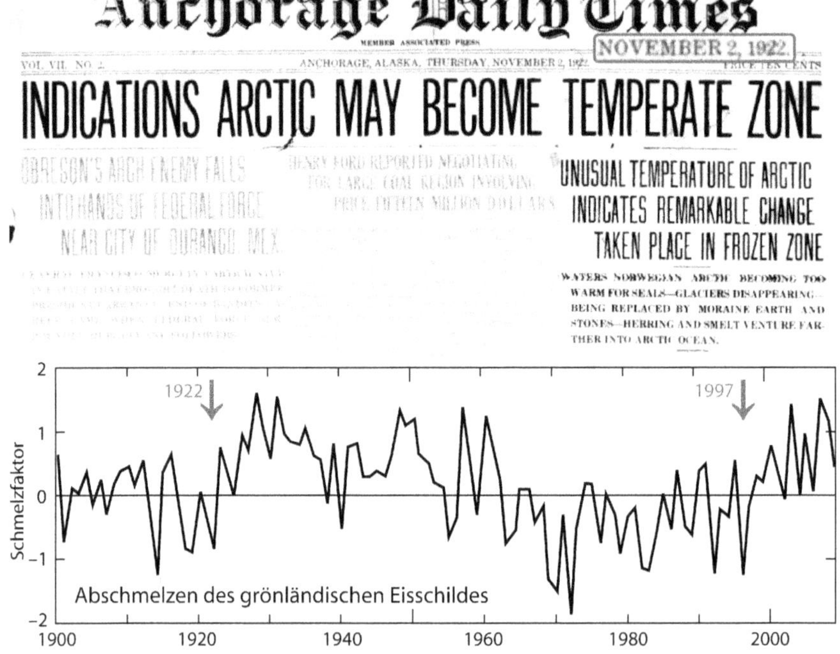

Abbildung 53. Erwärmung der Arktis zu Beginn des 20. Jahrhunderts. Sie wurde 1922 in den Zeitungen berichtet und ist in den Daten neuerer Studien zu erkennen. In der Zeitung heißt es: „Anzeichen dafür, dass die Arktis zur gemäßigten Zone wird".

Es ist ziemlich überraschend, dass bis 1995 nur eine sehr geringe Verstärkung der Arktis stattgefunden hat, wenn man bedenkt, dass die globale Erwärmung von den späten 1970er bis zu den frühen 1990er Jahren stattgefunden hat. Während wir heute dazu neigen, die arktische Verstärkung als eine natürliche Folge der globalen Erwärmung zu betrachten, deuten die Beweise auf das Gegenteil hin. In der Tat könnten sie unabhängig voneinander auftreten, obwohl Klimamodelle nahelegen, dass die arktische Verstärkung eine unverzögerte Auswirkung der globalen Erwärmung ist. Noch 1996 sagten Arktis-Experten, dass *„der relative Mangel an beobachteter Erwärmung und der relativ geringe Eisrückgang darauf hindeuten könnten, dass [Klimamodelle] die Empfindlichkeit des Klimas gegenüber Prozessen in den hohen Breiten überbetonen".* [260]

---

[259] Frauenfeld, O.W., et al., 2011. J. Geophys. Res. Atmos. 116, p.D08104.
doi.org/10.1029/2010JD014918
[260] Curry, J.A., et al., 1996. J. Clim. 9 (8), pp.1731-1764.
doi.org/10.1175/1520-0442(1996)009<1731:OOACAR>2.0.CO;2

Im Jahr 1997, als sich die globale Erwärmung auf dem Rest der Erde verlangsamte, begann sich die Arktis viel schneller zu erwärmen. Die Wissenschaftler waren erleichtert über den Beginn der arktischen Erwärmung und schrieben diese schnell den menschlichen CO_2 Emissionen zu. Die klimatischen Auswirkungen der Verschiebung von 1997 auf die Arktis waren jedoch plötzlich und abrupt, wie es für natürliche Veränderungen typisch ist, und nicht, wie erwartet, eine allmähliche Reaktion auf den anhaltenden Anstieg der CO_2 Werte.

Kasten 24. Der Umgang mit der Pause

Der Beginn der Erwärmung der Arktis und die globale Erwärmungspause (Kap. 33) traten aufgrund der Klimaverschiebung von 1997 gleichzeitig auf. Dies bot die Gelegenheit, die fehlende Erwärmung in anderen Regionen der Welt in den Temperaturdatensätzen auszugleichen, indem mehr Erwärmung in der Arktis berücksichtigt wurde, die zuvor aufgrund der begrenzten Anzahl verfügbarer Messungen unterrepräsentiert gewesen war.

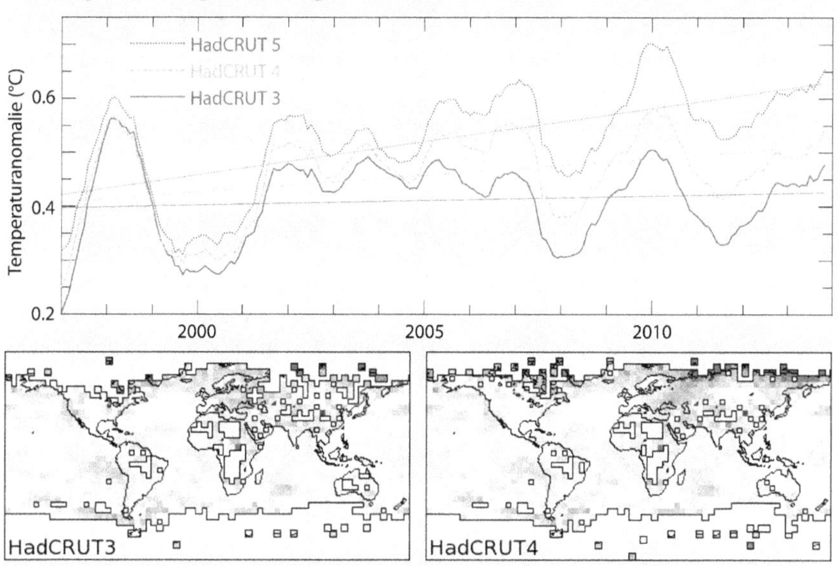

Abbildung B24. Entfernen der Pause in HadCRUT-Datensätzen.

Der HadCRUT3-Temperaturdatensatz des britischen Met Office Hadley Centre wurde 2012 durch die Version 4 ersetzt, die die Pause in eine Erwärmungsperiode umwandelte, indem sie zusätzliche Stationen aus den hohen Breiten der nördlichen Hemisphäre einbezog, die zu diesem Zeitpunkt die einzige Region war, die eine Erwärmung erlebte (Abb. B24). Mit der Aktualisierung von HadCRUT5 im Jahr 2021 wurde die Pause beseitigt, indem die Methode zur Berücksichtigung der Erwärmung der Arktis in großen Gebieten, für die keine Beobachtungen vorliegen, überarbeitet wurde. Die Autoren erklärten, dass *„die verstärkte Erwärmung aus einer verbesserten Darstellung der arktischen Erwärmung resultiert"*, und die Überarbeitungen brachten HadCRUT in Einklang mit anderen globalen Oberflächentemperaturdatensätzen.[261] Es scheint, dass wenn alle es tun...

Die Änderung der Darstellung der arktischen Erwärmung ist aus geografischen Gründen gerechtfertigt. Sie ist jedoch problematisch, weil sie den Temperaturdatensatz zu einer Mischung aus Äpfeln und Birnen macht. Die Polarregionen sind insofern einzigartig, als ihre Atmosphäre im Winter extrem trocken wird (siehe Kasten 4, Kap. 7). Feuchtigkeit begrenzt die Temperaturänderung, weil Wasserdampf beim Abkühlen der Luft latente Wärme abgibt und beim Erwärmen absorbiert. Bei wenig Wasserdampf kann schon eine geringe Energiemenge große Änderungen der Lufttemperatur bewirken. Ein einziger Wintersturm kann die Temperaturen in der Arktis mehr als eine Woche lang um 20 °C erhöhen (Abb. B13, Kap. 16). Die Verwendung von Temperaturanomalien verschärft dieses Problem noch, da die arktischen Anomalien enorm sind, so dass die Auswirkung der arktischen Erwärmung auf den globalen Mittelwert stark vergrößert wird, was zu einem unrealistischen Ergebnis führt. Es lässt uns glauben, dass sich der Planet stark erwärmt, obwohl er in Wirklichkeit nur einen kleinen Teil seiner Energie während des Winters in die Arktis überträgt. Nachdem diese Energie die Thermometermessungen beeinflusst hat, verlässt sie den Planeten durch Strahlungskühlung.

Die an den Temperaturdatensätzen vorgenommenen Änderungen sind unzureichend, wie die Tatsache zeigt, dass die Trends bei den Temperaturen an der Oberfläche und in der unteren Stratosphäre vor diesen Überarbeitungen entgegengesetzt waren. Die Abkühlung der Stratosphäre bei gleichzeitiger Erwärmung der Oberfläche ist wichtig, da dies das erwartete Verhalten bei einer Erwärmung der Treibhausgase ist. Seit 1997 kühlt die untere Stratosphäre jedoch nicht mehr ab (Kap. 33). Durch die Änderungen in den Datensätzen zeigt die Aufzeichnung der Oberflächentemperatur nun eine Erwärmung. Daraus ergibt sich ein Problem: Man kann nicht beides haben. Entweder gibt es nur eine geringe Erwärmung an der Oberfläche und die physikalische Verbindung zwischen der Oberfläche und der Stratosphäre bleibt intakt, oder die Erwärmung an der Oberfläche wird verstärkt und die physikalische Verbindung wird unterbrochen. Wenn man sich für letzteres entscheidet, muss man sich eine Erklärung dafür ausdenken, warum die untere Stratosphäre nicht so abkühlt, wie sie sollte.

Ein weiteres Problem mit den Änderungen an den Temperaturdaten ist, dass sie zeigen, dass die Arktis mehr zur Erwärmung im 21. Jahrhundert beiträgt, obwohl sich der Planet mit der gleichen Geschwindigkeit erwärmt. Angesichts des beschleunigten Anstiegs der CO_2-Werte widerspricht dies der Hypothese des verstärkten CO_2-Effekts, da der Planet seine Erwärmung beschleunigen sollte (Kap. 46).

Hätten die Veränderungen die Aufzeichnungen abgekühlt, anstatt sie zu erwärmen, wären sie höchstwahrscheinlich nicht eingeführt worden. Dies veranschaulicht die wissenschaftliche Voreingenommenheit, die in der Klimawissenschaft leider weit verbreitet ist.

---

[261] Morice, C.P., et al., 2021. J. Geophys. Res. Atmos. 126 (3), p.e2019JD032361. doi.org/10.1029/2019JD032361

Die Erwärmung der Arktis ist das Ergebnis einer Veränderung des winterlichen Wärmetransports

Nach 1997 kam es in der zentralen Arktis zu einem starken Anstieg der Wintertemperaturen, die Sommertemperaturen blieben jedoch unverändert (Abb. 54a).[262] Dies liegt daran, dass die Sommerwärme hauptsächlich zum Schmelzen des Eises genutzt wird, sobald die Temperatur den Schmelzpunkt überschreitet. Infolgedessen ging die sommerliche Meereisausdehnung in der Arktis nach 1997 stark zurück, was die Sorge um eine eisfreie Arktis in naher Zukunft weckte (Abb. 54b).[263] Auch in Grönland kam es zu einer verstärkten Eisschmelze, die den Süßwasserfluss in den Arktischen Ozean erhöhte und zu einer negativeren Massenbilanz des Eisschildes führte (Abb. 54c).[264] Die meisten der abrupten Trends in der Arktis haben sich jedoch nach den ersten Jahren etwas stabilisiert, sehr zum Leidwesen derjenigen, die ein schnelles Verschwinden des arktischen Meereises vorausgesagt hatten.

Während des Polarwinters herrscht in der Arktis mehrere Monate lang fast völlige Dunkelheit, so dass keine Wärme produziert wird. Jegliche Wärme, die im Herbst vorhanden ist, bleibt aufgrund der starken Abkühlung durch Strahlung nicht über den Winter erhalten. Wie in Kapitel 7 erläutert, ist der Treibhauseffekt in den Polarregionen im Winter nur schwach ausgeprägt. Wenn die Temperaturgradient aufgrund einer Temperaturinversion negativ wird, kann sie sogar eine kühlende Wirkung haben, wie in der Stratosphäre zu beobachten ist. Daher ist es klar, dass die Wintererwärmung in der Arktis aus niedrigeren Breiten stammt, und eine Zunahme des polwärts gerichteten Wärmetransports ist notwendig, damit die Arktis eine verstärkte Wintererwärmung aufweist.

Studien haben Hinweise auf einen verstärkten Wärmetransport in die Arktis nach der Klimaverschiebung von 1997 gefunden. Dies wird durch atmosphärische Blockierung-Ereignisse verursacht, die die zonale Zirkulation vorübergehend stoppen und Stürme in Richtung Arktis schicken. Seit 2000 hat die Häufigkeit dieser Blocking-Ereignisse deutlich zugenommen (Abb. 54d).[265] Darüber hinaus hat der planetarische Wärmetransport in die Arktis im Winter seit 2000 ebenfalls zugenommen (Abb. 54e).[266] Der ozeanische Wärmetransport in die Arktis hat seit 1997 ebenfalls zugenommen (Abb. 27, Kap. 17). Der Rückgang der Albedo könnte die Erwärmung der Arktis verstärkt haben, aber die Albedo spielt im Winter keine Rolle, wenn in der Arktis kein Sonnenlicht einfällt. Insgesamt scheint es klar zu sein, dass die jüngste Erwärmung der Arktis auf eine Veränderung des Transports zurückzuführen ist.

---

[262] Daten vom Dänischen Meteorologischen Institut.
[263] Daten vom National Snow & Ice Data Center.
[264] Daten aus Dukhovskoy, D.S., et al., 2019. J. Geophys. Res. Oceans, 124 (5), pp.3333-3360. doi.org/10.1029/2018JC014686 Mouginot, J., et al., 2019. PNAS, 116 (19), pp.9239-9244. doi.org/10.1073/pnas.1904242116
[265] Daten von Lupo, A.R., 2021. Ann. N.Y. Acad. Sci. 1504 (1), S.5-24. doi.org/10.1111/nyas.14557
[266] Daten von Rydsaa, J.H., et al., 2021. Q. J. R. Meteorol. Soc. 147 (737), pp.2281-2292. doi.org/10.1002/qj.4022

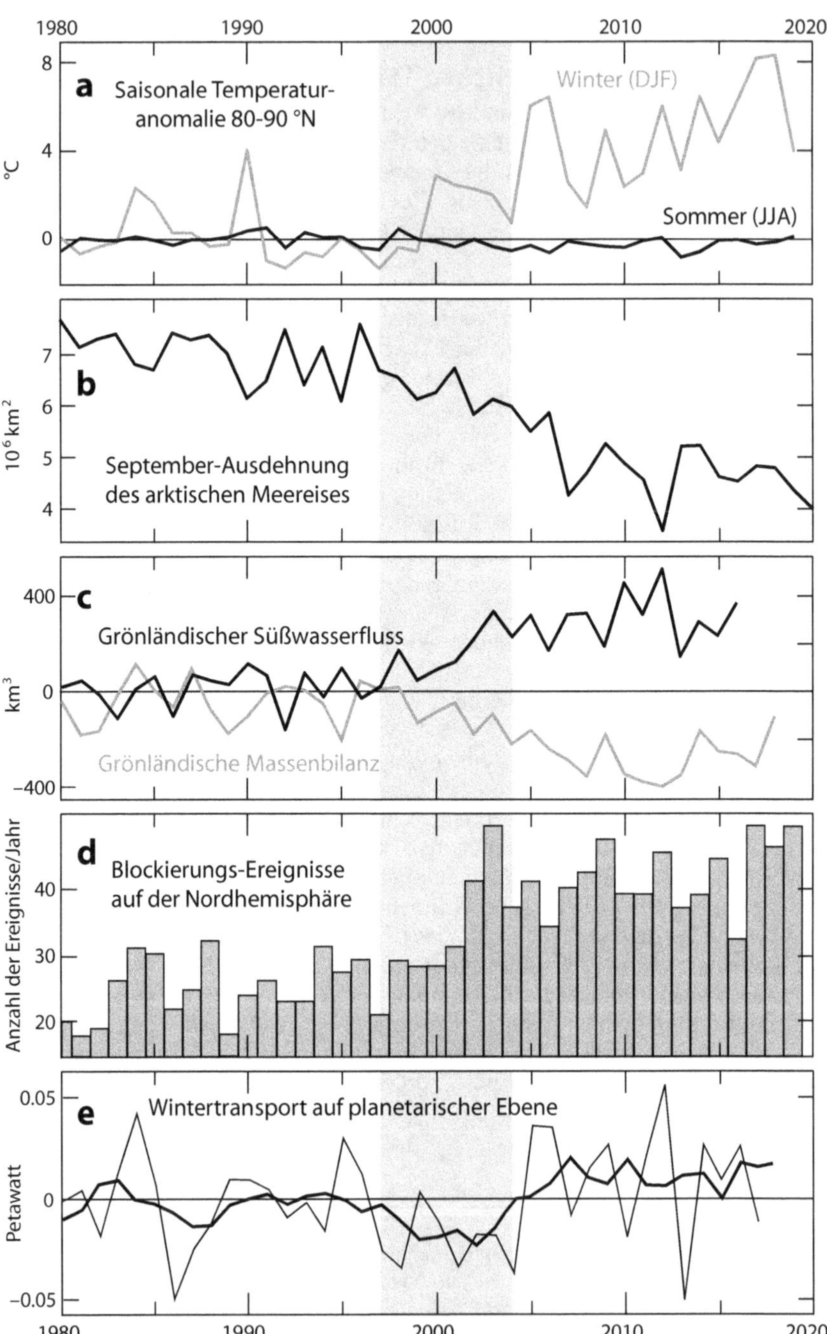

Abbildung 54. Die arktische Verschiebung von 1997. Der vertikale graue Balken markiert den Zeitraum 1997-2004, in dem die meisten der beobachteten abrupten Veränderungen stattfanden.

In den letzten Jahrzehnten hat sich die Arktis stärker erwärmt als der Rest des Planeten. Dies hat zu einer Verringerung des Temperaturunterschieds zwischen dem Äquator und dem Nordpol geführt, wodurch sich das Temperaturgefälle in der Breite verringert hat. Statt eines Rückgangs des Wärmetransports entlang dieses Gradienten wurde jedoch entgegen den Erwartungen eine Zunahme beobachtet. Diese Beobachtung stellt die vorherrschende Theorie des meridionalen Transports in Frage, die besagt, dass der Wärmetransport durch maximale Entropieproduktion angetrieben wird (Abb. 19, Kap. 12). Stattdessen zeigt sie, dass der Wärmetransport sogar zunehmen kann, wenn der Gradient abnimmt. Dies deutet darauf hin, dass ein nicht identifizierter Faktor bei der Bestimmung des meridionalen Wärmetransports unabhängig vom Temperaturgradienten eine wichtige Rolle spielt, was die neue Hypothese des Buches zum Klimawandel unterstützt.

Unerkannte Klimaregime und Verschiebungen unbekannten Ursprungs

Die Beweise, die für die Erwärmung der Arktis und zuvor für den Rest des Planeten vorgelegt wurden, zeigen, dass es sich bei den Klimaregimes um unterschiedliche Zustände der atmosphärischen Zirkulation mit unterschiedlichem Grad des polwärts gerichteten Wärmetransports handelt. Diese Regime ändern sich nicht allmählich, sondern können abrupt von einem Zustand in einen anderen übergehen. Ähnlich wie die Interglaziale variieren und in unregelmäßigen Abständen auftreten, können diese multidekadischen Klimaregime unvorhersehbar sein und in unterschiedlichen Abständen auftreten. Sie folgen nicht unbedingt dem perfekten Zyklus, den wir vielleicht erwarten würden.

Das Problem ist, dass die beschriebenen abrupten Klimaverschiebungen nicht Teil unseres wissenschaftlichen Verständnisses des Klimawandels sind. Sie passen nicht zur Vorstellung eines sich verändernden Klimas, das auf allmählich steigende CO_2 Werte reagiert. Darüber hinaus wurden viele Veränderungen, die auf die Klimaverschiebung von 1997 zurückgehen, auf erhöhte menschliche Emissionen zurückgeführt. Infolgedessen finden Klimaverschiebungen und -regime oft wenig Beachtung, weil sie als unvorhergesehene Schwankungen angesehen oder ganz ignoriert werden. Hinzu kommt, dass die Klimamodelle diese Verschiebungen nicht abbilden können, was das Problem noch verschlimmert. Die Klimawissenschaft stützt sich in hohem Maße auf diese Modelle (Tabelle 2, Kap. 50), so dass es keine Option ist, anzuerkennen, dass sie möglicherweise entscheidende Aspekte des Klimas übersehen.

Die Unfähigkeit, Klimaverschiebungen und -regime genau zu identifizieren, erschwert es uns, ihre Ursachen zu untersuchen und sie als globale und nicht als regionale Phänomene zu verstehen. Einige Wissenschaftler haben vorgeschlagen, dass sie mit synchronisiertem Chaos zu tun haben, aber das wird nicht allgemein akzeptiert.[267] Wie wir in Kapitel 19 erörtert haben, gibt es Hinweise darauf, dass die Ozeanschwingungen während der Kleinen Eiszeit eine andere Periode hatten. Die Klimaregime werden also von verschiedenen Bedingungen und Faktoren beeinflusst, die sich im Laufe der Zeit verändert haben. Das bedeutet, dass ihre Rolle bei der jüngsten Erwärmung nicht als zyklisches Verhalten abgetan werden kann, das sich im Laufe der Zeit ausgleicht.

---

[267] Tsonis, A.A., et al., 2007. Geophys. Res. Lett. 34, L13705.
 doi.org/10.1029/2007GL030288

Kasten 25. Wann ist mit der nächsten Klimaverschiebung zu rechnen?

Wissenschaftler haben vier frühere Klimaverschiebungen im Pazifischen Ozean festgestellt, die 1925, 1946, 1976 und 1997 stattfanden. Die variablen Abstände zwischen diesen Verschiebungen (20-30 Jahre) machen es schwierig vorherzusagen, wann die nächste eintreten wird.

In Kapitel 18 wurde die Auswirkung der Sonnenaktivität auf die El Niño-Südliche Oszillation erörtert, während in den Kapiteln 29 und 30 die Auswirkung der Sonnenaktivität auf die Wintertemperaturen in der polaren Stratosphäre bzw. die Planetenrotation behandelt wurde. Diese Phänomene hängen alle mit dem Wärmetransport zusammen, und ich habe die Möglichkeit in Betracht gezogen, dass externe solare Einflüsse ebenfalls eine Rolle bei der Auslösung von Klimaverschiebungen spielen könnten. Interessanterweise traten die vier im Pazifischen Ozean während des 20. Jahrhunderts festgestellten Klimaverschiebungen 1-3 Jahre nach einem Sonnenminimum auf. Dies deutet darauf hin, dass die Klimaregime des vergangenen Jahrhunderts 2-3 Sonnenzyklen lang andauerten.

In Kapitel 14 (Kasten 11) haben wir den Holton-Tan-Effekt erörtert, der die Phase der tropischen quasi-biennale Oszillation über die Ausbreitung planetarischer Wellen mit der Stärke des Polarwirbels verbindet. Neuere Untersuchungen haben gezeigt, dass dieser Effekt während des Sonnenminimums am stärksten ausgeprägt ist. Der Holton-Tan-Effekt schwächte sich jedoch während der Periode des reduzierten Polwärtstransports zwischen 1976 und 1997 erheblich ab, was wir in Kapitel 39 näher untersuchen werden. Dies deutet darauf hin, dass die Kopplung zwischen tropischer und polarer Stratosphäre sowie zwischen Stratosphäre und Troposphäre während der Wintermonate des Sonnenminimums stärker ist, so dass dies ein geeigneter Zeitpunkt für koordinierte Veränderungen in der Stärke des polwärts gerichteten Transports ist.

Es gibt einen höchst spekulativen Prozess, der das geeignete Sonnenminimum für einen abrupten Klimaverschiebungen bestimmen könnte. Dabei geht es um die 9,1-Jahres-Frequenz der atlantischen und pazifischen multidekadischen Oszillationen, von denen einige Wissenschaftler glauben, dass sie ihren Ursprung in den lunisolaren Gezeiten haben.[268]

Der Frequenzunterschied zwischen diesem 9,1-jährigen Mondgezeitenzyklus und dem 11-jährigen Sonnenzyklus führt dazu, dass sie von korrelierten in antikorrelierte Zustände übergehen, was zu konstruktiven und destruktiven Interferenzen führen könnte, die der multidekadischen ozeanischen Periodizität entsprechen. Abbildung B25b zeigt die quasidekadischen Frequenzen des Sonnenzyklus und der Atlantischen Multidekadischen Oszillation (AMO) und ihre wechselnde Korrelation. Die Korrelationskurve hat ein ähnliches Aussehen wie die Kurve der Pazifischen Dekaden-Oszillation.

---

[268] Muller, R.A., et al., 2013. J. Geophys. Res. Atmos. 118, 5280-5286. doi.org/10.1002/jgrd.50458

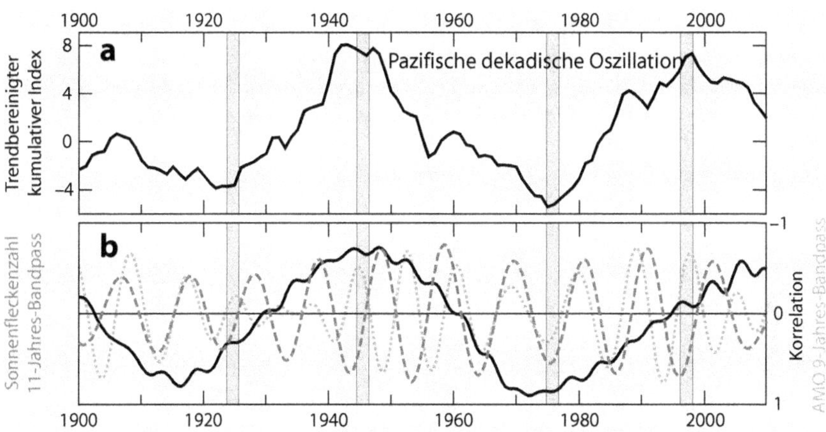

Abbildung B25. Vermutungen über den zeitlichen Ablauf von Klimaregimes und -verschiebungen durch Sonnen- und Mondzyklen. a) Kumulative Pazifische Dekaden-Oszillation mit identifizierten Klimaverschiebungen, markiert durch graue Balken. b) Bandfilterung der Sonnenfleckendaten (gestrichelte dunkelgraue Linie) und der Atlantischen Multidekadischen Oszillation (gepunktete hellgraue Linie), die nur ihre 11- bzw. 9-Jahres-Frequenzen zeigen. Die schwarze Linie ist die (invertierte) Korrelation zwischen den beiden Häufigkeiten.

Man könnte spekulieren, dass die periodische Änderung der Transportstärke, die zu den beobachteten Klimaverschiebungen führt, durch die Wechselwirkung zwischen den Auswirkungen der ozeanischen und atmosphärischen Gezeiten auf die troposphärische Komponente des meridionalen Transports und den Auswirkungen des Sonnenzyklus auf die stratosphärische Komponente verursacht werden könnte. Diese Vermutung wird durch das Vorhandensein der 9- und 11-Jahres-Frequenzen in der Fourier-Analyse der täglichen Daten der Nordatlantischen Oszillation gestützt.[269]

Wenn wir die Gültigkeit dieser Vermutung und das Ausbleiben einer Klimaverschiebung nach dem Ende des Sonnenzyklus 24 annehmen, können wir davon ausgehen, dass die nächste Klimaverschiebung innerhalb der drei Jahre nach dem voraussichtlichen Ende des Zyklus 25 eintreten wird, was uns ein Datum zwischen 2031 und 2035 beschert. Diese Verschiebung könnte den polwärts gerichteten Transport verringern und eine Abkühlung der Arktis bewirken, entgegen unseren derzeitigen Erwartungen (Abb. 93, Kap. 51).

Zusammengefasst

Die Erwärmung der Arktis im 21. Jahrhundert unterscheidet sich von der Verstärkung der Arktis, die von Klimamodellen als Reaktion auf die globale Erwärmung vorhergesagt wurde. Sie setzte 20 Jahre später ein und wurde durch eine Klimaverschiebung im Jahr 1997 verursacht, die den Wärmetransport aus niedrigeren Breiten in die Arktis verstärkte. Diese abrupte Veränderung des Wärmetransports verursachte sowohl die Pause in der globalen Er-

[269] Alvarez-Ramirez, J., et al., 2011. Adv. Space Res. 47 (4), pp.748-756.
doi.org/10.1016/j.asr.2010.09.030

wärmung als auch die Erwärmung der Arktis. Die globalen Oberflächentemperaturdaten konnten diese Veränderungen jedoch nicht genau widerspiegeln, da das relative Gewicht der arktischen Temperaturanomalien im globalen Mittelwert angepasst wurde. Der nächste Klimawandel könnte zwischen 2031 und 2035 stattfinden, und wenn dies der Fall ist, könnte er die Erwärmung der Arktis trotz gegenteiliger Erwartungen verringern.

ABSCHNITT 9 SCHLÜSSELTHEMEN

Die jüngste globale Erwärmung begann 1976 mit einer plötzlichen Klimaverschiebung im Pazifischen Ozean, die die zonale atmosphärische Zirkulation verstärkte und den polwärts gerichteten Wärmetransport verringerte, was sich auf den globalen Temperaturtrend auswirkte. Infolgedessen wechselten die multidekadischen ozeanischen Oszillationen von einer kalten Phase, die zu der Abkühlungsperiode von 1945-1975 geführt hatte, zu einer warmen Phase.

Der abrupte Klimaverschiebungen von 1976 hat gezeigt, dass es multidekadische Klimaregime gibt, die durch abrupte Übergänge getrennt sind. Sie sind das Ergebnis von Veränderungen in der globalen atmosphärischen Zirkulation, die unterschiedliche polwärts gerichtete Wärmetransportregime schaffen. Klimamodelle können niederfrequente Schwingungen und Klimaverschiebungen nicht genau wiedergeben.

1997 kam es zu einer neuen Verschiebung, die die globalen Temperaturen, die Klimamuster im Pazifischen Ozean und die globale atmosphärische Zirkulation beeinflusste. Sie führte zu Veränderungen in der Ausdehnung der Tropen, der Bewölkung, der Windgeschwindigkeit und sogar der Rotationsgeschwindigkeit der Erde. Besonders betroffen war die Stratosphäre, deren Abkühlungs- und Wasserdampftrends sich änderten, was auf eine Zunahme des polwärts gerichteten Wärmetransports hindeutet. Die Klimaverschiebung von 1997 wird von den meisten Wissenschaftlern noch immer nicht erkannt.

Vor einhundert Jahren erlebte die Arktis eine unerklärliche Periode starker Erwärmung. Der Klimaverschiebungen von 1997 hat zu einer neuen Periode intensiver Erwärmung der Arktis geführt. Sie ist hauptsächlich im Winter aufgetreten. Sie wurde mit einer arktischen Verstärkung aufgrund von Rückkopplungen mit erhöhtem CO_2 verwechselt, aber die Beweise sprechen dafür, dass sie in erster Linie auf einen erhöhten Wärmetransport in die Region zurückzuführen ist.

Abschnitt 10. Die Notwendigkeit einer neuen Theorie

KAPITEL 35
ERKLÄRUNGEN FÜR DIE GEGENWART VERDECKEN DIE VERGANGENHEIT

Die Hypothese des „verstärkten CO_2-Effekts" war ursprünglich ein gescheiterter Versuch im 19. Jahrhundert, Eiszeiten durch Veränderungen des CO_2 zu erklären. Heute geht die Hypothese davon aus, dass die menschlichen Emissionen von wärmenden Treibhausgasen und kühlenden Aerosolen mit einem geringen Beitrag natürlicher Faktoren den Klimawandel der letzten Jahrzehnte erklären. Der Hypothese zufolge ist der größte Teil der Erwärmung auf Rückkopplungen zurückzuführen, die auf die durch den erhöhten CO_2 verursachte Erwärmung reagieren. Dies macht das Klima sehr empfindlich gegenüber Erwärmung oder Abkühlung aus jeglicher Quelle, da die Erwärmung als Reaktion auf die ursprüngliche Erwärmung fast doppelt so stark ausfällt. Während die Hypothese die jüngste Erwärmung seit 1976 recht gut erklärt, erklärt sie nicht die Klimaveränderungen der Vergangenheit. Die Abkühlung in der Mitte des 20. Jahrhunderts, die Erwärmung zu Beginn des 20. Jahrhunderts, die kleine Eiszeit, die Temperaturentwicklung im Holozän, abrupte Klimaereignisse während des Holozäns und das frühe Eozän vor 50 Millionen Jahren bleiben alle unerklärt. Wir brauchen daher eine Theorie des Klimawandels, die den gesamten Klimawandel erklären kann, nicht nur einen Teil davon.

Über Theorien und Hypothesen

Eine wissenschaftliche Theorie ist eine plausible Erklärung, die auf unseren derzeitigen, aber noch unvollständigen wissenschaftlichen Erkenntnissen über die physikalische Welt beruht. Die Akzeptanz einer Theorie bedeutet nicht, dass sie richtig ist, und ihre Ablehnung bedeutet nicht, dass sie falsch ist. So wurde zum Beispiel Bohrs falsche Theorie, dass Elektronen den Atomkern umkreisen, sogar von Einstein akzeptiert. Im Gegensatz dazu wurde die Milankovitch-Theorie, die den Glazialzyklus durch Orbitalschwankungen erklärt, von den meisten Wissenschaftlern zunächst jahrzehntelang abgelehnt, bis sie schließlich 1976 akzeptiert wurde. In ähnlicher Weise fiel Darwins Evolutionstheorie im späten 19. Jahrhundert in Ungnade , bevor sie in den 1940er Jahren durch die moderne Synthese wieder populär gemacht wurde. Da sich das wissenschaftliche Wissen im Laufe der Zeit erweitert, können Theorien geändert oder verworfen werden. Obwohl die zentralen Ideen der Darwin'schen Evolutionstheorie und der Milankovitch'schen Orbital-Theorie nach wie vor als richtig angesehen werden, haben sie im Laufe der Zeit erhebliche Veränderungen erfahren.

Wissenschaftliche Hypothesen sind vorläufige Vorschläge, die auf Beobachtungen beruhen und durch Beweise gestützt werden. Die tägliche Arbeit eines experimentellen Wissenschaftlers (wie mir) besteht darin, Beobachtungen zu machen, Hypothesen zu entwickeln, die zu den Beweisen passen, und clevere Tests zu entwerfen, die zeigen, ob die Hypothese falsch ist oder sie stützt. Da die Realität unglaublich komplex ist und unser Verstand begrenzt ist, sind die meisten Hypothesen falsch. Wie Thomas Henry Huxley 1870 sagte, spielt sich die große Tragödie der Wissenschaft - die Ermordung einer schönen Hypothese durch eine hässliche Tatsache - ständig vor den Augen der Wissenschaftler ab. Wenn eine Hypothese jedoch nicht durch neue Beweise widerlegt wird, kann sie im Laufe der Zeit in größere Theorien integriert werden oder zu einer eigenständigen Theorie werden.

Klimamodellergebnisse sind kein Beweis

Die Klimatologie ist keine experimentelle Wissenschaft, was es schwierig macht, Hypothesen zu testen. Ohne Experimente können Hypothesen nur mit Beweisen geprüft werden, die zum Zeitpunkt ihrer Aufstellung noch nicht verfügbar waren. Manchmal werden neue Beweise gefunden, die eine Hypothese stützen oder ihr widersprechen, wie z. B. die benthischen Bohrkerne, die 1976 die Milankovitch-Theorie stützten und alternative Hypothesen sehr unwahrscheinlich machten. Dieser Prozess kann jedoch langsam und unsicher sein. Deshalb haben Klimaforscher Computermodelle entwickelt, die einen Großteil des Wissens über das Klima enthalten. Sie verwenden diese Modelle, um ihre Hypothesen zu überprüfen.

Wir werden Klimamodelle in Abschnitt 15 erörtern, aber es ist wichtig zu beachten, dass sie ein Produkt des menschlichen Geistes sind und trotz ihrer Komplexität den Grenzen des menschlichen Verständnisses unterliegen. Klimamodelle spiegeln nicht die Realität wider, sie sind also keine wissenschaftlichen Beweise. Dies ist etwas, das die Klimawissenschaftler vergessen können und das es wert ist, wiederholt zu werden. <u>Die Ergebnisse von Klimamodellen sind keine wissenschaftlichen Beweise</u>. Die Ergebnisse von Klimamodellen sind lediglich eine theoretische Unterstützung innerhalb des theoretischen Rahmens, der zur Erstellung des Programms verwendet wurde. Klimamodelle werden niemals eine Antwort geben, die etwas benötigt, was nicht in ihrem Code enthalten ist. Daher sind sie ein Zirkelschluss und beweisen nichts außer ihrer internen Konsistenz.

Die Hypothese des verstärkten CO_2 Effekts

Es handelt sich um eine Hypothese, die besagt, dass die menschlichen Emissionen von kühlenden Aerosolen und wärmenden Treibhausgasen mit einem geringen Beitrag natürlicher Faktoren die in den letzten Jahrzehnten beobachteten Klimaveränderungen erklären können. Bei dieser Hypothese ist die Hauptursache des Klimawandels die Veränderung der CO_2-Gehalte, und der größte Teil der Wirkung wird auf klimatische Rückkopplungen zurückgeführt, die nicht gemessen werden können. Daher ist es richtig, sie als „Hypothese des verstärkten CO_2 Effekts" zu bezeichnen.

In gewisser Weise ist dies die einzige Klimahypothese, die experimentell getestet wird. Wie zwei führende Klimawissenschaftler 1957 bemerkten: *„Die Menschen führen jetzt ein groß angelegtes geophysikalisches Experiment durch, wie es in der Vergangenheit nicht stattgefunden hat und in der Zukunft nicht reproduziert werden kann."*[270] Wir können es uns jedoch nicht leisten, Jahrzehnte oder Jahrhunderte zu warten, um es herauszufinden, zumal die Hypothese viel Aufmerksamkeit erregt hat und zu bedeutenden Veränderungen in der Gesellschaft und im Energiesystem führt, die auf der Annahme beruhen, dass sie richtig ist. Daher ist es von entscheidender Bedeutung, die Hypothese

---

[270] Revelle, R. & Suess, H.E., 1957. Tellus, 9 (1), pp.18-27. doi.org/10.3402/tellusa.v9i1.9075

mit neu verfügbaren Beweisen zu prüfen, die nicht zur Aufstellung der Hypothese verwendet wurden.

In den Kapiteln 7 und 8 wird der Unterschied zwischen der Hypothese des verstärkten CO_2 Effekts und der Theorie des Treibhauseffekts erläutert. Diese beiden Konzepte werden fälschlicherweise oft synonym verwendet. Die Theorie des Treibhauseffekts basiert auf der Vorstellung, dass ein Anstieg der Treibhausgaskonzentration dazu führt, dass die Atmosphäre undurchlässiger für Infrarotstrahlung wird, was zu einer gewissen Erwärmung der Oberfläche führt. Die Theorie sagt jedoch nichts darüber aus, wie stark die Erwärmung ausfallen wird, da dies von verschiedenen Faktoren innerhalb des Klimasystems abhängt, die noch nicht vollständig verstanden sind. Die Theorie des Treibhauseffekts wird von der wissenschaftlichen Gemeinschaft weitgehend akzeptiert, auch von denjenigen, die der Hypothese des verstärkten CO_2 Effekts skeptisch gegenüberstehen.

Die Hypothese des verstärkten CO_2 Effekts ist eine Erweiterung der Theorie des Treibhauseffekts. Sie besagt, dass Veränderungen des atmosphärischen CO_2 die Hauptursache für den Klimawandel in allen geologischen Epochen des Planeten, einschließlich der Gegenwart, sind. Sollte sich die Hypothese des verstärkten CO_2-Effekts jedoch als falsch erweisen, würde dies die Theorie des Treibhauseffekts nicht in Frage stellen.

Die Hypothese des verstärkten CO_2 Effekts wurde ursprünglich entwickelt, um Eiszeiten zu erklären, wurde aber 1976 durch die Milankovitch-Theorie als deren Ursache widerlegt. In den 1960er Jahren erhielt die Hypothese aufgrund steigender CO_2 Werte und früher Klimamodelle eine gewisse Unterstützung als wichtige Ursache des Klimawandels. Während der damals beobachteten Abkühlung glaubten jedoch viele Wissenschaftler, dass andere Faktoren eine wichtigere Rolle spielten. Erst als sich die globale Erwärmung abzeichnete und der erste antarktische Tiefeneiskern eine starke Korrelation zwischen der Temperatur und den CO_2 Werten während des gesamten Pleistozäns nachwies (Abb. 34a, Kap. 21), wurde die Hypothese allgemein akzeptiert.

Wie bereits erwähnt, entscheidet die Popularität einer Hypothese nicht über ihre Richtigkeit. Ein wissenschaftlicher Konsens für oder gegen eine Hypothese beweist nicht, dass sie richtig oder falsch ist. Nur Beweise können eine Hypothese unterstützen oder widerlegen. Doch selbst wenn die Beweise eine Hypothese stützen, kann sie nicht als endgültig richtig angesehen werden, da weitere Beweise auftauchen können, die ihr widersprechen. So gab es zum Beispiel jahrhundertelang Beweise dafür, dass alle Schwäne weiß sind, aber die Entdeckung schwarzer Schwäne in Australien im 18. Jahrhundert widerlegte diese Annahme.

Die ursprüngliche Version der CO_2-Hypothese ging davon aus, dass die Theorie des Treibhauseffekts die Eiszeiten erklären könnte. Im späten 19. Jahrhundert versuchten die Wissenschaftler zu verstehen, warum es in der fernen Vergangenheit zu Eiszeiten gekommen war, aber sie waren nicht der Meinung, dass der Klimawandel zu dieser Zeit ein wichtiges Thema war. In den 1930er Jahren wurde die Hypothese wiederbelebt, um die ungewöhnliche Erwärmung zu erklären, die Anfang des 20. Jahrhunderts auftrat. Obwohl dieser Versuch scheiterte, begann man, die Hypothese als relevant für die Erklärung der jüngsten Klimaveränderungen zu betrachten.

Eine Hypothese, die entwickelt wurde, um die jüngste Erwärmung durch Veränderungen des CO_2

Nach der Theorie des Treibhauseffekts haben Veränderungen des CO_2-Gehalts an sich nur eine geringe Wirkung. Damit es zu einer erheblichen Erwärmung oder Abkühlung kommt, muss das Klima sehr empfindlich auf diese Veränderungen reagieren und die Erwärmung (oder Abkühlung), die durch die Veränderung des CO_2 verursacht wird, stark beeinflussen. Zu dieser Reaktion gehören Wasserdampf, das wichtigste Treibhausgas des Planeten, sowie Veränderungen der Bewölkung und der Eisalbedo. Zusammen verstärken diese Faktoren die Wirkung von CO_2, was zu der 1896 vorgeschlagenen und in den 1960er Jahren entwickelten Hypothese des verstärkten CO_2 Effekts führte.

Die Hypothese des verstärkten CO_2-Effekts hat an Popularität gewonnen, weil sie die gesamte Erwärmung seit 1976 effektiv erklärt. Dies ist darauf zurückzuführen, dass andere Klimafaktoren als Rückkopplungen auf das CO_2 Signal wirken. Die Hypothese hat jedoch einen Nachteil: Sie impliziert, dass das Klima sehr empfindlich auf Erwärmung oder Abkühlung reagiert, unabhängig von der Ursache. Dies liegt daran, dass die Rückkopplungen positiv auf Erwärmung oder Abkühlung aus jeglicher Quelle reagieren, nicht aber auf Veränderungen der CO_2-Spiegel.

Das Klima ist jedoch ein stabiles System, das seit mehr als 500 Millionen Jahren lebenserhaltende Temperaturen aufrechterhalten hat, selbst angesichts von Asteroideneinschlägen und ganzen ausbrechenden Eruptivprovinzen. Dies deutet auf ein System hin, das von negativen Rückkopplungen beherrscht wird, die es stabilisieren, und nicht von positiven Rückkopplungen, die es destabilisieren.

Unser derzeitiges Wissen über die natürlichen Triebkräfte des Klimawandels ist außerordentlich dürftig. Die Popularität der Hypothese des verstärkten CO_2-Effekts ist nicht hilfreich, denn sie setzt voraus, dass natürliche Faktoren nur geringe Temperaturänderungen bewirken, damit Änderungen des CO_2 den Klimawandel in einem System erklären können, das laut dieser Hypothese sehr empfindlich auf Temperaturänderungen reagiert.

So sind beispielsweise die Veränderungen der Sonneneinstrahlung sehr gering, und ohne Berücksichtigung der dynamischen Veränderungen durch die Sonnenaktivität (die in den Kapiteln 27-30 erörtert werden) kann der solare Effekt leicht als unbedeutend abgetan werden. Auch Vulkanausbrüche stellen eine Herausforderung dar, da die Modelle dazu neigen, ihre kühlenden Auswirkungen im Vergleich zu den Beobachtungen zu übertreiben (Kap. 24). Wenn jedoch Vulkanausbrüche in der Vergangenheit häufig genug waren, um die CO_2-Werte zu erhöhen, können sie zur Erklärung der Erwärmung herangezogen werden.

Der Wert einer Hypothese wird jedoch danach beurteilt, was sie nicht erklären kann, und nicht nur danach, was sie erklären kann, da eine Hypothese in der Regel mit den Beweisen übereinstimmt, aus denen sie entstanden ist. Das Hauptproblem der Hypothese des verstärkten CO_2 Effekts besteht darin, dass sie durch die Berücksichtigung der jüngsten Erwärmung die Erklärung vergangener Klimaveränderungen unmöglich macht. Dies zeigt, dass die Hypothese in ihrer derzeitigen Form unzureichend oder unvollständig ist.

Der Klimawandel der Vergangenheit wird unerklärlich

Wir müssen nicht weit in die Vergangenheit zurückblicken, um dieses Problem zu erkennen. Wie in Kapitel 31 erörtert, kann die Hypothese des verstärkten CO_2-Effekts die Abkühlungsperiode zwischen 1945 und 1975 nicht erklären. In diesem Zeitraum gab es einen positiven anthropogenen Nettoantrieb, der zu einer Erwärmung hätte führen müssen, aber stattdessen kam es zu einer Abkühlung. Abbildung 55 aus dem IPCC-Bewertungsbericht 6. zeigt die kombinierte Auswirkung der menschlichen Emissionen von Treibhausgasen und Aerosolen auf die Temperatur von 1900-1990 (dunkelgraue Linie).[271] In dieser geänderten Abbildung werden die beiden Faktoren nicht getrennt dargestellt, sondern es wird ihre gemeinsame Wirkung gemäß dem Durchschnitt der Simulationen mit mehreren Modellen gezeigt. Es ist erwähnenswert, dass auch natürliche Ursachen, wie angenommen, nicht verantwortlich sein können, da sie sich während des gesamten Zeitraums positiv auf die Temperatur ausgewirkt haben sollten, mit Ausnahme einiger Jahre nach dem Ausbruch des Agung im Jahr 1963.

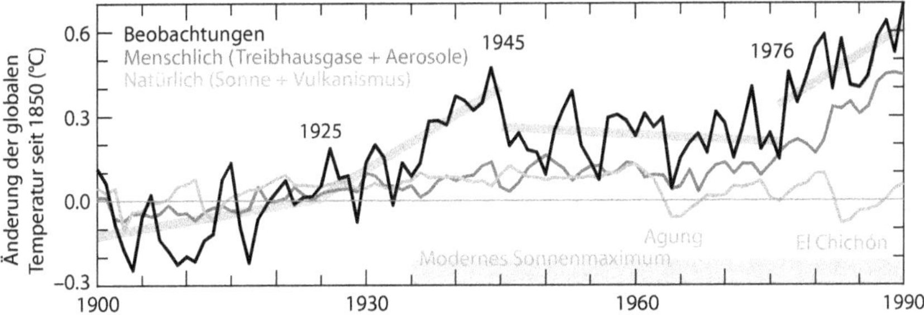

Abbildung 55. Veränderung der globalen Oberflächentemperatur und ihre Ursachen im 6. Bewertungsbericht. Beobachtungen (schwarze Linie) werden mit Klimamodellsimulationen der Auswirkungen menschlicher (dunkelgraue Linie) und natürlicher (hellgrau) Einflüsse auf die Temperatur verglichen. Die Trendlinien für die Beobachtungen (dicke graue Linien) entsprechen den Zeiträumen, die durch bekannte Klimaverschiebungen im Pazifischen Ozean getrennt sind. Der Zeitraum des modernen Sonnenmaximums und zwei Vulkanausbrüche sind angegeben.

Der Hypothese und den Klimamodellen zufolge waren die anthropogenen und natürlichen Einflüsse vor den 1970er Jahren gering. Dies legt nahe, dass das einzig mögliche Ergebnis ein allmählicher Temperaturanstieg von den 1910er bis zu den 1970er Jahren war, wobei sich die Erwärmung danach beschleunigte. Die Beweise zeigen jedoch, dass dies nicht der Fall war. Stattdessen kam es zu einer starken Erwärmung des Weltklimas zu Beginn des 20. Jahrhunderts und zu einer deutlichen Abkühlung in der Mitte des 20. Jahrhunderts. Somit kann die Hypothese des verstärkten CO_2 Effekts den Klimawandel vor 1976 nicht erklären. Da unser Verständnis des Klimawandels immer noch begrenzt ist, ist es unklug, eine unvollständige oder fehlerhafte Hypothese zu akzeptieren, vor allem, wenn sie mit dringenden Forderungen nach bedeutenden Veränderungen in der Gesellschaft und im Energiesystem verbunden ist.

---

[271] Eyring, V., et al., 2021. Climate Change 2021: The Physical Science Basis. 6th AR IPCC. pp. 515-516. doi.org/10.1017/9781009157896.005

Die Hypothese des verstärkten CO_2-Effekts steht vor einem ähnlichen Problem in Bezug auf das Klima der letzten 11.700 Jahre, wie in Kapitel 21 erörtert. Die Klimamodelle projizieren einen allmählichen Erwärmungstrend während des gesamten Holozäns und versäumen es, die neoglaziale Abkühlungsperiode zu erfassen, die durch das globale Gletscherwachstum gut dokumentiert ist (Abb. 35, Kap. 21). Die Modelle geben auch bemerkenswerte Abkühlungsereignisse wie die boreale Oszillation und die 5,2- und 2,8-Tausendjähringes-Ereignisse nicht wieder, und die Kleine Eiszeit wird nur schwach wiedergegeben. Infolgedessen sind die Klimamodelle unzureichend in der Lage, historische Klimamuster zu reproduzieren, was es schwierig macht, sich auf ihre Fähigkeit zu verlassen, künftige Klimata genau zu prognostizieren. Überraschenderweise wird in den IPCC-Bewertungsberichten nur selten auf die eindeutige Diskrepanz zwischen den CO_2-Werten und den Temperaturveränderungen in den letzten 11.000 Jahren eingegangen, wobei man sich hauptsächlich auf die Übereinstimmung im Pleistozän konzentriert.

Bei etwa der Hälfte der Interglazial-Glazial-Übergänge des Pleistozäns treten jedoch erhebliche Abweichungen auf. Sie weisen eine starke Abkühlungsphase auf, ohne dass sich gleichzeitig die CO_2-Werte ändern. Ein bemerkenswertes Beispiel ist das Ende der letzten Zwischeneiszeit vor etwa 124.000 Jahren. Während dieses Zeitraums sanken die Temperaturen im Laufe von 8.000 Jahren allmählich und erreichten etwa die Hälfte der Differenz zwischen interglazialen und glazialen Werten, während die CO_2 Werte unverändert blieben (Abb. 56).[272]

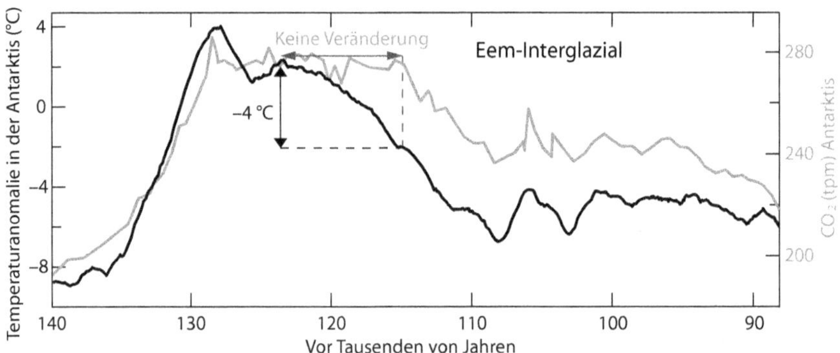

Abbildung 56. CO_2 spielt keine Rolle für das Ende eines Interglazials.

Eine wesentliche Abkühlungsphase ohne gleichzeitige Verringerung der derzeitigen CO_2 niveaus wird weithin als unmöglich angesehen und wird in Modellsimulationen unter den derzeitigen Bedingungen nicht beobachtet. Tatsächlich behaupten Experten für den Glazialzyklus, dass der Beginn einer neuen Eiszeit erst in zehntausenden von Jahren möglich ist. Dennoch gibt es Belege dafür, dass in der Vergangenheit mehrfach Eiszeiten begonnen haben, die durch orbitale Veränderungen ausgelöst wurden, ohne dass dabei Veränderungen der CO_2-Werte zu beobachten waren.

---

[272] Daten aus Jouzel, J., et al., 2007. Science, 317 (5839), pp.793-796. doi.org/10.1126/science.1141038 Bereiter, B., et al., 2015. Geophys. Res. Lett. 42 (2), pp.542-549. doi.org/10.1002/2014GL061957

Die Hypothese des verstärkten CO_2 Effekts hat Schwierigkeiten, den Temperaturunterschied von 5 °C zwischen dem späten Oligozän und dem mittleren Pliozän zu erklären. Dies ist besonders schwierig, weil beide Zeiträume, die durch 20 Millionen Jahre getrennt sind, ähnliche CO_2 Werte unter dem heutigen Niveau aufwiesen (Abb. B18, Kap. 21).

Schließlich bieten die Hypothese des verstärkten CO_2-Effekts und die Klimamodelle keine zufriedenstellende Erklärung für das im frühen Eozän beobachtete gleichmäßige Klima, das durch tropische Bedingungen in den Polarregionen gekennzeichnet war. Überraschenderweise geschah dies, obwohl die CO_2 Werte nicht viel höher waren als heute (Kap. 20). Wenn diese Modelle nicht in der Lage sind, die Klimabedingungen des frühen Eozäns vor 50 Millionen Jahren zu erklären, wird auch klar, dass sie nicht ausreichen, um den Übergang von diesen Klimabedingungen zu den eiszeitlichen Bedingungen des Pleistozäns zu erklären, das unsere gegenwärtige Zwischeneiszeit umfasst. Wenn wir uns über die Ursachen des Klimas im frühen Eozän nicht im Klaren sind, dann ist klar, dass uns das notwendige Wissen fehlt, um die Bedingungen zu verstehen, die sich für den Beginn der eiszeitlichen Abkühlung ändern mussten.

Die derzeitige Hypothese des verstärkten CO_2-Effekts kann nur die Erwärmungsperiode seit 1976 erklären, nicht aber die meisten Klimaveränderungen der Vergangenheit. Daher brauchen wir eine Theorie, die sowohl vergangene als auch gegenwärtige Klimaveränderungen erklären kann. Dazu müssen wir bessere Hypothesen formulieren, die die derzeitigen fehlerhaften Hypothesen ersetzen. Die Förderung neuer Hypothesen ist notwendig, um unser Verständnis des Klimas zu verbessern.

Zusammengefasst

Wir brauchen neue Klimahypothesen, die die vielen Klimaveränderungen der Vergangenheit erklären können, die nicht mit den CO_2-Schwankungen vereinbar sind. Die derzeit favorisierte Hypothese unterstellt dem Klima eine übermäßige Empfindlichkeit gegenüber Temperaturänderungen, während sie den natürlichen Ursachen der Klimaschwankungen nur einen minimalen Einfluss zuschreibt. Folglich stützt sie sich übermäßig auf CO_2 Änderungen und macht jede Klimaänderung ohne eine entsprechende CO_2 Änderung unerklärlich. Es gibt jedoch Beispiele für bedeutende Klimaveränderungen in der Vergangenheit, die ohne signifikante CO_2 Schwankungen auftraten. Viele der Probleme bei der Erklärung solcher Veränderungen rühren von der Annahme her, dass die Hypothese des verstärkten CO_2 Effekts richtig ist. Die begrenzte Erklärungskraft dieser Hypothese, die sich vor allem auf die jüngste Erwärmung seit 1976 beschränkt, unterstreicht den dringenden Bedarf an neuen Hypothesen. Leider behindert die aktive Entmutigung bei der Suche nach alternativen Erklärungen den Fortschritt bei dieser Suche.

KAPITEL 36
INTERNE VARIABILITÄT WIRD NICHT GUT VERSTANDEN

Die natürliche interne Variabilität ergibt sich aus der Umverteilung von Energie innerhalb des gekoppelten Systems Atmosphäre-Ozean, was zu Schwingungen in bestimmten Regionen und Zeiträumen führt. Diese Oszillationen, die als Modi der Variabilität bezeichnet werden, sind zahlreich, und die Wissenschaftler sind sich nicht sicher über ihre Ursachen oder darüber, warum sie von einer Phase zur anderen wechseln. Klimamodelle bilden sie bis zu einem gewissen Grad als stochastische „Random Walks" ab, aber sie berücksichtigen weder multidekadische Trends noch ihre Reaktion auf natürliche Ursachen wie den Sonnenzyklus. Die meisten Klimaforscher und Klimamodelle sehen in der internen Variabilität keinen bedeutenden Faktor für den Klimawandel, aber einige Wissenschaftler sind anderer Meinung. Das mangelnde Verständnis für die Ursprünge dieser Schwingungen und die Unfähigkeit, ihre wesentlichen Merkmale zu reproduzieren, lassen Zweifel an unserem Verständnis der internen Klimavariabilität und ihrer Auswirkungen auf den Klimawandel aufkommen.

Interne Variabilität und Modi der Variabilität

Natürliche Variabilität bezieht sich auf Veränderungen des Klimas, die innerhalb des Klimasystems oder als Folge externer Faktoren auftreten, die das Strahlungsgleichgewicht der Erde beeinflussen. Zu den externen Faktoren, die das Klimasystem beeinflussen, gehören Veränderungen in der Erdumlaufbahn, Schwankungen in der empfangenen Sonnenenergie oder große Vulkanausbrüche. Bedeutende Veränderungen der Erdumlaufbahn benötigen jedoch lange Zeiträume und zeigen in ein oder zwei Jahrhunderten nur minimale Veränderungen, die sich in dieser Zeit kaum auf die Temperaturveränderungen auswirken. In Kapitel 38 werden wir untersuchen, wie die Hypothese des verstärkten CO_2 Effekts die Auswirkungen von Sonnenschwankungen und Vulkanausbrüchen interpretiert.

Die natürliche interne Variabilität bezieht sich auf die Umverteilung von Energie innerhalb des Klimasystems. Dem IPCC zufolge zeigt sie sich in erster Linie in regionalen und nicht in globalen Schwankungen der Oberflächentemperatur. Diese Ansicht wurde jedoch 1994 durch eine bahnbrechende wissenschaftliche Arbeit in Frage gestellt, in der die Atlantische Multidekadische Oszillation eingeführt und als *„eine Oszillation im globalen Klimasystem mit einer Periode von 65-70 Jahren"* bezeichnet wurde.[273] In den letzten 30 Jahren haben zahlreiche Wissenschaftler den globalen Einfluss der ozeanischen multidekadischen Oszillationen erkannt, was sich nicht in der Präferenz des IPCC widerspiegelt, sie als regionale Erscheinungen zu behandeln.

Wissenschaftler versuchen, wiederkehrende Muster innerhalb des Klimasystems zu erkennen, um die Komplexität der internen Variabilität zu verringern.

---

[273] Schlesinger, M.E. & Ramankutty, N., 1994. Nature, 367 (6465), pp.723-726. doi.org/10.1038/367723a0

Diese Muster haben inhärente räumliche Merkmale, Saisonalität und Zeitska-len. Sie nennen diese wiederkehrenden Muster Modi der Variabilität, aber in diesem Buch bezeichnen wir sie als Oszillationen. Einige dieser Muster, wie die El Niño-Südliche Oszillation (Kap. 18) und die atlantischen und pazifi-schen multidekadischen Oszillationen (Kap. 19), wurden bereits besprochen. Die IPCC-Berichte legen nahe, dass diese Muster auf dynamische Eigenschaf-ten der atmosphärischen Zirkulation und Wechselwirkungen zwischen Ozean, Atmosphäre und Landoberflächen, einschließlich Meereis, zurückzuführen sind. Die Wissenschaftler ringen jedoch immer noch um eine Erklärung dafür, wie sich diese Modi der Variabilität mit regionalen räumlichen Mustern auf weit entfernte Teile der Welt auszuwirken scheinen. Diese Fernwirkungen wer-den als Telekonnektionen bezeichnet.

Interne Variabilität ist kein Random Walk

Den Wissenschaftlern fehlt ein umfassendes Verständnis der zugrundelie-genden Mechanismen, die niederfrequente Klimaschwankungen verursachen. Dem jüngsten IPCC-Bericht zufolge ist die regionale Klimavariabilität das Ergebnis eines komplexen Zusammenspiels lokaler physikalischer Prozesse, wie thermodynamischer und Land-Atmosphäre-Rückkopplungen, und umfas-senderer nichtlokaler Phänomene.

Ein bemerkenswertes Beispiel für die Grenzen von Klimamodellen ist ihr Versagen bei der Vorhersage der Verlangsamung der globalen Erwärmung in den 2000er Jahren. Dieses Versäumnis wird auf eine Phasenverschiebung in der Pazifischen Dekaden-Oszillation und letztlich auf erhebliche Passatwinda-nomalien zurückgeführt, die um das Jahr 2000 auftraten.[274] Der genaue Ur-sprung dieser Windanomalien ist jedoch nach wie vor unbekannt, ebenso wie die wahre Natur der in Kapitel 33 beschriebenen Klimaverschiebung von 1997.

Die Pazifische Dekaden-Oszillation wird nicht mehr als physikalisch ge-koppelte Schwingung betrachtet, die durch Wechselwirkungen zwischen Ozean und Atmosphäre entsteht, um zu veranschaulichen, wie schwierig es ist, den Ursprung verschiedener Variabilitätsformen zu verstehen. Stattdessen geht man heute davon aus, dass sie aus drei verschiedenen Prozessen resultiert: internes atmosphärisches Rauschen im Nordpazifik, durch Rossby-Wellen vermittelte ozeanische Dynamik in den mittleren Breiten und tropische Einflüsse, die über eine atmosphärische Brücke in die mittleren Breiten übertragen werden.

Angesichts dieser Komplexität wird von Klimamodellen nicht erwartet, dass sie bestimmte Veränderungen in diesen Variabilitätsmustern genau reproduzie-ren. Stattdessen konzentrieren sie sich darauf, die statistischen Merkmale die-ser Muster zu erfassen. Aus dieser Perspektive haben die Modelle erhebliche Fortschritte bei der Darstellung der internen Variabilität gemacht. Es gibt je-doch ein grundlegendes Problem mit dieser Sichtweise.

Die Wechselwirkung zwischen Atmosphäre und Ozean gilt als grundlegende Triebkraft der internen Variabilität auf dekadischen und längeren Zeitskalen. In diesem Rahmen ist die chaotische Atmosphäre eine stochastische Quelle wei-ßen Rauschens, ähnlich dem statischen Rauschen des analogen Fernsehens, mit gleicher Leistung bei allen Frequenzen. Wenn der Ozean dieses Rauschen in-tegriert, erzeugt er ein Spektrum mit zunehmender Leistung bei niedrigeren

---

[274] Farneti, R., 2016. WIREs Clim. Change, 8 (1), p.e441. doi.org/10.1002/wcc.441

Frequenzen, das als rotes Rauschen bezeichnet wird. Das Ergebnis dieses Gesamtprozesses wird oft als „Random Walk" bezeichnet, was eine durch einen stochastischen Prozess geformte Flugbahn darstellt, bei der das zukünftige Verhalten unabhängig von der Vergangenheit ist. Der IPCC beschreibt dieses Phänomen wie folgt:

„Eine andere Möglichkeit, sich die natürliche Variabilität und den menschlichen Einfluss vorzustellen, ist, sich eine Person vorzustellen, die mit einem Hund spazieren geht. Der Weg des Spaziergängers steht für die vom Menschen verursachte Erwärmung, während sein Hund für die natürliche Variabilität steht. "[275]

Abbildung 57 zeigt Daten aus dem Diagramm, das diese Aussage im IPCC-Sachstandsbericht 6. begleitet. Die dünnen grauen Linien zeigen die Auswirkungen der natürlichen Variabilität in drei verschiedenen Simulationen des großen Ensembles des Community Earth System Model 1 (CESM1), die die dekadischen Schwankungen der globalen Oberflächentemperatur ohne anthropogene Erwärmung (d. h. ohne den langfristigen Trend) veranschaulichen. Diese Simulationen sind Beispiele für Zufallsverläufe in der natürlichen Variabilität, ohne erkennbares Muster oder Trend in ihren Perioden und Spitzenamplituden. Die übrigen Kurven in der Abbildung stammen aus unterschiedlichen Quellen.[276]

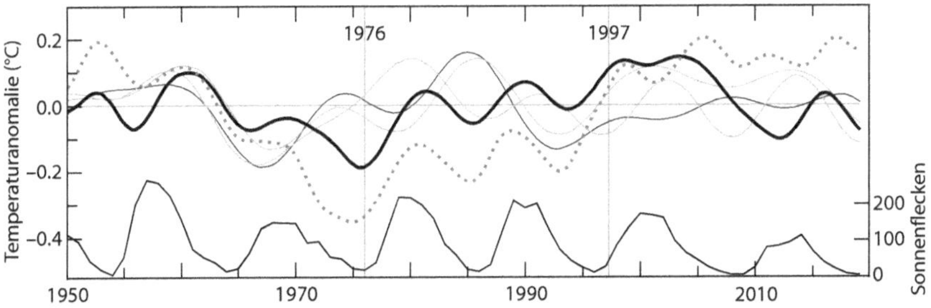

Abbildung 57. Interne Klimavariabilität und Sonnenaktivität. Gauß-geglättete trendbereinigte globale Oberflächentemperatur (dicke schwarze Linie) und Atlantische Multidekadische Oszillation (graue gepunktete Linie), drei Modellsimulationen dekadischer Schwankungen der globalen Temperatur (dünne graue Linien) und Sonnenfleckenzahl (dünne schwarze Linie). Alle Temperaturkurven sind trendbereinigt. Die Klimaverschiebungen von 1976 und 1997 sind angegeben.

Der IPCC erkennt die Existenz von mehrdekadischen und sogar hundertjährigen Trends bei den Variabilitätsmodi an. Die Nordatlantische Oszillation beispielsweise wurde zu Beginn des 20. Jahrhunderts von positiven Werten dominiert. Zwischen 1920 und 1970 gab es jedoch einen Abwärtstrend, gefolgt von einer Erholung auf konstant hohe Werte zwischen 1970 und den frühen 1990er Jahren. Ein solches Verhalten, das durch längere Perioden positiver oder nega-

---

[275] Eyring, V., et al., 2021. Climate Change 2021: The Physical Science Basis. 6th AR IPCC. S. 517-518. doi.org/10.1017/9781009157896.005

[276] Die dicke schwarze Linie ist der detrendierte, Gauß-gefilterte HadCRUT4-Datensatz für die globale Oberflächentemperatur. Die graue gepunktete Linie ist der Gauß-geglättete Datensatz der Atlantic Multidecadal Oscillation von NOAA. Die dünne schwarze Linie ist die Anzahl der Sonnenflecken aus SILSO.

tiver Werte gekennzeichnet ist, wird von den Modellen nicht wiedergegeben und lässt Zweifel an der Random-Walk-Hypothese der internen Variabilität aufkommen.

Die gestrichelte graue Linie stellt die Daten der Atlantischen Multidekadischen Oszillation dar, die mit einem Gauß-Filter geglättet wurden.[277] Das Verhalten dieser Daten ähnelt dem der globalen Oberflächentemperaturdaten, was darauf hindeutet, dass es sich um eine Oszillation des globalen Klimasystems handelt. Diese Oszillation weist abrupte Veränderungen auf, wie z. B. 1976 und 1997.

Der Sonnenzyklus hat bekanntermaßen einen Einfluss auf die globalen Temperaturen von etwa ±0,1 °C und ist im unteren Teil von Abbildung 57 dargestellt. Die beobachtete interne Variabilität neigt dazu, mit dem Sonnenzyklus in Phase zu sein, insbesondere während der aktivsten Zyklen. Diese Wechselwirkung zwischen natürlicher interner und externer Variabilität ist zu erwarten, aber die Klimamodelle sind nicht in der Lage, sie zu reproduzieren. Die Reaktion der Simulationen auf den Sonnenzyklus ist schwach, was darauf hindeutet, dass die modellierte Variabilität aus einer anderen Quelle stammt.

Die langfristigen Trends bei der internen Variabilität, die nach abrupten Verschiebungen ihr Vorzeichen ändern, und die Reaktion auf externe natürliche Schwankungen zeigen, dass die Annahme des IPCC und der Klimamodelle, dass die interne Variabilität einem Zufallsprinzip folgt, falsch ist.

Interne Variabilität ist ein globales Phänomen, das den Klimawandel beeinflusst

Im Einklang mit der Behandlung als stochastischer „Random Walk" wird in den IPCC-Berichten der internen Variabilität des Klimawandels keine Bedeutung beigemessen. Sie wird als Rauschen behandelt, das mit dekadischer oder multidekadischer Häufigkeit auftritt, und es wird angenommen, dass sie keine Auswirkungen auf den langfristigen Trend hat.

Einige Wissenschaftler sind anderer Meinung und meinen, dass etwa ein Drittel der jüngsten Erwärmung auf die atlantische multidekadische Oszillation zurückzuführen ist.[278] Sie vermuten, dass die Klimamodelle die Erwärmung aufgrund der erhöhten Treibhausgase überschätzen. Sie gleichen die simulierte überschüssige Erwärmung durch eine Überschätzung der kühlenden Wirkung von Aerosolen aus, was zu einer Überschätzung des menschlichen Einflusses auf das Klima führt.

Die interne Variabilität ergibt sich aus einer Kombination von lokalen physikalischen Prozessen und großräumigen nichtlokalen Phänomenen. Infolgedessen wird jede Form der Variabilität unabhängig betrachtet, während ihre Wechselwirkungen durch Telekonnektionen dargestellt werden. Wie jedoch in Kasten 16 (Kap. 19) beschrieben, scheinen sich die Schwingungen in verschiedenen Regionen der nördlichen Hemisphäre auf koordinierte Weise zu verän-

---

[277] Ein Gauß-Filter wird verwendet, um Rauschen zu reduzieren und die Daten zu glätten. Er wird häufig zur Unschärfe von Bildern verwendet und bietet die beste Kombination aus Unterdrückung hoher Frequenzen bei gleichzeitiger Minimierung der räumlichen Streuung und wird vom Autor am häufigsten verwendet.

[278] Chylek, P., et al., 2014. Geophys. Res. Lett. 41 (5), pp.1689-1697. doi.org/10.1002/2014GL059274

dern, was als „Stadionwelle-Hypothese" bezeichnet wird (Abb. B16, Kap. 19).[279]

Es hat den Anschein, dass Schwingungen (Variabilitätsmoden) eher eine lokale Reaktion auf ein globales Phänomen sind, als dass sie lokal erzeugt werden und anschließend durch Telekonnektionen interagieren. Durch diesen Perspektivwechsel entfällt die Notwendigkeit, ein breites Spektrum komplexer Telekonnektionen zu berücksichtigen, was die Untersuchung der internen Variabilität vereinfacht. Anstelle mehrerer Ursachen stellen wir nun fest, dass ein und dasselbe globale Phänomen alle Modi der Variabilität verursacht, während ihre spezifischen Merkmale lokal bestimmt werden. Da wir bereits wissen, dass Ozeanschwankungen auf Veränderungen des polwärts gerichteten Wärmetransports zurückzuführen sind, brauchen wir nicht mehr nach einer anderen Ursache für jede Schwingung zu suchen.

Zusammengefasst

Die Hypothese einer verstärkten CO_2 Wirkung ist ein Hindernis für das Verständnis der internen Klimavariabilität. Natürliche Klimaschwankungen sind nicht das Ergebnis zufälliger stochastischer Prozesse. Den Klimaforschern und ihren Modellen fehlt ein grundlegendes Verständnis der Ursachen und Mechanismen, die diesen Oszillationen oder ihren Phasenübergängen zugrunde liegen. Diese Oszillationen werden als treibende Kraft des Klimawandels vernachlässigt und als separate, durch Telekonnektionen verbundene Phänomene behandelt. Multidekadische Trends und synchronisierte Phasenwechsel über die Hemisphären hinweg deuten jedoch darauf hin, dass sie regionale Manifestationen eines zugrunde liegenden globalen Faktors sind. Um unser Verständnis zu verbessern, ist es von entscheidender Bedeutung, neue Hypothesen zu entwickeln, die die Ursachen der internen Klimavariabilität und ihre Beziehung zum Klimawandel untersuchen.

---

[279] Wyatt, M.G., et al., 2012. Clim. Dyn. 38, pp.929-949.
   doi.org/10.1007/s00382-011-1071-8

KAPITEL 37
MERIDIONALE TRANSPORTVARIABILITÄT WIRD VERNACHLÄSSIGT

Die meisten Klimaforscher sind der Ansicht, dass Veränderungen des meridionalen Transports in erster Linie eine Umverteilung der Wärme bewirken und nicht direkt zum Klimawandel beitragen. Daher werden diese Transportveränderungen in den IPCC-Berichten übersehen. Es ist jedoch von entscheidender Bedeutung anzuerkennen, dass Veränderungen im Wärmetransport eine wichtige Rolle bei der Erklärung der Erwärmung der Arktis und bei der Steuerung multidekadischer ozeanischer Oszillationen mit globalen Auswirkungen spielen. Sie sind daher von immenser Bedeutung für das Verständnis der Klimadynamik. Das Potenzial von Veränderungen im Wärmetransport als kausaler Faktor für den Klimawandel sollte gründlich untersucht werden, anstatt es aufgrund unbewiesener Annahmen vorschnell zu verwerfen. Ein zentrales Problem besteht darin, dass die Klimamodelle nicht in der Lage sind, Schwankungen in der Transportintensität oder deren historische Muster genau zu reproduzieren. Diese Modelle gehen trotz gegenteiliger Beweise von einer globalen Kompensation zwischen ozeanischen und atmosphärischen Transportveränderungen aus. Es ist wichtig zu erkennen, dass globale Verschiebungen im Wärmetransport eine der wichtigsten Determinanten für das Klimaverhalten über Jahrzehnte sind.

Der Wärmetransport wird in den IPCC-Berichten vernachlässigt

Im ersten Kapitel des 6. Sachstandsberichts gibt der IPCC eine klare Erklärung des Klimawandels und definiert dessen Ursachen wie folgt:

„Die natürlichen und anthropogenen Faktoren, die für den Klimawandel verantwortlich sind, werden heute als Strahlungs ‚-Antriebe' oder ‚-Forcer' bezeichnet. Die Nettoveränderung des Energiebudgets an der Obergrenze der Atmosphäre, die sich aus der Veränderung eines oder mehrerer solcher Faktoren ergibt, wird als ‚Strahlungsantrieb' bezeichnet. "[280]

Dem IPCC zufolge wird der Wärmetransport nicht als Strahlungsantrieb und somit nicht als Ursache des globalen Klimawandels angesehen. Seine Auswirkungen tragen nur zur internen oder regionalen Variabilität bei. Diese Sichtweise spiegelt sich in der geringen Aufmerksamkeit wider, die dem Wärmetransport in den IPCC-Berichten gewidmet wird. Im umfangreichen 2.391-seitigen 6. Sachstandsbericht wird der Wärmetransport nur kurz in einem 5-seitigen Unterabschnitt über den Wärmeinhalt der Ozeane erwähnt.[281]

In diesem Unterabschnitt erfahren wir, dass der Klimawandel auf eine Wärmezufuhr zurückzuführen ist, während Veränderungen in der Ozeanzirkulation eine Umverteilung der Wärme bewirken. In diesem Unterabschnitt wird

---

[280] Chen, D., et al., 2021. Climate Change 2021: The Physical Science Basis. 6th AR IPCC. p.178. doi.org/10.1017/9781009157896.003

[281] Fuchs-Kemper, B., et al., 2021. Climate Change 2021: The Physical Science Basis. 6th AR IPCC. pp.1228-1233. doi.org/10.1017/9781009157896.011

kurz auf die Zunahme des ozeanischen Wärmetransports in Richtung Arktis in den letzten Jahrzehnten eingegangen, wie in Kapitel 17 hervorgehoben wird (Abb. 27). Anschließend wird erklärt, dass die Abschwächung der atlantischen meridionalen Umwälzzirkulation den nordwärts gerichteten Strom ozeanischer Wärme im Nordatlantik verringert, und der verstärkte Wärmetransport wird auf stärkere windgetriebene Ozeanwirbel zurückgeführt.

Der Wärmetransport ist ein grundlegendes Merkmal des Klimas. Das Wetter und das Klima, das wir außerhalb der Tropen erleben, werden durch Unterschiede in der Sonneneinstrahlung und die unterschiedlichen Mengen an Wärme und Feuchtigkeit bestimmt, die zu unserem Standort transportiert werden. Die Atmosphäre spielt eine wichtige Rolle beim Transport des größten Teils der Wärme und Feuchtigkeit auf der Erde und treibt auch flache ozeanische Transporte wie die windgetriebenen Wirbel an. In den IPCC-Berichten wird der atmosphärische Transport jedoch meist übersehen und dem ozeanischen Transport keine Bedeutung beigemessen. Dies ist wahrscheinlich auf die Grenzen der Klimamodelle zurückzuführen, die Schwierigkeiten haben, Veränderungen im Transport und historische Erwärmungsmuster der Ozeane genau zu reproduzieren.[282]

Die Sicht des IPCC auf die Erwärmung der Arktis ist sehr widersprüchlich. Er geht davon aus, dass die Verstärkung der Arktis ausschließlich eine Folge der globalen Erwärmung aufgrund verschiedener Rückkopplungen ist. Die Hauptursache für die Erwärmung der Arktis seit 1997 ist jedoch der verstärkte Transport von Wärme und Feuchtigkeit in die Region sowohl durch die Atmosphäre als auch durch den Ozean. Nach der Kompensationshypothese von Bjerknes (Kasten 8, Kap. 12) sollten Änderungen des atmosphärischen Transports durch entgegengesetzte Änderungen des ozeanischen Transports ausgeglichen werden. Dies ist jedoch in der Arktis nicht der Fall, wo die Atmosphäre und der Ozean trotz eines flacher werdenden Temperaturgradienten gleichzeitig zu einem erhöhten Wärmetransport beigetragen haben. Veränderungen im Transport und nicht der Einfluss von Rückkopplungen sind die Hauptursache für die Erwärmung der Arktis, da die Verschiebung des Transports und der Beginn der verstärkten Erwärmung der Arktis nach der Klimaverschiebung von 1997 gleichzeitig stattfanden.

Die Ansicht des IPCC, die von vielen Klimawissenschaftlern geteilt wird, hat zwei große Probleme. Erstens ignoriert sie die Bedeutung der Wärmeumverteilung für den Klimawandel. Paradoxerweise wird jedoch die Erwärmung der Arktis als entscheidender Beweis für die vom Menschen verursachte globale Erwärmung hervorgehoben, obwohl Veränderungen in der Wärmeverteilung die Ursache dafür sind. Um diese Behauptung zu untermauern, wurden die Daten für die globale mittlere Oberflächentemperatur angepasst, um die zusätzliche Erwärmung in der Arktis einzubeziehen.[283] Dies führt zu einem klaren Widerspruch, da die umverteilte Wärme als unwichtig abgetan wird, während ihre Auswirkungen gleichzeitig als Beweis für zusätzliche Wärme im Klimasystem herangezogen werden.

---

[282] Bronselaer, B. & Zanna, L., 2020. Nature, 584 (7820), pp.227-233. doi.org/10.1038/s41586-020-2573-5
[283] Morice, C.P., et al., 2021. J. Geophys. Res. Atmos. 126 (3), p.e2019JD032361. doi.org/10.1029/2019JD032361

Das zweite Problem besteht darin, dass der IPCC die Auswirkungen der Wärmeverteilung auf einem Planeten, auf dem der Treibhauseffekt nicht gleichmäßig ist, nicht berücksichtigt hat. Während CO_2 gleichmäßig vermischt sein mag, ist dies bei Wasserdampf nicht der Fall. 75 % des Treibhauseffekts sind auf Wasserdampf zurückzuführen, wenn man den Einfluss der Wolken einbezieht (Tabelle 1, Kap. 7). Während des arktischen Winters gibt es jedoch nur wenig Wasserdampf und wenige Wolken (Abb. B4, Kap. 7). Infolgedessen könnte der Treibhauseffekt im arktischen Winter bis zu viermal schwächer sein als in den Tropen. Folglich würde jede Änderung des Wärmetransports in die Arktis zu Änderungen der Strahlungsflüsse an der Oberseite der Atmosphäre führen, was die Rolle des polwärts gerichteten Wärmetransports als treibende Kraft des Klimawandels unterstreicht.

Interne Klimavariabilität spiegelt Veränderungen im Wärmetransport wider

In diesem Buch wird ausführlich dargelegt, dass ozeanische Oszillationen, die auch als Modi der Variabilität bezeichnet werden, Veränderungen im globalen System widerspiegeln, das für den Wärmetransport zu den Polen verantwortlich ist. Die Kapitel 17, 19, 31-34 und 36 liefern reichlich Beweise für diese Behauptung. Tatsächlich gibt es so viele Beweise, dass ein ganzes Buch darüber geschrieben werden könnte.

Betrachten wir den Fall der subtropischen Zellen im Pazifik, bei denen es sich um flache meridionale Zellen handelt, die tropische Auftriebsgebiete mit subtropischen Subduktionszonen in beiden Hemisphären verbinden. Diese Zellen sind wichtig, denn sie haben gezeigt, dass langsame Schwankungen der Oberflächentemperatur des tropischen Pazifiks das globale Klima beeinflussen können. Die Pazifische Dekaden-Oszillation umfasst das räumliche Muster dieser Zellen.

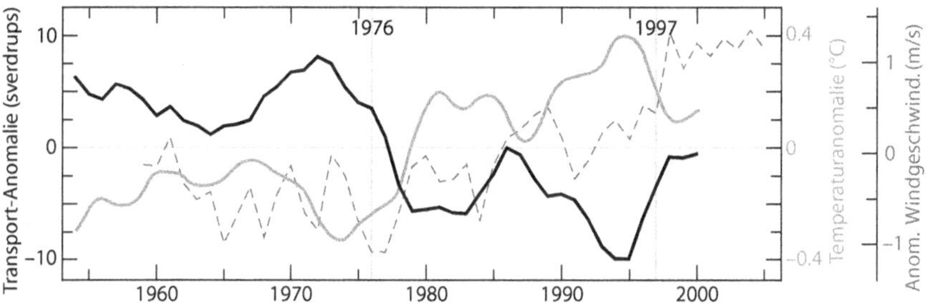

Abbildung 58. Transportveränderungen in den subtropischen Zellen des Pazifiks. Die schwarze Linie zeigt Veränderungen in der transportierten Wassermenge in der tropischen Region des mittleren und östlichen Pazifiks. Die graue Linie entspricht den Veränderungen der Meeresoberflächentemperatur in derselben Region. Die gestrichelte Linie zeigt die Veränderungen der globalen Windgeschwindigkeit im Ozean.

Mitte der 1990er Jahre wurde festgestellt, dass die subtropischen Zellen nach der Klimaverschiebung von 1976 eine erhebliche Verlangsamung erfuhren. Diese Verlangsamung verringerte den Transport um 13 sverdrups (Millionen Kubikmeter pro Sekunde), mehr als die Hälfte des durchschnittlichen

Transports von 21,8 sverdrups (Abb. 58, schwarze Linie).[284] Diese Verlangsamung der meridionalen Zirkulation ging mit einem Anstieg der Meeresoberflächentemperatur um etwa 0,8 °C im zentralen und östlichen tropischen Pazifik einher (Abb. 58, graue Linie). Diese Veränderungen der Meerestemperatur und der Nährstoffzirkulation hatten entsprechende Auswirkungen auf die Fischpopulationen im Pazifik (Abb. 50, Kap. 32).[285]

Nach dem Klimaverschiebungen von 1997 kam es zu einer bemerkenswerten Umkehrung des Transports, die zu einem anschließenden Temperaturrückgang führte. Es sei darauf hingewiesen, dass die in der Studie präsentierten Daten von den Autoren geglättet wurden, wodurch sich der Zeitpunkt der beobachteten Veränderungen leicht verschiebt. Die Autoren bringen diese Veränderungen jedoch korrekt mit den in zahlreichen Studien festgestellten Klimaverschiebungen in Verbindung.

Vergleicht man die Daten aus dieser Studie mit den zuvor vorgestellten globalen Ozeanwinddaten (Abb. B9, Kap. 13), so wird deutlich, dass die Veränderungen im subtropischen Zelltransport auf Schwankungen der Winde zurückzuführen sind, die ihn antreiben (Abb. 58, gestrichelte Linie).[286] Die beobachtete Zunahme der Ozeanwinde ist mit einer verstärkten zonalen (Ost-West-) Zirkulation in der Atmosphäre verbunden. Diese verstärkte zonale Windzirkulation hat zwei wichtige Auswirkungen: Erstens verringert sie die Intensität der meridionalen (Nord-Süd-) Zirkulation, die für den Wärmetransport in Richtung der Pole verantwortlich ist, was zu einer Erwärmung in den mittleren Breiten führt; zweitens bewirkt sie, dass sich die Erde schneller dreht, wodurch sich die Tageslänge verkürzt.

Interessanterweise war die Beobachtung, dass sich die Rotationsgeschwindigkeit der Erde in den frühen 1970er Jahren beschleunigt hatte, die einzige evidenzbasierte Vorhersage, dass sich das Klima bald erwärmen würde.[287] Dieser Prozess des Klimawandels, der durch Veränderungen im Wärmetransport angetrieben wird, hat nichts mit Treibhausgasen zu tun.

Kenntnisse, die in die Theorie und Modellierung einfließen sollen

Die Pazifische Dekaden-Oszillation ist, wie auch andere Modi der Variabilität, Ausdruck meridionaler Wärmetransportregime, die von der Atmosphäre über den Ozean erzwungen werden. Diese einfache und umfassende Erklärung wird durch eine Reihe von Belegen gestützt, darunter Studien über atmosphärische und ozeanische Zirkulationen, marine Ökosysteme und sogar die Erdrotation.

Die Hypothese des Klimawandels, die sich auf Veränderungen des CO_2 stützt, reicht nicht aus, um die von uns beobachteten bedeutenden Klimaverschiebungen zu erklären, wie z. B. die bemerkenswerte Periode intensiver Er-

---

[284] Zhang, D. & McPhaden, M.J., 2006. Ocean Model. 15 (3-4), pp.250-273. doi.org/10.1016/j.ocemod.2005.12.005

[285] Chavez, F.P., et al., 2003. Science, 299 (5604), pp.217-221. doi.org/10.1126/science.1075880

[286] Yu, L., 2007. J. Clim. 20 (21), pp.5376-5390. doi.org/10.1175/2007JCLI1714.1

[287] Lambeck, K. & Cazenave, A., 1976. Geophys. J. Int. 46 (3), pp.555-573. doi.org/10.1111/j.1365-246X.1976.tb01248.x

wärmung von 1976 bis 1997, die zumindest teilweise auf Schwankungen des meridionalen Wärmetransports zurückgeführt werden kann. Leider können die Klimamodelle die Variabilität des Wärmetransports nicht genau wiedergeben, da sie auf der fehlerhaften Prämisse beruhen, dass sich die Veränderungen des atmosphärischen und des ozeanischen Transports gegenseitig aufheben sollten. Es liegt auf der Hand, dass wir eine neue Hypothese brauchen, die den entscheidenden Einfluss von Veränderungen im Wärmetransport auf das Klima wirksam erklären kann.

Zusammengefasst

Transportveränderungen in subtropischen Zellen, die Teil der flachen meridionalen Umwälzzirkulation im Pazifik sind, deuten darauf hin, dass globale Veränderungen im polwärts gerichteten Wärmetransport die Hauptursache für die multidekadische interne Klimavariabilität sind. Diese Veränderungen resultieren aus Veränderungen in der globalen atmosphärischen Zirkulation. Wenn die ost-westliche (zonale) Komponente der Zirkulation stärker wird, führt dies zu einer Beschleunigung der Erdrotation, einer Verringerung des polwärts gerichteten Wärmetransports durch die Atmosphäre und den Ozean und zu einer Oberflächenerwärmung außerhalb der Polarregionen. Das Gegenteil ist der Fall, wenn sich die globale atmosphärische Zirkulation in Nord-Süd-Richtung (meridional) verstärkt.

Diese Veränderungen im Transport haben direkte Auswirkungen auf die Klimatrends. Klimamodelle können jedoch keine dieser Beobachtungen genau wiedergeben, was darauf hindeutet, dass die vorherrschende Hypothese eines verstärkten CO_2 Effekts eine grundlegende Eigenschaft des Klimas - den polwärts gerichteten Transport von Wärme - nicht angemessen berücksichtigt.

KAPITEL 38
UNGELÖSTE SONNENFRAGE

Nach den Berichten des IPCC werden die Auswirkungen von Veränderungen der Sonnenaktivität auf das Klima als minimal eingeschätzt. Diese Einschätzung stützt sich jedoch in erster Linie auf geringe Schwankungen der Gesamtsonneneinstrahlung. Sie berücksichtigt nicht die zahlreichen Belege für die indirekten Auswirkungen der Sonnenaktivität, die auf einen erheblichen Einfluss der Sonne auf die winterliche atmosphärische Zirkulation hindeuten. Darüber hinaus deuten paläoklimatische Belege stark darauf hin, dass die Sonnenvariabilität eine Hauptursache für Klimaschwankungen auf Hundertjahresskalen ist. Insbesondere fallen vergangene Perioden mit bemerkenswert geringer Sonnenaktivität mit einigen der abruptesten klimatischen Ereignisse zusammen. Diese überzeugenden Ergebnisse haben viele Paläoklimatologen zu der Ansicht veranlasst, dass die Sonnenvariabilität eine entscheidende Rolle bei der Gestaltung des Klimas spielt - eine Sichtweise, die im Widerspruch zur Haltung der IPCC-Berichte steht. Wenn wir davon ausgehen, dass Veränderungen der Sonnenaktivität nur einen geringen Einfluss haben, wird es schwierig, das Auftreten der Kleinen Eiszeit zu erklären. Dies liegt daran, dass es während der anfänglichen 400-jährigen Abkühlungsphase keine gleichzeitigen Veränderungen der CO2-Werte oder nennenswerte Vulkanausbrüche während des größten Teils der Kleinen Eiszeit gab.

Die Auswirkung der Sonnenaktivität auf das Klima, laut IPCC-Berichten

Dem IPCC zufolge ist der vorherrschende wissenschaftliche Konsens, dass Schwankungen der Sonnenaktivität, ob kurz- oder langfristig, eine vernachlässigbare Auswirkung auf das Klima der Erde haben. Im Gegensatz dazu wird angenommen, dass die Erwärmung durch den Anstieg der anthropogenen Treibhausgase viel stärker ist als der Einfluss der jüngsten Schwankungen der Sonnenaktivität.

Satelliten beobachten die Energieabgabe der Sonne seit mehr als 40 Jahren und haben Schwankungen von weniger als 0,1 % festgestellt. Auf der Grundlage dieser Daten schätzt der IPCC, dass der Erwärmungseffekt der vom Menschen seit 1750 emittierten Treibhausgase mehr als 270 Mal größer ist als die geringe zusätzliche Erwärmung, die die Sonne selbst im gleichen Zeitraum verursacht hat.

In seinem 6. Sachstandsbericht räumt der IPCC ein, dass die Sonnenaktivität in der zweiten Hälfte des 20. Jahrhunderts diejenige von 90 % der letzten 9.000 Jahre überstieg. Allerdings wird der Anstieg des Strahlungsantriebs vom Maunder-Minimum (1645-1715) bis zur zweiten Hälfte des 20. Jahrhunderts auf nur 0,09-0,35 W/m^2 geschätzt.[288]

Der Einfluss der Sonnenschwankungen auf das Klima wird als so unbedeutend angesehen, dass die Klimamodelle trotz der im Vergleich zum holozänen

---

[288] Forster, P., et al., 2021. Climate Change 2021: The Physical Science Basis. 6th AR IPCC. pp.957-958. doi.org/10.1017/9781009157896.009

Durchschnitt sehr hohen Sonnenaktivität eine Abkühlung in der zweiten Hälfte des 20. Jahrhunderts ergeben, ohne dass es zu einer anthropogenen Erwärmung kommt (Abb. 55, Kap. 35). Dies ist auf die Annahme zurückzuführen, dass der kombinierte Einfluss von drei Vulkanausbrüchen mittlerer Intensität (Agung 1963, El Chichón 1982 und Pinatubo 1991) die Auswirkungen des großen Sonnenmaximums des 20. Jahrhunderts überwiegt.

Indirekte Sonneneffekte werden ignoriert

Die IPCC-Berichte und Klimamodelle berücksichtigen die Auswirkungen kleiner Schwankungen der Gesamtsonneneinstrahlung, wie in Kapitel 2 erörtert. Sie ignorieren jedoch die zwingenden Beweise dafür, dass die Sonne das Klima durch indirekte Mechanismen beeinflusst, die dynamische Veränderungen der atmosphärischen Zirkulation beinhalten. Leider wurden diese indirekten Effekte in den Klimamodellen nicht angemessen berücksichtigt, was dazu führt, dass sie nur begrenzt dargestellt werden.

Hier sind einige bemerkenswerte Beweise für die Existenz eines bedeutenden indirekten Sonneneffekts auf das Klima, der wahrscheinlich nicht auf kleine Änderungen der Oberflächeneinstrahlung zurückzuführen ist:

- Das Signal des Sonnenzyklus auf die globale Temperatur beträgt 0,1 °C. Dieses Signal ist viermal so groß wie die alleinigen Energieänderungen (Kap. 28).
- Die durch den Sonnenzyklus hervorgerufenen Temperaturänderungen zeigen an der Erdoberfläche ein sehr unregelmäßiges Muster, wobei bestimmte Regionen in der Nähe von 60°N einen Temperaturanstieg von mehr als 1 °C erfahren, während andere Regionen eine Abkühlung erleben (Abb. 44a, Kap. 28).
- Das Wärmebudget der tropischen Ozeane zeigt Temperaturschwankungen, die mit dem Sonnenzyklus zusammenhängen und fast zehnmal größer sind als die Schwankungen, die allein durch Änderungen der gesamten Sonneneinstrahlung verursacht werden (Kasten 14, Kap. 17).
- In der Atmosphäre wurden bedeutende dynamische Effekte im Zusammenhang mit dem Sonnenzyklus beobachtet, die verschiedene Phänomene wie die Hadley-Zelle, subtropische Jets, den Polarwirbel, den Jetstream, Winterblockierungen und den Druckgradienten zwischen dem Islandtief und dem Azorenhoch beeinflussen (Kap. 28).
- Die El Niño-Südliche Oszillation, eine wichtige Klimaschwingung, zeigt eine Reaktion auf den Sonnenzyklus, insbesondere in Bezug auf den Zeitpunkt und die Häufigkeit von La-Niña-Ereignissen (Abb. 28 & 29, Kap. 18).
- Die polare Stratosphäre erfährt Temperaturschwankungen von bis zu 10 °C als Folge des Sonnenzyklus. Dieser Effekt ist im Winter besonders ausgeprägt, wenn es keine direkte Sonneneinstrahlung in dieser Region gibt (Abb. B22, Kap. 29).
- Der Sonnenzyklus wirkt sich auf die Rotationsrate der Erde aus, was nicht allein auf kleine Änderungen der gesamten Sonneneinstrahlung zurückzuführen ist (Abb. 47, Kap. 30).

Zahlreiche wissenschaftliche Arbeiten belegen, dass der Einfluss der Sonne auf das Klima in erster Linie atmosphärischer Natur ist. Dieser Effekt kann nicht allein auf kleine Veränderungen der Oberflächenbestrahlungsstärke zurückgeführt werden. Vielmehr deuten die Beweise stark darauf hin, dass die Kopplung zwischen Stratosphäre und Troposphäre die eigentliche Quelle dieses Einflusses ist. Es wird angenommen, dass Veränderungen der solaren UV-Strahlung und ihre Auswirkungen auf die Ozonschicht den komplexen Signalweg in Gang setzen, der in Kapitel 29 ausführlich beschrieben wird.

Klimamodelle können diese Effekte im Allgemeinen nicht richtig wiedergeben, was zum Teil daran liegt, dass sie die stratosphärischen und ozonbedingten Effekte nur unzureichend darstellen. Leider werden die wissenschaftlichen Beweise für diese indirekten Auswirkungen in den IPCC-Berichten ignoriert. Die Schlussfolgerung des IPCC, dass Schwankungen der Sonnenaktivität eine minimale Rolle für das Erdklima spielen, wird durch eine voreingenommene Auswahl von Beweisen beeinflusst. Eine neutralere wissenschaftliche Bewertung würde die Fülle von Beweisen dafür anerkennen, dass die Sonne das Klima über indirekte Wege beeinflusst, die zwar noch schlecht beschrieben sind, aber wichtige Auswirkungen haben könnten.

Eine wichtige Überlegung ist, dass, wenn wir akzeptieren, dass die Sonne einen größeren Einfluss auf das Klima hat, dies eine Verringerung des Einflusses von Treibhausgasen und Aerosolen erfordern würde. Dies bedeutet, dass die Hypothese einer verstärkten CO_2 Wirkung auf das Klima, wie sie derzeit vorgeschlagen wird, fehlerhaft ist und entsprechend überarbeitet werden sollte.

Paläoklima-Beweise zeigen, dass die Sonnenvariabilität ein wichtiger Faktor für den Klimawandel ist

Die IPCC-Berichte stützen sich auf paläoklimatische Proxy-Beweise, um zu behaupten, dass der gegenwärtige Klimawandel höchst ungewöhnlich ist und dass die gegenwärtigen Temperaturen höchstwahrscheinlich die höchsten seit geraumer Zeit sind. Bei der Untersuchung der paläoklimatischen Folgen vergangener Schwankungen der Sonnenaktivität halten die IPCC-Berichte die Proxy-Beweise jedoch für nicht schlüssig.

Die Beweise sind alles andere als unschlüssig. In den letzten 11.700 Jahren gab es vier verschiedene 200-jährige Perioden mit der geringsten Sonnenaktivität. Sie sind als solare Tiefststände vom Spörer-Typ bekannt. Obwohl diese Perioden weniger als 7 % des Holozäns ausmachen, fallen sie mit vier seiner bemerkenswertesten abrupten Klimaereignisse zusammen. Diese Ereignisse waren durch eine erhebliche Abkühlung und große Verschiebungen in den Niederschlagsmustern gekennzeichnet (Kap. 23). Wenn die verringerte Sonnenaktivität während dieser Perioden eine Rolle bei den außergewöhnlichen klimatischen Bedingungen gespielt hat, können wir die Möglichkeit nicht ausschließen, dass die hohe Sonnenaktivität, die in der zweiten Hälfte des 20. Jahrhunderts beobachtet wurde, einen Einfluss auf den beobachteten Erwärmungstrend seit 1976 hat.

Paläoklimaforscher erkennen offen einen bedeutenden solaren Einfluss auf das Klima an, ein Standpunkt, der in den IPCC-Berichten nicht angemessen berücksichtigt wird. Wir wollen einige ihrer Ansichten zitieren, um diesen Punkt zu unterstreichen.

„Angesichts dieser Ergebnisse fordern wir eine eingehende multidisziplinäre Bewertung des Potenzials der solaren Modulation des Klimas auf hundertjährigen Skalen."[289]

„Auf einer hundertjährigen Skala fielen die aufeinanderfolgenden klimatischen Ereignisse, die das gesamte Holozän im zentralen Mittelmeerraum unterbrachen, mit Abkühlungsereignissen zusammen, die mit deglazialen Ausbrüchen im nordatlantischen Raum und einer Abnahme der Sonnenaktivität während des Zeitraums von 11700 bis 7000 cal BP verbunden waren, und mit einer möglichen Kombination aus NAO-artiger Zirkulation und solarem Antrieb seit etwa 7000 cal BP. ab 7000 cal BP."[290]

„Unsere Ergebnisse deuten darauf hin, dass geringe Schwankungen der Sonneneinstrahlung zu ausgeprägten zyklischen Veränderungen in den nördlichen Gebieten der hohen Breiten geführt haben. Sie liefern auch Beweise dafür, dass sich das Klima im Holozän in den subpolaren Regionen des Nordatlantiks und des Nordpazifiks in einem ähnlichen Ausmaß verändert hat, möglicherweise aufgrund von Verbindungen zwischen Sonne, Ozean und Klima."[291]

Die Überzeugung, dass die paläoklimatischen Beweise den signifikanten Einfluss von Sonnenschwankungen auf den Klimawandel auf hundertjährigen Zeitskalen stark unterstützen, ist in der Fachwelt weit verbreitet. In den drei oben zitierten einflussreichen Arbeiten ist das Fachwissen von 50 Autoren vertreten, die auf dem Gebiet der Paläoklimatologie hoch angesehen sind. Von den 28 Arbeiten, die Proxy-Beweise für den in Kapitel 23 besprochenen 2.500-jährigen Klimazyklus präsentieren, führen 16 ausdrücklich Veränderungen des solaren Antriebs als wahrscheinliche Ursache an, während nur eine Studie diese Möglichkeit ablehnt.[292]

Der IPCC praktiziert eine gegen die Sonne gerichtete Auswahl von Beweisen, indem er diese paläoklimatischen Beweise und Expertenmeinungen nicht in seine Berichte aufnimmt.

Die Kleine Eiszeit lässt sich nur durch einen großen Sonneneffekt erklären

Die in den letzten 2000 Jahren beobachteten Klimamuster stehen im Einklang mit einem Jahrtausendzyklus der Sonnenaktivität (Abb. B21, Kap. 23). Der Beginn der Kleinen Eiszeit kann nicht auf Veränderungen der Treibhausgas-Konzentrationen zurückgeführt werden, da der CO_2-Gehalt zwischen 1100 und 1500 n. Chr., als der größte Teil der Abkühlung stattfand, unverändert blieb. Auch Vulkanausbrüche können die Kleine Eiszeit nicht erklären, da es dreihundert Jahre lang, von 1460 bis 1765, keine nennenswerten Vulkanausbrüche gab. Ohne die Anerkennung des großen Einflusses der geringen Sonnenaktivität bleiben die Ursachen der Kleinen Eiszeit unerklärt.

---

[289] Rohling, E.J., et al., 2002. Clim. Dynam. 18 (7), pp.587-593.
doi.org/10.1007/s00382-001-0194-8
[290] Magny, M., et al., 2013. Clim. Past, 9 (5), pp.2043-2071.
doi.org/10.5194/cp-9-2043-2013
[291] Hu, F.S., et al., 2003. Science, 301 (5641), pp.1890-1893.
doi.org/10.1126/science.1088568
[292] Vinós, J., 2022. Climate of the past, present and future. A scientific debate. Critical Science Press. pp. 67-88.

Der Beweis, der dieses Problem der Erklärbarkeit hervorhebt, stammt aus der Anwendung von Techniken zur Kausalidentifizierung innerhalb der Systemtheorie. Diese Techniken ermöglichen einen Vergleich zwischen einer erzwungenen Identifizierung, bei der vom IPCC festgelegte Antriebsfaktoren verwendet werden, und einer freien Identifizierung, bei der keine spezifischen Antriebsfaktoren angenommen werden. Diese Analyse zeigt, dass die Sonnenaktivität wesentlich zur Erklärung sowohl der mittelalterlichen Warmzeit als auch der kleinen Eiszeit beiträgt. Folglich wird die IPCC-Hypothese einer geringen Empfindlichkeit des Klimas gegenüber der Sonnenaktivität widerlegt.[293]

Vier Gründe für die Suche nach einer besseren Hypothese zum Klimawandel

In den letzten vier Kapiteln haben wir die wichtigsten Schwächen der Hypothese des verstärkten CO_2 Effekts für den Klimawandel gründlich untersucht, die sie letztlich zu einer unbefriedigenden Erklärung machen.

1. Die Hypothese überbetont Veränderungen des CO_2 als treibende Kraft des Klimawandels und versäumt es daher, zahlreiche Beispiele für Klimaschwankungen in der Vergangenheit zu erklären, die unabhängig von CO_2 Schwankungen auftraten. Diese Einschränkung verringert die Erklärungskraft der Hypothese erheblich und beschränkt sie darauf, nur den jüngsten Erwärmungstrend zu erklären, der seit 1976 beobachtet wurde.
2. Die Hypothese des verstärkten CO_2-Effekts trägt ebenfalls zur Verwirrung in Bezug auf die interne Klimavariabilität bei, da sie deren Bedeutung vernachlässigt und sie als stochastischen Prozess mit zufälligem Verlauf darstellt. Dieser Ansatz verkennt jedoch das Vorhandensein von mehrdekadischen Trends, die als Klimaregime bekannt sind, und die synchronisierten Phasenwechsel über die Hemisphären hinweg. Diese Beobachtungen deuten darauf hin, dass die regionalen Modi der Variabilität auf eine zugrunde liegende globale Ursache zurückzuführen sind. Darüber hinaus ignoriert die Hypothese bequemerweise die Klimaverschiebung von 1997, die ihren Prämissen widerspricht, während sie einigen ihrer Auswirkungen selektiv andere Erklärungen zuschreibt.
3. Ein weiterer bemerkenswerter Mangel der Hypothese des verstärkten CO_2-Effekts besteht darin, dass sie die entscheidende Rolle der Veränderungen im polwärts gerichteten Wärmetransport bei der Erklärung der Erwärmung der Arktis und der Beeinflussung der multidekadischen ozeanischen Oszillationen auf globaler Ebene ignoriert. Diese Veränderungen im Wärmetransport haben die Klimatrends verändert und zu einem ausgeprägten Erwärmungstrend in der Arktis beigetragen, ähnlich wie in den 1920er Jahren. Während die Hypothese die Erwärmung der Arktis ausschließlich auf die arktische Verstärkung durch positive Rückkopplungsfaktoren zurückführt, gibt es zwingende Beweise dafür, dass der erhebliche Anstieg des Wärmetransports in die Arktis seit 1997 und nicht die Rückkopplungsfaktoren allein die Hauptursache für dieses Erwärmungsphänomen sind.

---

[293] de Larminat, P., 2016. Annu. Rev. Control, 42, pp.114-125. doi.org/10.1016/j.arcontrol.2016.09.018

4. Die Hypothese übersieht in eklatanter Weise die erheblichen Beweise dafür, dass Sonnenschwankungen einen erheblichen Einfluss auf das Klima ausüben, der weit über das hinausgeht, was allein aufgrund der Energie zu erwarten wäre. Dieser Einfluss ist nicht darauf zurückzuführen, dass das Klima übermäßig empfindlich auf solche Veränderungen reagiert, sondern darauf, dass die Sonnenvariabilität durch einen indirekten und nichtlinearen Mechanismus innerhalb der Atmosphäre wirkt. Obwohl die Einzelheiten dieses Mechanismus noch nicht vollständig geklärt sind, gibt es zahlreiche Belege für seine Existenz, darunter auch Veränderungen der Erdrotationsrate.

Bedauerlicherweise favorisieren die IPCC-Berichte eindeutig die Hypothese des verstärkten CO_2-Effekts für den Klimawandel, wobei sie selektiv Beweise weglassen, die dieser Hypothese widersprechen, während sie Zweifel und Unsicherheiten in Bezug auf ihre Hauptaussagen in unangemessener Weise herunterspielen.

Zusammengefasst

Die Bewertung des solaren Einflusses auf das Klima kommt in den IPCC-Berichten zu kurz, weil wichtige indirekte Effekte nicht ausreichend berücksichtigt werden und wichtige paläoklimatische Beweise für einen starken solaren Einfluss ignoriert werden. Leider sind die Klimamodelle für das Verständnis dieser indirekten Mechanismen wenig hilfreich, da sie nur begrenzte Kenntnisse über die damit verbundenen Pfade und Mängel bei der Darstellung der Stratosphäre aufweisen. Darüber hinaus hat die Hypothese des verstärkten CO_2 Effekts Schwierigkeiten, die Vielzahl von Klimaverschiebungen zu erklären, die unabhängig von erheblichen CO_2 Schwankungen aufgetreten sind. Sie verkennt die Existenz verschiedener Klimaregime und -verschiebungen, die die Temperaturtrends beeinflussen, die eng mit Veränderungen des polwärts gerichteten Wärmetransports verbunden sind und die Phasen der internen Klimaschwankungen definieren. Insbesondere stellt die Hypothese die jüngste Erwärmung der Arktis fälschlicherweise so dar, als sei sie ausschließlich auf eine rückkopplungsbedingte Verstärkung der Arktis zurückzuführen, anstatt sie als ein mit dem Transport zusammenhängendes Phänomen anzuerkennen, was durch umfangreiche Beweise belegt ist.

Indem das Klima durch eine starke Rückkopplung übermäßig empfindlich auf eine Erwärmung oder Abkühlung durch eine beliebige Ursache reagiert, gelingt es der Hypothese des verstärkten CO_2-Effekts, Veränderungen des CO_2 trotz seiner geringen direkten Wirkung ohne Rückkopplung zum Hauptfaktor des Klimawandels zu machen. Dies setzt voraus, dass natürliche Ursachen eine geringe Auswirkung auf die Temperaturen haben; andernfalls wäre die Rückkopplungsreaktion auf sie ebenfalls sehr groß. Daher kann diese Hypothese viele Klimaänderungen in der Vergangenheit nicht erklären, die ohne signifikante Änderungen des CO2-Gehalts auftraten.

Die Hypothese des verstärkten CO_2-Effekts behandelt die interne Klimavariabilität als Ergebnis zufälliger stochastischer Prozesse und verkennt die Existenz multidekadischer Klimaregime mit synchronisierten Phasenwechseln über die Hemisphären hinweg. Die Hypothese ignoriert die Klimaverschiebung von 1997, die ihren Prämissen widerspricht, und führt ihre Auswirkungen fälschlicherweise auf andere Erklärungen zurück.

Diese Hypothese ignoriert die entscheidende Rolle von Veränderungen der globalen atmosphärischen Zirkulation und des polwärts gerichteten Wärmetransports bei der Erklärung der Erwärmung der Arktis und der Beeinflussung der multidekadischen ozeanischen Oszillationen im globalen Maßstab. Sie lehnt die Rolle von Veränderungen im Wärmetransport als Ursache des globalen Klimawandels auf der Grundlage unbewiesener Annahmen ab.

Diese Hypothese übersieht in eklatanter Weise die erheblichen Beweise dafür, dass Sonnenschwankungen einen erheblichen Einfluss auf das Klima ausüben, der weit über das hinausgeht, was allein aufgrund der Energie zu erwarten wäre. Dieser Einfluss ist nicht darauf zurückzuführen, dass das Klima übermäßig empfindlich auf solche Veränderungen reagiert, sondern darauf, dass die Sonnenvariabilität über einen indirekten und nicht linearen Mechanismus in der Atmosphäre wirkt.

Die vorherrschende Hypothese erklärt eine grundlegende Eigenschaft des Klimas, den polwärts gerichteten Wärmetransport, nicht angemessen. Es besteht ein Bedarf an neuen Hypothesen, die dies tun.

Abschnitt 11. Die Winterpförtner-Hypothese

KAPITEL 39
EIN WINDUMSCHLOSSENES EISREICH

Jeden Winter bildet sich in der Atmosphäre um die Polarregionen ein Polarwirbel, der eine extrem kalte Region schafft, in der Wärme aus niedrigeren Breiten transportiert werden muss. Innerhalb des Wirbels wird die Atmosphäre für Infrarotstrahlung sehr transparent. Die Winde, die den Polarwirbel bilden, sind außergewöhnlich stark und wirken wie eine Barriere, die den Wärmetransport stark einschränkt. Die Stärke des Wirbels bestimmt die Wärmemenge, die im Winter in die Arktis transportiert wird, und damit auch die Wärmemenge, die dem Klimasystem durch die ausgehende langwellige Strahlung verloren geht. Wissenschaftliche Belege zeigen, dass der Polarwirbel zwischen 1976 und 1997 stärker war, gekennzeichnet durch schnellere kreisende Winde, was zu einer winterlichen Abkühlung in der Arktis führte. Seit 1997 hat sich der Wirbel jedoch abgeschwächt, was zu einer beschleunigten Wintererwärmung in der Arktis im Vergleich zum Rest des Planeten führte.

Die Arktis im Winter

Wenn der Winter in der Arktis naht, nimmt die Tageslichtdauer rapide ab, und die Temperaturen sinken. Die kältere Luft führt dazu, dass die Feuchtigkeit in der Atmosphäre kondensiert. Aufgrund der Erdrotation neigen die Winde in der Nähe der Pole dazu, in einem zyklonalen Muster zu zirkulieren (auf der Nordhalbkugel gegen den Uhrzeigersinn). Diese Zirkulation wird durch den Transport von Drehimpulsen durch die Atmosphäre angetrieben (Kasten 6, Kap. 9). Infolgedessen wehen die Winde in der gleichen Richtung wie die Erdrotation, wenn sie sich näher am Pol befinden. Im Spätherbst verstärkt sich der Temperaturunterschied zwischen den Tropen und der Arktis, wodurch die Westwinde (von West nach Ost) beschleunigt werden. Dieser Prozess führt zur Bildung des Polarwirbels.

Polarwirbel sind ein natürliches Phänomen auf allen rotierenden Planeten mit einer Atmosphäre. Auf der Erde treten im Winter zwei Polarwirbel auf, einer in der Troposphäre und einer in der Stratosphäre, wie in Kasten 7 (Kap. 11) erläutert. Der troposphärische Wirbel wird durch Veränderungen im stratosphärischen Wirbel beeinflusst, was auf ihre Kopplung hinweist.

Beim Übergang vom Herbst zum Winter kühlt die Arktis allmählich ab. Infolgedessen gefriert die Oberfläche und setzt latente Wärme frei, die seit dem vorangegangenen Tauwetter im Frühjahr im Wasser gespeichert wurde. Diese Wärme geht nun jedoch durch einen Prozess namens Strahlungskühlung in den Weltraum verloren. Die Infrarotstrahlung setzt sich in der polaren Dunkelheit fort, unterstützt durch die Trockenheit der Atmosphäre.

Aufgrund des Mangels an Wasserdampf in der Luft bleibt der polare Nachthimmel den ganzen Winter über meist klar. Wolken und Schneefall treten in der Regel auf, wenn Stürme aus niedrigeren Breitengraden die Polarregionen erreichen. Der klare Himmel wird jedoch durch zwei Schlüsselfaktoren schnell wiederhergestellt: thermische Inversionen, die bewirken, dass sich die Oberfläche stärker abkühlt als die darüber liegende Luft, und starke Strahlungskälte von den Wolkenoberseiten.

Im Winter ähneln die Polarregionen einem Reich von einem anderen Planeten. Die Atmosphäre ist für Infrarotstrahlung so transparent wie an keinem anderen Ort auf der Erde in den letzten 540 Millionen Jahren. Das Verständnis der außergewöhnlichen Bedingungen in diesen Regionen ist entscheidend für das Verständnis des Klimawandels auf unserem Planeten. Im Winter erhält die Arktis kein Sonnenlicht und die Atmosphäre enthält nur minimale Mengen an Wasserdampf, was zu einem stark verminderten Treibhauseffekt führt. Infolgedessen kommt es zu einer ausgeprägten Abkühlung durch Strahlung, wodurch die Wärme abgeführt wird. Die Hauptwärmequelle befindet sich in niedrigeren Breitengraden, aber um transportiert zu werden, muss sie den Polarwirbelwind durchqueren.

Eine Windbarriere begrenzt den Wärmetransport

Abbildung 59, die einer kürzlich durchgeführten Studie über die Korrelation zwischen Sonnenaktivität und atmosphärischer Zirkulation über den stratosphärischen Polarwirbel entnommen wurde, zeigt zwei miteinander verbundene Aspekte dieses Phänomens.[294] Abbildung 59a zeigt die starken Winde, die die Wände des Wirbels bilden. Diese Winde können anhaltende Geschwindigkeiten von 160 km/h erreichen und bilden eine gewaltige Barriere, die die polwärts gerichtete Zirkulation einschränkt, die für den Transport von Wärme und Feuchtigkeit verantwortlich ist. Negative Geschwindigkeiten deuten auf östliche Winde hin.

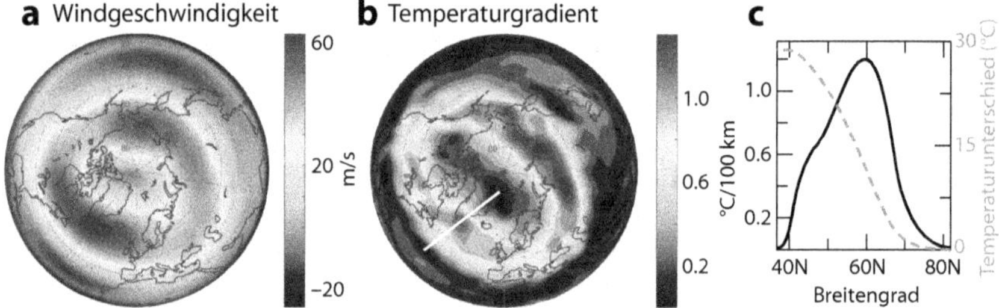

Abbildung 59. Der Polarwirbel. a) Stratosphärische Windgeschwindigkeit im Januar 2005. Positive Windgeschwindigkeiten entsprechen Westwinden (von Westen nach Osten). b) Temperaturgradient in der Stratosphäre im Januar 2005. c) Temperaturgradient (schwarze Linie) und Temperaturdifferenz (gestrichelte graue Linie) entsprechend dem weißen Transekt in b).

Der Barriereeffekt wird in Abbildung 59b deutlich, wo der Temperaturgradient höher ist als irgendwo sonst auf der Hemisphäre. Dieser Gradient trennt die extrem kalte Luft innerhalb des Wirbels abrupt von der viel wärmeren Luft außerhalb. Die Windwand des Wirbels wirkt wie eine gewaltige Barriere, die den Eintritt wärmerer Luft in die Polarregionen blockiert.

In Abbildung 59c sind die Werte des in Abbildung 59b gezeigten weißen Transekts grafisch dargestellt. Die Grafik zeigt den ausgeprägten Temperaturgradienten (schwarze Linie), der bei 60°N seinen Höhepunkt erreicht. Dieser

---

[294] Wiedergegeben aus Veretenenko, S., 2022. Atmosphere, 13 (7), p.1132.
doi.org/10.3390/atmos13071132

Temperaturgradient hält einen Temperaturunterschied von 30 °C zwischen den beiden Seiten des Wirbels aufrecht (gestrichelte graue Linie).

Die Bedeutung des Polarwirbels wird deutlich, wenn wir die Folgen seiner Abschwächung betrachten. In solchen Fällen gelangt warme Luft aus niedrigeren Breiten in die arktische Region und steigt über die kalte Polarluft auf. Diese Verschiebung führt dazu, dass erhebliche Mengen kalter Luft aus der Arktis in die mittleren Breiten der Nordhalbkugel verdrängt werden. Infolgedessen kommt es in diesen Regionen zu ungewöhnlich kalten Wintern. Dieses Phänomen ist in den ersten beiden Jahrzehnten des 21. Jahrhunderts immer häufiger aufgetreten.

Doch um den Klimawandel vollständig zu verstehen, sollten wir den Polarwirbel auch aus der entgegengesetzten Perspektive betrachten - wie sich seine Veränderungen auf die Bedingungen innerhalb des Wirbels auswirken. Im Winter fehlt der Arktis eine Wärmequelle und sie ist auf die Wärme angewiesen, die durch die Atmosphäre von außerhalb des Polarwirbels transportiert wird. Dies ist vor allem auf den begrenzten Beitrag des Ozeans zum winterlichen Energiebudget der Arktis zurückzuführen (Kap. 10 & 16). Sobald der größte Teil des Ozeans von Meereis bedeckt ist, ist seine Fähigkeit, Wärme an die Atmosphäre abzugeben, stark eingeschränkt. Da die Arktis mehr Wärme aus den mittleren Breiten erhält als die Antarktis, wird sie zu der Region auf unserem Planeten mit dem höchsten Nettoenergieverlust. In diesem Buch haben wir sie als die größte Wärmesenke im Weltraum bezeichnet.

Die Arktis erwärmt sich in Wintern mit einem geschwächten Polarwirbel aufgrund des verstärkten Wärmezuflusses stärker. Infolgedessen strahlt sie mehr Infrarotenergie in den Weltraum ab, was zu einem größeren Energieverlust im Klimasystem führt. Dieser Effekt ist unvermeidlich und kann nicht an anderer Stelle kompensiert werden, da der Treibhauseffekt in der Arktis im Winter deutlich schwächer ist als in anderen Regionen. Da der schwächere Treibhauseffekt die Wirksamkeit der infraroten Strahlungskühlung erhöht, führt der Transport von mehr Wärme in die Arktis im Winter zwangsläufig zu einer stärkeren Verringerung des Energiegehalts des Klimasystems.

Der Wärmetransport in die Arktis während des Winters spielt eine entscheidende Rolle bei der Dynamik des Klimawandels, wobei der Polarwirbel eine gewaltige Barriere für diesen Wärmetransfer darstellt. Es ist jedoch wichtig zu wissen, dass die Stärke dieser Windwand von Winter zu Winter variiert, ähnlich wie ein Tor, das mehr geöffnet oder geschlossen sein kann.

Stratosphärischer und troposphärischer Wärmetransport

Im Winter wird die Wärme über die Stratosphäre und die Troposphäre in die Arktis transportiert. Die Kapitel 13-16 geben einen umfassenden Überblick über den polwärts gerichteten Transport in beiden Schichten. Insbesondere die Stratosphäre trägt im Winter 20 % zum atmosphärischen polwärts gerichteten Wärmetransport über 70°N bei.[295] Der größte Teil dieser Wärme geht jedoch als langwellige Abstrahlung verloren. Ebenso geht ein erheblicher Teil der von der Troposphäre transportierten Wärme durch denselben Mechanismus verloren, was auf die negative Energiebilanz der Arktis im Winter zurückzuführen ist.

---

[295] Cardinale, C.J., et al., 2021. J. Clim. 34 (11), pp.4261-4278.
   doi.org/10.1175/JCLI-D-20-0722.1

Abbildung 60 zeigt, wie die Wärme im Winter durch die beiden Schichten der Atmosphäre in die Arktis transportiert wird. Diese Transporte in der Stratosphäre und Troposphäre werden zwar von verschiedenen Faktoren unterschiedlich beeinflusst, sind aber nicht völlig unabhängig. Die Aufwärtskopplung erfolgt an der tropischen Tropopause, wo der größte Teil der Stratosphärenluft aus der Aufwärtsbewegung der Brewer-Dobson-Zirkulation stammt. Darüber hinaus spielen planetarische Wellen (Kasten 10, Kap. 14) eine Rolle beim Antrieb der Brewer-Dobson-Zirkulation, schwächen den Polarwirbel und tragen zu einer zusätzlichen Aufwärtskopplung bei. Andererseits führen Veränderungen im Polarwirbel zu einer Abwärtskopplung.

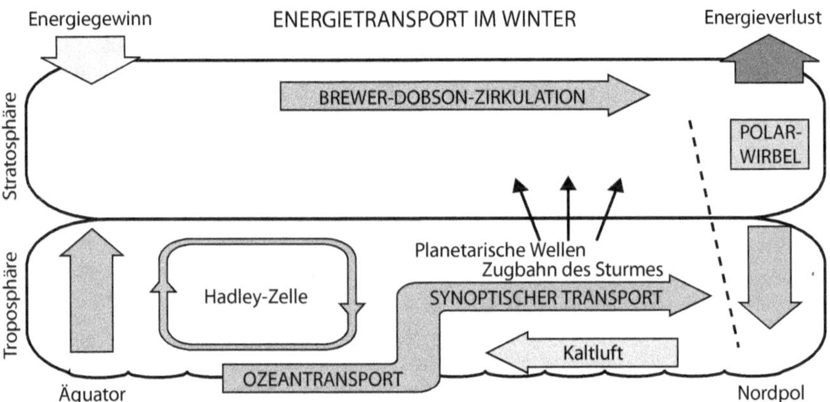

Abbildung 60. Schematische Darstellung des meridionalen Transports im Winter (I). Der größte Nettoenergiegewinn des Systems findet in den Tropen statt, während der größte Nettoenergieverlust im Winter in den Polarregionen auftritt. Die mittelgrauen Pfeile stellen den Wärmetransport zwischen diesen beiden Zonen dar.

Ein großer Teil der von den tropischen Ozeanen transportierten Wärme wird in die Atmosphäre jenseits der Hadley-Zelle übertragen. Von diesem Breitengrad aus spielen großräumige (synoptische) meteorologische Systeme eine entscheidende Rolle für den polwärts gerichteten Wärmetransport durch Sturmzüge.

Meridionaler Wärmetransport ist mit der Stärke des Polarwirbels verknüpft

Das Verständnis des komplexen Prozesses, wie sich die Wärme von den Tropen zu den Polen bewegt, ist eine anspruchsvolle Aufgabe. Er umfasst viele Variablen, was erklärt, warum unser wissenschaftliches Verständnis dieses wichtigen Aspekts des Klimasystems so gering ist. Eines ist jedoch klar: Damit die Wärme im Winter in die Arktis gelangen kann, muss der größte Teil der Wärme die durch den Wirbel gebildete Barriere überwinden.

Die Stärke des Wirbels variiert von Winter zu Winter. In manchen Wintern schwächen sich die zonalen Winde, die für die Aufrechterhaltung des Wirbels verantwortlich sind, ab, so dass der Jetstream mäandert. Diese Mäandrierung ermöglicht einen stärkeren Zustrom warmer Luft in die Arktis, wodurch mehr kalte Luft freigesetzt wird. Das Ergebnis ist ein strenger Winter auf den nördlichen Kontinenten der mittleren Breiten. Wie andere Aspekte des Wärmetransports zeigt auch die Stärke des Polarwirbels langfristige Trends, die sich über

Jahrzehnte erstrecken. Diese Trends in der Wirbelstärke spielen eine entscheidende Rolle für die zeitliche Entwicklung der arktischen Wintertemperaturen.

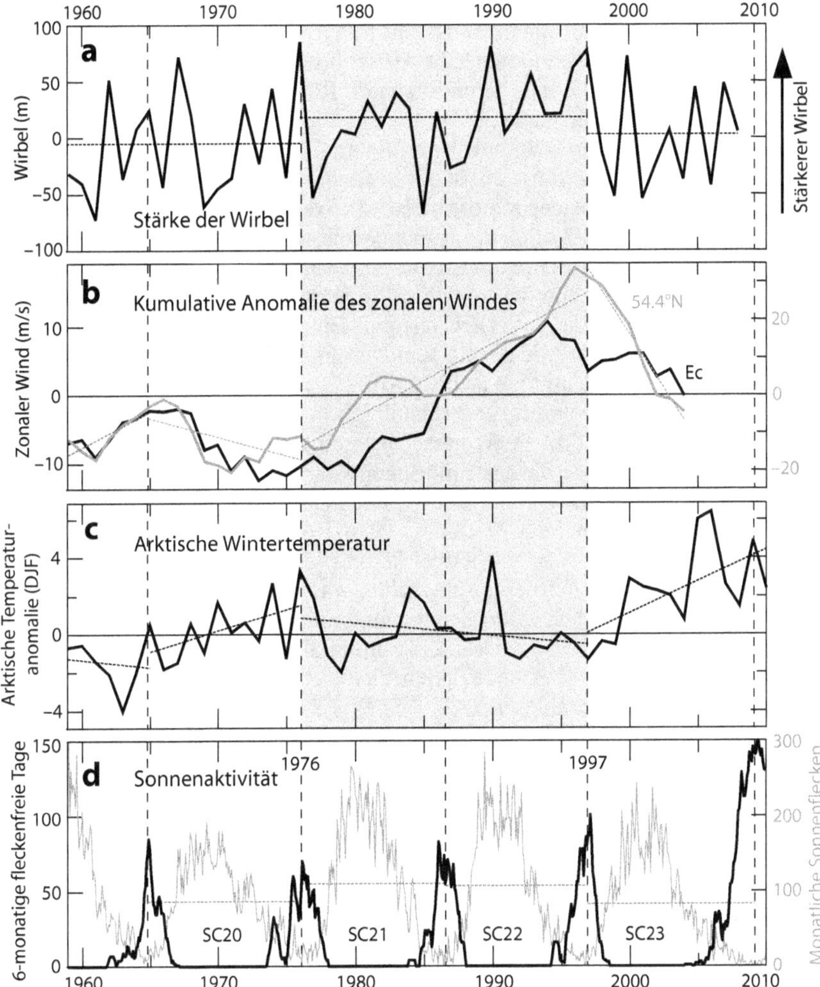

Abbildung 61. Polarwirbel, zonaler Wind, arktische Temperatur und Sonnenzyklus. Die vertikalen gestrichelten Linien entsprechen den Minima des Sonnenzyklus. Der graue Bereich entspricht dem Klimaregime 1976-1997 mit geringem Transport. Die gepunkteten Linien entsprechen den linearen Trends bzw. den Mittelwerten der verschiedenen betrachteten Zeiträume, wenn sie horizontal verlaufen.

Abbildung 61a gibt Aufschluss über die Stärke des Winterwirbels im Jahresverlauf. Das Schaubild zeigt eine klare zweijährliche Veränderung des Musters, auf den der Autor der Studie hinweist.[296] Sie zeigt auch einen Zeitraum zwischen 1976 und 1997, in dem der Wirbel eine höhere durchschnittliche

---

[296] Daten aus der NCEP-Reanalyse in Christiansen, B., 2010. J. Clim. 23 (14), pp.3953-3966. doi.org/10.1175/2010JCLI3495.1

Stärke aufwies, was durch die gestrichelten Linien im Diagramm angezeigt wird. Folglich traten in diesem Zeitraum Winter mit schwachen Wirbeln seltener auf. Seit 1997 ist jedoch eine durchschnittliche Abschwächung des Wirbels zu beobachten, was zu einem Wiederauftreten von Wintern mit schwachen Wirbeln führt. Dieses Phänomen gibt Aufschluss über die Zunahme der Häufigkeit kalter Winter, die den Klimaforschern Rätsel aufgibt, da die Klimamodelle das Gegenteil vorhersagen.[297]

Der Polarwirbel war während des Klimaregimes 1976-1997 stärker (Abb. 61, graue Fläche). Dies wurde auf stärkere zonale Winde zurückgeführt, die auf eine geringere Aktivität der atmosphärischen Wellen hinwiesen. Insbesondere zwischen 1976 und 1997 blieb die zonale Windgeschwindigkeit in den meisten Wintern durchweg über dem Durchschnitt. Dieser Trend wird durch den kumulativen Wert der Anomalie der zonalen Windgeschwindigkeit veranschaulicht, der in diesen Jahren kontinuierlich anstieg. Eine deutliche Verschiebung trat jedoch nach 1997 ein, als die zonale Windgeschwindigkeit in den meisten Wintern unter dem Durchschnitt lag (Abb. 61b).[298]

Wenn der Polarwirbel aufgrund schnellerer Winde stärker ist, führt dies zu einer Abkühlung der Arktis im Winter. Dies geschieht, weil der verstärkte Wirbel eine größere Barriere für das Eindringen von Wärme in die arktische Region schafft. Infolgedessen nahm die Anomalie der Oberflächentemperatur in der Region 80-90°N während des Zeitraums 1976-1997 ab, der durch den stärksten Wirbel gekennzeichnet war. Nach 1997 kam es jedoch zu einer deutlichen Verschiebung, als sich der Wirbel abschwächte, was zu einem starken Anstieg der Anomalie der winterlichen Oberflächentemperatur führte (Abb. 61c).[299]

Die Jahre 1976 und 1997 wiesen eine minimale Sonnenaktivität auf, die als Trennung zwischen zwei Sonnenzyklen diente. Dies lässt sich an der Anzahl der fleckenfreien Tage ablesen (Abb. 61d). Es ist erwähnenswert, dass das Klimaregime mit hohem Transportaufkommen von 1976 bis 1997 eine höhere durchschnittliche Sonnenaktivität aufwies als der darauf folgende Zeitraum nach 1997.[300]

Auswirkungen von Veränderungen im winterlichen polwärts gerichteten Wärmetransport auf das Energiegleichgewicht der Erde

In diesem Buch wird eine Hypothese zum Klimawandel vorgestellt, die sich auf die Auswirkungen von Schwankungen der Wärmemenge konzentriert, die die Arktis im Winter erreicht. Die Winterbedingungen unterscheiden die Pole vom Rest des Planeten, weil sie einen einfacheren Weg für die Wärme bieten, durch die ausgehende langwellige Strahlung in den Weltraum zu entkommen. Obwohl es sich um extrem kalte Regionen handelt, kommt es dort zu erheblichen Energieverlusten, da die Infrarotstrahlung proportional zur absoluten

---

[297] Cohen, J., et al., 2020. Nat. Clim. Change, 10 (1), pp.20-29.
doi.org/10.1038/s41558-019-0662-y
[298] Lu, H., et al., 2008. J. Geophys. Res. Atmos. 113, D10114.
doi.org/10.1029/2007JD009647
[299] Daten vom Dänischen Meteorologischen Institut.
ocean.dmi.dk/arctic/meant80n_anomaly.uk.php
[300] Daten von SILSO. www.sidc.be/SILSO/home

Temperatur (Kelvin) ist. Die durchschnittliche Oberflächentemperatur der Erde auf der Kelvin-Skala beträgt 287,65 K (14,5 °C), während die Arktis eine durchschnittliche Wintertemperatur von 243,15 K (-30 °C) aufweist, also nur 15 % weniger. Einige Wissenschaftler sind besorgt über die Verdoppelung des CO_2 in der Atmosphäre, da CO_2 zu 19 % zum Treibhauseffekt beiträgt (Tabelle 1, Kap. 7). Die direkte Auswirkung dieses Anstiegs allein würde jedoch nur zu einem geringen Anstieg des gesamten Treibhauseffekts führen, da die Wirkung des erhöhten CO_2 logarithmisch mit seiner Konzentration abnimmt. Andererseits ist der Treibhauseffekt in der Arktis im Winter weniger als halb so groß wie im globalen Durchschnitt, da nur wenig Wasserdampf und folglich weniger Wolken vorhanden sind.

Die Zu- oder Abnahme der Wärme, die im Winter in die Arktis transportiert wird, wirkt sich direkt auf die vom Klimasystem nach außen abgestrahlte Energiemenge aus. Wenn mehr Wärme transportiert wird, geht mehr Energie verloren. Umgekehrt wird mehr Energie bewahrt, wenn weniger Wärme transportiert wird. Dieses Phänomen bildet die Grundlage für die neue Hypothese, die so genannte „Winterpförtner-Hypothese". Die Hypothese berücksichtigt die Variabilität des Wärmetransports in die Polarregionen. Der größte Teil dieses Transports muss durch eine Barriere, den Polarwirbel, hindurch. Mehrere „Pförtner" beeinflussen die Wärmemenge, die diese Barriere passiert, wobei sie oft in entgegengesetzter Richtung wirken. Die Hypothese wurde ursprünglich aufgrund von Hinweisen darauf entwickelt, dass Veränderungen in der Wärmemenge, die in die Arktis transportiert wird, an einigen unerklärlichen Merkmalen des Klimawandels beteiligt sind. Bald wurde klar, dass dieser Weg von mehreren kausalen Faktoren geteilt wird, vor allem von Veränderungen der Sonnenaktivität.

Da der Wärmetransport von den Tropen zu den Polen einer der komplexesten und am wenigsten verstandenen Aspekte des Erdklimas ist, wird es mehrere Kapitel brauchen, um diese Hypothese im Detail zu erklären. Die wissenschaftlichen Informationen, die zum Verständnis der Komplexität dieser Hypothese erforderlich sind, wurden in den vorangegangenen Kapiteln geliefert.

Ein großes Manko der derzeitigen Theorien zum Klimawandel ist, dass sie die große Heterogenität des Treibhauseffekts auf unserem Planeten übersehen. Diese Variabilität ergibt sich aus Veränderungen der Konzentration des primären Treibhausgases Wasserdampf, die in der unteren Troposphäre zwischen den winterlichen Polarregionen und den Tropen zwischen null und drei Prozent liegt. Aufgrund dieser erheblichen Schwankungen des Treibhauseffekts sorgt der Transport unterschiedlicher Wärmemengen von den Tropen zu den Polen nicht für Klimaneutralität. Stattdessen dient er als übersehene Triebkraft des Klimawandels, indem er den Strahlungsfluss an der Oberseite der Atmosphäre verändert. Folglich führen Veränderungen im Wärmetransport zu Veränderungen im Energiegleichgewicht der Erde, was letztlich zum Klimawandel führt.

Wie wichtig ist dieser Antriebseffekt? Die paläoklimatischen Belege, die in den Kapiteln 44 und 45 untersucht wurden, deuten darauf hin, dass er sehr wichtig ist und wahrscheinlich die Haupttriebkraft des Klimawandels darstellt. Um eine einfache Analogie zu verwenden: Die Erhöhung der CO_2-Werte könnte so sein, als würde man in einem Haus doppelt verglaste Fenster einbauen, während eine Veränderung des Wärmetransports in die Polarregionen so wäre, als würde man im Winter ein Fenster immer offen oder geschlossen halten.

Bevor die Gasheizung im Haus durch eine elektrische Wärmepumpe ersetzt wird, wäre es eine gute Idee, dieses Fenster zu überprüfen.

Zusammengefasst

Im Winter weisen die Polarregionen einzigartige Eigenschaften auf, insbesondere im Hinblick auf ihren schwachen Treibhauseffekt. Die Wärme wird von niedrigeren Breitengraden in diese Regionen transportiert, wo sie effizient in den Weltraum abgestrahlt wird. Die Bildung des Polarwirbels stellt jedoch eine bedeutende Barriere dar, die den Wärmeverlust aus dem Klimasystem einschränkt. Folglich spielt der Polarwirbel eine entscheidende Rolle bei der Regulierung des Klimawandels. Wissenschaftliche Erkenntnisse deuten darauf hin, dass verschiedene Klimaregime, wie z. B. die Periode von 1976 bis 1997, durch unterschiedliche Stärken des Polarwirbels gekennzeichnet sind, die dem Grad des Wärmetransports zu den Polen entsprechen, der jedes Regime bestimmt.

Die Winterpförtner-Hypothese des Klimawandels beruht auf der Erkenntnis, dass der variable winterliche Wärmetransport in die Polarregionen zu Veränderungen des Strahlungsflusses an der Oberseite der Atmosphäre führt. Diese Hypothese wird durch paläoklimatische Belege untermauert, die darauf hindeuten, dass dies die Hauptursache für den Klimawandel auf allen Zeitskalen ist.

KAPITEL 40
MEHRERE PFÖRTNER

Mehrere Faktoren beeinflussen den winterlichen Wärmetransport in die Arktis durch den Polarwirbel. Dazu gehören Vulkanausbrüche, die quasi-biennale Oszillation, die El Niño-Südliche Oszillation, mehrdekadische Ozeanschwankungen und die Sonnenaktivität. Diese Faktoren wirken als „Pförtner", die den Wärmedurchgang durch den Polarwirbel regulieren. Veränderungen im arktischen Wintertransport beeinflussen die Energiemenge, die die Erde in den Weltraum abgibt. Daher sind diese Pförtner Klimaantriebe, die das Klima verändern können. Sie stehen jedoch in Wechselwirkung zueinander, beeinflussen den Transport und verändern ihre Auswirkungen, wobei sie sich manchmal gegenseitig verstärken oder entgegenwirken und den Wärmetransport beeinflussen. Es ist wichtig zu beachten, dass die klimatischen Auswirkungen der einzelnen Pförtner über verschiedene Zeitskalen hinweg variieren. Vulkanausbrüche, die quasi-biennale Oszillation und die El Niño-Südliche Oszillation haben kurzfristige Auswirkungen. Im Gegensatz dazu schaffen multidekadische Ozeanschwankungen Klimaregime, die Jahrzehnte andauern, und Veränderungen der Sonnenaktivität können Jahrzehnte oder sogar Jahrhunderte andauern.

Mehrfache Modulationen des polwärts gerichteten Wärmetransports

Die globale Zirkulation des Ozeans und der Atmosphäre ist hochkomplex und weist eine Vielzahl von Variabilitätsmodi, Oszillationen, Telekonnektionen und Modulationen auf. Im Kern lässt sich diese Komplexität jedoch auf eine einfache Ursache zurückführen - den variablen Transport von Energie von ihrem Eintritts- zu ihrem Austrittspunkt. Diese grundlegende Klimavariable ist ausschlaggebend für den Temperatur-Breitengradient und letztlich dafür, ob sich der Planet in einer Eishaus, Gewächshaus oder Treibhausperiode befindet.

Um die Auswirkungen von Veränderungen des Wärmetransports in die Arktis auf das globale Klima zu verstehen, müssen die Ursachen der Schwankungen des meridionalen Transports untersucht werden. Die Atmosphäre spielt bei diesem Prozess eine Schlüsselrolle, denn sie transportiert die Wärme über zwei miteinander verbundene Wege: die Stratosphäre und die Troposphäre. Über Ozeanbecken tragen sowohl die Atmosphäre als auch der Ozean zu diesem Transport bei. Diese beiden atmosphärischen Pfade sind eng miteinander gekoppelt, wobei die stärkste Kopplung im Winter auftritt. Zu dieser Zeit sind die Temperaturkontraste und die Erzeugung atmosphärischer Wellen in der Troposphäre am stärksten, was zur Entwicklung des Polarwirbels und ausgeprägten Temperaturgradienten in der Stratosphäre führt.

Der Wärmetransport in der Stratosphäre wird von mehreren Faktoren beeinflusst, die sich auf die Temperaturgradienten in verschiedenen Breiten und Höhen auswirken. Zu diesen Faktoren gehören Ozon, Sonnenaktivität, vulkanische Aerosole und die quasi-biennale Oszillation. Sie alle wirken sich auf die Stärke der zonalen Windzirkulation aus und spielen eine Rolle bei der Bestimmung des Grades der Übertragung der planetarischen Wellen, die den Wärmetransport in der Stratosphäre antreiben.

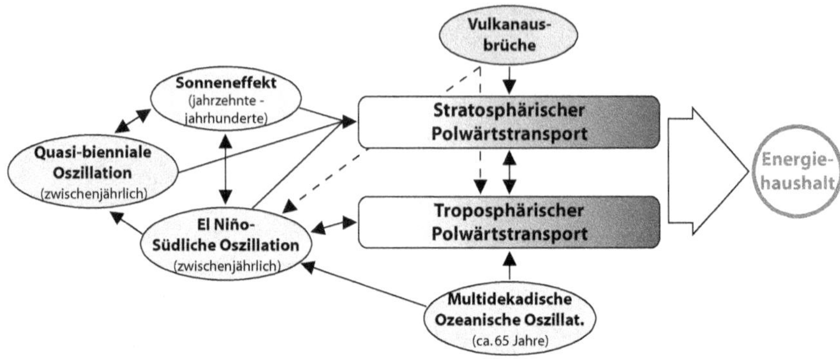

Abbildung 62. Diagramm des polwärts gerichteten Wärmetransports. Die Ovale sind die Pförtner-Faktoren, die den Wärmetransport modulieren und die Wärmemenge bestimmen, die im Winter die Arktis erreicht und sich auf das planetarische Energiebudget auswirkt. Durchgehende Pfeile weisen auf bekannte Wechselwirkungen hin, gestrichelte Pfeile auf indirekte Wechselwirkungen.

Die El Niño-Südliche Oszillation spielt eine Rolle beim Transport in der Troposphäre und wird durch ihre Bedingungen beeinflusst. Sie wirkt jedoch auch als Regulator des stratosphärischen Transports, indem sie die Stärke der Brewer-Dobson-Zirkulation beeinflusst.[301] Diese Beteiligung an der stratosphärischen Dynamik trägt zur Kopplung zwischen stratosphärischem und troposphärischem Transport bei. Darüber hinaus haben Wissenschaftler Wechselwirkungen zwischen der Sonnenaktivität, der quasi-biennale Oszillation und der El Niño-Südlichen Oszillation beobachtet, die gemeinsam die stratosphärischen Bedingungen beeinflussen, die den meridionalen Transport bestimmen.[302]

Wie in Kapitel 25 erörtert, haben Vulkanausbrüche mehrere dynamische Auswirkungen, vor allem durch direkte Beeinflussung des polwärts gerichteten Wärmetransports in der Stratosphäre und indirekt in der Troposphäre. So können starke tropische Vulkanausbrüche zu einer Wintererwärmung auf der Nordhemisphäre führen. Dies geschieht durch die Verstärkung des Polarwirbels und die Auslösung von El Niño-Bedingungen im Pazifik.

Multidekadische Ozeanoszillationen sind die wichtigsten Modi der internen Variabilität. Diese Oszillationen unterliegen koordinierten Phasenwechseln (Kasten 16, Kap. 19) und bilden unterschiedliche Klimaregime (Kap. 31-34). Diese Regime sind durch bestimmte Transportintensitäten und mittlere Wirbelstärken gekennzeichnet, wie im vorigen Kapitel erläutert (Abb. 61, Kap. 39). Ihr Einfluss auf das Klima ist beträchtlich, da der polwärts gerichtete troposphärische Wärmetransport durch das gekoppelte Atmosphäre-Ozean-System

---

[301] Domeisen, D.I., et al., 2019. Rev. Geophys. 57 (1), pp.5-47. doi.org/10.1029/2018RG000596

[302] Labitzke, K., 1987. Geophys. Res. Lett. 14 (5), pp.535-537. doi.org/10.1029/GL014i005p00535 Calvo, N. & Marsh, D.R., 2011. J. Geophys. Res. Atmos. 116, D23112. doi.org/10.1029/2010JD015226 Salby, M. & Callaghan, P., 2000. J. Clim. 13 (2), pp.328-338. doi.org/10.1175/1520-0442(2000)013<0328:CBTSCA>2.0.CO;2 Taguchi, M., 2010. J. Geophys. Res. Atmos. 115, D18120. doi.org/10.1029/2010JD014325

für den größten Teil des winterlichen Wärmetransports in die Arktis verantwortlich ist. Multidekadische Ozeanschwankungen waren für die Erwärmung zu Beginn des 20. Jahrhunderts und die Abkühlung in der Mitte des 20. Jahrhunderts verantwortlich. Sie haben auch zur Erwärmung Ende des 20. Jahrhunderts beigetragen und beeinflussen weiterhin das Klimasystem im frühen 21. Jahrhundert.

Interaktion der arktischen Verkehrs-Pförtner

Der Wärmetransport durch den Polarwirbel ist ein komplexer Prozess, der von vielen Faktoren beeinflusst wird, wie in Abbildung 62 dargestellt. Diese Faktoren können als die Pförtner des Polarwirbels angesehen werden, die ihn beeinflussen, indem sie die Erzeugung und Ausbreitung planetarischer Wellen regulieren. Die Ausbreitung dieser Wellen hängt von der zonalen Windgeschwindigkeit in der Stratosphäre ab, die stark von latitudinalen und vertikalen Temperaturgradienten sowie von der Phase der quasi-biennale Oszillation beeinflusst wird.

Die fünf Polarwirbel-Pförtner sind miteinander verbunden und beeinflussen sich gegenseitig. In einer bestimmten Wintersaison können sie jedoch entgegengesetzte Auswirkungen auf den Wärmetransport haben. Die räumliche und zeitliche Integration ihrer Signale ist hochkomplex und wird von den Wissenschaftlern nur mit erheblichem Aufwand zu entschlüsseln sein. Um ihre Auswirkungen in den verschiedenen Breitengraden zu veranschaulichen, können wir sie in das im vorigen Kapitel vorgestellte Transportdiagramm aufnehmen (Abb. 60).

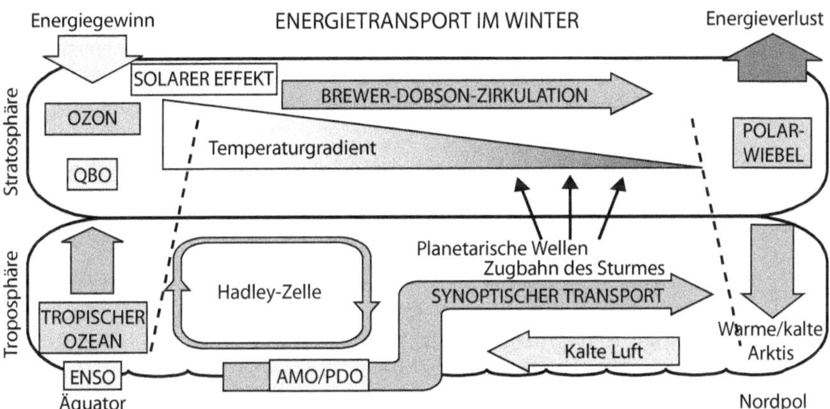

Abbildung 63. Schematische Darstellung des meridionalen Transports im Winter (II). Die Ozonschicht und der tropische Ozean sind die Haupteintrittspunkte für den Wärmetransport, und die Region, die durch den Polarwirbel begrenzt wird, ist der Hauptenergieaustrittspunkt. Der aus der Ozon-UV-Wechselwirkung resultierende Sonneneffekt, die quasi-biennale Oszillation (QBO), die El Niño-Südliche Oszillation (ENSO) und die multidekadischen Ozeanschwankungen, die durch die Atlantic Multidecadal Oscillation (AMO) und die Pacific Decadal Oscillation (PDO) repräsentiert werden, sind die wichtigsten Modulatoren des Wärmetransports, die die Wärmemenge bestimmen, die die Arktis erreicht, und als Pförtner des Polarwirbels fungieren.

Die Klimaenergetik zeigt drei kritische Orte für den Wärmetransport auf. Erstens empfängt die Ozonschicht der tropischen Stratosphäre den größten Teil der UV-Energie. Zweitens empfängt der tropische Ozean den größten Teil der einfallenden Sonnenenergie. Und schließlich dient im Winter die Region innerhalb des Polarwirbels als primäre Nettoenergiesenke, wie im vorigen Kapitel erläutert.

Die Wärme aus den tropischen Ozeanen wird auf drei Arten zu den Polen transportiert. Erstens wird ein Teil der Wärme durch Konvektion in die Stratosphäre transportiert und bildet den aufsteigenden Zweig der Brewer-Dobson-Zirkulation. Zweitens transportiert die Hadley-Zirkulation einen weiteren Teil durch die Troposphäre. Schließlich trägt auch der Ozean selbst zum Transport bei. Der Zustand der El Niño-Südlichen Oszillation beeinflusst die Verteilung dieser Energie. Während La Niña wird der ozeanische Transport begünstigt, während neutrale Bedingungen den atmosphärischen Transport verstärken. Im Gegensatz dazu leitet El Niño eine beträchtliche Menge ozeanischer Wärme sowohl in die Stratosphäre als auch in die Troposphäre. Wissenschaftler haben den Gatekeeping-Effekt von El Niño auf den Polarwirbel eingehend untersucht, der in den in Abbildung B23 (Kap. 29) dargestellten polaren Stratosphärentemperaturen deutlich wird.[303]

Obwohl die Ozonschicht etwas mehr als 1 % der gesamten Sonnenenergie (UV-Anteil) absorbiert, macht sie 5 % der atmosphärischen Energieabsorption aus. Bemerkenswert ist, dass ihre Absorption mit der Sonnenaktivität dreißig mal stärker schwankt als im sichtbaren Spektrum. Diese Variabilität trägt zu bedeutenden Strahlungsänderungen und dynamischen Veränderungen in der Stratosphäre während des Sonnenzyklus bei. Da die Stratosphäre eine durchschnittlich 25-mal geringere Dichte als die Troposphäre aufweist, ist die Auswirkung der absorbierten Sonnenenergie auf die Stratosphärentemperatur enorm. Ohne Ozon wäre die Stratosphäre 50 °C kälter und die Tropopause würde nicht existieren. Interessanterweise ist die Ozonschicht ein einzigartiges Merkmal der Erde, denn kein anderer bekannter Planet hat ein solches Merkmal.

Das Vorhandensein von Ozon in der Stratosphäre ermöglicht die Absorption von Sonnenenergie, was wiederum zur Entstehung eines Temperaturgradienten führt. Dieser Gradient hängt von Faktoren wie der Menge an UV-Energie, der Menge an Ozon und seiner Verteilung ab. Änderungen der Sonnenaktivität lösen eine Reaktion des Ozons aus, die sich auf dieses Temperaturgefälle auswirkt und einen solaren Effekt in der Stratosphäre - den solaren Pförtner - hervorruft. Im Winter reagiert die zonale Windzirkulation, die durch Westwinde gekennzeichnet ist, auf Schwankungen dieses Temperaturgradienten, die durch Veränderungen der Sonnenaktivität verursacht werden. Dies beeinflusst die Ausbreitung planetarer Wellen in der Stratosphäre (Abb. 67, Kap. 42). Diese planetarischen Wellen spielen eine Schlüsselrolle beim Antrieb der Brewer-Dobson-Zirkulation und bei der Abschwächung des Wirbels.

Die quasi-biennale Oszillation übt einen wichtigen phasenabhängigen Einfluss auf den Polarwirbel aus, der als Holton-Tan-Effekt bekannt ist (Kasten 11, Kap. 14). In Klimaregimes, die durch einen verstärkten polwärts gerichteten Wärmetransport gekennzeichnet sind, wie in der Zeit zwischen 1945 und 1975 und seit 1998, schwächt die östliche Phase der quasi-biennale Oszillation den

---

[303] Garfinkel, C.I. & Hartmann, D.L., 2007. J. Geophys. Res. Atmos. 112, D19112. doi.org/10.1029/2007JD008481

Polarwirbel. In Klimaregimes, die durch einen geringeren polwärts gerichteten Wärmetransport gekennzeichnet sind, wie z. B. in der Zeit zwischen 1976 und 1997, bleibt der Polarwirbel jedoch in den meisten Wintern stark, selbst während der östlichen Phase der Oszillation (Abb. 64; siehe auch Abb. 61a, Kap. 39).

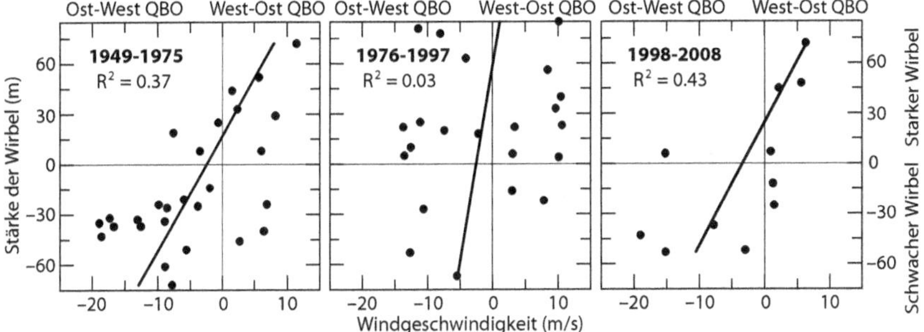

Abbildung 64. Auswirkung der quasi-biennale Oszillation auf die Wirbelstärke für verschiedene Klimaregime. Der Polarwirbel ist während der östlichen Phase der quasi-biennale Oszillation am schwächsten, außer während eines Regimes mit geringem Transport (1975-1997, mittleres Feld), in dem der Wirbel in den meisten Wintern stark bleibt.[304]

Tropische Vulkanausbrüche, die große Mengen an Sulfat in die Stratosphäre freisetzen, führen zu einer erheblichen Erwärmung der Stratosphäre und zu einem Abbau der Ozonschicht. Diese Veränderungen tragen zu einem stärkeren Polarwirbel im folgenden Winter bei. Darüber hinaus wirken sie sich indirekt auf den troposphärischen Transport aus, da vulkanische Aerosole die Sonneneinstrahlung in den Tropen stärker reduzieren als in mittleren und hohen Breiten. Diese Veränderung des Temperatur-Breitengradient verringert den Transport. Das Ergebnis ist ein wärmerer Winter in den mittleren Breiten der nördlichen Hemisphäre nach dem Ausbruch, trotz geringerer Sonneneinstrahlung.

Einbeziehung dieser komplexen Zusammenhänge in eine Erklärung des Klimawandels

Die vielen Faktoren, die die Stärke des Polarwirbels und die in die Arktis transportierte Wärme beeinflussen, machen unser Verständnis des Klimawandels noch komplexer. Es ist wichtig zu erkennen, dass die Erwärmung der Arktis nicht nur eine Folge des vom Menschen verursachten Klimawandels ist, sondern vielmehr ein Mechanismus, durch den der Planet seinen Energieverlust erhöht. Um eine umfassende Hypothese des Klimawandels zu formulieren, die dieser Komplexität Rechnung trägt, ist es notwendig, den Einfluss verschiedener Pförtner über verschiedene Zeitskalen zu untersuchen.

Vulkanausbrüche mit erheblichen Auswirkungen auf das Klima sind selten. Im 20. Jahrhundert gab es nur drei derartige Ausbrüche, und im 21. Jahrhundert wurde bisher keiner beobachtet, wenn man von der ungewöhnlichen unterseeischen Eruption des Hunga Tonga im Jahr 2022 absieht. Aus diesen vergangenen Eruptionen wissen wir, dass ihre spürbaren Auswirkungen in der Regel

---

[304] QBO-Daten von NOAA. Wirbelstärke-Daten aus der NCEP-Reanalyse in Christiansen, B., 2010. J. Clim. 23 (14), pp.3953-3966. doi.org/10.1175/2010JCLI3495.1

nach den ersten Jahren abklingen. Historische Belege, einschließlich des Ausbruchs des Tambora im Jahr 1815, stützen diese Interpretation (Kap. 24). Vulkanische Einflüsse können zwar intensiv sein, sollten aber wegen ihrer vorübergehenden Natur nicht überbewertet werden.

Die Phase der quasi-biennale Oszillation spielt eine entscheidende Rolle bei der Bestimmung der Stärke des Wirbels in einem bestimmten Winter. Eine Analyse der Daten für den Zeitraum 1949-2008 ergab, dass 75 % der Winter mit schwachen Wirbeln auftraten, wenn sich die Oszillation in ihrer östlichen Phase befand (Abb. 64). Diese Erkenntnis unterstreicht den bedeutenden Einfluss der quasi-biennale Oszillation auf die globale stratosphärische Zirkulation, wenn man die verschiedenen Faktoren berücksichtigt, die die Wirbelstärke beeinflussen. Der Effekt kehrt sich jedoch um, wenn die Phase ein bis zwei Jahre später wechselt, wobei 72 % der Winter während der westlichen Phase der Oszillation einen starken Wirbel aufweisen (Abb. 64). Die quasi-biennale Oszillation allein hat also keinen direkten Einfluss auf das Klima. Sie erhöht jedoch die Empfindlichkeit des Wirbels gegenüber anderen Pförtnern, wie z. B. der Sonnenaktivität, während ihrer östlichen Phase (Abb. B23, Kap. 29).

Die El Niño-Südliche Oszillation hat globale Auswirkungen auf das Klima, tritt alle 2-7 Jahre auf und kann 2-3 Winter in Folge anhalten. In El Niño-Wintern wird der Polarwirbel schwächer und die Temperaturen in der polaren Stratosphäre steigen an (Abb. B23, Kap. 29), während La-Niña-Winter den gegenteiligen Effekt haben.[305] Während die kurzfristigen Auswirkungen der El Niño-Südlichen Oszillation keinen Einfluss auf den langfristigen Klimawandel haben, sind El Niño-Ereignisse unregelmäßig verteilt, mit Zeiträumen von mehreren Jahrzehnten, in denen sich ihre Häufigkeit deutlich ändert. Diese Schwankungen im Auftreten von El Niño hängen mit der Phase der Pazifischen Dekaden-Oszillation zusammen.

Über einen Zeitraum von mehreren Jahrzehnten spielen multidekadische Ozeanschwankungen (Variabilitätsmodi) eine entscheidende Rolle bei der Etablierung verschiedener Klimaregime und der Auslösung von Verschiebungen zwischen ihnen. Diese Oszillationen wirken sich vor allem auf die Troposphäre aus, die für den Transport des größten Teils der Wärme zu den Polen verantwortlich ist. Folglich dominieren die von diesen global koordinierten Schwingungen bestimmten Klimaregimes gegenüber anderen Faktoren.

In der Zeit von 1976 bis 1997 herrschte ein schwaches Transportregime, was zu einer Abschwächung des Holton-Tan-Effekts führte. Infolgedessen nahm der Einfluss der quasi-biennale Oszillation auf den Polarwirbel ab (Abb. 64, mittleres Feld). Darüber hinaus führten die Bedingungen mit geringem Transport zu einer verstärkten Wärmeakkumulation an der Oberfläche des tropischen Ozeans, was die Verstärkung der El Niño-Südlichen Oszillation erleichterte und zu einer Zunahme der Häufigkeit von El Niño-Ereignissen führte.

Zu Beginn des 20. Jahrhunderts erklärt ein Klimaregime, das durch geringen Transport gekennzeichnet ist, den Erwärmungstrend des Planeten seit den 1910er Jahren. Diese Erwärmung fand trotz geringer Sonnenaktivität statt. Später, als die Sonnenaktivität in den 1930er Jahren zunahm, trug sie weiter zu der ausgeprägten Erwärmung in diesem Zeitraum bei. Zwischen 1945 und 1975

---

[305] Garfinkel, C.I. & Hartmann, D.L., 2007. J. Geophys. Res. Atmos. 112, D19112. doi.org/10.1029/2007JD008481

fand ein Klimaregime statt, das durch einen hohen Transport gekennzeichnet war, was die Abkühlung in der Mitte des 20. Jahrhunderts erklärt. Diese Abkühlung erfolgte trotz der hohen Sonnenaktivität. Die Abkühlung wäre wahrscheinlich noch ausgeprägter gewesen, wenn die Sonnenaktivität während dieses Zeitraums gering gewesen wäre.

Obwohl sie nicht als natürlicher Klimaantrieb anerkannt sind, spielen multidekadische Ozeanschwankungen eine wichtige Rolle bei der Gestaltung unseres Klimas. Diese Schwingungen treten über längere Zeiträume auf, und wenn sie zu einem verstärkten Wärmetransport in Richtung der Pole führen, bewirken sie einen größeren Energieverlust im Klimasystem. Infolgedessen kühlt sich der Planet entweder ab oder erwärmt sich weniger stark. Umgekehrt haben Perioden mit geringem Transport den gegenteiligen Effekt und führen zu einer verstärkten Erwärmung.

Die Auswirkung dieser multidekadischen Ozeanschwankungen übersteigt bei weitem die von anerkannten Klimaantrieben wie Vulkanausbrüchen. Obwohl die Ursache dieser Oszillationen nach wie vor unbekannt ist, darf man nicht davon ausgehen, dass die abwechselnden Phasen das Fehlen langfristiger Auswirkungen implizieren. Mehrere Studien haben gezeigt, dass die atlantische multidekadische Oszillation beispielsweise nicht stationär ist. Seit 1850 hat sie eine starke Verstärkung erfahren, die mit dem während des Industriezeitalters beobachteten Erwärmungstrend zusammenfällt.[306]

Im nächsten Kapitel erörtern wir die Rolle der Sonnenvariabilität als Klimatreiber im Rahmen der Winterpförtner-Hypothese.

Zusammengefasst

Schwankungen im winterlichen Wärmetransport in die Arktis führen zum Klimawandel. Veränderungen im arktischen Wärmetransport sind mit Veränderungen in der Stärke des Polarwirbels verbunden. In einem bestimmten Winter können mehrere Faktoren zu einem schwächeren Wirbel beitragen, was zu einer stärkeren Erwärmung der Arktis und zu strengeren Winterbedingungen für die Kontinente in den mittleren Breiten der nördlichen Hemisphäre führt. Zu diesen Faktoren gehören die östliche Phase der quasi-biennale Oszillation, ein El Niño-Ereignis oder eine geringe Sonnenaktivität. Umgekehrt können die gegenteiligen Bedingungen oder ein tropischer Vulkanausbruch den Wirbel verstärken und zu milderen Wintern führen. Um spürbare Klimaveränderungen zu beobachten, ist jedoch eine nachhaltige Wirkung über mehrere Winter hinweg erforderlich. Dies kann nur durch Klimaregime erreicht werden, die durch multidekadische Ozeanschwankungen oder anhaltende Veränderungen der durchschnittlichen Sonnenaktivität ausgelöst werden.

---

[306] Moore, G.W.K., et al., 2017. Sci. Rep. 7 (1), p.40861. doi.org/10.1038/srep40861

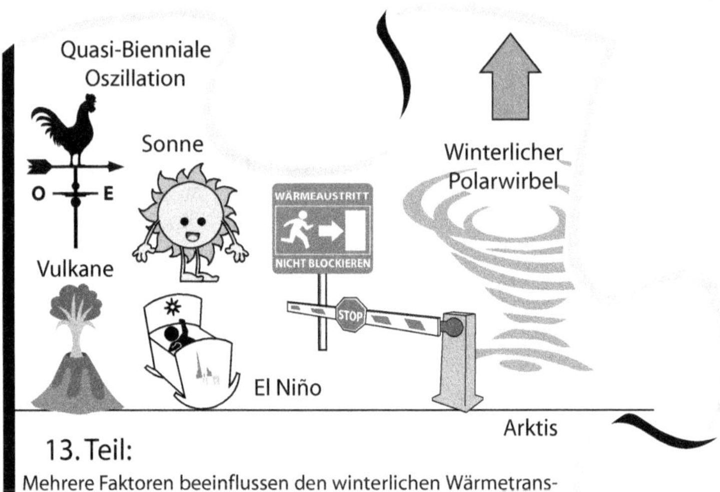

13. Teil:

Mehrere Faktoren beeinflussen den winterlichen Wärmetransport in die Arktis, wirken als "Pförtner" und verändern das Klima

KAPITEL 41
DIE SONNE ALS HUNDERTJÄHRIGE PFÖRTNERI

Anstatt Annahmen über die Auswirkungen der Sonnenaktivität auf das Klima zu treffen, sollten wir uns auf jahrzehntelange Forschung stützen. Die Wissenschaftler wissen seit langem, dass die Sonnenaktivität die Stärke des Wirbels, die Planetenrotation und die atmosphärische Zirkulation im Winter beeinflusst. Der Mechanismus, der diesen Effekten zugrunde liegt, wurde bereits vor 50 Jahren vorgeschlagen und von vielen Wissenschaftlern eingehend untersucht. Einige Modelle haben ihn sogar nachgebildet, wie vom IPCC anerkannt.

Die Winterpförtner-Hypothese verknüpft diesen Mechanismus mit der Fähigkeit, das Klima durch Veränderung des Strahlungsflusses an der Oberseite der Atmosphäre zu beeinflussen. Eine hohe Sonnenaktivität führt zu einer Verringerung des polwärts gerichteten Wärmetransports, was wiederum den winterlichen Energieverlust in der Arktis verringert. Umgekehrt hat eine geringe Sonnenaktivität den gegenteiligen Effekt. Es ist wichtig zu beachten, dass die Sonnenaktivität nicht der einzige Faktor ist, der diesen Weg beeinflusst. Ihre Auswirkung auf das Klima wird auf längeren Zeitskalen, die mehrere Jahrzehnte bis Jahrhunderte umfassen, wichtig, wenn andere Faktoren ihren Einfluss verringern.

Das moderne Sonnenmaximum, die längste Periode überdurchschnittlicher Sonnenaktivität seit mindestens 600 Jahren, hat durch diesen Mechanismus zum Anstieg des Energiegehalts im Klimasystem während der globalen Erwärmung im 20. Jahrhundert beigetragen. Dieser Beitrag ist unabhängig von den Temperaturtrends und der Sonnenaktivität.

Es ist ein Fehler anzunehmen, wie die Sonnenaktivität das Klima beeinflussen sollte

Die IPCC-Berichte, die sich nur auf kleine Schwankungen der Gesamtsonneneinstrahlung konzentrieren, lassen vermuten, dass Veränderungen der Sonnenaktivität einen vernachlässigbaren Einfluss auf das Klima haben. Diese Berichte übersehen jedoch eine Vielzahl von Belegen für die indirekten Auswirkungen der Sonnenaktivität, einschließlich der in den Kapiteln 28-30 erörterten Ergebnisse. Diese Beweise stützen die Ansicht, dass die Sonnenaktivität einen erheblichen Einfluss auf den Zustand der winterlichen atmosphärischen Zirkulation hat, wie ihre Wirkung auf die Erdrotation zeigt.

Der Einfluss der Sonnenaktivität auf den Polarwirbel ist keine neue Entdeckung. Er wurde erstmals 1959 dokumentiert und ist seither Gegenstand wissenschaftlicher Forschung.[307] Die meisten Klimawissenschaftler und der IPCC haben diese Forschung jedoch weitgehend ignoriert, ähnlich wie im Fall der Auswirkungen der Sonnenaktivität auf die Erdrotation. Die Temperatur der polaren Stratosphäre wird durch die Sonnenaktivität beeinflusst, aber die wahre

---

[307] Palmer, C.E., 1959. J. Geophys. Res. 64 (7), pp.749-764. doi.org/10.1029/JZ064i007p00749 Labitzke, K., 1987. Geophys. Res. Lett. 14 (5), pp.535-537. doi.org/10.1029/GL014i005p00535 Veretenenko, S., 2022. Atmosphere, 13 (7), p.1132. doi.org/10.3390/atmos13071132

Bedeutung dieses von Karin Labitzke entdeckten Pförtner-Effekts wird deutlich, wenn man den Einfluss anderer Pförtner berücksichtigt (Abb. B23, Kap. 29)).

Dies ist eine wichtige Erklärung für das mangelnde Verständnis des solaren Einflusses auf das Klima in den letzten zwei Jahrhunderten. Die Sonne liefert 99,9 % der Energie, die das Klimasystem antreibt, was viele zu der Annahme veranlasst, dass, wenn sich Sonnenschwankungen auf das Klima auswirken, sich dies deutlich in den Temperaturmustern widerspiegeln würde. Sogar die NASA stimmt dieser Annahme zu, wie aus ihrer Erklärung hervorgeht:

„Einer der 'rauchenden Colts', die uns sagen, dass die Sonne die globale Erwärmung nicht verursacht, ist die Menge an Sonnenenergie, die auf die Atmosphäre trifft. Seit 1978 verfolgen Wissenschaftler dies mit Hilfe von Sensoren auf Satelliten, die uns sagen, dass es keinen Aufwärtstrend in der Menge der Sonnenenergie gibt, die unseren Planeten erreicht. "[308]

Hinter dieser Aussage verbirgt sich die weit verbreitete, aber nicht belegte Annahme, dass die Sonne keinen signifikanten Einfluss auf das Klima haben kann, wenn die Trends bei Sonnenaktivität und Temperatur nicht übereinstimmen. Sie lässt die Möglichkeit außer Acht, dass dekadische Temperaturtrends von anderen Faktoren beeinflusst werden können, die eine signifikante Auswirkung von multidekadischen Verschiebungen in der Sonnenaktivität verdecken, die das Ausmaß von Erwärmungs- und Abkühlungstrends erheblich verändern können. So werden beispielsweise in Zeiten anhaltender überdurchschnittlicher Sonnenaktivität, wie zwischen 1935 und 2000, Abkühlungstendenzen abgeschwächt und Erwärmungstendenzen verstärkt, was zu langfristigen Erwärmungsmustern führt, die den beobachteten ähneln.

Die Sonne als Winterpförtner

Das physikalische Phänomen, das für den Einfluss der Sonne auf das Klima verantwortlich ist, wurde erstmals 1974 vorgeschlagen und auf Veränderungen bei der Ausbreitung von Planetenwellen in der Atmosphäre zurückgeführt.[309] Seitdem haben Wissenschaftler daran gearbeitet, den dafür verantwortlichen Mechanismus zu ergründen, der in Kapitel 29 erläutert wird (Abb. 46). Dieser gut etablierte Top-down-Mechanismus hat seinen Ursprung in der Stratosphäre und wird durch Datenassimilations-Reanalysen gestützt. Der 5. IPCC-Bewertungsbericht erkennt diesen Verstärkungsmechanismus an und stellt fest, dass er in bestimmten Modellen simuliert wurde und für kleine lokale und saisonale Klimaanomalien im Zusammenhang mit dem 11-jährigen Sonnenzyklus verantwortlich sein kann.[310] Der Bericht kommt jedoch zu dem Schluss, dass die Veränderungen der Gesamtsonneneinstrahlung mit hoher Wahrscheinlichkeit nicht zur globalen Erwärmung zwischen 1986 und 2008 beigetragen haben. Die Begründung für dieses Vertrauen ist jedoch aus den oben genannten Gründen fragwürdig.

Der Top-down-Verstärkungsmechanismus wird nicht als treibende Kraft des globalen Klimawandels angesehen, da er den Energiegehalt des Klimasystems nicht wesentlich verändert. Im Allgemeinen ist eine Veränderung des Energie-

---

[308] climate.nasa.gov/faq/14/is-the-sun-causing-global-warming/

[309] Hines, C.O., 1974. J. Atmos. Sci. 31 (2), pp.589-591.
doi.org/10.1175/1520-0469(1974)031<0589:APMFTP>2.0.CO;2

[310] Bindoff, N.L., et al., 2013. Climate Change 2013: The Physical Science Basis. 5th AR IPCC. pp.885-886.

ungleichgewichts an der Spitze der Atmosphäre erforderlich, um Veränderungen des globalen Klimas zu bewirken, mit wenigen Ausnahmen.

Die Winterpförtner-Hypothese verknüpft erstmals den anerkannten Top-down-Verstärkungsmechanismus, den bekannten solaren Einfluss auf den Polarwirbel und den Klimawandel. Die Hypothese besagt, dass der dynamische Einfluss der Sonnenaktivität auf die winterliche atmosphärische Zirkulation und den Polarwirbel zu bedeutenden Veränderungen im Wärmetransport in Richtung Winterpol führt. Während der verlängerten Polarnacht wird ein großer Teil dieser Wärme als Infrarotstrahlung vom Planeten abgestrahlt, was die notwendige Veränderung des Energieungleichgewichts an der Oberseite der Atmosphäre bewirkt, um das globale Klima zu beeinflussen.

Abbildung 65 zeigt die Rolle der Sonnenaktivität als Pförtner, wie sie in der Hypothese vorgeschlagen wird. Änderungen der zonalen Windgeschwindigkeit und der planetarischen Wellenausbreitung, die in diesem Prozess eine wesentliche Rolle spielen, sind nicht dargestellt. Es ist wichtig zu bedenken, dass das Ergebnis eines jeden Winters nicht nur von der Sonnenaktivität, sondern auch von anderen Pförtnern beeinflusst wird. Außerdem agieren diese Pförtner nicht isoliert, sondern interagieren und beeinflussen sich gegenseitig.

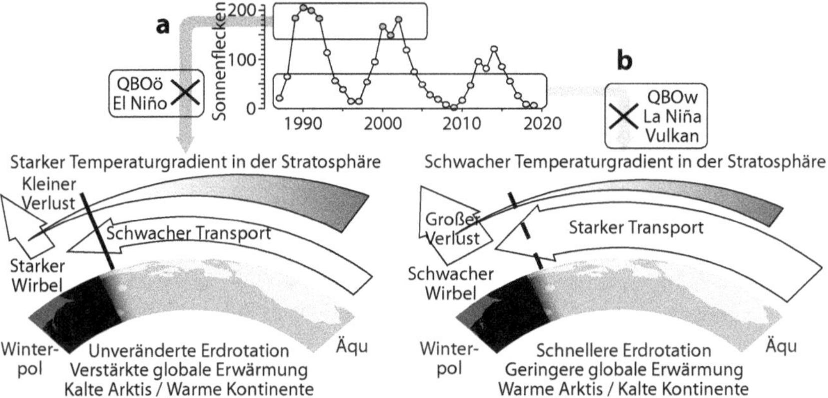

Abbildung 65. Die Sonne als Winterpförtner. Die Rolle der Sonnenaktivität für den meridionalen Wärmetransport und den winterlichen Energieverlust in der Arktis.

In Wintern mit hoher Sonnenaktivität (Abb. 65a) tragen der erhöhte Ozongehalt und die verstärkte Erwärmung des Ozons durch die erhöhte UV-Strahlung zu einem starken Temperaturgradienten in der Stratosphäre bei. Dieser erhöhte Gradient verstärkt wiederum die zonalen Winde, die die Ausbreitung planetarer Wellen behindern. Infolgedessen bleibt der Polarwirbel den ganzen Winter über stark, was den Wärmetransport zum Pol verringert und den Wärmeverlust in dieser Region reduziert. Die östliche Phase der quasi-biennale Oszillation und die El Niño-Bedingungen können dieser Wirkung der hohen Sonnenaktivität jedoch entgegenwirken. Die klimatische Folge der hohen Sonnenaktivität ist eine verstärkte globale Erwärmung und ein Muster aus kalter Arktis und warmen Kontinenten im Winter.

In Wintern mit geringer Sonnenaktivität (Abb. 65b) führt die verringerte UV-Strahlung zu einem geringeren Temperaturgradienten in der Stratosphäre und damit zu einem geschwächten Polarwirbel. Dies wiederum erhöht den meridionalen

Wärmetransport und verstärkt den Wärmeverlust am Winterpol. Allerdings können Faktoren wie die westliche Phase der quasi-biennale Oszillation, La-Niña-Bedingungen und vulkanische Aerosole diesem Effekt entgegenwirken. Der verstärkte meridionale Transport trägt auch zu einer Beschleunigung der Erdrotation bei, da die zonalen Winde abnehmen, was zu einer Abnahme des atmosphärischen Drehimpulses führt. Als klimatische Folge geht eine geringe Sonnenaktivität mit einer geringeren globalen Erwärmung und einem Wintermuster einher, das durch eine warme Arktis und kalte Kontinente gekennzeichnet ist.

Diese Hypothese wirft ein Licht auf mehrere seit langem bestehende Fragen über den möglichen Einfluss der Sonnenaktivität auf das Klima.

Ein von der Dauer abhängiger Sonneneffekt

Ein Hauptargument, das dagegen spricht, der Sonne eine wichtigere Rolle beim Klimawandel zuzuschreiben, ist der offensichtlich fehlende wesentliche Einfluss des 11-jährigen Sonnenzyklus. Moderne Klimaanalysen auf der Grundlage von Satellitendaten seit 1979, die fast vier vollständige Sonnenzyklen abdecken, haben gezeigt, dass die beobachteten Veränderungen zwar erheblich, aber relativ bescheiden sind (Abb. 44a, Kap. 28).

In krassem Gegensatz dazu liefern paläoklimatische Studien umfangreiche Belege für die dramatischen Klimafolgen, die mit längeren Perioden geringer Sonnenaktivität verbunden sind, wie in Kapitel 27 erörtert. Diese Studien zeigen, dass es während eines lang anhaltenden Sonnenminimums von 200 Jahren zwingende Beweise für eine tiefgreifende Reorganisation der atmosphärischen Zirkulation gibt, insbesondere in der nördlichen Hemisphäre.

Die Herausforderung, einen kleinen aktuellen Effekt mit einem großen historischen Effekt in Einklang zu bringen, besteht darin, dass die angenommenen Änderungen der Bestrahlungsstärke in beiden Szenarien als extrem gering (0,1 %) angesehen werden. Während des 11-jährigen Sonnenzyklus schwankt die gesamte Sonneneinstrahlung um etwa 1,1 W/m^2 während der Satellitenära. Darüber hinaus sind laut dem 6. Sachstandsbericht in den letzten 9.000 Jahren Änderungen im Jahrtausendmaßstab von nur 1,5 W/m^2 aufgetreten.[311]

Die Winterpförtner-Hypothese bietet eine plausible Erklärung für dieses scheinbare Paradoxon. Sie besagt, dass sich Veränderungen der Sonnenaktivität indirekt auf die globale oder hemisphärische Temperatur auswirken, indem sie die Energiemenge beeinflussen, die im Winter in der Arktis verloren geht. In Wintern mit geringer Sonnenaktivität geht mehr Energie verloren, während in Wintern mit hoher Sonnenaktivität der Energieverlust geringer ist. Es ist jedoch wichtig zu beachten, dass alle Pförtner an der Bestimmung des Ergebnisses in einem bestimmten Winter beteiligt sind, so dass das Ergebnis anders ausfallen kann, als es der Sonneneffekt bewirkt. Während eines Sonnenzyklus gibt es Jahre mit hoher Sonnenaktivität und andere mit geringer Aktivität (Abb. 65). Infolgedessen ist der kumulative Effekt innerhalb eines einzigen Sonnenzyklus fast nicht wahrnehmbar, da alle Veränderungen in eine Richtung innerhalb weniger Jahre weitgehend ausgeglichen werden.

Bleibt die Sonnenaktivität jedoch über lange Zeiträume hinweg niedrig, über mehrere Jahrzehnte oder sogar Jahrhunderte, nimmt die Häufigkeit arktischer

---

[311] Gulev, S.K., et al., 2021. Climate change 2021: The physical science basis. 6th AR IPCC. p.297. doi.org/10.1017/9781009157896.004

Winter mit erhöhtem Energieverlust stark zu. Während die durchschnittliche Wirkung anderer Pförtner über längere Zeiträume tendenziell abnimmt, akkumuliert sich der solare Effekt. Dem Planeten fehlen die Mittel, um den zusätzlichen Energieverlust auszugleichen, so dass das kumulative Defizit mit der Zeit wächst. Infolgedessen sinkt die Gesamttemperatur des Planeten.

Regionen entlang der primären Energietransportwege zu den Polen, insbesondere die nordatlantische Region, die Europa und Nordamerika umfasst, erfahren die früheste, längste und ausgeprägteste Abkühlung. Dennoch wirkt sich der Energieabfluss auf den gesamten Planeten aus. Obwohl sich die arktische Region aufgrund des erhöhten Energiezuflusses, der durch den verstärkten Transport ermöglicht wird, zunächst erwärmt, kühlt sie sich schließlich zusammen mit dem Rest des Planeten ab. Dieser Abkühlungstrend geht mit einer deutlichen Zunahme der Häufigkeit kalter Winter einher. Darüber hinaus führt der verstärkte polwärts gerichtete Transport zu einem erhöhten Feuchtigkeitstransport, der zu vermehrten Schneefällen und einer Ausdehnung der Gletscher führt. Diese Bedingungen stimmen mit den Beobachtungen während der Kleinen Eiszeit überein.

Erst wenn die Sonnenaktivität nicht mehr so gering ist, kann der Planet den kontinuierlichen Energieverlust stoppen und den Erholungsprozess beginnen. Es würde jedoch eine lange Periode überdurchschnittlicher Sonnenaktivität benötigen, damit der Planet die während eines großen Sonnenminimums verloren gegangene Energie wieder auffüllen kann.

Die Auswirkungen des modernen Sonnenmaximums

Die Auswirkungen der Sonnenaktivität auf das Klima stehen in direktem Zusammenhang mit der Dauer der ungewöhnlichen Sonnenaktivität. Im 6. IPCC-Bewertungsbericht wird eingeräumt, dass die Sonnenaktivität in der zweiten Hälfte des 20. Jahrhunderts zu den oberen 10 % der in den letzten 9.000 Jahren beobachteten Sonnenaktivität gehörte. Diese ausgedehnte Periode überdurchschnittlicher Sonnenaktivität, die sich über sieben Jahrzehnte erstreckte, stellt ein großes Sonnenmaximum dar und wurde als Modernes Sonnenmaximum bezeichnet (Abb. 66).[312]

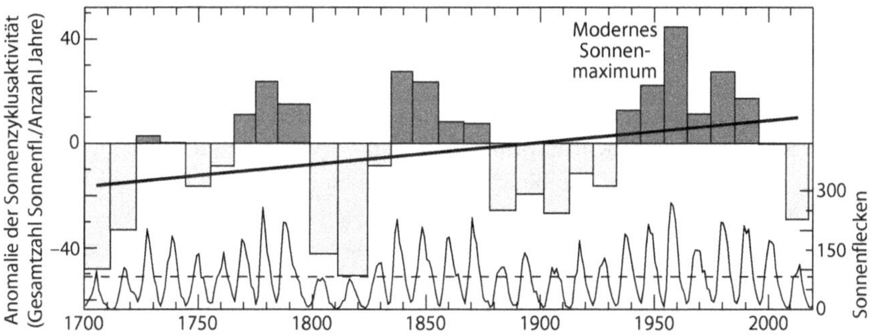

Abbildung 66. Abweichung der Aktivität eines jeden Sonnenzyklus vom Mittelwert. Die dicke Linie ist der lineare Trend. Die horizontale gestrichelte Linie ist die durchschnittliche Sonnenfleckenzahl von 1700 bis 2020.

---

[312] Damon, P.E., et al., 1997. Radiocarbon, 40 (1), pp.343-350.
    doi.org/10.1017/S003382220001821X

Diese Grafik der Sonnenfleckendaten bietet eine klare Darstellung des Aktivitätsniveaus eines jeden Sonnenzyklus unter Berücksichtigung seiner Dauer. Sie hebt die bemerkenswerte Verschiebung der Sonnenaktivität hervor und zeigt den Übergang von den unteren 10 % während des Maunder-Minimums (1645-1715) zu den oberen 10 % zwischen 1935 und 2000.

Während des modernen Sonnenmaximums hat die Zahl der Jahre mit hoher Sonnenaktivität deutlich zugenommen. Infolgedessen ging die Energiemenge, die in der Arktis im Winter verloren ging, zurück. Diese erhöhte Energiespeicherung durch den Planeten spielte eine wichtige Rolle bei dem beobachteten globalen Erwärmungstrend während dieses Zeitraums. Es ist absurd zu argumentieren, dass das gleichzeitige Auftreten der längsten Periode hoher Sonnenaktivität seit mindestens 600 Jahren und der Periode der stärksten Erwärmung seit mindestens 600 Jahren rein zufällig ist, wie es die IPCC-Berichte tun, wenn sie behaupten, dass die Sonne keinen Beitrag zur jüngsten Erwärmung geleistet hat.

Die Winterpförtner-Hypothese liefert eine umfassende Erklärung für die Rolle des modernen Sonnenmaximums bei der jüngsten globalen Erwärmung. Sie erklärt, warum Faktoren wie kleine Energieänderungen und Diskrepanzen zwischen Temperatur- und Sonnenaktivitätstrends unbedeutend sind. Der entscheidende Faktor ist die anhaltende überdurchschnittliche Sonnenaktivität über mehrere Jahrzehnte bis in die jüngste Vergangenheit. Der Effekt ist in der Arktis im Winter am stärksten ausgeprägt und führt zu einem Anstieg des Gesamtenergiegehalts des Klimasystems. Die Entwicklung der Oberflächentemperatur auf dem Rest des Planeten wird durch Veränderungen der Sonnenaktivität, aber auch durch andere Faktoren beeinflusst. Daher ist die alleinige Betrachtung der Entwicklung der Oberflächentemperatur kein zuverlässiger Weg, um den Einfluss der Sonne auf das Klima zu messen. Ein besserer Indikator für den solaren Einfluss auf das Klima ist die Häufigkeit kalter Winter in der nördlichen Hemisphäre oder die in der Arktis beobachtete Erwärmung im Winter.

Kasten 26. Eine Definition der Winterpförtner-Hypothese

Die Winterpförtner-Hypothese besagt, dass Veränderungen bei der Wärme und Feuchtigkeit, die im Winter die Polarregionen, insbesondere die Arktis, erreichen, eine wichtige Rolle beim Klimawandel spielen. Dies liegt daran, dass die winterlichen Polarregionen aufgrund des Mangels an atmosphärischem Wasserdampf, dem wichtigsten Treibhausgas der Erde, einen sehr geringen Treibhauseffekt haben. In Verbindung mit der fehlenden Sonneneinstrahlung führt dies zu einem effektiven Energieverlust in den Weltraum durch ausgehende Infrarotstrahlung. Folglich wirken sich Veränderungen im Wärmetransport in die Polarregionen im Winter auf das Energiebudget des Planeten aus. Die Arktis ist für diese Hypothese besonders wichtig, da ihr schwächerer Polarwirbel größere Schwankungen im Wärmetransport zulässt.

Jeder Faktor, der die zonale Zirkulation in der Atmosphäre, die Entstehung und Ausbreitung planetarer Wellen oder die Stärke des Polarwirbels beeinflusst, wirkt als Wirbelpförtner, der den Wärmetransport in die Arktis im Winter regulieren kann. Zu diesen Pförtnern gehören die quasi-biennale Oszillation, die El

Niño-Südliche Oszillation, Vulkanausbrüche, mehrdekadische Ozeanschwankungen (Variabilitätsmodi) und die Sonnenaktivität.

Der Effekt ist gering und von Jahr zu Jahr leicht umkehrbar und wirkt sich auf kurzfristige Wettermuster aus. Über mehrere Jahrzehnte hinweg wird der Klimaeffekt jedoch hauptsächlich durch multidekadische Ozeanschwankungen bestimmt. Diese Oszillationen bewirken erhebliche Veränderungen der Temperaturtrends und führen zu Klimaregimen, die sich nach einigen Jahrzehnten abrupt ändern. Über Zeiträume von einem Jahrhundert hinweg erweist sich die Sonnenaktivität als die dominierende Kraft, vor allem in Perioden lang anhaltender und ungewöhnlicher Aktivität über mehrere Jahrzehnte. Die Sonnenaktivität hat bei einigen der bemerkenswertesten Klimaereignisse des Holozäns eine wichtige Rolle gespielt und wesentlich zur Erwärmung beigetragen, die im 20. Jahrhundert seit 1935 beobachtet wurde. Auf einer tausendjährigen Zeitskala spielt die Sonnenaktivität eine entscheidende Rolle bei der Gestaltung großer Klimaperioden, die sich über mehrere Jahrhunderte erstrecken, da ihre langen Zyklen zu einer Häufung großer Sonnenminima führen, wie sie während der Kleinen Eiszeit auftraten.

Langfristige Veränderungen des Wärme- und Feuchtigkeitstransports zu den Polen, der Mechanismus hinter der Winterpförtner-Hypothese, sind auch die Grundlage für die drastischen Klimaveränderungen, die der Planet über Zehntausende bis Millionen von Jahren erlebt hat.

Über Zehntausende von Jahren trägt dieser meridionale Transportmechanismus zum Milankovitch-Glazialzyklus bei. Er übersetzt Änderungen der Erdschiefe in Änderungen des Wärmetransports in verschiedenen Breitengraden und ermöglicht so die notwendigen Anpassungen des Wärme- und Feuchtigkeitstransports, die für die Bildung oder das Schmelzen von Eisschilden erforderlich sind.

Auf einer Zeitskala von Millionen von Jahren war der meridionale Transportmechanismus entscheidend für den Übergang vom gleichmäßigen Klima des frühen Eozäns zur Eiszeit des späten Känozoikums. Dieser Wandel wurde durch Veränderungen in der Anordnung der Kontinente, der Ozeanpassagen und der Gebirgszüge vorangetrieben, die die Effizienz des polwärts gerichteten Wärmetransports erhöhten, was zu einer Abkühlung des Planeten und einer Eiszeit führte.

Das Erdklima funktioniert als thermodynamische Wärmekraftmaschine, ähnlich wie der Verbrennungsmotor in einem Auto (Abb. B26). Die Wärme wird hauptsächlich im Motorblock erzeugt, der den Tropen entspricht. Während ein Teil der Wärme direkt von diesem Motor abgestrahlt wird, befinden sich in den Polarregionen beider Hemisphären zwei Kühlsysteme, die mit Kühlern vergleichbar sind. Der Kühlprozess wird durch die von der Atmosphäre angetriebene Luft (die als Kühlventilator fungiert) und durch eine Kühlflüssigkeit im Ozean unterstützt. Um die Motortemperatur in akzeptablen Grenzen zu halten und eine Überhitzung zu vermeiden, regelt ein Thermostat das Kühlsystem, indem er die Wärmemenge, die zu den Kühlern geleitet wird, anpasst.

In ähnlicher Weise verfügt die Erde über zwei Kühlmechanismen, die sich aus ihrer axialen Neigung ergeben. Wenn mehr Wärme zu diesen Kühlmechanismen geleitet wird, kühlt sich der Planet ab, wenn weniger Wärme zu ihnen geleitet wird. Der arktische Kühlmechanismus ist aufgrund der hemisphärischen Asymmetrie der Erde besonders wirksam. In den letzten 50 Millionen Jahren hat seine erhöhte Effizienz zum Ausbruch der gegenwärtigen Eiszeit geführt. Seit dem Ende der Kleinen Eiszeit, insbesondere zwischen 1976 und 1997, wurde jedoch weniger Wärme in die Arktis geleitet, was zu einer weiteren Erwärmung führte. Während die menschlichen CO_2-Emissionen zu dieser Erwärmung beigetragen haben, bleibt der Einfluss der natürlichen Winterpförtnern auf die arktischen Temperaturen und Erwärmungstrends bedeutend. Daher kann ein Großteil der in den letzten Jahrzehnten beobachteten globalen Erwärmung auf natürliche Ursachen zurückgeführt werden.

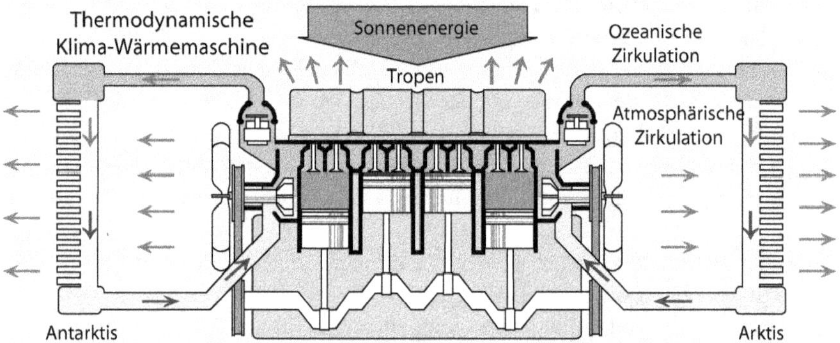

Abbildung B26. Die thermodynamische Klima-Wärmekraftmaschine hat zwei Kühler. Der arktische Kühler ist effizienter, weil er mehr Wärme aufnimmt.

Zusammengefasst

Nach 50 Jahren Forschung haben Wissenschaftler erfolgreich erklärt, wie sich Schwankungen der Sonnenaktivität auf die winterliche atmosphärische Zirkulation und den Polarwirbel auswirken. Das fehlende Puzzlestück ist jedoch das Verständnis, wie diese Effekte den globalen Klimawandel verursachen können. Die Winterpförtner-Hypothese verbindet Veränderungen im polwärts gerichteten Wärmetransport mit dem Energieverlust in der Arktis während des Winters. In Zeiten hoher Sonnenaktivität bildet sich ein starker Wirbel, der den polwärts gerichteten Transport und den Wärmeverlust am Winterpol verringert. Umgekehrt begünstigt eine geringe Sonnenaktivität den gegenteiligen Effekt. Der winterliche Pförtner-Effekt von Veränderungen der Sonnenaktivität hebt sich vom Hintergrundrauschen anderer Pförtner ab, wenn die Sonnenaktivität über mehrere Jahrzehnte hinweg erheblich vom Durchschnittswert abweicht. Die Auswirkungen auf das Klima werden tiefgreifend, wenn diese ungewöhnliche Aktivität 50 bis 200 Jahre lang anhält.

Nach dieser Hypothese führte das moderne Sonnenmaximum, das zwischen 1935 und 2000 stattfand, zu einem geringeren Energieverlust in der Arktis. Infolgedessen wurden die Abkühlungstendenzen verringert und die Erwärmungstendenzen verstärkt, was wesentlich zur beobachteten langfristigen Erwärmung während des 20. Jahrhunderts beitrug. Die Winterpförtner-Hypothese besagt, dass das Klima auf allen Zeitskalen auf Veränderungen in der Wärmemenge reagiert, die zu den Polen geleitet wird, und hilft, Phänomene wie den Glazialzyklus oder den Übergang von einer warmen Welt zu einer Eiszeit während des Känozoikums zu erklären.

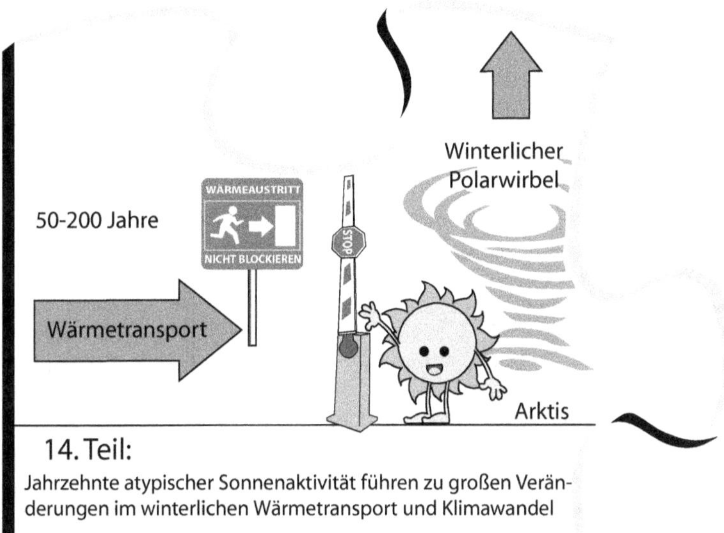

ABSCHNITT 11 SCHLÜSSELTHEMEN

Im Winter wird mehr Wärme in die Polarregionen transportiert, wo sie effizient ins All abgestrahlt wird. Die Bildung des Polarwirbels begrenzt diesen Verlust und reguliert den Klimawandel. In verschiedenen Klimaregimes ist der Wärmetransport unterschiedlich stark ausgeprägt, was mit einer unterschiedlichen Stärke des Polarwirbels einhergeht.

In jedem Winter tragen mehrere Faktoren zur Stärke oder Schwäche des Polarwirbels bei: die quasi-biennale Oszillation, die El Niño-Südliche Oszillation, die Sonnenaktivität, multidekadische ozeanische Schwingungen und Vulkanausbrüche. Um spürbare Klimaveränderungen zu beobachten, ist jedoch eine anhaltende Wirkung über mehrere Winter erforderlich. Dies kann nur durch Klimaregime erreicht werden, die durch multidekadische ozeanische Oszillationen oder anhaltende Änderungen der mittleren dekadischen Sonnenaktivität ausgelöst werden.

Wissenschaftler haben erklärt, wie Schwankungen der Sonnenaktivität die winterliche atmosphärische Zirkulation und den Polarwirbel beeinflussen. Die Winterpförtner-Hypothese erklärt, wie sie das Klima verändern, indem sie die Energiemenge verändern, die in der Arktis aufgrund von Veränderungen im polwärts gerichteten Wärmetransport verloren geht. Die Wirkung ist kumulativ und zeitabhängig, es dauert Jahrzehnte, bis sie sich bemerkbar macht. So trug das 70-jährige Sonnenmaximum der Neuzeit erheblich zur globalen Erwärmung des 20. Jahrhunderts bei.

Abschnitt 12. Die Beweise

KAPITEL 42
BEWEISE FÜR DIE ROLLE DER SONNE ALS PFÖRTNERIN

Die Sonnenaktivität wirkt sich direkt auf den Polarwirbel aus, der wiederum den Wärmetransport in die Arktis im Winter beeinflusst. Für diesen Zusammenhang gibt es mehrere Anhaltspunkte. Die Sonnenaktivität spielt eine Rolle bei der Bestimmung der Temperatur der polaren Stratosphäre und bei der Regulierung der atmosphärischen Zirkulation im Winter, die die Rotation des Planeten beeinflusst. Diese Regulierung erfolgt durch die Veränderung der Ausbreitung planetarer Wellen, die die Stärke der polaren Wirbel beeinflussen. Wenn die Sonnenaktivität geringer ist, haben diese wichtigen Wellen eine größere Amplitude, was zu einem schwächeren Wirbel führt. Die Bedeutung dieses solaren Modulationsmechanismus zeigt sich in der umgekehrten Beziehung zwischen Sonnenaktivität und arktischen Temperaturen. Diese Beziehung wird seit über 4.000 Jahren in Klimamessungen beobachtet und hat zur Abkühlung Grönlands zwischen den 1970er und 1990er Jahren sowie zu einem Großteil der seit 1997 beobachteten Erwärmung der Arktis beigetragen. Darüber hinaus beeinflusst die Sonnenaktivität die Häufigkeit extrem kalter Winter in den mittleren Breiten der nördlichen Hemisphäre.

Die Sonne im Winter Pförtner-Hypothese

Die Winterpförtner-Hypothese führt mehrere neue Ideen ein:

* Der Klimawandel wird in erster Linie durch anhaltende Veränderungen in der Menge an Wärme und Feuchtigkeit angetrieben, die im Winter in die Arktis transportiert wird.
* Diese Wärme entweicht in der arktischen Region leicht aus dem Planeten und beeinträchtigt das Energiebudget der Erde. Dies ist auf den geringen Treibhauseffekt zurückzuführen, der durch den Mangel an Wasserdampf verursacht wird.
* Schwankungen in der Entstehung und Ausbreitung planetarer Wellen wirken sich auf die Stärke des Polarwirbels und damit auf den polwärts gerichteten Wärmetransport aus.
* Zahlreiche Faktoren, so genannte Pförtner, tragen zu diesem Mechanismus bei und beeinflussen folglich den Klimawandel.
* Unter den verschiedenen natürlichen Ursachen des Klimawandels auf hundertjährigen Zeitskalen erweist sich die Sonnenvariabilität durch diesen besonderen Mechanismus als der wichtigste Faktor.

Diese Hypothese wird durch den Nachweis gestützt, dass Veränderungen im Wärmetransport zu den Polen erhebliche Auswirkungen auf das Gesamtenergiebudget des Planeten haben. Darüber hinaus gibt es überzeugende Hinweise darauf, dass die Sonne eine entscheidende Rolle bei der Regulierung der Stärke des Polarwirbels und des Wärmetransports spielt. In diesem Kapitel werden wir die Beweise für die Rolle der Sonnenaktivität in diesem Zusammenhang überprüfen.

Beweise für den Prozess, durch den die Sonnenaktivität das Klima beeinflusst

In diesem Buch haben wir durchweg überzeugende Beweise dafür vorgelegt, dass die Sonnenaktivität als Pförtner fungiert und die im Winter in die Arktis transportierte Wärmemenge reguliert, indem sie die Stärke des Polarwirbels beeinflusst. Einer der frühesten Belege stammt aus der bahnbrechenden Forschung von Karin Labitzke aus dem Jahr 1987, die in Kasten 23 (Abb. B23, Kap. 29) besprochen wird. Labitzke wies in ihrer Arbeit den Einfluss der Sonnenaktivität auf die Wintertemperatur der polaren Stratosphäre nach. Wenn man bedenkt, dass diese Temperatur direkt durch den Wärmetransport durch den Polarwirbel beeinflusst wird (Kap. 39), wird der Zusammenhang zwischen Sonnenaktivität und der Stärke des Polarwirbels deutlich.

In den Kapiteln 11 und 16 haben wir den erhöhten Bedarf an Wärmetransport zu den Polen während des Winters erörtert, der die atmosphärische Zirkulation intensiviert und die Rotationsrate der Erde beeinflusst. Wie in Kapitel 30 erörtert, haben Forschungen, die bis in die 1970er Jahre zurückreichen, eine eindeutige Beziehung zwischen der Sonnenaktivität und der Erdrotationsrate während der Wintersaison hergestellt (Abb. 47, Kap. 30). Darüber hinaus wurde bereits 1988 beobachtet, dass die Sonnenaktivität einen erheblichen Einfluss auf die winterliche troposphärische Zirkulation in der nördlichen Hemisphäre hat, vor allem wenn man den Einfluss der quasi-biennale Oszillation, einem weiteren Pförtner, berücksichtigt.[313] Durch die Beeinflussung der Erdrotation liefert die Sonnenaktivität einen weiteren Beweis für ihren Einfluss auf die winterliche atmosphärische Zirkulation und den durch diese Zirkulation ermöglichten polwärts gerichteten Wärmetransport.

1974 stellte Colin Hines eine überzeugende Idee vor, wie die Sonnenaktivität das Klima beeinflussen könnte, indem sie die Stärke des Wirbels, die winterliche atmosphärische Zirkulation und die Rotationsgeschwindigkeit des Planeten beeinflusst.[314] Hines schlug vor, dass Sonnenschwankungen das Klima wahrscheinlich durch Veränderungen in der Ausbreitung planetarer Wellen beeinflussen würden, wobei er deren Bedeutung in mittleren und hohen Breitengraden während des Winters hervorhob. Obwohl die Untersuchung planetarer Wellen schwierig ist, gibt es Hinweise darauf, dass die Sonnenaktivität die Ausbreitung dieser Wellen in der unteren Stratosphäre zwischen 55°N und 75°N beeinflusst (Abb. 67).[315] Während die quasi-biennale Oszillation bei den periodischen Schwankungen des planetarischen Wellenflusses alle 2-3 Jahre eine spürbare Rolle spielt, bleibt der Einfluss der Sonnenaktivität eindeutig. Die Autoren der Studie kommen zu dem Schluss, dass die Amplitude der planetarischen Wellen mit dem 11-jährigen Sonnenzyklus zusammenhängt. Die Amplitude nimmt in Zeiten hoher Sonnenaktivität ab und in Zeiten geringer Sonnenaktivität zu. Dies bedeutet, dass der Sonneneffekt für etwa 25 % der

---

[313] van Loon, H. & Labitzke, K., 1988. J. Clim. 1 (9), pp.905-920.
doi.org/10.1175/1520-0442(1988)001<0905:ABTYSC>2.0.CO;2
[314] Hines, C.O., 1974. J. Atmos. Sci. 31 (2), pp.589-591.
doi.org/10.1175/1520-0469(1974)031<0589:APMFTP>2.0.CO;2
[315] Powell Jr., A.M. & Jianjun, X., 2011. J. Atmos. Sol. Terr. Phys. 73 (7-8), pp.825-838.
doi.org/10.1016/j.jastp.2011.02.001

Schwankungen in der Wellenamplitude verantwortlich sein könnte, was angesichts der relativ geringen Veränderung der Sonnenenergie recht bedeutend ist.

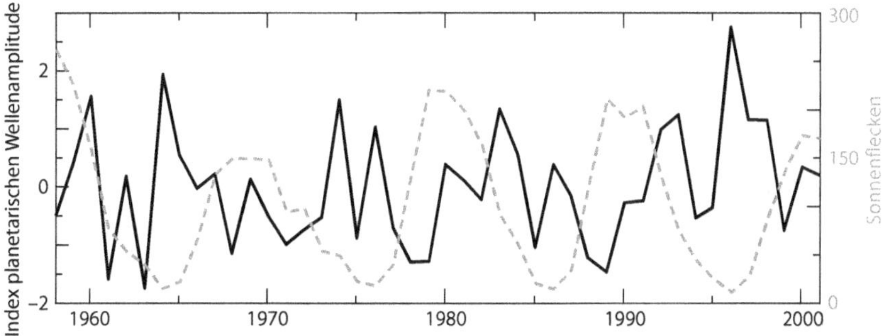

Abbildung 67. Sonnenzyklus und Amplitude der planetarischen Wellen.

Die vorliegenden Beweise unterstützen nachdrücklich jeden Aspekt der Hypothese, wie die Sonnenaktivität das Klima beeinflusst. Bei hoher Sonnenaktivität nimmt die Amplitude der planetarischen Wellen ab, was zu einem stärkeren Wirbel, keiner nennenswerten Verstärkung der winterlichen atmosphärischen Zirkulation, keiner Auswirkung auf die Erdrotation und weniger Wärme in der Arktis führt. Umgekehrt steigt bei geringer Sonnenaktivität die Amplitude der planetarischen Wellen, was zu einem schwächeren Wirbel, einer Intensivierung der winterlichen atmosphärischen Zirkulation, einer Beschleunigung der Erdrotation und einer größeren Wärmemenge führt, die die Arktis erreicht. Es ist wichtig anzumerken, dass dieser Effekt nicht jeden Winter auftritt, da er von anderen Faktoren beeinflusst wird, insbesondere von der quasi-biennale Oszillation und der El Niño-Südlichen Oszillation.

Mit diesem Verständnis müssen wir uns nun auf die Untersuchung der klimatischen Folgen von Veränderungen der Sonnenaktivität durch diesen Mechanismus konzentrieren.

Beweise für die klimatischen Auswirkungen der Sonnenaktivität (I). Arktische Wintertemperatur

Wissenschaftler suchen seit mehr als hundert Jahren nach Beweisen für den Einfluss der Sonne auf das Klima, allerdings nicht an der besten Stelle, um sie zu finden. Der Haupteinfluss der solaren Variabilität liegt in ihrer Fähigkeit, den Wärmetransport in die Arktis zu verändern, wobei der stärkste Effekt im Winter auftritt. Folglich führt dieser veränderte Wärmetransport zu wärmeren Wintern in der Arktis und kälteren Wintern in den mittleren Breiten der nördlichen Hemisphäre aufgrund der geringeren Sonnenaktivität. Die Wissenschaftler haben nicht nach einem solaren Effekt auf die Arktis im Winter gesucht, weil es dann kein Sonnenlicht gibt, aber wir sollten unsere Suche nach Beweisen auf die arktischen Wintertemperaturen und die kalten Winter in den mittleren Breiten konzentrieren.

Es ist wichtig, darauf hinzuweisen, dass eine exakte Übereinstimmung zwischen der Sonnenaktivität und dem Winterwetter in mittleren und hohen Breiten nicht zu erwarten ist, da der polwärts gerichtete Wärmetransport auch von Faktoren wie der quasi-biennale Oszillation, der El Niño-Südlichen Oszillation, Vulkanausbrüchen und mehrdekadischen Ozeanschwankungen beeinflusst wird. Dennoch sollten die langfristigen Trends und Veränderungen des Winterklimas mit einem signifikanten solaren Einfluss vereinbar sein.

Eine der interessantesten wissenschaftlichen Klimadebatten des 21. Jahrhunderts ist die Beziehung zwischen der arktischen Verstärkung und dem Auftreten von kaltem Winterwetter in den mittleren Breiten. Seit 1997 sind die arktischen Wintertemperaturen im Vergleich zum globalen Durchschnitt immer schneller gestiegen (Abb. 68a). Im gleichen Zeitraum haben sich die winterlichen Landtemperaturen im östlichen Nordamerika und im östlichen Eurasien nur minimal erhöht, was mit einer Zunahme schwerer Winterwetterereignisse einherging. Diese Divergenz zwischen den Temperaturtrends in der Arktis und in den mittleren Breiten hat die Wissenschaftler verblüfft, da sie von den Klimamodellen nicht vorhergesagt wurde. Die Autoren einer Studie betonen: *„Dies ist der stärkste Beobachtungsbeweis dafür, dass ein nicht berücksichtigter Prozess die durch Treibhausgase verursachte Erwärmung in den mittleren Breiten der nördlichen Hemisphäre ausgleicht.“*[316] Dieser nicht berücksichtigte Prozess ist der indirekte solare Antrieb, das Aschenputtel der Klimastudien. Er macht einen Großteil der Arbeit hinter den Kulissen, bleibt für die meisten unsichtbar und wird nicht gewürdigt.

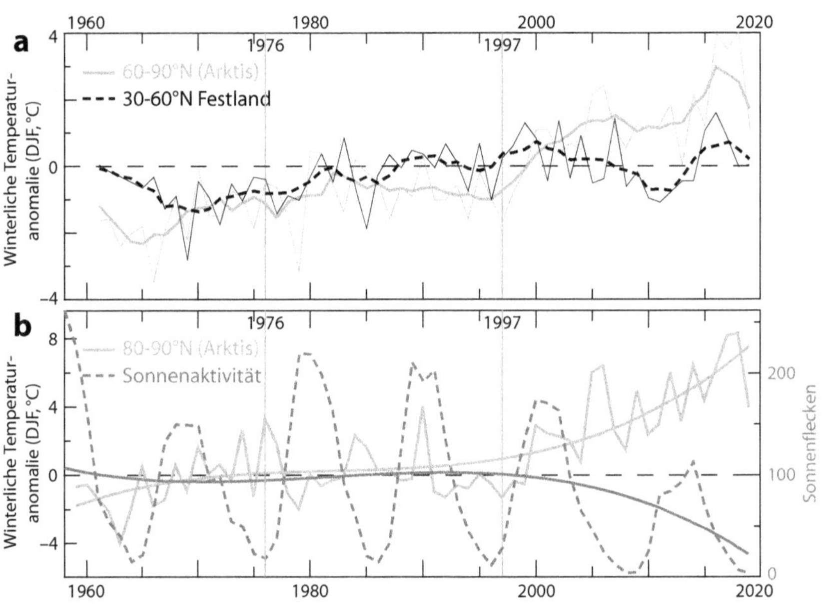

Abbildung 68. Jüngste Erwärmung der Arktis und Sonnenaktivität. a) Unterschiedliche Trends bei den Wintertemperaturen in der Arktis (durchgezogene graue Linie) und den Wintertemperaturen an Land in mittleren Breiten (gestrichelte schwarze Linie) seit 1997. b) Gegenläufige Trends bei den Wintertemperaturen in der Arktis (durchgezogene graue Linie) und der Sonnenaktivität (gestrichelte schwarze Linie).[317]

---

[316] Cohen, J., et al., 2020. Nat. Clim. Change, 10 (1), pp.20-29.
    doi.org/10.1038/s41558-019-0662-y
[317] Arktische Temperaturdaten vom Dänischen Meteorologischen Institut.
    ocean.dmi.dk/arctic/meant80n_anomaly.uk.php Solardaten von SILSO.
    www.sidc.be/SILSO/home

Um das verborgene Aschenputtel der Klimastudien aufzudecken, können wir uns einem seiner aufschlussreichen Glaspantoffeln zuwenden - der arktischen Wintertemperatur. Wenn wir die Trends seit 1960 betrachten, sehen wir einen klaren Kontrast zwischen der arktischen Wintertemperatur und der Sonnenaktivität (Abb. 68b). Sie haben sich entgegengesetzt entwickelt, und ihre Divergenz ist seit 1997 besonders ausgeprägt. Die Sonnenaktivität hat in diesem Zeitraum deutlich abgenommen, während die Erwärmung der Arktis deutlich zugenommen hat.

Außerdem fiel die vorangegangene Periode der starken Erwärmung der Arktis in den 1920er Jahren (Abb. 53, Kap. 34) mit einer Periode geringer Sonnenaktivität zusammen, da das moderne Sonnenmaximum erst um 1935 begann.

Paläoklimadaten liefern überzeugende Beweise dafür, dass die umgekehrte Beziehung zwischen Sonnenaktivität und arktischem Klima kein Zufall ist, der sich auf zwei isolierte Zeiträume in den letzten hundert Jahren beschränkt. Die Ergebnisse von zwei Bohrkernen sind besonders aufschlussreich. Der eine, in der Nähe des Golfs von Alaska in der nordpazifischen Sturmbahn gelegen, liefert einen Anhaltspunkt für die Temperatur, während der andere, in der Tschuktschensee gelegen, einen Anhaltspunkt für die Meereisbedeckung liefert.[318] Beide Kerne sind empfindlich für den polwärts gerichteten Wärmetransport in die Arktis durch das Bering-Tor. Abbildung 69 vergleicht die Daten dieser Proxies mit der Sonnenaktivität aus einer Rekonstruktion der letzten 800 Jahre.[319]

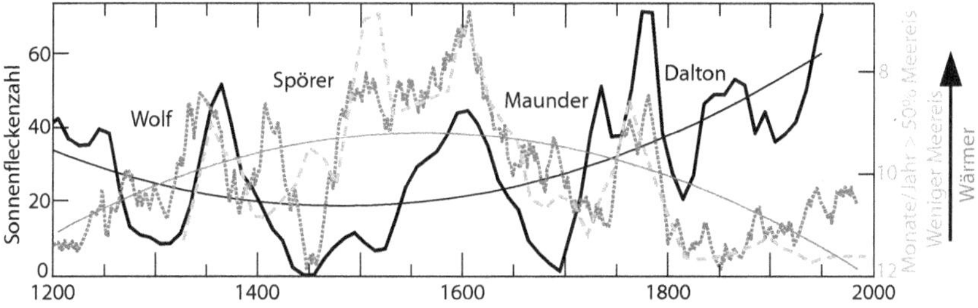

Abbildung 69 Beziehung zwischen Sonne und Klima entlang der Beringpforte während der Kleinen Eiszeit. Die Daten zur Sonnenaktivität werden durch eine durchgezogene schwarze Linie mit quadratischer Regression (dünne schwarze Linie) dargestellt. Die Alaska-Eiskerntemperaturdaten werden durch eine gepunktete mittelgraue Linie mit quadratischer Regression (dünne graue Linie) dargestellt. Die gestrichelte hellgraue Linie stellt die invertierten Eisbedeckungsdaten der Tschuktschensee dar. Die Namen entsprechen den Sonnenminima.

Die Beziehung zwischen den beiden Klimakomponenten und der Sonnenaktivität ist eindeutig, aber der Effekt ist das Gegenteil von dem, was man erwarten könnte. Als die Sonnenaktivität im Vorfeld des Spörer-Minimums abnahm, kam es zu einem deutlichen Erwärmungstrend und einem erheblichen Rückgang der Meereisbedeckung in der Region Alaska. Proxy-Aufzeichnungen deuten darauf hin, dass um 1500 in der Region Alaska viel höhere Temperaturen

---

[318] Porter, S.E., et al., 2019. J. Geophys. Res. Atmos. 124 (20), pp.10784-10801.
   doi.org/10.1029/2019JD031023
[319] Wu, C.J., et al., 2018. Astron. Astrophys. 615, S.A93.
   doi.org/10.1051/0004-6361/201731892

herrschten und die Tschuktschensee viel weniger Meereis aufwies als heute. Nach 1700 jedoch, als die Sonnenaktivität zuzunehmen begann, kam es zu einer deutlichen Abkühlung und einer Zunahme der Meereisbedeckung.

Die einfachste Erklärung für die Erwärmung dieser Region während der Kleinen Eiszeit, als sich der größte Teil des Planeten abkühlte, ist, dass eine beträchtliche Wärmemenge aus dem Pazifischen Ozean durch diese Region in die Arktis transportiert wurde. Die Region in den hohen Breitengraden wurde durch einen großen Wärmezufluss aus dem Süden ungewöhnlich warm.

Eine weitere Studie liefert überzeugende Beweise dafür, dass die anomal niedrigen Temperaturen in Grönland von den 1970er bis zu den frühen 1990er Jahren durch das moderne Sonnenmaximum verursacht wurden.[320] Führende Forscher auf dem Gebiet der Paläoklimatologie rekonstruierten die Temperaturmuster Grönlands in den vergangenen Jahrtausenden und verglichen sie mit Temperaturrekonstruktionen aus der nördlichen Hemisphäre. Die Ergebnisse stützen frühere Schlussfolgerungen, wonach die Sonnenvariabilität in den letzten 4.000 Jahren mit signifikant entgegengesetzten Temperaturanomalien in Grönland korreliert. Mit anderen Worten: Als die Sonnenaktivität abnahm (zunahm), kam es in Grönland zu einer Erwärmung (Abkühlung).

Überraschenderweise versäumten es die Autoren, eine offensichtliche Verbindung zwischen der jüngsten Erwärmung Grönlands seit 1997 und der in den letzten zwei Jahrzehnten beobachteten geringeren Sonnenaktivität herzustellen. Da der Titel der Arbeit besagt, dass die Abkühlung Grönlands im späten 20. Jahrhundert durch das moderne Sonnenmaximum erzwungen wurde, folgt daraus logischerweise, dass das Ende des Sonnenmaximums zu einem Teil der dort im 21. Jahrhundert beobachteten Erwärmung beigetragen hat. Dieses Versehen verdeutlicht eine voreingenommene Perspektive innerhalb der modernen Klimatologie, in der der solare Antrieb nur zur Erklärung von Anomalien herangezogen wird, die nicht durch den Treibhausgasantrieb erklärt werden können.

Wir können getrost feststellen, dass der erste Glaspantoffel der solaren Variabilität, das Aschenputtel der Klimaforschung, perfekt passt. Der Pförtner-Effekt der Sonnenaktivität auf den Wärmetransport hat die Temperaturen in der Arktis in den letzten 4.000 Jahren stark beeinflusst. Auch heute noch ist sie der wichtigste Faktor für das Klima in der Region.

Beweise für die klimatischen Auswirkungen der Sonnenaktivität (II). Extremes Winterwetter in den mittleren Breiten

Der zweite gläserne Schuh des Klima-Aschenputtels löst die oben erwähnte wissenschaftliche Debatte: die Divergenz in den winterlichen Temperaturtrends zwischen der Arktis und den mittleren Breiten, die die Klimamodelle nicht vorhersagen konnten. Es ist nicht leicht zu verstehen, warum dies ein Problem ist. Wenn sich die Arktis im Winter erwärmt, bedeutet dies einen Zustrom warmer Luft. Folglich muss die von dieser warmen Luft verdrängte kalte Luft in Richtung der mittleren Breiten wandern, was zu kälteren Wintern in diesen Regionen führt. Warum also sind die Wissenschaftler über dieses Phänomen verwirrt?

Ihre Verwirrung rührt daher, dass sie sich zu sehr auf Klimamodelle verlassen, denen wesentliche Eigenschaften des Wärmetransports fehlen, so dass sie keine

---

[320] Kobashi, T., et al., 2015. Geophys. Res. Lett. 42 (14), pp.5992-5999. doi.org/10.1002/2015GL064764

eindeutige Erklärung liefern können. Diese Modelle können die arktische Verstärkung nicht als ein Wärmetransportphänomen interpretieren. Infolgedessen suchen die Wissenschaftler nach Antworten in den unvorhergesehenen Folgen des Meereisverlustes oder möglichen stratosphärischen Zusammenhängen, anstatt die offensichtlicheren Auswirkungen der Wärmeumverteilung zu erkennen.

Nach der Winterpförtner-Hypothese sollte ein deutlicher Rückgang der Sonnenaktivität den Polarwirbel schwächen, was zu einer Wintererwärmung in der Arktis und einer Winterabkühlung in den mittleren Breiten führen würde. Bemerkenswerterweise haben die Forscher genau dies beobachtet. Die Arktis hat sich erwärmt, während in den mittleren Breiten der nördlichen Hemisphäre seit 1997 immer häufiger extreme Winter vorkommen, was den Einfluss der Sonne auf unser Klima verdeutlicht. Die sich ändernde Häufigkeit kalter Winter in den mittleren Breiten ist der zweite gläserne Schuh in unserem Klima-Aschenputtel-Märchen.

Abbildung 70 zeigt den Prozentsatz der Landfläche zwischen 20°N und 50°N, in der die Wintermonate kälter waren als eine Standardabweichung unter dem Mittelwert von 1951-1980 (schwarze Linie).[321] Mit dem Beginn der globalen Erwärmung im Jahr 1976 nahm die Häufigkeit der kalten Winter deutlich ab. Dieser Rückgang stimmt sowohl mit der Hypothese des verstärkten CO_2-Effekts als auch mit der Hypothese des geringen Transports zwischen 1976 und 1997 im Rahmen der Winterpförtner-Hypothese überein. Beide dürften bei diesem Phänomen eine Rolle gespielt haben.

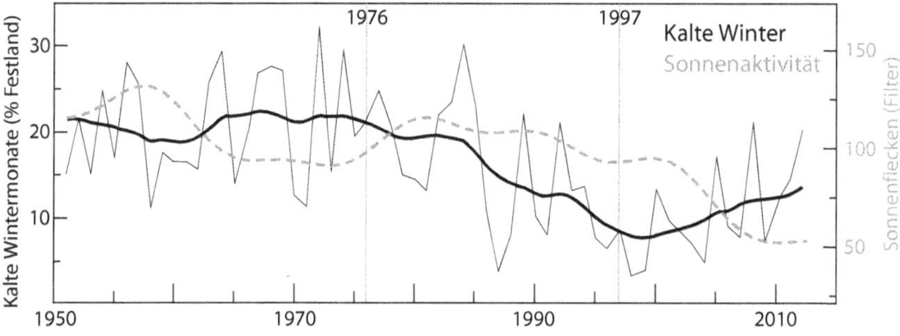

Abbildung 70. Sonnenaktivität und Häufigkeit von kalten Wintern. Die durchgezogene schwarze Linie zeigt den prozentualen Anteil des Landes mit einem kalten Winter in den mittleren Breiten der Nordhemisphäre. Die gestrichelte graue Linie ist eine Gaußsche Glättung der Sonnenfleckenzahl.

Seit 1998 hat die Häufigkeit kalter Winter jedoch zugenommen, und nur die Winterpförtner-Hypothese bietet eine plausible Erklärung für dieses Phänomen. Verschiedene Faktoren können den polwärts gerichteten Wärmetransport beeinflussen, aber es gibt eine klare Korrelation, wenn wir die Häufigkeit kalter Winter in den mittleren Breiten mit der Sonnenaktivität vergleichen. Abbildung 70 zeigt die interdekadische Variabilität der Sonnenaktivität durch Glättung der Sonnenfleckenzahl (dargestellt durch die gestrichelte graue Linie). Es fällt auf, dass die Häufigkeit kalter Winter einen entgegengesetzten Trend aufweist, wenn die Sonnenaktivität auf interdekadischen Zeitskalen rasch zu-

---

[321] Cohen, J., et al., 2014. Nat. Geosci. 7 (9), pp.627-637. doi.org/10.1038/NGEO2234

nimmt oder abnimmt. Diese auffällige Korrelation lässt die beiden markanten Kurven in Abbildung 70 als verzerrte Spiegelungen der jeweils anderen erscheinen. Die umgekehrte Korrelation ist nicht genauer, da andere Faktoren zum Klimatrend beitragen.

Abschließend können wir feststellen, dass auch der zweite Glaspantoffel der solaren Variabilität, das Aschenputtel des Klimas, perfekt passt. Der Pförtner-Effekt der Sonnenaktivität auf den Wärmetransport hat tatsächlich die Häufigkeit kalter Winter in den mittleren Breiten der nördlichen Hemisphäre beeinflusst, und dieser Einfluss hält an.

Mit ihren zwei Glasschuhen kann dieses Aschenputtel tanzen. Der Einfluss der Sonne auf das Klima ist nicht das, was wir uns vorgestellt haben, aber er ist für den Klimawandel sehr relevant.

Zusammengefasst

Die Sonnenaktivität ist für die Veränderung der Stratosphäre verantwortlich und beeinflusst dadurch die Ausbreitung planetarischer Wellen. Diese Wellen tragen eine große Menge an Energie und Schwung in sich, die, wenn sie den Polarwirbel erreichen, diesen schwächen und dafür sorgen, dass im Winter mehr Wärme in die Arktis gelangt. Dieses Phänomen wird verstärkt, wenn die Sonnenaktivität gering ist, wie es in den letzten Jahrzehnten der Fall war. Infolgedessen führt der erhöhte Wärmeeintrag zu einer Erwärmung der Arktis und zu einem Ausstoß kalter Polarluft, was zu einer höheren Häufigkeit extrem kalter Winterepisoden in den mittleren Breiten der nördlichen Hemisphäre führt. Obwohl diese Veränderungen in jüngster Zeit beobachtet wurden, wurden sie nicht auf den Rückgang der Sonnenaktivität zurückgeführt. Die unerwartete Zunahme der Häufigkeit extremer Winterkälte hat die Wissenschaftler überrascht, da sie von den Klimamodellen nicht vorhergesagt worden war. Die umgekehrte Beziehung zwischen Sonnenaktivität und arktischen Temperaturen besteht jedoch seit mindestens 4.000 Jahren, wie Klimaproxydaten zeigen. Sie kann nur durch den variablen Wärmetransportmechanismus erklärt werden, der auf die Sonnenaktivität reagiert.

15. Teil:
Arktische Temperaturen und die Häufigkeit kalter Winter auf der Nordhalbkugel sind zwei Glaspantoffeln, die das Aschenputtel des Klimas offenbaren

KAPITEL 43
WÄRMETRANSPORT VERÄNDERT DAS ENERGIEBUDGET

Die Winterpförtner-Hypothese besagt, dass Veränderungen in der Wärme-menge, die im Winter in die Arktis transportiert wird, eine wichtige Rolle für den Klimawandel spielen. Für diese Hypothese wurden Belege für drei Haupt-aspekte gefunden. Erstens wirken sich Änderungen im Wärmetransport auf die Energieverteilung aus, wie die unterschiedlichen Temperaturtrends in ver-schiedenen Breiten aufgrund von Änderungen in der Stärke des Polarwirbels zeigen. Zweitens wirken sich diese Veränderungen auf das Muster der Infraro-temissionen aus, wie bei der Analyse der ausgehenden langwelligen Strahlung in der Arktis festgestellt wurde. Und schließlich führt das veränderte Emissi-onsmuster zu Veränderungen im planetarischen Energiebudget, was sich in Veränderungen des Energiegleichgewichts der Erde und der Erwärmung der Ozeane zeigt. Folglich ist die Winterpförtner-Hypothese eine brauchbare Er-klärung für den Klimawandel.

Tragfähigkeit der Hypothese des Winter Pförtner

Der erste Teil des Buches besteht aus 16 Kapiteln, die sich mit den Prozessen befassen, durch die der Planet seine Energie gewinnt, sie durch das Klimasystem zirkulieren lässt und sie wieder in den Weltraum abgibt. Auch wenn dieses The-ma vielen unaufgeregt erscheinen mag, ist es doch eine grundlegende Basis für das Verständnis des Klimawandels. Das Verständnis der Energiedynamik ist von entscheidender Bedeutung, denn jede Hypothese, die den Klimawandel zu erklä-ren versucht, muss die notwendigen Energieänderungen berücksichtigen. Im All-gemeinen kann sich das globale Klima nicht wesentlich verändern, ohne dass sich die Energie, die es enthält, entsprechend verändert. Die Energieveränderun-gen müssen also mit den Vorhersagen der Hypothese übereinstimmen.

Deshalb hat sich seit den 1960er Jahren keine glaubwürdige Alternative zur Hypothese des verstärkten CO_2 Effekts herausgebildet. Milankovitchs Orbital-Theorie der Vergletscherung erklärt die Energieänderungen, die den Glazialzy-klus antreiben, aber die allmählichen orbitalen Änderungen reichen nicht aus, um wesentliche Klimaänderungen zu erklären, die innerhalb weniger Jahrhun-derte auftreten. Einige der vorgeschlagenen Alternativen reichen nicht aus, um die erforderlichen Energieveränderungen zu erklären, während andere noch nicht durch die verfügbaren Beweise gestützt werden.

Der Winter-Pförtner ist eine thermodynamische Hypothese, die sich auf den Wärmetransport innerhalb des Klimasystems konzentriert. Sie wird durch den Nachweis gestützt, dass sich Veränderungen im Wärmetransport direkt auf den Energiegehalt des Planeten auswirken. Ich habe Tausende wissenschaftlicher Arbeiten auf der Suche nach Beweisen durchgesehen, die die Hypothese un-wirksam machen oder mit unserem Wissen darüber, wie sich das Klima in der Vergangenheit verändert hat oder in der Gegenwart verändert, unvereinbar sind. Diese Bemühungen waren jedoch erfolglos, was die Robustheit der Hy-pothese und ihre Fähigkeit unterstreicht, den vergangenen Klimawandel um-fassend zu erklären.

Veränderungen im Verkehr verändern die Energieverteilung

Im größten Teil des Buches haben wir zahlreiche Belege für die Rolle multidekadischer ozeanischer Oszillationen bei der Gestaltung von Klimaregimen und der Auslösung abrupter Verschiebungen untersucht. Diese Oszillationen spiegeln Veränderungen der Wärmetransportbedingungen wider, wie die in den Kapiteln 13 (Abb. B9), 17 (Abb. 26 & 27), 19 (Abb. 30 & 31), 31-33 (Abb. 48, 50 & 51), 37 (Abb. 58), 39 (Abb. 61), 40 (Abb. 64) und 42 (Abb. 68 & 70) diskutierten Ergebnisse belegen.

Ein weiteres Indiz für diese Annahme sind die bemerkenswerten Unterschiede bei den Erwärmungsraten in den verschiedenen Breitengraden der Nordhemisphäre. Es ist ein starker Kontrast zwischen dem niedrigen Transportregime von 1976 bis 1997 und dem anschließenden hohen Transportregime seit 1997 zu beobachten. Diese Diskrepanz wird in Abbildung 71a veranschaulicht, die die unterschiedlichen Temperaturtrends an der Oberfläche und in der unteren Troposphäre in verschiedenen Breitengraden für einen Zeitraum mit geringem Transport (1985-1997) und einen Zeitraum mit hohem Transport (2002-2013) zeigt. Die Autoren der Studie bezeichnen diese Zeiträume als „Pre-Hiatus"- bzw. „Hiatus"-Regime, wobei „Hiatus" die wissenschaftliche Bezeichnung für die Pause ist.[322]

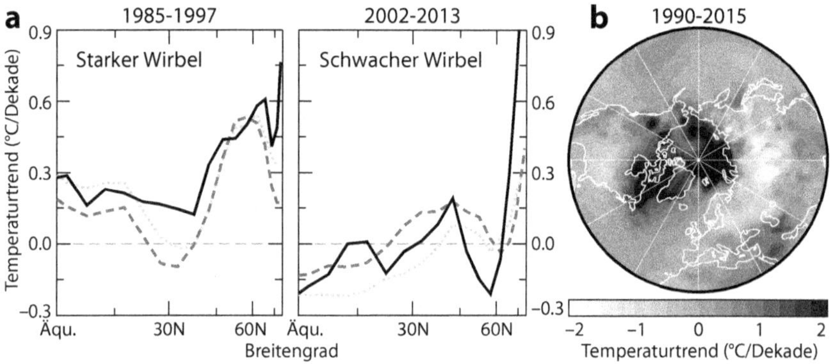

Abbildung 71. Veränderungen des Wärmetransports verändern seine Verteilung. a) Trends der Oberflächentemperatur und der Temperatur der unteren Troposphäre in Abhängigkeit vom Breitengrad für zwei Zeiträume. Die schwarze durchgezogene Linie entspricht den Oberflächentemperaturdaten, während die unterbrochenen grauen Linien zwei Satellitendaten der unteren Troposphäre darstellen.[323] Die horizontale Achse ist proportional zum Sinus des Breitengrades, um das Verhältnis Fläche/Breitengrad widerzuspiegeln. b) Trends der Oberflächentemperatur im Winter für einen Zeitraum, in dem die meisten Jahre eine schwache Polarwirbelkonfiguration aufwiesen.

Betrachtet man die gleichbleibende Menge an Sonnenenergie, die in einem bestimmten Breitengrad von Jahr zu Jahr empfangen wird, so wird deutlich, dass die beobachteten bemerkenswerten Temperaturschwankungen in erster Linie auf

---

[322] Gleisner, H., et al., 2015. Geophys. Res. Lett. 42 (2), pp.510-517.
doi.org/10.1002/2014GL062596

[323] Die schwarze Linie stammt aus HadCRUT4-Daten. Die gestrichelte mittelgraue Linie stammt aus UAH-Daten. Die gepunktete hellgraue Linie stammt aus RSS-Daten.

Unterschiede im Wärmetransport zurückzuführen sind. In Zeiten mit starkem Polarwirbel und geringem Transport wird nördlich von 60°N weniger Wärme transportiert, was zu einer stärkeren Erwärmung in den mittleren und niedrigen Breiten südlich des Polarwirbels führt. Umgekehrt wird in Zeiten eines schwachen Polarwirbels und eines starken Transports mehr Wärme in Richtung der Pole transportiert, was zu einer verstärkten Erwärmung in der Arktis führt. Dieser verstärkte Transport führt jedoch auch zu einer spürbaren Abkühlung in den mittleren Breiten durch den Austausch von Luftmassen mit den höheren Breiten.

Eine andere Studie liefert wertvolle Erkenntnisse über den Einfluss des Polarwirbels auf die Temperaturentwicklung und das daraus resultierende Auftreten von Kälteextremen in den mittleren Breiten.[324] Abbildung 71b aus dieser Studie bietet eine visuelle Darstellung, die die Regionen hervorhebt, in denen sich unterschiedliche winterliche Temperaturtrends während eines schwachen Polarwirbels und einer Periode mit hohem Transport manifestieren. Insbesondere zeigen die Ergebnisse ein faszinierendes Phänomen, bei dem kalte arktische Luft nach Eurasien und ins östliche Nordamerika getrieben wird. Dieses Ereignis kann auf den Zustrom warmer, feuchter Luft in die Arktis aus den Ozeanbecken und den westlichen Regionen Nordamerikas zurückgeführt werden.

Aus den Beobachtungen lässt sich schließen, dass Veränderungen im polwärts gerichteten Wärmetransport die Wärmeverteilung im Klimasystem erheblich beeinflussen und zu unterschiedlichen Temperaturtrends führen. Diese Unterschiede in der Wärmeverteilung machen sich vor allem im Winter bemerkbar und hängen eng mit den Schwankungen der Stärke des Polarwirbels zusammen.

Die veränderte Wärmeverteilung verändert die Strahlungsemissionen nach außen

Als sich die Arktis 1997 zu erwärmen begann, kam es logischerweise zu einem Anstieg der ausgehenden Infrarotstrahlung. Abbildung 72 zeigt die Daten über die ausgehende langwellige Strahlung in der Zone 70-90°N am Obergrenze der Atmosphäre, und ihre Analyse ist sehr aufschlussreich.[325]

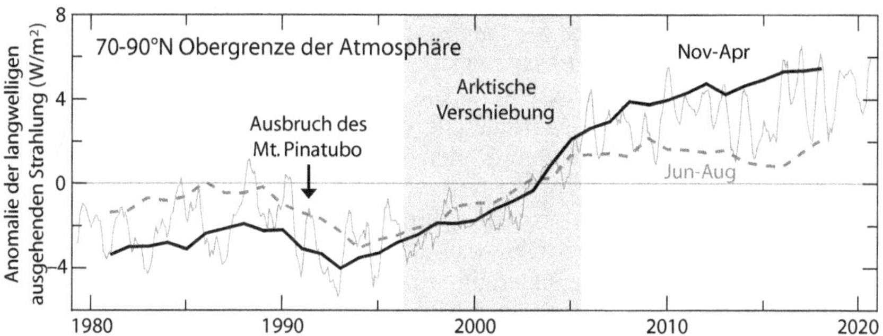

Abbildung 72. Veränderung der ausgehenden langwelligen Strahlung in der arktischen Region. Die dünne Linie ist ein gleitender 7-Monats-Durchschnitt. Die schwarze Linie ist ein 5-Jahres-Mittel der Werte für die kalte Jahreszeit. Die gestrichelte graue Linie ist ein 5-Jahres-Mittel der Sommerwerte.

---

[324] Kretschmer, M., et al., 2018. Bull. Amer. Meteor. Soc. 99 (1), pp.49-60. doi.org/10.1175/BAMS-D-16-0259.1
[325] Daten aus dem KNMI-Explorer climexp.knmi.nl/select.cgi?field=noaa_olr

Der Ausbruch des Vulkans Pinatubo im Jahr 1991 führte zu einem vorübergehenden Rückgang der Emissionen. Dies steht im Einklang mit der verstärkenden Wirkung von Vulkanausbrüchen auf den nördlichen Polarwirbel, die zu einem warmen Winter in den nördlichen mittleren Breiten und einem kalten Winter in der Arktis nach dem Ausbruch führte, wie in Kapitel 25 erläutert.

Seit 1997 ist jedoch ein bemerkenswerter Trend zu beobachten: Die arktischen Infrarotemissionen haben zugenommen. Während die Emissionen im Sommer am höchsten sind, wenn die Arktis mehr Sonnenlicht erhält, ist der Anstieg der Emissionen in der kalten Jahreszeit ausgeprägter. Das Ergebnis war eine Verringerung der Saisonalität. In diesem Buch wird diese Periode des abrupten Anstiegs des Wärmetransports, insbesondere während der kalten Jahreszeit, als Arktische Verschiebung bezeichnet. Das Phänomen zeigt sich auch im Wärmetransport der Ozeane in Richtung der arktischen Region (Abb. 27, Kap. 17).

Die Arktisverschiebung hatte erhebliche Auswirkungen und führte zu einem bemerkenswerten Anstieg der Infrarot-Emissionen in den Weltraum um 8 W/m^2 während der kalten Jahreszeit und um etwa die Hälfte dieser Menge während des Sommers. Abbildung 71b zeigt, dass das betroffene Gebiet etwa 10 % der nördlichen Hemisphäre umfasst, was die erhebliche Umverteilung der Quelle der ausgehenden Emissionen durch die Arktische Verschiebung unterstreicht.

Die Veränderung der Emissionen verändert das globale Energiebudget

Wie wir in diesem Buch bereits festgestellt haben, ist der winterliche Treibhauseffekt in den Polarregionen im Vergleich zum Rest der Erde stark reduziert. Dies ist auf den extrem niedrigen Wasserdampfgehalt in der kalten polaren Atmosphäre zurückzuführen, da Wasserdampf und Wolken etwa 75 % des Treibhauseffekts ausmachen.[326] Selbst bei einer bestimmten durchschnittlichen globalen Oberflächentemperatur ist die Herkunft der Emissionen entscheidend. Wenn im Winter mehr Emissionen in der Arktis entstehen, steigt die Gesamtenergie, die der Planet abgibt. Dies liegt daran, dass diese Emissionen aus niedrigeren Höhen stammen und die polare Atmosphäre weniger undurchlässig für den Durchgang von Infrarotstrahlung ist.

Der verstärkte Wärmetransport in die Arktis im Winter hat eine ähnliche Wirkung wie eine abrupte Verringerung des atmosphärischen CO_2, da er das Entweichen der Infrarotstrahlung in den Weltraum erleichtert. Der Effekt ist jedoch viel größer, da der Treibhauseffekt in der Arktis im Winter weniger als halb so groß ist wie in den Tropen, während eine Halbierung (oder Verdoppelung) der CO_2 Werte den Treibhauseffekt nur um einen kleinen Prozentsatz verändern würde. Diese Veränderung wirkt sich direkt auf das Energiebudget des Planeten aus und dient als übersehene Triebkraft des Klimawandels, die einen Einfluss ausübt, der bisher nicht berücksichtigt wurde.

Zwischen 1976 und 1997 war der umgekehrte Trend zu beobachten. Die Arktis erlebte einen Rückgang des winterlichen Wärmetransports, was zu einem geringeren Energieverlust durch das große Infrarot-Emissionsfenster führte, das die arktische Atmosphäre während dieser Jahreszeit bietet. Folglich ist

---

[326] Schmidt, G.A., et al., 2010. J. Geophys. Res. Atmos. 115 (D20). doi.org/10.1029/2010JD014287

ein erheblicher Teil der in den letzten Jahrzehnten beobachteten Erwärmung auf natürliche Faktoren zurückzuführen und kann nicht allein den menschlichen Emissionen und Aerosolen zugeschrieben werden.

Es gibt zwingende Beweise dafür, dass die Arktisverschiebung von 1997 das globale Wärmebudget verändert hat. Eine neuere Studie zeigt einen Rückgang des Energiegleichgewichts der Erde seit 2000 (Abb. 73, schwarze Linie).[327] Obwohl das Ungleichgewicht nach wie vor positiv ist, was auf eine fortgesetzte Erwärmung hindeutet, hat sich die Geschwindigkeit mit der Zeit verlangsamt. Die Autoren waren von diesem Rückgang des Energieungleichgewichts angesichts der anhaltenden Emission von Treibhausgasen überrascht. Um ihre Ergebnisse zu bestätigen, untersuchten sie die Veränderungen der Erwärmungsraten der Ozeane im Laufe der Zeit, wobei sie die Schwankungen des Wärmeinhalts der Ozeane als alternatives Maß für das Energieungleichgewicht verwendeten (Kap. 6). Die Analyse ergab einen Übergang im Verhalten der Ozeane während der Arktischen Verschiebung, von einem schnelleren Erwärmungstrend zu einem langsameren (Abb. 73, gestrichelte graue Linie). Die Konvergenz dieser unabhängigen Beweislinien erhöht das Vertrauen der Autoren in ihre Ergebnisse und bietet eine solide Unterstützung für die Winterpförtner-Hypothese.

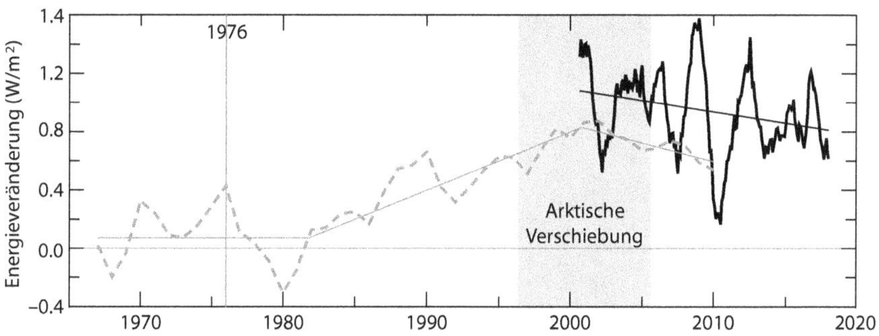

Abbildung 73. Veränderungen des Energieungleichgewichts der Erde und der Erwärmungsrate der Ozeane im Laufe der Zeit. Die Daten zum Energieungleichgewicht (schwarze Linie) sind ein gleitender 12-Monats-Durchschnitt, und die Daten zur Erwärmung der Ozeane (gestrichelte graue Linie) sind ein 10-Jahres-Durchschnitt.

Die Winterpförtner-Hypothese bietet eine Erklärung für zwei seit langem bestehende Fragen in der Klimatologie: wie die Sonnenaktivität das Klima beeinflusst und das Ausmaß der natürlichen Faktoren, die zur jüngsten Erwärmung beitragen. Dabei erweist sie sich als eine umfassendere Hypothese als der verstärkte CO_2-Effekt, die besser geeignet ist, vergangene und gegenwärtige Klimaschwankungen zu erklären.

Zusammengefasst

Anhaltende Veränderungen in der Wärmemenge, die im Winter in die Arktis transportiert wird, haben weitreichende Auswirkungen auf die Wärmeverteilung, die Temperatur-Breitengradient, die arktischen Infrarot-Emissionen und das gesamte Energiebudget des Planeten. Diese Veränderungen im Wärmetransport offenbaren einen übersehenen und unterschätzten natürlichen Treiber

---

[327] Dewitte, S., et al. (2019). Remote Sens. 11 (6), S.663. doi.org/10.3390/rs11060663

des Klimawandels. Im Winter ist die arktische Atmosphäre ein transparenteres Fenster für Infrarot-Emissionen, wodurch die Wärme leichter aus dem Planeten entweichen kann. Der Rückgang des Wärmetransports in die Arktis zwischen 1976 und 1997 führte zu einer globalen Erwärmung, da die Erde mehr Wärme zurückhielt. Umgekehrt hat die Zunahme des Wärmetransports in die Arktis seit 1997 zu einer Erwärmung in der Region und zu einer Verlangsamung der globalen Erwärmung geführt. Diese Ergebnisse unterstreichen die bedeutende natürliche Komponente des Klimawandels, die in den IPCC-Berichten oder von den meisten Klimawissenschaftlern nicht angemessen berücksichtigt wurde.

ABSCHNITT 12 SCHLÜSSELTHEMEN

Die Sonnenaktivität reguliert die Temperatur der polaren Stratosphäre, die winterliche atmosphärische Zirkulation und die Rotation des Planeten. Sie tut dies, indem sie die Ausbreitung planetarischer Wellen verändert, die die Stärke der polaren Wirbel beeinflussen. Dieser Mechanismus der solaren Modulation hat in den letzten 4.000 Jahren zu einer umgekehrten Beziehung zwischen Sonnenaktivität und arktischen Temperaturen geführt. Er reguliert die Häufigkeit extrem kalter Winter in den mittleren Breiten der nördlichen Hemisphäre.

Wie die Winterpförtner-Hypothese vorschlägt, wirken sich Veränderungen im Wärmetransport auf die Energieverteilung aus, wie die unterschiedlichen Temperaturtrends in den verschiedenen Breitengraden aufgrund von Veränderungen der Wirbelstärke zeigen. Diese Veränderungen wirken sich auf das Muster der Infrarotemissionen aus, wie bei der Analyse der ausgehenden langwelligen Strahlung in der Arktis beobachtet wurde. Das veränderte Emissionsmuster führt zu Veränderungen im planetarischen Energiebudget, die sich in einem veränderten Energiegleichgewicht auf der Erde und in der Erwärmungsrate der Ozeane zeigen.

TEIL IV. EINE BESSERE HYPOTHESE

ABSCHNITT 13. ERKLÄRUNG DES VERGANGENEN KLIMAWANDELS

KAPITEL 44
DIE LÖSUNG DER KLIMARÄTSEL DER FERNEN VERGANGENHEIT

Die Winterpförtner-Hypothese hat eine beträchtliche Erklärungskraft für vergangene Klimarätsel. Das Klima im Oligozän und Miozän stellt eine besondere Herausforderung dar. Der größte Teil des CO_2 Rückgangs der letzten 50 Millionen Jahre fand im Oligozän statt, als die Werte von 800 auf 300 ppm sanken. Trotz dieses bemerkenswerten Rückgangs der CO_2 Werte endete das Oligozän mit einer ausgedehnten Erwärmungsperiode von 2,5 Millionen Jahren in einer Welt, die deutlich wärmer war als heute. Zeitgleich mit diesem Erwärmungstrend und dem Rückgang des CO_2 bildete sich allmählich der antarktische Zirkumpolarstrom heraus, der den Wärme- und Feuchtigkeitstransport zum Südpol verringerte. Die Winterpförtner-Hypothese besagt, dass diese Verringerung dazu führte, dass die Antarktis abkühlte, während sich der Rest der Welt erwärmte. Durch die Entstehung von extrem kaltem antarktischem Bodenwasser hat der Antarktische Zirkumpolarstrom auch CO_2 gebunden.

Die Erde erlebte ihre wärmste Phase seit 34 Millionen Jahren während des mittelmiozänen Klimaoptimums, obwohl die CO_2 Werte mit den heutigen vergleichbar waren. Diese Periode kann auf den Höhepunkt der Erwärmungseffekte zurückgeführt werden, die sich aus dem geringeren Wärmeverlust in der südlichen Polarregion ergaben. Sie endete jedoch, als geografische und orografische Veränderungen den Wärmeverlust in der nördlichen Polarregion erhöhten. Diese Verschiebung leitete einen langfristigen globalen Abkühlungstrend ein, der bis zum Ende des letzten glazialen Maximums vor etwa 20.000 Jahren andauerte.

Das Kennzeichen einer guten Hypothese

In Kapitel 35 haben wir etwas über wissenschaftliche Hypothesen gelernt. Sie sind vorläufige Vorschläge, die auf Beobachtungen beruhen und durch einige der verfügbaren Beweise gestützt werden. In Fällen, in denen Experimente nicht durchführbar sind, werden Hypothesen anhand von bisher nicht untersuchten oder neu gewonnenen Beweisen geprüft. Die Stärke einer Hypothese liegt in ihrer Erklärungskraft, die anhand mehrerer Faktoren gemessen werden kann. Eine Hypothese hat eine hohe Erklärungskraft, wenn sie eine große Anzahl von Fakten erklärt, rätselhafte Beobachtungen erhellt, eine starke Vorhersagekraft hat, sich weniger auf Autoritäten und mehr auf empirische Beobachtungen stützt, nur minimale Annahmen macht und leicht zu falsifizieren ist.

Die Winterpförtner-Hypothese übertrifft bei diesem Kriterium die Hypothese des verstärkten CO_2 Effekts. Diese neue Hypothese erweist sich als eine thermodynamisch solide Erklärung für die Belege, die für eine Rolle der beobachteten Veränderungen im Wärmetransport beim Klimawandel sprechen. Überraschenderweise lässt sich damit auch der große paläoklimatische Effekt von Veränderungen der Sonnenaktivität (wie er durch Proxies angezeigt wird) mit dem vergleichsweise geringen Effekt vereinbaren, der mit modernen Instrumenten beobachtet wird. Der Grundsatz des Uniformitarismus besagt, dass Prozesse in der Vergangenheit und in der Gegenwart auf die gleiche Weise und mit der gleichen Intensität ablaufen. Der vorgeschlagene Mechanismus, durch den die Sonnenaktivität das Klima beeinflusst, wirkt durch UV-induzierte Veränderungen in der Ozonschicht, die Modulation planetarer Wellen und die Stärke der Polarwirbel, wodurch der meridionale Wärmetransport verändert wird. In der Erkenntnis, dass der meridionale Wärmetransport und die Stärke der Wirbel grundlegende Klimaeigenschaften sind, die von mehreren Faktoren beeinflusst werden, wurde die Hypothese auf alle beitragenden Faktoren ausgedehnt, die als „Pförtner" bezeichnet werden.

Plötzlich gewann die Hypothese eine beeindruckende Erklärungskraft und bot überzeugende Erklärungen für verschiedene Klimaphänomene. Sie brachte Licht ins Dunkel von Ereignissen wie der Kleinen Eiszeit (Kap. 27) und der Zunahme der kalten Winter auf der Nordhalbkugel seit 1997. Überraschende Ergebnisse, wie das gleichzeitige Auftreten der globalen Erwärmungspause von 1998 bis 2014 und der arktischen Verstärkung, werden durch die Linse dieser Hypothese klarer und verständlicher. Darüber hinaus konnten zahlreiche Klimarätsel, die bei der Entwicklung der Hypothese nicht berücksichtigt worden waren, durch die Erkenntnisse, die sie lieferte, leicht gelöst werden. Dies stärkte mein Vertrauen in die grundlegende Richtigkeit der Hypothese. In den nächsten drei Kapiteln werden wir untersuchen, wie die Hypothese mehrere Fälle von Klimawandel erklärt, die alternative Erklärungen in Frage stellen.

Die Warmzeit im späten Oligozän

Während des frühen Eozäns, vor etwa 50 Millionen Jahren, herrschte auf der Erde ein Treibhausklima. Um diese Zeit begann jedoch ein langer Abwärtstrend der globalen Temperaturen, der in der späten känozoischen Eiszeit gipfelte. Die genauen Ursachen für diesen Temperaturrückgang sind nach wie vor unklar. Eine plausible Hypothese ist jedoch, dass er auf die allmähliche Entstehung einer Passage zwischen dem Atlantik und der Arktis zurückzuführen ist.[328] Diese Interpretation steht im Einklang mit den Grundsätzen der Winterpförtner-Hypothese und wird in Kapitel 20 ausführlich erörtert.

Als sich der Planet abkühlte, kam es in den Polarregionen zu einem stärkeren Temperaturabfall, wodurch sich der Treibhauseffekt im Winter verringerte. Dadurch entstand eine positive Rückkopplungsschleife, die zu einem erhöhten Energieverlust des Planeten und einer weiteren Abkühlung führte. Zu dieser Zeit lag die Antarktis in unmittelbarer Nähe zu Südamerika und Australien, die nur durch flaches Wasser getrennt waren. Durch diese Nähe konnten warme Strömungen in Richtung Antarktis fließen, die Wärme mit sich brachten und den Energieverlust förderten (Abb. 74a).

Mit der fortschreitenden Abkühlung bildeten sich in der Antarktis Eisschilde in hohen Lagen und sie reagierte stärker auf orbitale Einflüsse. Gleichzeitig wurde der Kontinent durch die Öffnung der Drake-Passage und des Tasmanischen Tor physisch von anderen Landmassen getrennt. Diese geografische Verschiebung ebnete den Weg für die Entwicklung des antarktischen Zirkumpolarstroms, der durch den auf Wind und Wasser wirkenden Coriolis-Effekt angetrieben wird.

---

[328] Vahlenkamp, M., et al., 2018. Earth Planet. Sci. Let. 498, pp.185-195. doi.org/10.1016/j.epsl.2018.06.031

Als der antarktische Zirkumpolarstrom stärker wurde, blockierte er allmählich den Zufluss von Wärme aus den Tropen und verstärkte die Abkühlung der südlichen Polarregion. Vor etwa 34 Millionen Jahren erreichte die Antarktis einen Kipppunkt, der dazu führte, dass der Kontinent in weniger als einer Million Jahren von Eisschilden bedeckt wurde. Dies markierte den Beginn des Oligozäns.

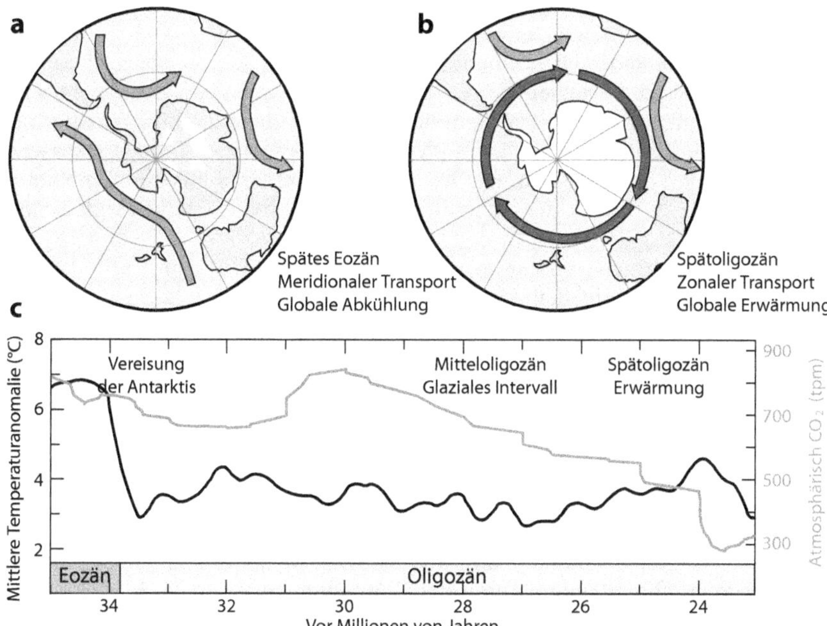

Abbildung 74. Erklärung der globalen Erwärmung während des Oligozäns. a) Während des späten Eozäns brachten warme Wasserströmungen Wärme und Feuchtigkeit in die Antarktis. b) Während des späten Oligozäns verringerte ein gut entwickelter antarktischer Zirkumpolarstrom den Wärmeeintrag in die Antarktis. c) Die Entwicklung des antarktischen Zirkumpolarstroms während des Oligozäns verringerte die CO_2 Werte erheblich und förderte die globale Erwärmung während des späten Oligozäns.[329]

Das Klima während dieser 11-Millionen-Jahre-Epoche wurde als ein Rätsel definiert.[330] Die verfügbaren Belege deuten darauf hin, dass das Eozän keinen eindeutigen Trend bei den CO_2-Werten aufwies (Abb. B18, Kap. 21). Im Gegensatz dazu kam es im Oligozän zu einem starken Rückgang des CO_2, der den größten Teil des im gesamten Känozoikum beobachteten Rückgangs ausmacht. Die Werte fielen von etwa 800 auf 300 ppm, was mehr als einer Halbierung der Konzentration entspricht. Bemerkenswert ist, dass trotz dieser niedrigeren CO_2-Werte die Temperaturen in diesem Zeitraum um mehrere Grad wärmer waren als heute (Abb. 74c). Um die Interpretation zu verkomplizieren, begann

---

[329] Daten für die Abbildung aus Westerhold, T., et al., 2020. Science, 369 (6509), pp.1383-1387. doi.org/10.1126/science.aba6853 CO_2 Daten wurden freundlicherweise von T. Westerhold zur Verfügung gestellt.

[330] O'Brien, C.L., et al., 2020. PNAS. 117 (41), pp.25302-25309. doi.org/10.1073/pnas.2003914117

nach einer Kälteperiode, die als mittleres oligozänes Glazialintervall bekannt ist und vor 28 bis 26,5 Millionen Jahren dauerte, ein unregelmäßiger Temperaturanstieg, der etwa 10 Millionen Jahre andauerte und schließlich zum mittelmiozänen Klimaoptimum führte.

Daher ging das Klima vor etwa 26,5 Millionen Jahren in die so genannte späte oligozäne Erwärmung über. Dieser Zeitraum erstreckte sich über etwa 2,5 Millionen Jahre und war durch einen bemerkenswerten globalen Temperaturanstieg von etwa 2 °C gekennzeichnet, obwohl sich der CO_2 Gehalt von 600 auf 300 ppm halbierte. Die Klimaforscher haben sich schwer getan, diese Erwärmungsphase zu verstehen, da die bestehenden Klimamodelle sie nicht wiedergeben können. Erschwerend kommt hinzu, dass die Antarktis trotz der offensichtlichen Erwärmung in den mittleren Breitengraden, auf die terrestrische und marine Proxies hindeuten, und trotz um mehrere Grad höherer Temperaturen als heute, während der spätoligozänen Erwärmung stark vergletschert blieb.[331]

Die Winterpförtner-Hypothese erklärt dieses Rätsel. Die klimatische Isolation der Antarktis ist auf den antarktischen Zirkumpolarstrom zurückzuführen, der die Wärmezufuhr reduzierte und zum Einfrieren des Kontinents führte. Gleichzeitig verringerten Isolation und Vereisung den Energieverlust, indem sie den Wärmetransport und die Infrarotemissionen des kälteren Kontinents einschränkten, so dass der Planet mehr Energie speichern konnte. Nachdem sich der Planet an die durch das Einfrieren eines ganzen Kontinents verursachte globale Abkühlung angepasst hatte, begann er sich durch die Entwicklung und Verstärkung des antarktischen Zirkumpolarstroms zu erwärmen. Dieses Phänomen löst das scheinbare Paradoxon einer sich erwärmenden Welt und einer stark vergletscherten Antarktis auf (Abb. 74b). Trotz der Zunahme des latitudinalen Temperaturgradienten wurde der Wärmetransport durch den Zirkumpolarstrom, den Südliche Annular Mode und den Polarwirbel abgeschwächt. Der Rückgang des polwärts gerichteten Wärmetransports zum antarktischen Pol löste wahrscheinlich die Erwärmung im späten Oligozän aus.

Die Bildung des Antarktischen Bodenwassers, des dichtesten Wasserkörpers der Erde mit einer Durchschnittstemperatur von 1,5 °C, ist auf die Entwicklung des extrem kalten antarktischen Zirkumpolarstroms zurückzuführen. Diese Wassermasse befindet sich in den tiefsten Teilen der Ozeane, die mit dem Südlichen Ozean verbunden sind, in einer Tiefe von mehr als 4.000 m. Die Bildung dieser Wassermasse spielte wahrscheinlich eine wichtige Rolle beim Rückgang der CO_2 Werte während des Oligozäns. Kaltes Wasser hat eine größere Fähigkeit, CO_2 zu lösen, was zu seiner Bindung in der Tiefsee führt. Diese Erkenntnis stellt die vorherrschende Ansicht in Frage, dass CO_2 während des gesamten Känozoikums wesentlich zum Klimawandel beigetragen hat. Dies erklärt, warum es am Ende des Oligozäns zu einer Erwärmung kam, obwohl der CO_2-Gehalt durch die Abkühlung des antarktischen Wassers abnahm.

Das klimatische Optimum im mittleren Miozän

Der Erwärmungstrend, der im späten Oligozän vor etwa 26,5 Millionen Jahren begann, erreichte seinen Höhepunkt zehn Millionen Jahre später während

---

[331] Hauptvogel, D.W., et al. (2017). Paleoceanography, 32 (4), pp.384-396. doi.org/10.1002/2016PA002972

des Klimatischen Optimums im mittleren Miozän, vor 16,9 bis 14,7 Millionen Jahren. Zu diesem Zeitpunkt waren etwa zwei Drittel der Abkühlung, die während des Übergangs vom Eozän zum Oligozän eingetreten war und durch die Vergletscherung der Antarktis gekennzeichnet war, wieder rückgängig gemacht worden. Während dieser bemerkenswerten Klimaperiode herrschten auf der Erde 5 bis 8 °C höhere Temperaturen als heute, bei ähnlichen CO_2 Werten von etwa 400 ppm. Aus diesem Grund betrachten Klimatologen diese Periode als eine faszinierende Zeit.[332]

Klimamodelle können den während des mittleren Miozäns beobachteten flachen Temperaturgradienten, der durch warme Bedingungen in den Tropen und mittleren Breiten gekennzeichnet ist, nicht reproduzieren. Die Modelle benötigen mindestens 800 ppm CO_2, um diese Darstellung zu erreichen, was darauf hindeutet, dass ihnen etwa die Hälfte des Antriebs fehlt, der zur Erklärung dieses Klimaoptimums erforderlich ist. Der fehlende Antrieb ist wahrscheinlich sogar noch größer, da der CO_2-Antrieb selbst tendenziell überschätzt wird. Diese Überschätzung ist darauf zurückzuführen, dass die Modelle die Auswirkungen des indirekten solaren Antriebs, einer starken Triebkraft des Klimawandels, nicht berücksichtigen. Die Tatsache, dass mehr als die Hälfte des erforderlichen Antriebs in den Modellen fehlt, deutet darauf hin, dass der meridionale Wärmetransport und nicht der CO_2 ein wichtigerer Klimatreiber ist.

Die Winterpförtner-Hypothese bietet eine mögliche Erklärung für das Paradoxon des mittleren Miozäns. Über einen Zeitraum von 10 Millionen Jahren erfuhr der Planet eine allmähliche Erwärmung aufgrund der zunehmenden klimatischen Isolierung der Antarktis, die die Energieerhaltung erleichterte. Gleichzeitig änderten die in Kapitel 20 beschriebenen tektonischen Veränderungen allmählich das Zirkulationsmuster des Planeten von überwiegend zonal zu überwiegend meridional (Abb. 33, Kap. 20). Diese Veränderung begünstigte den Energieverlust am Gegenpol. Nach dem Klimaoptimum des mittleren Miozäns erreichte der zunehmende Energieverlust in der Arktis eine kritische Schwelle, die den Planeten auf eine viel kältere bipolare Eiszeit zusteuerte.

Überraschenderweise betrachten viele Wissenschaftler das Miozän als potenzielles Analogon für unser zukünftiges Klima.[333] Diese Sichtweise ergibt sich aus der Tatsache, dass im Miozän die CO_2 Werte ähnlich hoch waren wie heute und die Temperaturen 5-8 °C höher als heute. Diese Projektionen stimmen mit der erwarteten künftigen Erwärmung überein, wenn die Emissionen etwa ein Jahrhundert lang unvermindert anhalten. Diese Wissenschaftler gehen jedoch nicht angemessen auf die anhaltende Diskrepanz zwischen CO_2 und den Temperaturtrends während des gesamten Känozoikums ein (Abb. B18, Kap. 21), insbesondere während des Oligozäns (Abb. 74). Abbildung B18b (Kap. 21) zeigt deutlich die fehlende Korrelation zwischen CO_2 und Temperaturänderungen. Diese Beobachtungen deuten darauf hin, dass die tektonischen Veränderungen während dieses Zeitraums die Hauptursache für die Abkühlung des Klimas und die Verringerung des CO_2 waren. Selbst die bestehenden Modelle

---

[332] Goldner, A., et al., 2014. Clim. Past, 10 (2), pp.523-536. doi.org/10.5194/cp-10-523-2014
[333] Steinthorsdottir, M., et al., 2021. Paleoceanogr. Paleoclimatol. 36 (4), p.e2020PA004037. doi.org/10.1029/2020PA004037

unterstützen nicht die Vorstellung, dass wir uns innerhalb weniger Jahrhunderte auf ein miozänähnliches Klima zubewegen, da sie die Komplexität des miozänen Klimas selbst nicht erklären können. Nach der Winterpförtner-Hypothese steht die nächste Eiszeit in einigen tausend Jahren an.

Hilfe für Milankovitch

Die Milankovitchsche Orbital-Theorie der Vereisung liefert eine solide Erklärung für die Ursache des Glazialzyklus. Die Klimaforscher versuchen jedoch immer noch zu verstehen, wie subtile Schwankungen der einfallenden Sonnenstrahlung an der Spitze der Atmosphäre zu massiven Veränderungen des Eisvolumens an der Erdoberfläche führen. Einige Autoren, zu denen auch ich gehöre, vertreten die Ansicht, dass Veränderungen der Achsenneigung der Erde, die so genannte Schieflage, eine zentrale Rolle bei der Entstehung von Zwischeneiszeiten spielen.[334] Es gibt zahlreiche Belege dafür, dass Änderungen der Schiefe eine viel ausgeprägtere globale Klimareaktion hervorrufen (Abb. 75) als Änderungen der Präzession, der Achsenverschiebungen, die die Ausrichtung der Erdachse allmählich verändern und jahreszeitliche Schwankungen beeinflussen.

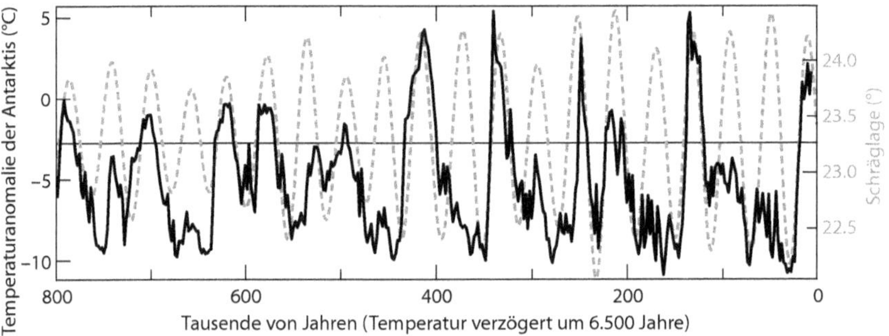

Abbildung 75. Temperaturänderungen aufgrund von Änderungen der Achsenneigung. Die dicke schwarze Linie ist die antarktische Temperaturanomalie mit einer Verzögerung von 6.500 Jahren, und die gestrichelte graue Linie ist die axiale Neigung. Die dünne horizontale Linie stellt den Wert dar, ab dem ein Interglazial als eingetreten gilt.[335]

Die Präzession verändert nicht die Gesamtenergie, die jedes Jahr auf jedem Breitengrad empfangen wird. Vielmehr wirkt sie sich auf die jahreszeitliche Verteilung dieser Energie aus, was zu milderen oder extremeren Sommern und Wintern führt, wenn auch mit gegensätzlichen Auswirkungen auf jeder Hemisphäre. Die Schiefe hingegen spielt eine andere Rolle, denn sie verändert die gesamte jährliche Energie, die auf jedem Breitengrad empfangen wird, und wirkt sich auf beide Hemisphären in gleicher Weise aus. Aufgrund dieser Eigenschaft eignet sich die Schiefe besonders gut, um einen Glazialzyklus anzutreiben, der auf beiden Hemisphären zur gleichen Zeit stattfindet.

---

[334] Vinós, J., 2022. Climate of the past, present and future. A scientific debate. Critical Science Press. pp. 5-25.

[335] Daten für die Abbildung aus Jouzel, J., et al., 2007. Science, 317 (5839), pp.793-796. doi.org/10.1126/science.1141038 und aus Laskar, J., et al., 2004. Astron. Astrophys. 428 (1), pp.261-285. doi.org/10.1051/0004-6361:20041335

Eine Herausforderung für das Verständnis der Bedeutung der Schieflage besteht darin, dass die daraus resultierenden Energieveränderungen in der Nähe der Pole stärker ausgeprägt sind, während sie in den tropischen und mittleren Breiten gering sind. Dennoch finden es die Wissenschaftler faszinierend, dass zahlreiche paläoklimatische Aufzeichnungen aus tropischen und subtropischen Regionen ein starkes Schräglagensignal aufweisen. Insbesondere das Verhalten des Monsuns und der innertropischen Konvergenzzone zeigt eine deutliche Reaktion auf die Schiefe, was darauf hindeutet, dass ihre Schwankungen einen erkennbaren Einfluss auf die globale atmosphärische Zirkulation haben.

Der Schlüssel zur Lösung dieses Rätsels liegt darin, zu verstehen, wie die Erdneigung den Sonneneinstrahlungsgradienten im Sommer beeinflusst. Die Neigung der Erdachse wirkt sich direkt auf die Menge der einfallenden Sonnenstrahlung aus, die die hohen Breiten in den Sommermonaten erhalten, nicht aber im Winter, wenn die hohen Breiten kein Sonnenlicht erhalten. Die Bedeutung der Sommerbedingungen für den Glazialzyklus wurde bereits 1869 erkannt, ein halbes Jahrhundert vor der Milankovitch-Theorie. Die Abhängigkeit des sommerlichen Sonneneinstrahlungsgradienten von der Schiefe ist in Abbildung B19 (Kap. 21) dargestellt. Folglich wirken sich Schwankungen der Schiefe auch auf den sommerlichen Temperatur-Breitengradient und den Transport von Wärme und Feuchtigkeit zu den Polen aus.

Während des Miozäns zeigte sich ein bemerkenswerter Einfluss der Schieflage (axiale Neigung) auf die Entwicklung des antarktischen Eisschildes, was mit dem wachsenden Einfluss des meridionalen Transports auf die Klimaentwicklung während des gesamten Känozoikums übereinstimmt. Einer neueren Studie zufolge ist dieser Zusammenhang auf schräglagenbedingte Veränderungen des meridionalen Temperaturgradienten zurückzuführen. Diese Veränderungen wirken sich direkt auf die Position und Intensität des antarktischen Zirkumpolarstroms aus, der wiederum den Wärmetransport über den antarktischen Kontinentalrand verändert.[336]

Ein verstärkter Feuchtigkeitstransport spielt eine entscheidende Rolle bei der Bildung der massiven Eisschilde, die die Eiszeiten bestimmen, ein Konzept, das bereits im 19. Jahrhundert erkannt wurde. Im Jahr 1872 argumentierte John Tyndall: *„Die Verbindung von Eis und Kälte war so natürlich, dass selbst berühmte Männer annahmen, dass alles, was nötig ist, um eine große Ausdehnung unserer Gletscher zu erzeugen, eine Verringerung der Sonnentemperatur ist. Hätten sie die vorstehenden Überlegungen und Berechnungen angestellt, so hätten sie wahrscheinlich mehr statt weniger Wärme für die Erzeugung einer 'Gletscherepoche' gefordert. "*[337]

Mit abnehmender Schiefe wird das Gefälle der sommerlichen Sonneneinstrahlung zwischen den Breitengraden ausgeprägter. Infolgedessen intensiviert sich die atmosphärische und ozeanische Zirkulation, was den Transport größerer Mengen an Wärme und Feuchtigkeit in Richtung der Pole erleichtert. Diese Verschiebung führt auch zu einer starken Veränderung der Saisonalität des Niederschlags, wobei der Beitrag des Sommers dominiert und sich der Ur-

---

[336] Levy, R.H., et al., 2019. Nat. Geosci. 12 (2), pp.132-137.
   doi.org/10.1038/s41561-018-0284-4
[337] Kukla, G. & Gavin, J., 2004. Glob. Planet. Change, 40 (1-2), pp.27-48.
   doi.org/10.1016/S0921-8181(03)00096-1

sprung der Feuchtigkeit in Richtung Äquator zu wärmeren ozeanischen Quellen verlagert.[338]

Die Winterpförtner-Hypothese dreht sich um Veränderungen im Wärme- und Feuchtigkeitstransport zu den Polen. Diese Hypothese unterstreicht die Bedeutung der winterlichen Veränderungen dieses Transports, die für Klimaschwankungen im Sub-Milankovitch-Maßstab sehr wichtig sind, wie im Buch ausführlich erläutert wird. Es ist jedoch wichtig zu wissen, dass der Planet auch auf Veränderungen bei der Umverteilung von Wärme und Feuchtigkeit im Sommer reagiert. Dasselbe Prinzip, das gegenwärtig die Klimamuster beeinflusst, ist auch für die Umsetzung der orbitalen Schwankungen der Sonneneinstrahlung in klimatische Auswirkungen während des Glazialzyklus verantwortlich. Das Ausmaß dieses Transports spielt eine entscheidende Rolle: je größer der Transport, desto kälter der Planet, je kleiner der Transport, desto wärmer der Planet.

Abbildung 76 liefert überzeugende Beweise dafür, dass Schwankungen des Transports, wie sie in der Winterpförtner-Hypothese postuliert werden, einen Einfluss auf den sommerlichen Schneefall in hohen Breiten haben. Die Abbildung zeigt insbesondere die Veränderungen in der schneebedeckten Fläche Grönlands von Juli bis September. Trotz des allgemeinen Erwärmungstrends, der in der arktischen Region zu beobachten ist, hat die Intensivierung des Transports nach der Klimaverschiebungen von 1997 zu einer bemerkenswerten Ausweitung der schneebedeckten Fläche im Sommer geführt. Die Zunahme beläuft sich auf mehr als 50.000 km^2.[339]

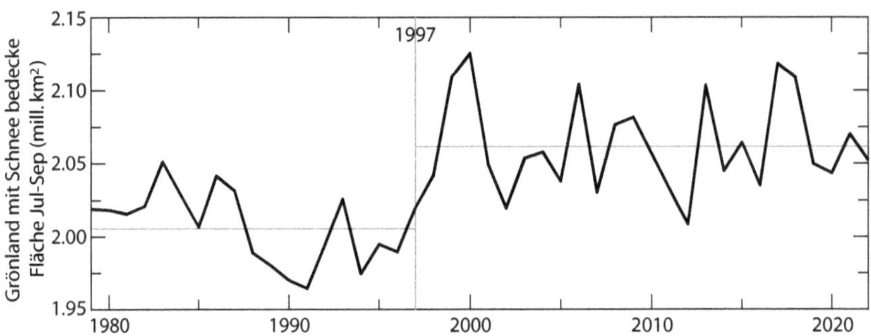

Abbildung 76. Sommerliche Schneedecke in Grönland. Die grauen horizontalen Linien sind Mittelwerte der Perioden.

Die Winterpförtner-Hypothese liefert wertvolle Einblicke in den Mechanismus, durch den kleine Schwankungen der Sonneneinstrahlung am Obergrenze der Atmosphäre zu massiven Veränderungen des Eisvolumens am Boden führen. Andererseits bietet die Hypothese des verstärkten CO_2-Effekts keine umfassende Erklärung für den Glazialzyklus, insbesondere im Hinblick auf die Abkühlung und die Eisakkumulation am Ende von Zwischeneiszeiten trotz erhöhter CO_2-Werte (Abb. 56, Kap. 35).

---

[338] Masson-Delmotte, V., et al., 2005. Science, 309 (5731), pp.118-121.
    doi.org/10.1126/science.1108575
[339] Daten der Universität Rutgers. climate.rutgers.edu/snowcover/

Die Neigung der Erde nimmt langsam ab, wodurch die sommerliche Sonneneinstrahlung an den Polen abnimmt und das sommerliche Temperaturgefälle in den Breitengraden durch Abkühlung der Polarregionen zunimmt. Die Veränderung ist so langsam, dass sie nicht wahrnehmbar ist und oft durch vorübergehende Erwärmungsperioden wie die derzeitige überdeckt wird. Aber in den nächsten paar tausend Jahren wird die Neigungsänderung allmählich den Wärme- und Feuchtigkeitstransport verstärken, was zu mehr sommerlichem Schneefall in hohen Breitengraden führen wird, ähnlich wie in Abbildung 76 dargestellt. Der Planet wird kälter sein als heute, und der stärkere Wintertransport wird den Energieverlust und die Abkühlung verstärken. Das Einsetzen dieser unumkehrbaren Trends markiert den Beginn einer Glazialzeit. Das Erreichen eiszeitlicher Bedingungen ist ein sehr langwieriger Prozess, der in der Regel etwa 15.000 Jahre dauert (länger als das Holozän), wobei die langfristige Abkühlung manchmal von Erwärmungsphasen unterbrochen wird. Dieser Prozess hat in den letzten 2,5 Millionen Jahren immer stattgefunden, unabhängig von den CO_2 Werten. Der Glaube vieler Wissenschaftler, dass es dieses Mal anders sein wird, beruht nicht auf Beweisen.

Zusammengefasst

Die Winterpförtner-Hypothese bietet einen überzeugenden Rahmen für das Verständnis von Klimaveränderungen in der fernen Vergangenheit, die Forscher lange Zeit vor Rätsel gestellt und alternative Hypothesen in Frage gestellt haben. Sie erklärt effektiv die Warmzeit im späten Oligozän und das Klimaoptimum im mittleren Miozän und liefert logische Erklärungen auf der Grundlage bekannter Veränderungen im Wärmetransport während dieser Zeiten. Darüber hinaus gibt sie Aufschluss darüber, wie sich relativ kleine Veränderungen des Milankovitch-Antriebs in der oberen Atmosphäre in massive Veränderungen des Volumens der Eisschilde an der Erdoberfläche niederschlagen. Jüngste Beobachtungen von Veränderungen der sommerlichen Schneedecke in Grönland stützen dieses Verständnis zusätzlich. Wenn die Winterpförtner-Hypothese richtig ist, würde dies bedeuten, dass die CO_2-Schwankungen nicht die treibende Kraft hinter den tiefgreifenden Klimaveränderungen waren, die während des Übergangs vom frühen Eozän zum späten Pleistozän auftraten.

KAPITEL 45
KLIMARÄTSEL DES HOLOZÄNS

Schätzungen des Strahlungsantriebs, die auf der Hypothese des verstärkten CO_2-Effekts beruhen, spiegeln nicht die wichtigsten Merkmale des holozänen Klimas wider. Die wichtigste langfristige Triebkraft dieser Klimaperiode ist der orbitale Antrieb, wobei die globalen Temperaturänderungen in erster Linie durch die sommerliche Sonneneinstrahlung auf der Nordhalbkugel bestimmt werden. Im Gegensatz dazu spiegelten die CO_2-Werte während des Holozäns nicht die globalen Temperaturschwankungen wider, sondern reagierten vielmehr auf die Bedingungen im Südlichen Ozean, die wiederum durch Veränderungen der sommerlichen Sonneneinstrahlung auf der Südhalbkugel mit umgekehrtem Vorzeichen beeinflusst wurden. Klimamodelle haben Schwierigkeiten, die während des Holozäns beobachteten Temperaturschwankungen zu simulieren, was auf eine unzureichende Reaktion auf orbitale Antriebe und eine übertriebene Reaktion auf CO_2 Schwankungen schließen lässt. Darüber hinaus kann die offizielle Hypothese die häufigen abrupten Klimaereignisse des Holozäns nicht erklären. Einige dieser Ereignisse haben eindeutig einen solaren Ursprung, was auf ein großes Missverständnis des solaren Antriebs hinweist. Die Winterpförtner-Hypothese bietet eine plausible Erklärung für diese holozänen Klimarätsel.

Triebkräfte des holozänen Klimas

Das Holozän ist das Ergebnis zweier wichtiger orbitaler Ereignisse: eines Maximums der Schiefe (axiale Neigung) vor etwa 9.500 Jahren und eines Maximums der sommerlichen Sonneneinstrahlung bei 65°N (klimatische Präzession aufgrund der axialen Ausrichtung) vor etwa 11.000 Jahren. Diese orbitalen Parameter erhöhten die sommerliche Energiezufuhr in den hohen Breiten der nördlichen Hemisphäre. In Verbindung mit dem starken Rückkopplungseffekt des Meeresspiegelanstiegs, der verringerten Eisreflexion (Albedo), den geringeren Temperatur-Breitengradient und den höheren Treibhausgaskonzentrationen führte diese Energieveränderung zum Abschmelzen einer großen Eismenge, die sich während der 100.000-jährigen Eiszeit außerhalb der Polarregionen angesammelt hatte.

Vor etwa 9.500 Jahren erreichte das Holozän sein klimatisches Optimum. Während die Verbesserung der Sonneneinstrahlungsbedingungen zum Stillstand kam, ist der orbitale Antrieb langsam und neigt dazu, über Tausende von Jahren Trägheitseffekte zu zeigen. Infolgedessen schmolzen die Reste der Eisschilde noch etwa 2.000 Jahre lang weiter und sorgten für optimale klimatische Bedingungen bis vor etwa 6.000 Jahren. Zu diesem Zeitpunkt führten die geringere sommerliche Sonneneinstrahlung auf der Nordhalbkugel und die hohen Breiten an beiden Polen zu einer allmählichen Aushöhlung des optimalen Klimas, so dass die Neogletscherung.

Die wichtigste langfristige Triebkraft des holozänen Klimas ist der Orbitalantrieb. In Abbildung 77a ist die mittlere sommerliche Sonneneinstrahlung bei 60° geographischer Breite für die nördliche und die südliche Hemisphäre dargestellt. Die globalen Temperaturen korrelieren mit der Sonneneinstrahlung der nördlichen Hemisphäre, allerdings mit einer Verzögerung von etwa 2000 Jahren (Abb. 77b, schwarze Linie).[340] In ähnlicher Weise korrelieren die Temperaturen in den hohen Breiten der südlichen Hemisphäre mit der Sonneneinstrahlung der südlichen Hemisphäre, ebenfalls mit einer vergleichbaren Verzögerung (Abb. 77b, gepunktete hellgraue Linie).[341]

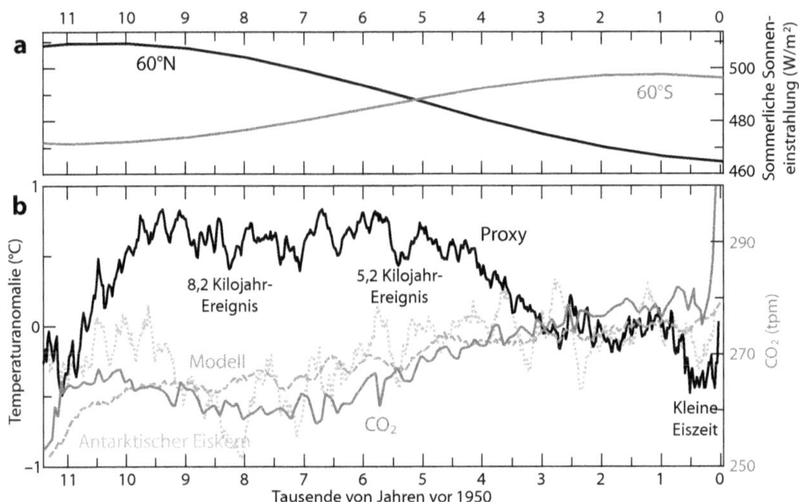

Abbildung 77. Holozäne Klimatreiber. a) Sommerliche Sonneneinstrahlung bei 60°N (schwarze Linie) und 60°S (graue Linie).[342] b) Eine globale Temperaturrekonstruktion aus Proxies (schwarze Linie) wird mit einer antarktischen Temperaturrekonstruktion (gepunktete hellgraue Linie) und einer atmosphärischen CO_2 Rekonstruktion verglichen, beide aus Eisbohrkernen. Die gestrichelte graue Linie zeigt eine Multimodell-Simulation der Temperaturen im Holozän. Die drei großen Klimaereignisse des Holozäns sind durch ihre Namen gekennzeichnet.

Der CO_2-Gehalt hat bei der Bestimmung des Klimas im Holozän eine untergeordnete Rolle gespielt. Wie in den Kapiteln 21 und 22 hervorgehoben wird, schwankte der CO_2-Gehalt während des größten Teils des Holozäns in einem Bereich von 20 ppm, während er jetzt in nur acht Jahren um 20 ppm ansteigt. Die Veränderungen des CO_2 während des Holozäns waren relativ gering und dürften sich kaum auf das Klima ausgewirkt haben. Außerdem entsprechen die Schwankungen von CO_2 eher den Temperaturen der südlichen Hemisphäre als den globalen Temperaturen (Abb. 77b, graue Linie).[343] Dieses Muster stimmt mit der Analyse der CO_2-Werte während des Oligozäns überein, wie im vorherigen Kapitel (Abb. 74, Kap. 44) beschrieben. Es deutet darauf hin, dass der Südliche Ozean und der Antarktische Zirkumpolarstrom eine Schlüsselrolle bei der Regulierung der CO_2 Werte spielten, bevor die menschlichen Emissionen zum dominierenden Faktor wurden.

---

[340] Nach Marcott, S.A., et al., 2013. Science, 339 (6124), pp.1198-1201. doi.org/10.1126/science.1228026 Daten neu aufbereitet, siehe Kap. 21.

[341] Daten aus Jouzel, J., et al., 2007. Science, 317 (5839), S.793-796. doi.org/10.1126/science.1141038

[342] Daten aus Laskar, J., et al., 2004. Astron. Astrophys. 428 (1), pp.261-285. doi.org/10.1051/0004-6361:20041335

[343] Daten aus Monnin, E., et al., 2004. Earth Planet. Sci. Lett. 224 (1-2), pp.45-54. doi.org/10.1016/j.epsl.2004.05.007

Modellsimulationen des holozänen Klimas tendieren dazu, eine Form zu erzeugen, die den Temperaturen der südlichen Hemisphäre ähnlicher ist als den globalen Temperaturen, was auf eine zu geringe Reaktion auf die Sonneneinstrahlung der nördlichen Hemisphäre und eine zu starke Reaktion auf CO_2 Änderungen hinweist (Abb. 77b, gestrichelte graue Kurve).[344] Somit können die Klimatheorie und die aus der Hypothese des verstärkten CO_2-Effekts abgeleiteten Antriebe die wichtigsten Merkmale des holozänen Klimas nicht reproduzieren. Die Winterpförtner-Hypothese hingegen hat kein Problem, das Klima des Holozäns zu erklären.

Im vorigen Kapitel haben wir festgestellt, dass vor etwa 30 Millionen Jahren, als der Antarktische Zirkumpolarstrom entstand und die Antarktis klimatisch isoliert wurde, das globale Klima in erster Linie von der variablen Wärmemenge abhing, die in die Arktis transportiert wurde. Diese Abhängigkeit ist einer der Gründe, warum das globale Klima im Sommer auf der Nordhalbkugel empfindlicher auf die Sonneneinstrahlung reagiert. Während des frühen Holozäns führte die hohe sommerliche Sonneneinstrahlung in den hohen Breiten der nördlichen Hemisphäre zu einer Verringerung des Temperaturgradienten in der Breite und zu einem geringeren Energieverlust in der Arktis aufgrund des geringeren polwärts gerichteten Wärmetransports. Infolgedessen erlebte die Erde die warmen Temperaturen des holozänen Klimaoptimums.

Die Kombination aus abnehmender Achsenneigung und geringerer sommerlicher Sonneneinstrahlung in der nördlichen Hemisphäre verstärkte den Temperatur-Breitengradient und erhöhte allmählich den Wärmetransport in die Arktis. Infolgedessen kühlte sich die Erde während des Neoglazials ab. In der Antarktis verlief die Entwicklung genau umgekehrt, da die Abnahme der Schiefe, die zu einer Verringerung der Sonneneinstrahlung führte, durch eine gleichzeitige Zunahme der sommerlichen Sonneneinstrahlung aufgrund der Präzessionsänderungen ausgeglichen wurde.

In den kommenden Jahrtausenden ist auf der Südhalbkugel mit einer Abkühlung zu rechnen, die auf eine Abnahme der sommerlichen Sonneneinstrahlung infolge von Änderungen der Schiefe und der Präzession zurückzuführen ist. Die nördliche Hemisphäre wird bei diesen beiden Orbitalparametern gegenläufige Trends erleben, aber insgesamt wird es in den meisten Breitengraden zu einer Nettozunahme der sommerlichen Sonneneinstrahlung kommen. Dennoch werden beide Hemisphären einen zunehmenden Breitengradienten der Sonneneinstrahlung erfahren (Abb. B19, Kap. 21), was das nahende Ende des Holozäns signalisiert.

Triebkräfte für abrupte Klimaereignisse im Holozän

Wie in den Kapiteln 22 und 23 erörtert, haben Paläoklima-Studien mehr als 20 abrupte Klimaereignisse während des Holozäns festgestellt. Eine umfassende Analyse dieser Ereignisse und ihrer möglichen Ursachen ist veröffentlicht worden.[345] Zu den wichtigsten Ereignissen im Hinblick auf ihre klimatischen Auswirkungen gehören die Kleine Eiszeit, die 8,2-, 5,2-, 4,2- und 2,8-Tausendjähriges Ereignisse sowie die Boreale Oszillation. Zu all diesen Ereignissen wurden zahlreiche Studien durchgeführt. Die Kleine Eiszeit wurde bereits in den Kapiteln 23 und 26 behandelt. Um die Grenzen der gegenwärtigen Klimatheorie bei der Erklärung der gut dokumentierten abrupten Klimaveränderungen des

---

[344] Liu, Z., et al. (2014). PNAS, 111 (34), pp.E3501-E3505.
doi.org/10.1073/pnas.1407229111

[345] Vinós, J., 2022. Climate of the past, present and future. A scientific debate. pp. 45-65. Critical Science Press.

Holozäns zu verdeutlichen und die Vorzüge der Winterpförtner-Hypothese hervorzuheben, werden wir das 2,8-Tausendjähringes-Ereignis betrachten.

Dieses Ereignis wurde erstmals 1912, noch vor der Entdeckung der Kleinen Eiszeit, durch stratigraphische Untersuchungen des Torfs als abrupte Klimaänderung erkannt.[346] Der schwedische Botaniker Rutger Sernander brachte es mit dem Fimbulvintern oder dem legendären Großen Winter in Verbindung, der in den nordischen Sagen der Bronzezeit als viele Jahre andauernd beschrieben wird. Dieser mythische lange Winter wurde in modernen Fantasy-Werken wie den Büchern und der Fernsehserie Game of Thrones dargestellt. Dieses Ereignis markierte einen bedeutenden Wandel in Skandinavien, denn es beendete das warme Klima, das zuvor den Anbau von Weintrauben ermöglicht hatte, und leitete ein feuchteres und kälteres Klima ein.

Das 2,8-Tausendjähringes-Ereignis war ein global synchronisierter abrupter Klimawandel, der in vielen Proxies deutliche Spuren hinterließ und keinen Zweifel an seinem Auftreten und seinen klimatischen Folgen lässt.[347] Abbildung 78 zeigt wichtige Proxies, die uns helfen zu verstehen, was vor 2.800 Jahren geschah und was die wahrscheinliche Ursache war.

Rekonstruktionen der Sonnenaktivität zeigen zwei solare Minima, die vor 2.990 und 2.790 Jahren im Abstand von 200 Jahren stattfanden. Das zweite Minimum ist vom Spörer-Typ (Abb. 78a, schwarze Linie).[348] Dieses Muster spiegelt das Auftreten der Wolf- und Spörer-Sonnenminima während der Kleinen Eiszeit in den Jahren 1280 und 1480 wider. Darüber hinaus zeigt eine Rekonstruktion der Temperatur der nördlichen Hemisphäre eine starke Korrelation mit der Sonnenaktivität (Abb. 78a, graue Linie).[349] Sie zeigt einen erheblichen Rückgang von 0,7 °C innerhalb eines Jahrhunderts und eine Gesamtabkühlung von 1 °C während des gesamten Ereignisses.

Die Rekonstruktionen zeigen, dass die sommerliche Meerestemperatur in Island während des ersten großen Sonnenminimums um bemerkenswerte 1 °C abnahm, gefolgt von einer weiteren Abnahme um 1 °C während des zweiten Minimums (Abb. 78b, schwarze Linie).[350] Die Analyse des meridionalen Transports zeigt, dass die polare Zirkulation während der Perioden der Intensivierung, die normalerweise mit winterlichen Bedingungen verbunden sind, größere Mengen an Kalium, das kein Meersalz ist, nach Grönland bringt. Dieser Anstieg deutet auf eine Verstärkung des sibirischen Hochdrucksystems hin, das einen verstärkten polwärts gerichteten Wärmetransport begünstigt. Im Zusammenhang mit dem 2,8-Tausendjähringes-Ereignis erreichen die Nicht-Meersalz-Kaliumwerte den höchsten Stand seit Tausenden von Jahren, was auf einen starken Anstieg des polwärts gerichteten Wärmetransports hinweist (Abb. 78b, graue Linie).[351]

---

[346] Fries, M., 1956. "Fimbulvintern" ur vegetations-historisk synpunkt. Fornvännen 51, pp.5-10.

[347] Chambers, F.M., et al., 2007. Earth Planet. Sci. Lett. 253 (3-4), pp.439-444. doi.org/10.1016/j.epsl.2006.11.007

[348] Wu, C.J., et al., 2018. Astron. Astrophys. 615, p.A93. doi.org/10.1051/0004-6361/201731892

[349] Kobashi, T., et al., 2013. Clim. Past, 9 (5), pp.2299-2317. doi.org/10.5194/cp-9-2299-2013

[350] Jiang, H., et al. (2015). Geology, 43 (3), pp.203-206. doi.org/10.1130/G36377.1

[351] Daten aus Mayewski, P.A., et al., 2004. Quat. Res. 62 (3), pp.243-255. doi.org/10.1016/j.yqres.2004.07.001 mit Gaußscher Glättung.

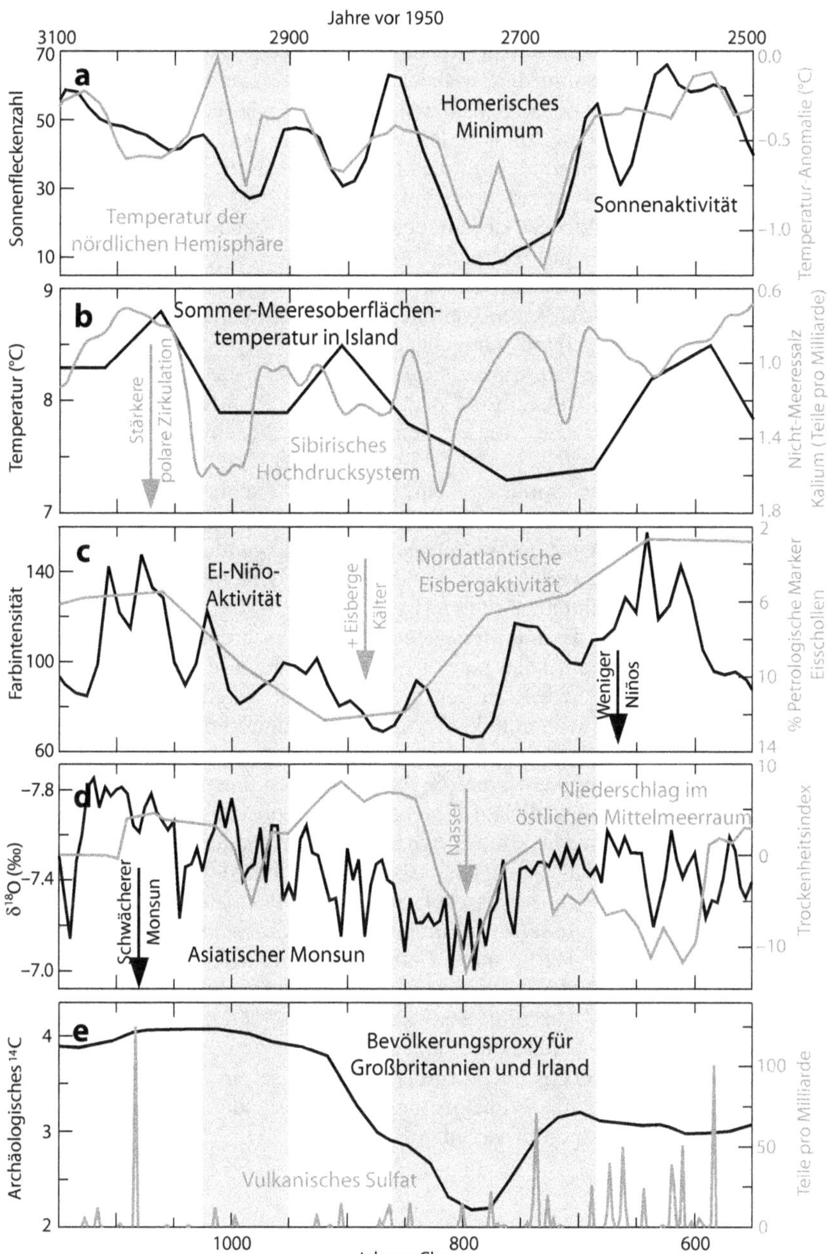

Abbildung 78. Das 2,8-Tausendjähringes-Ereignis. Die grauen Bereiche entsprechen den beiden solaren Tiefstständen, die eine starke Klimareaktion zeigten.

Die El Niño-Südliche Oszillation ist eine entscheidende Komponente des Wärmetransportsystems, und eine Proxy-Analyse (siehe Kasten 15, Kap. 18) zeigt, dass das 2,8-Tausendjähringes-Ereignis von einer verstärkten El Niño-

Aktivität flankiert wurde. Während des Großen Sonnenminimums ging diese Aktivität jedoch auf ein niedriges Niveau zurück (Abb. 78c, schwarze Linie).[352] Dies deutet darauf hin, dass sich in Zeiten eines verstärkten polwärts gerichteten Wärmetransports, wie er typischerweise während des Großen Sonnenminimums auftritt, im äquatorialen Pazifik nicht genügend überschüssige unterirdische Wärme ansammelt, um zahlreiche Niño-Ereignisse auszulösen.

Der von den Proxies angezeigte Temperaturrückgang fällt mit der größten Zunahme der Eisbergaktivität zusammen, die im Nordatlantik seit 4.000 Jahren beobachtet wurde, wie ein Proxy zeigt, der die Ablagerung von petrologischen Tracern in hohen Breitengraden misst, die von Eisbergen transportiert werden (Abb. 78c, graue Linie).[353] Sie werden beim Abschmelzen der Eisberge auf dem Meeresboden des Atlantiks abgelagert.

Veränderungen in der atmosphärischen Zirkulation haben einen großen Einfluss auf die Niederschlagsmuster. Während des 2,8-Tausendjähringes Ereignisses erfuhr der asiatische Monsun seine stärkste Abschwächung seit 2.000 Jahren (Abb. 78d, schwarze Linie).[354] Im Gegensatz dazu brachten die Ereignisse des Großen Sonnenminimums eine erhebliche Zunahme der Niederschläge im östlichen Mittelmeerraum mit sich, wodurch die Trockenheit des griechischen Dunklen Zeitalters effektiv unterbrochen und beendet wurde (Abb. 78d, graue Linie).[355] Das zweite große Minimum ist als Homerisches Minimum bekannt, weil es im achten Jahrhundert v. Chr. auftrat, der Zeit des Autors der Ilias und der Odyssee. Es markierte eine Zeit der kulturellen Renaissance im östlichen Mittelmeerraum nach einer jahrhundertelangen dunklen Periode, die durch den Verlust der Schrift an den meisten Orten gekennzeichnet war. Die vermehrten Regenfälle während des homerischen Minimums könnten eine Rolle bei der Förderung dieser Renaissance gespielt haben.

In weiten Teilen Europas waren die Auswirkungen dieser klimatischen Veränderungen auf die menschlichen Gesellschaften jedoch überwiegend negativ. Auf den Britischen Inseln können wir anhand semiquantitativer Daten das Ausmaß des Bevölkerungsrückgangs abschätzen, indem wir die Anzahl der Radiokarbondaten aus archäologischen Stätten untersuchen. Während des 2,8-Tausendjähringes Ereignisses sinkt die Wahrscheinlichkeitsverteilung der Radiokarbondaten auf die Hälfte ihres Wertes, was auf einen katastrophalen Bevölkerungsrückgang hinweist - den stärksten seit der Ankunft der Bauern auf den Britischen Inseln (Abb. 78e, schwarze Linie).[356] Die Autoren der Studie betonen die Korrelation dieses und anderer Bevölkerungsrückgänge mit Sonnenminima des Spörer-Typs und vermuten, dass Krisen in der Nahrungsmittelversorgung, die auf solaraktivitätsbedingte Klimaveränderungen zurückzuführen sind, wahrscheinlich dafür verantwortlich waren.

---

[352] Moy, C.M., et al., 2002. Nature, 420 (6912), pp.162-165.
doi.org/10.1038/nature01194
[353] Bond, G., et al., 2001. Science, 294 (5549), pp.2130-2136.
doi.org/10.1126/science.1065680
[354] Wang, Y., et al., 2005. Science, 308 (5723), pp.854-857.
doi.org/10.1126/science.1106296
[355] Kaniewski, D., et al., 2013. PloS one, 8 (8), p.e71004.
doi.org/10.1371/journal.pone.0071004
[356] Bevan, A., et al., 2017. PNAS, 114 (49), pp.E10524-E10531.
doi.org/10.1073/pnas.1709190114

Die Wissenschaftler machen nur geringe Fortschritte beim Verständnis der Ursachen abrupter Klimaereignisse, da der angenommene solare Antrieb nur gering ist und die CO_2-Veränderungen nicht in der Lage sind, die Ereignisse des Holozäns zu erklären. Es wurden einige Versuche unternommen, diese Ereignisse mit Vulkanausbrüchen in Verbindung zu bringen, da deren Auswirkungen in Modellen überschätzt werden (Kap. 24). Eine genauere Betrachtung von Abbildung 78e (graue Linie) zeigt jedoch, dass die vulkanische Aktivität während eines Zeitraums von 330 Jahren nach 1080 v. Chr. bemerkenswert niedrig blieb, und zwar genau während einer Periode großer klimatischer Veränderungen, die mit dem ersten Sonnenminimum und dem größten Teil des Homerischen Minimums zusammenfiel.[357] Erst danach nahm die vulkanische Aktivität zu, und zwar zeitgleich mit der Erwärmung und der Erholung des Klimas. Dies deutet darauf hin, dass die vulkanische Aktivität während und nach dem Ereignis nur einen minimalen Einfluss auf das Klima hatte. Wenn die Sonnenaktivität allein das 2,8-Tausendjähringes-Ereignis verursacht haben könnte, dann könnte sie auch für andere abrupte Klimaereignisse, einschließlich der Kleinen Eiszeit, verantwortlich sein.

Die Winterpförtner-Hypothese bietet eine bessere Erklärung für abrupte Klimaereignisse im Zusammenhang mit dem großen Sonnenminimums. Wie in Kapitel 41 erläutert, führt der vorgeschlagene Mechanismus zu einem verstärkten polwärts gerichteten Wärmetransport. Infolgedessen würden wir eine Zunahme kälterer Winter in den mittleren Breiten der nördlichen Hemisphäre erwarten, was zu einer allmählichen Abkühlung des Planeten aufgrund eines erhöhten Energieverlusts in der Arktis führen würde. Eine solche Veränderung würde eine atmosphärische Umstrukturierung bewirken, die atmosphärische Jets, Sturmbahnen und Monsune in Richtung Äquator verschieben würde. Infolgedessen würden einige Regionen trockener und andere feuchter werden.

Während die meisten holozänen solaren Tiefststände mit abrupten klimatischen Ereignissen zusammenfallen, ist dies nicht bei allen der Fall. Das Problem besteht darin, dass die Proxy-Methode, die ^{14}C-Produktionsrate, nicht direkt die Sonnenaktivität anzeigt, sondern stattdessen die Ankunft der kosmischen Strahlung auf der Erde aufzeichnet. Normalerweise werden Schwankungen der kosmischen Strahlung von bis zu einigen Jahrhunderten in erster Linie durch Schwankungen im Magnetfeld der Sonne verursacht, die mit Veränderungen ihrer Aktivität einhergehen. Es gibt jedoch einige Ausnahmen.

Vor etwa 9.600 Jahren stieg die Produktion von ^{14}C um 2,8 % und übertraf damit die Werte, die selbst während eines großen Sonnenminimums vom Typ Spörer beobachtet wurden. Bemerkenswert ist, dass dieser Anstieg 400 Jahre lang anhielt, also doppelt so lange wie das Spörer-Minimum. Trotz dieses beträchtlichen Anstiegs der ^{14}C-Produktion, dem größten des Holozäns, konnte für den größten Teil dieses Zeitraums keine signifikante Klimaänderung festgestellt werden. Das Fehlen einer Klimasignatur veranlasste mich, alternative Faktoren zu untersuchen, die die kosmische Strahlung in diesem Zeitraum beeinflusst haben könnten.

Interessanterweise explodierte während des frühen Holozäns ein massereicher Stern im Sternbild Vela in nur 800 Lichtjahren Entfernung, was ihn zur

---

[357] Zielinski, G.A., et al., 1996. Quat. Res. 45 (2), pp.109-118.
doi.org/10.1006/qres.1996.0013

nächstgelegenen bekannten Supernova macht. Die besondere Form, Intensität und Dauer der ^{14}C-Produktionsspitze vor 9.600 Jahren machen sie zum plausibelsten Kandidaten für den Vela-Supernova-Einfluss auf die ^{14}C-Aufzeichnungen. Trotz eines solch erheblichen Anstiegs der ^{14}C-Produktion stellt das Fehlen damit verbundener klimatischer Auswirkungen eine erhebliche Herausforderung für jede Hypothese dar, die kosmische Strahlung mit dem Klimawandel in Verbindung bringt.[358]

Es ist wichtig zu erkennen, dass die Proxy-Aufzeichnungen zwar alle großen Sonnenminima erfassen, aber nicht jeder signifikante Anstieg der ^{14}C-Produktion mit einem großen Sonnenminimum einhergeht. Dieser Aspekt wird in verschiedenen Studien und Rekonstruktionen der vergangenen Sonnenaktivität oft übersehen. Der zuverlässigste Indikator dafür, dass ein Anstieg der ^{14}C-Produktion mit einem großen Sonnenminimum zusammenhängt, ist die synchrone Erkennung seiner Auswirkungen in Klimaproxies.

Zusammengefasst

Das Holozän ist das Ergebnis von Veränderungen im orbitalen Antrieb und starken Rückkopplungen. Im frühen Holozän war die Erdachse stärker geneigt und gleichzeitig so ausgerichtet, dass die nördliche Hemisphäre im Sommer mehr Energie erhielt. Dies führte zu dem warmen Klima des holozänen Optimums. Als diese beiden Faktoren jedoch im Laufe der Zeit abnahmen, kühlte sich der Planet allmählich ab, was zur Neogletscherung führte. Im Gegensatz dazu reagierten die CO2-Werte auf die Bedingungen im Südlichen Ozean, die durch die zunehmende sommerliche Sonnenenergie auf der Südhalbkugel beeinflusst wurden, da die beiden Hemisphären entgegengesetzte Trends bei der sommerlichen Sonneneinstrahlung aufweisen. Die Klimamodelle geben die klimatischen Bedingungen des Holozäns nicht genau wieder, was auf eine ungenaue Bewertung der klimatischen Einflüsse hindeutet. Die Winterpförtner-Hypothese unterstreicht die entscheidende Rolle des Temperaturgradienten der nördlichen Hemisphäre für die Energiebilanz der Erde. Dementsprechend legt sie nahe, dass die beobachtete Abkühlung in erster Linie durch den verstärkten polwärts gerichteten Wärmetransport infolge von Orbitalveränderungen und die anschließende Verstärkung dieses Gradienten verursacht wird.

Das 2,8-Tausendjähringes-Ereignis ist eines von mehreren abrupten Klimaereignissen im Holozän. Dieses globale Phänomen führte zu erheblichen Veränderungen der Temperatur, der atmosphärischen Zirkulation, der Niederschlagsmuster, der El Niño-Aktivität und sogar der menschlichen Bevölkerung. Bemerkenswert ist, dass es nicht mit CO2 Schwankungen oder Vulkanausbrüchen zusammenhängt, sondern mit zwei Sonnenminima, die vor 2.990 und 2.790 Jahren stattfanden. Die Hypothese des verstärkten CO2 Effekts erklärt dieses und andere abrupte Klimaphänomene, die während des Holozäns beobachtet wurden, nicht. Die Winterpförtner-Hypothese liefert jedoch eine plausible Erklärung für die Synchronizität zwischen den Schwankungen der Sonnenaktivität und den klimatischen Auswirkungen während des 2,8-Tausendjähringes-Ereignisses. Sie besagt, dass Veränderungen in der atmosphärischen Zirkulation den Wärmetransport in die Arktis verändern, was sich letztlich auf das globale Energiebudget auswirkt.

---

[358] Svensmark, H., 1998. Phys. Rev. Lett. 81 (22), 5027.
doi.org/10.1103/PhysRevLett.81.5027

KAPITEL 46
ERKLÄRUNG DES JÜNGSTEN KLIMAWANDELS

Direkten und stellvertretenden Klimaaufzeichnungen zufolge endete die Kleine Eiszeit Mitte der 1840er Jahre, gefolgt von einem deutlichen Erwärmungstrend. Diese Erwärmung war jedoch im Laufe der Zeit nicht konstant. Stattdessen gab es im Rahmen des allgemeinen langfristigen Erwärmungstrends abwechselnd 30-jährige Erwärmungs- und Abkühlungsperioden. Der IPCC hält dieses Klimamuster nicht für signifikant und führt wesentliche langfristige Klimaveränderungen nur auf vom Menschen verursachte Treibhausgasemissionen und Aerosole zurück. Diese Position steht in krassem Gegensatz zu den Beobachtungen einer beträchtlichen Erwärmung und des Rückzugs der Gletscher zwischen 1845 und 1940, die fast die Hälfte der gesamten Veränderungen ausmachen, obwohl nur 10 % der gesamten menschlichen CO_2 Emissionen in diesen Zeitraum fielen. Während Klimamodelle den langfristigen Erwärmungstrend reproduzieren, haben sie oft Schwierigkeiten, den Zeitpunkt bestimmter Veränderungen genau wiederzugeben, insbesondere während der Erwärmung zu Beginn des 20. Jahrhunderts und der Abkühlung Mitte des 20. Jahrhunderts. Die Winterpförtner-Hypothese bietet eine Erklärung für den Zeitpunkt der Temperaturveränderungen, indem sie den größten Teil der langfristigen Erwärmung während des 20. Jahrhunderts auf das Moderne Sonnenmaximum zurückführt.

Die globale Erwärmung begann nach der kleinen Eiszeit

Die Kleine Eiszeit wurde durch die Untersuchung von Gletschern im Westen der Vereinigten Staaten festgestellt. Es wurde festgestellt, dass diese Gletscher keine Überbleibsel des Pleistozäns waren, sondern sich während des späten Holozäns bildeten und ausdehnten und ihre maximale Größe zwischen dem 16. und 18. Jahrhundert erreichten. Anhand derselben Kriterien lässt sich feststellen, dass die Kleine Eiszeit um 1845 endete, als die Gletscher weltweit zu schwinden begannen. Dieser Rückzug wird durch alte Fotografien des Rhône-Gletschers in den Alpen belegt (Abb. 79a). Der globale Trend des Gletscherrückgangs ist gut dokumentiert (Abb. 79b, dicke schwarze Linie) und hält bis heute an. Mehrere Proxies (Abb. 79b, dünne Linien) bestätigen, dass die moderne Erwärmung nach einer besonders kalten Periode von 1809 bis 1843 begann. Dieser Zeitraum fällt mit vier großen Vulkanausbrüchen zusammen (Abb. 79b, dunkelgraue Balken), darunter der Ausbruch des Tambora 1815, der in Kapitel 24 behandelt wird.

Wenige Jahre nach einer außergewöhnlichen Häufung starker Eruptionen, wie sie seit 1300 nicht mehr beobachtet wurden, endete die Kleine Eiszeit und markierte den Beginn der modernen globalen Erwärmung. Die Erwärmung kurz nach den Ausbrüchen bestätigt die Vorstellung, dass Vulkanausbrüche eine akute, aber kurzfristige Wirkung auf das Klima haben. Die genauen Gründe für den Beginn der globalen Erwärmung in den späten 1840er Jahren sind den Wissenschaftlern nach wie vor unbekannt, obwohl klar ist, dass natürliche Faktoren den Auslöser bildeten. Die Analyse von Klimaproxies (Abb. 79b) zeigt, dass ein Großteil der Erwärmung und des Gletscherrückgangs vor 1900 stattfand, lange bevor die menschlichen Emissionen spürbar wurden. Außerdem traten die meisten dieser Veränderungen vor 1960 auf, als die menschlichen Emissionen erheblich zunahmen. Daher ist der größte Teil der in den letzten 175 Jahren beobachteten globalen Erwärmung auf natürliche Ursachen zurückzuführen, während die menschlichen Emissionen erst in den letzten 60 Jahren ins Gewicht fallen. Welche natürlichen Ursachen im Einzelnen dafür verantwortlich sind und wie sie wirken, ist jedoch nach wie vor unklar.

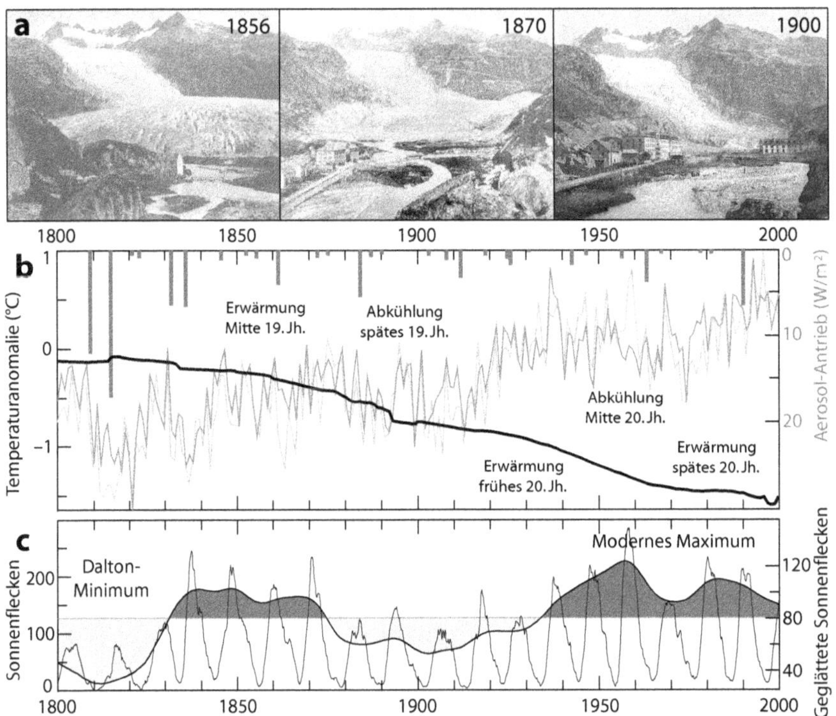

Abbildung 79. Zwei Jahrhunderte Erwärmung. a) Alte Fotografien des Rhône-Gletschers, Schweiz. b) Die dicke schwarze Linie stellt den globalen mittleren Gletscherrückgang dar (nicht skaliert, mit einem Bereich von 2,4 km). Die dünne mittelgraue Linie zeichnet die Anomalien des Baumwachstums auf, und die dünne hellgraue Linie ist eine Multi-Proxy-Rekonstruktion der Temperaturschwankungen in der nördlichen Hemisphäre. Die dunkelgrauen Balken stellen eine Rekonstruktion des globalen vulkanischen Aerosolantriebs dar. c) Die Anzahl der Sonnenflecken steht für die Sonnenaktivität. Die dicke Linie zeigt eine Glättung der Daten, wobei überdurchschnittliche Bereiche in dunkelgrau und unterdurchschnittliche Bereiche in hellgrau dargestellt sind.[359]

Die Winterpförtner-Hypothese bietet eine Erklärung für das Ende der Kleinen Eiszeit. Nach einer Periode geringer Sonnenaktivität, die als Dalton-Mini-

[359] Daten für die Gletscherlänge aus Oerlemans, J., 2005. Science, 308 (5722), pp.675-677. doi.org/10.1126/science.1107046 Daten für Klimaproxies und Vulkanausbrüche aus Sigl, M., et al., 2015. Nature, 523 (7562), pp.543-549. doi.org/10.1038/nature14565 Sonnenfleckendaten aus SILSO www.sidc.be/SILSO/home

mum bekannt ist und von 1795 bis 1835 dauerte, erholte sich die Sonnenaktivität und wurde zwischen 1835 und 1875 hoch (Abb. 79c). Dieser Zeitraum fällt mit der Mitte des 19. Jahrhunderts beobachteten Erwärmung zusammen. Während Veränderungen der Sonnenaktivität nur einen minimalen direkten Einfluss auf die Oberflächentemperaturen haben, hat die erhöhte Sonnenaktivität die globale Erwärmung wahrscheinlich indirekt verstärkt, indem sie den polwärts gerichteten Wärmetransport reduzierte. Die daraus resultierende Verringerung des arktischen Energieverlustes trug zum allgemeinen Anstieg der globalen Temperaturen bei. Gleichzeitig führte die damit verbundene Verringerung des Feuchtigkeitstransports zu einem Rückgang der Schneefälle, so dass sich die steigenden Temperaturen und die geringeren Niederschläge doppelt auf die Gletscher auswirkten.

Die Hypothese, dass der jüngste Klimawandel auf menschliche Emissionen zurückzuführen ist

Es ist interessant zu beobachten, dass die Temperaturveränderungen in den letzten beiden Jahrhunderten ein Muster aufweisen, das durch abwechselnde Erwärmungs- und Abkühlungsperioden gekennzeichnet ist, die jeweils etwa 30 Jahre andauern (Abb. 79b). Diese Verteilung zeigt, dass das 19. Jahrhundert zwei Abkühlungsperioden und eine Erwärmungsperiode aufwies, während das 20. Jahrhundert das umgekehrte Muster aufwies. Allein aufgrund dieser Tatsache würde man eine stärkere Erwärmung im 20. Jahrhundert erwarten. Außerdem ergibt sich der langfristige Erwärmungstrend aus den Abkühlungsperioden, die einen geringeren Temperaturrückgang im Vergleich zum Anstieg während der Erwärmungsperioden bewirken.

Diese Klimastruktur spiegelt den Einfluss multidekadischer ozeanischer Oszillationen wider, die auch als Klimamodi der Variabilität bekannt sind, da sie synchron mit der Atlantischen Multidekadischen Oszillation schwingen. Wie bereits erörtert (Kap. 19 und 36), führen diese multidekadischen Oszillationen zu Veränderungen des polwärts gerichteten Wärmetransports und sind die Hauptantriebskräfte des Klimawandels auf der multidekadischen Zeitskala. Sie modifizieren das Energiebudget der Erde, indem sie die ausgehende langwellige Strahlung verändern, aber ihre Rolle als wichtiger Klimatreiber bleibt unerkannt.

Wissenschaftler, die mit dem IPCC zusammenarbeiten, sind der Ansicht, dass die Schwankungen lediglich eine Umverteilung der Energie innerhalb des Klimasystems bewirken. Dem jüngsten Bericht des IPCC zufolge werden diese Schwankungen vor allem als regionale Oberflächentemperaturschwankungen und nicht als globale Schwankungen beobachtet. Einige Klimawissenschaftler sind jedoch anderer Meinung und argumentieren, dass diese Modi einen globalen Einfluss haben.[360] Dieser Einfluss ist in den Aufzeichnungen der globalen Oberflächentemperaturen erkennbar (Abb. 31, Kap. 19).

Nach dem IPCC-Sachstandsbericht 6. FAQ 3.1 lassen sich historische Temperaturänderungen nur durch drei Kategorien von Klimaantrieben erklären.[361]

---

[360] Schlesinger, M.E. & Ramankutty, N., 1994. Nature, 367 (6465), pp.723-726. doi.org/10.1038/367723a0

[361] Eyring, V., et al., 2021. Climate change 2021: The Physical Science Basis. 6th AR IPCC. p.516. doi.org/10.1017/9781009157896.005

Abbildung 80 zeigt die von den Klimamodellen vorgeschlagenen Durchschnittswerte dieser Antriebskräfte. Der Beitrag zu den beobachteten Temperaturen wird auf der Grundlage der Hypothese des verstärkten CO_2-Effekts berechnet, wobei die vom Menschen verursachten Treibhausgase, die vom Menschen verursachten Aerosole und die natürlichen Antriebe (Sonne und Vulkanismus) berücksichtigt werden. Die ursprüngliche IPCC-Zahl scheint jedoch einen Fehler zu enthalten, da sie suggeriert, dass menschliche Aerosole eine erwärmende Wirkung und menschliche Treibhausgase eine kühlende Wirkung während der ersten beiden Jahrzehnte haben, was unwahrscheinlich erscheint.

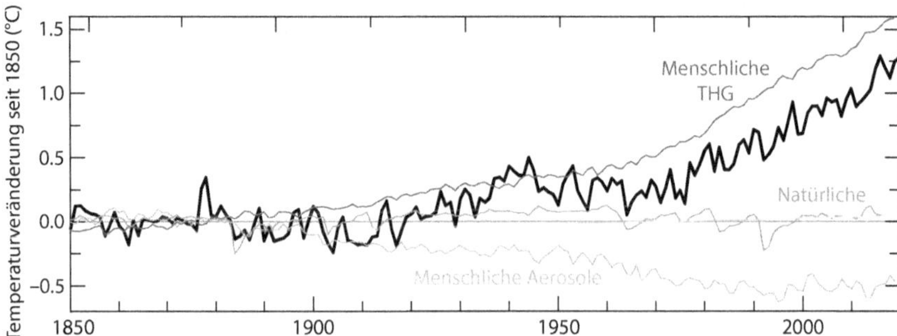

Abbildung 80. Triebkräfte des Klimawandels seit 1850. Veränderungen der globalen Oberflächentemperatur aus Beobachtungen im Vergleich zu durchschnittlichen Multi-Modell-Simulationen der Reaktion auf menschliche Treibhausgase (dunkelgraue Linie), Aerosole und andere menschliche Einflüsse (hellgraue Linie) und nur natürliche Einflüsse (mittelgraue Linie).

Die drei in Abbildung 80 gezeigten Kategorien, die durch dünne Linien dargestellt sind, werden aus verfügbaren Daten abgeleitet und mit Hilfe von Modellen geschätzt, um ihre Auswirkungen auf den Strahlungsfluss an der Oberseite der Atmosphäre zu bestimmen. Dieser Strahlungsantrieb wird dann als Input für Klimamodelle verwendet. Im Fall der IPCC-Abbildung in Abbildung 80 wurde der Strahlungsantrieb in die durch jede Antriebskategorie verursachte Änderung der Oberflächentemperatur umgerechnet und mit der globalen Temperatur aus Beobachtungen (dicke schwarze Linie) verglichen. Die Herausforderung für die Klimamodellierer besteht darin, die in der Vergangenheit beobachteten Temperaturen zu reproduzieren, indem sie nur diese drei Arten von Antrieben verwenden. Da der Erfolg von Modellen an ihrer Fähigkeit gemessen wird, vergangene Klimata zu simulieren, können die Klimamodellierer auch zahlreiche Parameter innerhalb der Modelle um Faktoren anpassen, die nicht direkt berechnet werden können, bis dies erreicht ist.

Es ist wichtig zu beachten, dass diese Zahl einen vernachlässigbaren natürlichen Beitrag zum langfristigen Trend zeigt. Nach der von den IPCC-Wissenschaftlern aufgestellten Hypothese waren natürliche Ursachen nicht für den Klimawandel der letzten 170 Jahre verantwortlich und haben nur bei kurzfristigen Auswirkungen eine Rolle gespielt. Demnach würde sich die heutige Temperatur ohne den Einfluss des Menschen nicht von derjenigen von 1850 unterscheiden. Wie aus Abbildung 79 hervorgeht, fand jedoch zwischen 1850 und 1940 ein großer Klimawandel statt, wobei die menschlichen CO_2 Emissionen in dieser Zeit weniger als 10 % der Gesamtemissionen seit 1850 ausmachten.[362] Obwohl viele Wissenschaftler ohne zu hinterfragen die Behauptung akzeptieren, dass der natürliche Klimawandel keine Auswirkungen hatte, ist es schwierig, dieser Behauptung zuzustimmen.

Im IPCC-Bericht wird auch die Bedeutung der natürlichen internen Variabilität heruntergespielt und behauptet, dass ihr Einfluss auf die globale Temperatur über Zeiträume von drei Jahrzehnten oder mehr minimal ist. Stattdessen wird in dem Bericht behauptet, dass der langfristige Trend in erster Linie auf den menschlichen Einfluss zurückzuführen ist. Die Verharmlosung eines herausragenden Klimamerkmals, das die Modelle nicht reproduzieren können, kann jedoch ungerechtfertigtes Vertrauen in die Leistung der Modelle fördern. Dies wird deutlich, wenn die Modelle die Temperaturtrends im 21. Jahrhundert nicht genau wiedergeben und die Modellierer über die Gründe für diese Diskrepanz im Unklaren gelassen werden.[363]

Die Klimamodelle sehen den jüngsten Klimawandel falsch

In Abbildung 81a wird der jüngste Durchschnittswert mehrerer Modelle aus dem 6. Model Intercomparison Project (gestrichelte graue Linie) mit der vergangenen Temperaturaufzeichnung (schwarze Linie) verglichen. Obwohl die Modelle im Allgemeinen gut abschneiden, erkennen die Wissenschaftler an, dass die meisten Modelle die zu Beginn des 20. Jahrhunderts beobachtete Erwärmung unterschätzen und die nach 1998 beobachtete Erwärmung überschätzen.[364]

Aber die Probleme gehen tiefer. Durch die Berechnung der Erwärmungsrate über ein gleitendes 15-Jahres-Fenster erhalten wir einen Einblick in den Zeitpunkt und das Ausmaß der Temperaturänderungen in Abbildung 81b. In dieser Abbildung wird die Erwärmungsrate für die Beobachtungen (schwarze Linie) und den Durchschnitt mehrerer Modelle (gestrichelte graue Linie) verglichen. Positive Werte weisen auf einen allgemeinen Erwärmungstrend hin, während negative Werte einen Abkühlungstrend über den vorangegangenen 15-Jahres-Zeitraum anzeigen.

Die im späten 19. Jahrhundert beobachtete Abkühlung wird in den Modellen in erster Linie auf eine stärkere Reaktion auf den Krakatoa-Ausbruch von 1883 zurückgeführt, als aus den Proxies und Temperaturaufzeichnungen hervorgeht. Diese Aufzeichnungen spiegeln zwar die Auswirkungen des Ausbruchs wider, zeigen aber auch einen starken Abkühlungstrend, der 1878 begann und bis 1893 anhielt. Eine weitere Abkühlung wurde im ersten Jahrzehnt des 20. Jahrhunderts beobachtet.

Die Erwärmungsrate während der Erwärmungsperiode zu Beginn des 20. Jahrhunderts war mit einer Rate von 0,18 bzw. 0,20 °C pro Jahrzehnt mit der heutigen vergleichbar, trotz des großen Unterschieds bei den CO_2 Emissionen. Dieser Unterschied ist der Grund, warum die Klimamodelle diesen Zeitraum nicht simulieren. Auch die Abkühlung in der Mitte des 20. Jahrhunderts, die um 1945 begann, wird in den Modellen erst nach dem Ausbruch des Agung im

[362] ourworldindata.org/co2-emissions
[363] Voosen, P., 2021. Science, 373 (6554) pp.474-475.
    doi.org/10.1126/science.373.6554.474
[364] Papalexiou, S.M., et al., 2020. Earth's Future, 8 (10), p.e2020EF001667.
    doi.org/10.1029/2020EF001667

Jahr 1963 berücksichtigt, und selbst dann neigen sie dazu, die Auswirkungen des Ausbruchs zu übertreiben.

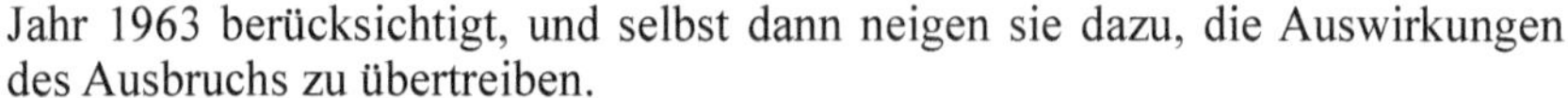

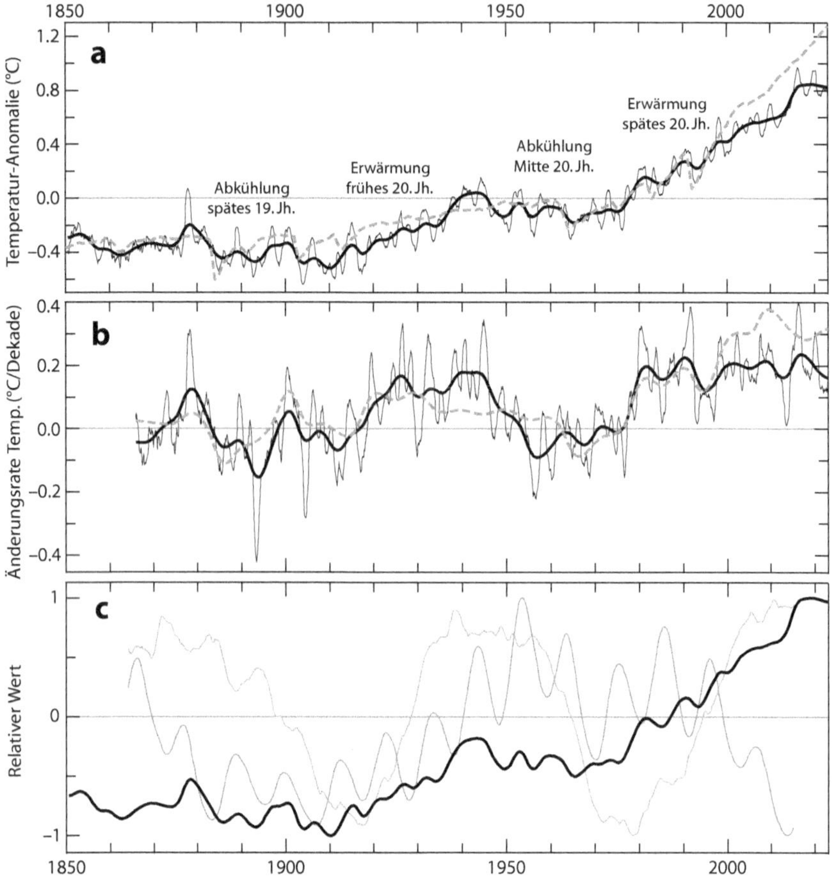

Abbildung 81. Gegensätzliche Erklärungen für den jüngsten Klimawandel. a) Die schwarze Linie ist der beobachtete Klimawandel, wobei die dicke Linie die geglätteten Daten darstellt. Die gestrichelte graue Linie ist eine ähnlich geglättete mittlere Simulation mehrerer Modelle. b) 15-jährige Temperaturänderungsrate aus (a). c) Die schwarze Linie ist wie in (a), die mittelgraue Linie ist die Sonnenfleckenzahl und die hellgraue Linie ist der Index der Atlantischen Multidekadischen Oszillation, beide ähnlich geglättet und ausgedrückt als Verhältnis ihrer Mittelwerte.[365]

Die Modelle simulieren erfolgreich die Erwärmungsperiode gegen Ende des 20. Jahrhunderts, zeigen aber den erwarteten Anstieg der Erwärmungsrate, der dem beschleunigten Anstieg der CO_2-Werte entspricht. Die beobachtete Erwärmung hat sich jedoch seit 1976 nicht in ähnlicher Weise beschleunigt, trotz eines starken Anstiegs des CO_2-Gehalts um 90 ppm (26 %). In den IPCC-Be-

---

[365] Temperaturdaten von HadCRUT5, Modelldaten für CMIP6 SSP245 von KNMI explorer climexp.knmi.nl/CMIP6/Tglobal/global_tas_mon_ens_ssp245_192_ave.dat Sonnenfleckendaten von SILSO und AMO-Daten von NOAA.

richten fehlt derzeit eine Erklärung für das Ausbleiben dieser Erwärmungsbeschleunigung, obwohl weiterhin eine beschleunigte Erwärmung und ein Anstieg des Meeresspiegels vorhergesagt werden. Diese fehlende Erwärmungsbeschleunigung hat dazu geführt, dass die Modelle seit 1998 die Temperaturen immer schlechter reproduzieren, ein Thema, das in Kapitel 49 ausführlicher behandelt wird.

Eine alternative Erklärung für die jüngste Erwärmung

Die Winterpförtner-Hypothese bietet eine alternative Sichtweise, die nicht unter den oben beschriebenen Problemen leidet. Nach dieser Hypothese kann, wie in Abbildung 81c dargestellt, die im späten 19. Jahrhundert beobachtete Abkühlung auf einen verstärkten Wärmetransport zurückgeführt werden, der durch eine geringe Sonnenaktivität und eine Verschiebung in die negative Phase der multidekadischen Oszillation verursacht wurde. Zu Beginn des 20. Jahrhunderts war dagegen eine Erwärmung zu beobachten, die durch den Übergang zu einer positiven Phase (Abnahme des Wärmetransports) der multidekadischen Oszillation und den Einfluss des modernen Sonnenmaximums seit Mitte der 1930er Jahre ausgelöst wurde. Die Abkühlung in der Mitte des 20. Jahrhunderts resultierte aus dem Übergang zu einer negativen Phase der multidekadischen Oszillation. Diese Abkühlung wurde durch einen gegenläufigen Effekt auf den stratosphärischen Transport aufgrund der hohen Sonnenaktivität abgeschwächt. Im späten 20. Jahrhundert trugen beide Einflüsse erneut zur Erwärmung bei. Im 21. Jahrhundert hat die geringe Sonnenaktivität jedoch als dämpfender Faktor gewirkt, was möglicherweise zu einem Rückgang der Erwärmungsrate führt, da die multidekadische Oszillation Mitte der 2020er Jahre negativ werden dürfte.

Im Wesentlichen kann ein erheblicher Teil der beobachteten Erwärmung im 20. Jahrhundert den Auswirkungen des modernen Sonnenmaximums auf das Energiebudget der Erde zugeschrieben werden. Es ist bemerkenswert, dass eine so lange Periode überdurchschnittlicher Sonnenaktivität seit mehr als 600 Jahren nicht mehr dokumentiert wurde (Abb. B21, Kap. 23). Die Hypothese besagt, dass diese erhöhte Sonnenaktivität zu einer Verringerung der in die Arktis transportierten Wärmemenge führte, was zu einer Abnahme der Abkühlung in der Mitte des 20. Jahrhunderts und zu einer Zunahme der Erwärmung im frühen und späten 20. Jahrhundert führte.

Die steigenden CO_2-Werte haben zweifellos den beobachteten Erwärmungstrend der letzten Jahrzehnte beeinflusst, aber die Hypothese des verstärkten CO_2-Effekts neigt dazu, ihre Rolle überzubewerten, indem sie die natürlichen Ursachen vernachlässigt, die in der Winterpförtner-Hypothese berücksichtigt werden. Ein umfassenderes Verständnis des jüngsten Klimawandels sollte die beobachtete Erwärmung auf eine Kombination aus menschlichen Emissionen und natürlichen Schwankungen im polwärts gerichteten Wärmetransport zurückführen.

Kasten 27. Das polare Rätsel

Die polare Verstärkung bezieht sich auf das Phänomen, dass Temperaturänderungen in hohen Breitengraden stärker ausgeprägt sind als im globalen Durchschnitt. Dieses Konzept steht im Einklang mit den paläoklimatischen Belegen dafür, dass die Erde ihre globale Temperatur in erster Linie dadurch verändert hat, dass sie sich auf Regionen außerhalb der Tropen, insbesondere in hohen Breiten, auswirkte. Wir haben dieses Phänomen bereits bei der Erörterung des latitudinalen Temperaturgradienten (Abb. 13, Kap. 9) und der Klimabedingungen während des frühen Eozäns (Kap. 20) untersucht.

Die polare Verstärkung wurde erstmals in den 1970er Jahren in frühen Klimamodellen beobachtet und wird in aktuellen Modellen durchweg als Reaktion auf zunehmende Treibhausgase reproduziert. Die Ermittlung der genauen Ursachen dieses Phänomens hat sich als schwierig erwiesen. In den Modellen wird die polare Verstärkung auf eine Kombination von Strahlungsantriebsmustern und verschiedenen Rückkopplungsmechanismen zurückgeführt.[366] Der bekannteste Mechanismus ist die Rückkopplung der Oberflächenalbedo in den hohen Breiten, die in erster Linie durch Veränderungen des Meereises und der Schneebedeckung verursacht wird. Die Planck-Rückkopplung und die Rückkopplung des vertikalen Temperaturgradient sind jedoch in den Simulationen von größerer Bedeutung.

Die Rückkopplung des vertikalen Temperaturgradienten wird durch Temperaturänderungen in der Höhe beeinflusst (Kap. 7). In den Tropen, wo eine Erwärmung der oberen Troposphäre aufgrund erhöhter latenter Wärmeabgabe zu erwarten ist, ist die Rückkopplung negativ. Eine stabilere Atmosphäre in hohen Breiten begrenzt jedoch die Erwärmung auf niedrigere Höhen, was zu einer positiven Rückkopplung führt. Die Planck-Rückkopplung hingegen resultiert aus den erhöhten langwelligen Emissionen von wärmeren Oberflächen und ist in allen Regionen negativ. Ihre Wirkung ist jedoch in den wärmeren unteren Breitengraden stärker ausgeprägt. Im Prinzip reduzieren beide Rückkopplungen die Erwärmung in niedrigen Breiten stärker als in hohen Breiten.

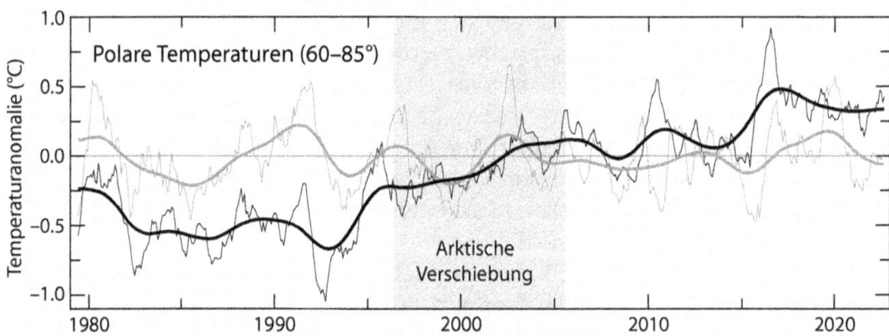

Abbildung B27. Polare Temperaturen. Satellitenaufzeichnung der Temperaturveränderungen in der unteren Troposphäre für die Regionen zwischen 60 und 85° Breitengrad. Die schwarzen Linien entsprechen den Daten für die Nordpolregion und deren Glättung, die grauen Linien entsprechen der Südpolregion.[367]

Allerdings weichen die tatsächlichen Beobachtungen in Bezug auf die polare Verstärkung erheblich von den Klimamodellsimulationen ab. Auf der Südhalbkugel sind die polaren Temperaturen in der unteren Troposphäre (Abb. B27, graue

---

[366] Smith, D.M., et al., 2019. Geosci. Model Dev. 12 (3), pp.1139-1164.
doi.org/10.5194/gmd-12-1139-2019
[367] Daten aus dem UAH-Satellitentemperaturdatensatz.

Linie) in den letzten vier Jahrzehnten unverändert geblieben, obwohl die Modelle eine Erwärmung in der Antarktis vorhersagen. In ähnlicher Weise zeigten die polaren Temperaturen in der unteren Troposphäre (Abb. B27, schwarze Linie) in der nördlichen Hemisphäre von 1979 bis Mitte der 1990er Jahre einen Abkühlungstrend. Die in den späteren Jahren beobachtete Erwärmung war in erster Linie eine Folge der Klimaverschiebung von 1997 und der anschließenden Reaktion der Arktis, die in Kapitel 34 ausführlich behandelt wird.

Die Klimawissenschaftler haben noch keine Erklärung für die großen Diskrepanzen zwischen Modellsimulationen und tatsächlichen Beobachtungen der polaren Verstärkung. In Anerkennung der Bedeutung dieses Themas wurde das Polar Amplification Model Intercomparison Project ins Leben gerufen.[368] Die Forscher betonen die Komplexität der Faktoren, die die polaren Temperaturtrends beeinflussen. Sie weisen darauf hin, dass die antarktische Verstärkung zwar bisher verzögert wurde, aber in Zukunft als Reaktion auf den weiteren Anstieg der Treibhausgase zu erwarten ist.

Die angebotene Erklärung widerspricht jedoch den vermuteten Ursachen der polaren Verstärkung. Der vertikale Temperaturgradient und die Planck-Rückkopplungen wirken sich nicht in erster Linie auf die Erhöhung der polaren Temperaturen aus, sondern eher auf die Verringerung der nicht-polaren Temperaturen. Wären ihre geschätzten Werte ungenau, wäre der Effekt für die globale Erwärmung insgesamt bedeutender als speziell für die polare Erwärmung.

Die Winterpförtner-Hypothese liefert eine kohärente Erklärung für die polaren Temperaturtrends, indem sie die Stärke des Polarwirbels mit dem Wärmetransport zu den Polen in Verbindung bringt. Der Polarwirbel ist in der südlichen Hemisphäre aufgrund der geringeren Aktivität der planetarischen Wellen stark. Infolgedessen bleibt der Wärmetransport in die Antarktis im Vergleich zu den in der Arktis beobachteten starken Schwankungen stabiler. In der antarktischen Atmosphäre, die sich durch einen geringen Wasserdampfgehalt und Temperaturinversionen auszeichnet, dürfte der Anstieg des CO_2-Gehalts eher zu einer Abkühlung als zu einer Erwärmung führen, da die Infrarotemissionen zunehmen.[369]

Was die Temperaturen in der nördlichen Polarregion betrifft, so erlebte die Arktis von 1976 bis 1997 eine Abkühlung aufgrund der starken Polarwirbelbedingungen im Rahmen des in Kapitel 39 erörterten Klimaregimes mit geringem Transport (Abb. 61). Wie bereits erwähnt, hat die Abschwächung der Polarwirbelbedingungen nach der Klimaverschiebungen von 1997 zu einer Erwärmung der Arktis geführt. In Kapitel 34 haben wir untersucht, inwieweit die jüngste verstärkte Erwärmung der Arktis eher auf Veränderungen im Wärmetransport als auf eine Verstärkung der Arktis zurückzuführen ist.

---

[368] Smith, D.M., et al., 2019. Geosci. Model Dev. 12 (3), pp.1139-1164. doi.org/10.5194/gmd-12-1139-2019

[369] van Wijngaarden, W.A. & Happer, W., 2020 arXiv preprint doi.org/10.48550/arXiv.2006.03098

Zusammengefasst

Klimamodelle, die davon ausgehen, dass der jüngste Klimawandel in erster Linie auf Veränderungen des CO_2 infolge menschlicher Emissionen zurückzuführen ist, haben Schwierigkeiten, die seit dem Ende der Kleinen Eiszeit beobachteten Muster genau zu reproduzieren. Diese Schwierigkeit deutet darauf hin, dass die Haupttreiber des Klimawandels möglicherweise falsch identifiziert werden. Die menschlichen Emissionen waren zwischen 1845 und 1940, als ein Großteil des Klimawandels der letzten 175 Jahre stattfand, relativ gering. Dies lässt Zweifel an der weithin akzeptierten Ansicht aufkommen, dass natürliche Faktoren nur einen unbedeutenden Beitrag zum langfristigen Klimawandel geleistet haben.

Im Gegensatz dazu bietet die Winterpförtner-Hypothese eine überzeugendere Erklärung für die beobachteten Muster des Klimawandels, die durch abwechselnde 30-jährige Erwärmungs- und Abkühlungsperioden gekennzeichnet sind. Diese Hypothese unterstreicht auch die Bedeutung des modernen Sonnenmaximums als Hauptfaktor für die beobachtete Erwärmung im 20. Jahrhundert. Sie gibt auch Aufschluss über das Fehlen einer polaren Verstärkung in der Antarktis und das Auftreten einer solchen Verstärkung in der Arktis seit Mitte der 1990er Jahre. Durch die Berücksichtigung dieser Faktoren bietet die Winterpförtner-Hypothese ein umfassenderes Verständnis der jüngsten Dynamik des Klimawandels und stellt die vorherrschende Annahme in Frage, die in erster Linie auf den menschlichen CO_2 Emissionen beruht.

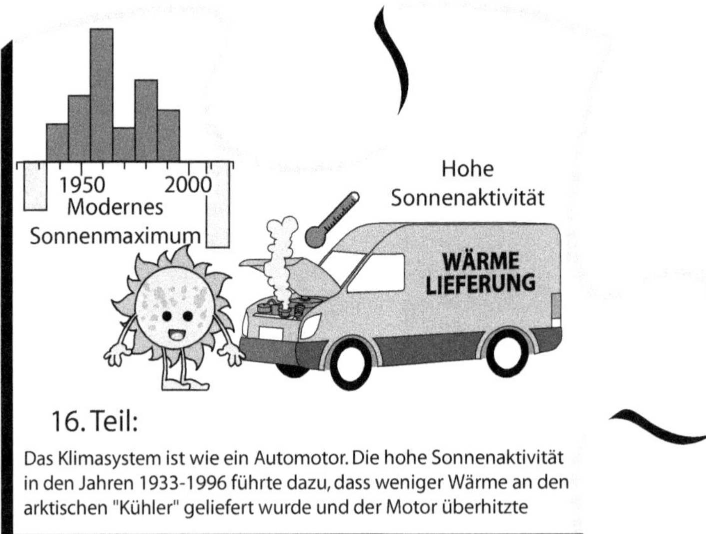

ABSCHNITT 13 SCHLÜSSELTHEMEN

Der Winter-Pförtner übertrifft die Hypothese des verstärkten CO_2 Effekts bei der Erklärung vergangener Klimarätsel. Die Isolierung der Antarktis durch den Zirkumpolarstrom führte zu einer Halbierung der CO_2-Werte im Oligozän und damit zu einer langen Periode der globalen Erwärmung, die zum Klimaoptimum im mittleren Miozän führte. Die neue Hypothese veranschaulicht auch, wie kleine Änderungen des Milankovitch-Antriebs an der Oberseite der Atmosphäre zu massiven Änderungen des Volumens der Eisschilde der Erde führen, indem sie die Auswirkungen aktueller Änderungen des Wärmetransports auf die sommerliche Schneedecke Grönlands zeigt.

Die Winterpförtner-Hypothese erklärt die Diskrepanz zwischen der CO_2 und den globalen Temperaturtrends im Holozän. Die globalen Temperaturen folgen der Sonneneinstrahlung der nördlichen Hemisphäre, während CO_2 den Temperaturen der südlichen Hemisphäre folgt. Vor etwa 3.000 Jahren kam es zu einer abrupten 350-jährigen Abkühlung, die nicht mit CO_2-Schwankungen oder Vulkanausbrüchen zusammenhing, sondern mit zwei solaren Tiefstständen. Diese Hypothese erklärt die Beweise, die auf Veränderungen der atmosphärischen Zirkulation und des Wärmetransports als treibende Faktoren für dieses Ereignis hinweisen.

Etwa die Hälfte der Erwärmung nach der Kleinen Eiszeit fand zwischen den 1840er und 1940er Jahren statt, obwohl nur 10 % der menschlichen CO_2 Emissionen in diesen Zeitraum fielen. Die Modelle können diese ungleichmäßige Erwärmung, die durch abwechselnde Erwärmungs- und Abkühlungsperioden gekennzeichnet ist, nicht reproduzieren. Dies stellt die Hypothese des verstärkten CO_2 Effekts in Frage, die die Rolle natürlicher Faktoren beim langfristigen Klimawandel ignoriert. Die Winterpförtner-Hypothese bietet eine bessere Erklärung für die Erwärmung und ihren zeitlichen Ablauf in diesen hundert Jahren. Sie erklärt auch die beobachtete Verstärkung in der Arktis seit Mitte der 1990er Jahre und erklärt das Fehlen einer solchen Zunahme vor dieser Zeit und in der Antarktis.

Abschnitt 14. Erklärungen zu den Prozessen des Klimawandels

Kapitel 47
Die blinden Männer und der Elefant

Die Winterpförtner-Hypothese führt einen neuen Faktor ein, der zum Klimawandel beiträgt, und deutet darauf hin, dass frühere Ursachen möglicherweise falsch identifiziert wurden. Im Gegensatz zu dem, was es scheinen mag, ist es für Wissenschaftler nicht schwierig, eine Hauptursache des Klimawandels zu übersehen, da sich die Mitarbeiter des IPCC in erster Linie darauf konzentriert haben, den Klimawandel menschlichen Aktivitäten zuzuschreiben, anstatt seine Ursachen zu ermitteln. Eine fehlende Ursache in den letzten Jahrzehnten zu finden, wäre schwierig, aber es wird einfacher, wenn man die Kleine Eiszeit betrachtet, wo die Hauptursache unerkannt blieb. Forscher haben herausgefunden, dass sich der Klimaäquator, an dem die Passatwinde beider Hemisphären zusammentreffen, während der Kleinen Eiszeit um 5° südlicher Breite verschoben hat. Diese Verschiebung führte zu einer erheblichen Zunahme des Wärmetransports von der südlichen zur nördlichen Hemisphäre und lieferte den Beweis für die Existenz einer unbekannten Ursache, die den Klimawandel auf diese Weise antreiben kann.

Der Fall einer fehlenden Forcierung

Die Winterpförtner-Hypothese führt einen neuen klimabestimmenden Mechanismus ein, indem sie vorschlägt, dass Veränderungen im polwärts gerichteten Wärmetransport das Klima stark beeinflussen können. Dieser Mechanismus wirkt sich auf den Strahlungsfluss an der Oberseite der Atmosphäre aus, was den Energiegehalt des gesamten Klimasystems verändert. Damit dieser neue Antrieb in die Theorie des Klimawandels aufgenommen werden kann, muss er jedoch eine Lücke im derzeitigen Verständnis des Klimawandels schließen. Darüber hinaus ist die Bedeutung der vorgeschlagenen Rolle des neuen Antriebs direkt proportional zum Ausmaß des fehlenden Antriebs, den er zu ersetzen versucht.

Die Feststellung der Kausalität in einem hochkomplexen System wie dem Klima ist eine große Herausforderung, und die an den IPCC-Berichten beteiligten Wissenschaftler gehen dieser Aufgabe nicht aktiv nach. Ihr Hauptaugenmerk liegt vielmehr darauf, die Auswirkungen menschlicher Aktivitäten auf das Klima zu identifizieren und zuzuordnen. Sie gehen davon aus, dass die Ursachen des Klimawandels bereits gut bekannt sind. Fehlt also ein bestimmter Faktor, so würden die daraus resultierenden Auswirkungen einem oder mehreren der bereits identifizierten Faktoren zugeschrieben werden.

Wenn die Winterpförtner-Hypothese richtig ist, sollte das moderne Sonnenmaximum wesentlich zu der beobachteten Erwärmung im 20. Jahrhundert beigetragen haben. Aufgrund des gleichzeitigen Einflusses anthropogener Faktoren wäre es jedoch nicht ohne Weiteres ersichtlich, wenn wir bei unserem Verständnis des jüngsten Klimawandels einen Faktor übersehen würden. Um einen fehlenden Antrieb zu identifizieren, müssen wir vergangene Klimabedingungen untersuchen, die die Hypothese des verstärkten CO_2 Effekts in Frage stellen. Ein solches Beispiel ist das klimatische Optimum des Miozäns, das in Kapitel 44 behandelt wird. Während dieses Zeitraums herrschten auf der Erde um 5 bis 8 °C höhere Temperaturen als heute, und das trotz ähnlicher CO_2 Werte von etwa 400 ppm. Bemerkenswert ist, dass die Klimamodelle CO_2 Werte von mindestens 800 ppm benötigen, um dieses vergangene Klima genau zu simulieren, was auf die Existenz eines nicht identifizierten Antriebs hinweist.

Der fehlende Antrieb durch die Kleine Eiszeit

Wir müssen nicht so weit in die Vergangenheit zurückgehen, um einen weiteren fehlenden Faktor zu finden; ein paar Jahrhunderte genügen. Ein ähnliches Rätsel stellt die Kleine Eiszeit dar, deren Hauptursache noch immer nicht geklärt ist. Die Ausdehnung der globalen Gletscher und die Klimaproxies deuten darauf hin, dass die dramatische und weitreichende Abkühlung, die um 1300 begann und fünf Jahrhunderte andauerte, nicht allein auf einen allmählichen Milanko-vitch-Antrieb zurückgeführt werden kann (Abb. 35, Kap. 21). Erschwerend kommt hinzu, dass die CO_2-Werte zwischen 1100 und 1500 stabil blieben, die vulkanische Aktivität während des größten Teils dieses Zeitraums unterdurchschnittlich war (Abb. 42, Kap. 26) und der angenommene solare Antrieb allein nicht ausreicht, um den beobachteten Abkühlungstrend zu erklären.

Untersuchen wir diesen schwer fassbaren fehlenden Antrieb, indem wir uns auf die innertropische Konvergenzzone konzentrieren. Kasten 2 (Kap. 3) definiert sie als den Gürtel, in dem die warmen, feuchtigkeitsreichen Passatwinde beider Hemisphären zusammenlaufen. Hier steigt die Luft durch Konvektion auf und bildet ein Band aus Wolken und Stürmen, das die Erde in der Nähe des Äquators umgibt. Es ist im Wesentlichen der klimatische Äquator innerhalb des globalen atmosphärischen Zirkulationssystems. Von diesem Band aus wird Wärme in Richtung der Pole transportiert. Die Lage dieser Zone variiert jahreszeitlich. Sie bewegt sich in die sommerliche (wärmere) Hemisphäre, um mehr Wärme in die winterliche (kältere) Hemisphäre zu transportieren (Abb. 17, Kap. 11).

Trotz ihrer globalen Auswirkungen wirkte sich die Kleine Eiszeit hauptsächlich auf der Nordhalbkugel aus. Diese gut dokumentierte Abkühlungsperiode führte zu einer bemerkenswerten Verschiebung der innertropischen Konvergenzzone in Richtung der vergleichsweise wärmeren südlichen Hemisphäre. Wissenschaftler haben auf mehreren pazifischen Inseln Studien durchgeführt und dabei eine Vielzahl von Proxies verwendet. Ihre Ergebnisse zeigen, dass sich der Klimaäquator während der Kleinen Eiszeit um etwa 500 Kilometer (ca. 5° Breitengrad) nach Süden verschoben hat, und zwar von seiner heutigen durchschnittlichen Position.[370]

Abbildung 82 veranschaulicht die Südwärtsverschiebung der innertropischen Konvergenzzone, wie sie durch einen Niederschlagsproxy aus dem Karibischen Meer dargestellt wird (schwarze Linie).[371] In diesem Bericht untersuchen die Autoren die Verschiebung im Zusammenhang mit dem sich entwickelnden Temperaturkontrast zwischen den beiden Hemisphären (gestrichelte graue Linie). Darüber hinaus untersuchen sie die Auswirkung der sich verändernden Lage der innertropischen Konvergenzzone auf die atmosphärische Energiebilanz und stellen eine Verbindung zwischen ihrer Lage und dem Energietransport in der Atmosphäre her.

---

[370] Sachs, J.P., et al., 2009. Nat. Geosci. 2 (7), pp.519-525. doi.org/10.1038/NGEO554

[371] Schneider, T., et al., 2014. Nature, 513 (7516), pp.45-53.
    doi.org/10.1038/nature13636

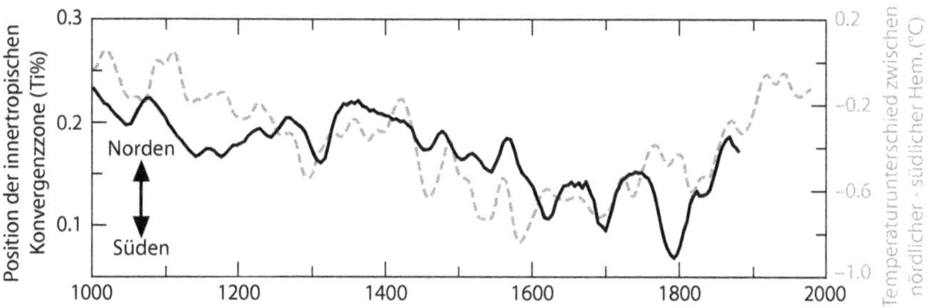

Abbildung 82. Verschiebung des Klimaäquators während der Kleinen Eiszeit. Position der innertropischen Konvergenzzone (schwarze Linie) und interhemisphärischer Temperaturkontrast (gestrichelte graue Linie) während der letzten 1.000 Jahre.

Die Auswirkung der Position der innertropischen Konvergenzzone auf den atmosphärischen Wärmetransport stellt ein faszinierendes Dilemma dar, das in der Studie nicht behandelt wird. Während der Kleinen Eiszeit, als sich der Klimaäquator in Richtung der südlichen Hemisphäre verschob und dadurch mehr Wärme in die nördliche Hemisphäre geleitet wurde, stellt sich eine wichtige Frage: Wenn die nördliche Hemisphäre eine erhebliche Abkühlung erfuhr, was geschah dann mit dieser Energie? Mehrere Studien haben gezeigt, dass sich der Ozean in diesem Zeitraum abkühlte, was darauf hindeutet, dass die Energie nicht dorthin übertragen wurde. Es ist klar, dass es in der nördlichen Hemisphäre ein großes Energiedefizit gab, aber die genaue Ursache bleibt unklar. Zwar wird häufig die Veränderung der Albedo von Eis und Schnee als Faktor vorgeschlagen, doch ist zu beachten, dass die Albedo als Rückkopplungsmechanismus wirkt, d. h. die Abkühlung muss eintreten, bevor die Albedo von Eis und Schnee zunehmen kann. Die Abkühlung sollte auch der Verschiebung des Klimaäquators vorausgehen.

Es gibt eine weitere Studie, die wertvolle Einblicke in die Natur dieses Problems bietet. Sie beziffert den Anstieg des Wärmetransports über den Äquator, der sich aus der Verschiebung der innertropischen Konvergenzzone um 5° nach Süden während der Kleinen Eiszeit ergibt, auf 1,7 Petawatt (PW).[372] Um dies in die richtige Perspektive zu rücken, sei daran erinnert, dass der aktuelle hemisphärische Transport etwa 5-6 PW beträgt (siehe Kapitel 9). Daher stellt die beobachtete Verschiebung der Zone eine erhebliche globale Umstrukturierung des Wärmetransports dar. Die Autoren der Studie kommen zu dem Schluss, *dass es derzeit keinen bekannten Klimaantrieb oder eine Rückkopplung während dieses Zeitraums gibt, der eine so große Energiestörung auf der hemisphärischen Skala erklären könnte.*

Wissenschaftler erkennen die Existenz eines großen, nicht identifizierten Einflusses an, der während einer längeren Periode geringer Sonnenaktivität ein erhebliches Energiedefizit in der nördlichen Hemisphäre verursachte. Dieses Phänomen löste eine tiefgreifende Veränderung der globalen Wärmetransportmuster in der Atmosphäre aus. Die Winterpförtner-Hypothese bietet eine überzeugende Lösung für dieses Rätsel und liefert eine plausible Erklärung für den fehlenden Antrieb. Es ist wichtig, darauf hinzuweisen, dass es keine wissen-

---

[372] Donohoe, A., et al., 2013. J. Clim. 26 (11), pp.3597-3618.
doi.org/10.1175/JCLI-D-12-00467.1

schaftliche Grundlage dafür gibt, diesen fehlenden Antrieb ausschließlich der Kleinen Eiszeit zuzuschreiben und anzunehmen, dass er nichts mit dem jüngsten Klimawandel zu tun hat.

Ein globales Netz von Telekonnektoren

Wissenschaftler sind sich darüber im Klaren, dass die dekadischen Klimaschwankungen, die in diesem Buch als Ozeanschwankungen bezeichnet werden, ein globales Netzwerk von Telekonnektionen widerspiegeln, das verschiedene Ozeanbecken, tropische und außertropische Regionen sowie Ozean- und Landgebiete umfasst.[373] Trotz jahrzehntelanger intensiver Forschung bleibt es eine große Herausforderung, die Ursachen dieser Schwankungen zu verstehen. Die Verbindungen zwischen den verschiedenen Becken verdeutlichen den globalen Charakter des damit verbundenen atmosphärischen Mechanismus, der die ozeanische Variabilität entweder antreibt oder auf sie reagiert. Die meisten Wissenschaftler glauben, dass diese Schwankungen intern erzeugt werden. Dies würde auch einen unbekannten zugrundeliegenden ozeanischen Mechanismus voraussetzen, da man davon ausgeht, dass die Atmosphäre nicht über das notwendige Gedächtnis verfügt. Diese Frage wird im nächsten Kapitel erörtert.

Der IPCC 6. Bewertungsbericht erkennt an, dass die natürliche interne Variabilität die Umverteilung von Energie innerhalb des Klimasystems beinhaltet.[374] Folglich ist die Untersuchung globaler Veränderungen im polwärts gerichteten Wärmetransport von entscheidender Bedeutung für das Verständnis des Einflusses dieses zusammenhängenden Netzwerks auf die Energieumverteilung. Allerdings gibt es eine Hürde. Globale Klimamodelle, die gezwungen sind, der zeitlichen Entwicklung ozeanischer Oszillationen zu folgen, bestätigen, dass viele beobachtete historische Klimaveränderungen teilweise auf diese Oszillationen zurückgeführt werden können.[375] Lässt man diese Modelle jedoch autonom laufen, ist ihre Fähigkeit, diese Telekonnektionen zu reproduzieren, stark eingeschränkt und sie zeigen spontane Variationen der Konnektivität zwischen den Ozeanbecken mit sehr niedriger Frequenz.[376]

Die Klimatologen stehen vor einer großen Herausforderung, denn in den modernen Klimamodellen ist die multidekadische Variabilität im globalen Maßstab nicht enthalten. Diese Einschränkung behindert ihre Fähigkeit, grundlegende Fragen über ihren Ursprung zu beantworten und das volle Ausmaß ihrer Auswirkungen auf den Klimawandel zu verstehen. Sie erschwert auch genaue Vorhersagen über ihre mögliche Entwicklung, was ein ernstes Problem darstellt. Der Einfluss der multidekadischen Klimaschwankungen ist weitreichend und wirkt sich auf die Niederschlagsmuster, die Temperaturen und das Auftreten extremer Wetterereignisse aus, die das Leben der meisten Menschen auf unserem Planeten beeinflussen. Diese kritischen Aspekte werden jedoch in den IPCC-Berichten nicht angemessen berücksichtigt, die den relativ geringen

---

[373] Cassou, C., et al., 2018. Bull. Amer. Meteor. Soc. 99 (3), pp.479-490. doi.org/10.1175/BAMS-D-16-0286.1

[374] Eyring, V., et al., 2021. Climate change 2021: The Physical Science Basis. 6th AR IPCC. p.517. doi.org/10.1017/9781009157896.005

[375] Ruprich-Robert, Y., et al., 2017. J. Clim. 30 (8), pp.2785-2810. doi.org/10.1175/JCLI-D-16-0127.1

[376] Kravtsov, S., et al., 2018. NPJ Clim. Atmos. Sci. 1 (1), p.34. doi.org/10.1038/s41612-018-0044-6

Einfluss der natürlichen Variabilität über Zeiträume von mehr als zwei Jahrzehnten betonen und stattdessen die dominierende Rolle des menschlichen Einflusses auf langfristige Klimatrends hervorheben.

In Kapitel 12 wurde ein möglicher Grund für die Unfähigkeit der Klimamodelle erörtert, globale Verschiebungen im polwärts gerichteten Wärmetransport zu reproduzieren. Diese Modelle wurden unter der Annahme entwickelt, dass die Bjerkness-Kompensationshypothese korrekt ist. Diese Hypothese steht jedoch im Widerspruch zu den erheblichen Beweisen dafür, dass Veränderungen im ozeanischen und atmosphärischen Transport sich nicht gegenseitig ausgleichen. Wie in den Kapiteln 17 (Abb. 27) und 34 (Abb. 54) gezeigt, haben Wissenschaftler während des 21. Jahrhunderts eine synchrone Zunahme des atmosphärischen und ozeanischen Transports in die Arktis beobachtet. Trotz dieser Beweise ist die vorherrschende Meinung, die von den Modellen gestützt wird, dass sich die Arktis erwärmt, während der Bjerkness-Ausgleichsmechanismus weiter funktioniert.[377]

Der blinde Mann und der Elefant

Ein bekanntes indisches Gleichnis, das mehrere tausend Jahre alt ist, erzählt die Geschichte einer Gruppe blinder Männer, die sich in einen Wald wagen und dort auf einen Elefanten treffen. Jeder Blinde berührt einen anderen Teil des Elefantenkörpers und beschreibt ihn dann aus seiner begrenzten Perspektive. Infolgedessen glauben sie fälschlicherweise, dass sie verschiedenen Tieren begegnet sind. Die zugrundeliegende Botschaft dieser Geschichte ist, dass sich die Realität in verschiedenen Formen darstellen kann, wenn eine globale Perspektive nicht beachtet wird.

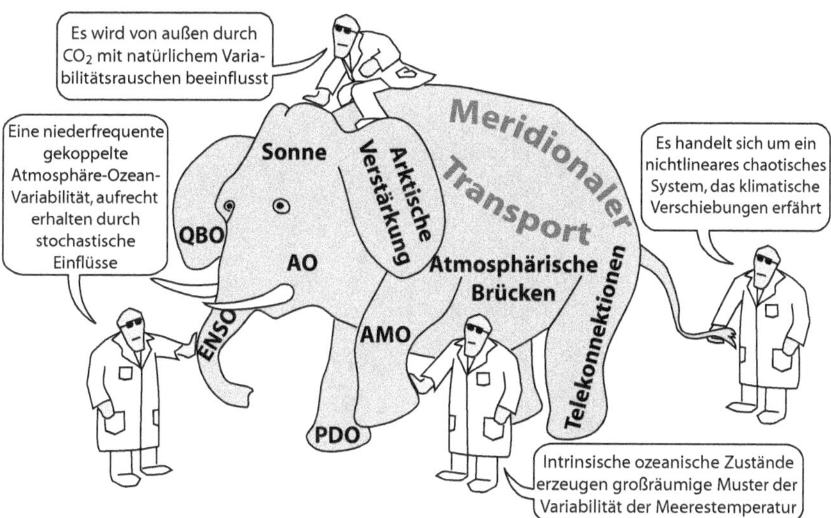

Abbildung 83. Die blinden Wissenschaftler und der meridionale Transport.

[377] Burgard, C. & Notz, D., 2017. Geophys. Res. Lett. 44 (9), pp.4263-4271. doi.org/10.1002/2016GL072342

Ähnlich verhält es sich mit Wissenschaftlern, die verschiedene Modi von Variabilität untersuchen, mögliche Ursachen, Telekonnektionen und atmosphärische Brücken untersuchen, erkennen oft nicht, dass sie verschiedene Facetten eines globalen Phänomens untersuchen: das grundlegende Merkmal des globalen Klimas - nämlich die Schwankungen des meridionalen Transports von Wärme und Feuchtigkeit von den Tropen zu den Polen. Die Erkenntnis, dass verschiedene Faktoren diese Variabilität modulieren, ist die Grundlage der Winterpförtner-Hypothese.

Zusammengefasst

Die atmosphärische Umstrukturierung während der Kleinen Eiszeit hatte tiefgreifende Auswirkungen auf die Energiebilanz der Erde. Auf der Nordhalbkugel entstand ein beträchtliches Energiedefizit, was zu einer erheblichen Zunahme des Wärmetransports von der Südhalbkugel führte. Die Winterpförtner-Hypothese erklärt dieses Phänomen mit einem verstärkten polwärts gerichteten Wärmetransport, der durch eine geringere Sonnenaktivität verursacht wurde und zu einem größeren Energieverlust in der Arktis führte.

Multidekadische Ozeanschwankungen gelten als Ausdruck eines globalen Netzwerks von Telekonnektionen, die Ozeanbecken mit dem Rest der Welt verbinden. Diese Oszillationen spielen eine wichtige Rolle bei der Umverteilung von Energie, was zu variablen Temperaturtrends führt und das Klima stark beeinflusst. Klimamodelle können jedoch die multidekadische Variabilität auf globaler Ebene nicht erfassen. Infolgedessen ist den Wissenschaftlern möglicherweise nicht klar, dass diese Schwankungen Ausdruck globaler Veränderungen des polwärts gerichteten Wärmetransports sind, die in der derzeitigen Hypothese nicht berücksichtigt werden.

KAPITEL 48
UNGELÖSTE KLIMAREGIMES UND IHRE VERSCHIEBUNGEN

Regime und Verschiebungen spielen eine entscheidende Rolle bei der Gestaltung der Klimaveränderungen, die wir im Laufe unseres Lebens erleben, und machen sie zu den wichtigsten klimatischen Erscheinungen für den Menschen. Diese Tatsache wird durch die erhebliche ökologische Reaktion, die bei den meisten nordpazifischen Arten während der Klimaverschiebungen, die zu ihrer Entdeckung führten, beobachtet wurde, nachdrücklich bestätigt. Überraschenderweise wird diesen erheblichen Klimaverschiebungen in den IPCC-Berichten nur minimale Aufmerksamkeit geschenkt, und ihre Auswirkungen werden als bloßes mehrdekadisches Rauschen abgetan, das die menschlichen Einflüsse überschattet. Dabei haben die Klimaregime einen großen Einfluss auf verschiedene Aspekte unseres Klimas, darunter auch auf kritische Faktoren wie die Häufigkeit und Intensität von Wirbelstürmen. Leider wird die Anerkennung ihrer Bedeutung durch die unbekannten Ursprünge dieser Regime behindert, da Wissenschaftler oft nicht bereit sind, ihre Unkenntnis zuzugeben. Trotz umfangreicher Forschungsarbeiten zur Ermittlung einer ozeanischen Ursache wurden in den letzten Jahrzehnten nur begrenzte Fortschritte erzielt.

Die Bedeutung von Klimaregimes und -verschiebungen

Das Klima, das wir zu unseren Lebzeiten erleben, wird eher durch multidekadische Schwankungen als durch seinen langfristigen Trend beeinflusst. Diese Schwankungen treten in Zyklen von etwa 50-70 Jahren auf, was in etwa der Spanne eines Menschenlebens entspricht. Infolgedessen nehmen viele Menschen spürbare Unterschiede im Klima im Vergleich zu den vergangenen Jahrzehnten wahr, was zu Besorgnis über diese Veränderungen führt. Ein historisches Beispiel, das in Abbildung 53 (Kap. 34) gezeigt wird, veranschaulicht die öffentliche Besorgnis über die Erwärmung der Arktis in den 1920er Jahren. Bereits in den 1930er Jahren äußerte sich Guy Callendar besorgt über die Erwärmung und führte sie auf menschliche Emissionen zurück. In den 1970er Jahren wurde aufgrund der Abkühlungstendenzen eine drohende Vergletscherung befürchtet. In den 1990er Jahren wurde die globale Erwärmung zu einer Hauptsorge. Diese Veränderungen waren jedoch in erster Linie die Auswirkungen multidekadischer Schwankungen, die mit einem allmählichen Erwärmungstrend interagierten, der für die meisten Menschen nicht wahrnehmbar war. Multidekadische Klimaschwankungen sind daher für uns von großer Bedeutung. In den IPCC-Berichten werden sie zwar als natürliche interne Variabilität bezeichnet, was auf einen internen Ursprung hindeutet, doch in Wahrheit haben wir ihre Ursachen noch nicht erkannt.

In den 1990er Jahren leistete die Ökologie einen wichtigen Beitrag zur Klimaforschung. Im Jahr 1991 stellten Meeresökologen eine abrupte Veränderung im Ökosystem des Nordpazifiks fest, die 15 Jahre zuvor durch eine plötzliche

Klimaverschiebung verursacht worden war.[378] Überraschenderweise war diese Veränderung der Aufmerksamkeit der Klimaforscher entgangen, die sich in erster Linie darauf konzentrierten, einen erkennbaren Einfluss des Menschen auf das Klima festzustellen. Nach eingehender Untersuchung stellten die Forscher fest, dass der Ursprung der Veränderung nicht der Ozean, sondern eine Verschiebung der globalen atmosphärischen Zirkulation war (Abb. 48, Kap. 31).[379] Diese Verschiebung stellte jedoch eine Herausforderung dar, da Klimamodelle derartige Ereignisse nicht reproduzieren und ihre Ursachen im Dunkeln bleiben. Im Wesentlichen stellte diese Verschiebung einen Übergang zwischen stabilen Zuständen dar, die seither als Klimaregime bekannt sind.

In der Ökologie hat das Konzept von Klimaregimen, die durch Klimaverschiebungen hervorgerufen werden, beträchtliche Aufmerksamkeit erlangt und zu zahlreichen Studien in verschiedenen Ökosystemen geführt. Überraschenderweise hat die Klimatologie diesem Forschungsbereich relativ wenig Aufmerksamkeit geschenkt. So wird zum Beispiel die Klimaverschiebung von 1997 in den Klimastudien weit weniger erwähnt als die Klimaverschiebung von 1976, obwohl sie jüngeren Datums ist. Abbildung 84 stammt aus einer Studie, die sich mit den ökologischen Auswirkungen von Klimaverschiebungen im Nordpazifik befasste.[380] In dieser Studie stellten die Autoren Daten aus 64 biologischen Zeitreihen zusammen, die in erster Linie aus kommerziell wichtigen Fischbeständen und in geringerem Umfang aus wirbellosen Tieren und Zooplankton bestehen. Sie verwendeten die Hauptkomponentenanalyse, ein statistisches Verfahren, das die Schwankungen in den Daten auf einige wenige Schlüsselvariablen verdichtet. Die zweitwichtigste Quelle der Variabilität wurde den klimatischen Faktoren zugeschrieben, wie die schwarze Linie in Abbildung 84 zeigt.

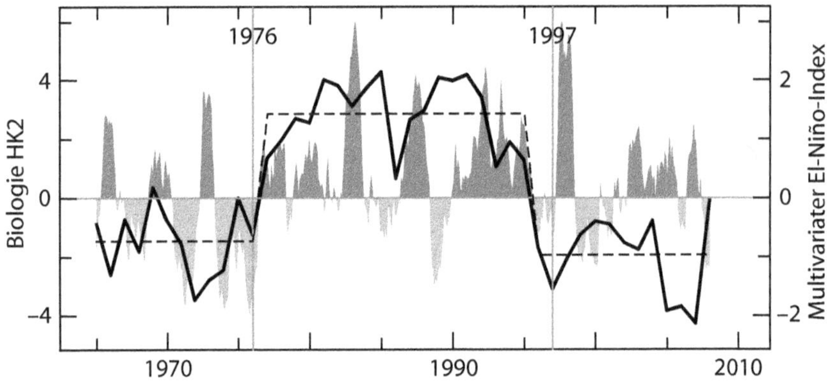

Abbildung 84. Ökologische Verschiebungen. Die schwarze Linie stellt den zweiten Hauptmodus der ökologischen Variabilität im Nordostpazifik dar. Der multivariate El Niño-Südlichen Oszillation-Index ist in Dunkelgrau für positive Werte und in Mittelgrau für negative Werte dargestellt.

---

[378] Ebbesmeyer, C.C., et al., 1991. Proceedings of the Seventh PACLIM Workshop, April 1990. Interagency Ecological Studies Program Technical Report, 26 pp.115-126. hdl.handle.net/1834/22168

[379] Graham, N.E., 1994. Clim. Dynam. 10, pp.135-162. doi.org/10.1007/BF00210626

[380] Litzow, M.A. & Mueter, F.J., 2014. Prog. Oceanogr. 120, pp.110-119. doi.org/10.1016/j.pocean.2013.08.003

Um die ökologischen Veränderungen im Pazifischen Ozean mit den klimatischen Verschiebungen in Verbindung zu bringen, wurde in die Abbildung ein Index aufgenommen, der den Status der El Niño-Südlichen Oszillation widerspiegelt.

Die große Abweichung der untersuchten Arten von früheren Durchschnittswerten während der beiden festgestellten Klimaverschiebungen unterstreicht deren Bedeutung. Es ist erwähnenswert, dass diese Verschiebungen nicht auf den Nordpazifik beschränkt sind, wo sie offensichtlicher sind, sondern globale Auswirkungen haben. Überraschenderweise werden Klimaregime und -verschiebungen, die sich aus der mehrdekadischen Variabilität ergeben, trotz ihrer Bedeutung in den IPCC-Berichten, die sich in erster Linie auf die anthropogenen Ursachen des Klimawandels konzentrieren, nicht erwähnt.

Reaktion von extremen Wetterereignissen auf Klimaregime

Klimaregime und -verschiebungen sind für die Menschheit von großer Bedeutung, da sie eine zentrale Rolle bei der Bestimmung verschiedener Aspekte unseres Klimas und der damit verbundenen Gefahren spielen. In den Medien wird häufig über die Warnungen bestimmter Wissenschaftler berichtet, dass der Klimawandel extreme Wetterereignisse verschärft und deren Häufigkeit und Schwere zunimmt. Die Daten zeigen jedoch, dass Klimaregime und -verschiebungen auch extreme Wetterereignisse beeinflussen.

Forscher messen ihre Energie, um die Stärke von Hurrikanen (Wirbelstürmen) in verschiedenen Becken zu messen. Seit 1950 liegen Daten für den Nordwestpazifik und den Atlantik vor, die Regionen, die am stärksten von Hurrikanen betroffen sind. Abbildung 85 zeigt die kumulierte jährliche Energie der Hurrikane in diesen Regionen.[381]

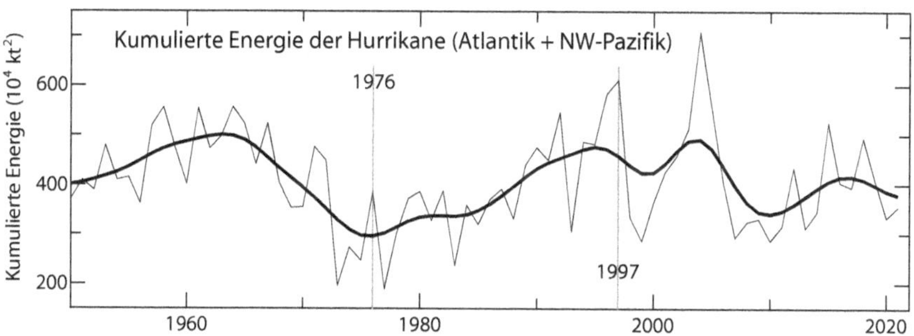

Abbildung 85. Akkumulierte Wirbelsturmenergie im Atlantik und im nordwestlichen Pazifischen Ozean.

Die Hurrikanenergie seit 1950 zeigt keinen signifikanten Trend, sondern eher multidekadische Schwankungen. Sie zeigt jedoch während des Klimaregimes 1976-1997 eine steigende Tendenz und in dem nachfolgenden Klimaregime seit 1997 eine abnehmende Tendenz. Hurrikane sind ein deutlicher Hinweis auf den Transport von Wärme und Feuchtigkeit, der in erster Linie durch die zonale (Ost-West-) Zirkulation in der Atmosphäre begünstigt wird. Folglich würde man eine Zunahme sowohl der Häufigkeit als auch der Intensität von

---

[381] Kumulierte Wirbelsturmenergie-Daten von NOAA.

Hurrikanen erwarten, wenn sich die zonale Zirkulation auf Kosten der meridionalen (Süd-Nord-) Zirkulation verstärkt.

Das Muster, das bei der akkumulierten Hurrikan-Energie während des Zeitraums 1976-1997 beobachtet wurde, stimmt mit den im gesamten Buch präsentierten Informationen überein und deutet auf eine Periode mit reduziertem Wärme- und Feuchtigkeitstransport in Richtung der Pole hin. Wie in Abbildung 48b (Kap. 31) dargestellt, nahm der Drehimpuls der Atmosphäre während der Klimaverschiebung 1976 stark zu. Dieser Anstieg deutet auf eine Verstärkung der zonalen Zirkulation zu Beginn der Periode des reduzierten polwärts gerichteten Transports hin, die bis 1997 andauerte.

Der IPCC hat sich zur führenden Autorität auf dem Gebiet der Klimatologie entwickelt und übt einen großen Einfluss auf die aktuelle und künftige Klimaforschung aus. Dies hat zur Folge, dass Wissenschaftler, die sich mit Untersuchungen beschäftigen, die nicht in den Fokus des IPCC fallen, oft weniger erfolgreich sind, was dazu führt, dass weniger Studien zu diesen speziellen Aspekten durchgeführt werden. Obwohl es wichtig ist, Klimaregimes und -veränderungen zu verstehen, ihre Ursachen zu ergründen und Vorhersagefähigkeiten zu entwickeln, wird diesen Themen in der IPCC-Agenda nicht die gleiche Priorität eingeräumt.

Interner versus externer Zwang

Die meisten Wissenschaftler sind der Ansicht, dass die multidekadischen Klimaschwankungen durch interne Faktoren verursacht werden, da bisher keine externen Faktoren mit entsprechender Periodizität und Größenordnung bekannt sind. Es ist jedoch wichtig zu erkennen, dass es sich bei dieser Sichtweise um ein Argument aus Unwissenheit handelt, und die Möglichkeit einer externen Ursache kann nicht endgültig ausgeschlossen werden. Viele Wissenschaftler sind der Meinung, dass die verschiedenen Erscheinungsformen dieser Variabilität auf eine Kombination von Faktoren hindeuten, die eine Rolle spielen. Es ist zwar klar, dass die Geografie der verschiedenen Ozeanbecken eine entscheidende Rolle bei der Ausprägung dieser Schwankungen spielt, doch haben umfangreiche Forschungsarbeiten über mehrere Jahrzehnte hinweg nur begrenzte Fortschritte bei der Aufdeckung der Ursache dieser mehrdekadischen Ozeanschwankungen gebracht.

Um ein quasi-periodisches Muster zu etablieren, muss ein System über einen Mechanismus verfügen, der den Ablauf der Zeit verfolgt. Viele Mechanismen können zu diesem Phänomen beitragen. So kann beispielsweise das Zusammenspiel zweier gegensätzlicher Kräfte mit einer zeitlichen Verzögerung eine Oszillation hervorrufen, was das Vorkommen in so unterschiedlichen Phänomenen wie dem Konjunkturzyklus oder der Räuber-Beute-Dynamik erklärt. Ein fruchtbarer Ansatz zur Untersuchung von Oszillationen ist die Erforschung der zugrunde liegenden Mechanismen, die für das „Zeitzählen" verantwortlich sind.

Es gibt drei plausible Erklärungen für das Vorhandensein von quasi-periodischen Schwingungen in den Ozeanen der Erde. Die vorherrschende Ansicht ist, dass der Ozean als primäre Gedächtnisquelle für das System dient. Im Gegensatz dazu fehlt der Atmosphäre mit ihrer dynamischen und chaotischen Natur die Kapazität für ein Langzeitgedächtnis. Stattdessen geht man davon aus, dass das Gedächtnis des Ozeans eng mit der in der oberen Schicht, der so genannten Mischschicht, gespeicherten Wärme verbunden ist, insbesondere in dynamisch wichtigen Regionen.[382] Diese thermische Trägheit verleiht dem Ozean die Fähigkeit, ein Gedächtnis für vergangene Veränderungen zu bewahren.

Als alternative Erklärung wird vorgeschlagen, dass das in der multidekadischen Variabilität beobachtete globale Signal aus der Synchronisierung gekoppelter nichtlinearer (chaotischer) Oszillatoren resultiert.[383] Dieses Phänomen wird häufig in natürlichen Systemen beobachtet. Nach dieser Sichtweise können Klimaregimes als Synchronisationszustände zwischen verschiedenen ozeanischen Oszillationen betrachtet werden. Veränderungen in der Stärke ihrer Kopplung würden diese Synchronisation stören, was zum Entstehen eines neuen Synchronisationszustandes führen und damit den Klimaverschiebungen vorantreiben würde.

Problematisch wird es jedoch, wenn die Ursache für die multidekadischen Schwankungen allein dem Ozean zugeschrieben wird. Umfangreiche Belege, die in diesem Buch behandelt werden, deuten darauf hin, dass die Atmosphäre eine wichtige Rolle bei den beobachteten Veränderungen spielt. Im Gegensatz zu den Ozeanen erzeugt die Atmosphäre leicht globale Veränderungen, die sich als Verschiebungen des atmosphärischen Drehimpulses manifestieren und die Rotationsrate der Erde beeinflussen können. Im Allgemeinen gehen die Änderungen des Meeresspiegeldrucks den Änderungen der Meeresoberflächentemperatur um ein bis drei Monate voraus. Trotz der vorliegenden Beweise fällt es vielen Wissenschaftlern schwer, die dritte Möglichkeit zu akzeptieren: dass global koordinierte multidekadische Ozeanschwankungen durch atmosphärische Einflüsse über dem Ozean ausgelöst werden. Dennoch ist diese Erklärung diejenige, die am ehesten mit den vorliegenden Beweisen übereinstimmt.

Das Problem besteht darin, dass das Fehlen eines Speichers in der Atmosphäre die Notwendigkeit eines externen Einflusses mit sich bringt. Dies ist ein Paradigmenwechsel von solchem Ausmaß, dass die meisten Wissenschaftler zögern, ihn ohne unwiderlegbare Beweise in Betracht zu ziehen. Es gibt zwar einige Beweise für eine externe Beeinflussung, aber sie sind nicht schlüssig. Insbesondere der 18,6-jährige Mondknotenzyklus wurde mehrfach in den Daten der pazifischen Luft- und Meeresoberflächentemperatur beobachtet. Neben der bekannten dekadischen Oszillation des Pazifiks, die etwa 60 Jahre dauert, weist dieser Ozean eine bidekadische Oszillation der Meeresoberflächentemperatur auf.[384] Wissenschaftler haben herausgefunden, dass Phase und Dauer dieser bidekadischen Komponente mit dem Mondknotenzyklus übereinstimmen, was darauf hindeutet, dass dieser Mondzyklus die großräumige Wärmeübertragung im westlichen Nordpazifik beeinflussen könnte.[385] In ihrer Studie aus dem Jahr 2007 stellten die Wissenschaftler fest, dass der Mondknotenzyklus mit einigen der bedeutendsten El Niño-Ereignisse des 20. Jahrhunderts phasenmäßig übereinstimmt. Auf der Grundlage dieser Beobachtung sagten sie

[382] Monselesan, D.P., et al., 2015. Geophys. Res. Lett. 42 (4), pp.1232-1242.
doi.org/10.1002/2014GL062765

[383] Tsonis, A.A. & Swanson, K.L., 2011. Int. J. Bifurcat. Chaos, 21 (12), pp.3549-3556.
doi.org/10.1142/S0218127411030714

[384] Minobe, S., 1999. Geophys. Res. Lett. 26 (7), pp.855-858.
doi.org/10.1029/1999GL900119

[385] McKinnell, S.M. & Crawford, W.R., 2007. J. Geophys. Res. Oceans, 112 (C2).
doi.org/10.1029/2006JC003671

eine erhöhte Wahrscheinlichkeit für ein größeres El Niño-Ereignis im Jahr 2015 acht Jahre im Voraus voraus voraus, was schließlich auch eintrat.

Es wurde ein kombinierter Einfluss der Sonne und des Mondes auf das Klima vorgeschlagen, der durch ihre Wirkung auf den Temperaturgradienten in der Breite entsteht.[386] Dieser besondere Antriebsmechanismus steht im Einklang mit der Winterpförtner-Hypothese, die erklärt, wie dieser äußere Antrieb das Klima beeinflusst, indem er den polwärts gerichteten Wärmetransport verändert. Wenn dieser kombinierte solar-lunare Antrieb die beobachtete multidekadische Klimavariabilität antreibt, scheint ein Mechanismus ähnlich der in Kasten 25 (Kap. 34) vorgestellten Vermutung plausibel, um die Periodizität zu bestimmen. Dieser Mechanismus würde das notwendige Gedächtnis liefern, um den atmosphärischen Effekt zu erklären. Aufgrund ihrer unterschiedlichen Perioden würde die sich verschiebende Korrelation zwischen Mond- und Sonneneffekten zu der beobachteten Periodizität führen, wie in Abbildung B25 (Kap. 34) dargestellt.

Die Winterpförtner-Hypothese geht jedoch nicht von einer externen Ursache für multidekadische Ozeanschwankungen aus. Die Quelle der Transportänderungen ändert nichts an ihren klimatischen Auswirkungen. Sollte es tatsächlich eine externe Ursache geben, könnte es Jahrzehnte dauern, bis sie allgemein akzeptiert wird, da die Modelle diese Möglichkeit ignorieren und die meisten Wissenschaftler ihre Forschung auf die Erforschung eines ozeanischen Ursprungs für diese Klimaschwankungen konzentrieren.

Zusammengefasst

Klimaregime weisen besondere Merkmale auf, was die Intensität der atmosphärischen Zirkulation, die Ausrichtung des Wärmetransports (Nord-Süd versus Ost-West) und die sich daraus ergebenden Auswirkungen auf die Meeresoberflächentemperaturen und die Häufigkeit von Hurrikans betrifft. Das Verständnis dieser Klimaregime und ihrer Veränderungen ist für uns von großer Bedeutung. Allerdings wird ihnen weniger Aufmerksamkeit geschenkt, da sie keine anthropogene Ursache haben. Tatsächlich ist ihre Ursache nach wie vor unbekannt, und es wurden verschiedene Hypothesen vorgeschlagen. Die meisten Wissenschaftler gehen davon aus, dass die Klimaregimes einen ozeanischen Ursprung haben, wobei die obere Schicht des Ozeans das notwendige Gedächtnis für ihre Periodizität liefert. Eine andere vorgeschlagene Erklärung dreht sich um die Synchronisation gekoppelter chaotischer Oszillatoren. Schließlich besteht die Möglichkeit, dass diese Regime von außen durch den kombinierten Einfluss von Mond und Sonne auf den Temperaturgradienten in der Breite ausgelöst werden, was zu Veränderungen in der globalen atmosphärischen Zirkulation führt. Es liegt auf der Hand, dass wir noch viel über dieses entscheidende Phänomen herausfinden müssen, und die Klimamodelle sind nur begrenzt hilfreich, da sie es nicht angemessen wiedergeben können.

---

[386] Davis, B.A. & Brewer, S., 2011. Quat. Sci. Rev. 30 (15-16), pp.1861-1874. doi.org/10.1016/j.quascirev.2011.04.016

ABSCHNITT 14 SCHLÜSSELTHEMEN

Die Winterpförtner-Hypothese schlägt eine neue Ursache für den Klimawandel vor, deren Fehlen durch die Untersuchung der Kleinen Eiszeit nachgewiesen wird. Die Verschiebung des Klimaäquators um 5° in der Breite während dieses Zeitraums stellte eine massive Veränderung des globalen Wärmetransports dar, die einen unbekannten Faktor erforderte, der dazu in der Lage war. Die Folge war ein enormer Energietransfer von der südlichen zur nördlichen Hemisphäre, was auf ein großes Defizit unbekannten Ursprungs im Norden hindeutet. Die Winterpförtner-Hypothese erklärt sowohl das Energiedefizit als auch den erhöhten Wärmetransport als Folge der geringen Sonnenaktivität.

Klimaregimes und -verschiebungen sind das Ergebnis globaler, multidekadischer Schwankungen im Wärmetransport, die von Klimamodellen nicht erfasst werden und die Wissenschaftler nur schwer verstehen können. Die geringe Aufmerksamkeit, die ihnen in den IPCC-Berichten zuteil wird, steht im Gegensatz zu ihrer ökologischen Bedeutung und ihrer entscheidenden Rolle bei der Gestaltung des Klimas, das wir zu unseren Lebzeiten erleben werden. Die Merkmale der atmosphärischen Zirkulation und des Wärmetransports von Klimaregimen bestimmen viele Aspekte des Klimas, einschließlich der Häufigkeit von Hurrikans. Trotz jahrzehntelanger Bemühungen ist die Ursache der multidekadischen Schwankungen und ihre Beziehung zum globalen Wärmetransport nach wie vor unbekannt.

ABSCHNITT 15. EINE MODELLIERTE KATASTROPHE

KAPITEL 49
WAS IST FALSCH AN MODELLEN?

Viele alltägliche Gegenstände und Technologien beruhen auf Modellen, um gut verstandene Prozesse zu simulieren. Klimamodelle befassen sich jedoch mit einem der komplexesten Phänomene, die wir kennen, und beinhalten viele schlecht verstandene Prozesse. Diese Modelle sind kompliziert und anfällig und stellen ein Modellklima dar, das sich stark vom realen Klima unterscheidet. Sie kennen nicht einmal die Temperatur des Planeten. Die vielen Probleme, die mit Klimamodellen verbunden sind, lassen vermuten, dass das von ihnen erzeugte Modellklima dem realen Klima nur oberflächlich ähnlich ist. Im Grunde genommen macht es der derzeitige Wissensstand den Klimamodellierern unmöglich, ihre Ziele zu erreichen. Außerdem gibt es Hinweise darauf, dass diesen Modellen wichtige Klimamerkmale fehlen, so dass sich ihre Genauigkeit im Laufe der Zeit verschlechtert, anstatt sich zu verbessern.

Modellwelt versus reale Welt

Computermodelle sind mathematische Darstellungen bestimmter Aspekte der Realität. Diese Modelle sind äußerst wertvoll, weil sie uns helfen, die Komplexität zu bewältigen und schnell und einfach genaue Antworten zu geben. Die komplexen Technologien, mit denen wir in unserem täglichen Leben konfrontiert werden, stützen sich in hohem Maße auf Modelle. Die Konstruktion eines neuen Flugzeugs beispielsweise stützt sich vor der Konstruktion und den Flugtests in hohem Maße auf Modelle. Diese Modelle liefern dem Konstruktionsteam wichtige Informationen, z. B. über die für den Flug erforderliche Mindestfläche. Wir werden auf dieses Beispiel im nächsten Kapitel zurückkommen.

Wir haben uns auf Modelle verlassen, aber es ist wichtig, zwei wichtige Aspekte zu beachten. Erstens dienen Modelle als unvollkommene Darstellungen der Realität und existieren in einem von der tatsächlichen Welt getrennten Raum. Sie sind Schöpfungen unseres Verstandes, die innerhalb ihrer programmierten Parameter Antworten geben können, seien sie nun richtig oder unsinnig. Zweitens hängt die Konstruktion zuverlässiger Modelle von unserem Verständnis der zugrunde liegenden Prozesse ab. Wenn wir nicht verstehen, wie etwas funktioniert, können wir kein robustes Modell entwickeln, dem wir vertrauen können. Leider bleibt unser Verständnis des Klimas eine gewaltige Herausforderung - eines der komplexesten Probleme, die die Wissenschaft zu bewältigen hat. In einer Vorlesung aus dem Jahr 1964 sagte der berühmte Physiker Richard Feynman: *„Ich glaube, ich kann mit Sicherheit sagen, dass niemand die Quantenmechanik versteht."* Das Gleiche gilt für den Klimawandel: Niemand versteht ihn. Für viele Klimaprozesse gibt es keine solide theoretische Grundlage, etwa dafür, wie die Atmosphäre durch Stürme in den mittleren Breiten Wärme zu den Polen transportiert.[387]

Es ist unbestreitbar, dass Klimamodelle Ungenauigkeiten aufweisen. Die eigentliche Frage ist das Ausmaß ihrer Fehler und ihre Nützlichkeit für ver-

---

[387] Barry, L., et al., 2002. Nature, 415 (6873), pp.774-777. doi.org/10.1038/415774a

schiedene Zwecke und Zielgruppen. Im folgenden Kapitel werden wir versuchen, den letzten Teil dieser Frage zu beantworten.

Klimamodelle sind unglaublich komplex und anfällig. Es gibt zwar verschiedene Arten von Modellen, aber ein hochmodernes allgemeines Zirkulationsmodell (wie die am 6. Intercomparison Project beteiligten Modelle) mit einer Gitterauflösung von 1x1° (etwa 100 x 100 km) und 30 Schichten besteht aus sage und schreibe 2 Millionen Zellen. In der Regel verfolgen diese Modelle sieben Variablen - Windgeschwindigkeit in drei Dimensionen, Druck, Temperatur, Dichte und Wasserdampfgehalt - für jede Gitterzelle. Sie führen Berechnungen durch, die alle bekannten Prozesse einbeziehen, die sich auf diese Variablen auswirken, und berücksichtigen, wie sich Änderungen in einer Zelle auf benachbarte Zellen auswirken. Bei diesen Modellen handelt es sich daher um iterative Programme, bei denen die Ergebnisse eines Zeitschritts als Input für den nächsten dienen, was sie von Natur aus anfälliger für Instabilitäten macht als andere Computermodelle.

Trotz ihrer hohen Auflösung finden viele physikalische Prozesse auf Untergitter-Skalen statt, einschließlich derer auf molekularer Ebene. Darüber hinaus gibt es für bestimmte Prozesse keine Gleichungen, die sie genau beschreiben können. In solchen Fällen werden diese Prozesse durch numerische Parameter approximiert. Wenn ein Modell nicht die erwartete Leistung erbringt, werden diese Parameter angepasst, bis das gewünschte Ergebnis erreicht ist.[388] Ein Klimamodell kann nicht den Anspruch erheben, die Realität abzubilden, wenn es die Voreingenommenheit oder die Vorurteile des Modellierers darüber enthält, wie Klimaprozesse ablaufen sollten.

Ein Klimamodell kann aus 2 Millionen Codezeilen bestehen. Aufgrund der Verflechtung und des iterativen Charakters ihrer Komponenten sind diese Modelle im Gegensatz zum realen Klima äußerst anfällig. Ein aktuelles Beispiel für diese Anfälligkeit ist die Entdeckung eines Fehlers im CESM2-Modell, der die Interaktion zwischen Feuchtigkeit und Kondensationskernen simuliert, die die Wolkenbildung beeinflusst. Ein Team von 10 Wissenschaftlern benötigte fünf Monate, um das Problem zu erkennen und den Fehler in den Daten zu korrigieren.[389] Jede Änderung an einem Modell kann es leicht entgleisen lassen.

Ein anschauliches Beispiel dafür, dass Klimamodelle eher eine Modellwelt als die reale Welt darstellen, ist ihre Unfähigkeit, eine genaue Oberflächentemperatur für den Planeten zu liefern. Abbildung 86, die einem Artikel entnommen ist, in dem eine Verbindung zwischen Klimamodellprojektionen der globalen Temperatur und realen Beobachtungen hergestellt wird, verdeutlicht diese Diskrepanz.[390]

---

[388] Hourdin, F., et al., 2017. Bull. Am. Met. Soc. 98 (3), pp.589-602. doi.org/10.1175/BAMS-D-15-00135.1

[389] Das Wall Street Journal. 06. Februar 2022. Climate scientists encounter limits of computer models and bedeviling policy.

[390] Hawkins, E. & Sutton, R., 2016. Bull. Am. Met. Soc. 97 (6), pp.963-980. doi.org/10.1175/BAMS-D-14-00154.1

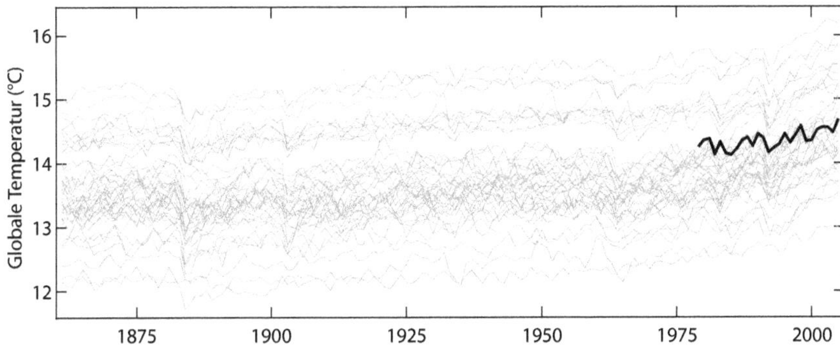

Abbildung 86. Die Modelle kennen die Temperatur des Planeten nicht. Globale Temperatur aus historischen Simulationen von 42 Modellen aus dem 5. Intercomparison Project. Die dicke schwarze Linie stammt aus dem europäischen Reanalyseprodukt.

Die Wissenschaftler sind nicht besorgt darüber, dass die Klimamodelle bei der Simulation der Temperatur des Planeten um 3 °C voneinander abweichen, obwohl dieser Unterschied die Hälfte der Temperatur beträgt, die unsere Zwischeneiszeit vom letzten glazialen Maximum trennt. Was sie interessiert, ist die Konsistenz der Veränderungen im Laufe der Zeit innerhalb der Simulationen und die Tatsache, dass die Modelle für die „kalte Welt" ähnliche Veränderungen vorhersagen wie die Modelle für die „warme Welt", wenn sie den gleichen Einflüssen ausgesetzt sind. Es ist, gelinde gesagt, überraschend, dass ein Unterschied von 3 °C die Leistung dieser Modelle nicht wesentlich beeinträchtigt.

Inwieweit sind die Klimamodelle falsch?

Diese Frage ist schwer zu beantworten. In der wissenschaftlichen Literatur gibt es viele Arbeiten, die auf Fehler in den Klimamodellen hinweisen, aber umfassende Listen sind nicht ohne Weiteres verfügbar, da nur die Modellierer selbst über solche Probleme Buch führen, ohne sie zu veröffentlichen. Um einen Einblick zu geben, habe ich eine Sammlung von bemerkenswerten Modellfehlern aus Klimazeitungen zusammengestellt, die ich in einem Zeitraum von nur vier Monaten konsultiert habe. Es sei darauf hingewiesen, dass meine Lektüre nur einen minimalen Bruchteil der Veröffentlichungen zu diesem Thema abdeckt, so dass der Leser über den möglichen Umfang dieser Liste spekulieren kann.

* Modelle neigen dazu, die Abkühlung zu überschätzen und zeigen eine langsamere Erholung nach Vulkanausbrüchen.[391]
* Die Modelle geben die Reaktion der Stratosphäre auf solare Veränderungen nicht genau wieder.[392]
* Modelle versagen bei der Vorhersage von schwerem Winterwetter infolge der arktischen Verstärkung.[393]

---

[391] Brohan, P., et al., 2012. Clim. Past, 8 (5), pp.1551-1563.
doi.org/10.5194/cp-8-1551-2012
[392] Misios, S., et al., 2016. Q. J. R. Meteorol. Soc. 142 (695), pp.928-941.
doi.org/10.1002/qj.2695
[393] Cohen, J., et al., 2020. Nat. Clim. Change, 10 (1), pp.20-29.
doi.org/10.1038/s41558-019-0662-y

- Die Modelle tun sich schwer, die zwischen 1945 und 1975 beobachtete Abkühlungsphase zu reproduzieren.[394]
- Modelle versagen bei der Simulation von Klimaverschiebungen wie der von 1976.[395]
- Die Modelle können die historischen Muster der Meereserwärmung nicht reproduzieren.[396]
- Die Modelle erfassen die Temperaturentwicklung in der tropischen Troposphäre und Stratosphäre nicht.[397]
- Die Modelle haben es nicht geschafft, die unterschiedlichen Trends der Wintertemperaturen in der Arktis und in den mittleren Breiten vorherzusagen.[398]
- Die Modelle geben die Entwicklung der Schneedecke auf der Nordhalbkugel nicht wieder.[399]
- Die meisten Modelle unterschätzen die Erwärmung zu Beginn des 20. Jahrhunderts und überschätzen die Erwärmung nach 1998.[400]
- Die Modelle neigen dazu, die atmosphärische Erwärmung zu überschätzen.[401]
- Modelle sagen Ozontrends in den mittleren Breiten in der unteren Stratosphäre voraus, die nicht mit den Beobachtungen seit 1998 übereinstimmen.[402]
- Die Modellvorhersagen stimmen nicht mit den beobachteten Veränderungen des Temperaturgradienten an der Meeresoberfläche im äquatorialen Pazifik überein.[403]
- Keines der Modelle gibt die Zunahme der sommerlichen Hochdruckblockade über Grönland genau wieder.[404]
- Den Modellen fehlt die globale multidekadische Variabilität.[405]

---

[394] IPCC AR6 SPM doi.org/10.1017/9781009157896.001

[395] Ebd.

[396] Bronselaer, B. & Zanna, L., 2020. Nature, 584 (7820), pp.227-233. doi.org/10.1038/s41586-020-2573-5

[397] Mitchell, D.M., et al., 2020. Environ. Res. Lett. 15 (10), p.1040b4. doi.org/10.1088/1748-9326/ab9af7

[398] Cohen, J., et al., 2020. Nat. Clim. Change, 10 (1), pp.20-29. doi.org/10.1038/s41558-019-0662-y

[399] Connolly, R., et al. (2019). Geosciences, 9 (3), p.135. doi.org/10.3390/geosciences9030135

[400] Papalexiou, S.M., et al., 2020. Earth's Future, 8 (10), p.e2020EF001667. doi.org/10.1029/2020EF001667

[401] Mitchell, D.M., et al., 2020. Environ. Res. Lett. 15 (10), p.1040b4. doi.org/10.1088/1748-9326/ab9af7 McKitrick, R. & Christy, J., 2020. Earth Space Sci. 7(9), p.e2020EA001281. doi.org/10.1029/2020EA001281

[402] Ball, W.T., et al., 2020. Atmos. Chem. Phys., 20, pp.9737-9752. doi.org/10.5194/acp-20-9737-2020

[403] Seager, R., et al., 2019. Nat. Clim. Change, 9 (7), pp.517-522. doi.org/10.1038/s41558-019-0505-x

[404] Hanna, E., et al. (2018). Cryosphere, 12 (10), pp.3287-3292. doi.org/10.5194/tc-12-3287-2018

[405] Kravtsov, S., et al., 2018. NPJ Clim. Atmos. Sci. 1 (1), p.34. doi.org/10.1038/s41612-018-0044-6

- Alle Modelle zeigen eine Erwärmung in der oberen Troposphäre der Tropen, die in den Beobachtungen nicht vorkommt.[406]
- Modelle weisen ein „Signal-Rausch-Paradoxon" auf, bei dem sie die beobachtete Klimavariabilität besser vorhersagen als ihre eigene Variabilität, was auf ein unterschätztes Signal-Rausch-Verhältnis hindeutet.[407]
- Die Modelle zeigen einen kalten Bias in der äquatorialen Kältezunge.[408]
- Die Modelle geben den beobachteten Jahreszyklus der Albedo nicht realistisch wieder.[409]
- Die Modelle erfassen die geringe interannuelle Variabilität der Albedo nicht genau.[410]
- Modelle erzeugen eine falsche doppelte innertropischen Konvergenzzone im tropischen Pazifik.[411]
- Die Modelle können die interhemisphärische Albedo-Symmetrie nicht reproduzieren.[412]
- Der Wärmetransport ist in den Modellen trotz großer Änderungen des Temperaturgradienten klimainvariant.[413]
- Die Modelle simulieren die Temperaturtrends in der unteren Stratosphäre nur unzureichend und geben die tropischen Tropopausentemperaturen und Wasserdampfveränderungen nur uneinheitlich wieder.[414]
- Die Modelle prognostizieren eine Verstärkung der Brewer-Dobson-Zirkulation in der unteren Stratosphäre in der zweiten Hälfte des 20. Jahrhunderts, im Gegensatz zu den Beobachtungen.[415]
- Die Modelle unterschätzen den Holton-Tan-Effekt, und jedes Modell stellt die Beziehung zwischen der quasi-biennale Oszillation und dem Polarwirbel anders dar.[416]
- Modelle ergeben zehnmal geringere zwischenjährliche Veränderungen des latenten Wärmeflusses im Ozean als beobachtet.[417]

---

[406] McKitrick, R. & Christy, J., 2018. Earth Space Sci. 5 (9), pp.529-536. doi.org/10.1029/2018EA000401

[407] Scaife, A.A. & Smith, D., 2018. NPJ Clim. Atmos. Sci. 1 (1), p.28. doi.org/10.1038/s41612-018-0038-4

[408] Li, G., et al., 2016. Clim. Dyn. 47, pp.3817-3831. doi.org/10.1007/s00382-016-3043-5

[409] Stephens, G.L., et al., 2015. Rev. Geophys. 53 (1), pp.141-163. doi.org/10.1002/2014RG000449

[410] Ebd.

[411] Si, W., et al., 2021. Geophys. Res. Lett. 48 (23), p.e2021GL094779. doi.org/10.1029/2021GL094779

[412] Stephens, G.L., et al., 2016. Curr. Clim. Change Rep. 2, pp.135-147. doi.org/10.1007/s40641-016-0043-9

[413] Donohoe, A., et al., 2020. J. Clim. 33 (10), pp.4141-4165. doi.org/10.1175/JCLI-D-19-0797.1

[414] Solomon, S. et al., 2010. Science, 327 (5970), pp.1219-1223. doi.org/10.1126/science.1182488

[415] Young, P.J., et al., 2012. J. Clim. 25 (5), pp.1759-1772. doi.org/10.1175/2011JCLI4048.1

[416] Elsbury, D., et al., 2021. Geophys. Res. Lett. 48 (24), p.e2021GL094083. doi.org/10.1029/2021GL094083

[417] Yu, L. & Weller, R.A., 2007. B. Am. Meteorol. Soc. 88 (4), pp.527-540. doi.org/10.1175/BAMS-88-4-527

- Modelle simulieren eine verstärkte Erwärmung über der Antarktis - antarktische Verstärkung -, während für diesen Kontinent keine Erwärmung beobachtet wurde.[418]

Bilden Klimamodelle das reale Klima ab?

Klimamodelle mögen den Eindruck erwecken, dass sie das reale Klima simulieren, aber der Schein kann trügen. Nehmen wir das beliebte Videospiel „Die Sims", das meine Tochter früher gespielt hat, als Analogie. In diesem Spiel, das das Leben simuliert, erstellen die Spieler virtuelle Charaktere, platzieren sie in Häusern und beeinflussen ihre Gefühle und Wünsche. Mit jeder neuen Version und jedem Erweiterungspaket bot das Spiel mehr Funktionen und Möglichkeiten für die Sims. Obwohl das Spiel nicht dazu gedacht war, dass die Spieler ihren Sims Schaden zufügen, gab es bestimmte Umstände, unter denen dies möglich war. Die Spieler könnten zum Beispiel einen Sim in einen Pool steigen lassen und dann die Leiter entfernen, so dass der Sim gefangen wird und ertrinkt. Obwohl das Spiel in der Lage war, verschiedene Verhaltensweisen nachzubilden, zeigte die Tatsache, dass die Sims einen Pool ohne Leiter nicht verlassen konnten, dass die Simulation in einigen grundlegenden Aspekten fehlerhaft war.

Ähnlich verhält es sich mit Klimamodellen, die zwar umfassend zu sein scheinen, aber wahrscheinlich entscheidende Elemente übersehen oder bestimmte Phänomene nicht korrekt wiedergeben. Genauso wie die Unfähigkeit der Sims, einen Pool ohne Leiter zu verlassen, Lücken in der Simulation offenbart, gibt es viele wesentliche Faktoren und Prozesse, die Klimamodelle derzeit nicht korrekt wiedergeben können. In vielen Fällen reproduzieren Klimamodelle bestimmte Verhaltensweisen des Klimas durch die Anpassung mehrerer Parameter, die nicht in den Modellen enthalten sind, sondern von den Modellierern eingeführt werden. Selbst wenn Klimaforscher behaupten, dass die Modelle bestimmte Klimaeigenschaften korrekt wiedergeben, ist es schwierig festzustellen, ob sie dies aus denselben Gründen tun wie das reale Klima. Wenn verschiedene Modelle unterschiedliche Antworten geben, ist es unwahrscheinlich, dass die wahre Ursache erkannt wurde.

Wenn Modelle also Vorhersagen über das künftige Klima machen, sagen sie im Wesentlichen die modellinterne Version des künftigen Klimas voraus, nicht das tatsächliche künftige Klima. Es ist wichtig, dass wir diese Unterscheidung im Hinterkopf behalten. Was in den Modellen geschieht, wird in der realen Welt höchstwahrscheinlich nicht eintreten.

Das Klima ändert sich nicht, wie die Modelle zeigen

Die vorherrschende Theorie und die Klimamodelle legen nahe, dass das Klima in den letzten 270 Jahren fast ausschließlich auf menschliche Aktivitäten reagiert hat. Dies ist in Abbildung B5 (Kap. 8) dargestellt. Trotz der stetigen Zunahme des anthropogenen Einflusses hat sich das Klima jedoch nicht gleichmäßig erwärmt. Stattdessen gab es multidekadische Perioden verstärkter Erwärmung, gefolgt von Perioden geringerer Erwärmung oder sogar Abkühlung, die als Hiatus bezeichnet werden. Diese Muster stellen die Erwartung eines anhaltenden Temperaturanstiegs in Frage.

---

[418] Smith, D.M., et al., 2019. Geosci. Model Dev. 12 (3), pp.1139-1164. doi.org/10.5194/gmd-12-1139-2019

Angesichts des beträchtlichen Anstiegs des anthropogenen Treibhauseffekts seit 1950 und unserer anhaltenden Emissionen sagen die Modelle für die kommenden Jahrzehnte eine stärkere Erwärmung voraus (Abb. 87a). Die tatsächlichen Beobachtungen stimmen jedoch nicht mit diesen Vorhersagen überein.

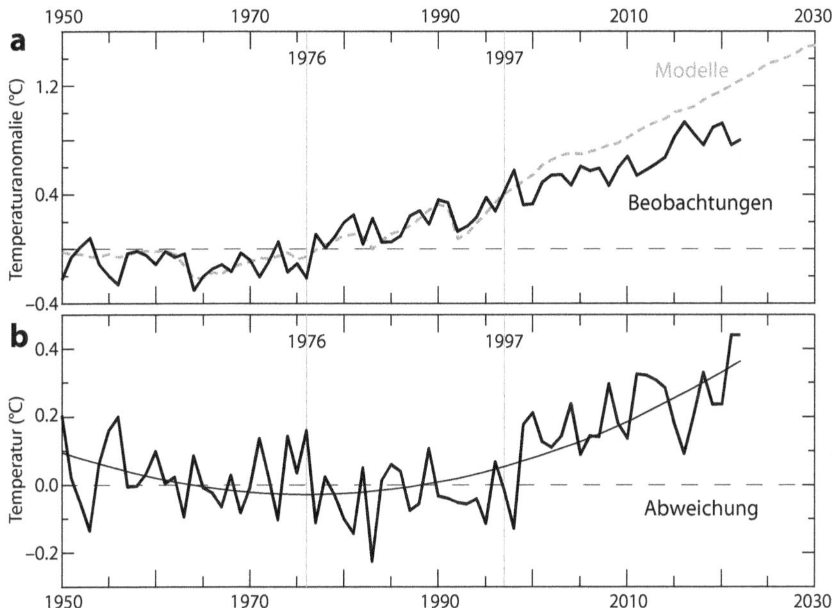

Abbildung 87. Modelle laufen zu heiß. a) Die schwarze Linie entspricht der globalen mittleren Oberflächentemperatur. Die gestrichelte graue Linie ist der Multimodell-Mittelwert aus dem 6. Intercomparison Project unter einem Emissionsszenario, das dem heutigen ähnlich ist.[419] b) Entwicklung der Differenz zwischen Modellen und Beobachtungen. Die Temperaturdifferenz für den Zeitraum 1961-1990 ist Null, da dieser Zeitraum als Referenz (Basislinie) für die Berechnung der Anomalie verwendet wird.

Schon bald nach dem Klimaverschiebungen von 1997 nimmt die Diskrepanz zwischen den Beobachtungen und den Modellvorhersagen deutlich zu. Innerhalb von nur 25 Jahren erreicht diese Differenz 0,35 °C (Abb. 87b). Zum Vergleich: Die fehlende Erwärmung entspricht etwa einem Drittel der beobachteten Erwärmung in den letzten 100 Jahren.

Die Wissenschaftler sind sich dieses Dilemmas sehr wohl bewusst, das durch das Versagen der Modelle bei der genauen Wiedergabe des aktuellen Zeitraums besonders problematisch wird.[420] Die inhärente Anfälligkeit von Klimamodellen wird durch die Tatsache unterstrichen, dass Versuche, die Realitätsnähe von Wolkensimulationen zu verbessern, deren Empfindlichkeit ge-

---

[419] Daten aus HadCRUT5 und CMIP6 Ensemble-Mittelwert aller Mitglieder unter dem SSP2-4.5-Szenario mit einer Basislinie von 1961-1990.
climexp.knmi.nl/CMIP6/Tglobal/global_tas_mon_ens_ssp245_192_ave.dat Die Verwendung einer jüngeren Basislinie und eines reduzierten Multi-Modell-Mittelwerts im AR6 verdeckt dieses Problem.

[420] Voosen, P., 2021. Science, 373 (6554) pp.474-475.
doi.org/10.1126/science.373.6554.474

genüber steigenden CO_2 Werten erhöht haben. Dieses Problem zu korrigieren ist eine komplexe Aufgabe, die zu Vorschlägen geführt hat, Modelle, die eine stärkere Erwärmung vorhersagen, bei der Berechnung von Durchschnittswerten für mehrere Modelle auszuschließen. Auch wenn hinter solchen Vorschlägen stichhaltige Gründe stehen mögen, kann man sie mit der selektiven Auswahl einer vorgefassten Antwort vergleichen, die als Rosinenpickerei bekannt ist.

Es ist jedoch kein Zufall, dass die Klimamodelle seit der Klimaverschiebung von 1997, die die Intensität des Wärmetransports zu den Polen verändert hat, einen übermäßigen Erwärmungstrend anzeigen. Überraschenderweise sind sich die Wissenschaftler der beiden grundlegenden Probleme, die die Klimamodelle plagen, nach wie vor kaum bewusst. Erstens neigen die Modelle dazu, das Ausmaß des solaren Antriebs zu unterschätzen, weil sie die indirekten Effekte nicht ausreichend berücksichtigen. Infolgedessen wird der anthropogene Antrieb künstlich verstärkt, um ihn auszugleichen, so dass die Modelle die beobachteten Klimaänderungen erklären können. Zweitens wird die Variabilität des Wärmetransports, ein entscheidender Aspekt des Klimasystems, in diesen Modellen nur unzureichend dargestellt. Infolgedessen übersehen sie zwei wichtige Aspekte des Klimas, was sie für eine genaue Vorhersage der Zukunft ungeeignet macht.

Die Winterpförtner-Hypothese bietet eine mögliche Lösung für diese Probleme. Die Wahrscheinlichkeit, dass Wissenschaftler diese beiden Probleme erkennen, ist jedoch recht gering. Infolgedessen werden die Klimamodelle wahrscheinlich weiterhin immer komplexer, anfälliger und kostspieliger werden. Signifikante Veränderungen könnten erst dann eintreten, wenn die Wissenschaftler mit der nackten Tatsache konfrontiert werden, dass ihre Modelle nicht in der Lage sind, das Klima auch nur einige Jahrzehnte in der Zukunft genau vorherzusagen.

Zusammengefasst

Die Klimamodelle leiden unter zahlreichen ungelösten Problemen, und die jüngsten Anpassungen haben ihre Leistung eher verschlechtert als verbessert. Ein bemerkenswertes Problem ist ihre Tendenz, die Erwärmung nach 1998 zu überschätzen, was Zweifel an der Genauigkeit ihrer zukünftigen Klimaprojektionen aufkommen lässt. Die Hauptursache für dieses Versagen ist wahrscheinlich das Fehlen zweier entscheidender Klimafunktionen: die Reaktion auf solare Variabilität über indirekte Effekte und die Reaktion auf die Variabilität des polwärts gerichteten Wärmetransports. Diese grundlegenden Merkmale stehen im Mittelpunkt der Winterpförtner-Hypothese, die eine mögliche Erklärung für die Unzulänglichkeiten der Modelle bietet.

KAPITEL 50
KLIMAMODELLVORHERSAGEN SIND FÜR DIE GESELLSCHAFT NICHT NÜTZLICH

Die Modellierung ist ein integraler Bestandteil der Wissenschaft und dient den Wissenschaftlern zu einer Vielzahl von Zwecken, die über reine Vorhersagen hinausgehen. Die Klimatologie stützt sich in hohem Maße auf Modelle, und selbst wenn diese Modelle fehlerhaft sind, sind sie für die Wissenschaftler immer noch von Nutzen. Komplexe Klimamodelle haben jedoch Nachteile, die ihre Nützlichkeit für genaue Vorhersagen einschränken. Sie sind anfällig für den Schmetterlingseffekt, bei dem kleine Änderungen der Ausgangsbedingungen zu sehr unterschiedlichen Ergebnissen führen. Darüber hinaus führen strukturelle Mängel in diesen Modellen im Laufe der Zeit zu fehlerhaften Vorhersagen. Aufgrund ihrer Komplexität wird der Versuch schrittweiser Verbesserungen zu einer Herausforderung, da selbst kleine Änderungen weitreichende Auswirkungen haben können, bis zu dem Punkt, an dem der Nutzen solcher Verbesserungen negativ wird. Daraus ergibt sich eine kritische Frage: Bringen unsichere Vorhersagen aus unvollkommenen Modellen der Gesellschaft irgendeinen Nutzen? Die wahrscheinliche Antwort ist nein.

Wie Wissenschaftler Modelle verwenden

Die Modellierung ist ein grundlegender Aspekt der wissenschaftlichen Arbeit. Im Grunde genommen kann jede Hypothese als konzeptionelles Modell betrachtet werden. Numerische Modelle dienen in der Wissenschaft vielen Zwecken, von denen die Vorhersage nur einer ist. Diese Modelle sind in mehreren Bereichen von großem Nutzen, darunter:

* Prüfung von Hypothesen
* Neue Fragen vorschlagen
* Leitfaden zur Datenerhebung
* Dynamische Beziehungen aufklären
* Bestehende Theorien in Frage stellen
* Erkennen von Diskrepanzen zwischen Hypothesen und Daten
* Ausbildung und Schulung von Studenten
* Steigerung des wissenschaftlichen Outputs

In nicht-experimentellen Wissenschaftsbereichen wie den Klimawissenschaften spielen Modelle insofern eine unverzichtbare Rolle, als ein erheblicher Teil des wissenschaftlichen Outputs von ihnen abhängt. Um dies zu veranschaulichen, werden in Tabelle 2 Daten über die Häufigkeit des Begriffs „Modell" und seiner Varianten in den Titeln oder Zusammenfassungen von Artikeln dargestellt, die in einer führenden Publikation, dem Journal of Climate, in vier Jahren mit einem Abstand von einem Jahrzehnt veröffentlicht wurden. Das erste Jahr der Zeitschrift war 1988, und seither ist die Zahl der veröffentlichten Artikel in jedem Jahrzehnt stark gestiegen. Seit den 1990er Jahren enthalten etwa zwei Drittel der Artikel in ihren Titeln oder kurzen Zusammenfassungen Verweise auf Modelle, was ein weiterer Beleg für die starke Abhängigkeit von Modellen in der Klimawissenschaft ist.

Tabelle 2. Verwendung von Modell. Die Anzahl der vom Journal of Climate veröffentlichten Artikel und der Anteil der Artikel, die das Wort „Modell" und seine Varianten im Titel oder in der Zusammenfassung für vier ausgewählte Jahre enthalten.

Journal of Climate

Jahr	Anzahl der Artikel	Verwendung des Modells[1]
1988	76	46.0%
1998	184	67.4%
2008	370	67.8%
2018	545	65.5%

[1] Verwendung des Wortes "Modell*" im Titel oder in der Zusammenfassung

Klimamodelle lassen sich in eine Hierarchie einordnen, die ein Spektrum an Komplexität umfasst. Am einfacheren Ende stehen spezifische oder regionale Modelle, während am anderen Ende komplexere Modelle wie allgemeine Zirkulationsmodelle und Erdsystemmodelle stehen. Diese fortgeschrittenen Modelle beziehen biologische, geologische oder chemische Prozesse in ihre Simulationen ein. Komplexe Modelle sind häufig an Modellvergleichsprojekten beteiligt, die darauf abzielen, einen modellübergreifenden Rahmen zu schaffen. Das jüngste dieser Projekte ist die Ausgabe 6., an der über 70 Modelle von 33 Modellierungsgruppen aus 16 Ländern beteiligt sind.

Es ist wichtig zu betonen, dass ein Modell, auch wenn es offensichtlich fehlerhaft ist, für die Wissenschaftler immer noch von großem Wert sein kann. Der Schlüssel liegt darin, die Gründe zu verstehen, warum das Modell fehlerhaft ist und bestimmte Facetten des Klimas nicht genau wiedergibt. Die Konstruktion fehlerhafter Modelle ermöglicht es den Wissenschaftlern, Erkenntnisse über verbesserungswürdige Bereiche zu gewinnen, neue Erkenntnisse zu gewinnen und neue Ideen für die Klimaforschung zu entwickeln. Die Klimawissenschaft hat durch den Einsatz von Modellen bemerkenswerte Fortschritte gemacht.

Den Modellen innewohnende Probleme beeinträchtigen ihre Vorhersagen

Die derzeit modernsten Modelle arbeiten mit Zeitschritten von etwa 30 Minuten, so dass es Wochen oder Monate in Echtzeit auf Supercomputern dauert, ein Jahrhundert der Klimaentwicklung zu simulieren. Um eine einzelne hypothetische Entwicklung des Klimasystems (einen „Modelllauf") zu berechnen, sind außerdem eine Anfangsbedingung und Randbedingungen erforderlich. Erstere sind eine mathematische Beschreibung des Zustands des Klimasystems zu Beginn des simulierten Zeitraums. Letztere sind die Werte aller externen Antriebsänderungen, die auf das System einwirken, wie Sonneneinstrahlung, Treibhausgase oder Aerosolkonzentrationen.

Die Einbeziehung nichtlinearer mathematischer Formeln in Klimamodelle, verbunden mit ihrer iterativen Natur, macht sie aufgrund ihrer chaotischen Eigenschaften sehr empfindlich gegenüber den Anfangsbedingungen. Dieses

Phänomen wird gemeinhin als Schmetterlingseffekt bezeichnet. In einem faszinierenden Experiment wurde das Community Earth System Model 30 Simulationen des nordamerikanischen Klimas über 50 Jahre hinweg unterzogen, beginnend im Jahr 1963.[421] Bemerkenswerterweise zeigten die Ergebnisse im Jahr 2012 trotz der nur um einen winzigen Bruchteil eines Grades abweichenden Ausgangsbedingungen große Abweichungen, von denen viele die Wissenschaftler sehr überrascht hätten, wenn sie tatsächlich eingetreten wären. Die Autoren behaupten, dass die Mittelwertbildung die natürliche Variabilität verringert und den Erwärmungstrend, der dem anthropogenen Klimawandel zugeschrieben wird, offenbart. Diese Behauptung erscheint jedoch höchst unwahrscheinlich, da die Modelle nicht dieselbe Art von natürlicher Variabilität abbilden, die im realen Klima beobachtet wird (Abb. 57, Kap. 36).

Den Modellen, die durch mathematisches Chaos gekennzeichnet sind, fehlt die natürliche Variabilität, die dem realen Klima innewohnt. Es ist wichtig zu beachten, dass der mathematische Raum, in dem sich dieses Chaos entfaltet, wahrscheinlich durch andere Faktoren eingeschränkt wird als diejenigen, die das im realen Klima beobachtete Chaos einschränken - Faktoren, die uns im Wesentlichen unbekannt sind. Darüber hinaus ist es wichtig zu verstehen, dass die Mittelwertbildung von Ergebnissen chaotischer Prozesse sich von der Mittelwertbildung von Ergebnissen zufälliger Prozesse unterscheidet. Im letzteren Fall kann ein wahrer Mittelwert mit einer ausreichenden Anzahl von Versuchen angenähert werden. Chaotische Systeme können jedoch nicht einfach gemittelt werden, um Zufälligkeit oder Variabilität zu eliminieren, da sie vollständig von dem jeweils eingeschlagenen Weg abhängen und die Anzahl der möglichen Wege unberechenbar ist. Daher können zwei verschiedene Sätze völlig unterschiedliche Durchschnittswerte ergeben.[422]

Bei der Modellierung sehr komplexer Systeme, wie z. B. des Erdklimas, ist davon auszugehen, dass die Modelle strukturell unvollkommen sind und dass ihre mathematische Beschreibung des Klimas fehlerhaft ist. Dies führt ein neues Problem ein. Selbst bei perfekten Anfangsbedingungen wird ein strukturell unvollkommenes Modell im Laufe der Zeit große Unterschiede in den Ergebnissen hervorbringen. Dies wird als Motteneffekt bezeichnet.[423] Das bedeutet, dass die Wahrscheinlichkeitsverteilung und die Unsicherheit in einer Vorhersage eines beliebigen Modells mit der Zeit irreführend genau, irreführend vielfältig und fehlerhaft werden.

Die Erwartung, dass inkrementelle Verbesserungen in sehr komplexen Modellen zu inkrementellen Verbesserungen in der Darstellung der Realität und in der Genauigkeit der Vorhersagen führen, ist wahrscheinlich falsch. Die zusammengesetzten nichtlinearen Effekte kleiner Anpassungen der Modellstruktur sind so groß, dass die Kalibrierung rechenintensiv wird, und der marginale Leistungsvorteil zusätzlicher Unterprogramme oder Prozesse kann gleich Null oder sogar negativ sein.[424] Wenn man einem Modell mehr Details hinzufügt,

---

[421] Deser, C., et al., 2016. J. Clim. 29 (6), pp.2237-2258.
  doi.org/10.1175/JCLI-D-15-0304.1
[422] Hansen, K., 2016. judithcurry.com/2016/10/05/lorenz-validiert/
[423] Thompson, E.L. & Smith, L.A., 2019. Economics, 13 (1), p.20190040.
  doi.org/10.5018/economics-ejournal.ja.2019-40
[424] Ebd.

kann es weniger genau und weniger nützlich werden. Wir sehen dieses Problem bereits bei den Klimamodellen, wie im vorigen Kapitel bei der Erläuterung ihrer Anfälligkeit beschrieben.

Wir dürfen nicht vergessen, dass ein modernes Klimamodell eine Hypothese darüber darstellt, wie das Klimasystem der Erde funktioniert. Es ist jedoch wichtig zu beachten, dass ein Modell, selbst wenn es mit den Beobachtungen übereinstimmt, nicht als korrekt angesehen werden kann. Es ist allgemein anerkannt, dass alle Modelle von Natur aus fehlerhaft sind, wie die Liste der Modellfehler im vorherigen Kapitel zeigt. Der Prozess der Konstruktion eines Modells beinhaltet zahlreiche Vereinfachungen, Annäherungen und den Ausschluss verschiedener Prozesse, von denen uns einige unbekant bleiben können. Infolgedessen ist die von einem Klimamodell generierte Hypothese grundsätzlich ungenau. Es ist bekannt, dass jedes der aktuellen Klimamodelle zu Ergebnissen führt, die von den Beobachtungsdaten über die Grenzen der Unsicherheit und des Fehlers der Beobachtungen hinaus abweichen. Mit den Worten eines Wissenschaftsphilosophen kann die Vorstellung, dass eines dieser Modelle empirisch angemessen sein kann, nicht ernst genommen werden, und die Übereinstimmung zwischen Modellen und Beobachtungen sollte nicht als Bestätigung für die Gültigkeit der Modelle angesehen werden.[425]

Klimavorhersagen werden oft als Projektionen bezeichnet, um ihre Abhängigkeit von bestimmten Antriebsszenarien, wie Treibhausgasen und Aerosolen, zu verdeutlichen. Wenn mehrere Modelle in einem Ensemble konsistente Ergebnisse liefern, wird dies als robustes Ergebnis betrachtet. Wenn zum Beispiel alle Modelle einen Anstieg der globalen Durchschnittstemperatur von mehr als 4 °C bis zum Ende des Jahrhunderts unter einem bestimmten Emissionsszenario vorhersagen, gilt das Ergebnis als robust. Es ist jedoch wichtig zu verstehen, dass Robustheit allein noch keine Erhöhung des Vertrauens rechtfertigt. Der Grund dafür ist, dass Modelle nicht völlig unabhängig sind.[426] Viele Modelle verwenden Code, der von anderen Modellen entlehnt oder von früheren Modellen geerbt wurde, und sie alle haben gemeinsame Fehler, technologische Beschränkungen und Wissensbeschränkungen. Diese gemeinsamen Fehler sind weithin bekannt, und die fehlende Unabhängigkeit der Modelle ist erwiesen. Wenn man sich auf die Übereinstimmung der Modelle auf der Grundlage gemeinsamer Fehler verlässt, kann das zu übermäßigem Vertrauen in die Prognosen führen.

Klimamodellprojektionen sind für die Gesellschaft nicht nützlich

Ich habe bereits dargelegt, dass Klimamodelle für Wissenschaftler von großem Wert sind, selbst wenn sie eindeutige Fehler enthalten. Das liegt daran, dass ihr Hauptziel nicht darin besteht, genaue Vorhersagen zu machen, sondern das Verständnis zu verbessern und die Modelle zu verfeinern. Wenn es um die Gesellschaft geht, können ungenaue Vorhersagen jedoch nachteilige Auswirkungen haben. Der hohe Grad an Ungewissheit, der mit Klimaprojektionen verbunden ist und der oft größer ist als zugegeben wird, bedeutet, dass die Gesellschaft, die sich auf solche Vorhersagen verlässt, schlechter dastehen kann, als wenn es überhaupt keine Vorhersagen gäbe. In Ermangelung modellgestütz-

---

[425] Parker, W.S., 2009. Suppl. Proc. Aristot. Soc. 83 (1) pp.233-249.
doi.org/10.1111/j.1467-8349.2009.00180.x
[426] Frigg, R., et al., 2015. Philos. Compass, 10 (12), pp.965-977.
doi.org/10.1111/phc3.12297

ter Vorhersagen haben sich die Gesellschaften traditionell auf historische Belege für vergangene Veränderungen als Orientierungshilfe verlassen.

Um die Bedeutung dieses Aspekts zu verdeutlichen, nehmen wir als Beispiel die Prognosen für den Anstieg des Meeresspiegels. In einem vielbeachteten Artikel aus dem Jahr 2014 wurde eine umfassende Reihe von Wahrscheinlichkeitsverteilungen vorgestellt, in die Bewertungen von Expertengemeinschaften, Expertenbefragungen und Prozessmodellierung eingeflossen sind. Diese Prognosen basierten auf Daten aus einem globalen Netzwerk von Gezeitenmessern.[427] Die Studie sagte beispielsweise voraus, dass San Francisco (USA) bei einem Szenario mit hohen Emissionen bis zum Jahr 2100 einen Meeresspiegelanstieg von 0,6 bis 1,0 Metern erleben könnte. Der California Ocean Protection Council, der für die Bereitstellung von Prognosen zum Anstieg des Meeresspiegels für verschiedene Behörden zu Planungszwecken zuständig ist, hat daraufhin Richtwerte festgelegt, um sich auf einen Anstieg um 1 Meter bis 2050 vorzubereiten.

Die Bedeutung proaktiver Maßnahmen wird dadurch unterstrichen, dass die Federal Emergency Management Agency feststellt, dass 1 Dollar, der in die Vorbereitung auf den Katastrophenfall investiert wird, bis zu 6 Dollar an späteren öffentlichen und privaten Verlusten verhindern kann. Der Gouverneur von Kalifornien hat diese Prognosen ernst genommen und im Jahr 2021 ein Gesetz unterzeichnet, das den Anstieg des Meeresspiegels offiziell zu einem wichtigen Thema macht, mit dem sich die California Coastal Commission befassen muss. Mit diesem Gesetz wird ein Mechanismus geschaffen, mit dem jährlich bis zu 100 Millionen Dollar an Zuschüssen für lokale und regionale Regierungen bereitgestellt werden können, um sie bei der Vorbereitung auf die Herausforderungen des steigenden Meeresspiegels zu unterstützen.

Abbildung 88 zeigt den historischen Anstieg des Meeresspiegels in San Francisco seit 1900. Das Diagramm zeigt einen konsistenten Langzeittrend von +1,96 mm pro Jahr, der weder durch den Anstieg der atmosphärischen CO_2 Werte noch durch das beschleunigte Abschmelzen der Polkappen und der Gebirgsgletscher beeinflusst wird.

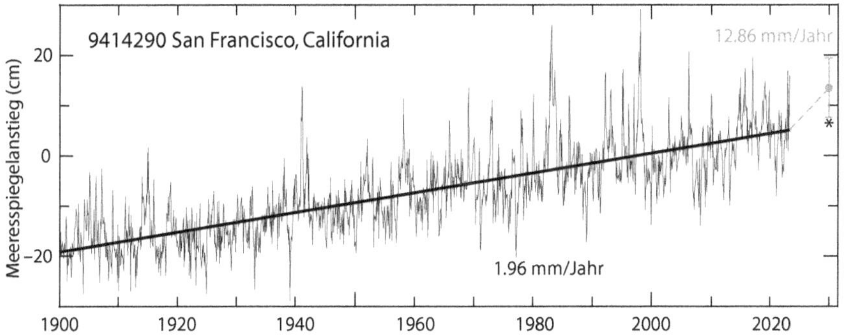

Abbildung 88. Anstieg des Meeresspiegels in San Francisco seit 1900. Die dicke Linie zeigt den Trend von +1,96 mm/Jahr für die letzten 123 Jahre. Ein Sternchen markiert die Fortsetzung dieses Trends für die nächsten sieben Jahre. Der graue Punkt und die

---

[427] Kopp, R.E., et al., 2014. Earth's future, 2 (8), pp.383-406.
    doi.org/10.1002/2014EF000239

Balken zeigen den Median und den sehr wahrscheinlichen (90 %) Bereich, der in einer Studie von 2014 vorhergesagt wurde. Um diesen Median zu erreichen, müsste der Anstieg des Meeresspiegels um das Sechsfache zunehmen.

Da das oben genannte Papier Vorhersagen für den Anstieg des Meeresspiegels im Jahr 2030 enthält, können wir den Fortschritt der Vorhersage für San Francisco bis dahin bewerten. Dem Papier zufolge ist es sehr wahrscheinlich (90 % Wahrscheinlichkeit), dass San Francisco zwischen 2000 und 2030 einen Anstieg von 7 bis 19 cm erleben wird, und zwar für das Emissionsszenario, das den erzeugten Emissionen am nächsten kommt. Bislang beträgt der tatsächliche Anstieg des Meeresspiegels jedoch nur 4,5 cm, obwohl bereits mehr als 75 % des prognostizierten Zeitraums verstrichen sind. Damit San Francisco die mittlere Prognose der Studie bis 2030 erreicht, müsste sich der Anstieg des Meeresspiegels von der historischen Rate von +1,96 mm pro Jahr über ein Jahrhundert auf das Sechsfache dieser Rate in den nächsten sieben Jahren beschleunigen.

Es ist vernünftig, zu dem Schluss zu kommen, dass der von Experten und Modellen vorhergesagte Anstieg des Meeresspiegels in der Welt unwahrscheinlich ist, wenn man bedenkt, dass für die Projektion für 2030 dieselbe Methodik verwendet wird wie für die Projektion für 2100. Es liegt im Interesse der Gesellschaft, sich mehr auf empirische Beweise als auf fehlerhafte Modelle und ungenaue Expertenprognosen zu verlassen. Das Geld, das Kalifornien und andere Regionen ausgeben, um sich auf einen Meeresspiegelanstieg vorzubereiten, der nicht eintreten wird, ist mehr als nur Verschwendung, denn es hat Opportunitätskosten. Solche Ausgaben lenken von potenziellen Investitionen ab und führen dazu, dass Ressourcen von der Erfüllung anderer dringender gesellschaftlicher Bedürfnisse abgezogen werden.

Es ist ein Fehler, Modellvorhersagen mehr zu vertrauen als Beweisen

Der aktuelle Stand der Dinge hat dazu geführt, dass die Gesellschaft durch Vorhersagen von Modellen beunruhigt wird, die sich zum Zeitpunkt ihrer Veröffentlichung bereits als falsch erwiesen haben, was jedoch oft unbemerkt bleibt. Ein aktuelles Beispiel für dieses Phänomen ist in Abbildung 89 dargestellt. Im Juni 2023 machte eine wissenschaftliche Studie weltweit Schlagzeilen, die vor der Möglichkeit eisfreier Sommer in der Arktis bis zu den 2030er Jahren warnte, unabhängig von unseren Bemühungen, die Emissionen zu reduzieren.

Der Artikel stellt Projektionen vor, die auf Beobachtungen einer eisfreien Arktis selbst bei einem Szenario mit geringen Emissionen beruhen.[428] Es ist jedoch zu beachten, dass die Daten in dem Artikel nur Beobachtungen bis 2019 umfassen, obwohl zum Zeitpunkt der Veröffentlichung Daten für 2020-22 verfügbar waren. Darüber hinaus beginnen die Modellprojektionen in der Studie im Jahr 2021. Abbildung 89 zeigt die Ergebnisse der Studie für ein mittleres Emissionsszenario, das der derzeitigen Situation ähnelt. Bei der Annahme und Veröffentlichung des Papiers ergibt sich jedoch ein erhebliches Problem, da die Modellprojektionen für 2021 und 2022 stark von den beobachteten Daten ab-

---

[428] Kim, Y.H., et al., 2023. Nat. Commun. 14 (1), p.3139.
doi.org/10.1038/s41467-023-38511-8

weichen, und zwar um sage und schreibe 1,3 Millionen km^2 oder 33 %. Dieses offensichtliche Problem, das die Studie als Ganzes untergräbt, wirft Fragen darüber auf, wie das Papier zur Veröffentlichung angenommen wurde.

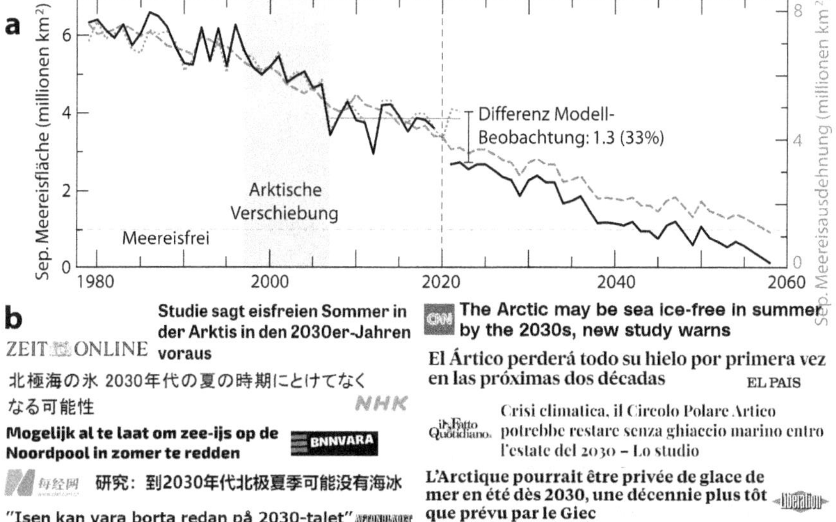

Abbildung 89. Prognosen zum arktischen Meereis und ihre Auswirkungen. a) Ergebnisse einer Modellierungsstudie. Die schwarze Linie vor 2020 ist die beobachtete Veränderung der Meereisfläche im September, und nach 2020 ist die in der Studie projizierte Meereisfläche. Die gestrichelte graue Linie ist die mittlere arktische Meereisfläche aus dem 6. Coupled-Model Intercomparison Project. Die gepunktete hellgraue Linie ist die Ausdehnung des Meereises im September, ein verwandtes Maß für das Meereis, und die horizontale hellgraue Linie zeigt den fehlenden Trend der letzten 16 Jahre. b) Beispiele für Schlagzeilen in den Medien nach der Pressemitteilung vom 6. Juni 2023.

Außerdem ist es wichtig zu betonen, dass es in den letzten 17 Jahren keinen signifikanten Trend bei der Ausdehnung des arktischen Sommer-Meereises gegeben hat. Dies lässt ernste Zweifel an der gesamten Prämisse der Studie aufkommen. Unabhängig vom Emissionsszenario ist es höchst unwahrscheinlich, dass die Arktis in den 2030er oder 2040er Jahren meereisfrei sein wird, da es in den letzten anderthalb Jahrzehnten keinen Rückgang gegeben hat.

Wie konnte ein so eklatant fehlerhafter Artikel das Peer-Review-Verfahren erfolgreich durchlaufen? Und wer bestimmt, ob er für eine weite Verbreitung in einer globalen Medienlandschaft geeignet ist, die offenbar nicht in der Lage ist, diese Vorhersagen zu hinterfragen oder zu überprüfen? Die widerlegenden Daten, die aus Beobachtungen abgeleitet wurden, sind für jeden, der über einen Internetanschluss verfügt, leicht zugänglich und können mit einer einfachen Suchmaschinenabfrage gefunden werden. Die derzeitige Methode, der Gesellschaft Vorhersagen aus unsicheren Klimamodellen mitzuteilen, ist unbestreitbar unzureichend, und es ist wirklich überraschend, dass sich keine maßgebliche wissenschaftliche Stimme zu diesem Thema geäußert und ihre Missbilligung zum Ausdruck gebracht hat.

Unsichere Klimamodellvorhersagen, die die Ängste gefährdeter Personen verstärken, bringen der Gesellschaft als Ganzes wenig Nutzen. Dies gilt vor allem für junge Menschen, denen es möglicherweise an Erfahrung und gesunder Skepsis fehlt, um die ihnen von den Behörden vorgelegten Informationen kritisch zu bewerten. Solche Vorhersagen können auch politische Entscheidungsträger in die Irre führen und sie zu falschen Entscheidungen verleiten. Leider haben einige Wissenschaftler den persönlichen Gewinn aus der Verstärkung des Klima-Alarmismus über die Wahrung wissenschaftlicher Strenge gestellt. Diese Situation behindert die Entwicklung einer konstruktiven, vertrauensvollen Beziehung zwischen der Gesellschaft und ihrer wissenschaftlichen Gemeinschaft.

Klimamodellprognosen werden zur Rechtfertigung des Ausstiegs aus der Nutzung fossiler Brennstoffe herangezogen. Diese Energiewende erfordert eine tiefgreifende Umgestaltung der Weltwirtschaft. Selbst wenn man davon ausgeht, dass die Modelle korrekt sind, ist dies mit großen Risiken verbunden. Um auf das Beispiel aus dem vorigen Kapitel zurückzukommen, in dem es um das Vertrauen in die Modelle ging, die für die Konstruktion eines neuen Flugzeugs verwendet werden, ist das Risiko ähnlich groß wie beim Bau eines neuen Flugzeugs, das ausschließlich auf Computermodellen basiert: Wenn das neue Flugzeug nie getestet worden wäre, würden wir es dann zulassen, dass Menschen Tickets kaufen und an Bord des Flugzeugs gehen? Egal, wie sehr wir diesen Computermodellen vertrauen, wir würden es niemals zulassen, und doch sind wir bereit, die Weltwirtschaft auf der Grundlage von Klimamodellen, von denen wir sicher sind, dass sie fehlerhaft sind, auf einen Testflug zu schicken, in der Hoffnung, dass sie nicht zu fehlerhaft sind.

Zusammengefasst

Klimamodelle sind für Wissenschaftler sehr nützlich und leisten einen unschätzbaren Beitrag zu unserem Verständnis der Klimatologie. Allerdings sind die Vorhersagen der Klimamodelle für die Gesellschaft nicht von Nutzen, weil sie mit Unsicherheit behaftet sind und mit hoher Wahrscheinlichkeit inakzeptabel falsch liegen. Zwei Beispiele werden vorgestellt. In San Francisco wie auch an vielen anderen Orten ist der Meeresspiegel im vergangenen Jahrhundert linear angestiegen, unabhängig von steigenden CO_2-Werten, Temperaturen oder schmelzenden Eisschilden. Modelle und Experten sagen jedoch einen starken Anstieg des globalen Meeresspiegelanstiegs voraus, von dem auch San Francisco betroffen sein dürfte. Diese Vorhersagen haben die politischen Entscheidungsträger dazu veranlasst, große Summen für die Katastrophenvorsorge auszugeben. Da sich die Vorhersage auf den Zeitraum 2000-2030 bezieht, wissen wir bereits, dass die erwartete Beschleunigung nicht eintreten wird und dass die Vorhersage bei weitem falsch ist. Bei der Betrachtung des Verlusts des sommerlichen Meereises in der Arktis hat keines der Modelle die Möglichkeit eines fehlenden Rückgangs in den letzten 17 Jahren berücksichtigt. Infolgedessen sind einige der in den Medien verbreiteten Vorhersagen über eine eisfreie Arktis in den 2030er Jahren unplausibel. Diese Beispiele zeigen, dass die Vorhersagen der Klimamodelle mehr als nutzlos sind und zu unangemessenen Ängsten und einer Fehlallokation von Ressourcen führen.

ABSCHNITT 15 SCHLÜSSELTHEMEN

Klimamodelle enthalten viele schlecht verstandene Prozesse, lassen wichtige Merkmale außer Acht und sind sehr komplex und anfällig. Sie kennen nicht einmal die Temperatur des Planeten. Sie erzeugen ein Modellklima, das sich trotz einer oberflächlichen Ähnlichkeit grundlegend vom realen Klima unterscheidet. Der derzeitige Wissensstand macht es den Klimamodellierern unmöglich, ihre Ziele zu erreichen. Jüngste Änderungen führen dazu, dass die Modelle die Erwärmung nach 1998 überbewerten, was Zweifel an ihren zukünftigen Klimaprojektionen aufkommen lässt.

Die Modellierung ist zwar ein wesentlicher Bestandteil der Wissenschaft, doch die Mängel der Klimamodelle schränken ihren Nutzen für genaue Vorhersagen ein. Ihre Empfindlichkeit gegenüber Anfangsbedingungen und strukturelle Mängel machen ihre Vorhersagen höchst unsicher, selbst wenn verschiedene Modelle übereinstimmen, da sie nicht wirklich unabhängig sind. Die Analyse der Vorhersagen von Meeresspiegel und Meereis zeigt, dass die Vorhersagen der Klimamodelle negative Auswirkungen auf die Gesellschaft haben können.

Abschnitt 16. Künftiges Klima

KAPITEL 51
ZWEI GEGENSÄTZLICHE ZUKUNFTS-SZENARIEN

In häufigen Erklärungen von Staats- und Regierungschefs wird die Zukunft als „Klimahölle" gezeichnet, wenn wir nicht aus den fossilen Brennstoffen aussteigen. Doch trotz 30-jähriger Bemühungen ist unsere Abhängigkeit von ihnen um 60 % gestiegen. Dieser Widerspruch zwischen der dringenden Notwendigkeit zu handeln und der Unmöglichkeit, dies zu tun, führt zu Klimaangst und Depressionen bei gefährdeten Menschen und zum Aufkommen von Klimaradikalismus. Diese pessimistische Klimazukunft basiert jedoch ausschließlich auf unsicheren und fehlerhaften Modellen und setzt Erwärmungsraten voraus, die weit über das hinausgehen, was bisher beobachtet wurde. Im Gegensatz dazu zeigen die derzeitigen Erwärmungsraten keine Anzeichen einer Beschleunigung und könnten aufgrund natürlicher Schwankungen sogar rückläufig sein.

Die Winterpförtner-Hypothese, die in erster Linie auf natürliche Faktoren zurückzuführen ist, bietet eine kontrastreiche Perspektive für die Zukunft unseres Klimas. Um die Unterschiede zur Hypothese des verstärkten CO_2-Effekts zu bewerten, werden sie anhand eines mittleren Emissionsszenarios bis 2050 verglichen. Mögliche Veränderungen bei den anthropogenen Aerosolen, der Sonnenaktivität und den multidekadischen Ozeanschwankungen werden berücksichtigt, um eine konservative Projektion des Klimawandels bis zu diesem Zeitpunkt zu erhalten. Angesichts der großen Unterschiede in den Vorhersagen zwischen den beiden Hypothesen ist zu erwarten, dass eine von ihnen innerhalb der nächsten zwei Jahrzehnte widerlegt wird.

Ein außergewöhnlicher Volkswahn?

Das Amt des Generalsekretärs der Vereinten Nationen wird von einem Kompromisskandidaten besetzt, in der Regel einem Politiker oder Berufsdiplomaten. Er wird nach einem regionalen Rotationsprinzip aus einem Land mit mittlerer Machtposition gewählt. Nichtsdestotrotz übt das Amt einen beträchtlichen Einfluss aus, da es die weltweit sichtbarste Kanzel für Reden darstellt, die Aufmerksamkeit auf globale Themen lenkt und gelegentlich eine entscheidende Rolle bei der Konfliktvermittlung spielt.

Der derzeitige UN-Generalsekretär ist António Guterres, ein ehemaliger Präsident Portugals und der Sozialistischen Internationale. Unter den großen Staats- und Regierungschefs der Welt nimmt Guterres eine extreme Position zum Klimawandel ein. In mehreren Reden hat er in jüngster Zeit seine Besorgnis darüber zum Ausdruck gebracht, dass der Klimawandel außer Kontrolle geraten ist, dass die Länder aus der Kohle und anderen fossilen Brennstoffen aussteigen müssen, um eine „Klimakatastrophe" zu vermeiden, und dass sich die Menschheit auf einem „Highway zur Klimahölle" befindet. Er erklärt, dass wir die globale Erwärmung hinter uns gelassen haben und in eine „Ära des globalen Siedens" eingetreten sind.[429]

Äußerungen wie diese, die von einem der prominentesten Staatsoberhäupter der Welt kommen, deuten auf eine Übertreibung in Bezug auf die Zukunft des

---

[429] news.un.org/en/story/2023/07/1139162

Klimas auf unserem Planeten hin, wenn wir nicht eine grundlegende Umgestaltung des globalen Energiesystems und der Wirtschaft erreichen. António Guterres geht über die Einschätzungen der IPCC-Berichte hinaus und präsentiert eine pessimistischere Sicht auf unser zukünftiges Klima. Leider wird diese Ansicht von den globalen Medien weitgehend geteilt.

1992 wurde mit der Verabschiedung des Rahmenübereinkommens der Vereinten Nationen über Klimaänderungen, das auf die Stabilisierung der Treibhausgaskonzentration in der Atmosphäre abzielt, anerkannt, wie wichtig es ist, unsere Abhängigkeit von fossilen Brennstoffen zu verringern. In den folgenden 30 Jahren sank der Anteil der aus fossilen Brennstoffen gewonnenen Primärenergie weltweit von 87 % auf 82 %. Die aus fossilen Brennstoffen gewonnene Energiemenge hat jedoch enorm zugenommen, nämlich von 300 auf 500 Exajoule (Quintillionen Joule), was einem Anstieg von 60 % entspricht!

Es sollte jedem klar sein, dass es nicht möglich ist, die Nutzung fossiler Brennstoffe in den kommenden Jahrzehnten wesentlich zu reduzieren, und deshalb geschieht dies auch nicht. Derzeit gibt es keine brauchbaren alternativen Energiequellen, die den wachsenden Bedarf unserer wachsenden Bevölkerung decken und gleichzeitig einen erheblichen Teil der vorhandenen Energie aus fossilen Brennstoffen ersetzen könnten. Jeder Versuch, die Nutzung fossiler Brennstoffe durch eine Einschränkung des Energieverbrauchs zu reduzieren, hätte tiefgreifende Auswirkungen auf den weltweiten Lebensstandard und würde zu sozialen Unruhen führen. Die dringende Notwendigkeit, unsere Abhängigkeit von fossilen Brennstoffen rasch zu verringern, um „den Planeten zu retten" - wie von vielen führenden Politikern der Welt geäußert - wird mit der Unmöglichkeit konfrontiert, dies zu tun. Infolgedessen leiden viele Menschen unter Klimaangst, Verzweiflung und Depression.[430] Dies hat zum Entstehen von Aktivistengruppen geführt, die radikale Maßnahmen befürworten, einschließlich Anschlägen auf Meisterwerke in Kunstmuseen.

In Anbetracht unseres begrenzten Verständnisses des Erdklimas und der inhärenten Probleme mit Klimamodellen ist unsere Gewissheit über die Klimabedingungen mehrere Jahrzehnte in der Zukunft recht gering. Die im Rahmen des 6. Intercomparison Project verwendeten Klimamodelle sagen einen durchschnittlichen Temperaturanstieg von 2 °C bis zum Jahr 2100 im Vergleich zu den heutigen Temperaturen (Mittelwert 2015-2022) in dem Szenario voraus, das den derzeitigen Emissionswerten am nächsten kommt (Abb. 90a). Dieser prognostizierte Anstieg ist jedoch mit erheblichen Unsicherheiten behaftet, die bei einem Konfidenzniveau von 90 % zwischen +1 °C und +3 °C liegen. Darüber hinaus würde die Verwirklichung dieses Szenarios eine drastische Verringerung der CO_2 Emissionen in der zweiten Hälfte des Jahrhunderts erfordern.

Die Projektion dieses Zwischenszenarios ist insofern problematisch, als sie von einem anhaltenden Temperaturanstieg von 0,25 °C pro Jahrzehnt ausgeht, um den vorhergesagten Durchschnittswert zu erreichen. Diese Erwärmungsrate ist jedoch wesentlich höher als das, was bisher beobachtet worden ist. In den letzten 40 Jahren lag die Erwärmungsrate trotz des raschen Anstiegs der CO_2-Emissionen bei 0,2 °C pro Jahrzehnt und ist in den letzten sieben Jahren sogar zurückgegangen (Abb. 81b, Kap. 46). Daten der Universität von Alabama in

---

[430] Hickman, C., et al., 2021. Lancet Planet. Health 5 (12), pp.e863-e873.
    doi.org/10.1016/S2542-5196(21)00278-3

Huntsville zur Temperatur in der unteren Troposphäre, die aus Satellitenmessungen abgeleitet wurden, zeigen eine geringere Erwärmungsrate von 0,14 °C pro Jahrzehnt seit 1979. Die Satellitendaten werden weniger durch den städtischen Wärmeinseleffekt beeinflusst, der auftritt, wenn die Oberflächentemperaturen in Gebieten gemessen werden, die durch menschliche Aktivitäten beeinflusst werden. Der Unterschied in den Erwärmungsraten zwischen den beiden Methoden kann nicht auf eine geringere Erwärmung in der unteren Troposphäre zurückgeführt werden, da dies zu einem erheblichen Anstieg der atmosphärische Temperaturgradient (die Abnahme der Temperatur mit der Höhe) führen würde. Ein solcher Anstieg würde als negative Rückkopplung wirken und dem verstärkten Treibhauseffekt entgegenwirken.

Darüber hinaus ist der Einfluss der multidekadischen Ozeanschwankungen auf die globale Temperatur und ihre Änderungsrate erheblich (Kap. 19). Wenn diese Oszillationen in ihre Abkühlungsphase eintreten, könnte die globale Erwärmungsrate folglich abnehmen. Es gibt keine Beweise oder historischen Präzedenzfälle, die darauf hindeuten, dass die durchschnittliche Erwärmungsrate auf bis zu 0,25 °C pro Jahrzehnt ansteigen kann. Im Gegensatz dazu gibt es Beweise dafür, dass die Erwärmungsrate in den 1960er und frühen 1970er Jahren negativ wurde, selbst bei steigenden CO_2.

In Anbetracht unseres Verständnisses der Erwärmungsraten der Erde und der Erkenntnis, dass die Modelle den Temperaturanstieg überschätzen (Abb. 87, Kap. 49), scheint es unwahrscheinlich, dass der Planet bis zum Jahr 2100 einen Anstieg von 2 °C erleben wird. Und selbst wenn die Erwärmung 1 °C über den gegenwärtigen Temperaturen liegen sollte, was innerhalb des unteren Unsicherheitsbereichs der Modelle liegt, würde dies wirklich eine Klima-„Katastrophe" bedeuten? Es scheint, dass ein Teil der Menschheit einem außergewöhnlichen Volkswahn erlegen ist.[431]

Auswahl eines wahrscheinlichen Szenarios

In diesem Buch werden zwei gegensätzliche Hypothesen über die Hauptfaktoren des Klimawandels untersucht: die weithin unterstützte Hypothese, die sich auf die verstärkte Wirkung von CO_2 Veränderungen konzentriert, und eine neue Hypothese, die sich auf natürliche Schwankungen im Wärmetransport zum arktischen Pol während des Winters konzentriert. Obwohl sich diese Hypothesen nicht gegenseitig ausschließen, führen sie zu unterschiedlichen Vorhersagen über den künftigen Klimawandel. Wenn also der künftige Klimawandel mit einer Hypothese übereinstimmt, wird er die andere falsifizieren.

Bevor wir das künftige Klima vorhersagen können, müssen wir Veränderungen bei den Faktoren vorhersehen, die das Klima beeinflussen. Aus diesem Grund sprechen Wissenschaftler von Klimaprojektionen, d. h. Vorhersagen, die von bestimmten Antriebsszenarien abhängen. Jedes Szenario umfasst eine Reihe möglicher Änderungen der CO_2 Werte, der Aerosolkonzentrationen und der Sonnenaktivität. Da Vulkanausbrüche nicht vorhersehbar sind, könnte das Klima im Falle eines großen Ausbruchs kälter ausfallen als erwartet, selbst wenn die Vorhersage korrekt ist.

---

[431] Der Ausdruck stammt aus Charles Mackays 1841 erschienenem Buch über Massenwahn "Extraordinary Popular Delusions and the Madness of Crowds".

Die Geschwindigkeit, mit der das atmosphärische CO_2 zunimmt, hängt in erster Linie von den Veränderungen der menschlichen Emissionen ab. Diese Emissionen haben zu einer deutlichen Beschleunigung des Anstiegs der CO_2 Werte beigetragen, von 0,85 ppm pro Jahr in den 1960er Jahren auf 2,45 ppm pro Jahr im letzten Jahrzehnt (2013-2022). Als Grundlage für den 6. Sachstandsbericht des IPCC haben die Wissenschaftler eine Reihe neuer Szenarien entwickelt, von denen einige denen des letzten Berichts ähneln. Abbildung 90a zeigt die globalen CO_2 Emissionen und vier Szenarien, die vom optimistischen SSP1 2.6 bis zum pessimistischen SSP5 8.5 reichen. Die zweite Zahl im Namen jedes Szenarios gibt den projizierten Anstieg des Strahlungsantriebs bis zum Jahr 2100 in W/m² an. Das SSP2 4.5-Szenario geht von einem starken Rückgang der Emissionen ab den 2040er Jahren aus, obwohl es derzeit den aktuellen Emissionen am nächsten kommt. Es ist erwähnenswert, dass unsere Emissionen seit den frühen 2000er Jahren einen rückläufigen Trend in ihrer Veränderungsrate aufweisen, was nicht erwartet wurde (Abb. 90b).

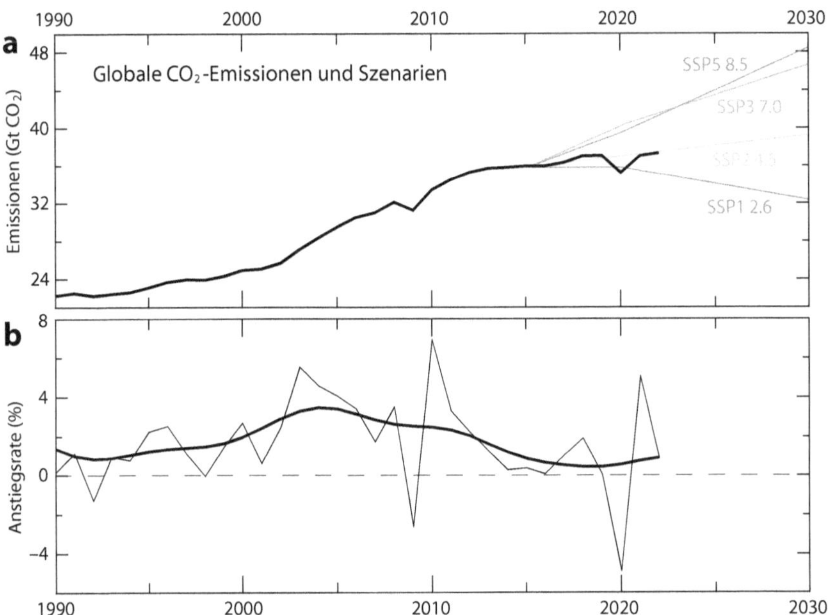

Abbildung 90. Anthropogene CO_2 Emissionen. a) Aktuelle CO_2 Emissionen (dicke schwarze Linie) und Emissionen für verschiedene Szenarien im 6. Bewertungsbericht (dünne graue Linien). b) Jährliche Steigerungsrate der CO_2 Emissionen (dünne Linie) und eine Glättung der Daten (dicke Linie).[432]

Die Vorhersage der künftigen Sonnenaktivität ist für die Hypothese des verstärkten CO_2-Effekts weniger wichtig, da bei dieser Hypothese davon ausgegangen wird, dass historische Veränderungen des solaren Antriebs nicht wesentlich zum Klimawandel beigetragen haben. Sie ist jedoch von großer Be-

---

[432] CO_2 Emissionsdaten aus Gilfillan, D. & Marland, G., 2021. Earth Syst. Sci. Data, 13(4), pp.1667-1680. doi.org/10.5194/essd-13-1667-2021 und dem Energy Institute Statistical Review of World Energy, 72 ed. www.energyinst.org/statistical-review

deutung für die Winterpförtner-Hypothese, die eine Herausforderung darstellt, da sich die Sonnenaktivität als schwierig erweist, genau vorherzusagen. Um dieses Problem zu lösen, habe ich 2018 ein einfaches Sonnenmodell entwickelt. Dieses Modell vereinfacht die Analyse, indem es für jeden Sonnenzyklus eine durchschnittliche Länge von 11 Jahren annimmt und sich nur auf die Gesamtzahl der Sonnenflecken in einem Zyklus konzentriert. Das Modell versucht nicht, die maximale Anzahl der Sonnenflecken in einem Zyklus oder ihre genaue Anzahl in einem bestimmten Jahr vorherzusagen. Stattdessen konzentriert es sich auf den Vergleich der Aktivität eines Zyklus mit den übrigen Zyklen, was ausreichende Informationen für die Festlegung eines künftigen Klimawandelszenarios liefern sollte.

Das Modell berücksichtigt den Einfluss von fünf langen Sonnenzyklen mit einer Dauer von 50 bis 2.500 Jahren auf die Sonnenaktivität, wie aus den Aufzeichnungen von ^{14}C und Sonnenflecken hervorgeht. Ein ähnliches niederfrequentes Modulationsmodell sagte die ausgedehnten Zyklen 24-25 Jahre vor ihrem Auftreten genau voraus.[433] Das in Abbildung 91 dargestellte Modell hat bereits bewiesen, dass es für den Zyklus 25 eine höhere Sonnenaktivität als für den Zyklus 24 vorhersagen kann. Es sagt auch eine Zunahme der Sonnenaktivität in den nächsten 35 Jahren voraus, die zu einem neuen Sonnenmaximum im 21. Jahrhundert führen wird.

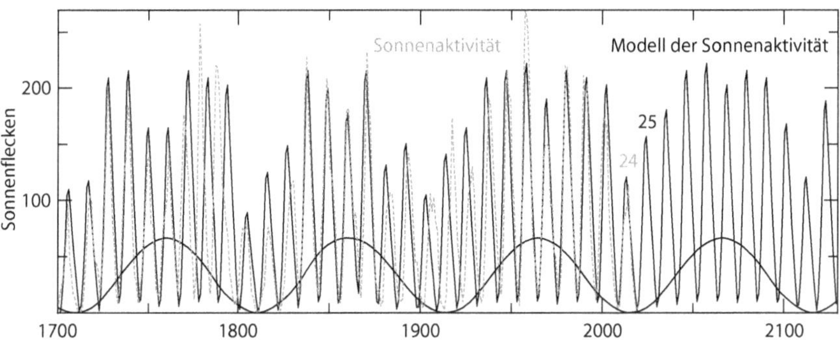

Abbildung 91. Modell der Sonnenaktivität. Jährliche Sonnenflecken von 1700-2018 (gestrichelte graue Linie) werden mit der Ausgabe eines Sonnenaktivitätsmodells für den Zeitraum 1700-2130 (schwarze Linie) verglichen. Es werden vier hundertjährige Schwingungen gezeigt. Der aktuelle Sonnenzyklus ist der 25.

Der Versuch, den Klimawandel acht Jahrzehnte in die Zukunft vorauszusagen, ist von begrenztem Wert. Bis zum Jahr 2100 wird der größte Teil der heutigen Bevölkerung tot sein, und die Fortschritte in Wissenschaft und wirtschaftlicher Entwicklung werden wahrscheinlich die Unvollständigkeit unseres derzeitigen Wissens offenbaren und zu einer Gesellschaft führen, die sich von unseren derzeitigen Erwartungen stark unterscheidet. Es ist sinnvoller, unsere Klimaprojektionen auf die nächsten 25 Jahre zu konzentrieren. Dieser Zeitrahmen ermöglicht es uns, unsere Hypothesen über den künftigen Klimawandel zu testen, und bietet eine aussagekräftigere und relevantere Grundlage für die Analyse.

---

[433] Clilverd, M.A., et al., 2006. Space Weather, 4 (9) S09005. doi.org/10.1029/2005SW000207

Veränderungen der Klimatreiber in den nächsten 25 Jahren

Das Szenario, das in dieser Analyse zur Projektion der künftigen Klimaentwicklung bis 2050 verwendet wird, verfolgt einen intermediären Ansatz, der die Treibhausgas- und Aerosolfaktoren aus SSP2 4.5 und ähnliche Bedingungen für die Sonnenaktivität wie in den letzten drei Jahrzehnten einbezieht. Dieses konservative Szenario geht davon aus, dass sich unsere Wirtschaft, unser Energiesystem und das Verhalten der natürlichen Klimatreiber nicht wesentlich ändern. Wir können nun untersuchen, wie sich dieses Szenario auf die bekannten Klimatreiber auswirkt, indem wir einige ihrer erwarteten Veränderungen berücksichtigen.

Die Winterpförtner-Hypothese hebt zwei natürliche Klimatreiber auf einem mehrdekadischen Zeitrahmen hervor: die Sonnenaktivität und mehrdekadische Ozeanschwankungen. Die Sonnenaktivität wird voraussichtlich von heute bis zum Ende des betrachteten Zeitraums zunehmen (Abb. 92a, schwarze Linie). Die Atlantische Multidekadische Oszillation ist repräsentativ für die globalen Ozeanschwankungen, die den polwärts gerichteten Wärmetransport stark beeinflussen. Wenn die während des 20. Jahrhunderts beobachtete Periodizität anhält, wird erwartet, dass sie innerhalb der nächsten 15 Jahre in ihre kalte Phase eintritt (Abb. 92a, gestrichelte graue Linie).

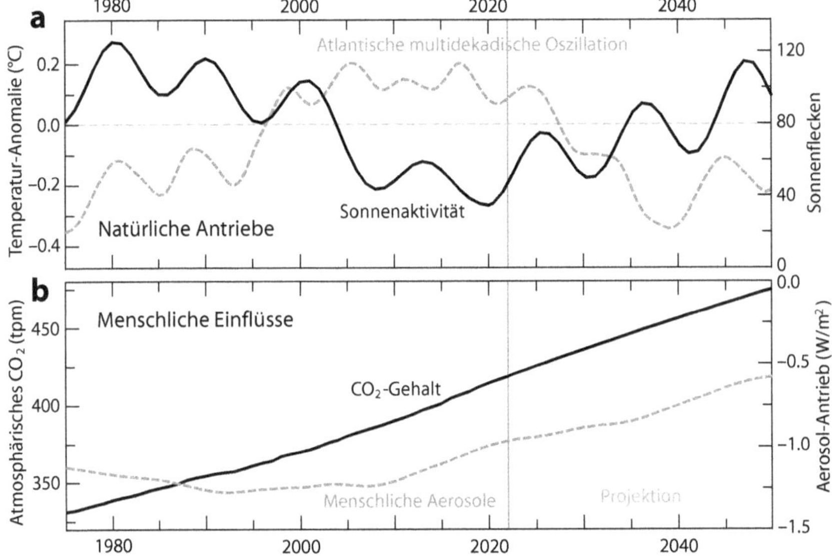

Abbildung 92. Einige Treiber des Klimawandels. a) Natürliche Treiber. Die geglätteten Daten für die Sonnenaktivität (schwarze Linie) bis zum Jahr 2022 werden gemäß dem Sonnenmodell in Abbildung 90 bis 2050 projiziert. Die geglätteten Daten für den Index der Atlantischen Multidekadischen Oszillation (gestrichelte graue Linie) werden entsprechend dem Verhalten in der Vergangenheit projiziert. b) Der Anstieg der jährlichen CO_2 Werte (schwarze Linie) wird bis 2050 projiziert. Der menschliche Aerosol-Antrieb (gestrichelte graue Linie) wird nach dem NASA-Klimamodell bis 2050 projiziert.

Die Hypothese des verstärkten CO_2-Effekts hebt zwei wichtige menschliche Faktoren des Klimawandels hervor: Treibhausgase und industrielle Aerosole. Da mit einer Fortsetzung unserer Emissionen zu rechnen ist, werden die CO_2

Werte weiter ansteigen. Es besteht jedoch die Möglichkeit, dass sich der Anstieg der atmosphärischen CO_2 Werte aufgrund des beobachteten Rückgangs der Emissionsraten (siehe Abbildung 90b) leicht verlangsamen wird. Bis 2050 könnte der CO_2-Gehalt etwa 475-480 ppm erreichen (Abb. 92b, schwarze Linie). Diese Prognose ist niedriger als die 507 ppm, die im SSP2 4.5-Szenario projiziert werden. [434]

Aerosole tragen zur Abkühlung bei, indem sie die Albedo der Atmosphäre erhöhen und dadurch die Menge an Sonnenenergie, die die Erdoberfläche erreicht, verringern. Der Verstärkungseffekt von Industrieaerosolen hat in den 1990er Jahren aufgehört zuzunehmen und ist in den letzten zehn Jahren zurückgegangen. Dieser kontinuierliche Rückgang der Aerosolwerte trägt zur Erwärmung bei und wird sich voraussichtlich fortsetzen. Die in Abbildung 92b gezeigte Aerosolprojektion (gestrichelte graue Linie) stammt von der NASA. [435]

Zwei Hypothesen führen zu zwei unterschiedlichen zukünftigen Klimazonen

Da der anthropogene Klimaantrieb zunimmt, prognostizieren Modelle, die auf der Hypothese des verstärkten CO_2-Effekts basieren, einen anhaltenden und schnellen Temperaturanstieg. Diesen Modellen zufolge wird erwartet, dass die globalen Temperaturen bis 2050 den Durchschnitt von 1961-1990 um etwa 2 °C übersteigen werden (Abb. 93a, gestrichelte graue Linie). [436] Um diese Vorhersage zu erreichen, wäre jedoch eine anhaltende Erwärmungsrate von etwa 0,3 °C pro Jahrzehnt erforderlich, was 50 % höher ist als in der Vergangenheit beobachtet. Es ist höchst unwahrscheinlich, dass eine derartige Erwärmung innerhalb der nächsten 25 Jahre eintritt, selbst wenn man das mittlere Szenario zugrunde legt.

Nach der Winterpförtner-Hypothese wird eine projizierte Phasenverschiebung in der Atlantischen Multidekadischen Oszillation, die mit einer unterdurchschnittlichen Sonnenaktivität zusammenfällt, bis 2040 voraussichtlich zu einer moderaten Abkühlung führen (Abb. 93a, schwarze Linie). Da jedoch erwartet wird, dass die Sonnenaktivität danach wieder zunimmt, wird sich der Erwärmungstrend wahrscheinlich fortsetzen. Bis 2050 könnte die globale mittlere Oberflächentemperatur um ein Grad Celsius unter den durchschnittlichen Temperaturprojektionen des Modells liegen.

---

[434] Meinshausen, M., et al., 2020. Geosci. Model Dev. 13 (8), pp.3571-3605. doi.org/10.5194/gmd-13-3571-2020

[435] Miller, R.L., et al., 2021. J. Adv. Model. Earth Syst. 13 (1), p.e2019MS002034. doi.org/10.1029/2019MS002034

[436] Daten aus dem CMIP6-Ensemble-Durchschnitt aller Mitglieder unter dem SSP2-4.5-Szenario mit der Basislinie 1961-1990. climexp.knmi.nl/CMIP6/Tglobal/global_tas_mon_ens_ssp245_192_ave.dat

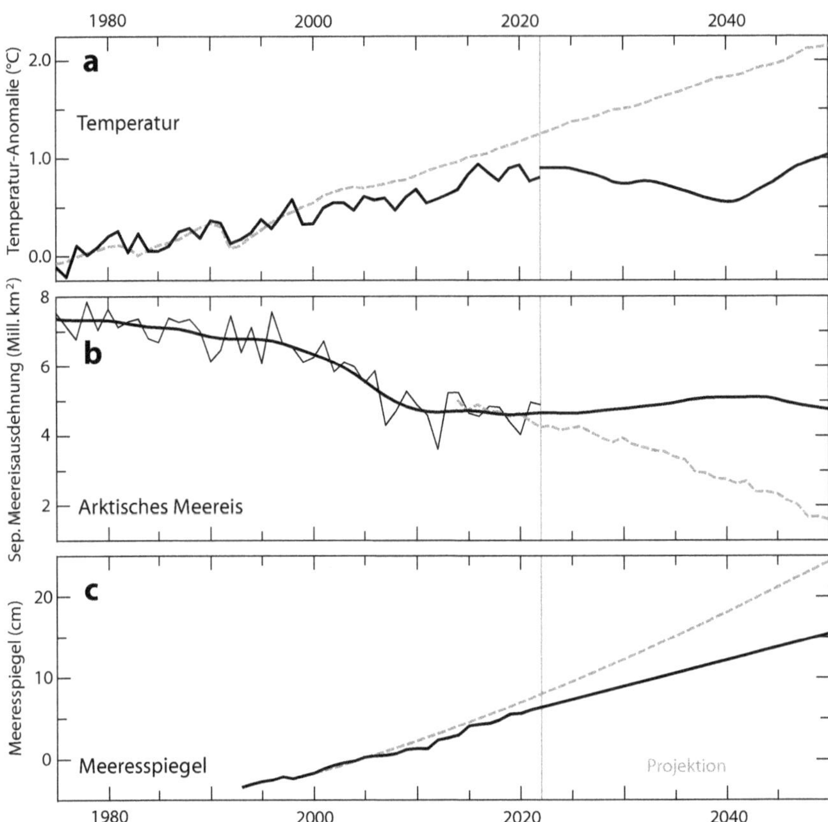

Abbildung 93. Gegensätzliche Klimaprojektionen bis 2050 aus zwei konkurrierenden Hypothesen. a) Temperaturdaten aus dem HadCRUT5-Datensatz (schwarze Linie bis 2022). Temperaturprojektionen von Modellen (gestrichelte graue Linie) und der neuen Hypothese (schwarze Linie von 2022 bis 2050). b) Daten zur arktischen Meereisausdehnung im September (schwarze Linie bis 2022). Vorhersage der Meereisausdehnung anhand von Modellen (gestrichelte graue Linie) und der neuen Hypothese (schwarze Linie von 2022 bis 2050). c) Meeresspiegeldaten der NASA (schwarze Linie bis 2022). Vorhersage des Meeresspiegelanstiegs anhand von Modellen (gestrichelte graue Linie) und der neuen Hypothese (schwarze Linie von 2022 bis 2050).

Nach der Klimaverschiebung von 1997 beschleunigte sich der Rückgang des arktischen Meereises deutlich. Wissenschaftler bemerkten diesen Trend etwa ein Jahrzehnt später und machten sich zunehmend Sorgen über die Aussicht auf eine eisfreie Arktis.[437] Die Forscher waren jedoch von der Erholung des Meereises im Jahr 2013 überrascht, als klar wurde, dass es seit 2007 keinen Nettoverlust mehr gegeben hatte. Anhand von Modellen errechneten sie eine 34 %ige Wahrscheinlichkeit für einen 7-jährigen Hiatus (Pause).[438] Inzwischen

---

[437] Stroeve, J.C., et al., 2005. Geophys. Res. Lett. 32 (4).
  doi.org/10.1029/2004GL021810
[438] Swart, N.C., et al., 2015. Nat. Clim. Change, 5 (2), pp.86-89.
  doi.org/10.1038/nclimate2483

hat sich die Pause jedoch auf 17 Jahre ausgedehnt, und die Wahrscheinlichkeit ist auf 10 % gesunken. Mit anderen Worten: Es besteht eine 90 %ige Chance, dass die Vorhersagen der Klimawissenschaftler über das arktische Meereis falsch sind. Wenn die Pause bis 2027 anhält, wird sie statistisch signifikant ($p<0{,}05$ oder weniger als 5 %) und würde die Hypothese eines durch anthropogene Emissionen verursachten Rückgangs widerlegen. Eine Erklärung für die beobachteten Veränderungen in der Arktis findet man in den Kapiteln 34 und 42.

Mit dem erwarteten stetigen Anstieg der anthropogenen Einflüsse prognostizieren die Modelle einen allmählichen Rückgang des arktischen Meereises (Abb. 93b, gestrichelte graue Linie). Bis 2050 sagen diese Modelle einen Rückgang von 2,4 Millionen km^2 gegenüber dem heutigen Stand voraus.[439] In krassem Gegensatz dazu geht die Winterpförtner-Hypothese davon aus, dass das arktische Meereis aufgrund der zunehmenden Sonnenaktivität stabil bleiben und möglicherweise sogar leicht zunehmen wird, bis die nachfolgende Erwärmung einen negativen Trend auslöst, ähnlich dem in den 1980er Jahren beobachteten (Abb. 93b, dicke schwarze Linie). Sollte diese Vorhersage zutreffen, wären künftige Veränderungen des arktischen Meereises im Rahmen der Hypothese des verstärkten CO_2 - ähnlich wie die derzeit in der Antarktis beobachtete Situation - unerklärlich.

Der Meeresspiegel ist in den letzten zwei Jahrhunderten angestiegen, und dieser Trend wird sich in den nächsten 25 Jahren höchstwahrscheinlich fortsetzen.[440] In früheren IPCC-Berichten waren die Projektionen des Meeresspiegelanstiegs relativ konservativ, bis zum 5. Sachstandsbericht, der Projektionen einer deutlichen Beschleunigung einführte, obwohl bisher keine beobachtet wurde. Im vorigen Kapitel haben wir einen Artikel besprochen, in dem Modelle aus dem 5. Sachstandsbericht mit dem Urteil von Experten kombiniert wurden, um Projektionen für den Meeresspiegel zu erstellen.[441] Dieser Studie zufolge wird der für das mittlere Szenario prognostizierte Meeresspiegelanstieg für 2000-2050 auf 26 ± 8 cm geschätzt (Abb. 93c, gestrichelte graue Linie). NASA-Daten zeigen, dass der Meeresspiegel im Jahr 2022 bereits 8 cm höher ist als im Jahr 2000. Auf der Grundlage der Winterpförtner-Hypothese, die von einer Fortsetzung des derzeitigen Trends ausgeht, wird für den Zeitraum zwischen 2022 und 2050 ein zusätzlicher Anstieg des Meeresspiegels um 9 cm prognostiziert, was zu einem Gesamtanstieg des Meeresspiegels von 17 cm (Abb. 93c, schwarze Linie) in der ersten Hälfte des 21. Jahrhunderts führt. Diese Vorhersage liegt unter der unteren Grenze des 90 %-Konfidenzintervalls der kombinierten Modell-/Expertenvorhersage.

Die Unterschiede in den Vorhersagen zwischen den konkurrierenden Hypothesen sind auffallend, wie in Abbildung 93 dargestellt. Bis 2050 könnten die tatsächlichen Klimabedingungen Aufschluss über den relativen Einfluss der von der Hypothese des verstärkten CO_2-Effekts vorgeschlagenen anthropoge-

---

[439] SIMIP Community, 2020. Geophys. Res. Lett. 47 (10), p.e2019GL086749.
doi.org/10.1029/2019GL086749
[440] Jevrejeva, S., et al., 2008. Geophys. Res. Lett. 35 (8).
doi.org/10.1029/2008GL033611
[441] Kopp, R.E., et al., 2014. Earth's future, 2 (8), S.383-406.
doi.org/10.1002/2014EF000239

nen Triebkräfte im Vergleich zu den natürlichen Triebkräften geben, die von der Winterpförtner-Hypothese vorgeschlagen werden. Wenn das Ergebnis irgendwo zwischen den beiden Vorhersagen liegt, könnte dies auf einen vergleichbaren Beitrag anthropogener und natürlicher Klimatreiber bei der Gestaltung des Klimawandels hindeuten.

In Abbildung 93 ist das jüngste Jahr der verfügbaren Daten das Jahr 2022 (dargestellt durch die vertikale graue Linie). Trotz des relativ kurzen Zeitraums (weniger als ein Jahrzehnt), seit die Modellergebnisse, dargestellt durch die gestrichelten grauen Linien, gewonnen wurden, zeigen sie klare Trends, die von den beobachteten Daten abweichen, was auf eine pessimistische Tendenz hindeutet. Wenn die Winterpförtner-Hypothese richtig ist, würden wir erwarten, dass diese Divergenz zwischen den Modellvorhersagen und den Beobachtungen im Laufe der Zeit zunimmt. Aber selbst wenn diese neue Hypothese falsch ist, ist es wichtig zu erkennen, dass die Behauptung des UN-Generalsekretärs und anderer, wir befänden uns auf einem „Highway zur Klimahölle", nicht auf Fakten beruht. Es ist eine übertriebene Behauptung, die auf unsicheren Vorhersagen beruht, die von fehlerhaften Modellen abgeleitet sind, mit schädlichen Folgen für die psychische Gesundheit der Menschen.

Zusammengefasst

Nach der Hypothese des verstärkten CO_2 Effekts können wir, wenn die CO_2 Emissionen auf dem derzeitigen Niveau bleiben, bis 2050 einen Temperaturanstieg von 2 °C, einen Rückgang der arktischen Sommer-Meereisausdehnung um 2,4 Millionen km^2 und einen Anstieg des Meeresspiegels um 18 cm über das heutige Niveau erwarten. Im Gegensatz dazu sagt die Winterpförtner-Hypothese, die von einer erhöhten Sonnenaktivität und einer Verschiebung der atlantischen multidekadischen Oszillation in ihre kalte Phase ausgeht, nur minimale Temperaturveränderungen, keinen signifikanten Verlust des arktischen Meereises und einen Anstieg des Meeresspiegels von nur 9 cm voraus. Der krasse Gegensatz zwischen diesen Vorhersagen bietet die Gelegenheit, eine dieser Hypothesen innerhalb der nächsten zwei Jahrzehnte in Frage zu stellen und möglicherweise zu widerlegen. Sollten die Ergebnisse irgendwo dazwischen liegen, würde dies darauf hindeuten, dass sowohl natürliche als auch menschliche Faktoren in ähnlicher Weise zum Klimawandel beitragen. In jedem Fall scheinen die Erzählungen von der Klimakatastrophe stark übertrieben und könnten darauf hindeuten, dass sich in unserer Gesellschaft ein außergewöhnlicher Volkswahn breit gemacht hat.

Obwohl seit 30 Jahren vor der drohenden „Klimahölle" gewarnt wird, wenn wir nicht aus den fossilen Brennstoffen aussteigen, ist unsere Abhängigkeit von ihnen um 60 % gestiegen. Dieser Widerspruch führt zu Klimaangst und Depressionen bei gefährdeten Bevölkerungsgruppen und zum Aufkommen von Klimaradikalismus. Dennoch haben sich die Erwärmung, der Anstieg des Meeresspiegels und der Verlust des arktischen Meereises in den letzten Jahrzehnten nicht beschleunigt. Nach der Hypothese des verstärkten CO_2 Effekts können wir, wenn die CO_2 Emissionen auf dem derzeitigen Niveau bleiben, bis 2050 einen Temperaturanstieg von 2 °C, eine Verringerung der arktischen Sommer-Meereisausdehnung um 2,4 Millionen km^2 und einen Anstieg des Meeresspiegels um 18 cm über das derzeitige Niveau erwarten. Die Winterpförtner-Hypothese, die natürliche Faktoren berücksichtigt, sagt bis zu diesem Zeitpunkt nur minimale Temperaturveränderungen, keinen nennenswerten Verlust an arktischem Meereis und einen Anstieg des Meeresspiegels von nur 9 cm voraus. Der krasse Gegensatz zwischen diesen Vorhersagen bietet die Möglichkeit, eine der beiden Hypothesen in zwei Jahrzehnten zu verwerfen.

Der Winterpförtner

Der Treibhauseffekt ist in den Tropen stark und an den Polen im Winter schwach. Der verstärkte Wärmetransport zu den Polen hat zur Folge, dass der Planet kühler wird, weil die Pole als kühlende Strahler wirken. Der verstärkte Wärmetransport im Winter lässt die Erde schneller rotieren.

Das Klima weist jahrzehntelange Wärmetransportregime auf, die durch abrupte Veränderungen unterbrochen werden. Diese Regime manifestieren sich als ozeanische Oszillationen, die unterschiedliche Transportintensitäten widerspiegeln und zu unterschiedlichen temperaturtrends führen.

Der Wärmetransport und der Energieverlust in der Arktis werden durch die Stärke des Polarwirbels bestimmt, der durch atmosphärische planetarische Wellen bestimmt wird. Diese Wellen werden durch verschiedene Faktoren beeinflusst, darunter die Quasi-Biennial-Oszillation, multi-dekadische ozeanische Schwingungen, El Niño, Vulkan-ausbrüche und die Sonnenaktivität. Sie sind die Pförtner des winterlichen Wärmetransports.

Die Sonnenaktivität beeinflusst El Niño, die Rotationsrate der Erde und den Wärmetransport. Ihre Auswirkungen auf das Klima zeigen sich in den arktischen Temperaturen und der Häufigkeit kalter Winter in der nördlichen Hemisphäre. Die kurzfristigen Auswirkungen werden oft von den anderen Torwächtern verdeckt, aber die durch Anomalien der Son-nenaktivität verursachte Energieänderung ist kumulativ. Über mehrere Jahrzehnte solarer Divergenz wird sie bedeutsam, und wenn sie ein oder zwei Jahrhunderte anhält, verursachtnsie die bedeutendsten Klimaveränderungen seit Tausenden von Jahren.

Die hohe Sonnenaktivität im Zeitraum 1933-1996 war für die Speicherung von mehr Energie im Klimasystem und die globale Erwärmung verantwortlich.

KAPITEL 52
SCHLUSSFOLGERUNG

Das Klima ist unglaublich komplex, und dieses Buch spiegelt diese Komplexität wider. Wenn Sie es bis zu diesem letzten Kapitel geschafft haben, haben Sie sich viel Mühe gegeben und verdienen Glückwünsche. Ich habe dieses Buch nicht geschrieben, um Sie zu verwirren, sondern um die Tatsache zu verdeutlichen, dass es keine einfachen, endgültigen Antworten auf die Frage gibt, warum sich das Klima verändert. Diese Botschaft ist von großem Wert, vor allem in einer Zeit der falschen Gewissheiten.

Das Buch enthält viele Informationen darüber, was wir derzeit über den Klimawandel wissen, und noch mehr darüber, was wir nicht wissen, denn das ist die Realität des Problems. Wir ignorieren mehr als wir über den Klimawandel wissen. Es handelt sich um eine laufende Arbeit, nicht um eine abgeschlossene Angelegenheit.

Der Klimawandel ist ein komplexes Phänomen, das durch Energieveränderungen angetrieben wird. Der erste Teil des Buches befasst sich mit unserem Verständnis des vertikalen Energieflusses innerhalb des Klimasystems und unseren unzureichenden Kenntnissen über Veränderungen der Albedo (Reflexion) und des horizontalen Energietransports. Oft wird übersehen, dass der Treibhauseffekt weltweit variiert und in den Tropen stark, in den Polarregionen im Winter aber schwach ist. Diese inhärente Variabilität führt dazu, dass Änderungen des horizontalen Wärmetransports nicht neutral zu den Strahlungsflüssen am Obergrenze der Atmosphäre sind und somit potenziell zum Klimawandel beitragen. Wenn Wärme an einen Ort verlagert wird, an dem sie leichter in den Weltraum abgestrahlt werden kann, erhöht sich die ausgehende Strahlung, was zu einer Verringerung des Energiegehalts des Systems führt.

Die Herausforderung liegt jedoch in unserem begrenzten Verständnis des Wärmetransports aufgrund des derzeitigen Mangels an genauen Messmethoden. Im ersten Teil des Buches geben wir einen ausführlichen Überblick über unser derzeitiges Wissen über den meridionalen Wärmetransport, d. h. die Bewegung der Wärme in Richtung der Pole. Interessanterweise könnte diese Wissenslücke ein Grund dafür sein, dass die Rolle der El Niño-Südlichen Oszillation im Transportsystem allgemein übersehen wird und dass multidekadische ozeanische Oszillationen nicht als Ausdruck globaler Transportveränderungen erkannt werden.

Der zweite Teil des Buches befasst sich mit der natürlichen Klimavariabilität. Diesem faszinierenden Thema wurde bisher nicht genügend Aufmerksamkeit geschenkt, da allgemein angenommen wird, dass es nicht zum jüngsten Klimawandel beigetragen hat. Unser Wissen über die Faktoren, die hinter vergangenen Veränderungen stehen, ist nach wie vor bemerkenswert gering. Wir können nicht erklären, wie es dazu kam, dass an den Polen Palmen wuchsen und in der Antarktis Frösche lebten. Wir wissen nicht, warum sich die Erde 50 Millionen Jahre lang abgekühlt hat. Der Rückgang der CO_2-Werte kann nicht die Ursache gewesen sein, da er größtenteils im Oligozän stattfand, zu Beginn einer langen Erwärmungsperiode. Viele abrupte Klimaereignisse während des Holozäns, wie die Kleine Eiszeit, sind rätselhaft. Im Grunde genommen wissen wir nicht, wie wir den Klimawandel erklären sollen, wenn Veränderungen des CO_2 ihn nicht erklären können. Während Vulkanausbrüche kurzfristige Auswirkungen haben, übersehen wir die indirekten Auswirkungen von Veränderungen der Sonnenaktivität, obwohl es dafür zahlreiche Belege gibt. Unsere Unfähigkeit, den vergangenen Klimawandel zu verstehen, rührt daher, dass wir Veränderungen im Wärmetransport nicht als treibende Kraft des Klimawandels erkennen.

Im dritten Teil kritisieren wir die bestehende Konsenshypothese, die leider in mehreren wichtigen Punkten unzureichend ist. Sie erklärt nicht die auffälligen Klimamerkmale, die wir zu unseren Lebzeiten erleben, einschließlich des Vorherrschens multidekadischer Klimaregimes, die von plötzlichen Verschiebungen unterbrochen werden. Auch viele Klimaveränderungen in der Vergangenheit lassen sich damit nicht erklären, da entscheidende Faktoren wie Veränderungen im Wärmetransport und indirekte solare Einflüsse außer Acht gelassen werden. Wir brauchen neue Hypothesen, die diese Beschränkungen überwinden können. In diesem Zusammenhang stelle ich meinen Beitrag - die Winterpförtner-Hypothese - vor, die zu einem umfassenderen und genaueren Verständnis des Klimawandels beitragen soll.

Ziel dieses Buches ist es nicht, Sie von der Richtigkeit meiner Hypothese zu überzeugen, sondern vielmehr die Unzulänglichkeit unserer Konsenshypothese aufzuzeigen, die sich in erster Linie auf CO_2 Veränderungen stützt. Bestenfalls kann die Konsenshypothese die beobachteten Veränderungen in unserem Klima nur teilweise erklären. Die in diesem Buch präsentierten Beweise deuten stark in diese Richtung. Ich stelle Ihnen die Beweise zur Verfügung und gebe Ihnen die Werkzeuge an die Hand, die Sie brauchen, um sich ein eigenes fundiertes Urteil zu bilden. Im Gegensatz zum verstärkten CO_2-Effekt bietet meine Hypothese eine brauchbare Erklärung für die vorgelegten Beweise. Ich kann mir jedoch nicht sicher sein, dass sie richtig ist. Es hat Jahrzehnte gedauert, um die Gültigkeit von Darwins Theorie der Evolution durch natürliche Auslese oder von Milankovitchs Theorie der Vergletscherungen aufgrund von Orbitalveränderungen zu beweisen. Aber es ist wichtig zu erkennen, dass wir eine bessere Hypothese brauchen als die, die wir derzeit haben.

Im vierten Teil wird erörtert, warum die Winterpförtner-Hypothese unserer derzeitigen Konsenshypothese überlegen ist. Wir klären den Irrtum auf, dass Klimamodelle die letzte Instanz in der Wissenschaft des Klimawandels sind. Das eigentliche Urteil liegt in den abweichenden Vorhersagen der beiden Hypothesen, insbesondere wenn man einen relativ kurzen Zeitraum wie die nächsten 25 Jahre betrachtet. Die Veränderungen, die wir in den nächsten 25 Jahren sehen, werden zwar nicht die Gültigkeit der einen oder anderen Hypothese bestätigen, aber sie sollten zeigen, welche Hypothese fehlerhaft ist.

Wenn Sie dieses Buch gelesen haben, haben Sie viel Einsicht in die Feinheiten des Klimawandels gewonnen - viel mehr als viele Persönlichkeiten des öffentlichen Lebens, die dieses Thema selbstbewusst diskutieren. Wenn Sie vorher nicht skeptisch waren, sollten Sie jetzt die proklamierte Krise und die vorgeschlagenen Lösungen hinterfragen. Skepsis ist das Herzstück wissenschaftlicher Forschung, und selbst als Wissenschaftler halte ich mich an einen der wichtigsten Grundsätze der Wissenschaft: *„Nullius in verba"*, d. h. nimm niemanden beim Wort. Wissenschaftler haben die Pflicht, Beweise vorzulegen und gleichzeitig zuzugeben, dass ihre Antworten vorläufig sind und möglicherweise Fehler oder Unvollständigkeiten enthalten.

Das Wesen der Demokratie ist es, die Politik zu unterstützen, die Ihrer Meinung nach am besten für Ihre Gesellschaft ist. Um sicherzustellen, dass Ihre Entscheidungen auch wirklich die Ihren sind, müssen Sie sich vor Täuschungen in Acht nehmen. Skepsis ist Ihr einziger Schutz dagegen. Pflegen Sie Ihre Skepsis und lassen Sie sich auf Zweifel ein, denn es ist besser, *„mit Zweifeln und Ungewissheit und Unwissenheit zu leben, als Antworten zu haben, die falsch sein könnten."* [442]

---

[442] Feynman, R., 1981. In: "Feynman: The Pleasure of Finding Things Out" BBC Horizon, Serie 18, Folge 9 (23. November 1981) vimeo.com/340695809

GLOSSAR

[14]C: Instabiles Isotop des Kohlenstoffs mit einem Atomgewicht von 14 und einer Halbwertszeit von etwa 5.700 Jahren. Es entsteht durch die Einwirkung von hochenergetischer kosmischer und solarer Strahlung auf atmosphärischen Stickstoff. Es wird für Radiokohlenstoffdatierungen verwendet, die etwa 40.000 Jahre zurückreichen, und dient als Indikator für die vergangene Sonnenaktivität. Seine Produktion wird durch die magnetische Aktivität der Sonne und geomagnetische Schwankungen beeinflusst.

- A -

Abrupter Klimawandel: Klimawandel, der durch eine anhaltende Veränderung einer oder mehrerer Klimavariablen mit einer Geschwindigkeit gekennzeichnet ist, die größer ist als die in 80 % der Zeit beobachtete, was zu einem veränderten Klimazustand führt, der Jahrzehnte oder länger andauern kann.

Abruptes klimaereignis: Ein Zeitraum von mehreren Jahrhunderten, in dem sich die Klimavariablen auf globaler oder hemisphärischer Ebene infolge eines abrupten Klimawandels erheblich verändern und einen anderen Klimazustand darstellen.

Albedo: Ist der Anteil (in Prozent) der Sonnenstrahlung, der von einer Oberfläche reflektiert wird. Die atmosphärische Albedo aufgrund der Wolkenbedeckung trägt am meisten zur Albedo der Erde bei. Die Oberflächenalbedo ist bei Eis am höchsten und bei Ozeanen im Allgemeinen am niedrigsten.

Allgemeines Zirkulationsmodell: Numerische Modelle, die physikalische Prozesse in der Atmosphäre, dem Ozean, der Kryosphäre und der Landoberfläche darstellen.

Anthropogen: Verursacht durch frühere und heutige menschliche Aktivitäten.

Aphel: Der Punkt auf einer Umlaufbahn, der am weitesten von der Sonne entfernt ist. Für die Erde liegt er derzeit um den 5. Juli.

Arktische Oszillation: Die Arktische Oszillation, auch bekannt als Annularmodus der nördlichen Hemisphäre, ist ein Modus der Klimavariabilität, der die Winde beeinflusst, die gegen den Uhrzeigersinn um die Arktis zirkulieren. Eine positive Arktische Oszillation ist gekennzeichnet durch starke Winde, einen ringförmigen Jetstream, niedrigen Oberflächendruck in der Arktis und kalte Luftmassen, die auf die Polarregionen beschränkt sind. Eine negative Arktische Oszillation ist gekennzeichnet durch schwächere Winde, einen mäandernden Jetstream, hohen Oberflächendruck in der Arktis und kalte Luftmassen, die in nichtpolare Breiten vordringen. Der Index der Arktischen Oszillation wird berechnet, indem das Feld der geopotentiellen Höhe von 20-90°N und 1.000 mBar mit seinem Hauptmodus der Variabilität für den Zeitraum 1979-2000 verglichen wird.

Atlantische meridionale Umwälzzirkulation: Ein System von Oberflächen- und Tiefenströmungen im Atlantik, das für den Transport von Wärme, Salz, Kohlenstoff und Nährstoffen verantwortlich ist. Die Oberflächenströmungen transportieren Wärme und Feuchtigkeit aus den Tropen nach Norden, während die kalten Tiefenströmungen Salz nach Süden transportieren. Die beiden Teilsysteme sind durch Überströmungsgebiete an beiden Enden miteinander verbunden.

Atlantische multidekadische Oszillation (AMO): Eine wiederkehrende Form der Klimavariabilität im Nordatlantik, die mit Veränderungen der Meeresoberflächentemperatur, der Niederschläge in Nordamerika, Europa und Nordafrika und der Intensität der nordatlantischen Hurrikane einhergeht. Sie ist gekennzeichnet durch wechselnde Phasen von 20-40 Jahren mit einer Amplitude von etwa 0,6 °C bei der Meeresoberflächentemperatur.

Atmosphärisches Fenster: Im Infraroten der Frequenzbereich von 8,5-13,5 µm, der etwa 17 % der von der Oberfläche ausgesandten langwelligen Strahlung ungehindert durch die Atmosphäre hindurch lässt. Etwa 12 % der an der Erdoberfläche empfangenen Sonnenenergie gehen durch dieses atmosphärische Fenster in den Weltraum verloren. Weitere wichtige Fenster gibt es im sichtbaren und im Radiofrequenzbereich.

Atmosphärische Temperaturgradient: Die Rate der Veränderung der atmosphärischen Temperatur mit zunehmender Höhe. Sie ist positiv, wenn die Temperatur mit zunehmender Höhe abnimmt, und negativ, wenn sie zunimmt.

Atmosphärische Welle: Atmosphärische Wellen sind Bewegungen der Luft in der Erdatmosphäre, die unterschiedliche räumliche (Meter bis Tausende von Kilometern) und zeitliche (Minuten bis Wochen) Ausmaße haben. Es handelt sich um periodische Störungen einer atmosphärischen Variable (Druck, Temperatur oder Windgeschwindigkeit), die sich ausbreiten oder an ihrem Ursprungsort bleiben können. Die für dieses Buch wichtigen Wellen sind planetarische Wellen, eine Art Rossby-Welle.

- B -

Baumgrenze: Die Grenze eines Lebensraums in großer Höhe oder in hohen Breitengraden, hinter der keine Bäume mehr wachsen können.

Bjerknes-Kompensation: Die These von Jacob Bjerknes aus dem Jahr 1964, dass die Schwankungen des Wärmetransports in Breitengraden durch den Ozean weitgehend durch Schwankungen des umgekehrten Vorzeichens beim Wärmetransport in Breitengraden durch die Atmosphäre ausgeglichen werden. Obwohl sie aufgrund von Schwierigkeiten bei der Messung des ozeanischen Wärmetransports nicht formell nachgewiesen werden konnte, wird sie allgemein akzeptiert.

Bray-Sonnenzyklus: Eine Periodizität der Sonnenaktivität von etwa 2.500 Jahren, die erstmals 1968 von Roger Bray beschrieben wurde und mit einer Klimaperiodizität der gleichen Periode und Phase verbunden ist.

Breitengradient der Sonneneinstrahlung: Der durch den Einfallswinkel der Sonnenstrahlung bestimmte Gradient der von der Sonne in einem bestimmten Zeitraum auf der Erdoberfläche empfangenen Energiemenge (z. B. kWh/m^2 Tag), der mit dem Breitengrad variiert. Dieses Gefälle wirkt sich auf das Klimasystem durch die unterschiedliche Erwärmung durch die Sonne aus, die das Temperaturgefälle in den Breitengraden der Erde bestimmt, das die atmosphärische und ozeanische Zirkulation antreibt und die verschiedenen Klimazonen schafft. Der Breitengradient der Sonneneinstrahlung ändert sich mit den Jahreszeiten und, auf längeren Zeitskalen, mit Änderungen der Schiefe und der Präzession.

Brewer-Dobson-Zirkulation: Ein globales atmosphärisches Zirkulationsmuster, bei dem Luft aus der tropischen Troposphäre in die Stratosphäre aufsteigt und sich dann beim Abstieg polwärts bewegt. Sie spielt eine Schlüsselrolle beim Transport von Masse (einschließlich Ozon) und Wärme in der Stratosphäre vom Äquator zu den beiden Polen.

- C -

Coupled Model Intercomparison Project (CMIP): Ein gemeinschaftlicher Rahmen zur Verbesserung der Kenntnisse über globale gekoppelte Ozean-Atmosphären-Zirkulationsmodelle. Organisiert im Jahr 1995 von der Coupled Modeling Working Group des Weltklimaforschungsprogramms. Die jüngste abgeschlossene Phase des Projekts (2014-2020) ist Phase 6.

- D -

Dansgaard-Oeschger-Ereignis: Ein abruptes glaziales Klimaereignis in der Region Nordatlantik-Nordmeer, das durch eine abrupte Erwärmung gekennzeichnet ist, die in grönländischen Eisbohrkernen mit 7-13 °C über einen Zeitraum von sieben Jahrzehnten gemessen wurde, gefolgt von einer langsameren Rückkehr zu glazialen Bedingungen über mehrere Jahrhunderte bis einige Jahrtausende. Die Auswirkungen sind hemisphärisch, und sie sind mit Isotopenveränderungen in der Antarktis gekoppelt, um ein globales Klimamerkmal zu erzeugen, das sich auch in den globalen Methanwerten widerspiegelt.

Drehimpuls: Eine Vektorgröße, die durch den Drehimpuls eines rotierenden Körpers oder Systems bestimmt wird, der gleich dem Produkt aus der Winkelgeschwindigkeit des Körpers oder Systems und seinem Trägheitsmoment in Bezug auf die Rotationsachse ist. Die Richtung des Vektors ist die Drehachse.

Drehmoment: Ein Maß für die Kraft, die ein Objekt in Drehung versetzt und eine Winkelbeschleunigung bewirkt. Es ist gleich dem Produkt aus der Größe der Kraft und dem Abstand zwischen ihrem Angriffspunkt und der Drehachse.

Dunkelzeitalter Kaltzeit: Ein klimatisches Intervall nach der römischen Warmzeit und vor der mittelalterlichen Warmzeit, das durch Abkühlung gekennzeichnet ist. Sie wird gewöhnlich auf etwa 400-900 n. Chr. datiert.

- E -

Eddy-Sonnenzyklus: Eine etwa 1.000-jährige Periode der Sonnenaktivität, benannt nach John A. Eddy, der sie 1976 beschrieb.

Eiszeit: Jede geologische Periode in der Erdgeschichte, die durch das Vorhandensein großer kontinentaler Eisschilde gekennzeichnet ist. Wir befinden uns derzeit in der Quartären Eiszeit, da sowohl Grönland als auch die Antarktis von Eisschilden bedeckt sind. Innerhalb einer Eiszeit wechseln sich kältere Glazialperioden oder Stadiale mit wärmeren Interglazialen oder Interstadialen ab. Historisch gesehen und im Volksmund wird der Begriff Eiszeit als Synonym für Glazialperioden verwendet, was zu Verwirrung führt.

El Niño: Die warme Phase der El Niño-Südlichen Oszillation, die mit warmem Oberflächenwasser im mittleren und östlichen Pazifik und einer Abschwächung oder Umkehrung der östlichen Passatwinde einhergeht.

El Niño-Südliche Oszillation: Unregelmäßige, periodische 2-5-jährige Oszillation der Meeresoberflächentemperaturen und der vorherrschenden Windstärke über dem tropischen östlichen Pazifik, die das Wetter in einem Großteil der Welt beeinflusst.

Entropie: Ein Maß für die Nichtverfügbarkeit der Energie eines Systems zur Verrichtung von Arbeit. Sie drückt auch die Irreversibilität eines Prozesses aufgrund der Dispersion von Materie oder Energie aus.

Erdsystemmodell: Ein Modell, das die Biogeochemie und den Kohlenstoffkreislauf einbezieht und aus einem Emissionspfad ein Modell der resultierenden atmosphärischen CO_2 Werte erstellt.

Erwärmung zu Beginn des 20. Jahrhunderts: Der Zeitraum der globalen Erwärmung zwischen 1910 und 1945, der trotz eines viel geringeren Anstiegs des atmosphärischen CO_2-Gehalts ein vergleichbares Ausmaß hatte (0,5 °C gegenüber 0,6 °C) wie die Erwärmung im späten 20. Jahrhundert zwischen 1975 und 2000.

Erwärmung Ende des 20. Jahrhunderts: Der Zeitraum der globalen Erwärmung zwischen 1975 und 2000, der trotz eines viel stärkeren Anstiegs des atmosphärischen CO_2-Gehalts eine vergleichbare Größenordnung (0,6 °C gegenüber 0,5 °C) aufwies wie die Erwärmung zu Beginn des 20. Jahrhunderts zwischen 1910 und 1945.

- F -

Ferrel-Zelle: Teil des atmosphärischen Zirkulationsmusters, das von William Ferrel 1856 vorgeschlagen wurde, um die vorherrschenden Windmuster zwischen 35° und 60° geographischer Breite auf beiden Hemisphären zu erklären. Ein Teil der aufsteigenden Luft bei 60° divergiert in großer Höhe nach Westen und in Richtung Äquator, wo sie auf die entgegengesetzte Zirkulation der Hadley-Zelle bei 30° Breite trifft. Dort sinkt sie ab und verstärkt die darunter liegenden Hochdruckgebiete. Die Luft strömt dann in Oberflächennähe ostwärts und nordwärts. Die Ferrel-Zelle wird durch das Vorhandensein der Hadley-Zelle und der Polarzelle angetrieben, da ihre Luft in einer kälteren Region aufsteigt und in einer wärmeren absinkt, wobei sie eher mechanisch als thermisch angetrieben wird. Dies macht sie zu einer schwächeren Zelle mit mehr gemischten Winden, und ihre charakteristischen Oberflächenwinde werden als vorherrschende Westwinde bezeichnet. Die Ferrel-Zelle ist kein sehr gutes Abbild der Realität, da starke Westwinde in der Regel in 10 km Höhe zu finden sind.

Frühes Holozän: Der erste Teil nach der Einteilung des Holozäns in drei gleich lange Zeiträume. Zuvor war die Zeitspanne je nach untersuchtem Gebiet und Proxy variabel, aber 2018 legte die International Union of Geological Sciences fest, dass sie der grönländischen Phase zwischen 11.700 und 8.326 Jahren vor 2000 entspricht.

- G -

Geopotentielle Höhe: Die geopotentielle Höhe ist die tatsächliche Höhe einer Druckfläche über dem mittleren Meeresspiegel und hängt mit der Dichte der darunter liegenden Luft zusammen. Eine niedrige geopotentielle Höhe deutet auf das Vorhandensein von kalten, dichten Luftmassen hin, während eine hohe geopotentielle Höhe das Gegenteil anzeigt. Sie wird in Metern relativ zu einem bestimmten Druck gemessen. Auf Wetterkarten verbinden Höhenlinien Punkte mit gleicher geopotentieller Höhe.

Gesamte solare Bestrahlungsstärke: Die Gesamtmenge der Sonnenstrahlung in W/m^2, die außerhalb der Erdatmosphäre auf einer Fläche senkrecht zur einfallenden Strahlung und in der mittleren Entfernung der Erde von der Sonne empfangen wird. Sie kann nur von Satelliten zuverlässig gemessen werden, und die Aufzeichnungen reichen nur bis 1978 zurück. Die Schwankungen der Gesamtsonneneinstrahlung im Sonnenzyklus liegen in der Größenordnung von 0,1 %.

Glazialzyklus: Der Wechsel von Glazialzeiten und Interglazialen während des Pleistozäns entsprechend der Häufigkeit der Milankovitch-Orbits.

Glaziales Ende: Ein Zeitraum von etwa 5-10 Tausend Jahren, in dem der Übergang von einer Glazialzeit zu einer Zwischeneiszeit stattfindet. Sie werden in der Regel in der Mitte datiert, d. h. zu dem Zeitpunkt, an dem der Meeresspiegelanstieg 50 % seiner Veränderung erreicht.

Glazialzeit: Eine Zeitspanne innerhalb einer Eiszeit, in der die Oberflächentemperatur um einige Grad kälter ist als heute und die Eisschilde an den Polen und in den Gebirgen viel größer sind und große Teile der nördlichen Hemisphäre bedecken.

Gleichgewichts-Klimasensitivität: Die Erwärmung, die durch eine Verdoppelung des atmosphärischen CO_2 verursacht wird, nachdem die Ozeane Zeit hatten, sich auszugleichen.

Gleichmäßigen Klimaproblem: Bezieht sich auf die Unfähigkeit von Klimamodellen, vergangene Treibhausklimata der Erde (z. B. frühes Eozän, Kreidezeit) zu reproduzieren, die durch einen geringeren Temperaturunterschied zwischen Äquator und Polen, warme Polarregionen mit geringerer Saisonalität und eisfreie Bedingungen an beiden Polen gekennzeichnet sind, ohne auf unrealistische Treibhausgaskonzentrationen oder veränderte physikalische Parameter zurückzugreifen.

- H -

HadCRUT: Ein globaler Oberflächentemperaturdatensatz, der vom Hadley Centre des britischen Met Office und der Climatic Research Unit der University of East Anglia erstellt wird. Die aktuelle Version ist HadCRUT5.

Hadley-Zelle: Teil des atmosphärischen Zirkulationsmusters, das von George Hadley 1735 vorgeschlagen wurde, um die vorherrschenden Windmuster in Äquatornähe (Passatwinde) zu erklären. Die hohe Sonneneinstrahlung im Äquatorbereich lässt warme Luft aufsteigen. In großen Höhen bewegt sich die warme Luft polwärts und wird durch die Corioliskraft ostwärts abgelenkt. Bei 30° Breitengrad sinkt die Luft ab und schließt den Kreis, indem sie sich an der Oberfläche äquatorwärts und westwärts bewegt und die Passatwinde (Ostwinde) erzeugt.

Hiatus: In der Klimatologie ein Zeitraum während der instrumentellen Ära der Temperaturmessung (seit 1850), in dem keine oder nur eine geringe Erwärmung stattgefunden hat. Hiatus scheinen die Tiefphase einer etwa 65-jährigen Periodizität zu sein. Der erste Hiatus fand zwischen 1879 und 1909 statt. Der zweite Hiatus fand zwischen 1944 und 1974 statt. Ein dritter Hiatus, im Volksmund als „die Pause" bezeichnet, begann 1998 und dauerte bis 2014.

Holozän: Die aktuelle Zwischeneiszeit und geologische Epoche. Die International Union of Geological Sciences hat die Basis des Holozäns stratigraphisch als 11.700 Jahre vor dem Jahr 2000 definiert.

Holozänes klimatisches Optimum: Ein Zeitraum innerhalb des Holozäns, in dem die höchsten globalen Durchschnittstemperaturen erreicht wurden. Obwohl der Zeitpunkt in den verschiedenen Regionen unterschiedlich war, kann man davon ausgehen, dass es weltweit zwischen etwa 9600 und 5500 Jahren vor heute stattfand.

Holton-Tan-Effekt: Ein Phänomen, bei dem die Stärke des nördlichen stratosphärischen Winterpolarwirbels mit der äquatorialen quasi-biennale Oszillation synchronisiert wird. Der Wirbel wird stärker und kälter, wenn sich die quasi-biennale Oszillation in ihrer westlichen Phase befindet, und schwächer und wärmer, wenn sie sich in ihrer östlichen Phase befindet.

Hypothese des verstärkten CO$_2$ Effekts: Die Hypothese, dass die Menge an CO$_2$ in der Erdatmosphäre der Hauptfaktor ist, der die Temperatur der Erdoberfläche steuert, und dass Veränderungen des CO$_2$ Niveaus die meisten der großen Klimaveränderungen in der Vergangenheit verursacht haben und für die derzeitige globale Erwärmung verantwortlich sind.

- I -

Indo-pazifischer Warmwasserkörper: Ein großes Gebiet ($>30 \times 10^6$ km^2) im tropischen westlichen Pazifik und im östlichen Indischen Ozean, das etwa 7 % der Erdoberfläche ausmacht und in dem die Temperatur ständig über 28 °C liegt. Die hohe Temperatur verursacht tiefe Konvektion, die Wolken bis zu einer Höhe von 15 km und erhebliche Auswirkungen auf die atmosphärische Zirkulation erzeugt. Es ist ein wichtiger Teil des globalen Klimasystems.

Infrarotstrahlung: Strahlung mit einer Wellenlänge zwischen 0,75-1.000 µm. Das für das Klima relevante Infrarot ist das thermische Infrarot, das zwischen 3-15 µm liegt.

Innertropische Konvergenzzone (ITCZ): Ist der klimatische Äquator des Planeten, das Gebiet um die Erde, in dem die Nordost- und Südost-Passatwinde zusammenfließen, wodurch das entsteht, was Segler als Flaute bezeichnen. Sie entsteht durch hohe tropische Sonneneinstrahlung, die die Konvektion warmer, feuchter Luft antreibt und den aufsteigenden Zweig der Hadley-Zelle bildet. Wenn die Luft aufsteigt, kühlt sie ab und bildet ein Band aus Wolken und Gewittern, das den Globus in der Nähe des Äquators umgibt. Die Lage der ITCZ variiert mit den Jahreszeiten, sie bewegt sich von Januar bis Juli nach Norden und von Juli bis Januar nach Süden und folgt dabei dem Band des maximalen Sonnenflusses. Die tropischen Monsune sind mit der Position der ITCZ verbunden, und langfristige Veränderungen ihrer Position aufgrund von Änderungen der Sonneneinstrahlung, die sich aus Präzessions- und Schiefstandsänderungen ergeben, haben einen sehr großen Einfluss auf die Entwicklung des Paläoklimas.

- K -

Kleine Eiszeit: Ein klimatisches Intervall nach der mittelalterlichen Warmzeit, das durch Abkühlung und die Ausdehnung der Gebirgsgletscher gekennzeichnet war. Es besteht keine Einigkeit über die Dauer der Kleinen Eiszeit. In diesem Buch wird die Kleine Eiszeit auf den Zeitraum von 1300 bis 1845 bezogen.

Klima: Das allgemeine Muster der Wetterbedingungen in einem Gebiet. Das Klima wird statistisch durch den Mittelwert und die Variabilität relevanter klimatologischer Variablen auf Zeitskalen von Monaten bis zu Tausenden oder Millionen von Jahren definiert.

Klimasensitivität: Siehe Gleichgewichts-Klimasensitivität.

Klimaregime: Ein klimatischer Zustand, der durch geringe Veränderungen einer oder mehrerer Klimavariablen über einen bestimmten Zeitraum hinweg gekennzeichnet ist.

Klimasystem: Ein interaktives System, das aus fünf Hauptkomponenten besteht: der Atmosphäre (Luft), der Hydrosphäre (Wasser), der Kryosphäre (gefrorenes Wasser), der Landoberfläche und der Biosphäre (Lebewesen).

Klimaverschiebung: Eine kleine, schnelle Veränderung des Klimas von einem Klimaregime zu einem anderen.

Klimawandel: Eine Veränderung des Klimas, die durch statistisch signifikante Veränderungen der klimatologischen Variablen gekennzeichnet ist und über einen längeren Zeitraum, in der Regel Jahrzehnte oder länger, anhält. Nach dieser Definition ist das Klima immer im Wandel.

Konduktion: Konduktion ist die Übertragung von Wärme zwischen Teilchen durch Stöße. Der Energiefluss erfolgt spontan von einem wärmeren zu einem kälteren Körper, und seine Geschwindigkeit hängt vom Temperaturgefälle und den Eigenschaften des leitenden Mediums ab.

Konvektion: Die Übertragung einer Eigenschaft der Atmosphäre oder des Ozeans, wie Wärme, Feuchtigkeit oder Salzgehalt, durch vorwiegend vertikale Massenbewegungen von Wasser oder Luft. In der Meteorologie und Ozeanografie ist sie das vertikale Äquivalent der vorwiegend horizontalen Advektion.

Kryosphäre: Teil der Erdoberfläche, in dem Wasser in fester Form vorliegt, einschließlich gefrorener Böden (Permafrost). Sie macht etwa 7 % der Erdoberfläche aus.

- L -

La Niña: Die kalte Phase der El Niño-Südlichen Oszillation, die mit kaltem Oberflächenwasser im mittleren und östlichen Pazifik und einer Verstärkung der östlichen Passatwinde einhergeht.

Letztes glaziales Maximum: Der Zeitpunkt während der letzten Eiszeit, als die Eisschilde ihre größte Ausdehnung hatten. Die Definition basiert auf einem Meeresspiegel, der zwischen 26.500 und 19.000 Jahren vor heute 125 Meter unter dem heutigen Niveau lag.

Lunisolar: Verursacht durch die Sonne und den Mond.

- M -

Meridionale Windzirkulation: Die Nord-Süd-Komponente der atmosphärischen Zirkulation.

Meridionaler Transport: Der Nord-Süd-Transport von Wärme, Feuchtigkeit, Wolken, Chemikalien und Drehimpulsen entlang der Meridiane der Erde.

Milankovitch-Theorie: Die von Milutin Milanković 1920 vorgeschlagene Theorie, die den Wechsel von Zwischeneiszeiten und Eiszeiten während des Pleistozäns als Ergebnis langperiodischer Veränderungen der Erdumlaufbahn erklärt, die durch die Anziehungskraft von Sonne, Mond und Planeten verursacht werden. 1976 wurde gezeigt, dass die pleistozänen Klimadaten den von Milankovitch vorgeschlagenen Orbitalfrequenzen folgen.

Mittelalterliche Warmzeit: Ein klimatisches Intervall, das auf die Kaltzeit des finsteren Mittelalters folgte und der Kleinen Eiszeit vorausging, gekennzeichnet durch eine Erwärmung und das Schrumpfen der Gebirgsgletscher. Sie wird gewöhnlich auf die Zeit zwischen 950 und 1250 n. Chr. datiert.

Mittleres Holozän: Der zweite Teil nach der Einteilung des Holozäns in drei gleich lange Zeiträume. Früher war die Zeitspanne je nach untersuchtem Gebiet und Proxy variabel, aber 2018 legte die International Union of Geological Sciences fest, dass sie der nordgrippischen Phase zwischen 8.326 und 4.250 Jahren vor 2000 entspricht.

Moderne globale Erwärmung: Der Zeitraum der Erwärmung seit dem Ende der Kleinen Eiszeit zwischen 1845 und der Gegenwart.

Modernes Sonnenmaximum: Der Zeitraum 1935-2000, die längste Periode überdurchschnittlicher dekadischer Sonnenaktivität in der 275 Jahre langen Sonnenfleckenaufzeichnung.

- N -

Neoglazial: Die Periode des Holozäns zwischen etwa 5200-400 Jahren vor heute, die durch einen Anstieg des globalen Gletschervorstoßes und einen Rückgang der globalen Temperatur gekennzeichnet ist. Es wird angenommen, dass sie durch die Abnahme der Achsneigung der Erde und die Abnahme der Sonneneinstrahlung im nördlichen Sommer aufgrund der Präzession verursacht wurde.

Neogletscherung: Der zunehmende Trend des globalen Gletschervorstoßes nach dem holozänen Klimaoptimum, der von François Matthes in den 1940er Jahren festgestellt und benannt wurde.

Nordatlantische Oszillation: Ein Nord-Süd-Dipol der Variabilität des atmosphärischen Drucks über dem Nordatlantik, der ausgeprägte klimatische Telekonnektionen aufweist. Ein Zentrum des Dipols liegt über Grönland, das andere Zentrum mit umgekehrtem Vorzeichen befindet sich im zentralen Nordatlantik zwischen 35-40°N. Der Index der Nordatlantischen Oszillation wird aus der Druckdifferenz zwischen dem Islandtief und dem Azorenhoch gebildet. Die Oszillation wechselt zwischen einem positiven Modus mit einem starken Islandtief und Azorenhoch und einem negativen Modus mit einem schwachen Islandtief und Azorenhoch. Starke positive Phasen der Nordatlantischen Oszillation führen zu überdurchschnittlichen Temperaturen im Osten der Vereinigten Staaten und in Nordeuropa und zu unterdurchschnittlichen Temperaturen in Grönland und häufig in Südeuropa und im Nahen Osten. Sie sind auch mit überdurchschnittlichen Winterniederschlägen über Nordeuropa und Skandinavien und unterdurchschnittlichen Winterniederschlägen über Süd- und Mitteleuropa verbunden. Gegensätzliche Muster von Temperatur- und Niederschlagsanomalien werden typischerweise während starker negativer Phasen der Nordatlantischen Oszillation beobachtet.

- O -

Obergrenze der Atmosphäre: Die Höhe, in der der Energieaustausch zwischen dem Weltraum und der Erde für Berechnungen des Energiebudgets angenommen wird. Sie muss unterhalb der Höhe liegen, in der die Satelliten die von der Erde ausgehende Strahlung messen. Die meisten Studien verwenden eine Höhe von 100 km.

Ozeanischer Niño-Index: Der El Niño-Südlichen Oszillation-Index der NOAA, basierend auf der Meeresoberflächentemperatur in der Niño 3.4-Region (5°N-5°S, 120-170°W).

Ozonschicht: Der Teil der Stratosphäre, der etwa 90 % des Ozons der Erde enthält. Der größte Teil des Ozons befindet sich in einer Höhe zwischen 20 und

35 Kilometern. Es spielt eine entscheidende Rolle beim Schutz des Lebens an Land, indem es die energiereichsten und schädlichsten Wellenlängen des ultravioletten Lichts absorbiert.

- P -

Paradoxon des niedrigen Gradienten: Das physikalische Paradoxon, das dadurch entsteht, dass ein gleichmäßiges Klima mit warmen Polen verstärkte meridionale Wärmeflüsse erfordert, um milde Temperaturen in hohen Breiten aufrechtzuerhalten und gleichzeitig zu verhindern, dass sich niedrige Breiten übermäßig erwärmen, und dass die Turbulenztheorie besagt, dass der meridionale Wärmefluss proportional zum meridionalen Temperaturgradienten ist.

Pause: Siehe Hiatus.

Pazifische Dekaden-Oszillation (PDO): Ein Modus der klimatischen Variabilität im Nordpazifik mit weitreichenden Telekonnektionen. Sie ist definiert als das vorherrschende Muster der Anomalien der Meeresoberflächentemperatur im nordpazifischen Becken. Sie wird stark von der El Niño-Südlichen Oszillation beeinflusst und stellt eine langfristige Umhüllung der Variabilität der El Niño-Südlichen Oszillation dar. Seine Phasen können Jahrzehnte dauern und führen, wenn sie positiv sind, zu negativen Anomalien der Meeresoberflächentemperatur im zentralen und westlichen Nordpazifik und zu positiven Anomalien der Meeresoberflächentemperatur im östlichen Nordpazifik und umgekehrt. Ein schwaches Spiegelbild dieser Anomalien tritt über dem Südpazifik auf.

Perihel: Der Punkt auf einer Umlaufbahn, an dem die Sonne am nächsten ist. Für die Erde liegt er derzeit um den 4. Januar.

Petrologischer Tracer: Ein mineralisches Sediment, dessen Ursprung auf geologische Formationen innerhalb einer bestimmten Region zurückgeführt werden kann.

Planetarische Welle: Eine Art Rossby-Welle mit sehr langen Wellenlängen (Tausende von Kilometern), die sich vertikal bis in die Stratosphäre ausbreiten kann, wenn sie groß genug ist und die Bedingungen in der Stratosphäre dies zulassen.

Polarfront: Die Wetterfrontgrenze zwischen der Polarzelle und der Ferrel-Zelle bei etwa 60° geographischer Breite in der Nähe der Polargebiete auf beiden Hemisphären. An dieser Grenze entsteht ein starkes Temperaturgefälle zwischen diesen beiden Luftmassen, die jeweils eine sehr unterschiedliche Temperatur aufweisen.

Polarwirbel: Eine große Region mit kalter Tiefdruckluft, die zyklisch (auf der Südhalbkugel im Uhrzeigersinn, auf der Nordhalbkugel gegen den Uhrzeigersinn) um beide Pole rotiert und sowohl in der Troposphäre als auch in der Stratosphäre auftritt. Der stratosphärische Polarwirbel ist ein Herbst-Frühjahrs-Phänomen, während der troposphärische Polarwirbel in der Regel, wenn auch abgeschwächt, den ganzen Sommer über anhält.

Polarzelle: Teil des atmosphärischen Zirkulationsmusters. Sehr kalte Luft in großer Höhe in den Polarregionen sinkt ab, wodurch ein Hochdruckgebiet entsteht. Sie bewegt sich dann äquatorwärts und westwärts an der Oberfläche (polare Ostwinde) in Richtung des 60°-Parallelen, wo sie auf entgegengesetzte, wärmere und feuchtere Winde aus der Ferrel-Zelle trifft. Die Luft steigt auf und divergiert, wobei ein Teil der Luft in großer Höhe polwärts und ostwärts strömt und den Kreislauf schließt.

Präzession: Bei einem rotierenden Körper oder System ist die Präzession die relativ langsame (im Vergleich zur Rotationsgeschwindigkeit) Änderung der Ausrichtung der Rotationsachse. Die axiale Präzession der Erde ist für die langsame Verschiebung der Tagundnachtgleichen (und der Jahreszeiten) entlang ihrer Umlaufbahn verantwortlich, was sehr wichtige Auswirkungen auf das Klima hat, und gehört zu den Milankovitch-Kräften der Umlaufbahn. Die Umlaufbahn der Erde um die Sonne hat auch eine Rotationsachse, die eine Präzession aufweist (apsidale Präzession), wodurch sich die Frequenzen der Präzession der Tagundnachtgleichen verändern.

Proxy (Klima): Bewahrte physikalische Merkmale der Vergangenheit, die die Rekonstruktion vergangener klimatischer Bedingungen ermöglichen.

- Q -

Quartär: Die aktuelle und jüngste der drei Perioden des Känozoikums, die sich über die letzten 2,59 Millionen Jahre erstreckt und in zwei Epochen unterteilt ist: das Pleistozän (vor 2,59 Millionen bis 11.700 Jahren) und das Holozän (vor 11.700 Jahren bis heute).

Quasi-biennale Oszillation (QBO): Ist eine quasi-periodische Oszillation der starken Stratosphärenwinde, die den Planeten hoch über dem Äquator umkreisen und dabei etwa 1 km pro Monat abfallen. Der neue Gürtel, der über dem alten entsteht, hat die entgegengesetzte Ausrichtung. In einer bestimmten Höhe (gemessen in 30 hPa) wechseln sich West- und Ostwinde etwa alle 14 Monate ab. Die Amplitude der östlichen Phase (QBOe, negative Werte der Windgeschwindigkeit) ist etwa doppelt so stark wie die der westlichen Phase (QBOw, positive Werte der Windgeschwindigkeit) und hält etwas länger an, aber Ostwinde mit geringer Geschwindigkeit (–5-0 m/s) verhalten sich klimatisch wie Westwinde. Der QBO hat wichtige Auswirkungen auf das Klima der nördlichen Hemisphäre, insbesondere im Winter, indem er die Stärke des Polarwirbels und des Jetstreams beeinflusst.

- R -

Reanalyse: Eine wissenschaftliche Methode zur Entwicklung einer umfassenden Aufzeichnung von Wetter- und Klimaveränderungen im Laufe der Zeit. Sie kombiniert vergangene modellgestützte Kurzstrecken-Wettervorhersagen mit Beobachtungen durch Datenassimilation, um eine zusammenfassende Schätzung des Zustands des Klimasystems zu erstellen. Der Prozess ahmt die Erstellung von täglichen Wettervorhersagen für Klimaanwendungen nach.

Römische Warmzeit: Ein sehr langes Klimaintervall nach dem 2,8-Tausendjähriges-Ereignis und vor der Kaltzeit des finsteren Mittelalters, das durch eine Erwärmung und das Schrumpfen der Gebirgsgletscher gekennzeichnet ist. Einige Autoren datieren sie auf die Zeit vor 2550-1650 Jahren (550 v. Chr. - 350 n. Chr.), während andere sie auf 250 v. Chr. - 350 n. Chr. begrenzen. Historische und klimatische Belege deuten darauf hin, dass die römische Warmzeit genauso warm oder sogar wärmer war als heute.

Rossby-Welle: Eine Art von Trägheitswelle, die auf rotierenden Planeten aufgrund von Unterschieden im Coriolis-Effekt je nach Breitengrad entsteht. Atmosphärische Rossby-Wellen sind riesige Mäander in Höhenwinden mit Wellenlängen von mehreren hundert Kilometern. Ozeanische Rossby-Wellen sind viel kleiner und werden im Allgemeinen mit der Thermokline in Verbindung gebracht.

Rückkopplung: Eine Rückkopplung liegt vor, wenn ein Teil des Outputs eines Systems zum Input addiert oder vom Input subtrahiert wird, wodurch sich das Ergebnis ändert. Verstärkende Rückkopplungen sind positiv und dämpfende Rückkopplungen sind negativ. Systeme, die von negativen Rückkopplungen dominiert werden, sind von Natur aus stabil, und Systeme, die von positiven Rückkopplungen dominiert werden, sind instabil.

- S -

Saisonalität: Der Unterschied zwischen den Jahreszeiten. In der Paläoklimatologie hat sich dieser Unterschied im Laufe der Zeit aufgrund von Veränderungen der präzessionsbedingten Sonneneinstrahlung verändert. Gegenwärtig sind die Winter in der nördlichen Hemisphäre wärmer und die Sommer kühler als im frühen Holozän, was eine Abnahme der Saisonalität im Laufe der Zeit zeigt.

Schiefe der Erdasche: Der Winkel zwischen der Erdbahnebene (Ekliptik) und der Äquatorebene, auch Achsenneigung genannt. Sie kann zwischen 22,1° und 24,5° schwanken und beträgt derzeit 23°26' (23,44°) mit abnehmender Tendenz. Sie ist der wichtigste Milankovitch-Parameter für die orbitale Beeinflussung des Klimas und verantwortlich für die Abstände und das Auftreten von Zwischeneiszeiten.

Sonneneinstrahlung: Die Menge an Sonnenenergie, die pro Flächeneinheit während des betrachteten Zeitraums empfangen wird.

Späte känozoische Eiszeitalter: Die aktuelle Eiszeit, die vor 33,9 Millionen Jahren an der Grenze zwischen Eozän und Oligozän mit dem Beginn der antarktischen Vergletscherung begann. Sie erstreckt sich über die zweite Hälfte des Känozoikums oder „Zeitalters der Säugetiere".

Spätes Holozän: Der letzte Teil nach der Einteilung des Holozäns in drei gleich lange Zeiträume. Früher war die Spanne je nach untersuchtem Gebiet und Proxy variabel, aber 2018 legte die International Union of Geological Sciences fest, dass sie der Meghalayan-Phase von 4.250 Jahren vor 2000 bis heute entspricht.

Stadionwelle-Hypothese: Die von Marcia Glaze Wyatt 2012 vorgeschlagene Hypothese eines multidekadischen Klimasignals, das sich über die nördliche Hemisphäre in einer Netzwerksequenz von synchronisierten Ozean-, Atmosphären- und Meereisindizes ausbreitet. Alle Indizes schwanken auf der gleichen Zeitskala von etwa 64 Jahren von Spitze zu Spitze während des gesamten 20. Jahrhunderts, wobei ein Index dem nächsten in einer konsistent geordneten Vorlauf-Verzögerung vorausgeht.

Strahlungsantrieb: Die Nettoveränderung der Energiebilanz des Erdsystems aufgrund einer Störung.

- T -

Tageslänge (LOD): Ein Maß für die Schwankungen der Tageslänge, das durch die Differenz zwischen der astronomischen Länge des Tages und 86.400 Sekunden des Internationalen Systems bestimmt wird.

Temperaturanomalie: Bezieht sich auf eine Temperaturskala, in der Regel in Kelvin oder Celsius, bei der der Nullwert auf die Durchschnittstemperatur über einen bestimmten Zeitraum, in der Regel 30 Jahre, gelegt wurde. Der Name ist unglücklich, weil er suggeriert, dass Temperaturänderungen anomal sind.

Temperatur-Breitengradient: Das Oberflächentemperaturgefälle, das hauptsächlich durch die unterschiedliche Sonnenerwärmung bestimmt wird und sich mit dem Breitengrad und der Effizienz des Wärmetransports von den Tropen zu den Polen ändert. Der latitudinale Temperaturgradient steuert die atmosphärische und ozeanische Zirkulation und schafft die verschiedenen Klimazonen. Der Temperatur-Breitengradient ändert sich mit den Jahreszeiten und auf längeren Zeitskalen mit Änderungen der Schiefe und der Präzession. Im Gegensatz zum Breitengradient der Sonneneinstrahlung ändert er sich jedoch auch, wenn sich die Oberflächentemperaturen in der Breite ändern, wie etwa bei der jüngsten Erwärmung der Arktis. Der Temperatur-Breitengradient ist eine zentrale Eigenschaft des Klimasystems der Erde.

Thermodynamik: Der Zweig der Physik, der sich mit Wärme, Arbeit und Temperatur und ihrer Beziehung zu Energie, Entropie und den physikalischen Eigenschaften von Materie und Strahlung beschäftigt.

Thermokline: Dünne Schicht in einem großen Flüssigkeitskörper, die eine Zone mit erhöhter Temperaturdurchmischung von einer Zone mit verringerter Temperaturdurchmischung trennt, was zu einer schnelleren Geschwindigkeit der Temperaturänderung führt als oberhalb und unterhalb.

Treibhauseffekt: Es handelt sich um die Differenz zwischen der Temperatur, bei der ein Planet Infrarotstrahlung aussenden muss, um die absorbierte Sonnenstrahlung auszugleichen, und der Temperatur an seiner Oberfläche. Er wird in erster Linie durch Treibhausgase in der Atmosphäre verursacht, die Infrarotstrahlung absorbieren und emittieren. Aufgrund des Treibhauseffekts ist die Erdoberfläche 33 °C wärmer als bei einer für Infrarotstrahlung durchlässigen Atmosphäre oder ganz ohne Atmosphäre.

Treibhausgas (THG): Ein Gas, das Energie im thermischen Infrarotbereich des Spektrums absorbiert und emittiert. Die wichtigsten Treibhausgase in der Erdatmosphäre sind Wasserdampf (HO_{2v}), Kohlendioxid (CO_2), Methan (CH_4), Distickstoffoxid (N_2O), Ozon (O_3), Fluorchlorkohlenwasserstoffe (FCKW) und teilhalogenierte Fluorkohlenwasserstoffe (HFKW). In der Klimatologie kann sich der Begriff nur auf nicht kondensierende Treibhausgase beziehen, ausgenommen Wasserdampf.

Treibhaustheorie: Theorie, die beschreibt, wie das Gleichgewicht zwischen absorbierter Sonnenstrahlung und emittierter Infrarotstrahlung die Oberflächentemperatur eines Planeten mit einer Atmosphäre, die Treibhausgase enthält, bestimmt. Aufgrund des Vorhandenseins von Treibhausgasen kommt der größte Teil der in den Weltraum abgegebenen Infrarotstrahlung aus der Atmosphäre und nicht von der Oberfläche, und die Oberflächentemperatur wird wärmer. Veränderungen in der Menge der Treibhausgase führen zu einem Ungleichgewicht zwischen absorbierter und emittierter Energie, da sich die Menge der emittierten Infrarotstrahlung ändert. Das Gleichgewicht wird durch eine Veränderung der Oberflächen- und der atmosphärischen Temperatur wiederhergestellt, was zu einer Veränderung des Klimas führt.

- W -

Winterpförtner-Hypothese: Eine Hypothese, die langfristige Veränderungen in der Menge an Wärme und Feuchtigkeit, die polwärts transportiert wird, als Hauptursache des Klimawandels vorschlägt. Die Hauptwirkung dieses Mechanismus auf dekadischen bis hundertjährigen Zeitskalen ist auf Veränderungen in der Wärmemenge zurückzuführen, die im Winter in die Arktis transportiert wird. Sonnenschwankungen sind ein wichtiger Modulator oder „Pförtner" dieses Transports.

Wirbel: Eine Flüssigkeitsströmung, die eine andere Richtung hat als die allgemeine Strömung. Sie sind für den größten Teil der Energie- und Drehimpulsübertragung innerhalb der Flüssigkeit verantwortlich. Die Größe und Anzahl der Wirbel ist ein Maß für die Turbulenz. Beispiele für atmosphärische Wirbel sind Wirbelstürme, Zyklone und Antizyklone sowie Rossby-Wellen. Ozeanische Wirbel sind für den Auftrieb und den Abstieg von Wassermassen verantwortlich.

- Z -

Zonale Windzirkulation: Die longitudinale (Ost-West-) Komponente der atmosphärischen Zirkulation.

Zwischenstaatlicher Ausschuss für Klimaänderungen (IPCC): Das Gremium der Vereinten Nationen, das mit der Erstellung von Berichten beauftragt ist, in denen die veröffentlichten wissenschaftlichen Erkenntnisse zum Klimawandel bewertet werden.

INDEX